普通高等教育"十二五"规划教材

土木工程施工技术

（第二版）

主　编　张长友　张喜明
副主编　周兆银　周志军
编　写　李强年　贾顺莲　胡江春　胡莉萍
主　审　李英民　杨　东

中国电力出版社
CHINA ELECTRIC POWER PRESS

内 容 提 要

本书为普通高等教育"十二五"规划教材,是根据高等院校"土木工程施工课程教学大纲"及本课程的教学基本要求,并参照现行施工及验收规范编写而成的。全书共分13章,主要内容包括土方工程、地基处理与桩基础工程、砌体工程、混凝土结构工程、预应力混凝土工程、结构安装工程、高层建筑主体结构工程施工、防水工程、装饰工程、道路工程、桥梁结构工程、隧道工程、冬雨期施工等。章末均附有工程应用案例、复习思考题和习题,以巩固所学知识。全书体系完整,内容精练,图文并茂,阐述了土木工程施工技术的基本规律,反映当前先进成熟的施工技术、施工工艺、施工方法。

本书可作为普通高等院校土木工程、工程管理专业及其他相关专业教材,也可作为相关工程技术及管理人员的学习参考书。

图书在版编目 (CIP) 数据

土木工程施工技术/张长友,张喜明主编. —2版. —北京:
中国电力出版社,2013.12 (2020.11重印)
普通高等教育"十二五"规划教材
ISBN 978 - 7 - 5123 - 4997 - 1

Ⅰ.①土… Ⅱ.①张…②张… Ⅲ.①土木工程—工程施工—
高等学校—教材 Ⅳ.①TU7

中国版本图书馆 CIP 数据核字(2013)第 232664 号

中国电力出版社出版、发行
(北京市东城区北京站西街 19 号 100005 http://www.cepp.sgcc.com.cn)
北京天宇星印刷厂印刷
各地新华书店经售

*

2009 年 9 月第一版
2013 年 12 月第二版 2020 年 11 月北京第九次印刷
787 毫米×1092 毫米 16 开本 31.5 印张 772 千字
定价 55.00 元

前　言

经过几年的使用实践，本书第一版不仅得到了使用院校师生的高度评价及认可，而且受到了工程各界使用者的广泛好评。第二版将在探索普通高等教育人才培养方面取得成功经验和教学成果的基础上，经过广泛调研、反复修改与论证，不断完善、创新，确保教材内容充实，突出理论性、实用性和创新性。

为了适应新技术、新工艺、新材料的应用和发展，以满足教学改革、技术创新和市场经济及行业发展的需要。加上本专业毕业生具有一定实践年限后，要参加国家注册执业资格考试，并对本课程体系和国家注册执业资格考试大纲要求的知识体系进行优化整合。及时吸收现已成熟的新技术和新方法，密切结合现行新规范、标准，不断完善补充新的内容，并综合读者的意见，全书内容修订如下：

（1）紧紧围绕土木工程、工程管理专业学生培养目标构建教学内容体系。在内容上涵盖了建筑工程、道路工程、桥梁工程、地下工程等专业领域，力求构建大土木的知识体系，适应"大土木"专业的教学要求，删除已陈旧或将被淘汰的技术和内容。

（2）增加和补充了土方工程机械的选择，配筋砌体工程施工，钢结构安装，高层建筑主体结构工程施工，卫生间防水施工，防水工程质量控制，建筑幕墙工程，并对各章的案例进行精选优化等。

本书由重庆科技学院张长友、吉林建筑工程学院张喜明主编，重庆科技学院周兆银、周志军副主编。第1、11、12章由重庆科技学院张长友编写，第5、13章由吉林建筑工程学院张喜明编写，第2、10章由重庆科技学院周兆银编写，第4、8章由兰州理工大学李强年编写，第3章由陕西理工学院周志军编写，第6章由重庆科技学院胡莉萍编写，第7章由中原工学院胡江春编写，第9章由重庆科技学院贾顺莲编写，每章的工程应用案例由重庆科技学院周兆银、胡莉萍、张长友编写。

本书由张长友主持修订并统稿，重庆大学博士生导师李英民教授和重庆建工集团教授级高工、国际工程项目管理专家杨东担任主审，在百忙之中对本书进行了全面的审阅，提出了不少宝贵意见，特此表示深切的谢意。在编写过程中参考了许多文献资料和有关施工经验，得到了土木工程界专业人士的大力支持和热情帮助。谨此对文献资料的作者和有关经验的创造者表示诚挚的感谢。

限于编写时间比较仓促和编者水平，书中不足之处在所难免，敬请读者批评指正。

编　者

2013 年 10 月

第一版前言

为贯彻落实教育部《关于进一步加强高等学校本科教学工作的若干意见》和《教育部关于以就业为导向深化高等职业教育改革的若干意见》的精神，加强教材建设，确保教材质量，中国电力教育协会组织制订了普通高等教育"十一五"教材规划。该规划强调适应不同层次、不同类型院校，满足学科发展和人才培养的需求，坚持专业基础课教材与教学急需的专业教材并重、新编与修订相结合。本书为新编教材。

本书是普通高等教育"十一五"规划教材，是根据"土木工程施工课程教学大纲"及全国土木工程专业和工程管理专业课程的教学基本要求编写的一门主要专业课程。它主要研究土木工程中的施工技术的基本规律，其目的是综合运用土木工程施工的基本理论和知识，培养学生独立分析和解决土木工程施工中有关施工技术问题的能力。

"土木工程施工技术"在课程内容上涉及面广，实践性强，发展迅速，需要综合运用土木工程专业的基本理论。本书在编写上遵循体现时代特征，突出实用性、创新性的教材编写指导思想，综合土木工程施工的特点，将基本理论与工程实践，基本原理与新技术、新方法紧密结合。鉴于我国基本建设快速发展的需要，工程建设越来越需要宽口径、厚基础的专业人才。因此，本书在内容上涵盖了建筑工程、道路工程、桥梁工程等专业领域，力求构建大土木的知识体系。适应大土木专业的教学要求，以工程施工为基础，主要反映土木工程各主要专业方向都必须掌握的施工基础知识，并吸收现已成熟的新技术和新方法。在保证知识体系完整的基础上，教材内容具有一定的弹性，以便教师在教学上的取舍和学生扩大知识面。

本书图文并茂、层次分明、条理清楚、结构合理，文字规范，图表清晰，符号、计量单位符合国家标准，密切结合现行施工及验收规范。每章后附有工程应用案例、思考题、习题，便于教师更好地组织教学和方便学生自学。

本书由重庆科技学院张长友主编，周兆银、周志军副主编。第一、五、十一、十二章由重庆科技学院张长友编写，第二、十、十三章由重庆科技学院周兆银编写，第四、八章由兰州理工大学李强年编写，第三章由陕西理工学院周志军编写，第六章由重庆科技学院胡莉萍编写，第七章由中原工学院胡江春编写，第九章由重庆科技学院贾顺莲编写，每章的工程应用案例由重庆科技学院周兆银、胡莉萍、张长友编写。

本书由张长友统稿，重庆大学博士生导师李英民和重庆建工集团教授级高工李永毅对本书进行了全面的审阅，提出了不少宝贵意见，特此表示深切的谢意。在编写过程中参考了许多文献资料和有关施工技术及管理经验，得到了土木工程界专业人士的大力支持和热情帮助。谨此对文献资料的作者和有关经验的创造者表示诚挚的感谢。

限于编写时间仓促和编者水平，书中不足之处在所难免，敬请读者批评指正。

编 者
2009 年 6 月

目 录

第一章 土 方 工 程

┌─── **内容提要** ───┐

本章主要包括土方工程概述，土方工程量计算及调配，土方工程施工的要点，土方工程机械化施工和爆破施工。在土方工程概述中，主要介绍土方工程的分类及特点、土的现场鉴别方法、土的工程性质、土方边坡等内容。在土方工程量计算及调配中，主要包括基坑（槽）土方量计算、场地平整土方量计算及调配等。土方工程施工要点包括土方工程施工准备、基坑（槽）施工、土方填筑与压实。在土方工程机械化施工中，着重阐述常用土方机械的类型、性能及提高生产率的措施。在爆破施工中主要介绍爆破基本知识、炸药和药量计算、起爆技术和爆破方法。

学习要求

（1）掌握土的工程性质、边坡留设和土方调配的原则。

（2）熟悉土方工程量的计算，能分析土壁失稳和产生流砂、管涌的原因，并能提出相应的防治措施。

（3）熟悉轻型井点的设计和回填土的质量要求及检验标准，常用土方机械的性能及适用范围，能正确合理地选用。

（4）了解爆破原理、引爆技术、爆破方法和安全技术。

第一节 土 方 工 程 概 述

在土木工程施工中最常见的土方工程施工包括场地平整、地下室和基坑（槽）及管沟开挖、土壁支撑、施工排水、降水、路基填筑及基坑（槽）的回填土、爆破技术等。土方工程是土木工程施工中主要的分部工程之一，在大型工程中由于土方工程量大、施工条件复杂、施工中受气候条件、工程地质和水文地质条件的影响很大，因此施工前应针对土方工程的施工特点，制订合理的施工方案。

一、土方工程的分类及特点

（一）土方工程分类

根据土方工程的施工内容与方法不同，土方工程分类有以下几种：

1. 场地平整

场地平整是指将天然地面改造成设计要求的平面所进行的土方施工过程，主要包括确定场地设计标高，计算挖、填土方量，合理地进行土方调配等。这类土方工程施工面积大，土方工程量大，应采用机械化作业。

2. 土方开挖

土方开挖主要包括沟槽、基坑、竖井、隧道、修筑路基、堤坝等的开挖，其中还涉及施工排水、降水、土壁边坡和支护结构等。这类土方开挖时，要求开挖的标高、断面、轴线准确，因此施工时，应制订合理的施工方案，尽量采用中小型施工机械，以提高生产率，加快施工进度和降低工程成本。

3. 土方回填与压实

土方开挖完成后的基槽、房心土、路基、堤坝应回填压实，为确保填方的强度和稳定性，必须正确选择填方土料与填筑方法。填筑应分层进行，并尽量采用同类土填筑。填土必须具有一定的压实密度，以避免产生不均匀沉陷。

(二) 土方施工特点

1. 工程量大，劳动强度高

大型项目的场地平整，土方量可达数百万立方米以上，面积达数十平方公里，工期长。因此，为了减轻繁重的体力劳动，提高劳动生产率，缩短工期，降低工程成本，在组织土方工程施工时，应尽可能采用机械化或综合机械化的方法进行施工。

2. 施工条件复杂

土方工程施工，一般为露天作业，施工时受地下水文、地质、气候和施工地区的地形等因素的影响较大，不可确定的因素也较多。因此，施工前必须做好各项准备工作，进行充分的调查研究，详细研究各种技术资料，制订合理的施工方案进行施工。

3. 受场地限制

任何建筑物的基础都需要有一定埋置深度，土方的开挖与土方的留置存放都受到施工场地的限制，特别是城市内施工，场地狭窄，周围建筑较多，往往由于施工方案不当，导致周围建筑设施出现安全与稳定的问题。因此，施工前必须详细了解周围建筑的结构形式、熟悉地质技术资料，制订切实可行的施工方案，充分利用施工场地。

二、土的分类与现场鉴别方法

土的种类繁多，其分类方法也很多，在工程上，土方根据开挖难易程度分为八类，见表1-1。其中一～四类土为一般土，五～八类土为岩石。表中列出了土的工程分类直观的鉴别方法，是根据开挖的难易程度和开挖中使用不同的工具和方法来进行分类的。土的开挖难易程度直接影响土方工程的施工方案、劳动量消耗和工程费用。土越硬，劳动量消耗越多，工程成本越高。

表1-1 土 的 工 程 分 类

土的分类	土 的 名 称	开挖方法及工具	可松性系数	
			K_s	K_s'
一类土 (松软土)	砂；粉土；冲积砂土层种植土；泥炭（淤泥）	用锹、锄头可挖掘	1.08～1.17	1.01～1.03
二类土 (普通土)	粉质黏土；潮湿的黄土，夹有碎石、卵石的砂；种植土及填筑土及亚砂土	用锹、锄头可挖掘，少许需用镐翻松	1.14～1.28	1.02～1.05
三类土 (坚土)	软及中等密实黏土；重亚黏土；粗砾石；干黄土及含碎石的黄土、亚黏土；压实的填土	主要用镐，少许用锹、锄头，部分用撬棍	1.24～1.30	1.04～1.07
四类土 (砂砾坚土)	重黏土及含碎石、卵石的黏土；粗卵石；密实的黄土；天然级配砂石；软泥炭岩及蛋白石	先用镐、撬棍，然后同锹挖掘，部分用楔子及大锤	1.26～1.32	1.06～1.09
五类土 (软石)	硬石炭纪黏土；中等密实的页岩、泥灰岩、白垩土；胶结不紧的砾岩；软的石灰岩	用镐或撬棍、大锤，部分用爆破方法	1.30～1.40	1.10～1.15

土的分类	土 的 名 称	开挖方法及工具	可松性系数	
			K_s	K_s'
六类土 （次坚石）	泥岩；砂岩；砾岩；坚硬的页岩、泥灰岩；密实的石灰岩；风化花岗岩、片麻岩	用爆破方法，部分用风镐	1.35~1.45	1.11~1.20
七类土 （坚石）	大理岩；辉绿岩；玢岩；粗、中粒花岗岩；坚实的白云岩、砾岩、砂岩、片麻岩、石灰岩；风化痕迹的安山石、玄武石	用爆破方法	1.40~1.45	1.15~1.20
八类土 （特坚石）	安山石；玄武石；花岗片麻岩；坚实的细粒花岗岩、闪长岩、石英岩、辉长岩、辉绿岩、玢岩	用爆破方法	1.45~1.50	1.20~1.30

三、土的工程性质

土的工程性质对土方工程施工有直接影响，也是进行土方施工设计必须掌握的基本资料。土的主要工程性质有：土的可松性、土的含水量和土的渗透性。

（一）土的可松性

土的可松性是指自然状态下的土经开挖后，其体积因松散而增加，以后虽经回填压实，仍不能恢复成原来体积的性质。由于土方工程量是以自然状态的体积来计算的，所以在土方调配、计算土方机械生产率及运输工具数量等的时候，应考虑土的可松性影响。土的可松性程度可用可松性系数表示，即

$$K_s = \frac{V_2}{V_1} \qquad (1-1)$$

$$K_s' = \frac{V_3}{V_1'} \qquad (1-2)$$

式中 K_s——土的最初可松性系数；

K_s'——土的最终可松性系数；

V_1——土在天然状态下的体积；

V_2——土经开挖后的松散体积；

V_1'——回填所需的天然状态下的土体积；

V_3——土经回填压实后的体积。

在土方施工中，K_s 是计算开挖工程量、施工机械及运土车辆等的主要参数，K_s' 是计算土方调配、回填用土量等的参数。

（二）土的天然含水量

土的天然含水量是指土中水的质量与土颗粒质量的百分比。表达式为

$$\omega = \frac{m_w}{m_s} \times 100\% \qquad (1-3)$$

式中 ω——土的天然含水量，%；

m_w——土中水的质量，kg；

m_s——土中固体颗粒的质量，kg。

土的含水量大小会影响土方的开挖及填筑压实等施工，当土的含水量超过 25%～30% 时，就不能使用机械施工；当含水量超过 20% 时，会造成运土车的打滑或陷车，甚至影响挖土机的使用；回填土含水量过大，压实时会产生橡皮土。因此，对含水量过大的土，施工

时应采取有效的排水、降水措施。

（三）土的渗透性

土的渗透性是指土体被水透过的性质。土的渗透性用渗透性系数表示，即单位时间内水穿透土层的能力，一般由实验确定，常见土的渗透性系数见表1-2。渗透性系数是计算降低地下水时涌水量的主要参数。根据土的渗透性不同，可分为透水性土（如砂土）和不透水性土（如黏土）。

表1-2　　　　　　　　　　　　　土的渗透性系数

土的种类	K （m/d）	土的种类	K （m/d）
亚黏土、黏土	<0.1	含黏土的中砂及纯细砂	20～25
亚黏土	0.1～0.5	含黏土的细砂纯中砂	35～50
含亚黏土的粉砂	0.5～10	纯粗砂	50～75
纯粉砂	1.5～5.0	粗砂夹卵石	50～100
含黏土的细砂	10～15	卵石	100～200

四、土方边坡

为保证土方工程施工时土体的稳定，防止塌方，保证施工安全，当挖土超过一定的深度时，应留置一定的坡度。

土方边坡的坡度以其高度 h 与底宽度 b 之比来表示。如图1-1所示，边坡可以做成直线形边坡、阶梯形边坡或折线形边坡。

$$土方边坡坡度 = \frac{h}{b} = \frac{1}{b/h} = 1 : m$$

$$m = \frac{b}{h} \tag{1-4}$$

式中　m——坡度系数。

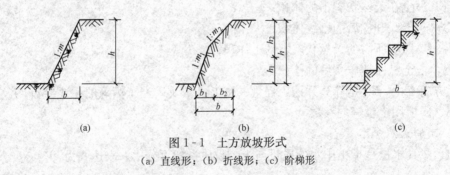

图1-1　土方放坡形式

（a）直线形；（b）折线形；（c）阶梯形

当土质均匀且地下水位低于基坑（槽）或管沟底标高时，挖方边坡可做成直立土壁而不加支撑，但深度不宜超过下列规定：密实、中密的砂土和碎石类土为1.0m；硬塑、可塑的粉土及粉质黏土为1.25m；硬塑、可塑的黏土和碎石类土（填充物为黏性土）为1.5m；坚硬的黏土为2.0m。

当地质条件良好，土质均匀且地下水位低于基坑（槽）或管沟底标高时，挖土深度在5m以内不加支撑的边坡最陡坡度应符合表1-3的规定，即使按规定放坡，施工中也要随时检查边坡的稳定情况。

表 1-3　　深度在 5m 内的基坑（槽）、管沟边坡的最陡坡度（不加支撑）

土的类别	边坡坡度（高：宽）		
	坡顶无荷载	坡顶有静荷载	坡顶有动荷载
中密的砂土	1：1.00	1：1.25	1：1.50
中密的碎石类土（填充物为砂土）	1：0.75	1：1.00	1：1.25
硬塑的粉土	1：0.67	1：0.75	1：1.00
中密的碎石类土（填充物为黏性土）	1：0.50	1：0.67	1：0.75
硬塑的粉质黏土、黏土	1：0.33	1：0.50	1：0.67
老黄土	1：0.10	1：0.25	1：0.33
软土（经井点降水后）	1：1.00	—	—

注　1. 静载指堆土或材料等，动载指机械挖土或汽车运输作业等。静载或动载距挖方边缘的距离应保证边坡直立壁的稳定，堆土或材料应距挖方边缘 0.8m 以外，高度不超过 1.5m。
　　　2. 当有成熟的施工经验时，可不受本表限制。

第二节　土方工程量计算与土方调配

在土方工程施工前，通常要计算土方的工程量，根据土方工程量的大小拟定土方施工的方案，组织土方工程的施工。但土方工程的地形往往复杂，不规则，要进行精确计算比较困难。通常都是将其假设或划分成为一定的几何形状，并采用具有一定精度又与实际情况相近似的方法进行计算。

一、基坑（槽）土方量的计算

（一）基坑土方量计算

所谓基坑是指长宽比≤3 的矩形土体，其土方量可按立体几何中棱柱体（由两个平行的平面作底的一种多面体）的体积公式计算，如图 1-2 所示，即

$$V = \frac{H}{6}(A_1 + 4A_0 + A_2) \qquad (1-5)$$

式中　V——土方工程量，m^3；

　　　H——基坑深度，m；

A_1、A_2——基坑上、下底面积，m^2；

　　　A_0——基坑中截面的面积，m^2。

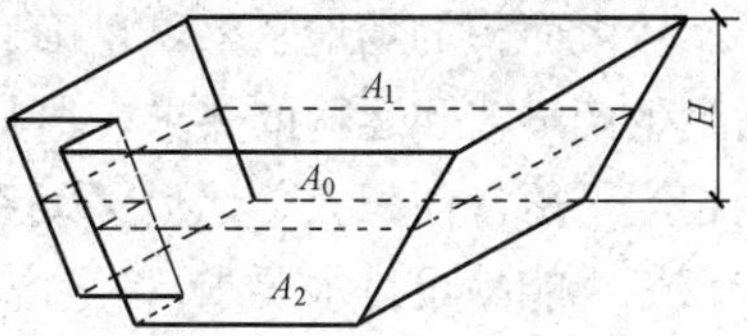

图 1-2　基坑土方量计算

（二）基槽土方量计算

基槽的土方量可以沿长度方向分段后，再用同样方法计算，如图 1-3 所示。

$$V_1 = \frac{L_1}{6}(A_1 + 4A_0 + A_2) \qquad (1-6)$$

式中　V_1——第一段的土方量，m^3；

　　　L_1——第一段的长度，m。

则总土方量为各段的和，即

$$V = V_1 + V_2 + \cdots + V_n$$

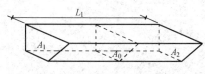

图 1-3　基槽土方量计算

式中　V_1，V_2，$\cdots$，V_n——各段的土方量，m^3。

二、场地平整土方施工方案确定

场地平整工作中通常有三种施工方案供选择：

1. 先平整整个场地，后开挖基坑（槽）

这种方案能使大型土方机械的工作面较大，能充分发挥机械的工作效能，也可以减少与其他工作的相互干扰，但工期较长。此方案适用于场地挖填土方量较大的工程。

2. 先开挖基坑（槽），后平整场地

该方案可以加快施工速度，还能够减少重复挖填土方的数量，适用于地形平坦的场地。

3. 边平整场地，边开挖基坑（槽）

这种方案是按照施工现场的具体条件，划分施工区段，在互不干扰的情况下采用。

在场地平整前，必须确定场地的设计标高（一般均在设计文件上有规定）、计算挖填方的工程量、确定挖方和填方的平衡调配，并合理选择土方机械，拟定施工方案。

三、场地平整土方量计算

（一）场地平整土方量的计算方法与步骤

场地平整时土方量计算，一般采用方格网法，其计算步骤如下：

（1）在具有等高线的地形图上，根据现场地形和要求的精度，将整个施工场地划分成边长为 10～40m 的正方格网；

（2）计算各方格角点的自然地面标高；

（3）确定场地设计标高，并根据泄水坡度要求计算各方格角点的设计标高；

（4）确定各方格角点的挖填高度，即地面标高与设计标高之差；

（5）确定零线，即挖填方的分界线；

（6）计算各方格内挖填土方量、场地边坡土方量，最后求得整个场地挖填方总量。

（二）场地设计标高确定

较大面积的场地平整，正确选择设计标高十分重要。选择设计标高时应考虑以下因素：满足生产工艺和运输的要求；尽量利用地形，以减少挖方数量；场地以内的挖方与填方能达到相互平衡（面积大、地形又复杂时例外），以降低土方运输费用；要有一定的泄水坡度（$\geqslant 2‰$，能满足排水要求）；考虑最高洪水位的要求。

当设计文件上对场地标高无特定要求时，场地的设计标高，可按下述步骤和方法确定。

1. 初步计算场地设计标高

如图 1-4 (a) 所示，将地形图划分方格。每个方格的角点标高，一般根据地形图上相邻两等高线的标高，用插入法求得；在无地形图的情况下，也可在地面上用木桩打好方格网，然后用仪器直接测出。

一般说来，理想的设计标高，应该使场地内的土方在平整前和平整后相等而达到挖方和填方的平衡，如图 1-4 (b) 所示，即

$$H_0 N a^2 = \sum \left(a^2 \frac{H_{11} + H_{12} + H_{21} + H_{22}}{4} \right)$$

所以
$$H_0 = \frac{\sum (H_{11} + H_{12} + H_{21} + H_{22})}{4N}$$

式中　　　　　　　H_0——所计算的场地设计标高，m；

　　　　　　　　　a——方格边长；

N——方格数；

H_{11}、H_{12}、H_{21}、H_{22}——任一方格的四个角点的标高。

从图1-4所示可看出，H_{11}系一个方格的角点标高，H_{12}和H_{21}均系两个方格公共的角点标高，H_{22}则系四个方格公共的角点标高。如果将所有方格的四个角点标高相加，那么类似H_{11}这样的角点标高加到一次，类似H_{12}的标高加到两次，而类似H_{22}的标高则要加到四次。因此，上式可改写成下列的形式：

$$H_0 = \frac{\sum H_1 + 2\sum H_2 + 3\sum H_3 + 4\sum H_4}{4N} \qquad (1-7)$$

式中　H_1——一个方格仅有的角点标高，m；

　　　H_2——两个方格共有的角点标高，m；

　　　H_3——三个方格共有的角点标高，m；

　　　H_4——四个方格共有的角点标高，m。

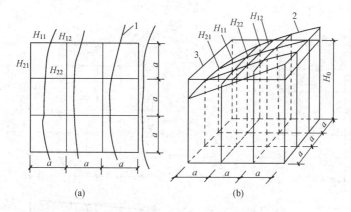

图1-4　场地设计标高计算简图

(a) 地形图上划分方格；(b) 设计标高示意图

1—等高线；2—自然地面；3—设计标高平面

2. 计算设计标高的调整值

式（1-7）所计算的设计标高纯系理论值，实际上还需考虑以下因素进行调整。

（1）由于土具有可松性，必要时应相应地提高设计标高；

（2）由于设计标高以上的各种填方工程用土量而影响设计标高的降低，或者由于设计标高以下的各种挖方工程的挖土量而影响设计标高的提高；

（3）由于边坡填挖方土方量不等（特别是坡度变化大时）而影响设计标高的增减；

（4）根据经济比较结果，将部分挖方就近弃土于场外，或将部分填方就近取土于场外而引起挖填土方量的变化后需增减设计标高。

3. 考虑泄水坡度对设计标高的影响

如果按照式（1-7）计算出的设计标高进行场地平整，那么整个场地表面将处于同一个水平面；但实际上由于排水要求，场地表面均有一定的泄水坡度。因此，还需根据场地泄水坡度的要求（单面泄水或双面泄水），计算出场地内各方格角点实际施工时所采用的设计标高。

（1）单向泄水时，场地各点设计标高的求法。在考虑场内挖填平衡的情况下，将式（1-7）计算出的设计标高 H_0 作为场地中心线的标高，如图1-5所示。场地内任一点的设

计标高为

$$H_n = H_0 \pm li \qquad (1-8)$$

式中 H_n——任意一点的设计标高，m；

  l——该点至 H_0 的距离，m；

  i——场地泄水坡度，不小于 2‰；

  ±——该点比 H_0 点高则取"＋"号，反之取"－"号。

例如欲求 H_{52} 角点的设计标高，则

$$H_{52} = H_0 - li = H_0 - 1.5ai$$

（2）双向泄水时，场地各点设计标高的求法。其原理与前相同，如图 1-6 所示。H_0 为场地中心点标高，场地内任意一点的设计标高为

$$H_n = H_0 \pm l_x i_x \pm l_y i_y \qquad (1-9)$$

式中 l_x、l_y——该点于 x-x、y-y 方向距场地中心线的距离；

  i_x、i_y——该点于 x-x、y-y 方向的泄水坡度。

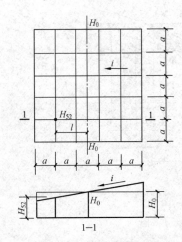

图 1-5 单向泄水坡度的场地

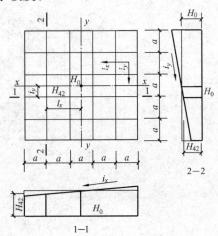

图 1-6 双向泄水坡度的场地

其余符号表示的内容同前。

例如 H_{42} 角点的设计标高为

$$H_{42} = H_0 - l_x i_x - l_y i_y = H_0 - 1.5ai_x - 0.5ai_y$$

（三）场地土方量计算

编制土方工程施工方案，以及检查、验收实际土方工程数量等，都需要进行土方量的计算。场地土方量的计算方法，通常有方格网法和断面法两种。方格网法适用于地形较为平坦的地区，断面法则多用于地形起伏变化较大的地区。

1. 方格网法

方格网法用方格网控制整个场地。方格边长主要取决于地形变化的复杂程度，一般为 10～40m，通常采用 20m。根据每个方格角点的自然地面标高和实际采用的设计标高，算出相应的角点填挖高度，然后计算每一个方格的土方量（大规模场地土方量的计算可使用专门的土方工程量计算表），这样即可得到整个场地的挖、填土方总量。

场地各方格的土方量，一般可分为下述三种不同类型进行计算：

（1）方格四个角点全部为填或全部为挖。如图 1-7 所示，其土方量为

$$V=\frac{a^2}{4}(h_1+h_2+h_3+h_4) \tag{1-10a}$$

式中　　　　　　　　V——挖方或填方体积，m³；

h_1、h_2、h_3、h_4——方格角点填挖高度，均用绝对值，m。

若 $a=20$m，h 用 cm 表示，则上式可写为

$$V=h_1+h_2+h_3+h_4 \quad (\text{m}^3) \tag{1-10b}$$

（2）方格的相邻两角点为挖方，另两角点为填方。如图 1-8 所示，其挖方部分的土方量为

$$V_{1,2}=\frac{a^2}{4}\left(\frac{h_1^2}{h_1+h_4}+\frac{h_2^2}{h_2+h_3}\right) \tag{1-11a}$$

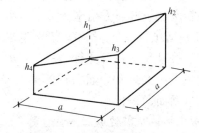

图 1-7　全挖或全填的方格

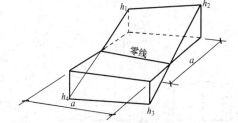

图 1-8　两挖和两填的方格

填方部分的土方量为

$$V_{3,4}=\frac{a^2}{4}\left(\frac{h_3^2}{h_2+h_3}+\frac{h_4^2}{h_1+h_4}\right) \tag{1-11b}$$

（3）方格的三个角点为挖方（或填方），另一个角点为填方（或挖方）。如图 1-9 所示，其填方部分的土方量为

$$V_4=\frac{a^2}{6}\frac{h_4^3}{(h_1+h_4)(h_3+h_4)} \tag{1-12a}$$

挖方部分的土方量为

$$V_{1,2,3}=\frac{a^2}{6}(2h_1+h_2+2h_3-h_4)+V_4 \tag{1-12b}$$

2. 断面法

沿场地取若干个相互平行的断面（可利用地形图定出或实地测量定出），将所取的每个断面（包括边坡断面）划分为若干个三角形和梯形，如图 1-10 所示，则面积为

$$A_1'=\frac{h_1}{2}d_1, \quad A_2'=\frac{h_1+h_2}{2}d_2, \cdots$$

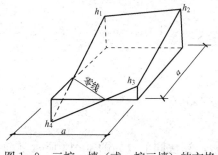

图 1-9　三挖一填（或一挖三填）的方格

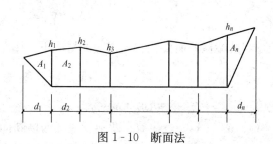

图 1-10　断面法

而某一断面面积为 $\qquad A_i = A_1' + A_2' + \cdots + A_n'$

若 $d_1 = d_2 = \cdots = d_n = d$，则

$$A_i = d(h_1 + h_2 + \cdots + h_n)$$

断面面积求出后，即可计算土方体积。设各断面面积分别为 A_1，A_2，$\cdots$，A_n，相邻两断面间的距离依次为 l_1，l_2，$\cdots$，l_n，则所求土方体积为

$$V = \frac{A_1 + A_2}{2}l_1 + \frac{A_2 + A_3}{2}l_2 + \cdots + \frac{A_{n-1} + A_n}{2}l_n \qquad (1-13)$$

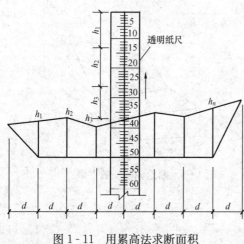

图 1-11 用累高法求断面积

断面法求面积的一种简便方法是累高法，如图 1-11 所示。此法不需用公式计算，只要将所取的断面绘于普通方格坐标纸上（d 取值相等），用透明纸尺从 h_1 开始，依次量出（用大头针向上拨动尺子）各点标高（h_1，h_2，$\cdots$），累计得各点标高之和，然后将此值与 d 相乘，即为所求断面面积。

（四）场地平整边坡土方量计算

如图 1-12 所示是一场地边坡的平面示意图。从图中可看出：边坡的土方量可以划分为两种近似的几何形体进行计算，一种为三角棱锥体（如体积①～③，⑤～⑪），另一种为三角棱柱体（如体积④）。

1. 三角棱锥体边坡体积

例如图 1-12 中的①，其体积为

$$V_1 = \frac{1}{3}A_1 l_1 \qquad (1-14)$$

式中 $\quad l_1$——边坡 l 的长度，m；

$\qquad A_1$——边坡 l 的端面积，m^2，即

$$A_1 = \frac{h_2(mh_2)}{2} = \frac{mh_2^2}{2}$$

式中 $\quad h_2$——角点的挖土高度，m；

$\qquad m$——边坡的坡度系数。

2. 三角棱柱体边坡体积

例如图 1-12 中的④，其体积为

$$V_4 = \frac{A_1 + A_2}{2}l_4 \qquad (1-15a)$$

当两端横断面面积相差很大的情况下，则

$$V_4 = \frac{l_4}{6}(A_1 + 4A_0 + A_2) \qquad (1-15b)$$

式中 $\qquad l_4$——边坡 4 的长度；

A_1、A_2、A_0——边坡 4 两端及中部的横断面面积，算法同上（如图 1-12 所示剖面系近似表示。实际上，地表面不完全是水平的）。

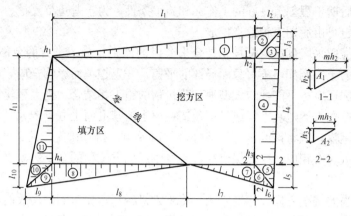

图 1-12 场地边坡平面图

四、土方调配

土方工程量计算完成后，即可着手土方的调配。土方调配，就是对挖土的利用、堆弃和填土三者之间的关系进行综合协调的处理。好的土方调配方案，应该是使土方运输费用达到最小，而且又能方便施工。

如图 1-13 所示是土方调配的两个例子。图上注明了挖填调配区、调配方向、土方数量以及每对挖、填区之间的平均运距。如图 1-13（a）所示，共有四个挖方区，三个填方区，总挖方和总填方相等。土方调配，仅考虑场地内的挖填平衡即可解决（这种条件下的土方调配可采用线性规划的方法计算确定）。如图 1-13（b）所示，则有四个挖方区，三个填方区，挖、填工程量虽然相等，但由于地形窄长，故采取就近弃土和就近借土的办法解决土方的平衡调配。

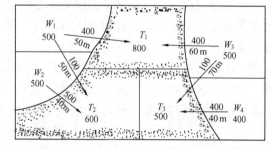

(a)

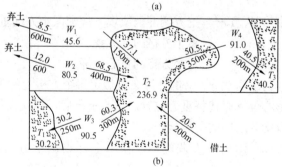

(b)

图 1-13 土方调配图

（a）地内挖、填平衡的调配图，箭头上面的数字表示土方量（m³），箭头下面的数字表示运距；（b）有弃土和借土的调配图。箭头上面的数字表示土方量（100m³），箭头下面的数字表示运距

1. 土方调配原则

（1）应力求达到挖、填平衡和运距最短的原则。因为，这样做可以降低土方工程成本。但是，"我们必须学会全面地看问题"。有时仅局限于一个场地范围内的挖、填平衡，往往难以满足上述两个要求同时实现，因此，还需根据场地和周围地形条件综合考虑，必要时可以在填方区周围就近借土，在挖方区周围就近弃土。

（2）土方调配应考虑近期施工与后期利用相结合的原则。当工程分批分期施工时，先期工程有土方余额应结合后期工程的需要而考虑其利用数量与堆放位置，以便就近调配。堆放位置的选择应为后期工程创造良好的工作面和施工条件,力求避免重复挖、运。如先期工程土方有欠额时,也可由后期工程地点挖取。

(3) 土方调配应采取分区与全场相结合来考虑的原则。分区土方的余额或欠额的调配,必须配合全场性的土方调配,不可只顾局部的平衡,任意挖填而影响全局。

(4) 土方调配还应尽可能地与大型地下建筑物的施工相结合。当大型建筑物位于填土地区而其又必须建造在天然地基上,或虽可建造在填土地基上而土方量较大时,为了避免土方的重复挖、填和运输,应将该区全部或部分地予以保留,待基础施工之后再行填土。为此,在填方保留区附近应有相应的挖方保留区,或将附近挖方工程的余土按需要量合理堆放,以便就近调配。

(5) 选择恰当的调配方向、运输路线,使土方机械和运输车辆的功效能得到充分发挥。

总之,进行土方调配,必须根据现场的具体情况、有关技术资料、进度要求、土方施工方法与运输方法,综合考虑上述原则,并经计算比较,选择出经济合理的调配方案。

2. 土方调配图表的编制

场地土方调配,需做成相应的土方调配图表,以便施工中使用。其编制方法如下:

(1) 划分调配区。在场地平面图上先划出挖、填区的界线(即前述的零线),根据地形及地理等条件,可在挖方区和填方区适当地分别划分出若干调配区(其大小应满足土方机械的操作要求),并计算出各调配区的土方量,在图上标明,如图 1-13 所示。

(2) 求出每对调配区之间的平均运距。平均运距即挖方区土方重心至填方区土方重心的距离。因此,求平均运距,需先求出每个调配区土方的重心。其方法如下:

取场地或方格网中的纵横两边为坐标轴,分别求出各区土方的重心位置,即

$$\overline{X} = \frac{\sum vx}{\sum v}; \qquad \overline{Y} = \frac{\sum vy}{\sum v}$$

式中　$\overline{X}$、$\overline{Y}$——挖方调配区或填方调配区土方的重心坐标;

　　　v——每个方格的土方量;

　　　x、y——每个方格的重心坐标。

为了简化 x、y 的计算,可假定每个方格上的土方是各自均匀分布的,从而用图解法求出形心位置以代替重心位置。重心求出后,标注在相应的调配区图上,然后用比例尺量出每对调配区之间的平均运距。

(3) 画出土方调配图。在图上标出调配方向,土方数量以及平均运距,如图 1-13 所示。

(4) 列出土方量平衡表。土方调配计算结果需列入土方量平衡表中。表 1-4 是图 1-13 (a) 所示调配方案的土方量平衡表。

表 1-4　　　　　　　　　土 方 量 平 衡 表

挖方区编号	挖方数量 (m^3)	填方区编号、填方区数量 (m^3)						
		T_1		T_2		T_3	合　计	
		800		600		500	1900	
W_1	500	400	50	100	70			
W_2	500			500	40			

续表

挖方区编号	挖方数量 （m³）	填方区编号、填方区数量（m³）						
		T_1		T_2		T_3		合 计
		800		600		500		1900
W_3	500	400	60			100	70	
W_4	400					400	40	
合 计	1900							

注 表中土方数量栏右上角小方格内的数字系平均运距（有时可为土方的单位运价）。

第三节 土 方 工 程 施 工

一、施工准备及定位放线

（一）施工准备工作

1. 场地清理

场地清理包括清理地上和地下各种障碍物，如旧建筑、迁移树木、拆除或改建通讯和电力设备、地下管线及建筑物，去除植物及河塘淤泥等。

2. 地面水排除

场地积水将影响施工，必须将地面水或雨水及时排走，使场地保持干燥，以利施工，地面排水一般可采用排水沟、截水沟、挡水土坝等措施。

（二）定位与放线

1. 施工测量的目的

把设计图纸上规划设计的建筑物的平面位置和高程，按设计要求，使用测量仪器以一定的方法和精度测设到地面上，并设置标志作为施工的依据。在施工过程中还应进行一系列的测设工作，以衔接和指导各工序间的施工，保证建筑施工安全，并正确实现设计要求。

2. 施工测量的内容

（1）施工前的施工控制网的建立；

（2）建筑物定位和基础放线；

（3）细部测设，如基础模板的测设、工程砌筑、构件和设备安装等；

（4）竣工图的编绘；

（5）施工和运营期间，建筑物的变形观测。

3. 测设的三项基本工作

（1）已知水平距离的测设；

（2）已知水平角的测设；

（3）已知高程的测设。

4. 点的平面位置的测设方法

（1）直角坐标法；

（2）极坐标法；

（3）角度交会法；

（4）距离交会法。

放线就是根据定位确定的轴线位置，用石灰划出基槽（坑）开挖的边线，基槽（坑）上口尺寸的确定应根据基础的设计尺寸和埋置深度、土壤类别及地下水情况确定是否留工作面或放坡。工作面的留置要求为：砖基础不小于 150mm，混凝土及钢筋混凝土基础为 300mm。

二、土壁稳定

土壁的稳定主要是靠土体内摩阻力和黏结力来保持平衡的，当土体失去平衡，土壁就会引起塌方，这不仅会造成人身安全事故，同时还会影响基坑、基槽的开挖和基础的施工。

（一）土壁塌方的原因

根据工程实践调查分析，造成边坡塌方的主要原因有以下几点：

（1）边坡过陡，土体本身稳定性不够而产生塌方；

（2）基坑上边缘附近堆物过重，使土体中产生的剪应力超过土体的抗剪强度；

（3）地面水及地下水渗入边坡土体，使土体的自重增大，抗剪能力降低，从而产生塌方。

（二）防止边坡塌方的措施

1. 放足边坡

边坡的留置应符合规范的要求，其坡度大小，应根据土壤的性质、水文地质条件、施工方法、开挖深度、工期的长短等因素而定。施工时应随时观察土壁的变化情况。

2. 在边坡上堆土方或材料及动荷载作用

在边坡上堆土方或材料以及使用施工机械时，应保持与边坡边缘有一定的距离。当土质良好时，堆土或材料应距挖方边缘 0.8m 以外，高度不应超过 1.5m。在软土地区开挖时，应随挖随运，以防由于地面加荷引起的边坡塌方。

3. 做好排水工作

防止地表水、施工用水和生活废水浸入边坡土体，在雨期施工时，应更加注意检查边坡的稳定性，必要时加设支撑。

当基坑开挖完后，可采用塑料薄膜覆盖，水泥砂浆抹面、挂网抹面或喷浆等方法进行边坡坡面防护，可有效防止边坡失稳。

在土方开挖过程中，应随时观察边坡土体，当出现如裂缝、滑动等失稳迹象时，应暂停施工，必要时将施工人员和机械撤出至安全地点。同时，应设置观察点，并对土体平面位移和沉降变化作好记录，随后与设计单位联系，研究相应的措施，如排水、支挡、减重减压和护坡等方法进行综合治理。也可采用通风疏干，电渗排水，爆破灌浆，化学加固等方法，改善滑动带岩土的性质，以稳定边坡，确保土壁的稳定性。

三、基坑开挖与支护

基坑的支护结构除承受基坑周围土体的天然土、水压力外，还主要承受基坑开挖时，由于基坑中土体的挖除而产生的卸荷所引起的土压力和水压力的变化，并将这些压力传递到支撑，与支撑构件一起形成基坑施工时的支护体系。

（一）基坑开挖

浅基坑开挖有条基开挖及柱基开挖两种情况，条基埋深为 1～3m，通常采用直立坑壁，人工开挖。柱基基础面积虽大，埋深可达 7m，但容易支护。多数柱基埋深 2～3m，一些厂房柱基宽 3～4m，长 5～6m，深度大时，采用放坡法。

设备基础情况较复杂，有的面积大，埋深可达10m，有的与柱基相近，其中较困难的问题在于室内施工。当设备基础与柱基距离很近时，必须考虑柱基的安全及下沉，拉开距离不小于 $2\Delta h$，Δh 为两基础埋深的高差，如图 1-14 所示。

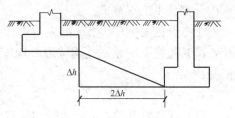

图 1-14　两基础距离示意

同时坡顶离原有基础外缘距离不小于 $1\sim2$m，按深度大小确定，也不得将弃土压在原有基础上，由于厂房用地紧张，放坡条件难以保证，就必须采用板桩支护，或连续墙及柱列桩。地基土较好时，采用在原基础外作搅拌桩，可缩短两者间的拉开距离；新老基础下的桩按竖向荷载设计，不具有抗滑能力，边坡一旦失稳，桩群将同时滑动折断。

基坑开挖不仅要考虑边坡的稳定，还要确保槽底土层不被扰动。浮土必须清除，验槽必不可少，验槽的目的在于补充勘测不足。当发现异常情况，例如填土、洞穴或土的性质不符合勘测提供的情况等必须在解决后才能进行基础施工。

影响基坑施工的因素很多。对浅基础来说，重要的问题是防止基坑曝晒或泡水。雨季施工坑内外都要及时排水，被水泡后的软泥要清除彻底。基础施工完成后立即回填夯实，以保证基础在水平方向的稳定性。

（二）土壁支护

开挖基坑（槽）时，如地质条件及周围条件允许，可放坡开挖，但在建筑密集地区施工，有时不允许按要求放坡开挖，或者有防止地下水渗入基坑要求时，就需要用支护结构支撑土壁，以保证施工的顺利和安全，并减少对相邻已有建筑物的不利影响。

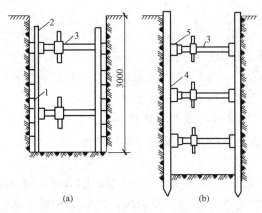

图 1-15　横撑式支撑

（a）断续式水平挡土板支撑；（b）垂直挡土板支撑

1—水平挡土板；2—竖楞木；3—工具式支撑；
4—竖直挡土板；5—横楞木

土壁支撑根据基坑（槽）及其深度和平面宽度大小可采用不同的形式。在开挖较窄的沟槽时，多用木挡板横撑式土壁支撑。横撑式土壁支撑根据挡土板设置的不同，分为水平挡土板式和垂直挡土板式，如图 1-15（a）、（b）所示。前者又可分为断续式和连续式。断续式水平挡土板支撑在湿度小的黏性土及挖土深度小于 3m 时采用；连续式水平挡土板支撑用于较潮湿的或散粒的土，挖土深度可达 5m。垂直挡土板支撑用于松散的和湿度很高的土，挖土深度不限。

（三）基坑开挖应注意的问题

基坑支护与土方开挖施工必须按《危险性较大的分部分项工程安全管理办法》（建质〔2009〕87 号文）的规定执行。开挖深度超过 3m（含 3m）或虽未超过 3m 但地质条件和周边环境复杂的基坑（槽）支护；开挖深度超过 3m（含 3m）的基坑（槽）的土方开挖工程，属于危险性较大的分部分项工程范围；开挖深度超过 5m（含 5m）的基坑（槽）的土方开挖、支护工程及开挖深度虽未超过 5m，但地质条件、周围环境和地下管线复杂，或影响毗邻建筑（构筑）物安全的基坑（槽）的土方开挖、支护工程，属于超过一定规模的危险性较大的分部分项工程范围。

土方开挖的顺序、方法必须与设计要求相一致，并遵循"开槽支撑，先撑后挖，分层开挖，严禁超挖"的原则。基坑边界周围地面应设排水沟，对坡顶、坡面、坡脚采取降排水措施。

1. 浅基坑的开挖

(1) 浅基坑开挖，应先进行测量定位，抄平放线，定出开挖长度，按放线分块（段）分层挖土。根据土质和水文情况，采取在四侧或两侧直立开挖或放坡，以保证施工操作安全。

当土质的天然湿度、构造、水文地质条件良好（即不会发生坍滑、移动、松散或不均匀下沉），且无地下水时，开挖基坑可不必放坡，采取直立开挖不加支护，但挖方深度、基坑长度应稍大于基础长度。超过一定的深度，应根据土质和施工具体情况进行放坡，以保证不塌方。放坡后基坑上口宽度由基坑底面宽度及边坡坡度来决定，坑底宽度每边应比基础宽出15～30mm，以方便施工操作。

(2) 当开挖基坑土体含水量大而不稳定，或基坑较深，或受到周围场地限制而需用较陡的边坡或直立开挖而土质较差时，应采用临时性支撑加固。挖土时，土壁要求平直，挖好一层，及时进行支护。开挖宽度较大的基坑，当在局部地段无法放坡，或下部土方受到基坑尺寸限制不能放较大坡度时，应在下部坡脚采取加固措施，如采用短桩与横隔板支撑或砌砖、毛石或用编织袋、草袋装土堆砌临时矮挡土墙，保护坡脚。

(3) 基坑开挖程序一般是：测量放线→分层开挖→排降水、修坡→整平→留足预留土层等。相邻基坑开挖时，应遵循先深后浅或同时进行的施工程序。挖土应自上而下水平分段分层进行，边挖边检查坑底宽度及坡度，不够时及时修整至设计标高，再统一进行修坡清底，检查坑底宽度和标高，要求坑底凹凸不超过2.0cm。

(4) 基坑开挖应尽量防止对地基土的扰动。当用人工挖土，基坑挖好后不能立即进行下道工序时，应预留15～30cm厚土不挖，待下道工序开始再挖至设计标高。采用机械开挖基坑时，为避免破坏基底土，应在基底标高以上预留一层由人工挖掘修整。使用铲运机、推土机时，保留土层厚度为15～20cm。使用正铲、反铲或拉铲挖土时为20～30cm。

(5) 在地下水位以下挖土，应在基坑四周挖好临时排水沟和集水井，或采用井点降水，将地下水位降低至坑底以下500mm，以利挖方进行。降水工作应持续到基础（包括地下水位下回填土）施工完成。

(6) 雨期施工时，基坑应分段开挖，挖好一段、浇筑一段垫层，在基坑四周用土堤或挖排水沟以防地面雨水流入基坑内；同时，应经常检查边坡和支撑情况，以防止坑壁受水浸泡，造成塌方。

(7) 基坑开挖时，应对平面控制桩、水准点、基坑平面位置、水平标高、边坡坡度等经常复测检查。

(8) 基坑挖完后应进行验槽，做好记录；如发现地基土质与地质勘探报告、设计要求不符时，应与有关人员研究，及时处理。

2. 浅基坑的支护

(1) 斜柱支撑：水平挡土板钉在柱桩内侧，柱桩外侧用斜撑支顶，斜撑底端支在木挑上，在挡土板内侧回填土。斜柱支撑适用于开挖较大型、深度不大的基坑或使用机械挖土时。

(2) 锚拉支撑：水平挡土板支在柱桩的内侧，柱桩端打入土中，另一端用拉杆与锚挑拉紧，在挡土板内侧回填土。适用于开挖较大型、深度不大的基坑或使用机械挖土，不能安设横撑时使用。

(3) 型钢桩横挡板支撑：沿挡土位置预先打入钢轨、工字钢或 H 型钢桩，间距 1.0～1.5m，然后边挖土方边将 3～6cm 厚的挡土板塞进钢桩之间，并在横向挡板与钢桩之间打上楔子，使横板与土体紧密接触。型钢桩横挡板支撑适用于地下水位较低、深度不很大的一般黏性或砂土层中使用。

(4) 短桩横隔板支撑：打入小短木桩或钢桩，部分打入土中，部分露出地面，钉上水平挡土板，在背面填土夯实。短桩横隔板支撑适用于开挖宽度大的基坑，当部分地段下部放坡不够时使用。

(5) 临时挡土墙支撑：沿坡脚用砖、石砌或用装水泥的聚丙烯编织袋、草袋装土、砂堆砌，使坡脚保持稳定。临时挡土墙支撑适用于开挖宽度大的基坑，当部分地段下部放坡不够时使用。

(6) 挡土灌注桩支护：在开挖基坑的周围，用钻机或洛阳铲成孔，桩直径为 400～500mm 现场浇筑钢筋混凝土桩，桩间距为 1.0～1.5m，在桩间土方挖成外拱形使之起土拱作用。挡土灌注桩支护适用于开挖较大、较浅（＜5m）基坑，邻近有建筑物，不允许背面地基有下沉、位移时采用。

(7) 叠袋式挡墙支护：采用编织袋或草袋装碎石（砂砾石或土）堆砌成重力式挡墙作为基坑的支护，在墙下部砌 500mm 厚块石基础，墙底宽由 1500～2000mm，顶宽适当放坡卸土 1.0～1.5m，表面抹砂浆保护。叠袋式挡墙支护适用于一般黏性土、面积大、开挖深度应在 5m 以内的浅基坑支护。

(四) 深基坑土方开挖

在深基坑土方开挖前，要制订详细的挖土施工方案，当施工现场不具备放坡条件，放坡无法保证施工安全，通过放坡及加设临时支撑已经不能满足施工需要时，一般采用支护结构进行临时支挡，以保证基坑的土壁稳定。

(1) 深基坑工程的挖土方案，主要有放坡挖土、中心岛式（也称墩式）挖土、盆式挖土和逆作法挖土。前者无支护结构，后三种皆有支护结构。

(2) 防止深基坑挖土后土体回弹变形过大。施工中减少基坑回弹变形的有效措施，是设法减少土体中有效应力的变化，减少暴露时间，并防止地基土浸水。因此，在基坑开挖过程中和开挖后，均应保证井点降水正常进行，并在挖至设计标高后，尽快浇筑垫层和底板。必要时，可对基础结构下部土层进行加固。

(3) 防止边坡失稳。

(4) 防止桩位移和倾斜。打桩完毕后基坑开挖，应制订合理的施工顺序和技术措施，防止桩的位移和倾斜。如果打桩后紧接着开挖基坑，由于开挖时的应力释放，再加上挖土高差形成一侧卸荷的侧向推力，土体易产生一定的水平位移，使先打设的桩易产生水平位移。软土地区施工，这种事故已屡有发生，值得重视。为此，在群桩基础桩打设后，宜停留一定时间，并用降水设备预抽地下水，待土中由于打桩积聚的应力有所释放，孔隙水压力有所降低，被扰动的土体重新固结后，再开挖基坑土方。而且土方的开挖宜均匀、分层，尽量减少开挖时的土压力差，以保证桩位正确和边坡稳定。

(5) 配合深基坑支护结构施工。挖土方式影响支护结构的荷载，要尽可能使支护结构均匀受力，减少变形。为此，要坚持采用分层、分块、均衡、对称的方式进行挖土（深基坑支护详见本书第二章）。

四、施工排水

在土方开挖过程中，当基坑（槽）底面位于地下水位以下时，土的含水层被切断，地下水会不断地渗入基坑。雨季施工时，地面水也会流入基坑，为了保证施工的正常进行，施工排水常采用明沟排水法、流砂现象及其防治和人工降低地下水位法。

（一）明沟排水法

明沟排水法是在基坑（槽）开挖过程中，当基底挖至地下水位以下时，沿基坑四周挖一定坡度的排水沟，设集水井，使地下水沿沟流入井内，然后用水泵抽走。抽水工作应持续到基础工程施工完毕进行回填土时才能停止，如图1-16所示。在建筑工地上，基坑排水用的水泵主要有：离心泵、潜水泵和软轴水泵等。

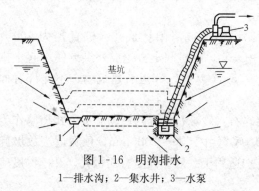

图1-16　明沟排水
1—排水沟；2—集水井；3—水泵

集水井应该设置在基坑范围以外，地下水流的上游。根据地下水流量、基坑平面形状及水泵的性能，集水井每隔20～40m设置一个，集水井的宽度一般为0.6～0.8m，深度保持低于挖土面0.8～1.0m，挖至设计标高后，井底应低于坑底1～2m，并铺设碎石滤水层，以免在抽水时，将泥砂抽出，并防止井底土被扰动。排水沟一般设置在基坑周围或基槽的一侧或两侧。水沟截面应考虑基坑排水及邻近建筑物的影响，一般排水沟深度为0.5～0.8m，最小深度为0.4m，宽度等于或大于0.4m，水沟的边坡坡度为1:1～1:0.5，排水沟应有2‰～5‰的最小纵向坡度，使水流不致阻滞而淤塞。

排水沟和集水井应随挖土加深而加深，以保持水流畅通。明沟排水法设备简单，使用广泛。但当地下水位较高涌水量较大，土质为细砂或粉砂，易产生流砂、边坡塌方及管涌等现象，影响正常施工，甚至会引起附近建筑下沉，此时应采用人工降低地下水位。

（二）流砂现象及其防治

当基底挖至地下水位以下时，有时坑底土会成流动状态，随地下水涌入基坑，这种现象称为流砂现象。发生流砂现象时，土完全丧失承载力，工人难以立足，土边挖边冒，难以达到设计深度，流砂严重时会引起基坑边坡塌方，附近建筑物因地基被掏空而下沉、倾斜，甚至倒塌。因此，流砂现象如果不能控制将对土方施工和附近建筑物产生很大的危害。

流砂现象产生的原因是由于地下水的水力坡度大，即动水压力大，而且动水压力的方向与土的重力方向相反，土悬浮于水中，并随地下水一起流动。动水压力指的是流动中水对土产生的作用力，这个力的大小与水位差成正比，与水流的路径成反比，与水流的方向相同。因此，防治流砂现象的主要途径是使动水压力方向朝下和平衡或减小动水压力，其防治措施主要有：

（1）选择在全年最低水位季节施工。因为地下水位低，坑里坑外水位差小，所以动水压力减小，也就不易产生流砂现象，至少可以减轻流砂现象。

（2）抛大石块。往坑底抛大石块，可增加土体的压重，减小或平衡动水压力。采用此法时应组织土方的抢挖，使挖土速度大于冒砂速度，挖至标高后应立即铺草袋等并抛大石块把砂压住。

（3）打钢板桩。沿基坑外侧打入超过基底以下深度的钢板桩，可以增加水流的路径，减小动水压力，同时可以改变水流的方向，使之向下从而达到防治流砂的目的，但施工成本较高。

（4）采用化学压力注浆或高压水泥注浆，固结基坑周围粉砂使之形成防渗帷幕。

（5）人工降低地下水位。使地下水位降低至基坑底下 0.5m 以下，使地下水流方向朝下，增大土粒间的压力，可以有效地防治流砂现象，此方法运用广泛。

（三）人工降低地下水位

人工降水法（井点降水法），就是在基坑开挖前，预先在基坑四周埋设一定数量的滤水管（井），利用抽水设备连续不断地抽水，使地下水位降至基底以下，直至基础施工完毕为止。因此，在基坑土方开挖过程中保持干燥，从而根本上消除了流砂现象，改善了工作条件。同时，由于土层水分排出后，还能使土密实，增加地基土的承载能力。在基坑开挖时，土方边坡也可陡些，从而减少了挖方量。

人工降水法有：轻型井点、喷射井点、电渗井点、管井井点及渗井井点等。施工时可根据土层的渗透性要求，降低水位的深度、设备条件及经济比较等因素确定，必要时应组织专家论证其可行性。在实际工程中，一般轻型井点应用广泛，下面介绍这类井点。

1. 轻型井点的主要设备

轻型井点的设备包括管路系统和抽水设备两部分，如图 1-17 所示。

（1）管路系统包括滤管、井点管、弯联管及总管等。

滤管为进水口，如图 1-18 所示。采用长度 1.0～1.5m，直径为 38～55mm 的无缝钢管，管壁钻有直径为 12～18mm 的梅花型滤孔。管壁外包两层滤网，内层为细滤网，采用 30～50 孔/cm² 黄铜丝布或生丝布，外层为粗滤网，采用 8～10 孔/cm² 的铁丝丝布或尼龙布。为使水流畅通，在管壁与滤网间用铁丝或塑料管隔开，滤网外面再绑一层粗铁丝保护网，滤管下端为一铸铁塞头，滤管上端与井点管连接。

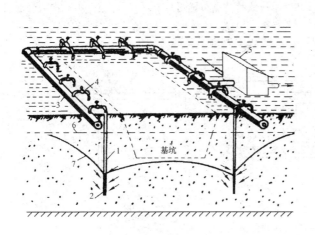

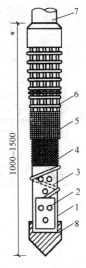

图 1-17 轻型井点法降低地下水位全貌图
1—井点管；2—滤管；3—总管；4—弯联管；
5—水泵房；6—原地下水位；7—降水后水位

图 1-18 滤管构造
1—钢管；2—管壁上的小孔；
3—塑料管；4—细滤网；
5—粗滤网；6—粗铁丝保护网；
7—井点管；8—铸铁头

井点管为直径 38~51mm，长 5~7m 的钢管。井点管上端通过弯联管与总管连接。集水总管为直径 100~127mm 的钢管，每段长 4m，其上装有间距 0.8m 或 1.2m 的短接头，并用皮管或塑料管与井点管连接。

(2) 抽水设备是由真空泵、离心泵和集水箱（又叫水气分离器）等组成。工作时先开动真空泵，集水箱内部形成一定程度的真空，使地下水及空气受真空吸力的作用沿总管进入集水箱。当集水箱内的水达到一定高度时，开动离心水泵将集水箱内的水排出。

2. 轻型井点的布置

轻型井点的布置应根据基坑大小与深度、土质、地下水位高低与流向、降水深度与要求及设备条件等确定。

(1) 平面布置：包括确定井点布置形式、总管的长度、井点管数量、水泵数量及位置等。根据基坑（槽）形状，轻型井点可采用单排布置、双排布置及环状布置，如图 1-19~图 1-21 所示。单排布置适用于基坑（槽）宽度小于 6m，且降水深度不超过 5m 的情况。井点布置在地下水流向的上游一侧，其两端的延伸长度一般不宜小于坑（槽）的宽度；双排布置适用于基坑（槽）大于 6m 或土质不良的情况；环形布置适用于基坑面积较大的情况。

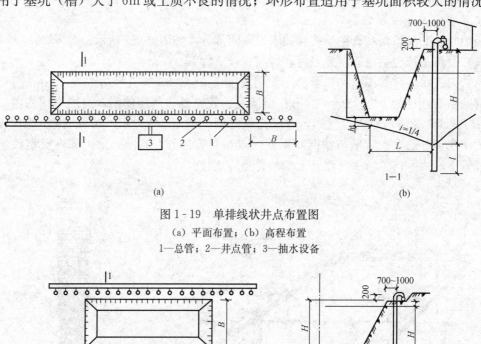

图 1-19 单排线状井点布置图
(a) 平面布置；(b) 高程布置
1—总管；2—井点管；3—抽水设备

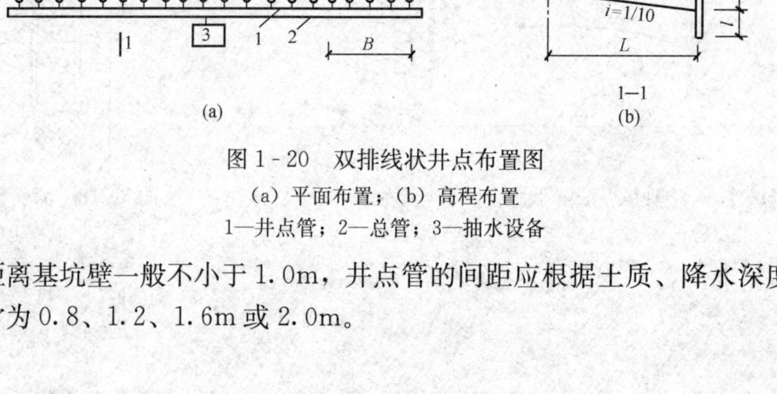

图 1-20 双排线状井点布置图
(a) 平面布置；(b) 高程布置
1—井点管；2—总管；3—抽水设备

井点管距离基坑壁一般不小于 1.0m，井点管的间距应根据土质、降水深度、工程性质等确定，通常为 0.8、1.2、1.6m 或 2.0m。

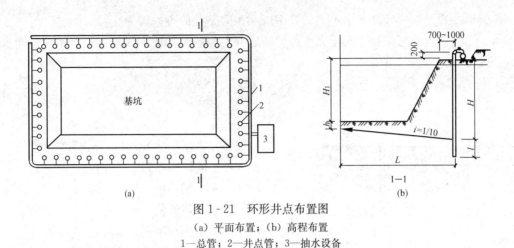

图 1-21 环形井点布置图

(a) 平面布置；(b) 高程布置

1—总管；2—井点管；3—抽水设备

一套抽水设备的负荷长度（即集水总管长度）一般为 100～120m，泵的位置应在总管长度的中间。若采用多套抽水设备时，井点系统要分段，每段长度应大致相等，分段的位置应选在基坑拐弯处，以减少总管弯头数量，提高水泵抽吸能力。

（2）高程布置：确定井点管的埋设深度，即滤管上口至总管埋设面的距离，如图 1-21 所示。可按下式进行计算

$$H \geqslant H_1 + h + iL \tag{1-16}$$

式中　H——井点管埋深，m；

　　　H_1——井点管埋设面至基坑底的距离，m；

　　　h——基底至降低后的地下水位线的距离，一般为 0.5～1m；

　　　i——水力坡度，环状井点为 1/10，单排井点为 1/4～1/5，双排井点为 1/7；

　　　L——井点管至水井中心的水平距离，当井点管为单排布置时，L 为井点管至边坡脚的水平距离，m。

一般轻型井点的降水深度在管壁处达 6～7m。当按式（1-16）计算出的 H 值大于 6～7m 时，则应降低井点管抽水设备的埋置面，以适应降水深度的要求。当一级轻型井点达不到降水深度要求时，可采用二级井点。

3. 轻型井点的计算

轻型井点计算的目的，是求出在规定的水位降低深度下，每天排出的地下水流量，从而确定井点管的数量、间距，并确定抽水设备等。

轻型井点计算由于受水文地质和井点设备等不易确定因数的影响，要想计算出准确的结果十分困难。根据工程实践积累的经验资料分析，按水井理论进行计算，比较接近实际。

根据井底是否达到不透水层，水井可分为完整井与不完整井；即当井底到达含水层下面的不透水层顶面的井称为完整井，否则称为不完整井。根据地下水有无压力，又分为承压井与无压井，各类水井如图 1-22 所

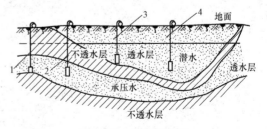

图 1-22　水井的分类

1—承压完整井；2—承压不完整井；

3—无压完整井；4—无压不完整井

示。各类水井的涌水量计算方法不同，其中以无压完整井的理论较为完善。

（1）涌水量的计算：对于无压完整井的环状井点系统，如图 1-23（a）所示。其涌水量计算公式为

$$Q = 1.366K \frac{(2H-S)S}{\lg R - \lg X_0} \qquad (1-17)$$

$$R = 1.95S\sqrt{H_0 K}$$

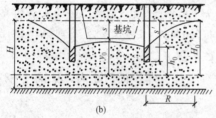

图 1-23　环状井点涌水量计算简图
(a) 无压完整井；(b) 无压不完整井

式中　Q——井点系统的涌水量，m^3/d；

K——土的渗透系数，m/d；

H——含水层厚度，m；

S——水位降低值，m；

R——抽水影响半径，m；

X_0——环状井点系统的假想半径，m，对于矩形基坑，当长宽比≤5 时可按下式计算：

$$X_0 = \sqrt{F/\pi}$$

式中　F——环状井点系统所包围的面积，m^2。

渗透系数 K 值，确定的是否准确，对计算结果影响较大。渗透系数的测定方法有：现场抽水试验与实验室测定两种。对大型工程，一般宜采用现场抽水试验，以获取较为准确的数据，具体方法是在现场设置抽水孔，并在同一直线上设置观察井，根据抽水稳定后，观察井的水深及抽水孔相应的抽水量计算 K 值。

在实际工程中往往会遇到无压完整井的井点系统，如图 1-23（b）所示。其涌水量的计算相对比较复杂，为了简化计算，仍可按式（1-17）计算。此时应将式中 H 换成有效深度 H_0，H_0 可查表 1-5。当算得 H_0 大于实际含水层厚度 H 时，则取 H 值。

表 1-5　　　　　　　　有　效　深　度　H_0 值

$S'/(S'+l)$	0.2	0.3	0.5	0.8
H_0	1.3 $(S'+l)$	1.5 $(S'+l)$	1.7 $(S'+l)$	1.85 $(S'+l)$

承压完整井环状井点涌水量计算公式为

$$Q = 2.73K \frac{MS}{\lg R - \lg X_0} \qquad (1-18)$$

式中　　　　　M——承压含水层厚度，m；

K、R、X_0、S——同式（1-17）。

（2）井点管数量与井距的确定。

1）单根井点管出水量由下式确定：

$$q = 120\pi r l \sqrt[3]{K} \qquad (1-19)$$

式中　r——滤管半径，m；

l——滤管长度，m；

K——渗透系数，m/d。

2）井点管数量由下式确定：

$$n \geqslant 1.1 \frac{Q}{q} \tag{1-20}$$

式中 Q——总涌水量，m^3/d；

q——单井出水量，m^3/d。

3）井点管间距由下式确定：

$$D = \frac{L}{n} \tag{1-21}$$

式中 L——总管长度，m。

求出的井点管间距应大于 15 倍滤管的直径，以防由于井点管太密而影响抽水的效果，同时应尽量符合总管接头的间距模数（0.8、1.2、1.6、2.0）。最后根据实际情况确定出井点管的数量。

（3）选择抽水设备。定型的轻型井点设备配有相应的真空泵、水泵和动力机组。真空泵的规格主要根据所需的总管长度、井点管根数及降水深度而定，水泵的流量主要根据基坑井点系统涌水量而定。在满足真空高度的条件下，可从所选水泵性能表上查出一套满足涌水量要求的机组。

4. 轻型井点降水法的施工

轻型井点降水法的施工包括井点系统的埋设、安装、运行及拆除等，井点管的埋设，一般用水冲法，并分为冲孔与埋管两个过程。冲孔时，利用起重设备将冲管吊起并插在井点的位置上，如图 1-24 所示。开动高压水泵将土冲松，冲管则边冲边沉。孔洞要垂直，直径一般为 300mm，以保证井管四壁有一定厚度的砂滤层，冲孔深度宜比滤管底深 0.5m 左右，以防冲管拔出时，部分土颗粒沉于底部而触及滤管底部。

井孔冲成后，随即拔出冲管，插入井点管。井点管与孔壁之间应立即用粗砂灌实，距地面 1.0～1.5m 深处，然后用黏土填塞密实，防止漏气。在井点管与孔壁之间填砂时，如管内的水面上升，则认为该管埋设合格。

轻型井点设备的安装程序为：先排放总管，再埋设井点管，然后用弯联管将井点管与总管连通，最后安装抽水设备。安装完毕后，先进行试抽，以检查有无漏气现象。轻型井点使用时，应连续抽水。若时抽时停，滤管易堵塞，也容易抽出土粒，使水浑浊，并引起附近建筑物由于土粒流失而沉降开裂。正常的排水是细水长流，出水澄清。轻型井点降水时，抽水影响范围较大，土层因水分排出后，土壤会产生固结，使得在抽水影响半径范围内引起地面沉降，往往会给周围的建筑物带来一定危

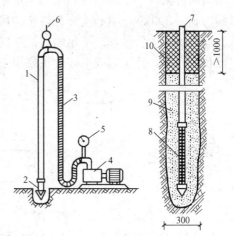

图 1-24 井点管的埋设

1—冲管；2—冲嘴；3—胶管；4—高压水泵；

5—压力表；6—起重机吊钩；7—井点管；

8—滤管；9—粗砂；10—黏土封口

害，要消除地面沉陷可采用回灌井点的方法，即在井点设置线外 4～5m 处，以间距 3～5m 插入注水管，将井点中抽出的水经过沉淀后用压力注入管内，形成一道水墙，以防止土体过

量脱水，而基坑内仍可保持干燥。

井点系统的拆除应在地下结构工程竣工后，并将基坑回填土后进行。拔出井点管可借助于倒链、起重机等。所留孔洞应用砂或土填塞，对地基有防渗要求，地面下 2m 范围内用黏土填塞压实。

五、土方回填与压实

建筑工程的回填土主要有地基、基坑（槽）、室内地坪、室外场地、管沟、散水等，回填土是一项很重要的工作，要求回填土应有一定的密实性，使回填土土层不致产生较大的沉陷。在实际施工中，一些建筑物沉降过大，室内地坪和散水出现大面积严重开裂，主要原因之一就是由于回填压实的密实度，没有达到设计规范的要求。

（一）土料的选择

填方土料应符合设计要求，以保证填方的强度与稳定性。凡含水量过大或过小的黏土，含有 8% 以上的有机物（腐烂物）的土，含有 5% 以上的水溶性硫酸盐的土、杂土、垃圾土、冻土等均不能作为回填土。

同一填方工程应尽量采用同类土填筑。如采用不同土填筑时，必须按土类不同，分层夯填，并将透水性大的土置于透水性小的土层之下，以防填土内形成水囊。

（二）压实的方法

填土压实的方法一般有碾压、夯实、振动压实，如图 1-25 所示。利用运输工具压实，对于大面积填土工程，多采用碾压或利用运输工具压实。

1. 碾压法

碾压原理是利用沉重的滚轮碾压土壤表面，使土壤在静压力作用下压实，适用于碾压黏性和非黏性土壤。

碾压机械有：平碾、气胎碾和羊足碾。平碾是一种以内燃机为动力的自行式压路机，重量约为 80～200kN，对砂土和黏性土均可压实，应用最普遍。气胎碾在工作时是弹性体，其压力均匀，填土质量好。羊足碾靠拖拉机牵引，如图 1-26 所示。由于它与土接触面小，单位面积压力大，故压实效果好，主要用于黏性土的压实。

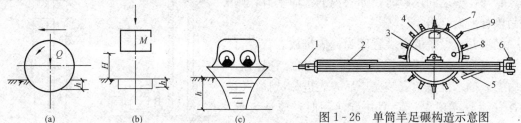

图 1-25　填土压实方法
（a）碾压法；（b）夯压法；（c）振动压实法

图 1-26　单筒羊足碾构造示意图
1—前拉头；2—机架；3—轴承座；4—碾筒；
5—铲刀；6—后拉头；7—装砂口；
8—水口；9—羊蹄头

2. 振动压实法

振动压实法的原理是利用重锤振动，使土壤颗粒发生相对位移从而达到密实状态，主要用于压实非黏性土。

3. 夯实法

夯实法是利用夯锤下落的冲击力压实土壤，主要用于小面积回填土。有人工夯实和机械夯实两种。人工夯实用木夯或石夯，但目前已使用很少。常用的机械夯实有夯锤、内燃夯土机和蛙式打夯机，如图1-27所示。

（三）影响填土压实的因素

填土压实质量与许多因素有关，其中主要影响因素有：土的含水量、压实功和每层铺土的厚度。

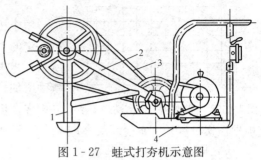

图1-27 蛙式打夯机示意图
1—夯头；2—夯架；3—三角胶带；4—底盘

1. 土的含水量的影响

在同一压实功条件下，填土的含水量对压实质量有直接的影响。较为干燥的土，由于土颗粒之间的摩阻力较大而不宜压实。含水量过大时，土颗粒间的孔隙被水分占去，也不能压实。因此，只有当土具有适当含水量时，水起了润滑作用，土颗粒之间的摩阻力减小，土才能被压实，如图1-28所示，土在含水状态下才能得到最大的密实度，因此把土达到最大密实度的含水量称为土的最佳含水量。不同的土有不同的最佳含水量，如砂土为8%～12%、黏土为19%～23%、粉质黏土为12%～15%、粉土为15%～22%。工地简单检验黏性土含水量的方法是用手将土捏成团落地开花为宜。

为保证填土压实的最佳含水量，太干的土要适当加以润湿，太湿的土要翻松、晾晒，均匀掺入干土等。

2. 铺土厚度的影响

压实机具对土的压实作用随土层的厚度增加而逐渐减小，如图1-29所示。其影响深度与压实机械、土的性质及含水量有关。铺土厚度应小于压实机械压土时的有效作用，铺土厚度有一个最优厚度范围，在此范围内，可使土料在获得设计要求密实度的条件下，压实机械所需的压实遍数最少，功耗费最低。可参照表1-6选用。

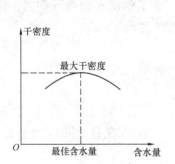

图1-28 土的干密度与含水量的关系

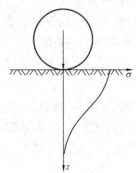

图1-29 压实作用沿深度的变化

表1-6　　　　　　　　　　　　填土每层的铺土厚度和压实遍数

压实机具	每层铺土厚度（mm）	每层压实遍数
平碾	200～300	6～8
羊足碾	200～350	8～16
蛙式打夯机	200～250	3～4
人工打夯	＜200	3～4

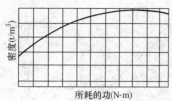

图 1 - 30　土的密度与压实功的关系

3. 压实功的影响

填土压实后的密实度与压实机械对填土所施加的功有一定的关系。土的密实度与所耗功的关系,如图 1 - 30 所示。当土的含水量一定,在开始压实时,土的密实度急剧增加,待接近土的最大密实度时,虽然压实功增加了许多,但土的密实度变化很小,施工中,对不同的土应根据压实机械和密实度要求合理选择压实的遍数。

(四)填土压实的质量检查

填土压实后必须达到设计要求的密实度,避免建筑物的不均匀沉陷。填土密实度的大小由压实系数表示。

压实系数(λ_c)指土的控制干密度 ρ_d 与最大干密度 ρ_{dmax} 的比值。压实系数由设计根据不同的填方工程确定。一般场地平整,其压实系数为 0.9 左右。利用填土作为地基时,设计规范规定了各种结构类型,不同填土部位的压实系数值,例如砌体承重结构和框架结构,在地基主要持力层范围内,压实系数应大于 0.96,在地基主要持力层范围以下,压实系数则为 0.93~0.96。

土的最大干密度一般在实验室用击实试验确定。土的最大干密度与规范规定的压实系数的积,称为理论填土控制干密度。在填土施工时,土的实际干密度大于或等于理论填土控制干密度时,则符合质量要求。

土的实际干密度可用"环刀法"或灌砂(水)法测定。其取样组数为:基坑回填为20~50m² 取样一组,基槽、管沟回填每层按长度 20~50m 取样一组,室内填土每层按 100~150m² 取样一组,场地平整填方每层按 400~900m² 取样一组。取样部位在每层压实后的下半部。

六、基坑验槽方法

建(构)筑物基坑挖至基底设计标高并清理后,施工单位必须会同勘察、设计、建设(或监理)等单位共同进行验槽,合格后方能进行基础工程施工。

1. 验槽时必须具备的资料和条件

(1)勘察、设计、建设(或监理)、施工等单位有关负责及技术人员到场。

(2)基础施工图和结构总说明。

(3)详勘阶段的岩土工程勘察报告。

(4)开挖完毕、槽底无浮土、松土(若分段开挖,则每段条件相同),条件良好的基槽。

2. 无法验槽的情况

(1)基槽底面与设计标高相差太大。

(2)基槽底面坡度较大,高差悬殊。

(3)槽底有明显的机械车辙痕迹,槽底土扰动明显。

(4)槽底有明显的机械开挖、未加人工清除的沟槽、铲齿痕迹。

(5)现场没有详勘阶段的岩土工程勘察报告或基础施工图和结构总说明。

3. 验槽前的准备工作

(1)查看结构说明和地质勘察报告,对比结构设计所用的地基承载力、持力层与报告所提供的是否相同。

（2）询问、查看建筑位置是否与勘察范围相符。

（3）查看场地内是否有软弱下卧层。

（4）场地是否为特别的不均匀场地、是否存在勘察方要求进行特别处理的情况，而设计方没有进行处理。

（5）要求建设方提供场地内是否有地下管线和相应的地下措施。

4. 验槽的主要内容

不同建筑物对地基的要求不同，基础形式不同，验槽的内容也不同，主要有以下几点：

（1）根据设计图纸检查基槽的开挖平面位置、尺寸、槽底深度；检查是否与设计图纸相符，开挖深度是否符合设计要求。

（2）仔细观察槽壁、槽底土质类型、均匀程度和有关异常土质是否存在，核对基坑土质及地下水情况是否与勘察报告相符。

（3）检查基槽之中是否有旧建筑物基础、古井、古墓、洞穴、地下掩埋物及地下人防工程等。

（4）检查基槽边坡外缘与附近建筑物的距离，基坑开挖对建筑物稳定是否有影响。

（5）检查核实分析钎探资料，对存在的异常点位进行复核检查。

5. 验槽方法

验槽方法采用观察法为主，而对基底以下的土层不可见部位，要辅以钎探法和轻型动力触探配合共同完成。

（1）观察法。

1）观察槽壁、槽底的土质情况，验证基槽开挖深度，初步验证基槽底部土质是否与勘察报告相符，观察槽底土质结构是否被人为破坏。

2）基槽边坡是否稳定，是否有影响边坡稳定的因素存在，如地下渗水、坑边堆载或近距离扰动等（对难于鉴别的土质，应采用洛阳铲等手段挖至一定深度仔细鉴别）。

3）基槽内有无旧的房基、洞穴、古井、掩埋的管道和人防设施等。如存在上述问题，应沿其走向进行追踪，查明其基槽内的范围、延伸方向、长度、深度及宽度。

4）在进行直接观察时，可用袖珍式钻入仪作为辅助手段。

（2）钎探法。

1）钎探法工艺流程是：绘制钎点平面布置图→放钎点线→核验钎点位置→就位打钎→记录锤击数→拔钎→盖孔保护→验收→灌砂。

2）人工（机械）钎探：采用直径22～25mm的钢钎，使用人力（机械）使大锤（穿心锤）自由下落规定的高度，锤击钎杆垂直打入土层中，记录其单位进深所需的锤数，为设计承载力、地勘结果、基土土层的均匀度等质量指标提供验收依据。

3）作业条件：人工挖土或机械挖土后由人工清底到基础垫层下表面设计标高，表面由人工铲平整，基坑（槽）宽、长均符合设计图纸要求；钎杆上预先用钢锯刻出以300mm为单位的横线，零点刻度从钎头开始。

4）主要机具：钎杆，用直径为22～25mm的钢筋制成，钎头呈60°尖锥形状，钎长2.1～2.6m；大锤，普通锤子，重量8～10kg；穿心锤，钢质圆柱形锤体，在圆柱中心开孔直径为28～30mm穿于钎杆上部，锤重10kg；钎探机械，专用的提升穿心锤的机械，与钎杆、穿心锤配套使用。

5) 根据基坑平面图,依次编号绘制钎点平面布置图;按钎点平面布置图放线,孔位用白灰画线,用盖孔块压在孔位上作好覆盖保护。盖孔块宜采用预制水泥砂浆块、陶瓷锦砖、碎磨石块、机砖等。每块盖块上面必须用粉笔写明钎点编号。

6) 就位打钎:钢钎的打入分人工和机械两种。人工打钎:将钎尖对准孔位,一人扶正钢钎,一人站在操作凳子上,用大锤打钢钎的顶端;锤举高度一般为50cm,自由下落,将钎垂直打入土层中,也可使用穿心锤打钎。机械打钎:将触探杆尖对准孔位,再把穿心锤套在钎杆上,扶正钎杆,利用机械动力拉起穿心锤,使其自由下落,锤距为50cm,把触探杆垂直打入土层中。

7) 记录锤击数:钎杆每打入土层30cm时,记录一次锤击数。钎探深度以设计为依据;如设计无规定时,一般钎点按纵横间距1.5m梅花形布设,深度为2.1m。

8) 拔钎、移位:用麻绳或钢丝将钎杆绑好,留出活套,套内插入撬棍或钢管,利用杠杆原理,将钎拔出。每拔出一段将绳套往下移一段,依此类推,直至完全拔出为止;将钎杆或触探器搬到下一孔位,以便继续拔钎。

9) 灌砂:钎探后的孔要用砂灌实。打完的钎孔,经过质量检查人员和有关工长检查孔深与记录无误后,用盖孔块盖住孔眼。当设计、勘察和施工方共同验槽办理完验收手续后,方可灌孔。

10) 质量控制及成品保护:①同一工程中,钎探时应严格控制穿心锤的落距,不得忽高忽低,以免造成钎探不准,使用的钎杆的直径必须统一;②钎探孔平面布置图绘制要有建筑物外边线、主要轴线及各线尺寸关系,外圈钎点要超出垫层边线200~500mm;③遇钢钎打不下去时,应请示有关工长或技术员,调整钎孔位置,并在记录单备注栏内做好记录;④钎探前,必须将钎孔平面布置图上的钎孔位置与记录表上的钎孔号先行对照,无误后方可打钎,如发现错误,应及时修改或补打;⑤在记录表上用有色铅笔或符号将不同的钎孔(锤击数的大小)分开;⑥在钎孔平面布置图上,注明过硬或过软的钎孔号的位置,把古井或坟墓等尺寸画上,以便设计勘察人员或有关部门验槽时分析处理;⑦打钎时,注意保护已经挖好的基槽,不得破坏已经成型的基槽边坡;钎探完成后应做好标记,用机砖护好钎孔,未经勘察人员检验复核,不得堵塞或灌砂。

另外,在验槽时应重点观察柱基、墙角、承重墙下或其他受力较大部位;如有异常部位,要会同勘察、设计等有关单位进行处理。

(3) 轻型动力触探。验槽时若遇到下列情况之一,应在基坑底采用轻型动力触探(现场也可用轻型动力触探代替钎探):

1) 持力层明显不均匀。

2) 浅部有软弱下卧层。

3) 有浅埋的坑穴、古墓、古井等,直接观察难以发现时。

4) 勘察报告或设计文件规定应进行轻型动力触探时。

第四节　土方工程机械化施工

土方工程施工中应尽量采用机械化、半机械化的施工方法,以减轻劳动强度,加快施工进度,缩短工期,降低工程成本。

一、土方机械的主要性能

土方工程施工机械的种类很多，在场地平整及基坑、基槽土方开挖施工中常用的土方机械包括单斗挖土机、推土机、铲运机等。

（一）单斗挖土机

单斗挖土机是土方开挖常用的一种机械，按其行走装置的不同，分为履带式和轮胎式两类。依其工作装置的不同，可以更换为正铲、反铲、拉铲和抓铲四种，按其传动装置不同又可分为机械传动和液压传动两种，如图1-31所示。

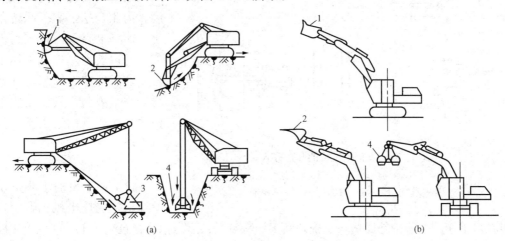

图1-31 单斗挖土机
(a) 机械式；(b) 液压式
1—正铲；2—反铲；3—拉铲；4—抓铲

1. 正铲挖土机

正铲挖土机的工作特点是：前进向上，强制切土，挖掘力大，生产效率高。但需要有汽车配合共同完成挖土运土工作。适用于开挖停机面以上1~3类土方，一般工作高度不小于1.5m，可开挖大型干燥的基坑，但需修筑坡道。

正铲挖土机的开挖方式，如图1-32所示。根据开挖路线与汽车相对位置的不同分为正向挖土侧向装车及正向挖土反向装车两种。正向挖土，侧向装车，铲臂卸土时角度在90°内，且汽车行驶

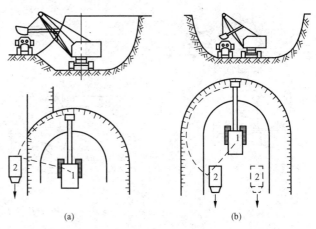

图1-32 正铲挖土机作业方式
(a) 侧向卸土；(b) 后方卸土
1—正铲挖土机；2—自卸汽车

方便，生产效率高，应用广泛。正向挖土，反向装车，铲臂回转角度较大（一般在180°左右），生产效率低，当开挖工作面狭小时可采用。

2. 反铲挖土机

反铲挖土机的工作特点是：后退向下，强制切土。挖土能力比正铲小。能开挖停机面以

下1～2类土，深度在3～5m的基坑、基槽、管沟，也可用于地下水位较高的土方开挖。反铲挖土机可以与自卸汽车配合，装土运走，也可弃土于坑槽附近。

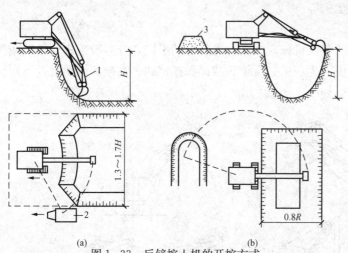

　　　　图 1-33　反铲挖土机的开挖方式
　　　　(a) 沟端开挖；(b) 沟侧开挖
　1　反铲挖土机；2—自卸汽车；3—弃土堆

反铲挖土机的开挖方式，如图 1-33 所示，主要有沟端开挖和沟侧开挖两种，沟端开挖挖掘宽度不受机械最大挖掘半径限制，同时可挖到最大深度。沟侧开挖，铲臂回转角度小，能将土弃于沟边较远的地方，但边坡不好控制，稳定性较差，而且挖土的深度和宽度均较小，因此，只在无法采用沟端开挖或所挖的土不需运走时采用。

3. 拉铲挖土机

拉铲挖土机的土斗是用钢丝绳悬挂在挖土机长臂上，挖土时在自重作用下落到地面切入土中。其工作特点是：后退向下，自重切土。其挖土深度和挖土半径均较大，能开挖停机面以下1～2类土，但是不如反铲挖土机灵活准确。适用于开挖大型基坑及水下挖土。其作业方式与反铲挖土机相同，有沟端开挖、沟侧开挖和三角形开挖三种，如图 1-34 所示。

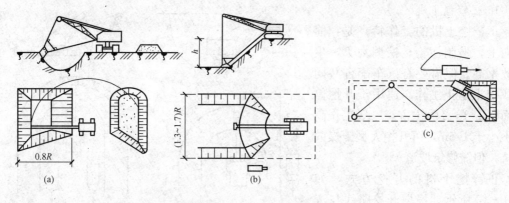

　　　　図 1-34　拉铲开挖方式
　　(a) 沟端开挖；(b) 沟侧开挖；(c) 三角形开挖

4. 抓铲挖土机

抓铲挖土机是在挖土机臂端用钢丝绳吊装一个抓斗，其工作特点是：直上直下，自重切土，挖掘能力小，适用于开挖松软的土，在施工面狭窄而深的基坑、深槽、深井采用可取得较好的效果，也适用于水下挖土，是地下连续墙施工挖土的专用机械。

(二) 推土机

推土机由拖拉机和推土铲刀组成。按铲刀的操纵机构不同，推土机分为钢索式和液压式两种。目前主要使用的是液压式，其外形如图 1-35 所示。

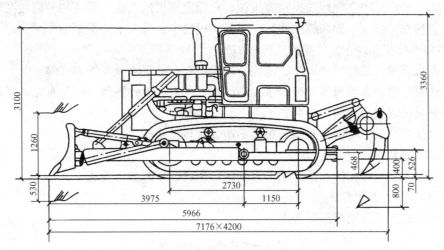

图 1-35　T-180 型推土机外形图

推土机能单独完成挖土、运土和卸土工作，具有操纵灵活，运转方便，所需工作面小，行驶速度快，易于转移，能爬 30°左右缓坡的特点。适用于场地清理，土方平整，开挖深度不大的基坑以及回填作业等。

推土机经济运距在 100m 以内，效率最高的运距在 60m。为提高生产率，可采用槽形推土，下坡推土及并列推土等方法。

（三）铲运机

铲运机是一种能独立完成铲土、运土、卸土、填筑、场地平整的土方机械。按行走方式分为自行式铲运机和拖拉式铲运机两种，如图 1-36 所示。

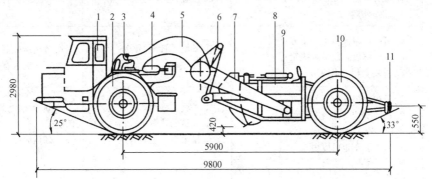

图 1-36　CL₇ 型自行式铲运机
1—驾驶室；2—前轮；3—中央框架；4—转角油缸；5—辕架；6—提斗油缸；
7—斗门；8—铲斗；9—斗门油缸；10—后轮；11—尾架

铲运机的特点是：对道路要求较低，操纵灵活，生产效率较高。它适合在 1～3 类土中直接挖、运土。经济运距在 600～1500m，当运距在 800m 时效率最高。常用于坡度在 20°以内的大面积场地平整，大型基坑开挖及填筑路基等，不适用于淤泥层，冻土地带及沼泽地区。坚硬土开挖时需用推土机助铲或松土机配合。

二、土方工程机械的选择

在土方工程施工中合理地选择土方机械，充分发挥机械效能，并使各种机械在施工中相互配合，加快施工进度，提高施工质量，降低工程成本，具有十分重要的作用。

1. 根据下列条件综合比较择优选择施工机械

（1）基坑情况：几何尺寸大小、深浅、土质，有无地下水及开挖方式等。

（2）作业环境：占地范围，工程量大小，地上与地下障碍物等（地上有无高压线，地下有无各种管道、管线、构筑物）。

（3）气候与季节：冬雨期时间长短，冬期温度与雨期降水量等情况。

（4）机械配套与供应情况。

（5）施工工期长短和选用适宜的土方机械，达到较高的经济效益。

2. 土方机械的适用范围

各种土方机械的适用范围见表1-7。

表1-7 基坑开挖机械的适用范围

机械名称	作业特点与条件	适用范围	辅助与配用机械
推土机	1. 推平； 2. 运距100m内的推土； 3. 助铲； 4. 牵引	1. 找平表面、场地、平整； 2. 短距离挖运； 3. 拖羊足碾	
铲运机	1. 找平； 2. 运距1500m内的挖运土； 3. 填筑堤坝	1. 场地平整； 2. 运距100～1500m； 3. 距离最小100m	开挖坚硬土时需要推土机助铲
正铲挖土机	1. 开挖停机面以上的土方； 2. 在地下水位以上； 3. 填方高度1.5m以上； 4. 装车外运	1. 大型基坑开挖； 2. 工程量大的土方作业	1. 外运应配备自卸汽车； 2. 工作面应有推土机配合
反铲挖土机	1. 开挖停机面以下的土方； 2. 挖土深度，随装置决定； 3. 可装土和甩土两用	1. 基坑、管沟； 2. 独立基坑	1. 外运应配备自卸汽车； 2. 工作面应有推土机配合
拉铲挖土机	1. 开挖停机面以下的土方； 2. 由于铲斗悬挂在钢丝绳上，开挖断面误差较大； 3. 可以装车也可以甩土	1. 基坑、管沟； 2. 大量的外借土方； 3. 排水不良也能开挖	1. 配备推土机创造施工条件； 2. 外运应配备自卸汽车
抓铲挖土机	1. 可直接开挖直井或在开口沉井内挖土； 2. 可以装车也可以甩土； 3. 钢丝绳牵拉，效率不高； 4. 液压式的深度有限	1. 基坑、基槽； 2. 排水不良也能开挖	外运应配备自卸汽车

3. 挖土机与运土车辆的配合计算

当挖土机挖出的土方需要运土车辆运走时，挖土机的生产率不仅取决于本身的技术性能，还取决于所选的运输工具是否与之协调。

根据挖土机的技术性能，其生产率可按式（1-22）计算

$$P = \frac{8 \times 3600}{t} q \frac{K_c}{K_s} K_B \tag{1-22}$$

式中 P——挖土机的生产率，m^3/台班；

    t——挖土机每次作业循环的延续时间，s；

    q——挖土机的斗容量，m^3；

    K_s——土的最初可松性系数，见表 1-1；

    K_c——挖土机土斗充盈系数，可取 0.8～1.1；

    K_B——挖土机工作时间利用系数，一般为 0.6～0.8。

为了使挖土机充分发挥生产能力，应使运土车辆的载重量与挖土机的每斗土重保持一定的倍数关系，并有足够数量车辆以保证挖土机连续工作。从挖土机方面考虑，汽车的载重量越大越好，可以减少等待车辆调头的时间。从车辆方面考虑，载重量小台班费便宜但使用数量多；载重量大，则台班费高但数量可以减少。最适合的车辆载重量应当是使土方施工单价为最低，可以通过核算确定。一般情况下，汽车的载重量以每斗土重的 3～5 倍为宜。运土车辆的数量 N 可按式（1-23）计算

$$N = \frac{T}{t_1 + t_2} \tag{1-23}$$

$$t_2 = nt, \quad n = \frac{10Q}{q \dfrac{K_c}{K_s} \gamma} \tag{1-24}$$

式中 T——运输车辆每一个工作循环延续时间（由装车、重车运输、卸车、空车开回及等待时间组成），s；

    t_1——运输车辆调头而使挖土机等待的时间，s；

    t_2——运输车辆装满一车土的时间，s；

    n——运土车辆每车装土次数；

    Q——运土车辆的载重量，t；

    q——挖土机斗容量，m^3；

    K_s——土的最初可松性系数，见表 1-1；

    K_c——挖土机土斗充盈系数，可取 0.8～1.1；

    γ——土的重度，kN/m^3。

为了减少车辆的掉头、等待和装土时间，装土场地必须要考虑车辆掉头方法及停车位置。如果在坑边设置两个通道，使汽车不用掉头，可以缩短掉头和等待时间。

【例 1-1】   某建筑施工企业承接了一项挖土施工任务。坑深为 4.2m，土方量为 9000m^3，平均运土距为 10km。合同工期为 8 天。施工企业现分别有甲、乙、丙液压挖土机各 4 台、2 台、2 台；A、B、C 自卸汽车各 12 台、30 台、18 台。其主要参数见表 1-8 和表 1-9。

试求：

（1）若挖土机和自卸汽车只能各取一种，数量没有限制，如何组合最经济。单方挖运直接费为多少？

（2）若每天 1 个班，安排挖土机和自卸汽车的型号、数量不变，应安排几台、何种型号的挖土机和自卸汽车。

表 1 - 8	挖 土 机		
型　　号	甲	乙	丙
斗容量	0.50	0.75	1.00
台班产量（m³）	400	550	700
台班单价（元/台班）	1000	1200	1400

表 1 - 9	自卸汽车		
能　　力	A	B	C
运距10km台班运量	30	48	70
台班单价（元/台班）	330	460	730

（3）按上述安排，每立方米土方的挖、运直接费为多少？

解　（1）挖土机每立方米土方的挖土直接费分别为：

甲机 1000/400＝2.50 元/m³

乙机 1200/550＝2.18 元/m³

丙机 1400/700＝2.00 元/m³，故取丙机最经济。

（2）自卸汽车每立方米运土直接费分别为：

A 车 330/30＝10.00 元/m³

B 车 460/48＝9.58 元/m³

C 车 730/70＝10.43 元/m³，故取 B 车最经济

每立方米土方挖运直接费为 2.00＋9.58＝11.58 元/m³。

（3）每天需要挖土机的数量为 9000/（700×8）＝1.6 台。

故取 2 台（共有 2 台，可以满足需要）

挖土时间为 9000/（700×2）＝6.43 天，故取 6.5 天＜8 天，可以按合同工期完成

每天需要的挖土机和自卸汽车的台数比例为 700/48＝14.6 台

则每天安排 B 自卸汽车数为 2×14.6＝29.2 台，取 29 台

即配置丙挖土机 2 台，B 自卸汽车 29 台（共有 30 台，可以满足需要）

29 台车可运土方为 29×48×6.5＝9048m³＞9000m³，即 6.5 天可以运完。

（4）按上述安排，每立方米土方的实际挖、运直接费为

$$(1400 \times 2 + 460 \times 29) \times 6.5/9000$$
$$= 104\ 910/9000 = 11.66\ 元/m³$$

第五节　爆　破　工　程

爆破就是炸药产生剧烈的化学反应，在极短时间内释放出大量的高温、高压气体，冲击和压缩周围的介质，使其受到不同程度的破坏。在建筑工程施工中，爆破技术常用于场地平整、地下工程中土石方开挖、基抗（槽）或管沟挖土中岩石的炸除、施工现场树根和障碍物的清除、拆除旧建筑物和构筑物等。

一、爆破的基本知识

（一）炸药

土方工程中常用的炸药分为起爆炸药和破坏炸药两类。

起爆炸药是一种烈性炸药，敏感性极高，很容易爆炸，用于制造雷管、导爆线和起爆药包等。起爆炸药主要有雷汞、叠氮铅、黑索金、持屈儿、泰安等。

破坏炸药又称次发炸药，用以作为主炸药，具有相当大的稳定性，只有在起爆炸药的爆

炸激发下，才能发生爆炸。这类炸药主要有：梯恩梯（TNT）（或称之硝基甲苯）、硝化甘油炸药（胶质炸药）、铵梯炸药、黑火药等。

（二）起爆方法

为了使用安全，一般使用敏感性较低的破坏炸药。使用时，要使炸药发生爆炸，必须用起爆炸药引爆。起爆方法有：火花起爆、电力起爆和导爆索（或导爆管）起爆。

1. 火花起爆

火花起爆是利用导火索在燃烧时的火花引爆雷管，先使药卷爆炸，从而使全部炸药发生爆炸。火花起爆器材有：导火索、火雷管及起爆药卷。

（1）火雷管。普通雷管由外壳，正、副起爆炸药和加强帽三部分组成，如图 1-37 所示。雷管的规格有 1～10 号，号数愈大，威力愈大，其中以 6 号和 8 号应用最广。由于雷管内装的都是烈性炸药，遇冲击、摩擦、加热、火花就会爆炸，因此在运输、保管和使用中都要特别注意。

（2）导火索。由黑火药药芯和耐水外皮组成，直径 5～6mm。导火索的正常燃速是 1cm/s；另一种为 0.5cm/s。使用前应当作燃烧速度试验。必要时还应做耐水性试验，以保证爆破安全。根据所需要用的长度将导火索切下（不得小于 1m），将插入雷管的一段切成直角，插到与雷管中的加强帽接触为止，不要转动也不要用力压下。然后用雷管钳将导火索夹紧于雷管壳上，夹紧部分为 3～5mm，此时称为火线雷管。

（3）起爆药卷。起爆药卷是使主要炸药爆炸的中继药包，如图 1-38 所示。制作时，解开药卷的一端，使包皮敞开，将药卷捏松，用木棍轻轻地在药卷中插一个孔，然后将火线雷管插入孔内，收拢包皮纸，用细麻绳绑扎。起爆药卷只能在即将装炸药前制作这次需用的数量，不得先作成成品使用。

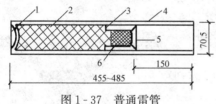

图 1-37　普通雷管

1—窝槽；2—副起爆炸药；3—加强帽；

4—管壳；5—帽孔；6—正起爆炸药

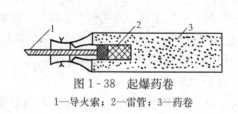

图 1-38　起爆药卷

1—导火索；2—雷管；3—药卷

2. 电力起爆

电力起爆是利用电雷管中的电力引火剂发热燃烧使雷管爆炸，从而引起药包爆炸。大规模爆破及同时起爆较多炮眼时，多采用电力起爆。电力起爆器材有：电雷管、电线、电源及测量仪器。

电雷管是由普通雷管和电力引火装置组成，如图 1-39 所示，有即发电雷管和延期电雷管两种。延期电雷管是在电力引火装置与起爆药之间放上一段缓燃剂而成。延期雷管可以延长雷管爆炸时间。延

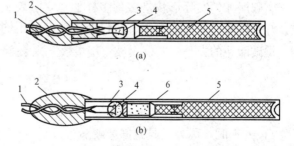

图 1-39　电雷管

（a）即发电雷管；（b）延期电雷管

1—脚线；2—绝缘涂胶；3—球形发火剂；

4—电阻丝；5—雷管；6—缓燃剂

长时间有：2、4、6、8、10、12s 等。

电线是用来连接电雷管，组成电爆网络。通常用胶皮绝缘或塑料绝缘线，禁止使用不带绝缘包皮的电线。电源可用照明和动力电源、电池组或专供电力起爆用的各类放炮器。

3. 导爆索起爆

导爆索的外线和导火索相似，但它的药芯是由高级烈性炸药组成，传爆速度达 7000m/s 以上。皮线绕红色线条以与导火索区别。

导爆索起爆不需雷管，但本身必须用雷管引爆。这种方法成本较高，主要用于深孔爆破和大规模的药室爆破，不宜用于一般的炮眼法爆破。

（三）破坏作用圈

爆破时介质距离爆破中心愈近，受到的破坏愈大，通常将爆破影响的范围分为几个爆破作用圈。爆破时最靠近药包处的介质受到的压力最大，对于塑性土壤，便被压缩成孔腔；对于坚硬的岩石，便会被粉碎；这个范围称为压缩圈和破碎圈。

图 1-40　爆破作用圈

在压缩圈以外的介质受到的作用力虽然减弱了些，但足以使结构破坏，使其分裂成各种形状的碎块，这个范围称之为破坏圈或松动圈。在破坏圈以外的介质，因作用力只使其产生震动现象，故称为震动圈，以上爆破的范围，可以用一些同心圆表示，叫爆破作用圈，如图 1-40 所示。

（四）爆破漏斗

当埋设在地下的药包爆炸后，地面就会出现一个爆破坑，一部分被炸碎了的介质被抛至坑外，一部分仍坠落在坑内。由于爆破坑形似漏斗，所以称它为爆破漏斗，如图 1-41 所示。

爆破漏斗可用下面几个参数来表明其特征：

（1）最小抵抗线 W：从药包中心到临空面的最短距离。

（2）爆破漏斗半径 r：漏斗上口的圆周半径。

（3）最大可见深度 h：从坠落在坑内的介质表面到临空面的最大距离。

（4）爆破作用半径 R：从药包中心到爆破漏斗上口边沿的距离。

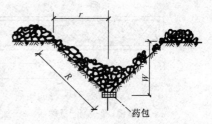

图 1-41　爆破漏斗
r—漏斗半径；R—爆破作用半径；
W—最小抵抗线（药包埋深）

爆破漏斗的实际形状是多种多样的，它随着土的性质、炸药性能、药包的大小、药包埋置深度的不同而不同。爆破漏斗的大小一般以爆破作用指数 n 来表示，即

$$n = \frac{r}{W} \tag{1-25}$$

当 $n=1$ 时，称为标准抛掷爆破漏斗；

当 $n<1$ 时，称为减弱抛掷爆破漏斗；

当 $n>1$ 时，称为加强抛掷爆破漏斗。

二、药包量计算

爆破土石方的时候，用药量要根据岩石的硬度、岩石的缝隙、临空面的多少、估计爆破的土石方量以及施工经验来决定。

炸药量的理论计算是以标准抛掷漏斗为依据。用药量的多少与漏斗内的土石方体积成正比。其药包量 Q 的基本公式为

$$Q = eqV \qquad (1-26)$$

式中　q——爆破 1m³ 岩石所需的耗药量，kg/m³，可参考表 1-10 确定；

　　　V——被爆炸岩石的体积，m³；

　　　e——炸药换算系数，见表 1-11。

表 1-10　　　　　　　　　　标准抛掷爆破药包的单位耗药量 q 值表

土的类别	一～二类	三～四类	五～六类	七类	八类
q（kg/m³）	0.95	1.10	1.25～1.50	1.60～1.90	2.00～2.2

注　本表以 1 号露天铵梯炸药为标准计算，当用其他炸药时，须乘以换算系数 e 值。

表 1-11　　　　　　　　　　炸 药 换 算 系 数 e 值 表

炸药名称	型号	e	炸药名称	型号	e
露天铵梯	1、2 号	1.00	胶质硝铵		0.78
煤矿铵梯	1 号	0.97	硝酸铵		1.35
煤矿铵梯	2 号	1.12	铵油炸药	1、2 号	1.00～1.20
煤矿铵梯	3 号	1.16	苦味酸		0.90
岩石铵梯	1 号	0.80	黑火药		1.00～1.25
岩石铵梯	2 号	0.88	梯恩梯		0.92～1.00

当标准抛掷爆破时，因 $n = \dfrac{r}{W} = 1$，即 $r = W$。又由于 $V = \dfrac{1}{3}\pi r^2 W = \dfrac{1}{3}\pi W^3 \approx W^3$，所以药包的炸药量为

$$Q = eqW^3 \qquad (1-27)$$

当加强或减弱抛掷爆破时，其药包的药量为

$$Q = (0.4 + 0.6n^3)eqW^3 \qquad (1-28)$$

当仅要求松动爆破时，其药包的炸药量为

$$Q = 0.33eqW^3 \qquad (1-29)$$

式中，$0.4 + 0.6n^3$ 或 0.33 均是实验爆破系数。

三、爆破方法

在建筑工程中，常用的爆破方法主要有以下几种：

（一）裸露药包爆破

此法多用于炸碎岩石和大型爆破中的巨石改炮。耗药量大，约为一般浅孔法爆破的 3～5 倍。此法爆破效果不易控制，且岩片飞散较远，易造成事故。如图 1-42 所示为这种爆破的装药方式。

（二）浅孔爆破

浅孔爆破又称炮眼法。一般孔深为 0.5～5m，炮眼直径为 28～50mm。孔眼可用风钻或人工打设。这种方法不需要复杂的钻孔设备，施工操作简便，炸药耗用量少，飞石距离近，岩石破碎较均匀，便于控制开挖面的形状和规格，且可在各种复杂地形下施工。但其爆破量小，效率低，钻孔工作量大。

　　炮眼布置应尽量利用临空面较多的地形；炮眼的方向应尽量与临空面平行。为了提高爆破效果，常进行台阶式爆破，如图 1 - 43 所示。

图 1 - 42　裸露药包爆破

1—大块岩石；2—药包；3—导火线；4—覆土

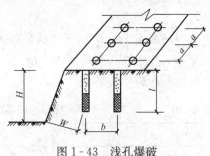

图 1 - 43　浅孔爆破

（三）药壶爆破

　　药壶爆破是在炮孔底部放入少量的炸药，经过几次爆破扩大成为圆球的形状，最后装入炸药进行爆破。此法与炮孔爆破法相比，具有爆破效果好、工效高、进度快、炸药消耗少等优点。在浅基的短桩爆破中常采用此法。

（四）拆除爆破

　　拆除爆破也叫"定向爆破"，是通过一定的技术措施，严格控制爆炸能量和爆炸规模，使爆破的声响、振动、破坏区域以及破碎物的散坍范围，控制在规定的限度之内。

　　在城市和工厂往往需要拆除一些旧的建筑物或构筑物，如：楼宇、厂房、烟囱、水塔以及各种基础等，常采用拆除爆破。拆除爆破考虑的因素很多，包括爆破体的几何形状和材质，使用的炸药、药量、炮眼布置及装药方式，覆盖物和防护措施及周围环境等，其中最主要的是炸药及装药量。

四、爆破安全措施

　　爆破工程，应特别重视安全施工。爆破作业的每一道工序，都必须仔细检查，要认真贯彻执行爆破安全方面的有关规定，尤其应注意下面四个方面：

　　（1）爆破器材的领取、运输和贮存，应有严格的规章制度。雷管和炸药不得同车装运、同库贮存。仓库离工厂或住宅区等应有一定的安全距离，并严加警卫。

　　（2）爆破施工前，应做好安全爆破的各项准备工作，划好安全距离，设置警戒哨。闪电雷鸣时，禁止装药接线，施工操作时严格按安全操作规程办事。

　　（3）炮眼深度超过 4m 时，须用两个雷管起爆；如深度超过 10m，则不得用火花起爆。

　　（4）爆破时发现拒爆，必须先查原因后，再进行处理。

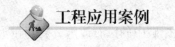

　　　　　　　工程应用案例

【背景材料】

　　某建筑场地地形图和方格网（$a = 20m$）布置如图 1 - 44 所示。该场地系亚黏土，地面设计泄水坡度：$i_x = 3‰$，$i_y = 2‰$。建筑设计、生产工艺和最高洪水位等方面均无特殊要求。试确定场地设计标高（不考虑土的可松性影响，如有余土，用以加宽边坡），并计算挖、填土方工程量。

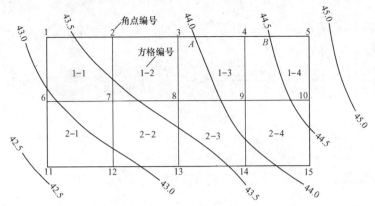

图 1-44 某建筑场地地形图和方格网布置

【解析】

1. 计算角点的地面标高

根据地形图上所标等高线，用插入法求出各方格角点的地面标高。

采用插入法时，假定每两根等高线之间的地面高低呈直线变化。如求角点 4 的地面标高（H_4），如图 1-45 所示，根据相似三角形特性有

$$h_x : 0.5 = x : l$$

则

$$h_x = \frac{0.5}{l} x$$

得

$$H_4 = 44.00 + h_x$$

在地形图上只要量出 x 和 l 的长度，便可算出 H_4 的数值。这种计算是很烦琐的，故通常多采用图解法（其原理同上述数解法）来求得各角点的地面标高。如图 1-46 所示，用一张透明纸，上面画六根等距离的平行线（线条要尽量画细，否则影响读数），把透明纸放到标有方格网的地形图上，将六根平行线的最外两根分别对准 A 点和 B 点，这时六根等距离的平行线将 A、B 之间的 0.5m 的高差分成五等份，于是便可直接读得角点 4 的地面标高 $H_4 = 44.34$。其余各角点标高均可用此法求出。用图解法求得的各角点标高，如图1-47所示中地面标高的数值。

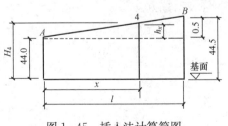

图 1-45 插入法计算简图

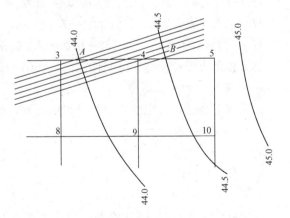

图 1-46 插入法的图解法

2. 计算场地设计标高 H_0

$$\sum H_1 = 43.24 + 44.80 + 44.17 + 42.58 = 174.79 \text{m}$$

$$2\sum H_2 = 2 \times (43.67 + 43.94 + 44.34 + 44.67 + 43.67 + 43.23 + 42.90 + 42.94)$$

$$=698.72m$$

$$4\sum H_4 = 4\times(43.35+43.76+44.17)=525.12m$$

根据式（1-7），得

$$H_0 = \frac{\sum H_1 + 2\sum H_2 + 4\sum H_4}{4N} = \frac{174.76 + 698.72 + 525.12}{4\times 8} = 43.71m$$

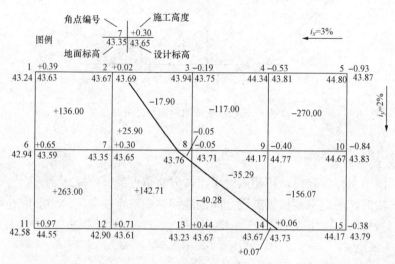

图 1-47　方格网法计算土方工程量图

3. 根据要求的泄水坡度计算方格角点的设计标高

以场地中心点角点 8 为 H_0，如图 1-47 所示，其余各角点设计标高为

$H_1 = H_0 - 40\times 3\text{‰} + 20\times 2\text{‰} = 43.71 - 0.12 + 0.04 = 43.63m$

$H_2 = H_1 + 20\times 3\text{‰} = 43.63 + 0.06 = 43.69m$

$H_6 = H_0 - 40\times 3\text{‰} \pm 0 = 43.71 - 0.12 = 43.59m$

$H_7 = H_6 + 20\times 3\text{‰} = 43.59 + 0.06 = 43.65m$

$H_{11} = H_0 - 40\times 3\text{‰} - 20\times 2\text{‰} = 43.71 - 0.12 - 0.04 = 43.55m$

$H_{12} = H_{11} + 20\times 3\text{‰} = 43.55 + 0.06 = 43.61m$

其余各角点设计标高均可同样算出，如图 1-47 所示的设计标高数值。

4. 计算角点的施工高度

角点施工高度，习惯以"＋"号表示填方，"－"号表示挖方。

$h_1 = 43.63 - 43.24 = +0.39m$

$h_2 = 43.69 - 43.67 = +0.02m$

$h_3 = 43.75 - 43.94 = -0.19m$

……

各角点施工高点如图 1-47 所示中施工高点数值。

5. 标出"零线"

零线即挖方区和填方区的分界线，也就是不挖不填的线。其确定方法是：先求出有关方格边线（此边线的特点一端为挖，另一端为填）上的"零点"（不挖不填的点），将相邻的零点连接起来，即为零点线，如图 1-47 所示。

确定零点的方法是图解法。如图 1-48 所示，用与方格网相应的比例画直线 AB，并等于方格边长 a，通过 A、B，用另一较大的比例分别绘出 h_1 和 h_2（h_1 为填方高度，h_2 为挖方高度），连 C、D。其直线交 AB 于 O，O 即为零点。各有关方格边的零点的图解如图 1-49 所示。将得出的各零点的 x 值，用相应的比例分别标到方格网的相应方格边线上，即得零点的位置。

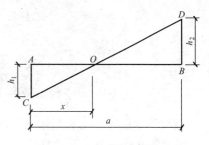

图 1-48 求零点的图解法

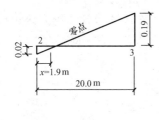 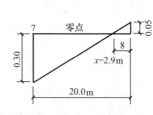 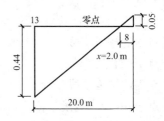

图 1-49 零点图解举例

6. 计算土方工程量

(1) 各方格土方工程量。

第一种类型，即全挖或全填的方格，由式 (1-10b) 计算，其土方工程量为

$$V_{1-1}=h_1+h_2+h_3+h_4=39+2+30+65=+136\text{m}^3$$

$$V_{2-1}=65+30+71+97=+263\text{m}^3$$

$$V_{1-3}=19+53+40+5=-117\text{m}^3$$

$$V_{1-4}=53+93+84+40=-270\text{m}^3$$

第二种类型的方格，由式 (1-11)（a 用 20m，h 用 cm 代入，简化为下式），其土方工程量为

$$V_{1-2}^{填}=\frac{h_1^2}{h_1+h_4}+\frac{h_2^2}{h_2+h_3}=\frac{30^2}{30+5}+\frac{2^2}{2+19}=+25.90\text{m}^3$$

$$V_{1-2}^{挖}=\frac{h_3^2}{h_1+h_3}+\frac{h_4^2}{h_1+h_4}=\frac{19^2}{2+19}+\frac{5^2}{30+5}=-17.90\text{m}^3$$

$$V_{2-3}^{填}=\frac{6^2}{6+40}+\frac{44^2}{44+5}=+40.28\text{m}^3$$

$$V_{2-3}^{挖}=\frac{5^2}{44+5}+\frac{40^2}{6+40}=-35.29\text{m}^3$$

第三种类型的方格，由式 (1-12)（a 用 20m，h 用 cm 代入，简化为下式），其土方工程量为

$$V_{2-2}^{挖}=\frac{2}{3}\frac{h_4^3}{(h_1+h_4)(h_3+h_4)}=\frac{2}{3}\times\frac{5^3}{(44+5)(30+5)}=-0.05\text{m}^3$$

$$V_{2-2}^{填}=\frac{2}{3}(2h_1+h_2+2h_3-h_4)+V_{2-2}^{挖}$$

$$= \frac{2}{3}(2 \times 44 + 71 + 2 \times 30 - 5) + 0.05 = +142.71 \text{m}^3$$

$$V_{2-4}^{填} = \frac{2}{3} \times \frac{6^3}{(40+6)(38+6)} = +0.07 \text{m}^3$$

$$V_{2-4}^{挖} = \frac{2}{3}(2 \times 40 + 84 + 2 \times 38 - 6) + 0.07 = -156.07 \text{m}^3$$

将计算出的土方工程量填入相应的方格中，如图 1-47 所示。

场地各方格土方工程量总计：挖方为 596.31m³；填方为 607.96m³。

（2）边坡土方工程量。

首先确定边坡坡度。因场地土质系亚黏土，由表 1-3 和表 1-4 可知，挖方区边坡坡度采用 1：1.25，填方区边坡坡度采用 1：1.50。场地四个角点的挖、填方宽度为

角点 5 的挖方宽度   0.93×1.25＝1.16m

角点 15 的挖方宽度   0.38×1.25＝0.48m

角点 1 的填方宽度   0.39×1.50＝0.59m

角点 11 的填方宽度   0.97×1.50＝1.46m

按照场地的四个控制角点的边坡宽度，绘出边坡平面轮廓尺寸图，如图 1-50 所示。

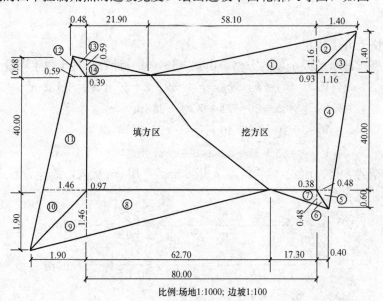

图 1-50 边坡平面轮廓尺寸图

边坡土方工程量，可划分为三角棱锥体和三角棱柱体两种类型，按式（1-14）和式（1-15a）计算。

挖方区边坡土方量为

$$V_1 = \frac{1}{3} \times \frac{1.16 \times 0.93}{2} \times 58.1 = -10.46 \text{m}^3$$

$$V_{2-3} = 2 \times \frac{1}{3} \times \frac{1.16 \times 0.93}{2} \times 1.4 = -0.50 \text{m}^3$$

$$V_4 = \frac{1}{2}\left(\frac{1.16 \times 0.93}{2} + \frac{0.48 \times 0.38}{2}\right) \times 40 = -12.6\text{m}^3$$

$$V_{5-6} = 2 \times \frac{1}{3} \times \frac{0.48 \times 0.38}{2} \times 0.6 = -0.03\text{m}^3$$

$$V_7 = \frac{1}{3} \times \frac{0.48 \times 0.38}{2} \times 17.3 = -0.52\text{m}^3$$

挖方区边坡土方量合计：24.11m³

填方区边坡土方量（计算从略）：

$$V_8 = +29.47\text{m}^3 \qquad V_{9-10} = +1.79\text{m}^3$$

$$V_{11} = +16.5\text{m}^3 \qquad V_{12-13} = +0.04\text{m}^3$$

$$V_{14} = +0.8\text{m}^3$$

填方区边坡土方量合计：48.6m³

场地及边坡土方量总计：

挖方   596.31＋24.11＝620.40m³

填方   607.96＋48.6＝656.56m³

两者相比，填方比挖方大 36.1m³，除考虑土的可松性，填方尚可满足一部分以外，其不足的部分（尚需考虑挖方区的土有部分不能用作填方）可从加宽挖方区边坡或从场外取土解决；如有困难，可将设计标高 H_0 适当降低，如从 43.71m 降为 43.70m（每降低 0.01m，相当于挖方量增加 $40 \times 80 \times 0.01 = 32\text{m}^3$）。

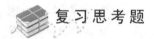 复习思考题

1. 土方工程的分类如何？有何特点？

2. 土按工程性质可以分为哪几类？

3. 什么是土的可松性？土的可松性对土方施工有何影响？

4. 什么是土的天然含水量？什么叫最佳含水量？

5. 土方边坡用什么方法表示？什么是边坡系数？造成边坡塌方的原因有哪些？

6. 土壁支撑有哪些形式？

7. 试述明沟排水法的施工过程。

8. 轻型井点降水法的工作原理是什么？其系统的组成和布置原则是什么？

9. 场地平整土方量计算的方法有哪几种？

10. 方格网法计算场地平整土方量的基本步骤有哪些？

11. 何谓土方调配？土方调配时应遵守哪些原则？

12. 土方施工机械有哪几种？其适用范围如何？

13. 基坑开挖应注意哪些问题？

14. 基底验槽的内容有哪些？钎探的目的和方法是什么？

15. 回填土施工有哪些要求？

16. 影响填土压实的因素是什么？如何进行检查？

17. 简述爆破的概念及起爆方法有哪几种。

18. 在建筑工程中常用的爆破方法有哪几种？
19. 土方工程有哪些主要的安全技术措施？

 习　题

1. 某场地平整有 8000m³ 的填方量需从附近取土填筑，其土质为粉质黏土。试计算：

(1) 填土的挖方量。

(2) 已知运输工具的斗容量为 2m³，求需运的车次。

2. 已知场地平整后的地面标高 225.00m，基槽底的标高为 222.00m，基槽底宽为 2m，土质为硬塑的亚黏土，用人工挖土并将土弃于基槽上边，试确定基槽的上口宽度，并绘出基槽的平面图和横断面图。

3. 某管沟的中心线如图 1-51 所示，AB 相距 30m，BC 相距 20m，土质为黏土。A 点的沟底设计标高为 260.00m，沟底纵向坡度从 A 至 C 为 3‰，沟底宽 2m。现拟用反铲挖土机挖土。试计算 AC 段的土方量。

4. 某建筑场地方格网，如图 1-52 所示，方格网的边长为 40m×40m，试用方格网法计算场地总挖方量和总填方量？若填方区和挖方区的边坡坡度均为 1：0.5 时，试计算场地边坡挖、填土方量。

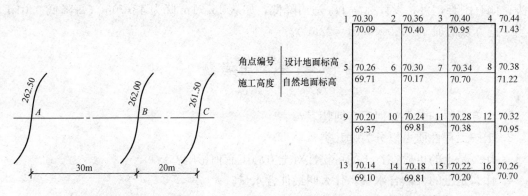

图 1-51　管沟的中心线示意图　　　　图 1-52　场地方格网示意图

5. 某基坑面积为 20m×30m，基坑深 4m，地下水位在地面以下 1m，不透水层在地面下 10m，地下水为无压水，土的渗透性系数 $K = 15m/d$，基坑边坡坡度为 1：0.5，现采用轻型井点降低地下水位，试进行轻型井点系统的布置和设计。

第二章 地基处理与桩基础工程

┌── **内 容 提 要** ──┐

　　本章内容主要包括地基加固处理、地下连续墙、钢筋混凝土预制桩、灌注桩、人工挖孔桩等施工内容。重点介绍地基加固处理方法，混凝土灌注桩，人工挖孔桩等施工工艺和施工方法以及质量、安全控制要求。

学习要求

　　(1) 了解钢筋混凝土预制桩的施工方法。
　　(2) 熟悉地基加固处理方法，地下连续墙的施工工艺原理和施工要点。
　　(3) 掌握钢筋混凝土灌注桩的施工工艺原理和施工要点，以及质量事故产生的原因、预防措施。
　　(4) 掌握人工挖孔灌注桩的施工方法和施工操作要点，质量控制及安全技术。

第一节 地基加固处理

　　地基加固是指高压缩性土的软弱地基。高压缩性土分为自然沉积土（如淤泥、泥炭等）和人工堆积土（如建筑垃圾、生活垃圾、工业废料、炉渣等）。在进行软弱地基加固处理时，应根据高压缩性土的特性不同，采用不同的方法去处理，否则，将会造成许多人为事故。例如，在工程建设中曾经出现将强夯法用于夯击淤泥类土，变成了橡皮土，越夯越坏。再有，用碎石桩去改良淤泥质土，造成了6层房屋下沉超过1m，并且歪斜。这些教训是很深刻的。

一、地基加固的原理

　　当工程结构的荷载较大，地基土质又较软弱（强度不足或压缩性大），不能作为天然地基时，可针对不同情况，采取各种人工加固处理的方法，以改善地基性质、提高承载力、增加稳定性、减少地基变形和基础埋置深度。

　　地基加固的原理是：将土质由松变实，将土的含水量由高变低，即可达到地基加固的目的。工程实践中各种加固方法，诸如机械碾压法、重锤夯实法、挤密桩法、化学加固法、预压固结法、深层搅拌法等均是从这一加固原理出发。但在拟定地基加固处理方案时，应充分考虑地基与上部结构共同工作的原则，从地基处理、建筑、结构设计和施工方面均应采取相应的措施进行综合治理，严禁单纯对地基进行加固处理，否则，不仅会增加工程费用，而且难以达到理想的效果。其具体的措施有：

　　(1) 改变建筑体形，简化建筑平面。
　　(2) 调整荷载差异。
　　(3) 合理设置沉降缝。沉降缝位置宜设在地基不同土层的交接处，或地基同一土层厚薄不一处，建筑平面的转折处，荷载或高度差异处，建筑结构或基础类型不同处，分期建筑的交界处，局部地下室的边缘，过长房屋的适当部位。

（4）采用轻型结构、柔性结构。

（5）加强房屋的整体刚度。如采用横墙承重方案或增加横墙，增设圈梁，减小房屋的长高比，采用筏式基础、筏片基础、箱形基础等。

（6）对基础进行移轴处理。当偏心荷载较大时，可使基础轴线偏离柱的轴线。

（7）施工中正确安排施工顺序和施工进度。如对相邻的建筑，应先施工重、高（即荷载重、高度大）的建筑，后施工轻、低（即荷载轻、高度小）的建筑；对软土地则应放慢施工速度，以便使地基能排水固结，提高承载力。否则，施工速度过快，将造成较大的孔水压力，甚至使地基发生剪切破坏。

二、地基加固的方法

根据地基加固的原理，可采取不同的加固方法。这些加固方法，可归纳为"挖、填、换、夯、压、挤、拌"七个字。

（一）挖

挖就是挖去软土层，把基础埋置在承载力大的基岩或坚硬的土层中。当软土层不厚时，使用此种方法利用坚硬的土层作为天然地基较为经济。

（二）填

当软土层很厚，而又需大面积对地基进行加固处理时，则可在软土层上直接回填一层一定厚度的好土，以提高地基的承载力，减小软土层的承压力。

（三）换

换就是将挖与填相结合，即换土垫层法。此法适用于软土层较厚，而仅对局部地基进行加固处理。它是将基础下面一定范围内的软弱土层挖去，而代之以人工填筑的垫层作为持力层。垫层材料有砂石、碎石、三合土［石灰：砂：碎砖（石）＝1：2：4］、灰土（石灰：土＝3：7）、矿渣、素土等，分别称砂石地基、三合土地基、粉煤灰地基。换土垫层可提高持力层的承载力，减小软土层的承压力，加速软土层排水固结，且减少基础沉降量，如图 2-1 所示为砂石垫层做法，垫层厚 H 一般为 0.5～2.5m，不宜大于 3m，小于 0.5m。采用换土垫层能有效地解决中小型工程的地基处理问题，其优点是能就地取材，施工简便，工期短，造价低。

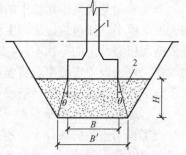

图 2-1　砂石垫层剖面图
1—基础；2—砂垫层

（四）夯

夯就是利用打夯工具或机具（如人工打夯、蛙式打夯机、火力夯、电力夯、重锤夯、强力夯等）夯击土壤，排出土壤中的水分，加速土壤的固结，以提高土壤的密实度和承载力。其中强力夯是用起重机械将大吨位夯锤（一般不小于 8t）起吊到很高处（一般不小于 6m），自由落下，对土体进行强力夯实。其作用机理是用很大的冲击能（一般为 500～800kJ），使土中出现冲击波和很大的应力，迫使土中孔隙压缩，土体局部液化，夯击点周围产生裂隙，形成良好的排水通道，土体迅速固结。适用于黏性土、湿陷性黄土及人工填土地基的深层加固。但强力夯所产生的振动对现场周围已建成或在建的建筑物及其他设施有影响时，不得采用，必要时应采取防震措施。

强夯法有效加固深度 H（m），可用下列公式估算

$$H = k\sqrt{\dfrac{Mh}{10}} \qquad\qquad (2-1)$$

式中　M——夯锤重力，kN；

　　　　h——落距，m；

　　　　k——折减系数，与土质、锤型、能级、施工工艺等有关，一般黏性土取 0.5，砂性土取 0.7，黄土取 0.35～0.50。

（五）压

压就是利用压路机、羊足碾、轮胎碾等机械碾压地基土壤，使地基压实排水固结。也可采用预压固结法，即先在地基范围的地面上，堆置重物预压一段时间，使地基压密，以提高承载力，减少沉降量。为了在较短时间内取得较好的预压效果，要注意改善预压层的排水条件，常用的方法有砂井堆载预压法、袋装砂井堆载预压法、塑料排水带堆载预压法和真空预压法。

1. 砂井堆载预压法

砂井堆载预压法是在预压层的表面铺砂层，并用砂井穿过该土层，以利排水固结，如图 2-2 所示。砂井直径一般为 300～400mm，间距为砂井直径的 6～9 倍。

2. 袋装砂井堆载预压法

袋装砂井堆载预压法是将砂先装入用聚丙烯编织布或玻璃纤维布、黄麻片、再生布等所制成的砂袋中，再将砂袋置于井中。井径一般为 70～120mm，间距为 1.5～2.0m。此法不会产生缩颈、断颈现象，透水性好，费用低，施工速度快。

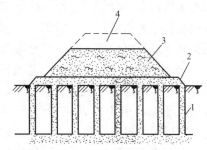

图 2-2　典型的砂井地基剖面
1—砂井；2—砂垫层；3—永久性填土；
4—临时超载填土

3. 塑料排水带堆载预压法

塑料排水带堆载预压法是将塑料排水带用插排机将其插入软土层中，组成垂直和水平排水体系，然后堆载预压。土中孔隙水沿塑料带的沟槽上升溢出地面，从而使地基沉降固结。

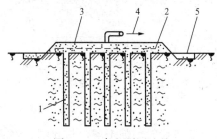

图 2-3　真空预压地基
1—砂井；2—砂垫层；3—薄膜；
4—抽水、气；5—黏土

4. 真空预压法

真空预压法是利用大气压力作为预压载荷，无须堆载加荷。它是在地基表面砂垫层上覆盖一层不透气的塑料薄膜或橡胶布。四周密封，与大气隔绝，然后用真空设施进行抽气，使土中孔隙水产生负压力，将土中的水和空气逐渐吸出，从而使土体固结，如图 2-3所示。为了加速排水固结，也可在加固部位设置砂井、袋装砂井或塑料排水带等竖向排水系统。

（六）挤

先用带桩靴的工具式桩管打入土中，挤压土壤形成桩孔，然后拔出桩管，再在桩孔中灌入砂石或石灰、素土、灰土等填充料进行捣实，或者随着填充料的灌入逐渐拔出桩管。这种方法最适用于加固松软饱和土地基，其原理就是挤密土壤，排水固结，以提高地基的承载力，所以也称为挤密桩。

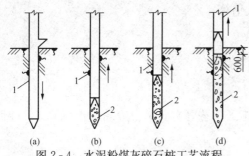

图 2-4　水泥粉煤灰碎石桩工艺流程

(a) 打入桩管；(b)、(c) 灌水泥、粉煤灰碎石
振动拔管；(d) 成桩

1—桩管；2—水泥、粉煤灰、碎石桩

水泥粉煤灰碎石挤密桩的施工工艺，如图 2-4 所示。这种桩的填充料是水泥、石屑、碎石、粉煤灰和水的拌和物，是一种低强度混凝土桩，是近年发展起来的处理软弱地基的一种新方法，具有较好的技术性能和经济效果，不但能提高地基的承载力，还可将荷载传递到深层地基中去。

此外，根据地基土质不同，亦可采用振动成孔器或振冲器成孔后灌入砂石挤密土壤。

(七) 拌

拌是指用旋喷法或深层搅拌法加固地基。其原理是利用高压射流切削土壤，旋喷浆液（水泥浆、水玻璃、丙凝等），搅拌浆土，使浆液和土壤混合，凝结成坚硬的柱体或土壁。同理，化学加固中的硅化法、水泥硅化法和电动硅化法均是将水玻璃（硅酸钠，$Na_2O \cdot nSiO_2$）和氯化钙（$CaCl_2$）或水泥浆注入土中，使其扩散生成二氧化硅的胶体与土壤胶结"岩化"，亦是属于拌和的结果。

水泥土深层搅拌桩施工工艺流程，如图 2-5 所示。深层搅拌机定位启动后，叶片旋转切削土壤，借助设备自重下沉至设计深度；然后缓慢提升搅拌机，同时喷射水泥浆或水泥砂浆进行搅拌；待搅拌机提升到地面时，再原位下沉提升搅拌一次，这样便可使浆土均匀混合形成水泥土桩。

水泥土桩由于水泥在土中形成水泥石骨架，使土颗粒凝聚、固结，从而成为具有整体性、水密性较好，强度较高的水泥加固体。在工程中除用于对软土地基进行深层加固外，也常用于深基坑的支护结构和防水、防流砂的防渗墙。

单管旋喷桩的施工流程，如图 2-6 所示。它是利用钻机把带有特殊喷嘴的注浆管

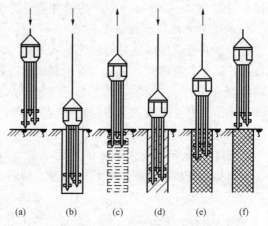

图 2-5　深层搅拌桩施工工艺流程

(a) 定位下沉；(b) 沉入到设计深度；(c) 喷浆搅拌提升；
(d) 原位重复搅拌下；(e) 重复搅拌提升；
(f) 搅拌完成形成固体

钻至设计深度后，用高压脉冲泵将水泥浆液由喷嘴向四周高速喷射切削土层，与此同时将旋转的钻杆缓缓提升，使土体与水泥浆在高压射流作用下充分搅拌混合，胶结硬化后即形成具有一定强度的旋喷桩。

单管旋喷浆液射流衰减大，成桩直径较小，为了获得大直径截面的桩，可采用二重管（即两根同心管，分别喷水、喷浆）旋喷，或三重管（三根同心管，分别喷水、喷气、喷浆）旋喷。单管法和二重管法还可用注浆管射水成孔，无需用钻机成孔。喷浆方式有旋喷、定喷和摆喷三种，能分别获得柱状、壁状和块状加固体。为此，旋喷法可用于处理地基，控制加固范围，可用于桩、地下连续墙、挡土墙、防渗墙、深基坑支护结构的施工可作为防管涌、流砂的技术措施。

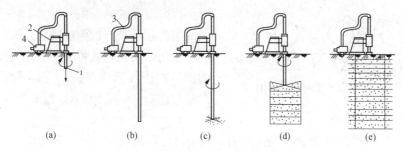

图 2-6　单管旋喷桩施工工艺流程

（a）钻机就位钻孔；（b）钻孔至设计标高；（c）旋喷开始；（d）边旋喷边提；（e）旋喷结束成桩

1—旋喷管；2—钻孔机械；3—高压胶管；4—超高压脉冲泵

第二节　深基坑支护技术

随着土木工程建设的发展，基础施工也越来越复杂，基础形式按其功能要求分为箱基、筏基两大类。箱基主要解决承载力不足问题，住宅建筑多采用箱基，埋深在 5m 以上。商业建筑地下部分因供停车或营业需要，一般采用框架柱厚筏结构。地下两层，埋深 10m 左右。由于用地紧张，常常用足规划用地将各栋建筑的地下部分连成一片，形成大底盘。这就出现了大面积深基坑支护新的技术问题，其特点如下：

（1）由于场地狭窄，放坡法使用条件受到限制，目前主要的支护方法为钢板桩、柱列式钢筋混凝土桩、连续墙等。对方形或圆形基坑采用拱圈。为提高支护能力，增设单层和多层锚杆，或设水平支撑，如图 2-7 所示。基坑开挖要实行位移监测，确保场外道路及管道设施的安全。

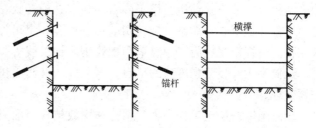

图 2-7　深基坑支护示意图

（2）利用深层搅拌法（或注浆法）加固基坑四周土体，使其成为具有低强度的防水帷幕，或直接用作护坡；或与钢筋混凝土柱列桩连用，组成防水支挡结构代替造价较高的连续墙；在软土地区可用来加固被动区土体，增加支护结构的稳定性，杜绝流砂管涌，为施工现场干作业创造条件。

下面介绍柱列式灌注桩、土锚杆、土钉墙、地下连续墙、逆作法等最新先进支护技术的施工要点，这些新技术已广泛应用于大面积深基坑支护中。

一、柱列式灌注桩

柱列式灌注桩是以直径为 80～120cm 的钢筋混凝土灌注桩为立柱，配合土锚杆或横向支撑以减少桩身弯矩的挡土结构。它的优点是可使用钻孔机械，按通常灌注桩施工方法施工。在地下水位较低时还可用人工挖孔，施工简便，造价较低，无噪声；其缺点是整体性能较差，无防水能力。因此，必须在桩顶做断面较大的圈梁，以增强其整体性。采用降水，或用水泥搅拌桩，组成具有一定强度的防渗墙，如图 2-8 所示。采用土锚杆或横向支撑时还需加纵向环梁，一般用工字钢。其尺寸需通过计算确定。待地下室施工完成后可以拆除。

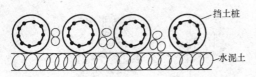

图 2-8　桩—水泥土复合体示意图

柱列灌注桩的净距一般为 20～50cm，根据土的抗剪强度及开挖深度确定。

目前采用柱列式灌注桩作为地下基坑支护的施工方法较为普遍。一是因施工简便易行，二是它适合 2～3 层地下室施工要求，从综合指标分析，可能是最佳方案。

在国外还有柱列式 H 型钢桩挡土结构。在型钢之间插入木挡板作为挡土，完工后拔出，但重复使用率较低，造价较高。H 型钢桩最大的优点是便于逆作法施工，室内梁板钢筋与挡土桩的连接问题可通过焊接解决。

二、土锚杆

土层锚杆，简称土锚杆，是在地面或深开挖的地下室墙面或基坑立壁未开挖的土层钻孔，达到设计深度后，在孔内放入钢筋或其他抗拉材料，灌入水泥浆使土层结合成为抗拉力强的锚杆。为了均匀分配传到连续墙或柱列式灌注桩上的土压力，减少墙、柱的水平位移和配筋，一端采用锚杆与墙、柱连接，另一端锚固在土层中，用以维持坑壁的稳定。图 2-9 所示为锚杆示意图。它由头部连接、拉杆、锚固体三部分组成。

（1）施工机械有：冲击式钻机、旋转式钻机及旋转式冲击钻机等。冲击式钻机适用于砂石层地层；旋转式钻机可用于各种地层。它靠钻具旋转切削钻进成孔，也可加套管成孔。锚杆承受拉力，一般采用螺纹钢、钢绞线等强度高、延伸率大、疲劳强度高的材料。永久性锚杆尚需进行防腐处理。

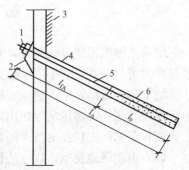

图 2-9　土层锚杆示意图
1—锚头；2—锚头垫座；3—支护；
4—钻孔；5—拉杆；6—锚固体；
l_0—锚固段长度；l_{fA}—非锚固段长度；
L_A—锚固长度

（2）土锚杆的施工程序为：钻孔→安放拉杆→灌浆→养护→安装锚头→张拉锚固和挖土。施工过程中，首先要掌握打孔质量，包括位置、斜度及深度。当锚杆达到预定位置后，开始加压灌浆。通常采用水泥浆和水泥砂浆，水泥砂浆比为 1：1～1：0.5。基坑锚杆压浆只在锚固段进行。利用压浆塞封住段口，并在压力下使锚固段锚杆与土之间砂浆凝固，养护 7 天后即可进行张拉实验，确认达到设计压力后才最后固定。

（3）在淤泥质软黏土中，锚杆砂浆稳固能力很差，一般不采用锚杆来解决边坡稳定问题，而用内撑支挡。支挡结构种类很多，最重要的设计原则是保证支护结构的稳定性，要考虑足够的安全度。

（4）锚杆与支撑两者的作用相同。锚杆便于施工开挖，但造价较高；支撑便于监测，易于控制，施工开挖较困难。决定的因素还是开挖深度、土质强弱、周围有无建筑或管道等。

三、土钉墙

土钉加固技术是在土体内嵌入一定长度和分布密度的土钉体，如图 2-10 所示，与土共同作用，用以弥补土体自身强度的不足。它不仅提高了土体整体刚度，增加边坡的稳定性，使基坑开挖的坡面保持稳定，而且弥补了土体的抗拉和抗剪强度低的弱点。通过相互作用，土体自身结构强度的潜力得到充分发挥，显著提高了整体稳定性。

土钉墙适用于地下水低于土坡开挖段，或经过降水措施后使地下水位低于开挖层的情况。

为了保证土钉墙的施工，土层在分阶段开挖时，应能保持自身稳定。为此，土钉适用于有一定黏结性的杂填土、黏性土、黄土类土及含有 30％以上黏土颗粒的砂土边坡。此外，当采用喷射混凝土面层或坡面浅层注浆等稳定坡面措施，能够保证每一边坡台阶的自身稳定时，也可采用土钉支护体系作为稳定砂土边坡的方法。

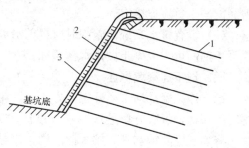

图 2-10　土钉墙的构造
1—土钉；2—铺设钢筋网；3—喷射混凝土面层

当然，土钉技术在应用上也有其一定的局限性：土钉墙施工时一般要先开挖土层 1～2m 深，在喷射混凝土和安装土钉前需要在无支护情况下稳定几个小时，因此土体必须要有一定的"黏聚力"，否则需先进行灌浆处理，使造价增加和施工复杂。另外，土钉墙施工时要求坡面无水渗出。若地下水从坡面渗出，则开挖后坡面会出现局部坍滑，这样就不可能形成一层喷射混凝土面层。

土钉墙的施工操作程序如下：

（一）施工准备

（1）了解工程质量要求和施工监测内容与要求，如基坑支护尺寸的允许偏差，支护坡顶的允许最大变形，对邻近建筑物、道路、管线等环境安全影响的允许程度。

（2）土钉支护宜在排除地下水的条件下进行施工。应采取恰当的降排水措施排除地表水、地下水，以避免土体处于饱和状态，有效减小或消除作用于面层上的静水压力。

（3）确定基坑开挖线、轴线定位点、水准基点、变形观测点等，并妥善保护。

（4）制订基坑支护施工组织设计，周密安排好支护施工与基坑土方开挖、出土等工序的关系，使支护与开挖密切配合，力争达到连续快速施工。

（5）选用材料：主要包括土钉钢筋、水泥、砂、外加剂等。水泥应优先选用普通硅酸盐水泥，砂选用中粗砂，粒径 2～4mm，外加剂等。

（6）施工机具准备：钻孔机具、空气压缩机、混凝土喷射机、灌浆泵、混凝土搅拌机等。

（二）土钉墙支护结构施工工艺

（1）开挖工作面。土钉墙开挖应分段、分层进行，分层开挖深度主要取决于与暴露坡面的"直立"能力。基坑开挖和土钉墙施工应按设计要求自上而下分段、分层进行。考虑到土钉施工设备，分层开挖至少要 6m 宽。开挖长度取决于交叉施工期间能保持坡面稳定的坡面面积。当要求变形小时，开挖可按两段长度分先后施工，纵向长度一般为 10m。在机械开挖后，应辅以人工修整坡面，坡面平整度允许偏差为 ±20mm，在坡面喷射混凝土支护之前，坡面虚土应予以清除。

（2）喷射混凝土。通常为了防止土体松弛和崩解，必须尽快做第一层喷射混凝土，厚度不宜小于 40～50mm。所用的混凝土水泥最少含量为 $400kg/m^3$，并建议每 $100m^2$ 设置一个控制"格"或"盒"，以控制现场混凝土的浇筑质量。当不允许产生裂缝时，加强养护特别重要。

（3）设置土钉。土钉施工包括定位、成孔、设置钢筋、注浆等工序。钻孔工艺和方法与土层条件、施工单位的设备和经验有关。

（4）铺设钢筋网。钢筋网应在喷射第一层混凝土后铺设，钢筋与第一层喷射混凝土的间隙不小于 20mm。采用双层钢筋网时，第二层钢筋网应在第一层钢筋网被覆盖后铺设，另外钢筋网与土钉应连接牢固。

（5）设置排水系统。施工时应提前沿坡顶挖设排水沟排除地表水，并在第一段开挖喷射混凝土期间可用混凝土做排水沟覆面。

四、地下连续墙概述

地下连续墙是在工程开挖土方之前，用特制的挖槽设备在指定的位置开挖一条具有一定宽度的深槽，每次开挖形成一定长度的单元槽段，采用泥浆护壁的方法，清除沉积的泥渣后，将加工好的钢筋骨架放入槽段内，用导管法向槽段内浇注混凝土，各个槽段间采用特定的接头连接，即形成一道连续的地下混凝土墙体。

（一）地下连续墙的特点

（1）结构刚度大。作为基坑支护结构，进行必要的撑锚后，可有效地防止由于基坑开挖而引起的土层变形对邻近建筑物造成的影响。

（2）适应性强。在岩溶地区和含承压水头很高的砂砾层中，如果不用其他辅助措施尚难以采用外，其他地质条件下均可采用地下连续墙。

（3）对环境影响小。施工时噪声低、振动小，土方开挖时不必放坡，防渗性能好。

（4）应用范围广。具有挡土、防渗、截水、承重、阻滑、防爆等多种功能，可用作挡土墙、防渗墙、建筑物的地下墙和刚性基础以及其他地下构筑物等。

地下连续墙的不足之处：需要专用的机械设备，造价较高，施工技术要求高，若掌握不当，易出现漏水、塌孔、露筋等现象，影响工程质量。

（二）地下连续墙的施工工艺

1. 槽段的划分

在地下连续墙修筑之前，应根据工程条件和开挖机械的特点，预先沿墙体长度方向把地下墙划分为一定长度的施工单元，该施工单元称单元槽段。挖槽施工时是按一个单元槽段长度进行挖掘。槽段的数量应尽可能少，同时槽段接缝应避免在墙体拐角部位。将划分后各个单元槽段的形状、位置和长度标明在平面图上，它是地下连续墙施工中的一个重要内容。在确定其长度时要综合考虑地质条件、地面荷载、起重机的起重能力、混凝土的供应能力、地下连续墙及内部结构的平面布置等因素。

2. 修筑导墙

（1）导墙修筑要求。钢筋混凝土导墙拆模以后，应沿其纵向每隔 1m 左右加设支撑，将两片导墙支撑起来，在导墙的混凝土达到设计强度并设好支撑之前，禁止任何重型机械设备在导墙附近作业，防止导墙受压变形。

（2）导墙的作用。导墙是地下连续墙挖槽之前修筑的临时结构物，它对挖槽具有重要作用，导墙的作用有以下几个方面：

1）挡土墙的作用。在挖掘地下连续墙沟槽时，接近地表的土不稳定，而此处的泥浆也不能起到护壁的作用，接近地面的槽段容易塌陷，因此在单元槽段完成之前，导墙就起到挡土墙的作用。

2）控制基准。作为测量的基准，它规定了沟槽的位置，表明单元槽段的划分，同时也作为测量挖槽标高、垂直度和精度的基准。

3）支撑作用。它既可以作为挖槽机械轨道的支撑，又是钢筋笼、接头管等搁置的支撑点，有时还承受部分施工设备的荷载。

4）存蓄泥浆。导墙可存蓄泥浆，稳定槽内泥浆液面。泥浆液面应始终保持在导墙面以下 200mm，并高于地下水位 1.0m，以稳定槽壁。

（3）导墙的常用形式。导墙一般为现浇的钢筋混凝土结构，但也有钢制或钢筋混凝土的装配式结构，可多次重复使用。不论采用哪种结构，必须具有足够的强度、刚度，满足挖槽机械的施工要求。其中最常用的是钢筋混凝土导墙。在确定导墙形式时，应考虑的因素有表层土的特性、导墙可能承受的荷载情况、地下连续墙施工时对邻近建（构）筑物可能产生的不利影响、地下水位的高低及其水位变化等。在工程中常用的导墙形式，如图 2-11 所示。

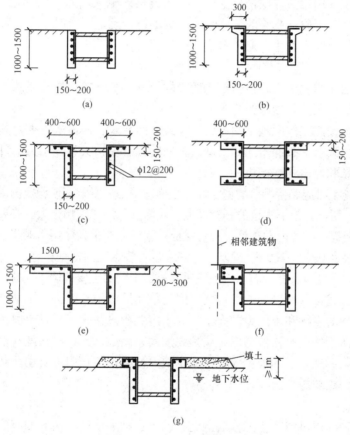

图 2-11 常用导墙的形式

3. 泥浆的制备

连续墙挖槽过程中，泥浆的作用是护壁、携渣、冷却机具和切土滑润。所以，泥浆的正确使用，是保证挖槽成败的关键。泥浆有一定的相对密度，如槽内泥浆液面高出地下水位一定深度，在槽内就对槽壁产生一定的静水压力，可抵抗作用在槽壁上的土压力和水压力，相当于一种液体支撑，可以防止槽壁坍塌，并防止地下水渗入。另外，泥浆在槽壁上会形成一层透水性很低的泥皮，可使泥浆的静水压力有效地作用于槽壁上，能防止槽壁剥落，还从槽壁表面向土层内渗透，待渗透到一定范围时泥浆就粘附在土颗粒上，这种粘附作用可减少槽壁的透水性，也可防止槽壁坍塌。泥浆具有一定的黏度，它能将挖槽机挖下来的土渣悬浮起来，避免土渣沉淀，便于土渣随同泥浆一同排出槽外。冲击式或钻头式挖槽机在泥浆中挖槽时，泥浆作冲洗液，既可降低钻机因连续冲击或回转而引起的温度剧烈升高，又可因润滑作用而减轻钻具的磨损,有利于延长钻具的使用寿命和提高效率。

制备泥浆的方法有配制泥浆和原土造浆两种。

(1) 配制泥浆。挖槽前利用专用设备事先根据配比制备好泥浆,泥浆的各项指标应符合要求,挖槽时将泥浆输入沟槽内。泥浆制备包括泥浆搅拌和泥浆储存。将泥浆搅拌均匀所需的搅拌时间,取决于搅拌机的搅拌能力(搅拌筒大小、搅拌叶片回转速度等)、膨润土浓度、储存时间长短和加料方式,一般应根据搅拌试验的结果确定。泥浆最好在充分溶胀之后再使用,所以搅拌后宜储存 3h 以上。

(2) 原土造浆。用钻头式挖槽机挖槽时,向淘槽内输入清水,与切削下来的泥土拌和,边挖槽边形成泥浆。当原土造浆的某些性能指标不符合规定要求时,在造浆的过程中对泥浆进行处理,直到符合要求为止,避免造成土壁的坍塌。

4. 挖槽

地下连续墙的挖槽工作内容包括单元槽段的划分、机械的选择与使用、制定防止坍塌的措施与工程事故等的预防与处理措施等。

挖槽施工机械按照工作原理不同分为挖斗式、回转式、冲击式三类,其中挖斗式有蛙式抓斗和铲斗,冲击式有钻头冲击式和凿刨式,回转式有单钻头和多钻头。目前应用较多的是蛙式抓斗、多头钻和冲击式挖槽机。

地下连续墙施工时应保持槽壁的稳定性防止槽壁塌方。影响槽壁稳定的因素有泥浆、地质及施工三个方面。所以,地下水位的相对高度,对槽壁稳定的影响很大。必要时可部分或全部降低地下水位,或提高槽段内泥浆液位,对保证槽壁稳定有很大作用。泥浆液面要高出地下水位一定高度,一般为 0.50~1.0m。地基土的好坏也直接影响到槽壁稳定。土的内摩擦角越小,所需要泥浆的相对密度越大。在施工地下墙时要根据不同的土质选用不同的泥浆配合比。

单元槽段的长短也影响槽壁的稳定性。因为单元槽段的长度决定了基槽的长深比,而长深比影响上拱作用的发挥和土压力的大小。为了避免槽段在施工时发生坍塌,在施工开始以前应采取以下预防措施:对松散易塌土层预先加固;缩小单元槽段长度;根据土质选择泥浆配合比;注意泥浆和地下水的液位变化;减少地面荷载,防止附近有动荷载等。槽段开挖是地下连续墙施工的主要施工工序之一。

5. 清底

挖槽结束后清除以沉渣为主的槽底沉淀物的工作称为清底。清底的方法有沉淀法和置换法两种。沉淀法是在土渣沉淀至槽底之后再进行清底。一般挖槽后静止 2h,悬浮在泥浆中的泥渣 80% 可以沉淀,4h 后几乎全部沉淀完毕。置换法是在挖槽结束后,在土渣未沉淀之前就用相对密度小的泥浆把槽内的泥浆置换出来,将槽内泥浆的相对密度控制在 1.15 以下。在工程中常用置换法。为保证沉渣厚度满足要求,也可在钢筋笼吊放后、浇筑混凝土前进行二次清底。

6. 钢筋笼加工和吊放

(1) 钢筋笼加工。钢筋骨架根据地下连续墙墙体配筋图及单元槽段的形状和尺寸来制作,最好按单元槽段做成一个整体。如果地下连续墙很深或很重,超出了起重机的起重能力,需要分段制作,在吊放时再进行连接,可以采用帮条焊连接,纵向受力钢筋的搭接长度,如无明确规定时可采用 60 倍钢筋直径。

由于钢筋笼尺寸大、刚度小,在其起吊时易变形,因此,在制作钢筋笼、加工钢筋笼时，要根据钢筋笼质量、尺寸以及起吊点的位置，在钢筋笼内布置一定数量的钢筋纵向桁架进行加固。为保证浇注混凝土的导管顺利安装和灌注混凝土，要预先确定浇筑混凝土用导管的位置，钢筋密集的部位要进行处理，保证该部位空间上下贯通。钢筋笼端部与接头管或混凝土接头面之间应留有空隙。主筋净保护层厚度通常为 7cm 或按设计要求确定。

（2）钢筋笼的吊放。钢筋笼的起吊应用横吊梁或吊架。起吊时不能使钢筋笼下端在地面上拖引，防止钢筋产生弯曲变形。钢筋笼进入槽内时，吊点中心必须对准槽后徐徐下降，注意不要因起重臂摆动或其他原因使其产生横向摆动，造成槽壁坍塌。钢筋笼放入槽内后，检查钢筋笼的顶端标高，准确无误后安放在导墙上。如果钢筋笼是分段制作的，吊放时需要接长，下段悬挂在导墙上，然后将上段钢筋笼垂直吊起，上下两段找正后立即进行连接。钢筋笼不能顺利插入槽内时，应该重新吊出，查明原因并处理后再进行安放，如有需要则在修槽之后再吊放。不能强行插放，否则将引起坍塌，产生大量沉渣，影响工程质量。

7. 地下连续墙的接头

地下连续墙的接头是指施工地下连续墙时在墙的纵向连接两相邻单元墙段的接头，施工接头为接头管（又称锁口管）接头。这是当前地下连续墙施工用得最多的一种接头。施工时，一个单元槽段挖好后于槽段的端头处放入接头管，然后吊放钢筋笼并浇筑混凝土，待混凝土浇筑后强度达到 0.05～0.20MPa（一般在混凝土浇筑开始后 3～5h，视气温而定）时开始提拔接头管，提拔接头管可用液压顶升架或吊车。开始时每隔 20～30min 提拔一次，每次上拔 30～100cm，上拔速度应与混凝土浇筑速度、混凝土强度增长速度相适应，一般为 2～4m/h，应在混凝土浇筑结束后 8h 以内将接头管全部拔出。

8. 混凝土浇筑

地下连续墙施工所用的混凝土，除满足一般混凝土的要求外，尚应考虑泥浆中浇筑的混凝土的强度随施工条件变化较大，同时在整个墙面上的强度分散性也大，因此，应进行混凝土配合比设计。

混凝土应具有黏性和良好的流动性，否则会造成混凝土夹渣、孔洞等质量缺陷。因此，为保证混凝土的浇筑质量，用于配制混凝土的原材料应采用粒度良好的河砂，粗骨料宜用粒径 5～25mm 的河卵石。如用 5～40mm 的碎石应适当增加水泥用量和提高砂率，以保证所需的坍落度与和易性。水泥应采用强度等级 32.5、42.5 的普通硅酸盐水泥或矿渣硅酸盐水泥。单位水泥用量，粗骨料如为卵石应在 370kg/m³ 以上，如采用碎石并掺加优良的减水剂应在 400kg/m³ 以上，水灰比不大于 0.60，混凝土的坍落度宜为 18～20cm，地下连续墙混凝土用导管法进行浇筑。

五、逆作法

在城市内施工时因场地狭窄，受到施工场地的限制，不可能放坡，逆作法施工技术日益被重视，并且施工支挡可用地下室永久结构代替，各层楼板可做施工之用，并可缩短工期、节约造价。由于逆作法具有这些优点，自 20 世纪 70 年代开始应用逆作法施工。

逆作法的施工与正常基坑施工相反，先施工上层地下室，再施工下层地下室，最后浇筑底板。原有连续墙或柱列式钢筋混凝土桩可作为地下室的临时外墙。施工时按柱网排列，先做钢骨临时支撑柱，如图 2-12 所示。在地面上做最上层楼面结构。浇筑过程中预留车道、出土口，便于挖出第一层楼面下的土方。挖完土方后，继续做第二层楼面，并浇筑钢筋混凝土柱。原有钢骨（型钢或钢管）留在柱内，便于柱、梁、板的连接。按此顺序施工，至浇完

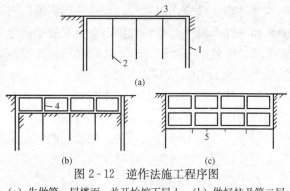

图 2-12 逆作法施工程序图

（a）先做第一层楼面，并开始挖下层土；（b）做好柱及第二层
楼面，开始挖下层土；（c）完成第二层柱及浇筑底板

1—连续墙；2—钢构柱或钢筋混凝土柱；3—楼面板；
4—钢筋混凝土柱；5—底板

底板为止。关于梁与连续墙的连接，可在连续墙钢筋网上的相应位置预埋构件以便焊接，如图 2-13 所示。

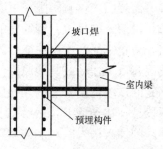

图 2-13 连续墙与梁板连接示意图

由于逆作法具有施工稳定、节省材料与工期，并解决了施工场地不足的问题，在城市中不仅用于高层建筑地下室，还用作地下车站施工，效果很好。唯一的要求在于提高施工技术，组织各工种统一步调，密切协作，才能保证质量。

第三节　浅基础工程施工

一、垫层施工

为了使基础与地基有较好的接触面，将基础承受的上部结构荷载比较均匀地传给地基，常常在基础底部设置垫层。按地区不同，目前常用的垫层材料有灰土、碎砖（或碎石、卵石）三合土、砂或砂石以及低强度等级的混凝土等垫层。

（一）灰土垫层施工

灰土垫层是用石灰和黏土拌和均匀，分层夯实而成的。灰土的体积配合比例是 3∶7 或 2∶8，常用 3∶7，故称"三七灰土"。三七灰土垫层具有就地取材、造价低廉、施工简便等优点，一般适用于地下水位较低，基槽经常处于较为干燥状态的基础。灰土垫层施工完毕后，应及时进行基础施工，并迅速回填土。

（二）砂或砂石垫层施工

砂或砂石垫层材料，宜采用颗粒级配良好，质地坚硬的中砂、粗砂、砾砂、卵石和碎石，也可采用细砂，但宜掺入一定数量的卵石或碎石，其掺量按设计规定。此外，如石屑、工业废料经过试验合格后亦可作为垫层的材料。所用砂石材料都不应含有草根、垃圾等杂质；含泥量要低于 3％，石子最大粒径不宜大于 5cm。垫层底面宜铺设在同一标高上，如深度不同，垫层面应挖成踏步搭接。施工时应先深后浅，搭接处应注意捣实。分段施工接头也应做成斜坡，每层错开 0.5～1.0m，并充分捣实。砂石垫层捣实方法根据不同条件，可选用振实、夯实或压实等方法进行。

（三）碎砖三合土垫层

碎砖三合土垫层是由石灰、粗砂和碎砖按 1∶2∶4 的比例拌和而成的。石灰用未熟化的灰块，临时加水熟化；砂用粗砂或中砂；碎砖用断砖打碎，粒径为 3～5cm。这三种材料加水拌和均匀后，倒入基槽中，与灰土相同，需分层夯实。虚铺的厚度第一层为 22cm，以后每层为 20cm，分别都夯实至15cm，直至设计高度为止。打夯至少3遍，碎砖三合土垫层完成后，最好要曝晒一天，等灰浆略干再在上面薄铺一层粗砂，并夯实平整，以利于基础施工的弹线工作。

二、浅基础施工

浅基础是指基础埋置深度小于基础的宽度，或小于5m深时的基础工程。按照受力状态不同，可分为刚性基础〔指用抗压极限强度比较大，而受弯、受拉极限强度较小材料所建造的基础，图2-14（a）〕和柔性基础〔如钢筋混凝土基础，其抗压、抗弯、抗拉强度都很大，图2-14（b）〕。刚性基础是用混凝土、毛石混凝土、毛石（或石块）、砖、碎砖（或碎石）三合土、灰土等建成，一般用于5层及5层以下（三合土基础不宜超过4层）的房屋建筑。这类基础主要承受压力，不配置受力钢筋，但基础的宽高比 B/H 或刚性角 α 有一定限制，如图2-14（a）所示，即基础的挑出部分（从砖墙边缘至基础边缘）不宜过大。柔性基础用钢筋混凝土建成，需配置受力钢筋，基础宽度可不受宽高比的限制，主要用于建筑物上部结构荷载较大、地基较软的情况。下面介绍基础的具体施工方法。

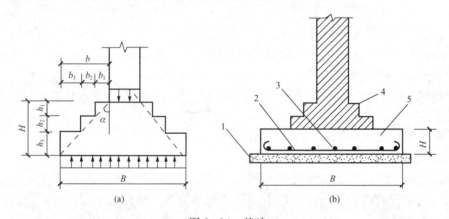

(a)　　　　　　　　　　　　　　　(b)

图2-14　基础

（a）刚性基础；（b）柔性（钢筋混凝土）基础

1—垫层；2—受力钢筋；3—分布钢筋；4—基础砌体的扩大部分；5—底板

α—刚性角；B—基础宽度；H—基础高度

（一）刚性基础

1. 毛石基础施工

毛石基础是用爆破法开采得来的不规则石块与砂浆砌筑而成的，如图2-15所示。一般在山区建筑中用得较多。用于砌筑基础的毛石强度应满足设计要求。块体大小一般以宽和高为20～30cm，长为30～40cm较为合适。砌筑用的砂浆常用水泥砂浆、混合砂浆，但其强度等级不宜低于MU5。

施工时，放出基础轴线、边线，在适当位置立上皮数杆，如图2-16所示，拉上准线。毛石应根据皮数杆上准线分层砌筑（一般两层30cm左右）。先砌转角处的角石，角石砌好后即将准线移到角石上，再砌里外两面的面石，面石要表面方正，并使方正面外露。最后砌中间部分的腹石，腹石要按石块形状交错放置，使石块间的缝隙最小。

砌筑时，第一层应选较大的且较平整的石块铺平，并使平整的面着地。砌第二层以上时，每砌一块石，应先铺好砂浆，再铺石块。上下两层石块的竖缝要互相错开，并力求顶顺交错排列，避免通缝，毛石基础的临时间断处，应留阶梯形斜槎，其高度不应超过1.2m。

基础砌好以后，毛石外露部分，应进行抹灰或勾缝。

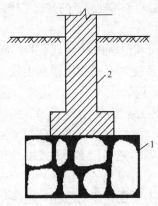 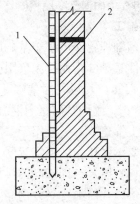

图 2-15　毛石基础　　　　　　　　图 2-16　基础皮数杆（小皮数杆）
1—毛石基础；2—基础墙　　　　　　　1—皮数杆（小皮数杆）；2—防潮层

毛石基础施工的质量要求如下：

（1）砌体砂浆应密实饱满，组砌方法应正确，不得有通缝。墙面每 $0.7m^2$ 内，应砌入丁字石一块，水平距离不应大于 2m。

（2）砂浆平均强度不低于设计要求的强度等级，任意一组试块的最低值不得低于设计强度等级的 75%。

（3）砌体的允许偏差在规范规定范围内。

2. 砖基础施工

砖基础是由垫层、基础砌体的扩大部分（俗称大放脚）和基础墙三部分组成，如图 2-17 所示。一般适用于土质较好，地下水位较低的地基。基础墙下砌成台阶形，其扩大部分有二皮一收的等高式，如图 2-17（a）所示和一皮一收与两皮一收相间隔式，如图 2-17（b）所示两种方法。间隔式砌法用料较省，每次收进时，两边各收 1/4 砖长（约 6cm）。

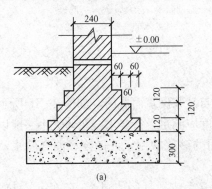 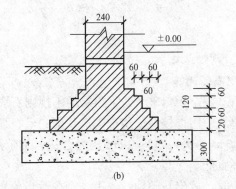

(a)　　　　　　　　　　　　(b)

图 2-17　砖基础
（a）等高式；（b）间隔式

施工时先在垫层上弹出墙基轴线和基础砌体的扩大部分边线，在转角处、丁字墙基交接处、十字墙基交接处及高低踏步处立基础皮数杆。皮数杆应立在规定的标高处。因此，立皮数杆时要利用水准仪进行抄平。砌筑前，应先用干砖试摆，以确定排砖方法和错缝的位置。砖砌体的水平灰缝厚度和竖向灰缝宽度一般控制在 8～12mm。砌筑时，砖基础的砌筑高度是用皮数杆来控制的,砌大放脚时,先砌好转角端头,以两端为标准拉好线绳进行砌筑。砌筑不同深度的基础时,应先砌深处,后砌浅处,在基础高低处要砌成踏步式,踏步长度不小于1m,高度不大于0.5m。基础中若有洞口、管道等,砌筑应及时正确按设计要求留出和预埋。砖基础施工的质量要求如下:

(1)砌筑砂浆必须密实饱满,水平灰缝的砂浆饱满度不得低于80%。

(2)砂浆试块的平均强度不得低于设计的强度等级,任意一组试块的最低值不得低于设计强度等级75%。

(3)组砌方法应正确,不应有通缝,转角处和交接处的斜槎和直槎应通顺密实。直槎应按规定加拉结钢筋。

(4)预埋件、预留洞应按设计要求留置。

(5)砖基础的允许偏差应在规范规定范围以内。

3. 混凝土与毛石混凝土基础施工

混凝土与毛石混凝土基础,如图 2-18 所示。适用于层数较高(3层以上)的房屋,特别是地基潮湿或地下水位较高的情况下。基槽经过检验,弹出基础的轴线和边线即可进行基础施工。基础混凝土应分层浇筑,使用插入式振捣器捣实。对于阶梯形基础,每一阶梯内应分层浇筑捣实。对于锥体形基础,其斜面部分的模板要逐步地随浇捣随安装,并应注意边角处混凝土的捣实。独立基础一般应连续浇捣完毕,不能分数次浇捣。如基础上有插筋时,在浇捣过程中要保持插筋位置固定,不得使其浇捣混凝土时发生位移。

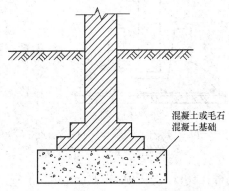

图 2-18 混凝土与毛石混凝土基础

为了节约水泥,在浇筑混凝土时可投入 30%左右的毛石(30%为毛石与混凝土的体积比),这种基础称为毛石混凝土基础。投石时,注意毛石周围应包有足够的混凝土,以保证毛石混凝土的强度。混凝土浇捣完毕,水泥终凝后,混凝土外露部分要加以覆盖,浇水养护。

(二)钢筋混凝土基础施工

钢筋混凝土基础适用于上部结构荷载大,地基较软弱,需要较大底面尺寸的情况。钢筋混凝土基础主要包括支模、扎筋、浇筑混凝土、养护、拆模等工序。

1. 钢筋混凝土条形基础

钢筋混凝土条形基础一般用于混合结构民用房屋的承重墙下,是由素混凝土垫层、钢筋混凝土底板、大放脚组成,如图 2-19 所示。如土质较好且又较干燥时,也可不用垫层而将钢筋混凝土底板直接做在夯实的土层上。

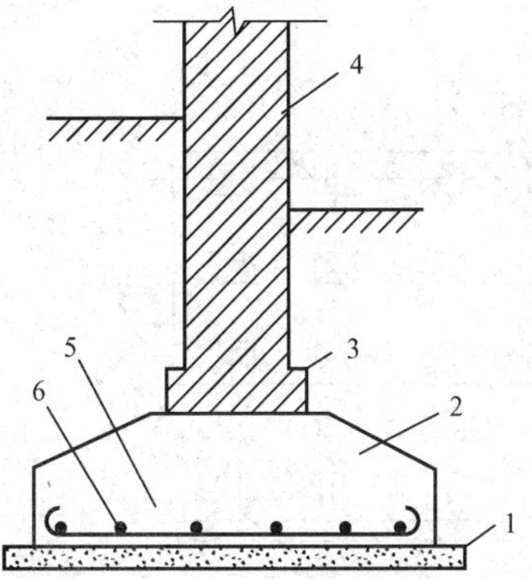

图 2-19 钢筋混凝土条形基础
1—素混凝土垫层;2—钢筋混凝土底板;
3—砖砌大放脚;4—基础墙;
5—受力筋;6—分布筋

钢筋混凝土条形基础的主筋(受力钢筋)沿墙体横向放置在基础底面,直径一般为 $\phi8\sim\phi16$,分布筋沿纵向布置。混凝土保护层可采用3.5cm（有垫层时）或7cm（无垫层时）。

垫层干硬以后即可进行弹线、绑扎钢筋等工作。钢筋绑扎好以后，要用水泥块垫起（水泥块的厚度即为混凝土保护层厚度）。安装模板时，应先核对纵横轴线和标高，模板支撑要求严密牢固。浇筑混凝土前，模板和钢筋上的垃圾、泥土以及油污等物，应清除干净，模板要浇水润湿。混凝土应分层捣实，每层厚度不得超过30cm。基础上有插筋时，应保证插筋的位置正确。混凝土浇筑完毕，终凝以后，表面应加以覆盖和浇水养护，浇水次数视气温情况，只要使混凝土具有足够的湿润状态。混凝土养护时间，普通水泥和矿渣水泥不得少于7昼夜。

2. 杯形基础

杯形基础主要用于装配式钢筋混凝土柱基础，如图2-20所示。一般形式为杯口基础，钢筋混凝土柱与杯口接头采用细石混凝土灌缝。

钢筋混凝土杯形基础施工中应注意以下几点：

（1）混凝土一般应按台阶高度分层浇筑，并用插入式振动器振实。

（2）浇捣杯口混凝土时，应特别注意杯口模板尺寸和位置的准确性，以利柱子的安装。

（3）杯形基础在浇筑时，应注意将杯底混凝土面比设计标高降低5cm左右，以使柱子制作长度有误差时便于调整。

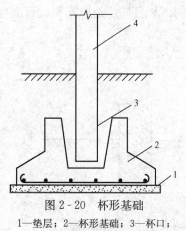

图2-20 杯形基础

1—垫层；2—杯形基础；3—杯口；
4—钢筋混凝土柱

（4）在基础拆除模板或基坑回填土后，应根据轴线控制桩在杯口上表面弹出柱子中心线位置，以作为柱子安装时固定及校正位置的依据。在杯口内侧弹一标高控制线（杯口水平线、高程线），用作控制杯口底部抄平的标高。

3. 筏形基础施工

筏形基础由底板、梁等整体组成。当上部结构荷载较大，地基承载力较低时，可以采用筏形基础。筏形基础在外形和构造上像倒置的钢筋混凝土楼盖，分为梁板式和平板式两类，如图2-21所示。前者用于荷载较大的情况，后者一般在荷载不大，柱网较均匀且间距较小的情况下采用。由于筏形基础的整体刚度较大，能有效将各柱子的沉降调整得较为均匀，在多层和高层建筑中被广泛采用。其施工操作程序如下：

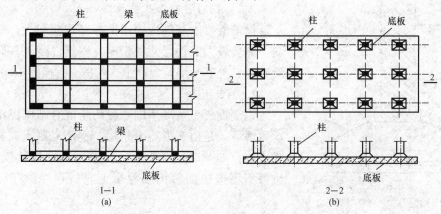

图2-21 筏形基础

（a）梁板式；（b）平板式

（1）基坑开挖时，若地下水位较高，应采取人工降低地下水位法，使基坑低于基底不少于500mm，保证基坑在无水情况下进行开挖施工。

（2）筏形基础混凝土浇筑前，应清理基坑、支设模板、设钢筋。木模板要浇水湿润，钢模板面要涂刷隔离剂。

（3）混凝土浇筑方向应平行于次梁长度方向，对于平板式筏形基础则应平行于基础长边方向。

（4）混凝土应一次浇灌完成，若不能整体浇灌完成，则应留设垂直施工缝，并用木板挡住。施工缝留设位置：当平行于次梁长度方向浇筑时，应留在次梁中部1/3跨度范围内；对平板式可留设在任何位置，但施工缝应平行于底板短边且不应在柱脚范围内。在施工缝处继续浇灌混凝土时，应将施工缝表面清扫干净，清除水泥薄层和松动石子等，并浇水湿润，铺上一层水泥浆或与混凝土成分相同的水泥砂浆，再继续浇筑混凝土。

对于梁板式筏形基础，梁高出底板部分应分层浇筑，每层浇灌厚度不宜超过200mm。当底板上或梁上有立柱时，混凝土应浇筑到柱脚顶面，留设水平施工缝，并预埋连接立柱的插筋。水平施工缝处理与垂直施工缝相同。

（5）混凝土浇灌完毕，在基础表面应覆盖草帘和洒水养护，并不少于7天。待混凝土强度达到设计强度的25％以上时，即可拆除梁的侧模。

（6）当混凝土基础达到设计强度的30％时，应进行基坑回填。

4. 箱形基础施工

箱形基础主要是由钢筋混凝土底板、顶板、侧墙及一定数量纵横墙构成的封闭箱体，如图2-22所示。它是多层和高层建筑中广泛采用的一种基础形式，以承受上部结构荷载，并将它传递给地基。箱形基础中部可在内隔墙开门洞作地下室。这种基础整体性和刚度都好，调整不均匀沉降的能力及抗震能力较强，可消除因地基变形使建筑物开裂的可能性。它适用于软土地基，在非软土地基出于人防、抗震考虑和设置地下室时，也常采用箱形基础。

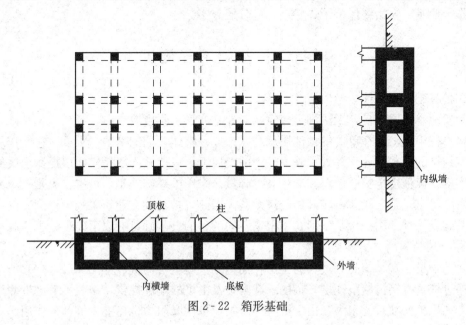

图2-22 箱形基础

箱形基础深基坑开挖工程应在认真研究建筑场地、工程地质和水文地质资料的基础上进行施工组织设计。施工操作必须遵照有关规范执行:

(1) 箱形基础基坑开挖。基坑开挖应验算边坡稳定性,并注意对基坑邻近建筑物的影响。验算时,应考虑坡顶堆载、地表积水和邻近建筑物影响等不利因素,必要时要求采取支护。支护结构常用钢板桩或槽钢打入土中一定深度或设置围檩,由立柱、挡板构成一个体系替代钢板桩和槽钢的支护。也可以采用地下连续墙、深层搅拌桩或钻孔桩组成排桩式的挡墙作为支护,常用在埋置相对浅一些的箱基基坑中。

(2) 基坑开挖如有地下水,应采用明沟排水或井点降水等方法,保持作业现场的干燥。

(3) 箱基的基底是直接承受全部建筑物的荷载,必须是土质良好的持力层。因此要保护好地基土的原状结构,尽可能不要扰动它。在采用机械挖土时,应根据土的软硬程度,在基坑底面设计标高以上,保留 200～400mm 厚的土层,采用人工挖除。基坑不得长期暴露,更不得积水。在基坑验槽后,应立即进行基础施工。

(4) 箱形基础的底板、顶板及内外墙的支模和浇筑,可采用内外墙和顶板分次支模浇筑方法施工。外墙接缝应设榫接或设止水带。

(5) 箱基的底板、顶板及内外墙宜连续浇灌完毕。对于大型箱基工程,当基础长度超过40m 时,宜设置一道不小于 700mm 的后浇带,以防产生温度收缩裂缝。后浇带应设置在柱距三等分的中间范围内,宜四周兜底贯通顶板、底板及墙板。后浇带的施工须待顶板浇捣后至少两周以上,使用比原来设计强度等级提高一级的混凝土。在混凝土继续浇筑前,应将施工缝及后浇带的混凝土表面凿毛,清除杂物,表面冲洗干净,注意接缝质量,浇筑混凝土,并加强养护。

(6) 箱基底板的厚度一般都超过 1.0m,其整个箱基的混凝土体积常达数千立方。因此,箱形基础的混凝土浇筑属于大体积钢筋混凝土的浇灌问题(详见第四章第三节)。

(7) 箱基施工完毕,应抓紧做好基坑回填工作,尽量缩短基坑暴露时间。回填前要做好排水工作,使基坑内始终保持干燥状态。应分层夯实。

第四节 桩基础工程施工

一、桩基础工程概述

当天然地基土质不良,无法满足建筑物对地基变形和强度要求时,可采用桩基础。它是由若干根单桩组成,并在单桩的顶部用承台联结成一整体,如图 2-23 所示。它的作用是将上部建筑结构的荷载传递到深处承载力较大的土层上,或使软土层挤实,以提高土壤的承载力和密实度,保证建筑物的稳定和减少其沉降量。采用桩基础施工,可省去大量的土方,支撑和排水、降水设施,能获得较好的经济效益。因此,桩基础在建筑工程中得到广泛应用。

桩基础是一种常用的深基础形式,根据不同的目的桩基础可有以下几种分类情况:

1. 按荷载传递的方式不同分类

(1) 端承桩。端承桩是穿过软弱土层,而达到坚硬土层的桩,如图 2-23 (a) 所示。外部荷载通过桩身直接传给坚硬层,桩的承载力主要由桩的端部提供,一般不考虑桩侧摩阻力的作用。如果桩的细长比很大,由于桩身的压缩,桩侧摩阻力也可能发挥部分作用。

(2) 摩擦桩。摩擦桩是悬浮在软弱土层中的桩,如图 2-23 (b) 所示。外部荷载主要通过桩身侧表面与土层的摩阻力传递给周围的土层，桩尖部分承受的荷载很小，一般不超过10%。

（3）端承桩与摩擦桩的区别。两者的受力不同，端承桩主要以桩尖阻力承担全部荷载，而摩擦桩主要靠桩身与土层的摩阻力承担全部荷载。其次是施工控制不同，端承桩施工时以控制贯入度为主，桩尖进入持力层深度或桩尖标高可作参考。摩擦桩施工时以控制桩尖设计标高为主，贯入度可作参考。所谓贯入度，指最后贯入度，施工中一般采用最后三次每击10锤的平均入土深度作为标准，由设计通过试桩确定。

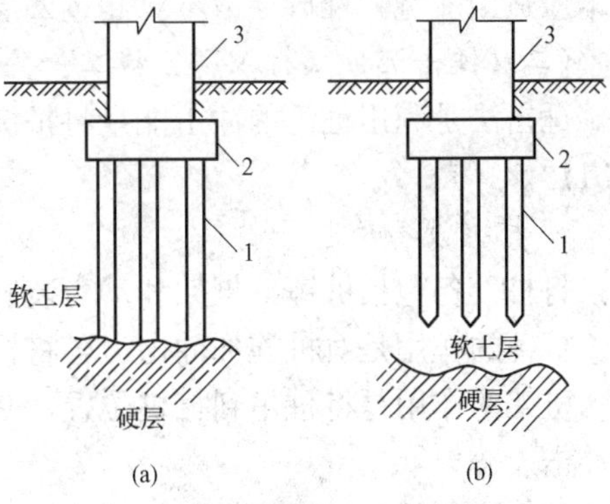

2. 按施工方法不同分类

（1）预制桩。预制桩是在工厂或施工现场制作的桩，包括钢筋混凝土桩、预应力混凝土桩、钢管或型钢桩等，用沉桩设备打入、压入或振入土中。

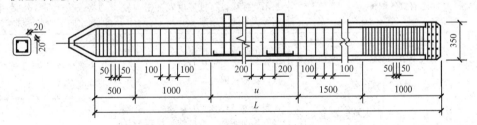

图2-23　桩基础示意图
（a）端承桩；（b）摩擦桩
1—桩身；2—桩基承台；3—上部建筑物

（2）灌注桩。灌注桩是在施工现场的桩位上用机械或人工成孔，然后在孔内灌注混凝土而成。根据成孔方法不同分为钻孔、挖孔、沉管和爆扩等灌注桩。

二、钢筋混凝土预制桩施工

（一）桩的制作、起吊、运输和堆放

常用的钢筋混凝土预制桩有混凝土实心方桩和预应力混凝土空心管桩。直径一般为250～550mm，单桩长度根据打桩机桩架高度，一般不超过27m，超过时，需分段制作，打桩时逐段连接。较短的桩多在预制厂生产，较长的桩可在现场或现场附近制作，如图2-24所示。

图2-24　钢筋混凝土预制桩

预制桩的配筋应符合设计要求，混凝土的强度等级为C30～C40。现场制作混凝土预制桩时，混凝土浇筑应由桩顶向桩尖连续浇注捣实，一次完成，制作完后，养护的时间不少于7天。

混凝土达到设计强度等级的70%后，方可起吊，达到设计强度等级的100%后方可进行运输。如提前吊运，必须将强度和抗裂验算合格。桩在起吊时，必须保证平稳，吊点位置和数目应符合设计规定。

打桩前，桩从制作地点运至现场以备打桩，并根据打桩顺序随打随运，以避免二次搬运。桩的运输方式在运距不大时，可用起重机吊运，当运距较大时，常用平板拖车，并且桩下要设置活动支座。经过搬运的桩，必须进行外观检查，如质量不符合要求，应视具体情况，与设计单位共同研究处理。

桩的堆放场地必须平整坚实，垫木间距应根据吊点确定，并应设在同一垂线上，最下层

垫木应适当加宽，堆放层数不宜超过四层。不同规格的桩，应分别堆放。

（二）锤击沉桩（打入法）施工

锤击法是利用桩锤的冲击能量将桩沉入土中，锤击沉桩是钢筋混凝土预制桩最常用的沉桩方法。

1. 打桩设备及选择

打桩设备包括桩锤、桩架和动力装置。

桩锤的作用是对桩施加冲击力，将桩沉入土中。

桩架的作用是将桩吊到打桩位置，并在打入过程中引导桩的方向，保证桩锤能沿要求方向冲击。

动力装置的作用是提供沉桩的动力，包括启动桩锤用的动力设施，如卷扬机、锅炉、空气压缩机等。

（1）桩锤的选择。施工中常用的桩锤有：落锤、单动气锤、双动气锤、柴油锤和液压锤，其适用范围见表2-1。桩锤的类型应根据施工现场情况、机具设备条件及工作方式和工作效率等条件选择。桩锤类型选定之后，还应确定桩锤的重量，一般选择锤重比桩稍重为宜。桩锤过重，所需动力设备大，不经济；桩锤过轻，桩锤产生的冲击能量大部分被桩吸收，桩不易打入，且桩头容易打坏。因此打桩时，一般采用重锤低击和重锤快击的方法效果较好。

表 2-1   桩 锤 适 用 范 围

桩锤种类	适 用 范 围	优 缺 点	备 注
落锤	1. 宜打各种桩； 2. 土、含砾石的土和一般土层均可使用	构造简单，使用方便，冲击力大，能随意调整落距，但锤击速度慢，效率较低	落锤是指桩锤用人力或机械拉升，然后自由落下，利用自重夯击桩顶
单动汽锤	适宜打各种桩	构造简单，落距短，对设备和桩头不宜损坏，打桩速度及冲击力较落锤大，效率较高	利用蒸汽或压缩空气的压力将锤头上举，然后由锤头的自重向下冲击沉桩
双动汽锤	1. 宜打各种桩，便于打斜桩； 2. 用压缩空气时，可在水下打桩； 3. 可用于拔桩	冲击次数多，冲击力大，工作效率高，可不用桩架打桩，但设备笨重，移动较困难	利用蒸汽锤或压缩空气的压力将锤头上举及下冲，增加夯击能量
柴油桩锤	1. 宜用于打木桩、钢筋混凝土桩、钢板桩； 2. 适于在过硬或过软的土层中打桩	附有桩架、动力等设备，机架轻、移动便利，打桩快，燃料消耗少，有重量轻和不需要外部能源。但在软弱土层中，起锤困难，噪声和振动大，存在油烟污染公害	利用燃油爆炸，推动活塞，引起锤头跳动
振动桩锤	1. 适宜于打钢板桩、钢管桩、钢筋混凝土桩和木桩； 2. 宜用于砂土、塑性黏土及松软砂黏土； 3. 在卵石夹砂及紧密黏土中效果较差	沉桩速度快，适应性大，施工操作简易安全，能打各种桩并帮助卷扬机拔桩	利用偏心轮引起激振，通过刚性连接的桩帽传到桩上
液压桩锤	1. 适宜于打各种直桩和斜桩； 2. 适用于拔桩和水下打桩； 3. 适宜于打各种桩	不需外部能源，工作可靠操作方便，可随时调节锤击力大小，效率高，不损坏桩头，低噪声，低振动，无废气公害。但构造复杂，造价高	一种新型打桩设备，冲击缸体由液压油提升和降落。并且在冲击缸体下部充满氮气，用以延长对桩施加压力的过程获得更大的贯入度

（2）桩架的选择。桩架的选择应考虑桩锤类型、桩的长度和施工条件等因素。桩架高度一般按桩长＋桩锤高度＋滑轮组高＋起锤移位高度＋安全工作间隙等决定。

桩架的形式多种多样，常用的有步履式桩架及履带式桩架两种。

1）步履式桩架，如图 2-25 所示，液压步履式打桩机以步履方式移动桩位和回转，不需枕木和钢轨，机动灵活，移动方便，打桩效率高。

2）履带式桩架，如图 2-26 所示，它以履带式起重机为底盘，并增加由导杆和斜撑组成的导架，性能比多功能桩架灵活，移动方便，适用范围较广。

（3）动力装置。动力装置的配置根据所选的桩锤性质决定，当选用蒸汽锤时，则需配备蒸汽锅炉和卷扬机。

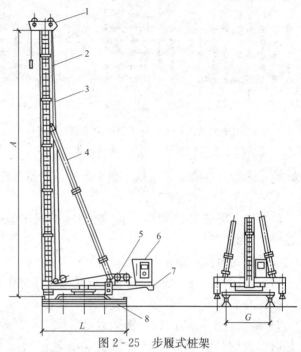

图 2-25　步履式桩架

1—顶部滑轮组；2—悬杆锤；3—锤和桩起吊用钢丝线；4—斜撑；
5—吊锤与桩用卷扬机；6—司机室；7—配重；8—步履底盘

2. 施工前的准备工作

打桩前应熟悉有关图纸资料，制定桩基工程施工技术措施，做好施工准备工作。

（1）清除影响施工的地上和地下的障碍物，平整施工场地，做好排水工作。

（2）定位放线。根据基础施工图确定的桩基础轴线，并将桩的准确位置测设到地面上，桩位可用钉桩标出，桩基轴线偏差不得超过 70mm，桩位标志应妥善保护。

（3）确定打桩顺序。由于预制桩打入土中后会对土体产生挤密作用，一方面能使土体密实，但同时在桩距较近时会使桩相互影响，或造成打桩下沉困难，或使先打的桩因受水平挤压而造成位移和变位，或被垂直挤拔造成浮桩，所以，群桩施工时，为保证打桩工程质量，应根据桩的密集程度、桩的规格、长短和桩架移动方向来确定选择打桩顺序。当桩距≤4d（桩径）时，桩较密集，可采取由中间向两侧对称施打，或由中间向四周施打，如图 2-27 所示。当桩距＞4d 时，可根据施工的方便确定打桩的顺序。当桩规格、埋深、长度不同时，宜先大后小，先深后浅，先长后短施打，当一侧毗邻建筑物时，应由

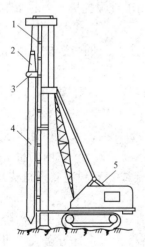

图 2-26　履带式桩架

1—导杆；2—桩锤；3—桩帽；
4—桩身；5—车体

建筑一侧向另一方向施打。当桩头高出地面时，桩宜采取后退打。

（4）设置水准点。为了检查桩的入土深度，在打桩现场附近设水准点，其位置应不受打桩影响，数量不得少于两个，同时，桩在打入前应在桩身的侧面，画上标尺或在桩架上设置

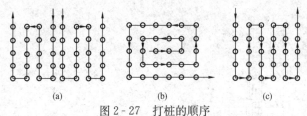

图 2-27　打桩的顺序

(a) 自中间向两侧对称施打；(b) 自中间向四周施打；

(c) 由一侧向单一方向（逐排）进行

标尺，以便观测桩身入土深度。

（5）试桩。试桩主要是了解桩的贯入深度、持力层强度、桩的承载力以及施工过程中可能遇到的各种问题和反常情况等。经过试桩，可以校核拟订的设计是否完善，并为确定打桩方案及打桩的技术要求，保证质量措施提供依据。试桩应按设计规定进行，一般试桩数量不少于 3 根，并做好施工详细记录。

3. 打入桩的施工工艺

（1）打入桩的施工程序。打入桩的施工程序包括：桩机就位、吊桩、打桩、送桩、接桩、拔桩、截桩等。

（2）施工操作要点：

1）桩机就位：桩机就位时应垂直平稳，导杆中心与打桩方向一致，并检查桩位是否正确。桩机的垂直偏差不超过 0.5%，水平位置的偏差不超过 100~150mm。

2）吊桩：桩机就位后，将桩运至桩架下，用桩架上的滑轮组将桩提升就位（吊桩）。吊桩时吊点的位置和数量与桩预制起吊时相同。当桩送至导杆内时，校正桩的垂直度，其偏差不超过 0.5%，然后固定桩帽和桩锤，使桩帽和桩锤在同一铅垂线上，确保桩的垂直下沉。

3）打桩：打桩开始时锤的落距不宜过大，当桩入土一定深度稳定后，桩尖不易发生偏移时，可适当增大落距，并逐渐提高到规定的数值。打桩宜采取"重锤低击"。重锤低击时，桩锤对桩头的冲击小，回弹也小，桩头不易损坏，大部分的能量用于克服桩身与土的摩阻力和桩尖阻力，桩能较快地沉入土中。

4）送桩：当桩顶标高低于自然地面，则需用送桩管将桩送入土中，桩与送桩管的纵轴线应在同一直线上，拔出送桩管后，桩孔应及时回填或加盖。

5）接桩：当设计桩较长时，需分段施打，则需在现场进行接桩。常用的接桩方法有：焊接法、法兰接法和浆锚式法。

6）拔桩：在打桩过程中，打坏的桩须拔掉。拔桩的方法视桩的种类、大小和打入土中的深度来确定。一般较轻的桩或打入松软土壤中的桩，或深度在 1.5~2.5m 以内的桩，可以用一根圆木杠杆来拔出。较长的桩，可用钢丝绳绑牢，借助桩架或支架利用卷扬机拔出，也可用千斤顶或专门的拔桩机进行拔桩。

7）截桩：（桩头处理）为使桩身和承台连为整体，构成桩基础，因此，当打完桩后经过有关人员验收，即可开挖基坑（槽），按设计要求的桩顶标高，将桩头多余部分凿去（可用人工或风镐），但不得打裂桩身混凝土，并保证桩顶嵌入承台梁内的长度不小于 5cm，当桩主要承受水平力时，不小于 10cm，主筋上粘着的碎块混凝土要清除干净。

当桩顶标高低于设计标高时，应将桩顶周围的土挖成喇叭口，把桩头表面凿毛，剥出主筋并焊接接长，与承台主筋绑扎在一起，然后与承台一起浇筑混凝土。

4. 打桩的质量控制

打桩的质量检查包括桩的偏差、最后贯入度与沉桩标高，桩顶、桩身是否打坏，以及对周围环境是否造成严重危害。

打桩质量必须满足贯入度或标高的设计要求，垂直偏差不应大于桩长的1%，钢筋混凝土桩打入后在平面上与设计位置的允许偏差不超过100~150mm。

在打桩过程中发现桩头被打碎，最后贯入度过大，桩尖标高达不到设计要求，桩身被打断，桩位偏差过大，桩身倾斜等严重质量，都应当会同设计单位研究，采取有效措施加以处理。

三、钢筋混凝土灌注桩施工

钢筋混凝土灌注桩是直接在施工现场桩位上就地成孔，然后在孔内放入钢筋骨架浇注混凝土而成的桩。

灌注桩根据成孔的方法不同，可分为干作业成孔、泥浆护壁成孔、套管成孔、爆扩成孔等灌注桩。其适用范围见表2-2。

表2-2　　　　　　　　　　　　　　灌注桩适用范围

项　次	项　　目		适　用　范　围
1	干作业成孔	螺旋钻	地下水位以上的黏性土、砂土及人工填土
		钻孔扩底	地下水位以上的坚硬、硬塑的黏性土及中密以上的砂土
		机动洛阳产	地下水位以上的黏性土，稍密及松散的砂土
2	泥浆护壁成孔	冲抓 冲击 回转钻	碎石土、砂土、黏性土及风化岩
		潜水钻	黏性土、淤泥、淤泥质土及砂土
3	套管成孔	锤击振动	可塑、软塑、流塑的黏性土，稍密及松散的砂土
4	爆扩成孔		地下水位以上的黏性土、黄土、碎石土及风化岩石

（一）干作业成孔灌注桩

干作业成孔灌注桩是先用钻机在桩位处进行钻孔，然后将钢筋骨架放入桩孔内，再浇筑混凝土而成的桩，如图2-28所示。目前常用螺旋钻孔机。螺旋钻孔机是利用动力旋转钻杆，向下切削土壤，削下的土便沿整个钻杆上升涌出孔外，成孔直径一般为300~600mm，钻孔深度8~20m。

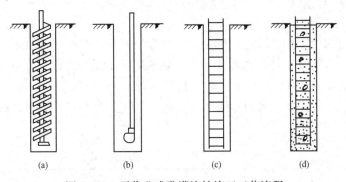

图2-28　干作业成孔灌注桩施工工艺流程

(a) 钻孔；(b) 空钻清土后掏土；(c) 放入钢筋骨架；(d) 浇筑混凝土

螺旋钻开始钻孔时,应保持钻杆垂直,位置正确,防止因钻杆晃动引起扩大孔径及增加孔底虚土。在钻孔过程中,要随时清理孔口积土。如发现钻杆跳动,机架晃动,钻不进去或钻头发出响声时,说明钻机有异常情况,应立即停车,研究处理。当遇到地下水、塌孔、缩孔等情况时,应会同有关单位研究处理。当钻孔钻到预定深度后,先在原处空钻清土,然后停钻提起钻杆。

桩孔钻成并清孔后,吊放钢筋骨架,浇筑混凝土。混凝土浇筑时应随浇随振,每次高度不得大于1.5m。

(二)泥浆护壁成孔灌注桩

在地下水位较高的软土地区,采用干作业成孔灌注桩施工时,往往造成成孔施工的困难,如塌孔、缩颈等质量事故,因此为保证成孔质量,需采用泥浆护壁措施,用泥浆保护孔壁,防止塌孔和排出土渣形成桩孔。泥浆护壁成孔灌注桩施工工艺流程,如图2-29所示。

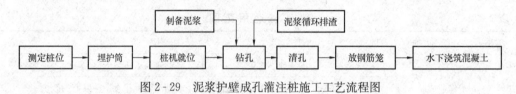

图2-29　泥浆护壁成孔灌注桩施工工艺流程图

1. 埋设护筒

护筒是由4～8mm的钢板制成,内径应比桩径大100mm,上部留有1～2个溢浆口,高度约1.5～2m。其作用是固定桩孔位置,保护孔口,增加桩孔内水压,以防塌孔及成孔时引导钻头方向。因护筒起定位作用,所以埋设位置应准确稳定,护筒中心线与桩位中心线偏差不得大于50mm。护筒埋设应牢固密实,护筒与坑壁之间用黏土填实,以防漏水。护筒的埋设深度一般不宜小于1.0～1.5m。护筒顶面高于地面0.4～0.6m,并应保持孔内泥浆面高于地下水位1m以上,防止塌孔。当灌注桩混凝土达到设计强度的25%以后,方可拆除护筒。

2. 制备泥浆

为保证泥浆护壁成孔灌注桩的成孔质量,应在钻孔过程中,随时补充泥浆并调整泥浆的比重。其作用是:①泥浆在桩孔内吸附在孔壁上,将孔壁上空隙填塞密实,防止漏水,保持孔内的水压,可以稳固土壁,防止塌孔;②泥浆具有一定的黏度,通过泥浆的循环可将切削下的泥渣悬浮后排出,起携砂、排土的作用;③泥浆对钻头有冷却和润滑的作用,提高钻孔速度。

制备泥浆的方法可根据钻孔土质确定。在黏性土或粉质黏土中成孔时,可采用自配泥浆护壁,即在孔中注入清水,使清水和孔中钻头切削来的土混合而成。在砂土或其他土中钻孔时,应采用高塑性黏土或膨润土加水配制护壁泥浆。施工中应经常测定泥浆比重,见表2-3,并定期测定浓度、含水率和胶体率等指标,对施工中废弃的泥浆、渣应按环境保护的有关规定处理。

表2-3　　　　　　　　　　不同土层中护壁泥浆比重

名　称	黏土或粉质	砂土或较厚夹砂层	砂夹卵石或易塌孔土层
比重	1.1～1.2	1.1～1.3	1.3～1.5

3. 成孔

泥浆护壁成孔灌注桩成孔的方法有：潜水钻机成孔、回旋钻机成孔、冲击钻成孔、冲抓锥成孔等。

（1）潜水钻机成孔。潜水钻机的工作部分由封闭式防水电机、减速机和钻头组成，工作部分潜入水中，如图 2 - 30 所示。这种钻机体积小，重量轻、桩架轻便、移动灵活，钻进速度快（0.3～2m/min），噪声小，钻孔直径 600～1500mm，钻孔深度可达 50m。适用于地下水位高的淤泥质土、黏性土、砂土等土层中成孔。

（2）回转钻机成孔。回转钻机是由动力装置带动钻机的回转装置转动，从而使钻杆带动钻头转动，由钻头切削土壤，这种钻机性能可靠，噪声和振动小，效率高、质量好。适用于松散土层，黏性土层，砂砾层，软硬岩层等各种地质条件。

（3）冲击钻成孔。冲击钻是把带钻刃的重钻头（又称冲抓）提高，靠自由下落的冲击力来削切土层或岩层，排出碎渣成孔。它适用于碎石土、砂土、黏性土及风化岩层等，桩径可达 600～1500mm。

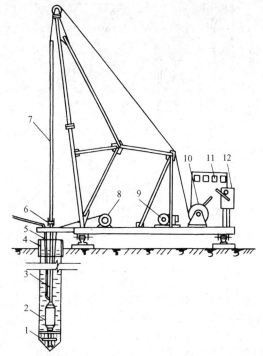

图 2 - 30　潜水钻机示意图

1—钻头；2—潜水钻机；3—电缆；4—护筒；5—水管；
6—滚轮支点；7—钻杆；8—电缆盘；9—卷扬机；
10—控制箱；11—电流电压表；12—启动开关

（4）冲抓锥成孔。冲抓锥成孔是将冲抓锥头提升到一定高度，锥斗内有压重铁块和活动抓片，下落时抓片张开，钻头自由下落冲入土中，然后开动卷扬机拉升钻头，此时抓片闭合抓土，将冲抓锥整体提升至地面卸土，依次循环成孔。如图 2-31 所示，适用于松散土层，如腐殖土、砂土、黏土等。

（5）成孔过程的排渣方法。

1）抽渣筒排渣，如图 2-32 所示，构造简单，操作方便，抽渣时一般需将钻头取出孔外，放入抽渣筒，下部活门打开，泥渣进入筒内，上提抽渣筒，活门在筒内泥渣的重力作用下关闭，将泥渣排出孔外。

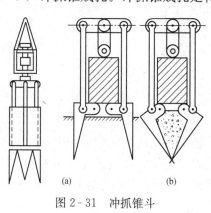

图 2 - 31　冲抓锥斗

（a）抓土；（b）提土

2）泥浆循环排渣，可分为正循环排渣和反循环排渣法。正循环排渣法是泥浆由钻杆内部沿钻杆从端部喷出，携带钻下的土渣沿孔壁向上流动，由孔口将土渣带出流入沉淀池，经沉淀的泥浆流入泥浆池由泵注入钻杆，如此循环，沉淀的泥渣用泥浆车运出场外，如图2-33所示。反循环排渣法是泥浆由孔口流入孔内，同时砂石泵沿钻杆内部吸渣，使

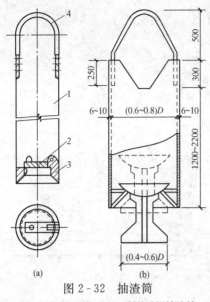

图 2-32　抽渣筒

(a) 平阀抽渣筒；(b) 碗形活门抽渣筒

1—筒体；2—平阀；3—切削管轴；4—提环

钻下的土渣由钻杆内腔吸出并排入沉淀池，沉淀后流入泥浆池，反循环工艺排渣效率高，如图 2-34所示。

4. 清孔

当钻孔达到设计要求深度后，应进行成孔质量的检查和清孔，清除孔底沉渣、淤泥，以减少桩基的沉降量，保证成桩的承载力。清孔可采用泥浆循环法或抽渣筒排渣法。如孔壁土质较好不易塌孔时，也可用空气吸泥机清孔。

当在黏土中成孔时，清孔后泥浆比重应控制在1.1 左右，土质较差时应控制在 1.15～1.25。在清孔过程中必须随时补充足够的泥浆，以保持浆面的稳定，一般应高于地下水位 1.0m 以上。清孔满足要求后，应立即安放钢筋笼，浇筑混凝土。

5. 浇筑水下混凝土

泥浆护壁成孔灌注桩混凝土的浇筑是在泥浆中进行的，故为水下浇筑混凝土。常用的方法主要有：导管法和泵送混凝土，如图 2-35所示。

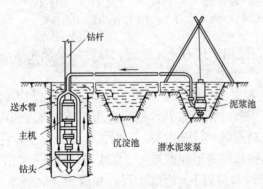

图 2-33　正循环排渣法　　　　　　图 2-34　反循环排渣法

(三) 套管成孔灌注桩

套管成孔灌注桩是利用锤击或振动的方法，将带有桩尖（桩靴）的桩管（钢管）沉入土中成孔。当桩管打到要求深度后，放入钢筋骨架，边浇筑混凝土，边拔出桩管而成桩，其施工工艺过程，如图 2-36 所示。套管成孔灌注桩使用的机具设备与预制桩施工设备基本相同。

1. 桩靴与桩管

桩靴可分为钢筋混凝土预制桩靴和活瓣式桩靴两种，如图 2-37 所示，其作用是阻止地下水及泥砂进入桩管，因此，要求桩靴应具有足够的强度，开启灵活，并与桩管贴合紧密。

桩管一般采用无缝钢管，直径为 270～600mm。其作用是形成桩孔，因此，要求桩管具有足够的刚度和强度。

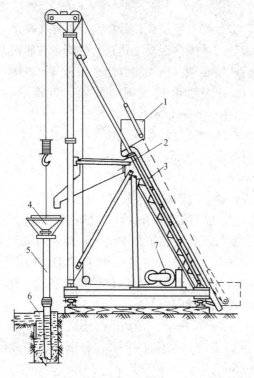

图 2-35 水下浇筑混凝土示意图

1—上料斗；2—送料斗；3—滑道；4—漏斗；

5—导管；6—护筒；7—卷扬机

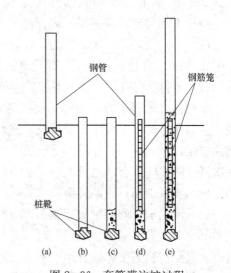

图 2-36 套管灌注桩过程

(a) 就位；(b) 沉套管；(c) 初浇混凝土；

(d) 放钢筋笼、灌注混凝土；(e) 拔管成桩

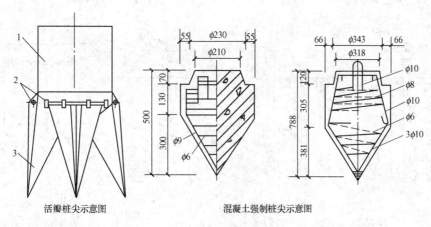

活瓣桩尖示意图   混凝土强制桩尖示意图

图 2-37 桩尖示意图

1—桩管；2—锁轴；3—活瓣

2. 成孔

常用的成孔机械有振动沉管机和锤击沉桩机，由于成孔不排土，而靠沉管时把土挤压密实，所以群桩基础或桩中心距小于 3～3.5 倍的桩径，应制定合理的施工顺序，以免影响相邻桩的质量。

3. 混凝土浇筑与拔管

浇筑混凝土和拔起桩管是保证质量的重要环节。当桩管沉到设计标高后，停止振动或锤击，检查管内无泥浆或水进入后，即放入钢筋骨架，边灌注混凝土边进行拔管，拔管时必须边振（打）边拔，以确保混凝土振捣密实。拔管速度必须严格控制。当采用振动沉桩时，桩尖为预制的，拔管速度不宜大于 4m/min，如采用活瓣桩尖时，拔管速度不宜大于 2.5m/min；当采用锤击沉管时，拔管速度宜控制在 0.8～1.2m/min。

根据承载力的要求不同，拔管可分别采用单打法、复打法和反插法。

（1）单打法，即一次拔管法，拔管时每提升 0.5～1.0m，振动 5～10s 后，再拔管 0.5～1.0m，如此反复进行，直至全部拔管完毕为止。

（2）复打法是在同一桩孔内进行两次单打，或根据需要进行局部复打，如图 2-38 所示。复打桩施工程序为：在第一次沉管，浇筑混凝土，拔管完毕后，清除桩管外壁上的污泥，立即在原桩位上再次安设桩靴，进行第二次复打沉管，使第一次浇筑未凝固的混凝土向四周挤压以扩大桩径，然后再浇筑第二次混凝土，拔管方法与单打桩相同。施工时应注意：两次沉管轴线应重合，复打桩施工必须在第一次浇筑的混凝土初凝以前；完成第二次混凝土的浇筑和拔管工作；钢筋骨架应在第二次沉管后放入桩管内。

（3）反插法，即将桩管每提升 0.5～1.0m，再下沉 0.3～0.5m，在拔管过程中分段浇筑混凝土，使管内混凝土始终不低于地表面，或高于地下水位 1.0～1.5m 以上，如此反复进行，直至拔管完毕。拔管速度不应超过 0.5m/min。

套管成孔灌注桩的承载力比同等条件的钻孔灌注桩提高 50%～80%。单打桩截面比沉入的钢管扩大 30%，复打桩截面比沉入的钢管扩大 80%，反插桩截面比沉入的钢管扩大 50% 左右。因此，套管成孔灌注桩具有采用小钢管浇筑出大断面桩的效果。

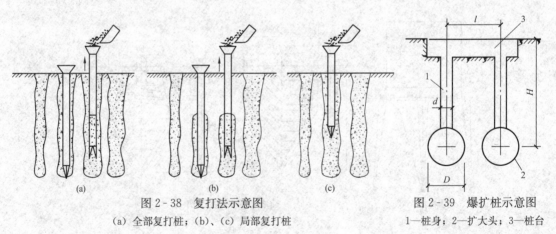

图 2-38　复打法示意图　　　　　　图 2-39　爆扩桩示意图
（a）全部复打桩；（b）、（c）局部复打桩　　　1—桩身；2—扩大头；3—桩台

（四）爆扩成孔灌注桩

爆扩成孔灌注桩又称爆扩桩，它是用钻孔或爆扩法成孔，孔底放入炸药，再灌入适量的混凝土压爆，然后引爆，使孔底形成扩大头，此时，孔内混凝土落入孔底空腔内，再放置钢筋骨架，浇筑桩身混凝土而制成的灌注桩，如图 2-39 所示。

爆扩桩在黏性土层中使用效果较好，但在软土及砂土中不易成型。桩长（H）一般为 3～6m，最大不超过 10m。扩大头直径 D 为（2.5～3.5）d。这种桩具有成孔简单、节省劳力和成本低等优点。但不便检查质量，施工时要求较严格。

四、人工挖孔灌注桩

人工挖孔灌注桩（以下简称人工挖孔桩）是指采用人工挖掘的方法进行成孔，然后安装钢筋笼，浇筑混凝土，成为支承上部结构的桩。

人工挖孔桩的优点是：设备简单；施工现场较干净；噪声小，振动小，对施工现场周围的原有建筑物影响小；施工速度快，可按施工进度要求决定同时开挖桩孔的数量，必要时，各桩孔可同时施工；土层情况明确，可直接观察到地质变化情况，桩底沉渣能清除干净，施工质量可靠。当高层建筑采用大直径的混凝土灌注桩时，人工挖孔比机械成孔具有更大的适应性。因此，近年来随着我国高层建筑的发展，人工挖孔桩得到较广泛的采用，特别在施工现场狭窄的市区修建高层建筑时，更显示其特殊的优越性，但人工挖孔桩施工，工人在井下作业，施工安全应予以特别重视，要严格按操作规程施工，制订可靠的安全措施。人工挖孔桩的直径除了能满足设计承载力的要求外，还应考虑施工操作的要求，故桩径不宜小于800mm，桩底一般都扩大，扩底尺寸按 $\dfrac{D_1-D}{2}:h=1:4$，其中 $h\geq$ $\dfrac{D_1-D}{4}$ 进行控制。当采用现浇混凝土护壁时，人工挖孔桩构造如图2-40所示。护壁厚度一般不小于 $\dfrac{D}{10}+50$ mm（其中 D 为桩径），每步高1m，并有100mm放坡。

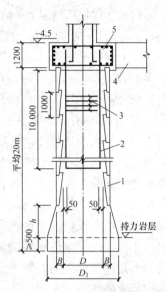

图2-40 人工挖孔桩构造图
1—护壁；2—主筋；3—箍筋；
4—地梁；5—桩帽

1. 施工机具

人工挖孔桩施工用机具设备比较简单，主要有：

（1）电动葫芦和提土桶。用于施工人员上下和材料与弃土的垂直运输。

（2）潜水泵。用于抽出桩孔中的积水。

（3）鼓风机和输风管。用于向桩孔强制送入新鲜空气。

（4）镐、锹、土筐等挖土工具。若遇到坚硬的泥土或岩石，还需准备风镐等。

（5）照明灯、对讲机、电铃等。

2. 施工工艺

为了确保人工挖孔桩施工过程中的安全，必须考虑防止土体坍滑的支护措施。支护的方法很多，例如可采用现浇混凝土护壁，喷射混凝土护壁，型钢或木板桩工具式护壁、沉井等。下面以采用现浇混凝土分段护壁为例说明人工挖孔桩的施工工艺流程：

（1）按设计图纸放线、定桩位。

（2）开挖土方。采取分段开挖，每段高度决定于土壁保持直立状态的能力，一般0.5～1.0m为一施工段，开挖范围为设计桩径加护壁的厚度。

（3）支设护壁模板。模板高度取决于开挖土方施工段的高度，一般为1m，由4块至8块活动钢模板（或木模板）组合而成。

（4）在模板顶放置操作平台。平台可与角钢和钢板制成半圆形，两个合起来即为一个整圆，用来临时放置混凝土和浇筑混凝土用。

（5）浇筑护壁混凝土。护壁混凝土要注意捣实，因它起着防止土壁塌陷与防水的双重作用。第一节护壁厚宜增加 100～150mm，上下节护壁用钢筋拉结。

（6）拆除模板继续下一段的施工。当护壁混凝土强度达到 1MPa，常温下约 24h 后方可拆除模板、开挖下一段的土方，再支模浇筑护壁混凝土，如此循环，直至挖到设计要求的深度。

（7）排除孔底积水，浇筑桩身混凝土。当混凝土浇筑至钢筋笼的底面设计标高时，再安放钢筋笼，继续浇筑桩身混凝土。浇筑混凝土时，混凝土必须通过溜槽；当高度超过 3m 时，应用串筒，串筒末端离孔底高度不宜大于 2m，混凝土宜采用插入式振动器捣实。

3. 挖孔桩施工中应注意的几个问题

（1）桩孔的质量要求必须保证。根据挖孔桩的受力特性，桩孔中心线的平面位置偏差要求不宜超过 50mm，桩的垂直度偏差要求不超过 0.5%，桩径不得小于设计直径。为了保证桩孔的平面位置和垂直度符合要求，在每开挖一施工段，安装护壁模板时，可将一十字架放在孔口上方预先标定好的轴线标记位置处，在十字架交叉中点悬吊垂球以对中，使每一段护壁符合轴线要求，以保证桩身的垂直度。桩孔的挖掘应由设计人员根据现场土层实际情况决定，不能按设计图纸提供的桩长参考数据来终止挖掘。对重要工程挖到比较完整的持力层后，再用小型钻机向下钻一深度不小于桩底直径三倍的深孔取样鉴别，确认无软弱下卧层及洞隙后才能终止。

（2）注意防止土壁坍落及流砂事故。在开挖过程中，如遇到有特别松散的土层或流砂层时，为防止土壁坍落及流砂，可采用钢护筒或预制混凝土沉井等作为护壁，高度超过地面标高 300～500mm，待穿过松软层或流砂层后，再按一般方法边挖掘边浇筑混凝土护壁，继续开挖桩孔。流砂现象严重时可采用井点降水。

（3）浇筑桩身混凝土时，应注意清孔及防止积水。桩身混凝土宜一次连续浇筑完毕，不留施工缝。浇筑前，应认真清除干净孔底的浮土、石碴。

（4）必须制订好安全措施。人工挖孔桩施工，工人在孔下作业，施工安全应予以特别重视，要严格按操作规程施工，制订可靠的安全措施。例如：施工人员进入孔内必须戴安全帽；孔内有人时，孔上必须有人监督防护；护壁要高出地面 150～200mm，孔周围要设置0.8m 高的安全防护栏杆；孔下照明要用安全电压；开挖深度超过 10m 时，应设置鼓风机，排除有害气体等。

五、灌注桩施工质量要求

灌注桩的成桩质量检查包括成孔及清孔、钢筋笼制作、混凝土搅拌及灌注三个工序过程的质量检查。成孔及清孔时主要检查已成孔的中心位置、孔深、孔径、垂直度、孔底沉渣厚度；钢筋笼制作安放时主要检查钢筋规格、焊条规格、品种、焊口规格、焊缝长度、焊缝外观和质量、主筋和箍筋的制作偏差及钢筋笼安放的实际位置等；混凝土搅拌和灌注时主要检查原材料质量与计量、混凝土配合比、坍落度等。对于沉管灌注桩还要检查打入深度、桩锤标准、桩位及垂直度等。

桩基验收应包括下列资料：

（1）工程地质勘察报告、桩基施工图、图纸会审纪要、设计变更及材料代用通知单等；

（2）经审定的施工组织设计、施工方案及执行中的变更情况；

（3）桩位测量放线图，包括工程桩位线复核签证单；

（4）成桩质量检查报告；

（5）单桩承载力检测报告；

（6）基坑挖至设计标高的桩基竣工平面图及桩顶标高图。

灌注桩施工的允许偏差应符合表2-4规定。

表2-4　　　　　　　　　　　　　　灌注桩施工允许偏差值

序号	成孔方法		桩径偏差（mm）	垂直度允许偏差（%）	桩位允许偏差（mm）	
					单桩、条形桩基沿垂直轴线方向和群桩基础中的边桩	条形桩基沿轴线方向和群桩基础中间桩
1	泥浆护壁冲（钻）孔桩	$d \leqslant 1000mm$	$-0.1d$ 且$\leqslant -50$	1	$d/6$ 且不大于100	$d/4$ 不小于150
		$d \geqslant 1000mm$	-50		$100+0.01H$	$150+0.01H$
2	锤击（振动）沉管、振动冲击沉管成孔	$d \leqslant 500mm$	-20	1	70	150
		$d \geqslant 500mm$			100	150
3	螺旋钻、机动洛阳铲钻扩孔底		-20	1	70	150
4	人工挖孔桩	现浇混凝土护壁	± 50	0.5	50	
		长钢套管护壁	± 20	1	100	

注　1. 桩径允许偏差的负值是指个别断面。
　　2. 采用复打、反插法施工的桩径允许偏差不受本表限制。

六、桩基工程的安全技术

（1）机具进场要注意危桥、陡坡、陷地和防止碰撞电杆、房屋等，以免造成事故。

（2）在打桩过程中遇有地坪隆起或陷下时，应随时对机架及路轨调整垫平。

（3）机械司机，在施工操作时要思想集中，服从指挥信号，不得随便离开工作岗位，并经常注意机械运转情况，发现异常及时纠正。

（4）在打桩时桩头垫料严禁用手拨正，不要在桩锤未打到桩顶即起锤或过早刹车，以免损坏桩机设备。

（5）成孔钻机操作时，注意钻机安全平稳，以防止钻架突然倾倒或钻具突然下落而发生事故。

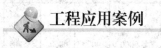

工程应用案例

【背景材料】

某大厦工程为框剪结构，建筑面积3800m²，地下2层，地上29层，位于繁华市区内，西、北与高层建筑相邻，东靠交通要道。主楼基础20m深度范围内表层土为杂素填土，其余为黏土和粉质黏土，呈松散、可塑、流塑状态。地面以下1.5m为稳定水位，经过多方面考虑，选择地下连续墙作为施工阶段的支护结构和使用阶段的地下室外墙。

一、施工方法选择

（一）施工前准备工作

1. 导墙设计

导墙是地下连续墙成槽之前修筑的临时结构，其主要作用是挡土、测量的基准、支承重物。它是由表层土的特性、地下水位以及承受重量所决定的。地面以下 3m 左右均为软塑松填的杂土，地下水位基本稳定在 1.5m 左右，钢筋网架、锁口管的自重以及顶拔锁口管的力都要由导墙承受，所以确定使用倒"L"型 C20 钢筋混凝土导墙，如图 2-41 所示。其深度内侧为 1.5m，外侧与地连墙顶交叉 500mm，以便施工帽梁时起到截水作用。

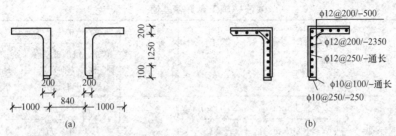

图 2-41 导墙示意图
(a) 模板；(b) 配筋

2. 单元槽段划分

单元槽段的划分原则是在满足承载力的情况下，应尽可能地减少钢筋制作种类和墙体幅数，如图 2-42 所示。圆弧处采用折线段，折线段交点在圆弧上，也就是每幅墙的中间，即独立柱的位置，转角处使用"L"形幅墙过渡。其他直线段墙幅长度控制在 6m 左右，上部柱尽量位于幅墙的中间，偏差不大于 1000mm。槽段接头处选用半圆形。

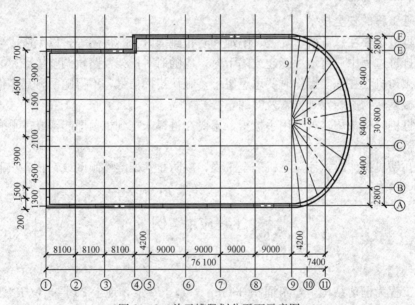

图 2-42 单元槽段划分平面示意图

3. 泥浆处理系统

设计和建造一个包括拌浆池（12m³）、调整池（9m³）、储浆池（90m³）、沉淀池（50m³）、废浆池（50m³）的泥浆处理系统。间隔墙用加气混凝土块砌筑，厚 200mm，内外抹防水砂浆。底板为厚 150mmC20 的混凝土，内配φ12@200 钢筋。

4. 确定混凝土配合比

选砂、石、水泥送试验室进行性能检验合格后，经过试配确定混凝土配合比。为增加混凝土和易性，降低水泥用量，加入 YNH-1 缓凝早强型减水剂。

（二）施工顺序

从东侧半圆弧顶部开始，即从 11 轴东侧的 C～D 轴中第一幅开始，南北各一幅跳槽施工至 1 轴闭合。

（三）施工工艺流程

钢筋混凝土地下连续墙施工工艺流程，如图 2-43 所示。

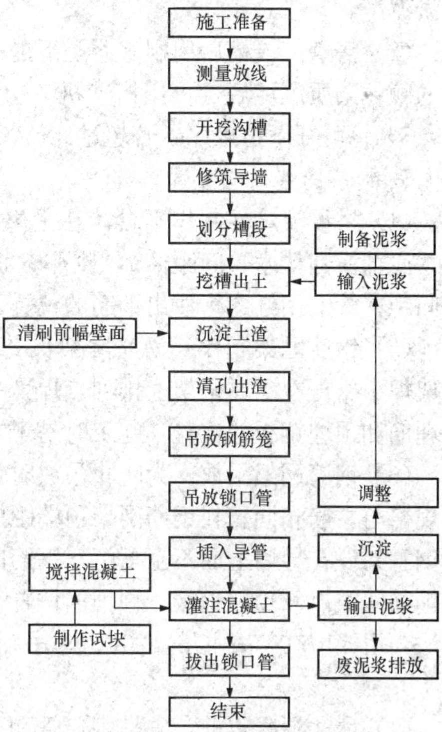

（四）施工方法

1. 修筑导墙

现浇钢筋混凝土导墙的施工顺序为：平整场地→测量定位→挖槽及处理弃土→绑扎钢筋→支模板→浇筑混凝土→拆模并设置横撑→导墙外侧回填土。施工时要注意导墙外侧回填土应用黏土填实，浇筑混凝土要捣实，不得有跑模、蜂窝、孔洞等质量问题，施工接头应与地连墙接头位置错开，严格控制导槽的误差，拆模后应沿其纵向每隔 1m 加设上下两道木支撑（100mm×100mm），禁止任何重型机械和运输设备在旁边行驶，以防导墙受压变形。

2. 划分槽段

导墙施工完后，及时将纵横轴线及槽段划分标注在导墙上，以便于槽壁机工作和吊放钢筋网架等。

施工准备 → 测量放线 → 开挖沟槽 → 修筑导墙 → 划分槽段 → 挖槽出土（制备泥浆 → 输入泥浆）→ 沉淀土渣（清刷前幅壁面）→ 清孔出渣 → 吊放钢筋笼 → 吊放锁口管 → 插入导管（调整 ← 沉淀）→ 灌注混凝土（搅拌混凝土、制作试块；输出泥浆 → 废泥浆排放）→ 拔出锁口管 → 结束

图 2-43 地下连续墙施工工艺流程图

3. 泥浆制备和管理

（1）泥浆制备。根据地基土、地下水和施工实际条件，确定泥浆主要由膨润土拌制，另加适量的增黏剂 CMC 和分散碱。膨润土的掺量为 8%，其他外加剂应根据泥浆性能掺入。新鲜泥浆：比重 1.045～1.05、黏度 23～25s、pH 值 7.5～8.5。

泥浆搅拌选用喷射搅拌和高压气体搅拌相结合的方式。喷射搅拌主要用于未达到设计浓度前，气体搅拌主要用于使泥浆均匀、膨润土充分溶胀。

先将膨润土在拌浆池中拌和均匀，然后根据其泥浆性能从 1% 的 CMC、4% 的碱液桶中取出一定数量液体逐步加入拌浆池中，待达到新鲜泥浆性能后，输入到储浆池中备用。

（2）泥浆的管理。待槽壁机开挖后，将储浆池中的泥浆输入槽内，保持液面距墙顶 500mm。在灌注混凝土前根据其灌入量，先输出一部分泥浆至沉淀池，沉淀后输至调整池进行调整，继续使用。如果经测定泥浆黏度>100s、比重>1.30、pH 值>14，则输入的泥浆进入废浆池，用泥浆车外运排放。

4. 成槽

主要设备选用日本 KH180 履带吊和吊索式液压抓斗槽壁机（真砂）。壁面垂直度由操作室内显示仪控制。为保证接头质量良好，不致渗漏水，在成槽过程中，用带有高压水嘴的刷壁器多次提刷混凝土表面。

（1）挖土。一般先挖每段的两侧，后挖中部。挖槽时履带吊停靠在导墙内侧（铺设路基箱板），杆与施工地连墙前进方向成45°，人工旋转槽壁机使其平行贴靠在导墙外侧边线，缓缓入槽，避免用力强制推入槽内。为保证挖槽精度，要缓慢成槽，操作时钢索始终处于紧张状态才能开始挖土，出土车停靠在内侧接土，直接外运。成槽至标高后，来回扫孔，清除沉渣淤泥。

（2）清槽。成槽后用刷壁器上下提刷5次以上，一般控制在15～20次。待悬浮在泥浆中的颗粒杂质沉淀后，再用槽壁机一次性抓出。最后检测槽底泥浆。若比重＜1.20、含砂量＜8％，可开下道工序，若超过此值，进行一次置换，再次检测。检测结果要做好记录。

5. 钢筋网架的制作和吊放

（1）搭设流动性制作平台。在平整的场地上，搭设长20m、宽6m的钢筋网架制作平台，底部横铺枕木，间距2m，抄平表面后，上部用ϕ50钢管搭设，纵横间距2m。根据主筋间距在管上用红漆标注出钢筋的位置。

（2）钢筋网架制作。钢筋网架长20.5m，宽度4～6m。先焊好一面，然后把纵向支撑桁架焊牢。再在支撑桁架上排列点焊另一面钢筋，最后焊封钢筋网架两侧接头处。为了保证预埋筋和预埋钢板的位置，施工时易于寻找，采用厚50mm的聚苯乙烯板保护。

（3）钢筋网架吊放。为防止吊放时钢筋网架变形，在两面主筋上加焊剪刀形钢筋加固，其规格与主筋相同。在钢筋网架顶端距中间1.5m处，用ϕ16钢筋根据标高焊两个吊环，便于钢管架设在导墙上而不至下沉。钢筋网架起吊前要进行隐检，主要检查长、宽、高的尺寸和钢筋间距以及预埋钢板、预埋筋位置、焊点是否满足设计要求等情况。钢筋网架采用三点吊法，由50t汽车吊主吊，20t汽车吊辅助，一次吊装就位。

6. 灌注混凝土

（1）灌注混凝土前，先吊锁口管和下入导管。在吊入锁口管时，注意吊点要正中，管身垂直，管脚插入土内300mm左右，导墙顶处必须用钢销固定枕木卡牢锁口管。为了拆卸方便，灌注前沿管壁回填少量干土丸。将已经拼装打压不漏水的导管，沿着设计好的位置（距钢筋网架中间1m）下入距槽底250mm，然后给球胆充气，其直径比导管内径小20mm，漏斗放在导管上，插上斗口闸板。

（2）灌注混凝土时，两根导管每次要同时灌入相同数量的混凝土。在灌注过程中，埋管深度控制在2～4m，过深时要及时拔管，左、中、右三处混凝土面的高差不超过500mm，当混凝土灌至导墙后，可抽去全部泥浆，最后灌至施工设计标高。

（3）在灌注完混凝土后6～8h，混凝土表面已凝结，即可全部拔出锁口管。先用油压千斤顶顶动锁口管，然后用吊车起拔管身，若锁口管顶拔不动，可借助3t锤轻击锁口管头部，使其下沉后再顶升，这样可以消除混凝土对管身的包裹力。起拔时，所用钢索直径必须有足够的安全系数，并要有一根副钢索钩挂在锁口管上，以防主钢索损断时引起吊臂翻身而发生事故。

二、施工进度

导墙的施工进度为日完成10延米，地连墙的施工进度达到每日一幅。

三、开挖检查结果

开挖后经检查地下连续墙无夹泥、蜂窝、漏筋现象，墙面垂直度基本满足要求；混凝土抗压强度、抗渗指标达到了设计要求。

四、经济效益分析

经过测算采用钻孔桩支护与结构地下连续墙比较，钢筋混凝土地下室外墙以及挖填运土，坑外降水费用降低 16%，而且建筑物周围场地可供施工使用，减少地下水排放量，保证了建筑物周围的建筑、道路、管线的安全性。

五、几点体会

(1) 当地下水位高于地下连续墙顶在施工导墙时，外导墙深度必须与地下连续墙交叉500mm，以防止基坑开挖时地表水渗入基坑内，也无须拆除外导墙，可利用它支护坑边土方。

(2) 在地下连续墙灌注混凝土时，最好利用商品混凝土，用两台搅拌运输车分别向两个导管内灌入混凝土，以保证混凝土的灌注质量。

(3) 泥浆内掺入 CMC 可以提高其黏度，有益于护壁，但会影响混凝土与钢筋之间的握裹力，配制泥浆时要适当控制其掺量。

(4) 用液压抓斗槽壁机成槽，大大节省了泥浆消耗量，从而减少外运泥浆量，成槽速度快，质量稳定。

 复习思考题

1. 试述地基加固处理的原理和拟定加固方案的原则。
2. 加固地基有哪些方法？试述这些方法加固地基的机理。
3. 将地基处理与上部结构共同工作相结合可采取哪些措施？
4. 换土垫层为什么能加固地基？
5. 地下连续墙具有哪些特点？
6. 试述地下连续墙的施工工艺。导墙有哪些作用？
7. 简述土锚杆的施工程序。
8. 简述土钉墙支护结构的施工工艺。
9. 深基坑支护结构的形式有哪些？
10. 常用基础垫层有哪些？
11. 毛石基础施工质量有哪些要求？
12. 砖基础施工质量有哪些要求？
13. 桩基由哪两部分组成？按桩的受力特点桩分几类？
14. 试述端承桩和摩擦桩的概念。施工时质量控制有哪些要求？
15. 如何确定桩架的高度和选择桩锤？
16. 打桩前准备工作是什么？
17. 如何确定合理的打桩顺序？打桩顺序有哪几种？
18. 灌注桩按成孔方法分为几种？它们的适用范围是什么？
19. 护筒的作用与埋设要求是什么？
20. 泥浆护壁成孔灌注桩施工时泥浆的作用是什么？如何制备？
21. 泥浆护壁成孔灌注桩施工时排渣的方法有哪几种？内容是什么？
22. 简述套管成孔灌注桩的施工工艺。
23. 人工挖孔灌注桩有哪些特点？如何预防孔壁坍塌？

第三章　砌　体　工　程

─·内容提要·─

　　本章内容主要包括砖砌体、石砌体、中小型砌块、框架填充墙施工、砌筑用的脚手架等，重点介绍砌筑用的脚手架及垂直运输设施，砌体的施工工艺、组砌原则、质量控制及检查方法。

学习要求

　　(1) 熟悉砖砌体、石砌体，砌块砌体的施工工艺流程，掌握砖砌体、石砌体、砌块砌体、配筋砌体施工的质量要求及检验方法。
　　(2) 了解脚手架的类型、构造及适用范围，熟悉垂直运输设施的选用及布置要求。掌握脚手架的搭设要求和安全技术措施。

　　砌体工程是利用砂浆将砖、石、砌块砌筑成设计要求的构筑物或建筑物的施工过程。这种结构具有就地取材、造价低、耐久性、耐火性好、施工简便、同时具有良好的保温隔热性等优点，但抗震能力较低，砌筑劳动强度较大，不利于工业化施工等。

第一节　砌筑用脚手架

　　砌筑用脚手架是墙体砌筑过程中堆放材料和工人进行操作的临时设施。工人在地面或楼面上砌筑砖墙时，劳动生产率受砌砖的砌筑高度影响。在距地面0.6m左右时生产效率最高，砌筑到一定高度，不搭设脚手架则砌筑工作不能进行。考虑砌砖工作效率及施工组织等因素，每次搭设脚手架的高度确定为1.2m左右，称为"一步架高度"，又叫做砖墙的可砌高度。在地面或楼面上砌墙，砌到1.2m高度左右要停止砌砖，搭设脚手架后再继续砌筑。

一、脚手架的作用和要求

（一）脚手架的作用

脚手架的作用：工人可以在脚手架上进行施工操作，材料也可按规定在架子上堆放，有时还要在架子上进行短距离的水平运输。

（二）脚手架的基本要求

脚手架是砌体工程的辅助工具，凡高度超过3m的建筑物施工，都需要搭设脚手架，在建筑物竣工后应全部拆除，不留任何痕迹。脚手架与施工安全有着密切关系，必须符合如下基本要求：

（1）脚手架的各部分材料要有足够的强度，应能安全地承受上部的施工荷载和自重。施工荷载包括操作人员自重、工具设备的重量和所允许堆放材料的总重量。

（2）脚手架要有足够的稳定性，不发生变形、倾斜或摇晃现象，确保施工人员人身安全。

（3）脚手架板道上要有足够的面积，以满足工人操作、堆放材料和运输的要求。

（4）脚手架必须保证安全，符合高空作业的要求。对脚手架的绑扎、护身栏杆、挡脚板、安全网等应按有关规定执行。

（5）脚手架属于周转性重复使用的临时设施，要力求构造简单，装拆方便，损耗小。

（6）要因地制宜，就地取材，尽量节约架子用料。

（三）脚手架的载荷要求

现行施工规范对脚手架的荷载规定为：砌筑工程每平方米 2700N，装饰工程每平方米 2000N，里脚手架每平方米 2500N，挑脚手架每平方米 1000N。特殊情况要通过计算来决定。在脚手架上堆砖，只许单行侧摆三层。由于脚手架搭拆频繁，施工载荷变动大，安全系数一般不小于 3，垂直运输架的安全系数也取 3，吊盘的动力系数取 1.3，脚手架上附设小扒杆时，超重量不得大于 300kg，并将该脚手架加固。

（四）留设脚手眼的规定

单排外落地式脚手架应在墙面上留设脚手眼，作为小横杆在墙上的支点，但在下列部位不允许留设脚手眼：土坯墙、土打墙、空心砖墙、空斗墙、独立砖柱、半砖墙以及 18cm 厚的砖墙；砖过梁上及与过梁成 60°角的三角形范围；宽度小于 1m 的窗间墙；梁或梁垫之下，以及其左右各 50cm 的范围内；门窗洞口两侧 3/4 砖和距转角 $1\frac{3}{4}$ 砖的范围内；设计规定不允许设置脚手眼的部位。

二、脚手架的分类

按搭设位置的不同，分外脚手架和里脚手架。凡搭在建筑物外圈的架子，称外脚手架；凡搭设在建筑物内部的架子，称里脚手架。按脚手架所用的材料分为木、竹和钢制脚手架等。

三、外脚手架

（一）钢管扣件式脚手架

1. 钢管扣件式脚手架的构造

钢管扣件式脚手架，是由钢管和扣件组成，如图 3 - 1 所示。扣件为钢管与钢管之间的连接件，其基本形式有三种：直角扣件、对接扣件和回转扣件，如图 3 - 2 所示，用于钢管之间的直角连接、直角对接接长或成一定角度的连接。

钢管扣件式脚手架的主要构件有：立杆、大横杆、斜杆和底座等，一般均采用外径 48mm，壁厚 3.5mm 的焊接钢管。立杆、大横杆、斜杆的钢管长度为 4～6.5m，小横杆的钢管长度为 2.1～2.3m。底座有两种，一种用厚 8mm、边长为 150mm 的钢管做底板，用外径 60mm，壁厚 3.5mm，长 150mm 的钢管做套筒，二者焊接而成，如图 3 - 3 所示；另一种是用可锻铸铁铸成，底板厚 10mm，直径 150mm，插芯直径 36mm，高 150mm。

钢管扣件式脚手架的构造形式有双排和单排两种，单排脚手架搭设高度不超过 30m，不宜用于半砖墙、轻质空心砖墙、砌块墙体。

2. 钢管扣件式脚手架的架设要点

（1）在搭设脚手架前，对底座、钢管、扣件要进行检查，钢管要平直，扣件和螺栓要光洁、灵敏，变形、损坏严重者不应使用。

（2）搭设范围的地基要夯实整平，做好排水处理，如地基土质不好，则底座下垫以木板

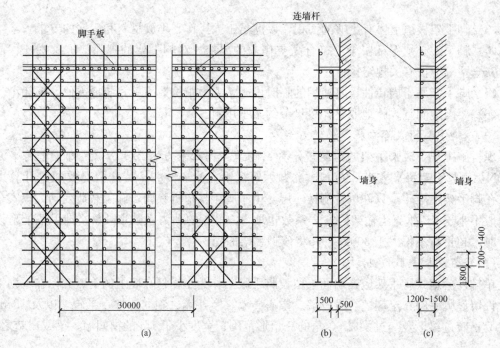

图 3-1　钢管扣件式脚手架

（a）正立面图；（b）侧立面图（双排）；（c）侧立面图（单层）

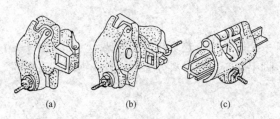

图 3-2　扣件形式图

（a）直角扣件；（b）旋转扣件；（c）对接扣件

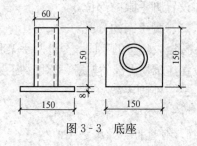

图 3-3　底座

或垫块。立杆要竖直，垂直度允许偏差不得大于 1/200。相邻两根立杆接头应错开 50cm。

（3）大横杆在每一面脚手架范围内的纵向水平高低差，不宜超过 1 匹砖的厚度。同一步内外两根大横杆的接头，应相互错开，不宜在同一跨度间内。在垂直方向相邻的两根大横杆的接头也应错开，其水平距离不宜小于 50cm。

（4）小横杆可紧固于大横杆上，靠近立杆的小横杆可紧固于立杆上。双排脚手架小横杆靠墙的一端应离开墙面 5~15cm。

（5）各杆件相交伸出的端头，均应大于 10cm，以防滑脱。

（6）扣件连接杆件时，螺栓的松紧程度必须适度。如用测力扳手校核操作人员的手劲，以扭力矩控制在 40~50N·m 为宜，最大不超过 60N·m。

（7）为保证架子的整体性，应沿架子纵向每隔 30m 设一组剪刀撑，两根剪刀撑斜杆分别扣在立杆与大横杆上或扣在小横杆的伸出部分上。斜杆两端扣件与立杆接点（即立杆与横杆的交点）的距离不宜大于 20cm，最下面的斜杆与立杆的连接点离地面不宜大于 50cm。

（8）为了防止脚手架向外倾倒，每隔 3 步架高、5 跨间隔，应设置连墙杆，其连接形式，如图 3-4 所示。

（9）拆除钢管扣件式脚手架时，应按照自上而下的顺序，逐根往下传递，不要乱扔。拆下的钢管和扣件应分类整理存放，损坏的要进行整修。钢管应每年刷一次漆，防止生锈。

（二）碗扣式钢管脚手架

碗扣式钢管脚手架或称多功能碗扣型脚手架。这种新型脚手架的核心部件是碗扣接头，由上下碗扣、横杆接头和上碗扣的限位销等组成，如图 3-5 所示。其特点是杆件全部轴向连接，结构简单，力学性能好，接头构造合理，工作安全可靠，装拆方便，不存在扣件丢失的问题。

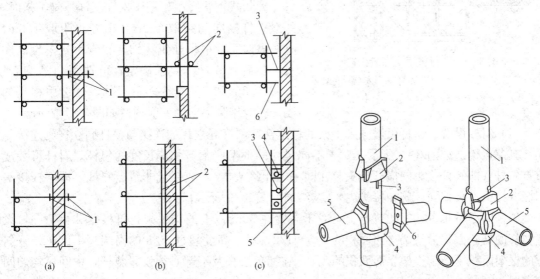

图 3-4 连墙杆的做法
1—两只扣件；2—两根短管；3—拉结铅丝；
4—木楔；5—短管；6—横杆

图 3-5 碗扣接头
1—立杆；2—上碗扣；3—限位销；4—下碗扣；
5—横杆；6—横杆接头

1. 碗扣式钢管脚手架的组成与构配件

碗扣式钢管脚手架的主要构配件有立杆、顶杆、横杆、斜杆和底座等，如图 3-6 所示。立杆和顶杆各有两种规格，在杆上均焊有间距为 600mm 的下碗扣，每一碗扣接头可同时连接 4 根横杆，可以构成任意高度的脚手架，立杆接长时，接头应错开，至顶层再用两种顶杆找平。

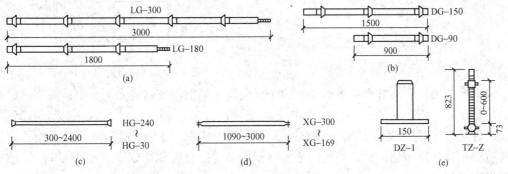

图 3-6 碗扣式钢管脚手架
（a）立杆；（b）顶杆；（c）横杆；（d）斜杆；（e）支座

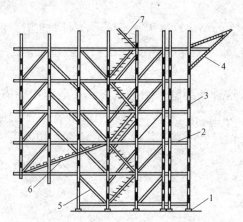

图 3-7　双排脚手架一般构造

1—垫座；2—横杆；3—立杆；4—安全网支架；

5—斜杆；6—斜脚手板；7—梯子

辅助构件用于作业面及附壁拉结等的杆部件，如用于作业面间的横杆、脚手板、斜道板、挡脚板、挑梁和架梯等；用于连接的立杆连接销、直角销、连接撑等；用于其他用途的立杆托撑、立杆可调撑、横托撑和安全网支架等。

专用构件有支撑柱垫座、支撑柱转角座、支撑柱可调座、提升滑轮、悬挑架和爬升挑架等。

2. 碗扣式钢管脚手架的搭设操作要求

碗扣式钢管脚手架用于构件双排外脚手架时，一般立杆横向间距取 1.2m，横杆步距取 1.8m，立杆纵向间距根据建筑物结构、脚手架搭设高度及作业荷载等具体要求确定，可选用 0.9、1.2、1.5、1.8m 和 2.4m 等多种尺寸，并选用相应的横杆。双排脚手架的一般构造如图 3-7 所示。

(1) 斜杆设置。斜杆可增强脚手架的稳定性，斜杆同立杆的连接与横杆同立杆的连接相同，其节点构造如图 3-8 所示。对于不同尺寸的框架应配备相应长度的斜杆。斜杆可装成节点斜杆（即斜杆接头同横杆接头装在同一碗扣接头内），或装成非节点斜杆（即斜杆接头同横杆接头不装在同一碗扣接头内），其结构如图 3-9 所示。

斜杆应尽量布置在框架节点上，对于高度在 30m 以上的脚手架，可根据载荷情况，设置斜杆的框架面积为整架立面面积的 1/5～1/2；对于高度超过 30m 的高层脚手架，设置斜杆的框架面积不小于整架立面面积的 1/2。在拐角边缘及端部必须设置斜杆，中间可均匀间隔布置。

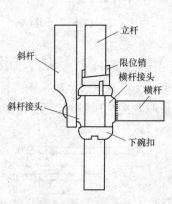

图 3-8　斜杆节点构造

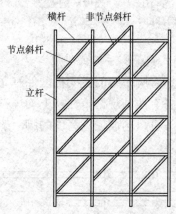

图 3-9　斜杆布置构造图

横向框架内设置斜杆即廊道斜杆，对于提高脚手架的稳定强度尤为重要。对于一字形及开口形脚手架，应在两端横向框架内沿全高连续设置节点斜杆；对于 30m 以上的脚手架，中间应每隔 5～6 跨设置一道沿全高连续搭设的廊道斜杆；对于高层和重载脚手架，除按上述构造要求设计廊道斜杆外，当横向平面框架所承受的总荷载达到或超过 25kN 时，该框架应增设廊道斜杆。

当设置高层卸荷拉结杆时，须在拉结点以上第一层加设廊道水平斜杆，以防止卸荷时水平框架变形。斜杆既可用碗扣式脚手架系列斜杆，也可用钢管和扣件代替。

（2）剪刀撑。竖向剪刀撑的设置应与碗扣式斜杆的设置相配合，一般高度在 30m 以下的脚手架，可每隔 4～5 跨设置一组沿全高连续搭设的剪刀撑，每道剪刀撑跨越 5～7 根立杆，设剪刀撑跨内不再设碗扣式斜杆；对于高度在 30m 以上的高层脚手架，应沿脚手架外侧的全高方向连续设置，两组剪刀撑之间用碗扣式斜杆，其设置构造如图 3 - 10 所示。纵向水平剪刀撑对于增强水平框架的整体性，均匀传递连墙撑的作用具有重要意义。对于 30m 以上的高层脚手架，应每隔 3～5 步架设置一层连续的闭合纵向水平剪刀撑。

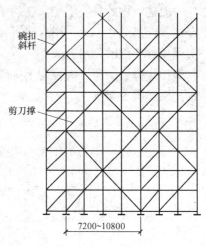

图 3 - 10 剪刀撑设置构造

（3）连墙撑。连墙撑是脚手架与建筑物之间的连接件，对提高脚手架的横向稳定性、承受偏心荷载和水平荷载等具有重要作用。一般情况下，对于高度在 30m 以下的脚手架，可四跨三步设置一个（约 40m²）；对于高层及重载脚手架，则要适当加密，50m 以下的脚手架至少应三跨三步布置一个（约 25m²）；50m 以上的脚手架至少应三跨二步布置一个（约 20m²）。连墙撑设置应尽量采用梅花形布置方式。另外当设置宽挑架、提升滑轮、安全网支架和高层卸荷拉结杆等构件时，应增设连墙撑，对于物料提升架也要相应地增设连墙撑数目。连墙撑应尽量连接在横杆层碗扣接头内，同脚手架、墙体保持垂直，并随建筑物及架子的升高及时设置，其构造如图 3 - 11 所示。其他搭设要求同扣件式钢管脚手架。

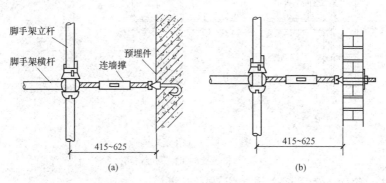

图 3 - 11 碗扣式连墙撑的设置构造
（a）混凝土墙固定连墙撑；（b）砖墙固定用连墙撑

（4）高层卸荷拉结杆。主要是为了减轻脚手架荷载而设计的一种构件。高层卸荷拉结杆设置要根据脚手架的高度和作业荷载而定，一般每 30m 高卸荷一次，但总高度在 50m 以下的脚手架不用卸荷。卸荷层应将拉结杆同每一根立杆连接卸荷。设置时将拉结杆一端用预埋件固定在墙体上，另一端固定在脚手架横杆层下碗扣底下，中间用索具螺旋调节拉力，以达到悬吊卸荷的目的，其构造形式如图 3 - 12 所示。卸荷层要设置水平廊道斜杆，以增强水平框架刚度。另外，要用横托将建筑物顶紧，以平衡水平力。上、下两层增设连墙撑。

一般建筑物的外脚手架，在拐角处两直角交叉的排架要连在一起，以增强脚手架的整体稳定性。连接形式可以采用直接拼接法和直角撑搭接法两种，如图 3-13 所示。直角撑搭接可实现任意部位的直角交叉。

碗扣式脚手架还可搭设为单排脚手架、满堂脚手架、支撑架、移动式脚手架、提升井架和悬挂挑式脚手架等。

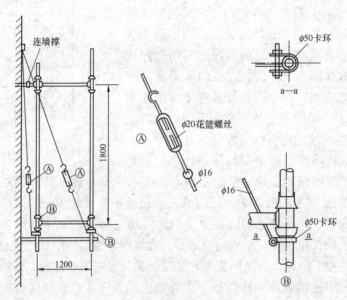

图 3-12　卸荷拉结杆布置

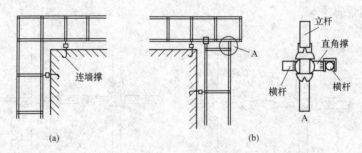

图 3-13　直角交叉构造

(a) 直接拼接；(b) 直角撑搭接

3. 碗扣式钢管脚手架的拆除

当脚手架使用完成后，应制定拆除方案，拆除前应对脚手架作一次全面检查，清除所有多余物件，并设立拆除区，严禁人员进入。

在拆架前先拆连墙撑。

拆除顺序应自上而下逐层拆除，不允许上、下两层同时拆除。连墙撑只能在拆到该层时才允许拆除。

（三）门式钢管脚手架

门式钢管脚手架又称多功能门式脚手架，是目前国际应用最普遍的脚手架之一。

1. 门式钢管脚手架的组成及构造

门式钢管脚手架由门式框架、剪刀撑和水平梁架或脚手板构成基本单元，如图 3-14 所示。将基本单元连接起来（或增加梯子和栏杆等部件）即构成整片脚手架，如图 3-15 所示。这种脚手架的搭设高度一般限制在 45m 以内。施工荷载限定为：均布载荷 1816N/m²，或作用于脚手板跨中的集中荷载 1916N。

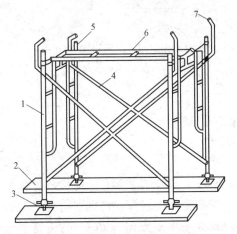

图 3-14　门式钢管脚手架基本单元

1—门架；2—平板；3—螺旋基脚；4—剪刀撑

5—连接棒；6—水平梁架；7—锁臂

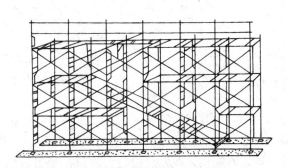

图 3-15　整片门式脚手架

门式脚手架的主要部件如图 3-16 所示。门式脚手架之间的连接是采用方便可靠的自锚结构，如图 3-17 所示，常用形式有制动片式和偏重片式两种。

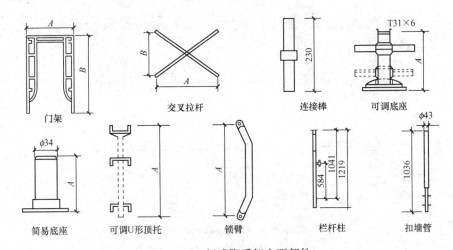

图 3-16　门式脚手架主要部件

门架　　交叉拉杆　　连接棒　　可调底座

简易底座　　可调U形顶托　　锁臂　　栏杆柱　　扣墙管

2. 门式钢管脚手架的搭设要求

门式钢管脚手架一般按以下程序搭设：铺放垫木（板）→拉线、放底座→自一端起立门架并随即装剪刀撑→装水平梁架（或脚手板）→装梯子→（需要时，装设通长的纵向水平杆）→装设连墙杆→照上述步骤，逐层向上安装→装加强整体刚度的长剪刀撑→装设顶部栏杆。

搭设门式脚手架时基座必须严格夯实抄平，并铺平调底座，以免发生塌陷和不均匀沉降。门架的顶部和底部用纵向水平杆和扫地杆固定。门架之间必须设置剪刀撑和水平梁架

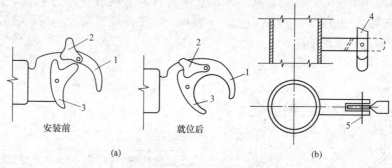

图 3-17　门式脚手架连接形式

（a）制动片式挂扣；（b）偏重片式锚扣

1—固定片；2—主制动片；3—被制动片；4—φ10 圆钢偏重片；5—铆钉

（或脚手板），其间连接应可靠，以确保脚手架的整体刚度。整片脚手架必须适量放置水平加固杆，前三层要每层设置，三层以上则每隔三层设一道。使用连墙管或连墙器将脚手架和建筑结构紧密连接，连墙点的最大间距在垂直方向为 6m，在水平方向为 8m。高层脚手架应增加连墙点布设密度。连墙点一般做法如图 3-18 所示。脚手架在转角处必须做好与墙连接牢靠，并利用钢管和回转扣件把处于相交方向的门架连接起来。

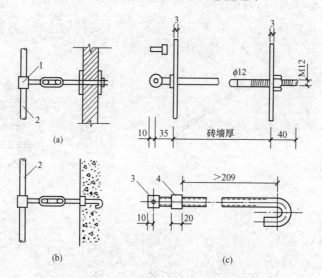

图 3-18　连墙点的一般做法

（a）夹固式；（b）锚固式；（c）预埋连墙件

1—扣件；2—门架立杆；3—接头螺钉；4—连接螺母 M12

3. 门式钢管脚手架的拆除

拆除门式钢管脚手架时应自上而下进行，部件拆除顺序与安装顺序相反。不允许将拆除的部件直接从高空掷下。应将拆下的部件分品种捆绑后，使用垂直吊运设备将其运至地面，集中堆放保管。

四、里脚手架

里脚手架是搭设在建筑物内部的一种脚手架，一般用于墙体高度不大于 4m 的房屋。混合结构房屋墙体砌筑多采用工具式里脚手架，将脚手架搭设在各层楼板上，待砌完一层墙体，即将脚手架全部运到上一个楼层上。使用里脚手架，每一层楼只需要搭设 2～3 步架。里脚手架所用工料较少，比较经济，因而被广泛采用。但是，用里脚手架砌外墙时，特别是清水墙，工人在外墙的内侧操作，要保证外侧砌体的表面平整度、灰缝平直度及不出现游丁走缝现象，对工人在操作技术上要求较高。常用的里脚手架有：

1. 角钢（钢筋、钢管）折叠式里脚手架

如图 3-19（a）所示，其架设间距：砌墙时宜为 1.2～2.0m，粉刷时宜为 2.2～2.5m。

2. 支柱式里脚手架

如图 3-19（b）所示，由若干支柱和横杆组成，上铺脚手板。搭设间距：砌墙时宜为 2.0m，粉刷时不超过 2.5m。

3. 木、竹、钢制马凳式里脚手架

如图 3-19（c）所示，马凳距离不大于 1.5m，上铺脚手板。

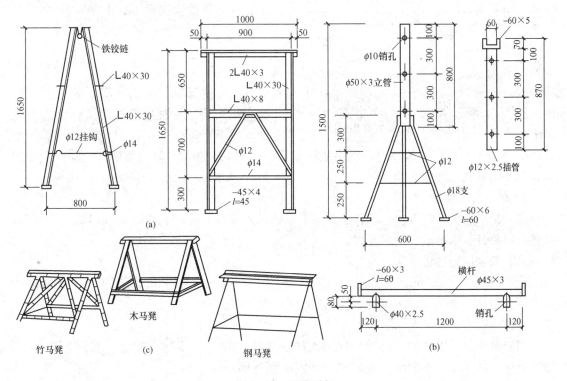

图 3-19 里脚手架

五、脚手板

（一）脚手板种类

1. 木脚手板

木脚手板常用不少于 5cm 厚的杉木板或松木板；宽 20～25cm，长 3～6m。凡有腐朽、扭曲、破裂及大横透节的木板均不能使用。为了防止在使用过程中端头裂开，可在距端头 8cm 处用 10 号铁丝箍线 2～3 圈，用钉子钉紧。

2. 竹脚手板

（1）竹片并列脚手板：用宽 5cm 竹片侧叠成宽 25cm 竹板，用 8～10mm 螺栓横穿竹板拧紧，螺栓间距 500～600mm，离端头 10～25cm。此种板，制作简便，刚度较大。缺点是受荷后易扭动。

(2) 钢竹脚手板:利用钢管或角钢作直挡,$\phi 8 \sim 10mm$ 钢筋作横挡,焊成爬梯式。横挡间距为 $50 \sim 60cm$,距端头 $10 \sim 20cm$,在横挡间穿编竹片。

3. 薄钢脚手板

薄钢脚手板是由厚 $1.5 \sim 2mm$ 的热扎钢板冷压制成。板面有 $\phi 25$ 凸圆孔,板端有连接卡口,便于两板首尾相接。每块板宽 $25cm$,长 $2 \sim 4m$。

4. 钢木脚手板

用角钢框及木板条制成的脚手板。

(二) 脚手板使用铺设要求

1. 脚手板铺设

铺设脚手板要平,搁稳两头,不得有探头板。木、竹脚手板可以对接铺,也可以搭接铺,搭接长度应不少于 $20cm$,上下层板要顺车行方向顺接,如图 3-20 所示。

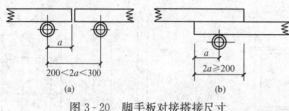

图 3-20 脚手板对接搭接尺寸

(a) 脚手板对接;(b) 脚手板搭接

2. 对接头铺法

钢脚手板或钢木脚手板应采用对接头铺法,对接头处两块脚手板下均搁有小横杆,小横杆离板头不大于 $15cm$。铺设时,应以一端铺起,逐块顺序铺设。平道每隔 $9m$,斜道每隔 $3m$ 设一个固定扣,与小横杆扎紧固定。

3. 脚手板的维护

脚手板用后应及时维护,堆置于干燥平坦处,并成垛堆放,下垫高 $20cm$ 以上,上应有遮盖,以免日晒雨淋造成变形开裂。

六、安全网的挂设方法

安全网是用直径 $9mm$ 的麻、棕绳或尼龙绳编织而成的。宽约 $3m$,长约 $6m$,网眼 $5cm$ 左右。安全网每平方米面积上承受荷载不小于 $1600N$。安全网的挂设方法:

(1) 里脚手架砌外墙,外墙四周必须挂安全网。当墙上有窗口时,在上下两窗口处的里、外侧墙面各绑一道夹墙横杆,从下窗口伸出斜杆,斜杆顶部绑一道大横杆,把安全网挂在上窗口横杆与大横杆之间,斜杆下部绑在下窗口的横杆上,再在每根斜杆顶上拉一根麻绳,把网绷起,如图 3-21 所示。

(2) 高层、多层建筑使用外脚手架施工时,也要张设安全网,建筑物低于三层时,安全网可从地面上撑起,距地面约 $3 \sim 4m$;建筑物在三层以上时,安全网应随外墙的砌高而逐层上升,每升一次为一个楼层的高度。砌体高度大于 $4m$ 时,要开始设安全网。在出入口处架设安全网,在网上应加铺一层竹席,以保安全。

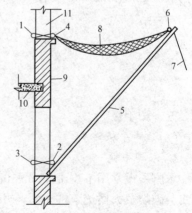

图 3-21 安全网搭设

1,2,3—水平杆;4—内水平杆;5—斜杆;
6—外水平杆;7—拉绳;8—安全网;
9—外端;10—楼板;11—窗口

七、脚手架使用安全注意事项

确保脚手架使用安全是施工中的重要问题，因此，在脚手架使用中一般应做好以下几个方面：

（1）做好安全宣传教育，制定安全措施，按照安全技术规程搭设、使用和拆除脚手架。

（2）在搭设前要制定周密的作业方案，进行安全措施和详细的技术交底。按规定位置设置安全网、护栏、挡板等安全装置。

（3）脚手架所用材料和加工质量必须符合规定要求，不得使用不合格品。

（4）脚手架搭设人员必须是按现行国家标准《特种作业人员安全技术考核管理规则》（GB 5306—1985）考核合格的专业架子工。上岗人员应定期体检，合格者方可持证上岗。

（5）在搭设和使用过程中，要经常进行检查，暂停工程复工和大风、大雨、大雪后对脚手架须进行全面的检查，发现倾斜、沉陷、悬空、接头松动、扣件破裂、杆件折裂等，应及时加固。

（6）在脚手架使用期间，严禁拆除下列杆件：主节点处的纵、横向水平杆，纵、横向扫地杆、连墙杆。

（7）金属及其他脚手架，在山区以及高于附近建筑物的地方，雷雨季节应设置防雷装置。

（8）金属脚手架上设置电焊机等电气设备时，应放在干燥的木板上。施工用电线路须按安全规定架设。

（9）搭拆脚手架时，地面应设围栏和禁戒标志，并派专人看守，严禁非操作人员入内。脚手架的拆除作业应按确定的拆除程序进行。连墙杆应在位于其上的全部可拆杆件都拆除之后才能拆除。拆下的杆配件应以安全的方式吊下和运出，严禁向下抛掷。在拆除过程中，应作好配合、协调工作，禁止单人进行拆除较重杆件等危险性作业。

第二节　砖　砌　体　施　工

一、施工前的准备

（一）砖的准备

砖应按设计要求的数量、品种、强度等级及时组织进场，按砖的强度等级、外观、几何尺寸进行验收，并检查出厂合格证。常温下施工时，砖应提前1～2d浇水湿润，以水浸入砖内1cm左右为宜，避免砖干燥吸收砂浆中过多的水分而影响黏结力，并可除去砖面上的粉末。但浇水过多会使砌体走样或滑动，施工操作困难。

（二）砂浆的准备

砌筑用砂浆有水泥砂浆、石灰砂浆和混合砂浆。砂浆在砌体中的作用是传递上部荷载，黏结砌体，提高砌体的整体强度。砂浆种类选择及其等级的确定，应根据设计要求而定。一般水泥砂浆主要用于潮湿环境和强度要求较高的砌体。石灰砂浆主要用于砌筑干燥环境以及强度要求不高的砌体。混合砂浆主要用于地面以上强度要求较高的砌体。

砂浆的配合比应根据设计要求经试验确定。砂浆配料应采用重量比，配料要准确。水泥进场使用前，应分批对其强度、安定性进行复检。检验批应以同一厂家、同一编号为一批。当在使用中对水泥质量有怀疑或水泥出厂超过三个月时，应复查试验，并按其试验结果使用。不同品种的水泥,不得混合使用。砂浆中的砂不得含有害杂物,含泥量不应超过5%。制备混合砂浆的石灰膏,应经筛网过滤,并经充分熟化,熟化时间不少于7d,严禁使用脱水硬化的石灰膏。

砂浆宜采用机械搅拌,拌制时间自投料完成后算起,不得少于2min。砂浆应随拌随用,水泥砂浆与混合砂浆必须分别在搅拌后的3h和4h内使用完毕,如气温在30℃以上,则必须分别在2h和3h内用完。

(三)机具准备

砌筑前,必须按施工组织设计要求组织垂直和水平运输机械。其中垂直运输机械是影响砌筑工程施工速度的重要因素。

常用的垂直运输机具有井架、龙门架、建筑施工电梯,塔式起重机(详见第六章)。

(1)井架,如图3-22所示。通常带一个起重臂和吊盘,起重臂起重能力为5~10kN,在其外伸工作范围内也可进行一定的水平运输。吊盘起重量为10~15kN,可放置运料小车或其他散装材料。搭设高度一般为40m左右,用缆风绳保持其稳定性。

(2)龙门架,如图3-23所示,是由两根立柱和横梁组成的门架。在龙门架上设置滑轮、导轨、吊盘、缆风绳等,进行材料、机具等的垂直运输。根据立柱结构不同,其起重量为5~15kN,门架高度为15~30m。近年来为适应高层建筑施工的需要,采用附着方式的龙门架技术得到较快发展,如MSS-100型龙门架的架设高度可达100m、SSE100型可达80m等。

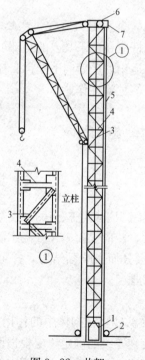

图3-22　井架
1—吊盘;2—导向滑轮;3—斜撑;4—平撑;5—立柱;
6—天轮;7—缆风绳

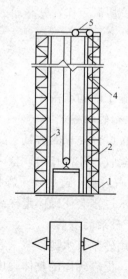

图3-23　龙门架
1—地轮;2—立柱;3—导轨;
4—缆风绳;5—天轮

(3)建筑施工电梯,如图3-24所示。人货两用建筑施工电梯吊笼安装在井架的外侧,沿齿条式轨道升降。它附着在外墙或建筑结构上,可载荷1.0~1.2t,可载人12~15人,可随建筑主体结构施工往上接高100m，特别适用于高层建筑水平运输。除可由塔式起重机进行外，也可用双轮手推车或机动翻斗车进行。

除准备施工必需的机械设备外，还应按施工要求准备脚手架、砌筑工具、质量检查工具（靠尺、皮数杆、百格网）等。

二、砖砌体的施工

砌砖体施工通常包括抄平、放线、摆砖样、立皮数杆、砌筑、清理和勾缝等工序。

1. 抄平

砌砖前应在基础顶面或楼面上定出各楼层标高，并用M7.5的水泥砂浆或C10细石混凝土找平，使各段砖墙能在同一标高位置开始砌筑。

2. 放线

确定各段墙体砌筑的位置。根据轴线桩或龙门板上轴线位置，在做好的基础顶面，弹出墙身中线及边线，同时弹出门洞口的位置。二层以上墙的轴线可以用经纬仪或锤球将轴线引上，并弹出各墙的轴线、边线、门窗洞口位置线，如图3-25所示。

3. 摆砖样

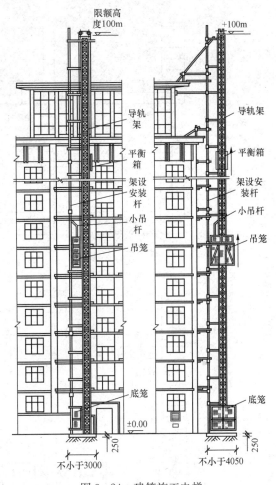

图3-24 建筑施工电梯

摆砖样是为选定组砌的形式，在基础顶面放线位置试摆砖样（不铺灰），尽量使门窗垛等处符合砖的模数，偏差小时可通过调整竖向灰缝，以减少砍砖数量，并使砌体灰缝均匀、整齐，同时可提高砌筑的效率。

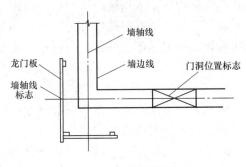

图3-25 墙身放线

常用砌体的组砌形式有：

（1）一顺一丁法。由一皮中全部顺砖与一皮中全部丁砖相互交替叠砌而成。上下皮的竖缝相互错开1/4砖长。这是目前最常采用的一种组砌形式。主要适用于一砖、一砖半及二砖厚墙的砌筑，如图3-26（a）所示。

（2）三顺一丁法。由三皮中全部是顺砖与一皮中全部是丁砖相互叠砌而成。上下皮顺砖间竖向灰缝相互错开1/2砖长，下皮顺砖与丁砖间竖向灰缝相互错开1/4砖长。主要适用于

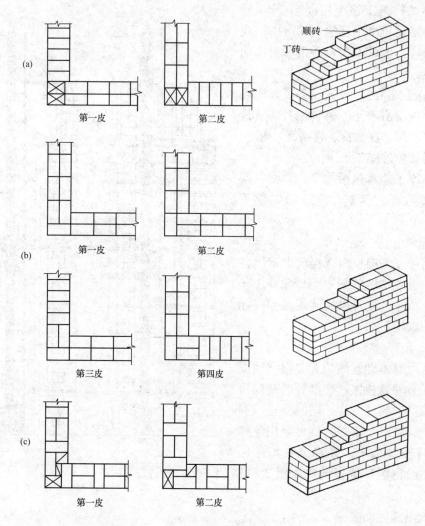

图 3-26　砖墙各种组砌形式

（a）一顺一丁；（b）三顺一丁；（c）梅花丁

一砖、一砖半厚墙的砌筑，如图 3-26（b）所示。

（3）梅花丁式。在同一皮砖中，采用砌两块顺砖后再砌一块丁砖的方法砌成。上皮丁砖位于下皮顺砖中部，上下皮的竖向灰缝亦相互错开 1/4 砖长。主要适用于一砖、一砖半厚墙的砌筑，如图 3-26（c）所示。

4. 立皮数杆

皮数杆是指在一根硬木方杆上划有每皮砖和灰缝厚度，以及门窗洞口、过梁、楼板、梁底、预埋件等标高位置，它是一根木制方杆，如图 3-27 所示。其作用是砌筑时控制砌体的竖向尺寸，同时可以保证砌体的垂直度。

皮数杆一般立于房屋的四大角，内外墙交接处、楼梯间以及洞口多的地方，砌体较长时，每隔 10~15m 增设一根。皮数

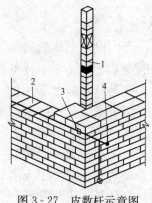

图 3-27　皮数杆示意图

1—皮数杆；2—准线；

3—竹片；4—铁钉

杆固定时，应用水准仪抄平，并用钢尺量出楼层高度，定出本楼层楼面标高，使皮数杆上所画室内地面标高与设计要求标高一致。

5. 砌筑

砖砌体的砌筑方法较多，与各地的习惯、使用的工具有关，常用的砌筑方法有："三一"砌砖法、挤浆法和满口灰法等，其中最常用的是"三一"砌砖法和挤浆法。

(1) "三一"砌砖法：即一块砖、一铲灰、一挤揉，并将挤出的砂浆刮去的砌筑方法。其特点是灰缝饱满，黏结力好，墙面整洁。砌筑实心墙时宜选用"三一"砌砖法。

(2) 挤浆法：即先在墙顶面铺一段砂浆，然后双手或单手拿砖挤入砂浆中，达到下齐边、上齐线，横平竖直的要求。其特点是：可连续组砌几块砖，减少烦琐的动作，平推平挤可使灰缝饱满，效率高。操作时铺浆长度不得超过 750mm，气温超过 30℃时，铺浆长度不得超过 500mm。

(3) 满口灰法：是将砂浆刮满在砖面和砖棱上，随即砌筑的方法。其特点是砌筑质量好，但效率低，仅适用于砌筑砖墙的特殊部位，如保暖墙、烟囱等。

砌砖时，通常先在墙角以皮数杆进行盘角，每次盘角不得超过 5 皮砖，然后将准线挂在墙侧，作为墙身砌筑的依据，24 墙及其以下墙体单侧挂线，37 墙及其以上墙体双侧挂线，如图 3-27 所示。

砖砌体水平灰缝砂浆饱满度不得低于 80%，使其砂浆饱满，严禁用水冲浆灌缝。砖墙转角处，每皮砖均需加砌七分头砖。当采用一顺一丁砌筑时，七分头砖的顺面方向依次砌顺砖，丁面方向依次砌丁砖。

6. 清理

为保持墙面的整洁，每砌十皮砖应进行一次墙面清理，当该楼层墙体砌筑完毕后，应进行落地灰的清理。

7. 勾缝

勾缝是清水墙的最后一道工序，具有保护墙面和增加墙面美观的作用。内墙面或混水墙可采用砌筑砂浆随砌随勾缝，称为原浆勾缝。清水墙应采用 1:(1.5~2) 水泥砂浆勾缝，称为加浆勾缝。勾缝应横平竖直，深浅一致，横竖缝交接处应平整，表面应充分压实赶光。缝的形式有凹缝和平缝等，凹缝深度一般为 4~5mm。勾缝完毕，应清理墙面。

三、砌砖施工中的技术要求

(一) 楼层标高的传递及控制

在楼房建筑中，楼层或楼面标高由下向上传递常用的方法有以下几种：

(1) 皮数杆传递；

(2) 用钢尺沿某一墙角的 ±0.000 标高起向上直接丈量传递；

(3) 在楼梯间吊钢尺，用水准仪直接读取传递。

每层楼墙砌到一定高度（一般为 1.2m）后，用水准仪在各内墙面分别进行抄平，并在墙面上弹出离室内地面高 500mm 的水平线（"+0.500"标高线），俗称"50线"。这条线可作为该楼层地面和室内装修施工时，控制标高的依据。

(二) 施工洞口的留设

砌体结构施工时，为了使装修阶段的材料运输和人员能通过，常在外墙和单元楼分隔墙上留设临时性施工洞口，为保证墙身的稳定和人身安全，留设洞口的位置应符合规范要求，一般洞口侧边距丁字相交的墙面不小于 500mm，洞口净宽度不应超过 1m，而且洞顶宜设过梁。在抗震设防 9 度的建筑物上留设洞口时，必须与设计单位研究决定。

（三）减少不均匀沉降

沉降不均匀将导致墙体开裂，对结构危害很大，砌体施工时要严加注意。若房屋相邻高差较大时，应先建高层部分；分段施工时，砌体相邻施工段的高差，不得超过一个楼层，也不得大于 4m，柱和墙上严禁施加大的集中荷载（如架设起重机），以减少灰缝变形而导致砌体沉降。现场施工时，砖墙每天砌筑的高度不宜超过 1.8m，雨天施工时，每天砌筑高度不宜超过 1.2m。

四、砖砌体的质量要求

砖砌体的质量要求为：横平竖直、灰浆饱满、上下错缝、接槎可靠。

（一）横平竖直

1. 横平

横平要求每一皮砖必须保持在同一水平面上，每块砖必须摆平。为此，在施工时首先做好基础或楼面抄平工作。砌筑时严格按皮数杆挂线，将每皮砖砌平。

2. 竖直

竖直要求砌体表面轮廓垂直平整，竖向灰缝必须垂直对齐，对不齐而错位时，称为游丁走缝，影响砌体的外观质量。

墙体垂直与否，直接影响砌体的稳定性，墙面平整与否，影响墙体的外观质量。在施工过程中要做到"三皮一吊，五皮一靠"随时检查砌体的横平竖直，检查墙面的平整度可用塞尺塞进靠尺与墙面的缝隙中，检查此缝隙的大小；检查墙面垂直度时，可用 2m 靠尺靠在墙面上，将线锤挂在靠尺上端缺口内，使线与尺上中心线重合。

（二）灰浆饱满

砂浆在砌体中的主要作用是传递荷载，黏结砌体。砂浆饱满不够将直接影响砌体内力的传递和整体性，所以施工验收规范规定砂浆饱满度水平灰缝不低于 80%，且灰缝厚度控制在 8～12mm 之间。影响砂浆饱满度的主要因素有：

1. 砂浆的和易性

和易性好的砂浆不仅操作方便，而且铺灰厚度均匀，也容易达到砂浆饱满度要求。水泥砂浆的和易性比混合砂浆的差，混合砂浆的抗压强度比水泥砂浆低，因此砌体结构施工时常采用混合砂浆进行砌筑。

2. 砖的湿润程度

干砖上墙使砂浆的水分被吸收，影响砖与砂浆间的黏结力和砂浆饱满度。因此，砖在砌筑前必须浇水湿润，使其含水率达到 10%～15%。

3. 砌筑方法

掌握正确的砌筑方法可以保证砌体的砂浆饱满度，通常采用"三一"砌砖法较好。

4. 砂浆饱满度

在砌筑过程中，砌体的水平灰缝砂浆饱满度，每步架至少应抽查 3 处（每处 3 块砖）饱满度平均值不得低于 80%。

5. 检查砂浆饱满度的方法

掀起砖，将百格网放于砖底浆面上，看粘有砂浆的部分所占的格数，以百分率计。

（三）上下错缝

为了保证砌体有一定的强度和稳定性，应选择合理的组砌形式，使上下两皮砖的竖缝相互错开至少1/4的砖长。不准出现通缝。否则在垂直荷载的作用下，砌体会由于"通缝"丧失整体性而影响强度。同时，纵横墙交接、转角处，应相互咬合牢固可靠。

（四）接槎可靠

为保证砌体的整体稳定性，砖墙转角处和交接处应同时砌筑。不能同时砌筑而需临时间断，先砌的砌体与后砌筑的砌体之间的接合处称为接槎。接槎方式合理与否对砌体的整体性影响很大，尤其是抗震设防区的接槎质量将直接影响房屋的抗震能力，必须予以足够的重视。为使接槎牢固，须保证接槎部分的砌体砂浆饱满，一般应砌成斜槎，斜槎的长度不应小于高度的2/3，如图3-28所示。临时间断处的高差不得超过一步脚手架的高度。留斜槎确有困难时，除转角外可留直槎，但必须做成阳槎，即从墙面引出不小于120mm的直槎，如图3-29所示，并设拉结筋，拉结筋的设置应沿墙高每500mm设一道，每道按墙厚120mm设一根ϕ6钢筋，伸入墙内长度每边不小于500mm。

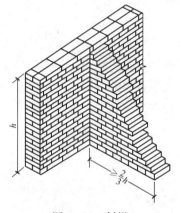

图3-28 斜槎

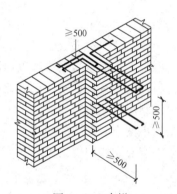

图3-29 直槎

砖砌体的位置及垂直度允许偏差应符合表3-1的规定。

表3-1　　　　　　　　　　　　　砖砌体的位置及垂直度允许偏差

项 次	项 目		允许偏差（mm）	检验方法
1	轴线位置偏移		10	用经纬仪和尺检查或用其他测量仪器检查
2	垂直度	每层	5	用2m托线板检查
		全高 ≤10m	10	用经纬仪、吊线和尺检查，或用其他测量
		全高 >10m	20	仪器检查

砖砌体的一般尺寸允许偏差应符合表3-2的规定。

表3-2　　　　　　　　　　　　　砖砌体一般尺寸允许偏差

项次	项 目		允许偏差（mm）	检验方法	抽检数量
1	基础顶面和楼面标高		±15	用水平仪和尺检查	不应少于5处
2	表面平整度	清水墙柱	5	用2m靠尺和楔形塞尺检查	有代表性自然间10%，但不应少于3间，每间不应少于2处
		混水墙柱	8		

续表

项次	项　目		允许偏差 (mm)	检验方法	抽检数量
3	门窗洞口高、 宽（后塞口）		±5	用尺检查	检验批洞口的 10%，且不应 少于 5 处
4	外墙上下窗口 偏移		20	以底层窗口为准，用经 纬仪和吊线检查	检验批的 10%，且不应少于 5 处
5	水平灰缝平 直度	清水墙	7	拉 10m 线和尺检查	有代表性自然间 10%，但不 应少于 3 间，每间不应少于 2 处
		混水墙	10		
6	清水墙游丁走缝		20	吊线和尺检查，以每层 第一皮砖为准	有代表性自然间 10%，但不 应少于 3 间，每间不应少于 2 处

第三节　砌块和框架填充墙的施工

为了节约能源，保护土地资源，利用工业废料，适应建筑业的发展需要，国家正在限制并逐渐淘汰黏土砖，从根本上改变过去的"秦砖汉瓦"的落后状态。许多新型墙体材料正在被使用，普通混凝土小型空心砌块和以煤渣、陶粒为粗骨料的混凝土小型空心砌块，是常见的新型墙体材料。它具有自重轻、机械化和工业化程度高、施工速度快、生产工艺和施工方法简单且可大量利用工业废料等优点。

一、混凝土小型空心砌块的规格

混凝土小型空心砌块的规格见表 3-3。

表 3-3　　　　　　　　　　混凝土小型空心砌块的规格

项次	名　称	规　格	尺　寸	备　注
1	普通混凝土 小型空心砌块	主规格	390×190×190	最小壁厚 30mm 最小肋厚 30mm
		辅助规格	290×190×190	
			190×190×190	
			90×190×190	
			590×190×190	
			90×90×56	
2	煤渣混凝土 小型空心砌块	主规格	390×190×190	最小壁厚 30mm 最小肋厚 30mm
		辅助规格	290×190×190	
			190×190×190	
			90×190×190	
			90×90×56	
3	陶粒混凝土 小型空心砌块	主规格	390×240×190	最小壁厚 30mm 最小肋厚 25mm
		辅助规格	290×240×190	
			90×240×190	
			90×240×56	

小型砌块按强度等级分为：MU15、MU10、MU7.5、MU5.0 四级。按外形尺寸允许偏差和外观要求分为优等品、一等品及合格品三个等级，除框架填充墙，住宅和其他民用建筑内隔墙、围护墙可用合格品等级外，其他工程部位均不得使用低于一等品等级的小型砌块。

二、混凝土小型空心砌块施工

（一）施工前准备工作

1. 编制砌块排列图

砌块施工前，应根据施工图纸的平面、立面尺寸，先绘出小型砌块排列图。在立面图上按比例绘出纵横墙，标出楼板、大梁、过梁、楼梯、孔洞等位置，在纵横墙上绘出水平灰缝线，然后以主规格为主、其他型号为辅，按墙体错缝搭砌的原则和竖缝大小进行排列。在墙体上大量使用的主要规格砌块，称为主规格砌块；与其他相搭配使用的砌块，称为副规格砌块。排列时应根据小型砌块规格、灰缝厚度和宽度、门窗洞口尺寸、过梁与圈梁的高度、芯柱或构造柱位置、预留洞大小、管线、开关、插座敷设部位等进行对孔、错缝搭接排列。

2. 砌块的准备与堆放

施工时所用的小型砌块的产品龄期不应小于 28d。砌筑时应清除小型砌块表面的污物和芯柱小型砌块孔洞底部的毛边，剔除外观不合格的砌块。承重墙体严禁使用断裂小型砌块。小型砌块的强度等级必须符合设计要求，进场后应进行见证取样，抽检的数量为：每一生产厂家，每一万块小型砌块至少抽检一组。用于多层以上建筑基础和底层的小型砌块抽检数量不应少于 2 组。

砌块的堆放位置应在施工总平面图上周密安排，应尽量减少二次搬运，使场内运输路线最短，以便于砌筑时起吊。堆放场地应平整夯实，使砌块堆放平稳，并做好排水工作；砌块不宜直接堆放在地面上，应堆在草袋、煤渣垫层或其他垫层上，以免砌块底面玷污。砌块的规格、数量必须配套，不同类型分别堆放。堆置高度不宜超过 1.6m，堆垛上应有标志，垛间应留适当的通道。

3. 施工机具准备

除应准备好砌块垂直、水平运输和吊装的机械外，还要准备安装砌块的专用夹具和有关工具。

（二）砌块施工工艺

1. 砌块施工顺序

砌块的施工顺序一般按施工段依次进行，其次序为先外后内、先远后近、先下后上。砌块砌筑时应从转角处或定位砌块处开始，同时砌筑外墙，在相邻施工段之间留阶梯形斜槎。砌筑应满足错缝搭接、横平竖直、表面清洁的要求。

2. 砌块施工的要点

（1）砌块砌筑时，在天气干燥炎热的情况下，可提前喷水润湿；对轻骨料混凝土砌块，可提前 2d 适当浇水湿润。砌块表面有浮水时，不得施工。

（2）砌块砌筑应随铺随砌，砌体灰缝应横平竖直。水平灰缝须用坐浆法满铺，砌块全部壁肋或多排孔砌块底面；竖向灰缝应采取平铺端面法，即将砌块端面朝上铺满砂浆再上墙挤紧，然后加浆插捣密实。饱满度水平灰缝不得低于 90%，竖向灰缝不得低于 80%。水平灰缝厚度和竖向灰缝宽度应为 10mm，不得小于 8mm，也不应大于 12mm。

（3）砌块砌筑形式必须每皮顺砌，上下皮砌块应对孔，并且竖缝相互错开 1/2 砌块长。当因设计原因无法对孔时，可错孔砌筑，搭接长度不应小于 90mm，否则应在水平灰缝中设置 $\phi 4$ 钢筋点焊网片，网片两端距该垂直缝各大于 400mm。

（4）墙体转角处和纵横墙交接处应同时砌筑。墙体临时间断处应设在门窗洞口边并砌成斜槎，严禁留直槎。斜槎水平投影长度应大于等于斜槎高度，如图 3-30 所示。非承重隔墙不能与承重墙或柱同时砌筑时，应在连接处承重墙或柱的水平灰缝中预埋 $\phi 4$ 钢筋点焊网片（2$\phi 6$ 钢筋）做拉结筋，其间距沿墙或柱高不得大于 400mm，埋入墙内与伸出墙外的每边长度均不小于 600mm，如图 3-31 所示。

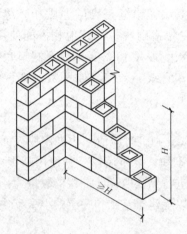 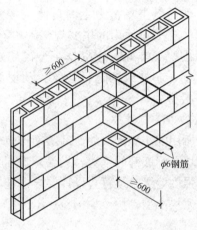

图 3-30　空心砌块墙斜槎　　　　　　图 3-31　空心砌块墙直槎

（5）对设计规定或施工所需的孔洞、管道、沟槽和预埋件等，必须在砌筑时预埋或预留，不得在已砌筑的墙体上打洞和凿槽。

（6）墙体分段施工时的分段位置宜设置在伸缩缝、沉降缝、防震缝、构造柱或门窗洞口处。相邻施工段的砌筑高度不得超过一个楼层高度，也不宜大于 4m。每日砌筑高度宜控制在 1.4m 或一步脚手架高度范围内。

三、框架填充墙的施工

（一）框架填充墙砌筑常用砖块

（1）房屋建筑的框架填充墙常采用空心砖、蒸压加气混凝土砌块、轻骨料混凝土小型空心砌块等。

（2）使用蒸压加气混凝土砌块、轻骨料混凝土小型空心砌块砌筑时，其产品龄期应超过 28d。

（3）填充墙砌筑严禁使用实心黏土砖。

（二）框架填充墙的施工

（1）填充墙采用烧结多孔砖、烧结空心砖进行砌筑时，应提前 2d 浇水湿润。采用蒸压加气混凝土砌块砌筑时，应向砌筑面浇适量的水。

（2）墙体的灰缝应横平竖直，厚薄均匀，并应填满砂浆，竖缝不得出现透明缝、瞎缝。

（3）多孔砖应采用一顺一丁或梅花丁的组砌形式。多孔砖的孔洞应垂直面受压，砌筑前应先进行试摆。

（4）填充墙拉结筋的设置：框架柱和梁施工完后，就应按设计砌筑内外墙体，墙体应与框架柱进行锚固，锚固拉结筋的规格、数量、间距、长度应符合设计要求。当设计无规定时，一般应在框架柱施工时预埋锚筋，锚筋的设置为沿柱高每500mm配置$2\phi6$钢筋，伸入墙内长度，一二级框架宜沿墙全长设置，三四级框架不应小于墙长的1/5，且不应小于700mm，锚筋的位置必须准确。砌体施工时，将锚筋凿出并拉直砌在砌体的水平砌缝中，确保墙体与框架柱的连接。有的锚筋由于在框架柱内伸出的位置不准，施工中把锚筋打弯甚至扭转使之伸入墙身内，从而失去了锚筋的作用，会使墙身与框架间出现裂缝。因此，当锚筋的位置不准时，将锚筋拉直用C20细石混凝土浇筑至与砌体模数吻合，一般厚度为20～50mm。实际工程中，为了解决预埋锚筋位置容易错位的问题，框架柱施工时，在规定留设锚筋位置处预留铁件或沿柱高设置$2\phi6$预埋钢筋，进行砌体施工前，按设计要求的锚筋间距将其凿出与锚筋焊接。当填充墙长度大于5m时，墙顶部与梁应有拉结措施，墙高度超过4m时，应在墙高中部设置与柱连接的通长的钢筋混凝土水平墙梁。

（5）采用轻骨料混凝土小型空心砌块或蒸压加气混凝土砌块施工时，墙底部应先砌烧结普通砖或多孔砖，或现浇混凝土坎台等，其高度不宜小于200mm。

（6）卫生间、浴室等潮湿房间在砌体的底部应现浇捣宽度不少于120mm、高度不小于100mm的混凝土导墙，待达到一定强度后再在上面砌筑墙体。

（7）门窗洞口的侧壁也应用烧结普通砖镶框砌筑，并与砌块相互咬合。填充墙砌至接近梁底、板底时，应留一定的空隙，待填充墙砌筑完毕并应至少间隔7d后，采用烧结普通砖侧砌，并用砂浆填塞密实，以提高砌块砌体与框架间的拉结。

（8）若设计为空心石膏板隔墙时，应先在柱和框架梁与地坪间加木框，木框与梁柱可用膨胀螺栓等连接，然后在木框内加设木筋，木筋的间距应根据空心石膏板宽度而定。当空心石膏板的刚度及强度满足要求时，可直接安装。

框架本身在建筑中构成骨架，自成体系，在设计中只承受本层隔墙、板及活荷载所传给它的压力，故施工时不准许先砌墙，后浇筑框架梁，这样会使框架梁失去作用，并增加底层框架梁的应力，甚至发生事故。

（三）质量要求

（1）砖、砌块和砌筑砂浆的强度等级应符合设计要求。

（2）填充墙砌体一般尺寸允许偏差应符合表3-4的规定。

（3）填充墙砌体的砂浆饱满度及检查方法应符合表3-5的规定。

（4）填充墙砌体的灰缝厚度和宽度应正确。空心砖、轻骨料混凝土小型砌块的砌体灰缝应为8～12mm。蒸压加气混凝土砌块砌体的水平灰缝厚度及竖向灰缝宽度宜分别为15mm和20mm。

表3-4 填充墙砌体的一般尺寸允许偏差

项 次	项 目		允许偏差（mm）	检验方法
1	轴线位移		10	用尺检查
2	垂直度	≤3m	5	用2m靠尺或吊线、尺检查
		＞3m	10	
3	表面平整度		8	用2m靠尺和楔形塞尺检查

续表

项次	项 目	允许偏差（mm）	检验方法
4	门窗洞口高、宽（后塞口）	±5	用尺检查
5	外墙上、下窗口偏移	20	用经纬仪或吊线检查

表 3-5   填充墙砌体砂浆饱满度及检验方法

砌体分类	灰 缝	饱满度及要求	检验方法
空心砖砌体	水平	≥80％	采用百格网检查块材底面砂浆的黏结痕迹面积
	垂直	填满砂浆，不得有透明缝、瞎缝、假缝	
加气混凝土砌块和轻骨料混凝土砌块	水平、垂直	≥80％	

第四节　配筋砌体工程施工

由于砌混结构房屋的墙体是由红砖或砌块砌筑而成的，屋盖及楼盖普遍采用预制楼板，所以砌混结构房屋的整体性较差、刚度大、不利于抗震。为了提高砌混结构房屋的整体性，提高抗震能力，必须设置圈梁和构造柱。

一、圈梁

圈梁又称腰箍，主要作用是增强房屋的整体刚度。圈梁常设在基础顶面以及楼板、檐口和门窗过梁处。为节约材料，便于施工，应尽可能将圈梁与过梁合一，外墙及部分内墙上的圈梁必须交圈。圈梁一般采用钢筋混凝土制作，分现浇和预制两种。

（一）圈梁的设置

预制钢筋混凝土楼盖、屋盖、横墙承重时，应按表 3-6 的要求设置圈梁。纵墙承重时，应每层设置圈梁。

（二）圈梁的施工

圈梁的施工应按照钢筋混凝土结构施工的一般要求进行。现对圈梁的支模方法介绍如下。

1. 挑扁担法

在圈梁底面下一皮砖处留一孔洞，在孔中穿入 50×100 木枋作扁担，再竖立两侧模板，用夹条及斜撑支牢，如图 3-32所示。这是圈梁施工中最常用的支模方法。它的优点是施工方便，可利用工地的零碎木枋。

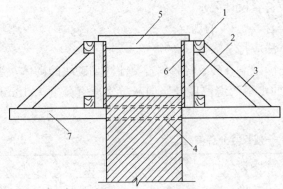

图 3-32　挑扁担法

1—横挡；2—拼条；3—斜撑；4—墙洞 60×120；
5—临时撑头；6—侧模；7—扁担木 50×100

表 3 - 6 预制钢筋混凝土楼（屋）盖设置圈梁要求

墙 类	抗 震 烈 度		
	6、7	8	9
外墙及内纵墙	屋盖处及隔层楼盖处	屋盖及每层楼盖处	屋盖及每层楼盖处
内横墙	同上；屋盖处间距不应大于7m；楼盖处间距不应大于15m；构造柱对应部位	同上；屋盖处沿所有横墙，且间距不应大于7m；楼盖处间距不应大于7m；构造柱对应部位	同上；各层所有横墙

2. 倒卡法

在圈梁下面一皮砖的灰缝中，每隔 1m 嵌入一根 $\phi 10$ 钢筋支承侧模，再用钢管卡具或木制卡具卡于侧模上口。当混凝土达到一定强度拆除模板时，将 $\phi 10$ 钢筋抽出，如图 3 - 33 所示。

3. 钢模板挑扁担法

挑扁担法常用钢模板，下口夹牢一皮砖以固定宽度，上口用马钉或卡具固定宽度，如图 3 - 34 所示。

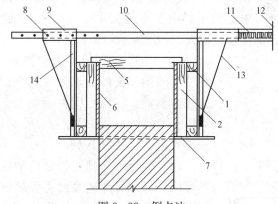

图 3 - 33 倒卡法

1, 2, 5, 6—同图 3 - 32；7—$\phi 10$ 钢筋；8—$\phi 8$ 销钉；
9—$\phi 25$ 钢管；10—$\phi 22$ 钢筋；11—方牙丝杆及套管；
12—套管钢筋；13—$\phi 10$ 钢筋；14—L 25×3 角钢

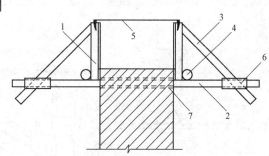

图 3 - 34 钢模板挑扁担法

1—钢模板；2—钢管；3—斜撑；4—钢管夹头；
5—马钉；6—扣件；7—墙洞

二、构造柱

钢筋混凝土构造柱是从构造角度考虑设置的。结合建筑物的防震等级，在建筑物的四角、内外墙交接处，以及楼梯门、电梯间的四个角的位置设置构造柱。构造柱应与圈梁紧密连接，使建筑物形成一个空间骨架，从而提高砖混结构的整体刚度和稳定性，增强建筑物的抗震能力。

（一）构造柱的设置

砖混结构构造柱的设置应符合表 3 - 7 的要求。

构造柱应沿整个建筑物高度对正贯通，不应使层与层之间构造柱相互错位。突出屋顶的楼、电梯间，构造柱应伸到顶部，并与顶部圈梁连接，内外墙交接处应沿墙高每隔 500mm

设2φ6拉结钢筋，且每边伸入墙内不应小于1m。局部突出的屋顶间顶部及底部均应设置圈梁。

表 3 - 7　　　　　　　　　　　　　　　　多层砖房构造柱设置

房 屋 层 数				设 置 的 部 位	
6 度	7 度	8 度	9 度		
四、五	三、四	二、三		外墙四角，错层部位横墙与外纵墙交接处，较大洞口两侧，大房间内外墙交接处	7～8度时，楼、电梯间的四角
六、八	五、六	四	二		隔一开间（轴线）横墙与纵外墙交接处，山墙与内纵墙交接处； 7～9度时，楼、电梯间的四角
	七	五、六	三、四		内墙（轴线）与外墙交接处，内墙局部较小墙垛处； 7～9度时，楼、电梯间的四角； 8度时，无洞口内横墙与内纵墙交接处； 9度时，内纵墙与横墙（轴线）交接处

（二）构造柱的构造措施

（1）多层黏土砖房屋设置构造柱，最小截面可采用240mm×180mm，纵向钢筋可采用4φ12，箍筋采用φ4～φ6，其间距不宜大于250mm。当抗震设防烈度为7度时，多层砖房超过6层；8度时，多层砖房超过5层以及9度时，构造柱的纵向钢筋宜采用4φ14，箍筋间距不应大于200mm，房屋四角的构造柱截面和钢筋可适当增大，如图3-35所示。

（2）构造柱必须与圈梁连接，在柱与圈梁相交的节点处应适当加密柱的箍筋，加密范围在圈梁上下均不应小于450mm或1/6层高；箍筋距离不宜大于100mm。

（3）墙与构造柱连接处应砌成马牙槎，每一马牙槎高度不宜超过300mm，混凝土小型空心砌块不应超过200mm，且应沿高每500mm设置2φ6水平拉结钢筋，每边伸入墙内不宜小于1m，如图3-35、图3-36所示。

（4）构造柱可不必单独设置柱基或扩大基础面积，构造柱应伸入室外地面标高下500mm。

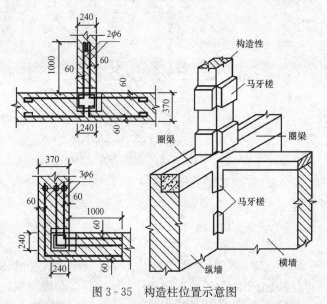

图 3 - 35　构造柱位置示意图

（5）构造柱的竖向钢筋应做成弯钩，接头可以采用绑扎，其搭接长度宜为35倍钢筋直径，在搭接接头长度范围内箍筋间距不应大于100mm。

（6）对于底层框架砖房的第二层以上部分构造柱，除按上述原则执行外，构造柱纵向钢筋宜锚固在底层框架柱内，钢筋锚固长度不小于35倍钢筋直径。当构造柱钢筋（纵向）锚固在框架梁内时，除满足锚固长度外，还应对框架梁相应位置作适当加强。

（7）底层框架砖房设置构造柱的截面不宜小于 240mm×240mm，纵向钢筋不宜少于 $4\phi14$。箍筋间距不宜大于 200mm。

（8）箍筋弯钩应为 135°，平直长度为 10 倍钢筋直径。

（三）构造柱的施工

（1）构造柱的施工程序为：绑扎钢筋、砌砖墙、支模、浇灌混凝土柱。

（2）构造柱钢筋的规格、数量、位置必须正确，绑扎前必须进行除锈和调直处理。

（3）构造柱从基础到顶层必须垂直，对准轴线，在逐层安装模板前，必须根据柱轴线随时校正竖筋的位置和垂直度。

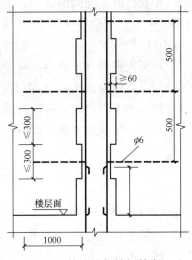

图 3-36　构造柱拉结钢筋布置及马牙槎示意图

（4）构造柱的模板可用木模或钢模，在每层砖墙砌好后，立即支模。模板必须与所在墙的两侧严密贴紧，支撑牢靠，防止板缝漏浆。

（5）在浇筑构造柱混凝土前，必须将砖砌体和模板洒水湿润，并将模板内的落地灰、砖渣和其他杂物清除干净。

（6）构造柱的混凝土坍落度宜为 50～70mm，以保证浇捣密实，亦可根据施工条件、季节不同，在保证浇捣密实的条件下加以调整。

（7）构造柱的混凝土浇筑可分段进行，每段高度不宜大于 2m。在施工条件较好并能确保浇筑密实时，亦可每层一次浇筑完毕。

（8）浇捣构造柱混凝土时，宜用插入式振捣棒，分层捣实。振捣棒随振随拔，每次振捣层的厚度不应超过振捣棒长度的 1.25 倍。振捣时，振捣棒应避免直接碰触砖墙，并严禁通过砖墙传振。

（9）构造柱混凝土保护层厚度宜为 20mm，且不小于 15mm。

（10）在砌完一层墙后和浇筑该层柱混凝土前，应及时对已砌好的独立墙加稳定支撑，必须在该层柱混凝土浇完之后，才能进行上一层的施工。

第五节　砌筑工程的安全技术

（1）在操作之前必须检查操作环境是否符合安全要求，道路是否通畅，机具是否完好，安全设施和防护用品是否齐全，经检查符合要求后方可施工。

（2）砌基础时，应检查和注意基坑土质的变化情况，堆砖应离槽（坑）边 1m 以上。

（3）砌筑高度超过一定高度时，应搭设脚手架。脚手架必须牢固稳定，架上堆放材料不得超过规定荷载标准值，堆砖高度不得超过三皮侧砖，同一脚手板上的操作人员不得超过两人。按规定搭设安全网。

（4）严禁在墙顶站立画线、勾缝、清扫墙面或做检查工作。不准用不稳定的工具或物体在脚手板上面垫高继续作业。

（5）砍砖时应面向内墙面，工作完毕应将脚手板和砖墙上的砖、灰浆清扫干净，防止掉落伤人。

（6）已砌好的山墙，应用临时连系杆放置在各跨山墙上，或加设支撑，防止倒塌。

（7）雨天或每日下班时，应做好防雨准备，以防雨水冲走砂浆，致使砌体倒塌。

（8）垂直运输的机具（如吊笼、钢丝绳等），必须满足负荷要求。吊运时应随时检查，不得超载。对不符合规定的应及时采取措施。

（9）起吊砌块的夹具要牢固，就位放稳后，方可松开夹具。

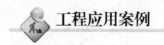 **工程应用案例**

【背景材料】

某大厦工程主体地上 27 层、高 96.3m，裙房 3 层，是由前后两个弧形组成的不规则几何体。该工程的施工采用悬挂式递进组合外脚手架。

一、设计原理

该脚手架是利用现有的普通脚手架的钢管扣件，预先在地面上搭设稳妥（立柱间距、大横杆及小横杆间距以及剪刀撑布置，均按钢管扣件脚手架搭设标准），形成每榀相对独立的架子。然后用塔式起重机将其安装在预先埋置于结构上挑出的支架上，再组合在一起，即成为一组独立外脚手架。这样搭设吊放 4 层，随着施工作业面的升降，借助塔式起重机一组组向上（下）转移。这种脚手架具有安全可靠，经济适用，操作简单的特点。适用于高层建筑结构施工和装修施工。外脚手架设计的主要内容是独立架子和支承桁架的设计。

1. 独立架子

如图 3-37 所示，整个架子是由纵横向水平杆和立杆组成的多层空间框架结构，架子全部采用 ϕ48mm×3.5mm 钢管，立杆纵距为 1.44m，横距为 0.6m，步距 1.2m，剪刀撑在两端设置，连接 3 根立杆。

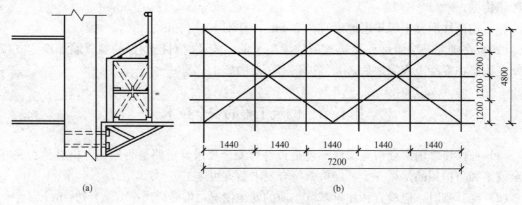

(a)   (b)

图 3-37 独立架子

2. 支承架

由长 1.5m 的角钢（L70mm×8mm）一次弯制成直角形，再与钢管（ϕ50mm×4mm）焊接成三角桁架。它与埋置在柱（墙）内的预埋件经螺栓连接固定于柱（墙）上，用以支承架子。其固定螺栓选用 ϕ18mm 普通 C 级螺栓。

二、脚手架强度验算

1. 三角桁架验算

施工荷载取 $2.7kN/m^2$，由立杆传递荷载，取内外分配系数分别为 0.44 和 0.56，作用于三角桁架上的力 $P_内 = 5.8kN$，$P_外 = 7.38kN$，如图 3-38 所示。压杆内力为 10.3kN，其压杆计算满足强度要求。

2. 架子强度验算计算简图

如图 3-39 所示，作用于其上的荷载 $P_1 = 1.28kN$，$P_2 = 2.56kN$。跨中弯矩 $M = 12.87kN \cdot m$，最下层大横杆的拉力 $T = 5.3kN$，其拉力 $\sigma_{tm} = 1.08kN/m^2 < [\sigma] = 16.67kN/m^2$。

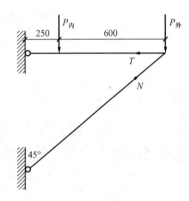

图 3-38 三角桁架计算示意图

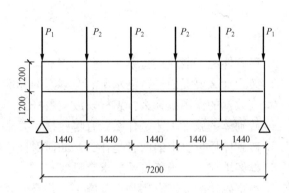

图 3-39 架子强度计算示意图

三、施工组织与操作步骤

1. 人员组织

指挥 1 人，塔吊司机 1 人，架子工 10 人，共计 12 人。

2. 设备组织

①施工用塔吊，要求回转半径大于楼长度；②对讲机 3 部；③4 绳吊环 1 个；④20m 长尼龙绳 1 条；⑤架子工必备操作工具。

3. 操作步骤

牛腿（支承架）安装→清理架子、拆除每榀架子横向连接→拆除架子底网→绑吊钩与控制绳→起吊→就位→安装连接架子与牛脚→拆除吊钩与控制绳→连接架子（横向）及护网（底网）。

4. 操作要点

①指挥口令必须明确；②在塔吊吊绳受力后方可拆除架子与牛腿的连接；③连接好架子与牛腿后方可拆除塔吊吊环。

四、安全注意事项

该架子在施工过程中，由于安装上层架子时，站在下层架子上工作，因而作业环境大为改善。同时一个架子的整体安装，减少了高空外作业量，简化了操作过程，增加了作业人员的安全保障。但由于架子施工仍属于高空作业，因此要按高空作业来要求人员，并注意以下安全事项：

（1）操作人员必须持证上岗，系安全带、戴安全帽，身上衣服结扎整齐。

（2）对讲机由指挥、吊车司机和架子工组长各持 1 部。作业时，吊车司机和组长均按指挥口令操作，不得擅自作业，信号不明确不准操作。

（3）缆风绳在起吊后，必须由专人控制，不得松手，以防架子在高空失控无法到位。

（4）在操作过程中，严禁架子下部有人员工作，距建筑物周围 10m 应设围栏和禁戒标志。

五、效益分析

本脚手架同正常施工所搭设外架相比，节约钢管 10.2t、脚手板木材 50m³、劳动消耗量 1800 工日，取得了较好的经济效益。除吊装以外的工作均可在地面上操作，大大降低了劳动强度，增强了施工作业人员的安全性。

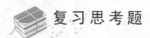 复习思考题

1. 砖砌体施工前应进行哪些准备工作？

2. 砖为什么要提前进行浇水湿润？湿润的标准是什么？

3. 皮数杆的作用是什么？怎样安放皮数杆？

4. 砖砌体的施工工艺是什么？有哪些技术要求？

5. 砖砌体质量要求的内容是什么？如何保证这些质量要求？

6. 框架填充墙的施工技术要求有哪些？

7. 小型砌块的规格有哪些？其施工工艺有何要求？

8. 砌筑工程的安全技术要求有哪些？

9. 简述脚手架的作用和基本要求。

10. 脚手架如何进行分类？

11. 脚手眼留置有哪些规定？

12. 钢管扣件式脚手架的主要构件有哪些？

13. 简述碗扣式钢管脚手架搭设要点。

14. 简述安全网的要求和挂设方法。

15. 脚手架的使用有哪些安全技术要求？

第四章　混凝土结构工程

───●　内容提要　●───

　　本章内容主要包括模板工程、钢筋工程和混凝土工程。在模板工程中，主要介绍了模板的构造、安装及拆除，重点阐述了现浇结构中常用模板的构造特点，模板设计等。在钢筋工程中主要介绍了钢筋种类、性能、加工方法和质量要求，重点阐述了钢筋的种类及性能，钢筋对焊、点焊，钢筋的配料、加工及代换方法。在混凝土工程中，全面介绍了混凝土的原材料、制备、运输、浇筑、养护、质量检查及冬期施工等。

学习要求

　　(1) 掌握混凝土结构工程的特点及施工过程、钢筋与混凝土共同工作的原理。

　　(2) 了解模板的构造要求、受力特点，掌握模板设计、安装、拆除的方法。

　　(3) 了解钢筋的种类、性能及加工工艺，掌握钢筋冷拉、对焊工艺及配料、代换的计算方法。

　　(4) 掌握混凝土施工工艺的原理、施工配料、质量检查评定及冬期施工的基本原理和方法。

　　混凝土是由胶结料、骨料、水和外加剂按一定比例拌和而成的混合物经硬化后所形成的一种人造石。混凝土的抗压能力大，但抗拉能力很低（约为抗压能力的 1/10），受拉时容易产生断裂现象。为了弥补这一缺陷，则在构件受拉区配上抗拉能力很强的钢筋与混凝土共同工作，各自发挥其受力特性，从而使构件既能受压，也能受拉。以满足建筑功能和结构要求，这种配有钢筋的混凝土称为钢筋混凝土。

　　钢筋和混凝土这两种不同性质的材料能共同工作，主要是由于混凝土硬化后紧紧握裹钢筋，钢筋受混凝土保护而不致锈蚀，同时钢筋与混凝土的线膨胀系数又相接近（钢筋为 $1.2 \times 10^{-5}/℃$，混凝土为 $1.0 \times 10^{-5} \sim 1.4 \times 10^{-5}/℃$），当外界温度变化时，不会因胀缩不均破坏两者之间的黏结。

　　混凝土结构工程具有耐久性、耐火性、整体性、可塑性好、节约钢材、可就地取材等优点，在工程建设中应用极为广泛。但混凝土结构工程也存在自重大、抗裂性差、现场浇捣受季节气候条件的限制、补强修复较困难等缺点。随着科学技术的发展，混凝土强度等级的不断提高，高强低合金钢的生产应用，混凝土施工工艺的不断改进和发展，新材料、新技术、新工艺不断出现，上述一些缺点正逐步得到改善，使得混凝土的应用领域不断扩大。如预应力混凝土工艺技术的不断发展和广泛应用，从而提高了混凝土构件的刚度、抗裂性和耐久性，减少构件的截面和自重，节约材料，取得更好的经济效益。

　　混凝土结构工程包括钢筋工程、模板工程、混凝土工程和预应力混凝土工程。混凝土施工工艺，如图4-1所示。本章重点介绍现浇钢筋混凝土结构工程的施工，由于施工过程多，所以在施工前要做好充分准备，在施工中应合理组织，各工种之间应密切配合，确保施工进度和质量。

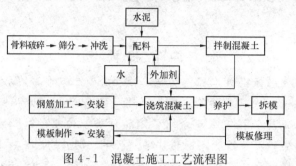

图4-1　混凝土施工工艺流程图

第一节　模　板　工　程

模板工程是指混凝土浇筑成型用的模板及其支架的设计、安装、拆除等技术工作和完成实体的总称。

模板在现浇混凝土结构施工中使用量大面广，每 $1m^3$ 混凝土工程模板用量高达 $4\sim5m^2$，其工程费用占现浇混凝土结构造价的 30％～35％，劳动用工量占 40％～50％。模板工程在混凝土结构工程中占有举足轻重的地位，对施工质量、安全和工程成本有着重要的影响。

一、模板的基本要求及分类

（一）模板系统的基本要求

现浇混凝土结构施工用的模板要承受混凝土结构施工过程中的水平荷载（混凝土的侧压力）和竖向荷载（模板自重、结构材料的重量和施工荷载等），为了保证钢筋混凝土结构施工的质量，对模板及其支架有如下要求：

（1）保证工程结构和构件各部分形状、尺寸和相互位置正确。

（2）具有足够的强度、刚度和稳定性，能可靠地承受新浇混凝土的重量和侧压力，以及在施工过程中所产生的荷载。

（3）构造简单，装拆方便，并便于钢筋的绑扎与安装，符合混凝土的浇筑及养护等工艺要求。

（4）模板接缝应严密，不漏浆。

（二）模板的分类

（1）按其所用的材料。分为木模板、钢模板和其他材料模板〔胶合板模板、塑料模板、玻璃钢模板、铝合金模板、压型钢模、钢木（竹）组合模板、装饰混凝土模板、预应力混凝土薄板等〕。

（2）按施工方法。模板分为拆移式模板和活动式模板。拆移式模板由预制配件组成，现场组装，拆模后稍加清理和修理再周转使用，常用的木模板和组合钢模板以及大型的工具式定型模板如大模板、台模、隧道模等皆属拆移式模板；活动式模板是指按结构的形状制作成工具式模板，组装后随工程的进展而进行垂直或水平移动，直至工程结束才拆除，如滑升模板、提升模板、移动式模板等。

（3）按结构类型。模板的类型不同，分为基础模板、柱模板、梁模板、楼板模板、楼梯模板、墙模板、壳模板、烟囱模板、桥梁墩台模板等。

二、模板的构造与安装

（一）组合模板

组合钢模板是由一定模数的板块、角模、连接件和支承件组成，组合模板的板块主要有钢模板和钢框木（竹）胶合板模板等，钢框木（竹）胶合板模板的基本型号和尺寸与组合钢模板相似，只是由于它的自重较轻，钢框木（竹）胶合板模板的尺寸大，模板拼缝少，所以拼装和拆除效率高，浇出的混凝土表面平整光滑。钢框木（竹）胶合板的转角模板和异形模板一般由钢材压制而成，其配件与组合钢模板相同。

组合模板就是按预定的几种规格尺寸，设计和制造的模板，它具有通用性，拼装灵活，能满足大多数构件几何尺寸的要求；使用时，仅需根据构件的尺寸选用相应规格尺寸的定型模板加以组合即可。

常用的组合模板有钢定型模板和钢木定型模板等。

1. 钢定型模板与连接件

钢组合模板由边框、面板和横肋组成，面板用厚度为 2.3、2.5、2.5mm 的钢板，边框及肋用 55mm×2.8mm 的扁钢，边框开有连接孔。钢组合模板主要类型有平面模板、阳角模板、阴角模板和连接模板，如图 4-2 所示。

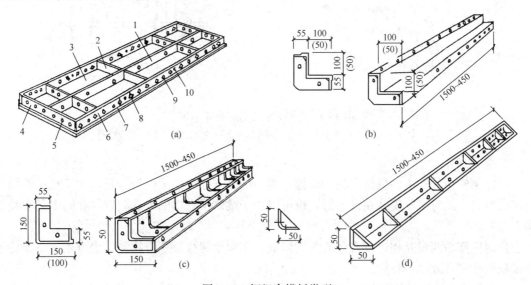

图 4-2 钢组合模板类型

（a）平面模板；（b）阳角模板；（c）阴角模板；（d）连接模板

1—中纵肋；2—中模肋；3—面板；4—横肋；5—插销孔；6—纵肋；7—凸棱；

8—凸鼓；9—U形卡孔；10—钉子孔

组合钢模板的连接件主要有 U 形卡、L 形插销、钩头螺栓、紧固螺栓、对拉螺栓和扣件等，如图 4-3 所示。模板的拼接均用 U 形卡，相邻模板的 U 形卡安装距离一般不大于 300mm，即每隔一孔卡插一个。L 形插销插入钢模板端部横肋的插销孔内，增强两相邻模板接头处的刚度和保证接头处板面平整；钩头螺栓用于钢模板与内外钢楞的连固；紧固螺栓用于紧固内外钢楞；对拉螺栓用于连接墙壁两侧模板。

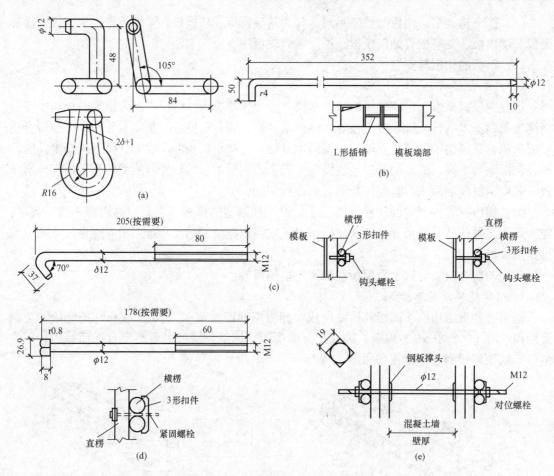

图 4-3　定型模板及连接件示意图
(a) U 形卡；(b) L 形插销；(c) 钩头螺栓；(d) 紧固螺栓；(e) 对拉螺栓

2. 支承件

组合钢模板的支承件包括卡具、柱箍、钢桁架、支柱等。梁钢管卡具可用于把梁侧模固定在底模上，此时卡具安装在梁下部，也可以用于梁侧模上口的卡具固定，此时卡具安装在梁上方。

角钢柱箍由两根互相焊成直角的角钢组成，用弯角螺栓及螺母拉紧，也可用 60×5 扁钢制成扁钢柱箍，或槽钢柱箍。

钢桁架作为梁模板的支撑工具可取代梁模板下的支柱。跨度小、荷载小时桁架可用钢筋焊成，跨度或荷载较大时可用角钢或钢管制成，可以先把钢桁架制成两个半榀，再拼装成整体。

支柱常用的有两种：一种是采用可以伸缩的钢管支柱（琵琶撑），由内外两节钢管组成，高度变化范围为 1.3～3.6m，每挡调节高度为 100mm；另一种是用钢管扣件拼成井字形架，再与桁架结合，适用于层高高、跨度大的情况。

3. 组合钢模板的构造及安装

（1）基础模板。基础的特点是高度小而体积较大。如土质良好，阶梯形基础的最下一级可不用模板而进行原槽浇筑。安装阶梯形基础模板时，要保证上、下模板不发生相对位移，如有杯口还要在其中放入杯口模板。阶梯形基础所选钢模板的宽度最好与阶梯高度相同，若阶梯高度不符合钢模板宽度的模数，剩下不足 50mm 宽度部分可加镶木板。上台阶外侧模板要长，需用两块模板拼接，拼接处除用两根 L 形插销外，上下可加扁钢并用 U 形卡连接；上台阶内侧模板长度应与阶梯等长，与外侧模板拼接处上下应加 T 形扁钢板连接；上台阶钢模板的长度最好与下阶梯等长，四角用连接角模拼接，若无合适长度的钢模板，则可选用长度较长的钢模板，转角处用 T 形扁钢板连接，剩余长度可顺序向外伸出，其构造要求如图 4-4 所示。

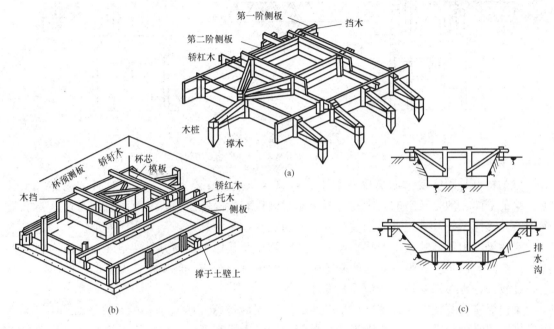

图 4-4　基础模板
(a) 阶形基础；(b) 杯形基础；(c) 条形基础

在安装基础模板前，应将地基垫层的标高及基础中心线先行核对，弹出基础边线。如为独立柱基，则将模板中心线对准基础中心线；如为带形基础，则将模板对准基础边线，然后再校正模板上口的标高，使之符合设计要求，经检查无误后将模板钉（卡、拴）牢撑稳。

（2）柱模板。柱模板由四块拼板围成，每块拼板由若干块钢模板组成，柱模四角由连接模板连接。柱顶梁缺口用钢模板组合往往不能满足要求，可在梁底标高以下用钢模板，以上与梁模板接头部分用木板镶拼。其他构造要求如图 4-5 所示。

在安装柱模板前，应先绑扎好钢筋，同时在基础面上或楼面上弹出纵横轴线和四周边线；然后立模板，并用临时斜撑固定；再由顶部用锤球校正，检查其标高位置无误后，即用斜撑卡牢固定。柱高≥4m 时，一般应四面支撑；当柱高超过 6m 时，

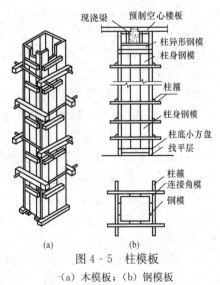

图 4-5　柱模板
(a) 木模板；(b) 钢模板

不宜单根柱支撑，宜几根柱同时支撑连成构架。对通排柱模板，应先装两端柱模板，校正固定，再在柱模板上口拉通长线校正中间各柱模板。

（3）梁及楼板模板。肋形楼盖采用组合钢模板时，梁及楼板模板是整体支设，如图4-6所示。

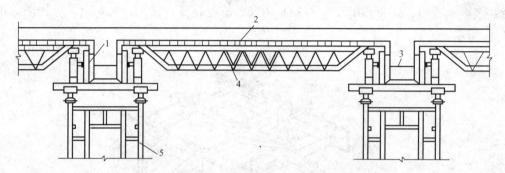

图4-6　梁及楼板模板
1—梁模板；2—楼板模板；3—对拉螺栓；4—伸缩式桁架；5—门式支架

梁的特点是跨度较大而宽度一般不大，梁高可达1m以上，工业建筑有的高达2m以上。梁的下面一般是架空的，因此混凝土对梁模板有横向侧压力，又有垂直压力，这要求梁模板及其支撑系统具有足够的强度、刚度和稳定性，不致超过规范允许的变形。

对圈梁，由于其断面小但很长，一般除窗洞口及其他个别地方是架空外，其他均搁置在墙上，故圈梁模板主要是由侧模和固定侧模用的卡具所组成。底模仅在架空部分使用，如架空跨度较大，也可用支柱（琵琶撑）撑住底模。

梁模板应在复核梁底标高，校正轴线位置无误后进行安装。当梁的跨度≥4m时，应使梁底模中部略为起拱，以防止由于浇筑混凝土后跨中梁底下垂，如设计无规定时，起拱高度宜为全跨长度的1‰～3‰；支柱（琵琶撑）安装时应先将其下土面夯实，放好垫板（保证底部有足够的支撑面积）和楔子（校正高度），支柱间距应按设计要求，当设计无要求时，一般不宜大于2m，支柱之间应设水平拉杆、剪力撑，使之互相拉撑成一整体，离地面500mm设一道，以上每隔2m设一道；当梁底地面高度大于6m时，宜搭排架支模，或满堂脚手架支撑；上下层模板的支柱，一般应安装在同一条竖向中心线上，或采取措施保证上层支柱的荷载能传递在下层的支撑结构上，防止压裂下层构件。梁较高或跨度较大时，可留一面侧模，待钢筋绑扎完后再安装。

梁底模板与两侧模板用连接角模连接；侧模板与楼板模板则用阴角模板连接；楼板模板由平面钢模板拼装而成，其周边用阴角模板与梁或墙模板连接。

板的特点是面积大而厚度一般不大，因此横向侧压力很小，板模板及其支撑系统主要用于抵抗混凝土的垂直荷载和其他施工荷载，保证板不变形下垂。板模板安装时，首先复核板底标高，搭设模板支架，然后用阴角模板从四周与墙、梁模板连接再向中央铺设。为方便拆模，木模板宜在两端及接头处钉牢，中间尽量少钉或不钉，钢模板拼缝处采用U形卡即可，支柱底部应设长垫板及木楔找平。挑檐模板必须撑牢拉紧，防止向外倾覆，确保安全。

（4）墙模板。墙模板的每片大模板由若干平面钢模板拼成，这些平面模板可以横拼也可以竖拼，外面用横、竖钢楞加固，并用斜撑保持稳定，如图4-7所示。

墙体的特点是高度大而厚度小，其模板主要承受混凝土的侧压力，因此，必须加强墙体模板的刚度，并设置足够的支撑，以确保模板不变形和发生位移。

墙体模板安装时，要先弹出中心线和两边线，选择一边先装，设支撑，在顶部用线锤吊直，拉线找平后支撑固定；待钢筋绑扎好后，墙基础清理干净，再竖立另一边模板。为了保证墙体的厚度，墙板内应加撑头或对拉螺栓。

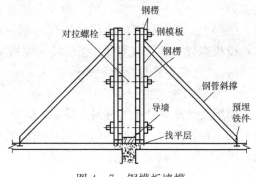

图 4-7　钢模板墙模

（5）楼梯模板。组合钢模板构成的楼梯模板由梯段底模、梯板侧板、梯级侧板和梯级模板组成，如图 4-8 所示。梯段底模和梯板侧模用平面钢模板拼成，其上、下端与楼梯梁连接部分可用木模板镶拼；梯级侧模可根据梯级放样图用薄钢板拼成，用 U 形卡固定于梯板侧板上；梯级模板则插入槽钢口内，用木楔固定。

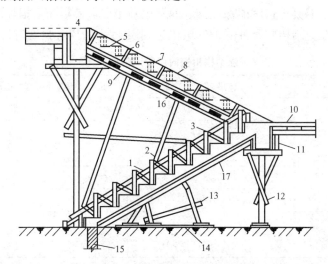

图 4-8　板式楼梯模板示意图

1—反扶梯基；2—斜撑；3—木吊；4—楼面；5—外帮侧板；6—木挡；7—踏步侧板；
8—挡木；9—格栅；10—休息平台；11—托木；12—琵琶撑；13—牵杆撑；
14—垫板；15—基础；16—楼段底模；17—梯级模型

楼梯楼板施工前应根据设计放样，先安装平台梁及基础模板，再安装楼梯斜梁或楼梯底模，然后安装楼梯外帮侧板。外帮侧板应先在其内侧弹出楼梯底板厚度线，用套板画出踏步侧板位置线，钉好固定踏步侧板的挡木，在现场安装侧板。梯步高度要均匀一致，特别要注意每层楼梯最下一步及最上一步的高度，必须考虑到楼地面层粉刷厚度，防止由于粉刷厚度不同而形成梯步高度不协调。

（二）钢框定型模板

钢框定型模板由钢边框与面板拼制。钢边框为 L40×4 的角钢；木面材料有短料木板、胶合板、竹塑板、复合纤维板、蜂窝纸板等，表面应做防水处理，制作时板面要与边框做平，尺寸一般为 1000mm×500mm。钢木模板具有如下特点：自重轻（比钢模板约轻 1/3），用钢量少（比钢模板约少 1/2），单块模板比同重单块模板增大 40％的面积，故拼装工作量小，拼缝少；板面材料的热传导率仅为钢模板的 1/400 左右，故保温性好，有利于冬期施工；模板维修方便。但刚度、强度较钢模板差。

（三）模板安装与拆除要求

1. 模板的安装质量要求

模板及其支承结构的材料、质量，应符合规范规定和设计要求；模板安装时，为了便于模板的周转和拆卸，梁的侧模板应在底模的外面，次梁的模板不应伸到主梁模板开口的里面；模板安装好后应卡紧撑牢，不得发生不允许的下沉与变形。

2. 模板的拆除要求

混凝土成型后，经过一段时间养护，当强度达到一定要求时，即可拆除模板。模板的拆除日期，取决于混凝土硬化的快慢、各个模板的用途、结构的性质、混凝土硬化时的气温。及时拆模，可提高模板的周转率，加快工程进度。如过早拆模，混凝土会因为未达到一定强度而不能担负本身重力或受外力而变形，甚至断裂，造成重大的质量事故。现浇结构的模板及支架的拆除，如设计无要求时，应符合下列规定：

（1）侧模。应在混凝土强度能保证其表面及棱角不因拆模板而受损坏时，方可拆除。

（2）底模。应在与结构同条件养护的试块达到表 4-1 的规定强度时，方可拆除。

表 4-1　　　　　　　　　　　现浇结构拆模时所需混凝土强度

结构类型	结构跨度（m）	按设计混凝土强度标准值的百分率计（％）
板	≤2	50
	>2，≤8	75
	>8	100
梁、拱、壳	≤8	75
	>8	100
悬臂构件	≤2	75
	>2	100

注　设计混凝土强度标准值系指相应的混凝土立方体抗压强度标准值。

（3）快速施工的高层建筑的梁和楼板模板。如 3～5d 完成一层结构，其底模及支柱拆除时，应对所用混凝土的强度发展情况进行核算，确保下层楼板及梁能安全承载，方可拆除。

3. 拆模顺序

拆模应按一定的顺序进行。一般应遵循先支后拆、后支先拆、先非承重部位、后承重部位以及自上而下的原则。重大复杂模板的拆除，事前应制订拆除方案。

（1）柱模。单块组拼的应先拆除钢楞、柱箍和对拉螺栓等连接、支撑件，再由上而下逐步拆除；预组拼的则应先拆除两个对角的卡件，并作临时支撑后，再拆除另两个对角的卡件，待吊钩挂好，拆除临时支撑，方能脱模起吊。

（2）墙模。单块组拼的在拆除对拉螺栓、大小钢楞和连接件后，自上而下逐步水平拆除；预组拼的应在挂好吊钩，检查所有连接件是否拆除后，方能拆除临时支撑，脱模起吊。

（3）梁、楼板模板。应先拆梁侧模，再拆楼板底模，最后拆除梁底模；拆除跨度较大的梁下支柱时，应先从跨中开始分别拆向两端。多层楼板模板支柱的拆除，应按下列要求进行：上层楼板正在浇筑混凝土时，下一层楼板的模板支柱不得拆除，再下一层楼板模板的支柱，仅可拆除一部分；跨度 4m 及 4m 以下的梁下均应保留支柱，其间距不得大于 3m。

4. 拆模注意事项

（1）拆模时，操作人员应站在安全处，以免发生安全事故。

（2）拆模时应尽量不要用力过猛、过急，严禁用大锤和撬棍硬砸硬撬，以避免混凝土表面或模板受到损坏。

（3）拆下的模板及配件，严禁抛扔，要有人接应传递，按指定地点堆放；并做到及时清理、维修和涂刷好隔离剂，以备待用。在拆除模板过程中，如发现混凝土有影响结构安全的质量问题时，应暂停拆除，经过处理后，方可继续拆除。

三、模板设计

定型模板和常用的模板拼板，在其适用范围内一般不须进行设计或验算。但对于一些特殊结构、新型体系的模板，或超出适用范围的模板则应进行设计和验算。

模板系统的设计，包括选型、选材、荷载计算、结构计算、拟定制作安装和拆除方案及绘制模板图等。模板及其支架的设计应根据工程结构形式、荷载大小、地基土类别、施工设备和材料供应等条件进行。

（一）模板设计原则与步骤

1. 设计的主要原则

（1）要保证构件的形状尺寸及相互位置的正确。

（2）要使模板有足够的强度、刚度和稳定性，能够承受新浇混凝土的重量和侧压力，以及各种施工载荷，变形不大于 2mm。

（3）力求构造简单、装拆方便，不妨碍钢筋绑扎，保证混凝土浇筑时不漏浆。

（4）配制模板应优先选用通用的、大块的模板，使其种类和块数及木模镶拼量最少。

（5）模板长向拼接宜采用错开布置，以增加模板的整体刚度；当拼接集中布置时，应使每块模板有两处钢楞支承。

（6）内钢楞应垂直模板长度方向布置，直接承受模板传来的荷载；外钢楞应与内钢楞互相垂直，用来承受内钢楞传来的荷载或用以加强模板结构的整体刚度和调整平直度，其规格不得小于内钢楞。

（7）对拉螺栓和扣件应根据计算配置，并应采取措施减少钢模板上的钻孔。

（8）支承柱应有足够的强度和稳定性，一般节间长细比宜小于 110，安全系数 $K>3$；支撑系统对于连续形式或排架形式的支撑柱，应配置水平支撑和剪刀撑，以保证其稳定性。

2. 设计步骤

（1）根据施工组织设计对施工区段的划分、施工工期和流水作业的安排，应先明确需要配制模板的层段数量。

（2）根据工程情况和现场施工条件决定模板的组装方法，如现场是散装散拆，还是预拼装；支撑方法是采用钢楞支撑，还是采用桁架支撑等。

（3）根据已确定配模的层段数量，按照施工图纸中梁、柱、墙、板等构件尺寸，进行模板组配设计。

（4）进行夹箍和支撑件等的设计计算和选配工作。

（5）明确支撑系统的布置、连接和固定方法。

(6) 确定预埋件的固定方法、管线埋设方法以及特殊部位（如预留孔洞）的处理方法。

(7) 根据所需钢模板、连接件、支撑及架设工具等列出统计表，以便于备料。

（二）模板的选材、选型

模板材料从土模、砖模、木模、钢模等单一材质向钢木组合模、钢竹胶合板组合模、新型玻璃钢模等复合材料逐步发展。应根据各地的特点和工程具体情况，因地制宜地选择模板材料。现阶段我国木材资源紧缺，竹材资源十分丰富，以竹代钢、以竹代木是模板材料的发展趋势，应大力提倡采用竹胶板模板、钢框竹胶合板模板、人造板模板等。

模板形式主要根据混凝土结构的特点和施工方法选择。如对高层或多层建筑现浇楼板，宜采用大幅面的胶合板或纤维板；对墙、柱宜选用钢框胶合板为面板的工具式模板；对井字梁和密肋楼盖选用塑料模板或永久性砂浆模板可加快施工进度、减少工程费用等。

（三）荷载及荷载组合

在设计和验算模板、支架时应考虑下列荷载。

1. 模板及支架自重标准值

根据模板设计图纸确定模板及其支架的自重标准值，肋形楼板及无梁楼板的荷载可按表 4 - 2 采用。

表 4 - 2　　　　　　　　　　　　楼板模板自重参考表

项次	模板构件名称	木模板（kN/m^2）	定型组合钢模板（kN/m^2）
1	平板的模板及小楞的自重	0.3	0.5
2	楼板模板的自重（其中包括梁的模板）	0.5	0.75
3	楼板模板及其支架的自重（楼层高度为 4m 以下）	0.75	1.1

2. 新浇筑混凝土自重标准值

对普通混凝土可采用 $24kN/m^2$，对其他混凝土可根据实际重力密度确定。

3. 钢筋自重标准值

应根据设计图纸确定。对一般梁板结构，每立方米钢筋混凝土的钢筋自重可按楼板 1.1kN、梁 1.5kN 取用。

4. 施工人员及设备荷载标准值

（1）计算模板及直接支承模板的小楞时，对均布荷载取为 $2.5kN/m^2$，另应以集中荷载 2.5kN 再进行验算，比较两者所得的弯矩值，取其大者采用。

（2）计算直接交承小楞结构构件时，均布活荷载取 $1.5kN/m^2$。

（3）计算支架立柱及其他支承结构构件时，均布活荷载为 $1.0kN/m^2$。

对大型浇筑设备，如上料平台、混凝土输送泵等，按实际情况计算；混凝土堆集料高度超过 100mm 以上者，按实际高度计算；模板单块宽度小于 150mm 时，集中荷载可分布在相邻的两块板上。

5. 振捣混凝土时产生的荷载标准值

对水平面模板为 $2kN/m^2$；对垂直面模板为 $4kN/m^2$（作用范围在新浇混凝土侧压力的有效压头高度之内）。

6. 新浇混凝土对模板侧面的压力标准值

影响新浇混凝土对模板侧压力的因素很多，如水泥品种与用量、骨料种类、水灰比、外加剂等混凝土原材料和混凝土浇筑时温度、浇筑速度、振捣方法等外界施工条件及模板情况、构件厚度、钢筋用量及排放位置等，这些都是影响混凝土对模板侧压力的因素。其中混凝土的容积密度、浇筑时混凝土的温度、坍落度、外加剂、浇筑速度以及振捣方法等影响较大，是计算混凝土侧压力的控制因素。

当采用内部振捣器时，新浇筑混凝土作用于模板的最大侧压力，可按下列两式计算，并取两式中的较小值作为侧压力的较大值。

$$F = 0.22\gamma_c t_0 \beta_1 \beta_2 V^{1/2} \tag{4-1}$$

$$F = \gamma_c H \tag{4-2}$$

式中　F——新浇筑混凝土对模板的最大侧压力，kN/m^2；

　　　γ_c——混凝土的重力密度，kN/m^3；

　　　t_0——新浇混凝土的初凝时间，h，可按实测确定。当缺乏试验资料时，可采用 $t_0 = 200/(T+15)$ 计算（T 为混凝土的温度，℃）；

　　　V——混凝土的浇筑速度，m/h；

　　　H——混凝土侧压力计算位置处至新浇筑混凝土顶面的总高度，m；

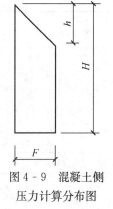

　　　β_1——外加剂影响修正系数。不掺外加剂时取 1.0，掺具有缓凝作用的外加剂时取 1.2；

　　　β_2——混凝土坍落度影响修正系数，当坍落度小于 30mm 时取 0.85，50～90mm 时取 1.0，110～150mm 时取 1.15。

混凝土侧压力的计算分布图形，如图 4-9 所示。图中 h 为有效压头高度（m），可按 $h = \dfrac{24}{F}$ 计算。

图 4-9　混凝土侧压力计算分布图

7. 倾倒混凝土时产生的水平荷载标准值

倾倒混凝土时对垂直面板产生的水平载荷按表 4-3 采用。

表 4-3　　　　　　　　　　倾倒混凝土时产生的水平荷载

项　次	向模板中供料方法	水平荷载（kN/m^2）
1	用溜槽、串筒或导管输出	2
2	用容量 0.2m³ 以及小于 0.2m³ 的运输器具倾倒	2
3	用容量在 0.2～0.8m³ 范围内的运输器具倾倒	4
4	用容量大于 0.8m³ 的运输器具倾倒	6

8. 风荷载标准值

对风压较大地区及受风荷载作用易倾倒的模板，尚需考虑风荷载作用下的抗倾倒稳定性。风荷载标准值按《建筑结构荷载规范》（GB 50009—2001）的规定采用，其中基本风压除按不同地形调整外，可乘以 0.8 的临时结构调整系数。即风荷载标准值为

$$w_k = 0.8\beta_z \mu_s \mu_z w_0 \tag{4-3}$$

式中　w_k——风荷载标准值，kN/m^2；

　　　β_z——高度 z 处的风振系数；

　　　μ_s——风荷载体型系数；

μ_z——风压高度变化系数；

w_0——基本风压，kN/m^2。

将上述1～8项荷载值乘以表4-4中的相应荷载分项系数即可计算得出模板及其支架的荷载设计值。然后再根据结构形式按表4-5进行荷载效应的组合。

表4-4　　　　　　　　　　　荷 载 分 项 系 数

项　次	荷载类别	分项系数
1	模板及支架自重	1.2
2	新浇混凝土自重	
3	钢筋自重	
4	施工人员及施工设备荷载	1.4
5	振捣混凝土产生的荷载	
6	新浇混凝土对模板侧面的压力	1.2
7	倾倒混凝土时产生的荷载、风荷载	1.4

表4-5　　　　　　　　参与模板及其支架荷载效应组合的各项荷载

项　目	荷载类别	
	计算承载能力	验算刚度
平板和薄壳的模板及其支架	1+2+3+4	1+2+3
梁和拱模板的底板及支架	1+2+3+5	1+2+3
梁、拱、柱（边长≤300mm）、墙（厚≤100mm）的侧面模板	5+6	6
大体积结构、柱（边长＞300mm）、墙（厚＞100mm）的侧面模板	6+7	6

（四）模板设计的计算规定

对模板的设计，由于我国目前还没有临时性工程的设计规范，故荷载效应组合（荷载折减系数）只能按工程结构设计规范执行。

模板系统的设计计算，原则上与永久结构相似，计算时要参照相应的设计规范。确定计算简图时，要根据模板的具体构造，对不同的构件在设计时所考虑的重点也有所不同，例如：定型模板、梁模板、楞木等主要考虑抗弯强度及挠度；对于支柱、井架等系统主要考虑受压稳定性；对于桁架应考虑上弦杆的抗弯、抗拉能力；对于木构件，则应考虑支座处抗剪及承压等问题。

计算模板和支架的强度时，由于是一种临时性结构，建议钢材的允许应力可适当提高；木材的允许应力可根据木结构设计规范提高30%。

（1）对钢模板及其支架的设计应符合现行国家标准《钢结构设计规范》的规定，其截面塑性发展系数取1.0；其荷载设计值可乘以系数0.85予以折减。

（2）采用冷弯薄壁型钢应符合现行国家标准《冷弯薄壁型钢结构技术规范》的规定，其荷载设计值不应折减。

（3）对木模板及其支架的设计应符合现行国家标准《木结构设计规范》的规定；当木材含水率小于25%时，其荷载设计值可乘以系数0.90予以折减。

（4）其他材料的模板及其支架的设计应符合有关的专门规定。

（5）当验算模板及其支架的刚度时，其最大变形值不得超过下列允许值：

1）对结构表面外露的模板，为模板构件计算跨度的 1/400。

2）对结构表面隐蔽的模板，为模板构件计算跨度的 1/250。

3）支架的压缩变形值或弹性挠度，为相应的结构计算跨度的 1/1000。

支架的立柱或桁架应保持稳定，并用撑拉杆件固定。当验算模板及其支架在自重和风荷载作用下的抗倾倒稳定性时应符合有关的专门规定。

（五）模板结构设计例题

1. 墙模板设计实例

某工程墙体模板采用组合钢模板组拼，墙高 3m，厚 18cm，宽 3.3m。

钢模板采用 P3015（1500mm×300mm）分两行竖排拼成。内钢楞采用 2 根 $\phi51×3.5$ 钢管，间距为 750mm，外钢楞采用同一规格钢管，间距为 900mm。对拉螺栓采用 M18，间距为 750mm，如图 4-10 所示。

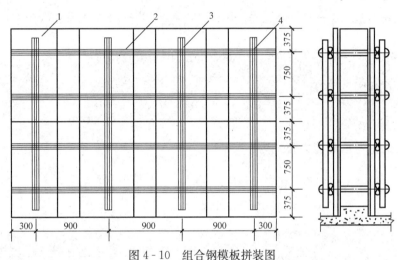

图 4-10　组合钢模板拼装图

1—钢模；2—内楞；3—外楞；4—对拉螺栓

混凝土自重（γ_c）为 24kN/m³，强度等级 C20，坍落度为 7cm，采用 0.6m³ 混凝土吊斗卸料，浇筑速度为 1.8m/h，混凝土温度为 20℃，用插入式振捣器振捣。

钢材抗拉强度设计值：Q235 钢为 2150MPa，普通螺栓为 1700MPa。钢模的允许挠度：面板为 1.5mm，钢楞为 3mm。

试验算：钢模板、钢楞和对拉螺栓是否满足设计要求。

解　（1）荷载设计值

①混凝土侧压力

第一步，混凝土侧压力标准值，按公式计算。其中 $t_0 = \dfrac{200}{20+15} = 5.71$。

$$F_1 = 0.22\gamma_c t_0 \beta_1 \beta_2 V^{1/2}$$
$$= 0.22 \times 24\,000 \times 5.71 \times 1 \times 1 \times 1.8^{\frac{1}{2}} = 40.4\text{kN/m}^2$$
$$F_2 = \gamma_0 H = 24 \times 3 = 72\text{kN/m}^2$$

取两者中的小值，即取 $F_1 = 40.4\text{kN/m}^2$。

第二步，混凝土侧压力设计值：

$$F = F_1 \times 分项系数 \times 折减系数$$
$$= 40.4 \times 1.2 \times 0.85 = 41.21 \text{kN/m}^2$$

②倾倒混凝土时产生的水平荷载,查表 4-3 为 4kN/m²。

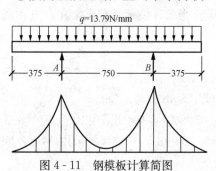

图 4-11　钢模板计算简图

荷载设计值为 $4 \times 1.4 \times 0.85 = 4.76 \text{kN/m}^2$。

③按表 4-5 进行荷载组合:

$$F' = 41.21 + 4.76 = 45.97 \text{kN/m}^2$$

(2) 验算

①钢模板验算。查施工手册,P3015 钢模板 ($\delta = 2.5$mm) 截面特征,$I_{xj} = 26.97 \times 10^4 \text{mm}^4$,$W_{xj} = 5.94 \times 10^3 \text{mm}^3$。

第一步,计算简图,如图 4-11 所示。

化为线均布荷载:$q_1 = F' \times 0.3/1000 = \dfrac{45.97 \times 0.3}{1000} = 13.79 \text{N/mm}$(用于计算承载力);

$q_2 = F \times 0.3/1000 = \dfrac{41.21 \times 0.3}{1000} = 12.36 \text{N/mm}$(用于验算挠度)。

第二步,抗弯强度验算。

$$M = \frac{q_1 m^2}{2} = \frac{13.79 \times 375^2}{2} = 97 \times 10^4 \text{N} \cdot \text{mm}$$

受弯构件的抗弯承载能力公式为

$$\sigma = \frac{M}{W} = \frac{97 \times 10^4}{5.94 \times 10^3} = 1630 \text{MPa} < f$$
$$= 2150 \text{MPa(可以)}$$

第三步,挠度验算。

$$\omega = \frac{q_2 m}{24 E I_{xj}} (-l^3 + 6m^2 l + 3m^3) = \frac{12.36 \times 375(-750^3 + 6 \times 375^2 \times 750 + 3 \times 375^3)}{24 \times 2.06 \times 10^5 \times 26.97 \times 10^4}$$

$$= 1.28 \text{mm} < [\omega] = 1.5 \text{mm(可以)}$$

②内钢楞验算。查施工手册,2 根 $\phi51 \times 3.5$mm 的截面特征为

$$I = 2 \times 14.81 \times 10^4 \text{mm}^4, \quad W = 2 \times 5.81 \times 10^3 \text{mm}^3$$

第一步,计算简图。图 4-12 所示连续梁作为线均布荷载:$q_1 = F' \times 0.75/1000 = \dfrac{45.97 \times 0.75}{1000} = 34.48 \text{N/mm}$(用于计算承载力);$q_2 = F \times 0.75/1000 = \dfrac{41.21 \times 0.75}{1000} = 30.9 \text{N/mm}$(用于验算挠度)。

第二步,抗弯强度验算。当 $\alpha = 0.4l$(即 $\alpha/l = 0.4$)方能按图 4-12 计算。由于内钢楞两端的伸臂长度(300mm)与基本跨度(900mm)之比,300/900 = 0.33 < 0.4,则伸臂端头挠度比基本跨度挠度小,故可按近似三跨连续梁计算,如图 4-12 所示。

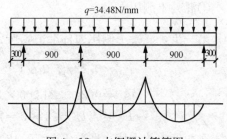

图 4-12　内钢楞计算简图

由公式　$M = 0.10 q_1 l^2 = 0.10 \times 34.48 \times 900^2$

抗弯承载能力为

$$\sigma = \frac{M}{W} = \frac{0.10 \times 34.48 \times 900^2}{2 \times 5.81 \times 10^3}$$

$$= \frac{2792.9}{11.62} = 2403.5\text{MPa} > 2150\text{MPa}(\text{不可以})$$

改用 2 根□60×40×2.5 作为钢楞后，查施工手册，$I = 2 \times 21.88 \times 10^4 \text{mm}^4$，$W = 2 \times 7.29 \times 10^3 \text{mm}^3$，其抗弯承载能力为

$$\sigma = \frac{M}{W} = \frac{0.10 \times 34.48 \times 900^2}{2 \times 7.29 \times 10^3} = \frac{2792.9}{14.58}$$

$$= 1915.6\text{MPa} < 2150\text{MPa}(\text{可以})$$

第三步，挠度验算。

$$\omega = \frac{0.677 \times q_2 l^4}{100EI} = \frac{0.677 \times 30.9 \times 900^4}{100 \times 2.06 \times 10^5 \times 2 \times 21.88 \times 10^4}$$

$$= 1.52\text{mm} < 3.0\text{mm}(\text{可以})$$

③对拉螺栓验算，查施工手册，M18 螺栓净截面面积 $A = 174\text{mm}^2$。

第一步，对拉螺栓的拉力：

$$N = F' \times \text{内楞间距} \times \text{外楞间距} = 45.97 \times 0.75 \times 0.9 = 31.03\text{kN}$$

第二步，对拉螺栓的拉力：

$$\sigma = \frac{N}{A} = \frac{31.03 \times 10^3}{174} = \frac{31\,030}{174}$$

$$= 1783\text{MPa} \approx 1700\text{MPa}(\text{可以，也可改用 M20})$$

2. 梁模板设计实例

梁高 1200mm，宽 400mm，净跨 7600mm，试计算梁底模独自设立支撑的情况。

梁底模板每米长度上的荷载为

模板自重 1400N/m

钢筋混凝土重 $1.2 \times 0.4 \times 2400 = 11\,520\text{N/m}$

振动荷载 $200 \times 0.4 = 800\text{N/m}$

垂直荷载合计 13 720N/m

梁底模板的横楞间距为 750mm，每根横楞受力为：$14\,920 \times 0.75 = 10\,290\text{N}$。横楞下用纵楞支设，也可用桁架支设，如图 4-13 所示。

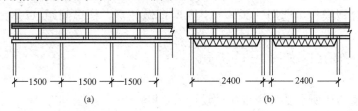

图 4-13　梁底模板支承布置

(a) 钢楞支模；(b) 桁架支模

解　（1）纵楞支模。确定纵楞支点间距 $l = 1500\text{mm}$，即每隔一道横楞设一组支柱，则纵楞每一跨中有集中荷载 $P = 10\,290\text{N}$。

纵楞最大弯矩为

$$M_{\max} = \frac{Pl}{4} = \frac{10\,290 \times 1500}{4} = 385\,875 \times 10(\text{N} \cdot \text{mm})$$

纵楞截面应具有抵抗矩为

$$W = \frac{M_{max}}{f} = \frac{385\ 875 \times 10}{210} = 18\ 375\text{mm}^3$$

试用 4 [80mm×40mm×2mm

$W = 9.28 \times 10^3\text{mm}^3$，$I = 37.13 \times 10^4\text{mm}$，验算纵楞的应力和挠度如下：

最大应力为

$$\sigma_{max} = \frac{M_{max}}{W} = \frac{385\ 875 \times 10}{4 \times 9.28 \times 10^3} = 1\ 039.5\text{MPa} < [\sigma] = 1600\text{MPa}$$

最大挠度为

$$\omega_{max} = \frac{Pl^3}{48EI} = \frac{10\ 290 \times 1500^3}{4 \times 48 \times 2.1 \times 10^5 \times 37.13 \times 10^4}$$
$$= 2.32\text{mm} < [\omega] = 3\text{mm}（可以）$$

按间距为 1500mm，每组支柱受力约为：(10 290×3)/2＝15 435N。选用 YJ-27 型钢管作支柱，其最大使用长度时查施工手册，容许荷载每根为 12 000N，故每组采用 2 根。

(2) 桁架支模。梁的净跨为 7600mm，可取用跨度为 2400mm 的轻型桁架分三段支设见如图 4-13（b）所示。这种桁架有 8 个节点，间距为 300mm，故梁底横楞间距应为 300mm。这种桁架每一节点的容许荷载从表 4-6 查得为 2400N，则每榀桁架能承载 2400N×8＝19 200N。梁每 2400mm 一段的荷载为 2.4×14 920＝35 808N，则每段应由两榀桁架并列。每组桁架用 4 根 YJ-27 型钢管架支撑。

表 4-6   轻型桁架节点容许荷载

适用跨度范围 L (mm)	节点间距 (mm)	节点荷载 (N)	相应挠度 ω (mm)
2100≤L<2500	300	2400	≤L/400
2500≤L<3000	300	1700	≤L/450
3000≤L<3500	300	1000	≤L/430

3. 柱模板设计实例

框架柱截面为 600mm×800mm，侧压力和倾倒混凝土产生的荷载合计为 60kN/m²（设计值），采用组合钢模板，选用 [80×43×5 槽钢做柱箍，柱箍间距（l）为 600mm，试验算其强度和刚度。

解 (1) 计算简图，如图 4-14 所示。

$$q = Fl_1 \times 0.85$$

式中 q——柱箍 AB 所承受的均布荷载设计值，kN/m；

   F——侧压力和倾倒混凝土荷载，kN/m²；

   0.85——折减系数。

则 $$q = \frac{60 \times 10^3}{10^6} \times 600 \times 0.85 = 36\text{N/mm} \times 0.85 = 30.6\text{N/mm}$$

(2) 强度验算，钢结构计算公式为

$$\frac{N}{A_n} + \frac{M_x}{\gamma_x W_{nx}} \leqslant f$$

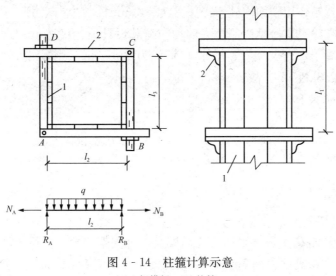

图 4 - 14　柱箍计算示意

1—钢模板；2—柱箍

$$M_x = \frac{ql_2^2}{8}$$

式中　　N——柱箍承受的轴向拉力设计值，N；

　　　A_n——柱箍杆件净截面面积，mm^2；

　　　M_x——柱箍杆件最大弯矩设计值，N·mm；

　　　γ_x——弯矩作用平面内，截面塑性发展系数，因受振动荷载，取 $\gamma_x=1.0$；

　　W_{nx}——弯矩作用平面内，受拉纤维净截面抵抗矩，mm^3；

　　　f——柱箍钢杆件抗拉强度设计值，MPa，$f=2150MPa$。

由于组合钢模板面板肋高为 55mm，故

$$l_2 = b + (55 \times 2) = 800 + 110 = 910mm$$

$$l_3 = a + (55 \times 2) = 600 + 110 = 710mm$$

$$l_1 = 600$$

$$N = \frac{a}{2} \cdot q = \frac{600}{2} \times 30.6 = 9180N$$

$$M_x = \frac{1}{8} \times ql_2^2 = \frac{30.6 \times 910^2}{8} = 3\ 167\ 482.5 N \cdot mm$$

$$\gamma_x = 1$$

A_n 查施工手册，[18×43×5 为 1024mm^2

W_{nx} 查施工手册，[18×43×5 为 25.3×10^3 mm^3

则 $\dfrac{N}{A_n} + \dfrac{M_x}{\gamma_x W_{nx}} = \dfrac{9180}{1024} + \dfrac{3\ 167\ 482.5}{25.3 \times 10^3} = 8.96 + 125.20 = 1341.6MPa < f = 2150MPa$（可以）

（3）挠度验算。

$$\omega = \frac{5q'l_2^4}{384EI} \leqslant [\omega]$$

式中　　$[\omega]$——柱箍杆件允许挠度，mm；

　　　E——柱箍杆件弹性模量，MPa，$E=2.05 \times 10^5 MPa$；

I——弯矩作用平面内柱箍杆件惯性矩，mm⁴；查施工手册；

q'——柱箍 AB 所承受侧压力的均布荷载设计值，kN/m，假设采用串筒倒倾混凝土，查表 4 - 3 得水平荷载为 2kN/m²，则其设计荷载为 $2 \times 1.4 = 2.8$ kN/m²，故

$$q' = \frac{60 \times 10^3}{10^6} - \frac{2.8 \times 10^3}{10^6} = 600 \times 0.85 = 29.17 \text{N/mm}$$

则

$$\omega = \frac{5 \times 29.17 \times 910^4}{384 \times 2.05 \times 10^5 \times 101.3 \times 10^4} = \frac{100\,016.60}{79\,743.36} = 1.25 \text{mm} < [\omega] = \frac{l_2}{500}$$

$$= \frac{910}{500} = 1.82 \text{mm(可以)}$$

4. 板模板设计实例

某框架结构现浇混凝土板，采用组合钢模及钢管支架支模。板厚100mm，其支模尺寸为 4.8m×3.3m，楼层高度为 4.5m，要求做配板设计及模板结构布置与验算。

解 （1）主要配板方案

若模板以其长边沿 4.95m 方向排列，可列出以下 3 种方案：

方案①：34P3015＋2P3009，两种规格，共 36 块；如图 4-15 所示；

方案②：22P3015＋33P3006，两种规格，共 55 块；如图 4-16 所示；

方案③：22P3015＋22P3009，两种规格，错缝排列，共 44 块。

若模板以其长边沿 3.3m 方向排列，可列出以下两种方案：

方案④：34P3015＋2P3009，两种规格，共 36 块；

方案⑤：16P3015＋32P3009，两种规格，错缝排列，共 48 块。

方案③、⑤模板错缝排列，刚性好，宜用于预拼吊装方案。方案①模板规格及块数少，比较合适。方案②模板块数较多。综合比较取方案①。

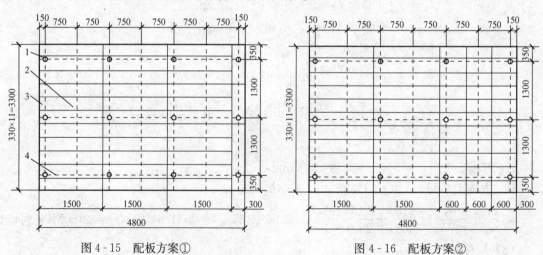

图 4 - 15　配板方案①　　　　　　　图 4 - 16　配板方案②

1—钢管支柱；2—内钢楞；3—钢模板；4—外钢楞

（2）内外钢楞验算

内外钢楞用矩形钢管 60×44×2.5，内钢楞间距为 0.75m，外钢楞间距 1.3m，支架采用 $\phi48×3.5$ 钢管搭接接长，各支柱间布置双向水平撑上、下两道，并适当布置剪刀撑。

（3）结构计算

①荷载计算

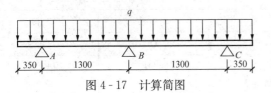

图 4 - 17　计算简图

模板及配件自重	0.5kN/m²
新浇混凝土自重	24×0.1=2.4kN/m²
钢筋重量	1.1×0.1=0.11kN/m²
施工荷载	2.5kN/m²
合计	5.51kN/m²

②内钢楞验算

矩形钢管截面抵抗弯矩 $W=1.458×10^{-5}\,\text{m}^3$，惯性矩 $I=4.378×10^{-7}\,\text{m}^4$，弹性模量 $E=2×10^8\,\text{kN/m}^2$，强度设计值 $f=2.1×10^5\,\text{kN/mm}^2$；内钢楞计算简图如图 4 - 17 所示，悬臂 $a=0.35\text{m}$，内跨长 $l=1.3\text{m}$；令 $β=a/l=0.269$；作用荷载 $q=5.51×0.75=4.132\,5\text{kN/m}$。

求 A、B 点弯矩：

$$M_A=\frac{qa^2}{2}=\frac{4.132\,5×0.35^2}{2}=0.253\,1\text{kN·m}$$

$$M_B=\frac{1}{8}ql^2(1-2β^2)$$

$$=\frac{1}{8}×4.132\,5×1.3^2×(1-2×0.269^2)$$

$$=0.746\,6\text{kN·m}$$

最大抗弯强度：

$$Q=\frac{M_B}{W}=\frac{0.746\,6}{1.458×10^{-5}}=5.121×10^4\text{kN/m}^2<2.1×10^5\text{kN/m}^2，满足要求。$$

令 $q'=(5.51-2.4)×0.75=2.257\,5\text{kN/m}$，则悬臂端挠度为

$$δ=\frac{q'al^3}{48EI}(1-6β^3-6β^3)$$

$$=\frac{2.257\,5×0.35×1.3^3}{48×2×10^8×4.378×10^{-7}}(1-6×0.269^3-6×0.269^3)$$

$$=0.186\text{mm}$$

跨内最大挠度为

$$δ'=\frac{0.1q'l^4}{24EI}=\frac{0.1×2.257\,5×1.3^4}{24×2×10^8×4.378×10^{-7}}=0.311\text{mm}$$

$$\frac{δ'}{l}=\frac{0.311}{1300}=\frac{1}{4180}<\frac{1}{400}，满足要求。$$

③支柱验算

模板及支架自重取 1.1kN/m^2，故水平投影面上每平方米的荷载为

$$1.1+2.4+0.11+2.5=6.11\text{kN/m}^2$$

每一中间支柱所受荷载为

$$6.11×1.3×1.5=11.91\text{kN}$$

表 4 - 7　　　　　　　　　　　　　钢管支架立柱容许荷载

横杆步距 L（m）	ϕ48×3.0 钢管		ϕ48×3.5 钢管	
	对　接	搭　接	对　接	搭　接
	N（kN）	N（kN）	N（kN）	N（kN）
1.0	34.4	12.8	39.1	14.5
1.25	31.7	12.3	36.2	14.0
1.50	28.6	11.8	32.4	13.3
1.80	24.5	10.9	27.6	12.3

根据表 4 - 7，当采用ϕ48×3.5 钢管，用扣件搭接接长，横杆步距为 1.5m 时，每根钢管的容许荷载为 13.3kN，大于支架支柱所受的荷载 11.91kN，故模板及支架安全。

第二节　钢　筋　工　程

一、钢筋的分类及验收堆放

（一）钢筋的分类

钢筋混凝土结构中常用的钢材有钢筋和钢丝两类。钢筋分为热轧钢筋和余热处理钢筋。热轧钢筋分为热轧光圆钢筋和热轧带肋钢筋，热轧带肋钢筋的牌号由 HRB 和牌号的屈服点最小值构成。热轧带肋钢筋分为 HRB335、HRB400、HRB500 三个牌号。光圆钢筋的牌号为 HPB300。余热处理钢筋的牌号为 RRB400。钢筋按直径大小分为：钢丝（直径 3～5mm）、细钢筋（直径 6～10mm）、中粗钢筋（直径 12～20mm）和粗钢筋（直径大于20mm）。钢丝有冷拔钢丝、碳素钢丝及刻痕钢丝。直径大于 12mm 的粗钢筋一般轧成长度为 6～12m 一根；钢丝及直径为 6～12mm 的细钢筋一般卷成圆盘。此外，根据结构的要求还可采用其他钢筋，如冷轧带肋钢筋、冷轧扭钢筋、热处理钢筋及精轧螺纹钢筋等。

（二）钢筋的进场验收

钢筋运到工地时，应有出厂质量合格证明书、试验报告单，并按品种、批号及直径分批验收，每批重量为热轧钢筋不超过 60t，钢绞线为 20t。验收内容包括钢筋牌号和外观检查，并按有关规定取样进行机械性能试验，钢筋的性能包括化学成分及力学性能（屈服点、抗拉强度、伸长率及冷弯指标）。

1. 外观检查

应对钢筋进行全数外观检查。检查内容包括钢筋是否平直、有无损伤，表面是否有裂纹、油污及锈蚀等，弯折过的钢筋不得敲直后作受力钢筋使用，钢筋表面不应有影响钢筋强度和锚固性能的锈蚀或污染。

2. 力学性能试验

应按 GB 1499.2—2007《钢筋混凝土用钢　第 2 部分：热轧带肋钢筋》、GB 1499.1—2008《钢筋混凝土用钢　第 1 部分：热轧光圆钢筋》、GB 13014—1991《钢筋混凝土用余热处理钢筋》等标准的规定，抽取试件作力学性能检验，即为进场复验。若有关标准中对进场检验数量做了具体规定，遵照执行即可；若有关标准中只有对产品出厂检验数量做了规定，则在进场检验时，检查数量可按下列情况确定：

（1）当一次进场的数量大于该产品的出厂检验批量时，应划分为若干个出厂检验批量，然后按出厂检验的抽样方案执行；

（2）当一次进场的数量小于或等于该产品的出厂检验批量时，应作为一个检验批量，然后按出厂检验的抽样方案执行；

（3）对连续进场的同批钢筋，当有可靠依据时，可按一次进场的钢筋处理。

各类钢筋对检验批及检验方案的要求不尽相同。热轧带肋钢筋按重量不大于60t为一批，每批应由同一牌号、同一炉罐号、同一规格、同一品种、同一交货状态的钢筋组成。允许由同一牌号、同一冶炼方法、同一浇筑方法的不同炉罐号的钢筋组成混合批，但各炉罐号含碳量之差不大于0.02%，含锰量之差不大于0.15%。

（三）钢筋的堆放

当钢筋运进施工现场后，必须严格按批分等级、牌号、直径、长度挂牌分别堆放，并注明数量，不得混淆。钢筋应尽量堆入仓库或料棚内。条件不具备时，应选择地势较高，土质坚实，较为平坦的露天场地存放。在仓库或场地周围挖排水沟，以利泄水。堆放时钢筋下面要加垫木，离地不宜少于200mm，以防钢筋锈蚀和污染。钢筋成品要分工程名称和构件名称，按号码顺序存放。

二、钢筋的连接

钢筋作为一种大宗建筑材料，在运输时受运输工具的限制，当钢筋直径 $d < 12mm$ 时，一般以圆盘形式供货；当直径 $d \geqslant 12mm$ 时，则以直条形式供货，直条长度一般为6～12m，由此带来了混凝土结构施工中不可避免的钢筋连接问题。目前钢筋的连接方法有机械连接、焊接连接和绑扎连接三类。机械连接由于其具有连接可靠、作业不受气候影响、连接速度快等优点，目前已广泛应用于粗钢筋的连接；焊接连接和绑扎连接是传统的钢筋连接方法，与绑扎连接相比，焊接连接可节约钢材、改善结构受力性能、提高工效、降低成本，目前对直径 $d > 28mm$ 的受拉钢筋和直径 $d > 32mm$ 的受压钢筋已不推荐采用绑扎连接，轴心受拉及小偏心受拉杆件的纵向受力钢筋不得采用绑扎搭接接头。本节介绍机械连接和焊接连接。

（一）钢筋机械连接

钢筋机械连接是通过机械手段将两根钢筋进行对接，其方法有钢筋冷挤压连接、锥形螺纹钢筋连接、活套式组合带肋钢筋和套筒灌浆连接等。机械连接方法具有工艺简单、节约钢材、改善工作环境、接头性能可靠、技术易掌握、工作效率高、节约成本等优点。

1. 钢筋冷挤压连接

钢筋冷挤压连接是将两根待连接钢筋插入一个金属套管，然后采用挤压机和压模，在常温下对金属套管加压，使两根钢筋紧固成一体。冷挤压连接具有操作简单、对中度高、钢筋连接质量优于钢筋母材的力学性能、连接速度快、安全可靠、无明火作业、不污染环境等优点。冷挤压连接又分径向挤压套管连接和轴向挤压套管连接两种。

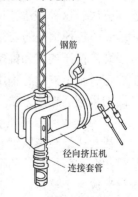

图 4 - 18　径向挤压
套管连接

（1）径向挤压套管连接。钢筋径向挤压套管连接是沿套管直径方向从套管中间依次向两端用带有梅花齿形内模的钢筋压接机对套筒外壁沿径向加压，如图4-18所示，使套管和钢筋发生冷塑性变形，套筒金属和钢筋紧密地咬合在一起，使钢套筒的塑性变形程度加剧,这种塑性变形把插在套管里的两根钢筋的纵、横肋紧紧咬合成一体。继续加压,进一步完成连接硬化,使接头强度可达到 110~140MPa,从而完成钢筋的连接工作。它适用于带肋钢筋连接,可连接直径为 16~40mm 的钢筋。

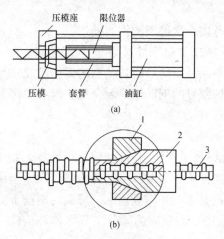

图 4 - 19　轴向冷挤压连接

(a) 钢筋半接头挤压;

(b) 钢筋套筒径向挤压连接

1—压模;2—钢套筒;3—钢筋

（2）轴向挤压套管连接。钢筋轴向挤压套管连接是用挤压设备沿钢筋轴线冷挤压金属套管,使之产生塑性变形,依靠变形后的钢套筒与被连接钢筋纵、横肋产生的机械咬合作用,使套筒与钢筋成为整体的连接方法,如图 4 - 19 所示。它适用于连接直径为 16~32mm 的竖向、斜向和水平钢筋或相差一个型号直径的带肋钢筋连接。

挤压用设备主要有挤压机、超高压泵等。挤压机由油缸、压模、压模座、导杆等组成。

2. 锥形螺纹套筒钢筋连接

锥形螺纹套筒钢筋连接,如图 4 - 20 所示是将两根待接钢筋的端部用套丝机做出锥形外丝,用力矩扳手将两根钢筋端部旋入预先加工成锥形螺纹的套筒,形成机械式钢筋接头。

可连接直径为 16~40mm 的同径或异径的竖向、水平或任何倾角的钢筋,不受钢筋有无花纹及含碳量的限制。当连接异径钢筋时,所连接钢筋直径之差不应超过 9mm。锥形螺纹钢筋连接速度快、对中性好、工艺简单、安全可靠、无明火作业、不污染环境、节约钢材和能源、可全天候施工,有明显的技术、经济和社会效益,适用于按一、二级抗震设防的一般工业与民用房屋及构筑物的现浇混凝土结构的梁、柱、板、墙、基础的钢筋连接施工,但不得用于预应力钢筋或经常承受反复动荷载及承受高应力疲劳荷载的结构。

3. 直螺纹套筒连接

直螺纹套筒连接是将两根待接钢筋端头切削或滚压出直螺纹,然后用带直内丝的钢套筒将钢筋两端拧紧的连接方法。这种方法适用于直径16~40mm 的各种钢筋的连接,该方法综

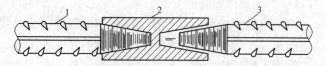

图 4 - 20　锥形螺纹套筒钢筋连接

1—已连接的钢筋;2—套筒;3—未连接的钢筋

合了套筒挤压连接和锥螺纹连接的优点,是一种钢筋连接的新技术。它具有接头强度高、质量稳定、施工方便、不用电源、全天候施工、对中性好、施工速度快等优点,是目前应用最广泛的粗钢筋连接方法。

4. 活套式组合带肋钢筋连接

活套式组合带肋钢筋连接的接头是由两个特制的半圆形套筒和箍组成,连接时将半圆形套筒扣合在两根待接的钢筋端头上,再将套筒两端的箍用专用压钳沿轴向压紧,使之与钢筋母材形成一个整体,与钢筋共同作用。这是一种新型的钢筋机械连接方式,是对等强钢筋连接技术的重大改进,也是除精轧螺纹钢筋连接外,一种不改变钢筋母材几何形状及机械力学性能的连接方式。

5. 套筒灌浆连接

套筒灌浆连接技术是将连接钢筋插入内部带有凹凸部分的高强圆形套筒，再由灌浆机灌入高强度无收缩灌浆材料，当灌浆材料硬化后，套筒和连接钢筋便牢固地连接在一起。这种连接方法在抗拉强度、抗压强度及可靠性方面均能满足要求。

采用套筒灌浆连接对钢筋不施加外力和热量，不会发生钢筋的变形和内应力。该工艺适用范围广，可应用于不同种类、不同外形、不同直径的变形钢筋的连接。施工操作时无需特殊设备，对操作人员无特别技能要求，安全可靠、无噪声、无污染、受气候环境变化影响小。可见套筒灌浆连接是一项值得推广和发展的连接技术。

（二）钢筋焊接连接

焊接连接是利用焊接技术将钢筋连接起来的传统钢筋连接方法，与机械连接相比最大的优点是，节约钢材、改善结构受力性能、提高工效，接头成本低。但焊接是一项专门技术，要求对焊工进行专门培训，持证上岗；施工受气候、电流稳定性的影响；接头质量不如机械连接可靠。钢筋焊接常用方法有对焊，电阻点焊、电弧焊和电渣压力焊。此外，还有气压焊、埋弧压力焊等。

1. 对焊

对焊是钢筋接触对焊的简称，是利用对焊机使两段钢筋接触，通过低电压强电流，把电能转换为热能，待钢筋加热到一定温度后，再以轴向压力顶锻，使两根钢筋焊合在一起，对焊原理如图 4-21 所示。对焊具有成本低、质量好、工效高，并对各种钢筋均能使用的特点，因而得到普遍的应用。

2. 电阻点焊

电阻点焊就是将已除锈的钢筋交叉点放在点焊机的两电极间，钢筋通电发热至一定温度后，加压使焊点金属焊合，如图 4-22 所示。

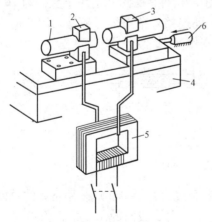

图 4-21 钢筋的对焊原理
1—钢筋；2—固定电机；3—可动电机；
4—机座；5—变压器；6—压力机构

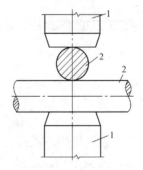

图 4-22 电阻点焊原理
1—电极；2—钢筋

在各种预制构件中，利用点焊机进行交叉钢筋焊接，使单根钢筋成型为各种网片、骨架，以代替人工绑扎，是实现生产机械化、提高工效、节约劳动力和材料（钢筋端部不需弯钩）、保证质量、降低成本的一种有效措施。而且采用焊接骨架和焊接网片，可使钢筋在混

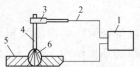

图 4 - 23　电弧焊原理

1—电源；2—导线；3—焊钳；

4—焊条；5—焊件；6—电弧

凝土中更好地锚固，可提高构件的刚度和抗裂性，因此钢筋骨架成型应优先采用点焊。

3. 电弧焊

电弧焊是利用弧焊机在焊条与焊件之间产生高温电弧，使焊条和电弧燃烧范围内的焊件熔化，待其凝固后便形成焊缝或接头，如图 4 - 23 所示。其中电弧是指焊条与焊件金属之间空气介质出现的强烈持久的放电现象。

电弧焊的应用非常广泛，常用于钢筋的搭接接长、钢筋与钢板的焊接、装配式钢筋混凝土结构接头的焊接、钢筋骨架的焊接及各种钢结构的焊接等。

电弧焊使用的弧焊机有交流弧焊机、直流弧焊机两种，常用的为交流弧焊机。电弧焊的接头型式主要有搭接焊、帮条焊、坡口焊和预埋铁件 T 形接头的焊接四种形式。

（1）搭接接头。焊接时，先将主钢筋的端部按搭接长度预弯，使被焊钢筋与其在同一轴线上，并采用两端点焊定位，焊缝宜采用双面焊，当双面施焊有困难时，也可采用单面焊。搭接焊接头如图 4 - 24 所示，这种接头适用于焊接直径为 10～40mm 的 HPB300、HRB335 级钢筋。

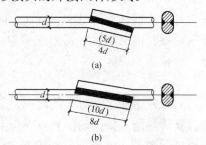

图 4 - 24　搭接接头

（a）双面焊缝；（b）单面焊缝

焊接时，最好采用双面焊。如图 4 - 24（a）所示为双面焊缝，不带括弧的数字适用于 HPB300 级钢筋，括弧内数字适用于 HRB335、HRB400 级钢筋。如采用单面焊缝如图 4 - 24（b）所示所标尺寸均需加倍。焊接前，钢筋最好预弯，以保证两钢筋的轴线在一直线上。

（2）帮条接头。帮条焊接头如图 4 - 25 所示中，这种接头形式适用于直径为 10～40mm 的 HPB300、HRB335、HRB400 和 HRB500 级钢筋连接。帮条焊时最好采用双面焊缝。选用帮条时宜选用与焊接筋同直径、同级别的钢筋制作。

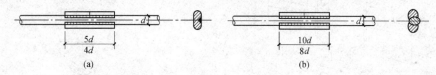

图 4 - 25　帮条接头

（a）双面焊缝；（b）单面焊缝

当帮条与主筋的级别不同时，应按钢筋的计算强度进行换算。所采用帮条的总截面应满足：当被焊接钢筋为 HPB300 级时，应不小于被焊接主筋截面的 1.2 倍；当被焊接钢筋为 HRB335 级时，不小于被焊接主筋截面的 1.5 倍；主筋端面间的间隙应为 2～5mm，帮条和主筋间用四点对称定位焊接加以固定。

当帮条直径与焊接筋相同时，帮条级别可比主筋低一个级别，当帮条级别与主筋相同时，帮条直径可比主筋小一个规格。

钢筋搭接接头与帮条接头焊接时，焊缝厚度应不小于 $0.3d$，且大于 4mm；焊缝宽度不小于 $0.7d$，且不小于 10mm。

（3）坡口（剖口）接头。分为平焊和立焊，如图 4 - 26 所示。适用于直径为 10～40mm 的 HPB300、HRB335、HRB400、HRB500 级钢筋连接。当焊接 HRB500 及 HRB400 级钢筋时，应先将焊件加温处理。坡口接头较上两种接头节约钢材。

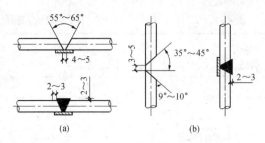

图 4 - 26　钢筋坡（剖）口接头

（a）坡口平焊；（b）坡口立焊

（4）钢筋与预埋件接头。可分对接接头和搭接接头两种。对接接头又分为角焊和穿孔塞焊，如图 4 - 27 所示，当钢筋直径为 6～25mm 时，可采用角焊；当钢筋直径为 20～30mm 时，宜采用穿孔塞焊。角焊缝焊脚 K 对于 HPB300 级钢筋不小于钢筋直径的 0.5 倍，对于 HRB335 级钢筋不小于钢筋直径的 0.6 倍。

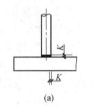 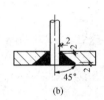 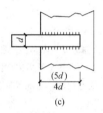

（a）　　　　　　　（b）　　　　　　　（c）

图 4 - 27　钢筋与预埋件的焊接

（a）角焊；（b）穿口塞焊；（c）搭接焊

4．电渣压力焊

电渣压力焊是利用电流通过渣池产生的电阻热将钢筋端部熔化，然后施加压力使钢筋焊合。主要用于现浇结构中异径差在 9mm 以内，直径为 14～40mm 的 HPB300、HRB335、

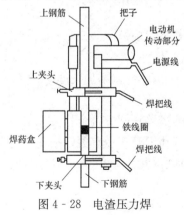

图 4 - 28　电渣压力焊
焊接机头示意图

HRB400 级钢筋的竖向或斜向（倾斜度在 4∶1 内）接长。这种焊接方法操作简单、工作条件好、工效高、成本低，比电弧焊接头节电 80％以上，比绑扎连接和帮条搭接节约钢筋 30％，提高工效 6～10 倍。电渣压力焊设备包括焊接电源、焊接夹具和焊剂盒等，如图 4 - 28 所示。电渣压力焊焊接工艺包括引弧、造渣、电渣和挤压四个过程。

三、钢筋的配料与加工

（一）钢筋的配料

钢筋配料是根据构件配筋图计算所有钢筋的直线下料长度、总根数及钢筋的总重量，并编制钢筋配料单，绘出钢筋加工形状、尺寸，作为钢筋加工的依据。

1．钢筋下料长度的计算

钢筋切断时的直线长度称为下料长度。

结构施工图中注明的钢筋尺寸是指加工后的钢筋外轮廓尺寸，称为钢筋外包尺寸。钢筋的外包尺寸是由构件的外形尺寸减去混凝土的保护层厚度求得。混凝土保护层厚度是指受力钢筋外边缘至混凝土构件表面的距离。其作用是保护钢筋在混凝土结构中不受锈蚀，如设计无要求时，应符合表 4 - 8 规定。

表 4 - 8   受力钢筋的混凝土保护层最小厚度

环境类别		墙			梁			柱		
		≤C20	C25~C45	≥C50	≤C20	C25~C45	≥C50	≤C20	C25~C45	≥C50
一		20	15	15	30	25	25	30	30	30
二	a	—	20	20	—	30	30	—	30	30
	b	—	25	25	—	35	30	—	35	30
三		—	30	30	—	40	35	—	40	35

注 1. 受力钢筋外边缘至混凝土表面的距离，除符合表中规定外，不应小于钢筋的公称直径。

2. 机械连接接头连接件的混凝土保护层厚度应满足受力钢筋保护层最小厚度的要求，连接件之间的横向净距不宜小于 25mm。

3. 设计使用年限为 100 年的结构：一类环境中，混凝土保护层厚度应按表中规定增加 40%。

4. 轻骨料混凝土的钢筋保护层厚度应符合国家现行标准 JGJ 12—2006《轻骨料混凝土结构技术规程》的规定。

5. 处于室内正常环境由工厂生产的预制构件，当混凝土强度等级不低于 C20 且施工质量有可靠保证时，其保护层厚度可按表中规定减少 5mm，但预制构件中的预应力钢筋（包括冷拔低碳钢丝）的保护层厚度不应小于 15mm；处于露天或室内高湿度环境的预制构件，当表面另作水泥砂浆抹面层且有质量保证措施时，保护层厚度可按表中室内正常环境中构件的数值采用。

6. 钢筋混凝土受弯构件，钢筋端头的保护层厚度一般为 10mm；预制的肋形板，其主肋的保护层厚度可按梁考虑。

7. 板、墙、壳中分布钢筋的保护层厚度不应小于 10mm；梁柱中箍筋和构造钢筋的保护层厚度不应小于 15mm。

为增强钢筋与混凝土的黏结，钢筋末端一般需加工成弯钩形式。一般在 HPB300 级钢筋两端做成 180° 的弯钩。而 HRB335、HRB400 变形钢筋虽与混凝土黏结性能较好，但有时要求应有一定的锚固长度，钢筋末端需作 90° 或 135° 弯折，如柱钢筋的下部、箍筋及附加钢筋。直径较小的钢筋有时需作成 135° 的斜钩。钢筋外包尺寸不包括弯钩的增加长度，所以钢筋的下料长度应考虑弯钩增加长度。

由以上分析可知，钢筋的下料长度根据其形状不同由以下公式确定

直线钢筋下料长度＝构件长度－保护层厚度＋弯钩增加长度

弯起钢筋下料长度＝直段长度＋斜段长度－量度差值＋弯钩增加长度

箍筋下料长度＝直段长度＋弯钩增加长度－量度差值

以上钢筋若需搭接，还应增加钢筋搭接长度，钢筋接头的搭接长度应符合相关规定。

(1) 量度差值：钢筋弯折后的量度差值与钢筋的弯折角度和钢筋直径有关。按现行施工及验收规范的弯曲直径（D）进行测算的结果，弯折不同角度的量度差值（又称弯曲调整值）见表 4 - 9。

表 4 - 9   钢 筋 弯 曲 调 整 值

钢筋弯曲角度	30°	45°	60°	90°	135°
钢筋弯曲调整值	$0.35d_0$	$0.5d_0$	$0.85d_0$	$2d_0$	$2.5d_0$

注 d_0 为钢筋直径。

(2) 弯钩增加长度：弯钩的形式有半圆钩、直弯钩、斜弯钩三种，如图 4 - 29 所示，按图示弯心直径为 $2.5d_0$，平直部分 $3d_0$，其计算值为：半圆钩为 $6.25d_0$，直弯钩为 $3.5d_0$，斜弯钩为 $4.9d_0$。（d_0 为钢筋直径）。但在实际下料时，弯钩增加长度常根据具体条件，采取

经验数据，见表 4 - 10。

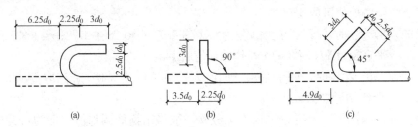

图 4 - 29　钢筋端头的弯钩形式

表 4 - 10　　　　　　　　　**半圆钩增加长度参考表（用机械弯）**

钢筋直径（mm）	6	8～10	12～18	20～28	32～36
一个弯钩长度（mm）	40	$6d_0$	$5.5d_0$	$5d_0$	$4.5d_0$

（3）弯起钢筋斜长：斜长的计算如图 4 - 30 所示，斜长系数见表 4 - 11。

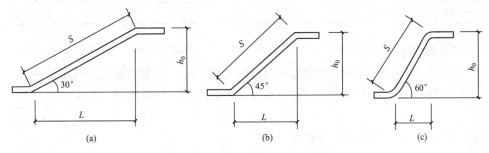

图 4 - 30　弯起钢筋斜长计算简图

（a）弯起角度 30°；（b）弯起角度 45°；（c）弯起角度 60°

表 4 - 11　　　　　　　　　**弯起钢筋斜长系数表**

弯起角度	$\alpha=30°$	$\alpha=45°$	$\alpha=60°$
斜边长度 S	$2h_0$	$1.41h_0$	$1.15h_0$
底边长度 L	$1.732h_0$	h_0	$0.575h_0$
增加长度 $S-L$	$0.268h_0$	$0.41h_0$	$0.575h_0$

注　h_0 为弯起高度。

（4）箍筋弯钩增加值。箍筋末端的弯钩形式如图 4 - 31 所示，一般结构可按图 4 - 31 （b）、（c）所示形式加工；有抗震要求和受扭的构件，应按图 4 - 31（a）所示形式加工。当设计无具体要求时，用 HPB300 级钢筋或冷拔低碳钢丝制作的箍筋，其弯钩的弯心直径应大于受力钢筋直径，且不小于箍筋直径的 2.5 倍；弯钩直径平直部分的长度，对一般结构不宜小于箍筋直径的 5 倍，对有抗震要求的结构不应小于箍筋直径的 10 倍。

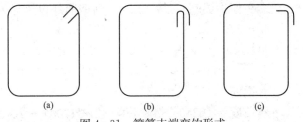

图 4 - 31　箍筋末端弯钩形式

（a）135°/135°弯钩；（b）90°/180°弯钩；（c）90°/90°弯钩

箍筋弯90°弯钩时，两个弯钩增值为 $2 \times (0.285 + 4.785)$，当取 $D = 2.5d_0$，平直段为 $5d_0$ 时，两个弯钩增加值可取 $11d_0$。

箍筋弯 90°/180°弯钩时，两个弯钩增加值为 $(1.07 + 5.57) + (0.285 + 4.785) = 1.335 + 10.355$，当取 $D = 2.5d_0$，平直段为 $5d_0$ 时，两个弯钩增加值取 $14d_0$。

箍筋弯135°/135°弯钩时，两个弯钩增加值为 $2 \times (0.68 + 5.18)$，当取 $D = 2.5d_0$，平直段为 $5d_0$ 时，两个弯钩增加值取 $14d_0$。

为了简化计算箍筋下料长度，根据施工经验一般采用箍筋调整值，即为弯钩增加长度和弯曲调整值两项相加或相减（采用外包尺寸时相减，采用内皮尺寸时相加），计算方法同上，只是弯曲直径和端部弯钩平直段长度有所调整，可直接在表 4-12 中选用。

表 4-12 箍 筋 调 整 值

箍筋周长 量度方法	箍筋直径（mm）			
	4~5	6	8	10~12
量外皮尺寸	40	50	60	70
量内皮尺寸	80	100	120	150~170

2. 配料计算的注意事项

（1）在设计图纸中，钢筋配置的细节问题没有注明时，一般可按构造要求处理。

（2）配料计算时，要考虑钢筋的形状和尺寸，在满足设计要求的前提下，要有利于加工和安装。

（3）配料时，还要考虑施工需要的附加钢筋。

【例 4-1】 某建筑物第一层楼共有 5 根 L1 梁，梁的配筋如图 4-32 所示，试作 L1 梁的钢筋配料单。

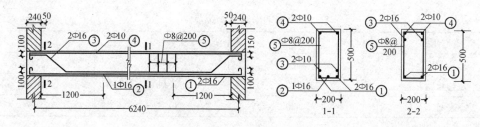

图 4-32 L1 梁配筋详图

解 ①号钢筋。

梁端头保护层厚 C 为 25mm，则钢筋外包尺寸为

$6240 + 240 + 2 \times 100 - 2 \times 25 = 6630$mm

下料长度 $= 6630 + 2 \times 6.25d - 2 \times 2d$

$\qquad = 6630 - 2 \times 2 \times 16 + 2 \times 6.25 \times 16 = 6766$mm

②号钢筋。

下料长度 $= (6240 - 2 \times 120 - 2 \times 1200) + 2 \times 6.25d$

$\qquad = 3600 + 2 \times 6.25 \times 16 = 3800$mm

③号钢筋，弯起角度为 45°。

两端直段长度＝240＋50－25＝265mm

弯起高度 h＝梁高－2C－16－10－2×25＝500－2×25－16－10－2×25＝374mm

弯起斜段长度 $1.41h$＝1.41×374＝527mm

中间直段长度＝6240＋240－2×25－2×265－2×374＝5152mm

下料长度＝（2×265＋5152＋2×527＋2×150）＋2×6.25d－4×0.5d－2×2d

　　　　＝7036＋2×6.25×16－4×0.5×16－2×2×16＝7140mm

④号钢筋，外包尺寸与①号钢筋相同。

下料长度＝6630＋2×6.25d－2×2d

　　　　＝6630＋2×6.25×10－2×2×10＝6715mm

⑤号箍筋，本例为量度箍筋的内皮尺寸，查表4-12，调整值为120mm。

宽度内皮尺寸＝200－2×25＋2×8＝150mm

高度内皮尺寸＝500－2×25＋2×8＝450mm

下料长度＝2×（150＋450）＋120＝1320mm

L1梁的钢筋配料单见表4-13。

表4-13　　　　　　　　　　**L1梁的钢筋配料单**

构件名称	钢筋编号	简　图	钢号(HPB)	直径(mm)	下料长度(mm)	单位根数	合计根数	重量(kg)
某层楼L1梁(共5根)	①	6430	Φ	16	6766	2	10	106
	②	3600	Φ	16	3800	1	5	30
	③	150 265 527 5152 527 265 150	Φ	16	7140	2	10	112
	④	6430	Φ	10	6715	2	10	42
	⑤	450 150	Φ	8	1320	33	165	85
合计		Φ8：85kg；　　Φ10：42kg；Φ16：248kg；　　总重：375kg						

由于钢筋的配料既是钢筋加工的依据，同时也是签发工程任务单和限额领料的依据。故配料计算时要仔细，计算完成后还要认真复核。

为了加工方便，根据配料单上的钢筋编号，分别填写钢筋料牌，如图4-33所示，作为钢筋加工的依据。加工完成后，应将料牌系于钢筋上，以便绑扎成型和安装过程中识别。注意料牌必须准确无误，以免返工浪费。

（二）钢筋的代换

施工中如供应的钢筋品种和规格与设计图纸要求不符时，可以进行代换。但代换时，必

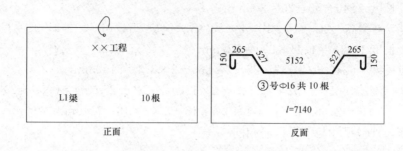

图 4-33　钢筋料牌

须充分了解设计意图和代换钢材的性能,严格遵守规范的各项规定。对拉裂性要求高的构件,不宜用光面钢筋代换带肋钢筋;钢筋代换时不宜改变构件中的有效高度;凡属重要的结构和预应力钢筋,在代换时应征得设计单位的同意,代换后的钢筋用量不宜大于原设计用量的 5%,也不低于 2%,且应满足规范规定的最小钢筋直径、根数、钢筋间距、锚固长度等要求。

1. 钢筋代换方法

钢筋代换的方法有三种:

(1) 当结构构件是按强度控制时,可按强度等同原则代换,称"等强代换"。即

$$n_2 \geqslant \frac{n_1 d_1^2 f_{y1}}{d_2^2 f_{y2}} \tag{4-4}$$

式中　d_1、n_1、f_{y1}——原设计钢筋的直径、根数和设计强度;

　　　d_2、n_2、f_{y2}——拟代换钢筋的直径、根数和设计强度。

上式有两种特例:

1) 设计强度相同、直径不同的钢筋代换

$$n_2 \geqslant n_1 \frac{d_1^2}{d_2^2} \tag{4-5}$$

2) 直径相同,设计强度不同的钢筋代换

$$n_2 \geqslant n_1 \frac{f_{y1}}{f_{y2}} \tag{4-6}$$

(2) 当构件按最小配筋率控制时,可按钢筋面积相等的原则代换,称"等面积代换"。即

$$A_{s1} = A_{s2} \tag{4-7}$$

式中　A_{s1}——原设计钢筋的计算面积;

　　　A_{s2}——拟代换钢筋的计算面积。

(3) 当结构构件按裂缝宽度或挠度控制时,钢筋的代换需进行裂缝宽度或挠度验算。

钢筋代换后,有时由于受力钢筋直径加大或根数增多,而需要增加排数,则构件截面的有效高度 h 减小,截面强度降低,此时需复核截面强度。对矩形截面的受弯构件,可根据弯矩相等,按下式复核截面强度。

$$N_2 \left(h_{02} - \frac{N_2}{2\alpha_1 f_c b} \right) \geqslant N_1 \left(h_{01} - \frac{N_1}{2\alpha_1 f_c b} \right) \tag{4-8}$$

式中　N_1——原设计钢筋拉力；

　　　N_2——代换钢筋拉力；

h_{01}、h_{02}——代换前后钢筋的合力点至构件截面受压边缘的距离（即构件截面的有效高度）；

　　　f_c——混凝土的轴心抗压强度设计值；

　　　b——构件截面宽度；

　　　α_1——系数，当混凝土强度等级不超过 C50 时，取为 1.0，当混凝土强度等级为 C80 时，取为 0.94，其间按线性内插法确定。

【例 4-2】　某墙体设计配筋为（HPB300）ϕ14@200，施工现场现无此钢筋，拟用（HPB300）ϕ12 的钢筋代换，试计算代换后每米几根。

解　因钢筋的级别相同，所以可按面积相等的原则进行代换。

代换前墙体每米设计配筋的根数为 $n_1 = \dfrac{1000}{200} = 5$（根）

$$n_2 \geqslant \frac{n_1 d_1^2}{d_2^2} = \frac{5 \times 14^2}{12^2} = 6.8$$

所以取 $n_2 = 7$ 根，即代换后每米 7 根（HPB300）ϕ12 的钢筋。

【例 4-3】　某构件原设计用 7 根（HRB335）ϕ10 钢筋，现拟用（HPB300）ϕ12 钢筋代换，试计算代换后的钢筋根数。

解　因钢筋强度和直径均不相同，应按下式进行计算

$$n_2 \geqslant \frac{n_1 d_1^2 f_{y1}}{d_2^2 f_{y2}} = \frac{7 \times 1^2 \times 300}{1.2^2 \times 270} = 5.4$$

故取 $n_2 = 6$ 根，即用 6 根（HPB300）ϕ12 的钢筋代换。

2. 钢筋代换时的相关规定

钢筋代换时，必须充分了解设计意图和代换材料性能，并严格遵守现行 GB 50010—2010《混凝土结构设计规范》的各项规定。凡重要结构中的钢筋代换，应征得设计单位同意。钢筋代换应注意以下事项：

（1）对某些重要构件，如吊车梁、薄腹梁、桁架下弦等，不宜用 HPB300 级钢筋代换 HRB335 和 HRB400 级钢筋。

（2）有抗震要求的梁、柱和框架，不宜用强度等级较高的钢筋代换原设计钢筋。

（3）钢筋代换后，应满足配筋构造规定，如钢筋的最小直径、间距、根数、锚固长度等。

（4）同一截面内可同时配有不同种类和直径的代换钢筋，但每根钢筋的直径差不应过大（如同品种钢筋的直径差值一般不大于 5mm），以免构件受力不均。

（5）梁的纵向受力钢筋与弯起钢筋应分别代换，以保证正截面与斜截面强度。

（6）偏心受压构件（如框架柱、有吊车的厂房柱、桁架上弦等）或偏心受拉构件钢筋代换时，不取整个截面配筋量计算，应按受力面（受压或受拉）分别代换。

（7）当构件受裂缝宽度和挠度控制时，代换后应进行裂缝宽度和挠度验算。但以小直径钢筋代换大直径钢筋、强度等级低的钢筋代换强度等级高的钢筋，则可不作裂缝宽度验算。

（三）钢筋加工

钢筋加工包括调直、除锈、切断、接长、弯曲等工作。随着施工技术的发展，钢筋加工

已逐步实现机械化和工厂化。

1. 钢筋调直

钢筋调直可利用冷拉进行。若冷拉只是为了调直，而不是为了提高钢筋的强度，则调直冷拉率：HPB300 级钢筋不宜大于 4%，HRB335、HRB400 和 RRB400 级钢筋不宜大于 1%。如果所使用的钢筋无弯钩弯折要求时，调直冷拉率可适当放宽，HPB300 级钢筋不大于 6%；HRB335、HRB400 级钢筋不超过 2%。除利用冷拉调直外，粗钢筋还可采用锤直和板直的方法。直径为 4～14mm 的钢筋可采用调直机进行调直。

2. 钢筋除锈

为了保证钢筋与混凝土之间的握裹力，在钢筋使用前，应将其表面的油渍、漆污、铁锈等清除干净。钢筋的除锈，一是在钢筋冷拉或调直过程中除锈，这对大量钢筋除锈较为经济；二是采用电动除锈机除锈，对钢筋局部除锈较为方便；三是采用手工除锈（用钢丝刷、砂盘）、喷沙和酸洗除锈等。

3. 钢筋切断

钢筋下料时须按下料长度切断。钢筋剪切可采用钢筋切断机或手动切断器。后者一般只用于切断直径小于 12mm 的钢筋；前者可切断 40mm 的钢筋；大于 40mm 的钢筋常用氧乙炔焰或电弧割切或锯断。钢筋的下料长度应力求准确，其允许偏差为±10mm。

4. 钢筋弯曲

钢筋下料后，应按弯曲设备特点及钢筋直径和弯曲角度进行画线，以便弯曲成设计所要求的尺寸。钢筋弯曲成型后，形状、尺寸必须符合设计要求。

四、钢筋的绑扎安装与验收

钢筋混凝土的浇捣过程中，为了使钢筋不发生变形和位移，充分发挥钢筋在混凝土中的作用，必须采用绑扎或焊接的方法，把不同形状的若干单根钢筋组合成钢筋网片或骨架。钢筋网片、骨架的制作方法有预制法和现场绑扎法两种。钢筋网片和骨架绑扎成型，简便易行，是土木工程中普遍采用的方法。

（一）钢筋网片、骨架制作前的准备工作

钢筋网片、骨架制作成型的正确与否，直接影响着结构构件的受力性能，因此，必须重视并妥善组织这一技术工作。

1. 熟悉施工图纸

在学习施工图纸时，要明确各个单根钢筋的形状及各个细部的尺寸，确定各类结构的绑扎程序，如发现图纸中有错误或不当之处，应及时与工程设计部门联系协同解决。

2. 核对钢筋配料单及料牌

学习施工图纸的同时，应核对钢筋配料单和料牌，再根据配料单和料牌核对钢筋半成品的钢号、形状、直径和规格数量是否正确，有无错配、漏配及变形，如发现问题，应及时整修增补。

3. 工具、附件的准备

绑扎钢筋用的工具和附件主要有扳手、铁丝、小撬棒、马架、画线尺等，还要准备水泥砂浆垫块或塑料卡等保证保护层厚度的附件以及钢筋撑脚或混凝土撑脚等保护钢筋网片位置正确的附件等。

绑扎钢筋的铁丝一般采用 20～22 号铁丝或镀锌铁丝，其中 22 号铁丝只用于绑扎直径

12mm 的钢筋。

水泥砂浆垫块的厚度应等于保护层厚度。垫块的平面尺寸：当保护层厚度等于或小于 20mm 时为 30mm×30mm，大于 20mm 时为 50mm×50mm；当在垂直方向使用垫块时，可在垫块中埋入 20 号铁丝，以便将垫块捆绑在钢筋上；水泥砂浆垫块呈梅花形均匀交错布置。塑料卡的形状有两种：塑料垫块和塑料环圈。塑料垫块在两个方向均有凹槽，能适应两种保护层厚度，用于水平构件（如梁、板）；塑料环圈用于垂直构件（如柱、墙），要用时钢筋从卡嘴进入卡腔，由于塑料环圈有弹性，可使卡腔的大小能适应钢筋直径的变化。钢筋撑脚所用钢筋直径根据浇筑的混凝土构件的厚度确定，通常每隔 1m 放置一个，呈梅花形交错布置。

4. 画钢筋位置线

平板或墙板的钢筋，在模板上画线；柱的箍筋，在两根对角线主筋上画点；梁的箍筋，在架立筋上画点；基础的钢筋，在两向各取一根钢筋上画点或在固定架上画线。钢筋接头的画线，应根据到料规格，结合规范对有关接头位置、数量的规定，使其错开并在模板上画线。

5. 研究钢筋安装顺序，确定施工方法

在熟悉施工图纸的基础上，要仔细研究钢筋安装的顺序，特别是在比较复杂的钢筋安装工程中，应先确定每根钢筋穿插就位的顺序，并结合现场实际情况和技术工人的水平以减少绑扎困难。

（二）钢筋网片、骨架的制作与安装

1. 钢筋网片、骨架的钢筋搭接长度

（1）当纵向受拉钢筋的绑扎搭接接头面积百分率不大于 25％时，其最小搭接长度应符合表 4 - 14 的规定。搭接接头面积百分率按同一连接区段计算，GB 50010—2010《混凝土结构设计规范》规定，同一连接区段为 $1.3L$（L 为搭接长度），接头面积百分率是这个连接区段内搭接钢筋的面积与全部钢筋面积的比值。

表 4 - 14　　　　　　　　纵向受拉钢筋的最小搭接长度

钢筋种类	混凝土强度等级			
	C15	C20～C25	C30～C35	≥C40
HPB300 级光圆钢筋	45d	35d	30d	25d
HRB335 级带肋钢筋	55d	45d	35d	30d
HRB400 级带肋钢筋	—	55d	40d	35d

（2）当纵向受拉钢筋搭接接头面积百分率大于 25％，但不大于 50％时，其最小搭接长度应按表 4 - 14 中的数值乘以系数 1.4 取用；当接头面积百分率大于 50％时，应按表 4 - 14 中的数值乘以系数 1.6 取用。

（3）当符合下列条件时，纵向受拉钢筋的最小搭接长度应根据上述两项规定确定，并按下列规定进行修正：

当带肋钢筋的直径大于 25mm 时，其最小搭接长度应按相应数值乘以系数 1.1 取用。

对环氧树脂涂层的带肋钢筋，其最小搭接长度应按相应数值乘以系数 1.25 取用。

当在混凝土凝固过程中受力钢筋易受扰动时（如滑模施工），其最小搭接长度按相应数值乘以系数 1.1 取用。

对末端采用机械锚固措施的带肋钢筋，其最小搭接长度可按相应数值乘以系数 0.7 取用。

当带肋钢筋的混凝土保护层厚度大于搭接钢筋直径的 3 倍且配有箍筋时，其最小搭接长度可按相应数值乘以系数 0.8 取用。

对有抗震设防要求的结构构件，其受力钢筋的最小搭接长度对一、二级抗震等级应按相应数值乘以系数 1.15 取用；对三级抗震等级应按相应数值乘以系数 1.05 取用。

在任何情况下，受拉钢筋的搭接长度不应小于 300mm。

(4) 纵向受压钢筋搭接时，其最小搭接长度应根据上述三项的规定确定相应数值后，再乘以系数 0.7 取用；在任何情况下，受压钢筋的搭接长度不应小于 200mm。

(5) 在受力钢筋搭接长度范围内，必须按设计要求配置箍筋，当设计无明确要求时，应符合下列规定：

箍筋直径不应小于 $0.25d$，d 为搭接钢筋的较大直径。

受拉搭接区段，箍筋间距不应大于 $5d$，且不应大于 100mm，d 为搭接钢筋的较小直径。

受压搭接区段，箍筋间距不应大于 $10d$，且不应大于 200mm，d 为搭接钢筋的较小直径。

当柱中纵向受力钢筋直径大于 25mm 时，应在搭接接头两个端面外 100mm 范围内各设置两个箍筋，其间距宜为 50mm。

(6) 焊接钢筋骨架和焊接钢筋网片采用绑扎搭接连接时，接头不宜设置在受力较大处。焊接钢筋骨架和焊接钢筋网片在受力方向的搭接长度不应小于表 4-8 中相应数值的 0.7 倍，且在受拉区不得小于 250mm，在受压区不宜小于 200mm，焊接钢筋网片在非受力方向的搭接长度不宜小于 100mm。

2. 钢筋网片、骨架的预制与安装

预制钢筋网片和钢筋骨架应根据结构配筋特点及起重运输能力来分段，一般钢筋网片的分块面积为 $6\sim20m^2$，钢筋骨架分段长度为 $6\sim12m$。为了防止钢筋网片、骨架在运输和安装过程中发生歪斜变形，应采取临时加固措施。钢筋网片和骨架的吊点应根据其尺寸、重量、刚度来确定。宽度大于 1m 的水平钢筋网片采用四点起吊；跨度小于 6m 的钢筋骨架采用两点起吊；跨度大、刚度差的钢筋骨架应采用横吊梁四点起吊。

3. 钢筋网片、骨架的现场制作与安装

由于受到钢筋网片、骨架运输条件和变形控制的限制，多采用现场进行绑扎安装钢筋的方法。现场绑扎安装钢筋时，要根据不同构件的特点和现场条件，确定绑扎顺序，如厂房柱，一般是先绑下柱，再绑牛腿，后绑上柱；桁架，一般是先绑腹杆，再绑上、下弦，后绑节点；在框架结构中是先绑柱，其次是主梁、次梁、边梁，最后是楼板钢筋。

(1) 基础钢筋。钢筋网的绑扎：四周两行钢筋交叉点应每点扎牢，中间部分交叉点可相隔交错扎牢，但必须保证受力钢筋不发生位移。双向主筋的钢筋网，则须将全部钢筋相交点扎牢。绑扎时应注意相邻绑扎点的铁丝扣要成八字形，以免网片歪斜变形。

基础底板采用双层钢筋网时，在上层钢筋网下面应设置钢筋撑脚或混凝土撑脚。以保证钢筋位置正确，钢筋撑脚每隔 1m 放置一个，其直径选用：当板厚 $h\leqslant300mm$ 时为 $8\sim10mm$，当板厚 $h=300\sim500mm$ 时为 $12\sim14mm$，当 $h>500mm$ 时为 $16\sim18mm$。钢筋的弯钩应朝上，双层钢筋网的上层钢筋弯钩应朝下，不要倒向一边。独立柱基础受力为双向弯曲，其底面长边钢筋应放在短边钢筋的下面。现浇柱与基础连接用的插筋，其箍筋应比柱的箍筋缩小一个柱筋直径，以便连接；插筋位置一定要固定牢靠，以免造成柱轴线偏移。

（2）柱钢筋。先将插筋上的锈皮、水泥浆等污垢清扫干净，并整理调直插筋。按事先计算好的箍筋数量将箍筋套在基础或楼层顶板插筋上，然后立柱的四角主筋并与插筋扎牢，再立其余主筋。每根柱钢筋与插筋绑扎不得少于两扣箍筋，绑扎扣要向内，便于箍筋向上移动。在立好的柱钢筋上画线，将箍筋依线往上移动，由上往下宜采用缠扣绑扎，箍筋与主筋垂直，箍筋转角与主筋的交点均要绑扎，主筋与箍筋平直部分的相交点成梅花形交错绑扎，各箍筋的接头即弯钩重合处，应沿柱子竖向交错布置。框架梁、牛腿及柱帽等的钢筋，应放在柱的纵向钢筋内侧。柱钢筋的绑扎，应在模板安装前进行。

（3）梁、板钢筋。梁、板钢筋绑扎时应防止水电管线将钢筋抬起或压下，纵向受力钢筋采用双层排列时，两排钢筋之间应垫以直径≥25mm的短钢筋，以保持其净距离。箍筋的接头（弯钩叠合处）应交错布置在两根架立筋上，其余同柱。板的钢筋网绑扎与基础相同，但应注意板上部的负筋，要防止被踩下，特别是雨篷、挑檐、阳台等悬臂板，要严格控制负筋位置，以免拆模后这些构件断裂。板、次梁与主梁交叉处，板的钢筋在上，次梁的钢筋居中，主梁的钢筋在下。当有圈梁或垫梁时，主梁的钢筋在上。框架节点处钢筋穿插十分稠密时，应特别注意梁顶面主筋间的净距要保证30mm，以便于浇筑混凝土。梁钢筋的绑扎与模板安装之间的配合关系：当梁的高度较小时，梁的钢筋架空在梁顶上绑扎，然后再落位；当梁的高度较大（≥1.2m）时，梁的钢筋宜在梁底模上绑扎，其两侧模或一侧模后装。

（4）墙钢筋。采用双层钢筋网时，在两层钢筋之间应设置撑铁，以固定钢筋间距，撑铁可用直径6~10mm的钢筋制成，按1m左右间距相互错开布置。墙的钢筋网片绑扎同基础，钢筋的弯钩应朝内。墙（包括水塔壁、烟囱筒身、池壁等）的垂直钢筋每段长度不宜超过4m（钢筋直径d≤12mm）或6m（直径d>12mm），水平钢筋每段长度不宜超过8m，以利于绑扎。墙的钢筋，可在基础钢筋绑扎后、浇筑混凝土前插入基础内。

（三）钢筋网片、骨架的验收

钢筋网片、骨架绑扎安装完毕后，浇混凝土前应进行验收，并作好隐蔽工程记录。检查的内容主要有以下几方面：

（1）钢筋的级别、直径、根数、间距、位置和预埋件的规格、位置、数量是否与设计图相符，要特别注意悬挑结构，如阳台、挑梁、雨栅等的上部钢筋位置是否正确，浇筑混凝土时是否会被踩下。

（2）钢筋接头位置、数量、搭接长度是否符合规定。

（3）钢筋绑扎是否牢固，钢筋表面是否清洁，有无污物、铁锈等。

（4）混凝土保护层是否符合要求等。

钢筋工程属于隐蔽工程，在浇筑混凝土前应对钢筋及预埋件进行验收，并做好隐蔽工程记录，以便查证。

第三节　混凝土工程

混凝土工程包括配料、搅拌、运输、浇捣、养护等过程。在整个工艺过程中，各工序紧密联系又相互影响，如对其中任一工序处理不当，都会影响混凝土工程的最终质量。对混凝土的质量要求，不但要具有正确的外形，而且要获得良好的强度、密实性和整体性，因此，在施工中对每一个环节采取适当合理的措施保证混凝土工程质量是一个很重要的问题。

一、混凝土配合比的确定

混凝土配合比应根据材料的供应情况、设计混凝土强度等级、混凝土施工和易性的要求等因素来确定，并应符合合理使用材料和经济的原则。合理的混凝土配合比应能满足两个基本要求：既要保证混凝土的设计强度，又要满足施工所需要的和易性。对于有抗冻、抗渗等要求的混凝土，尚应符合相关的规定。

(一) 施工配合比的换算

混凝土设计配合比是根据完全干燥的砂、石骨料确定的，但实际使用的砂、石骨料一般都含有一些水分，而且含水量经常随气象条件发生变化。所以，在拌制时应及时测定砂、石骨料的含水率，并将设计配合比换算为骨料在实际含水量情况下的施工配合比。

若混凝土的实验室配合比为水泥：砂：石：水=$1:S:G:W$，而现场测出砂的含水率为W_s，石的含水率为W_g，则换算后的施工配合比为

$$1:S(1+W_s):G(1+W_g):(W-SW_s-GW_g) \tag{4-9}$$

【例4-4】 已知设计配合比为$C:S:G:W=439:566:1202:193$，经测定砂子的含水率为3%，石子的含水率为1%，求每立方米混凝土的材料用量和混凝土施工配合比。

解 每立方米混凝土的材料用量为

水泥$C=439$kg（不变）

砂子$S'=S(1+W_s)=566(1+3\%)=583$kg

石子$G'=G(1+W_g)=1202(1+1\%)=1214$kg

水　　$W'=193-(566\times3\%+1202\times1\%)=164$kg

故施工配合比为439:583:1214:164。

(二) 施工配料

求出混凝土施工配合比后，还须根据工地现有搅拌机的装料容量进行配制。

【例4-5】 如［例4-4］，采用搅拌机的出料容量为400L时，求每搅拌一次（即一盘）混凝土的装料数量。

解 每搅拌一次（即一盘）混凝土的装料数量为

水泥=$439\times0.4=175.6$kg（实用150kg，即三袋水泥）

砂子=$583\times\dfrac{150}{439}=199.2$kg

石子=$1214\times\dfrac{150}{439}=414.8$kg

水=$164\times\dfrac{150}{439}=56$kg

【例4-6】 已知某混凝土的实验室配合比为280:820:1100:199（为每立方米混凝土用量），已测出砂的含水率为3.5%，石子的含水率为1.2%，搅拌机的出料容积为400L，若采用袋装水泥（50kg一袋），求每搅拌一罐混凝土所需各种材料的用量。

解 混凝土的实验室配合比折算为

$$1:S:G:W=1:2.93:3.98:0.71$$

将原材料的含水率考虑进去计算出施工配合比为

$$1 : 3.03 : 3.98 : 0.56$$

每搅拌一罐混凝土水泥用量为　　$280 \times 0.4 = 112 \text{kg}$（实用两袋水泥 100kg）

则搅拌一罐混凝土砂用量为　　　$100 \times 3.03 = 303 \text{kg}$

搅拌一罐混凝土石子用量为　　　$100 \times 3.98 = 398 \text{kg}$

搅拌一罐混凝土水用量为　　　　$100 \times 0.56 = 56 \text{kg}$

（三）严格控制材料称量

施工配合比确定以后，就需对材料进行称量，称量是否准确将直接影响混凝土的强度。为严格控制混凝土的配合比，搅拌混凝土时应根据计算出的各组成材料的一次投料量，采用重量准确投料。其重量偏差不得超过以下规定：水泥、外掺混合材料为 $\pm 2\%$；粗、细骨料为 $\pm 3\%$；水、外加剂溶液为 $\pm 2\%$。各种衡量器应定期校验，经常保持准确。骨料含水量应经常测定，雨天施工时，应增加测定次数。

（四）混凝土外加剂

为了改善混凝土的性能，提高其经济效果，以适应新结构、新技术发展的需要，大力改进混凝土制备、养护工艺以及砂、石级配的同时，还广泛地采用掺外加剂的办法，以改善混凝土的性能，加速工程进度或节约水泥，满足混凝土在施工和使用中的一些特殊要求，保证工程顺利进行。

外加剂的种类繁多，按其作用不同可分为减水剂（塑化剂）、早强剂、促凝剂、缓凝剂、引气剂（加气剂）、防水剂、抗冻剂、保水剂、膨胀剂和阻锈剂等，商品外加剂往往是复合型的外加剂。

1. 减水剂

减水剂是一种表面活性材料，加入混凝土中，定向吸附于水泥颗粒表面，增加了水泥颗粒之间的静电斥力，对水泥颗粒起扩散作用，能把水泥凝胶体中所包含的游离水释放出来，从而能保证混凝土工作性能不变而显著减少拌和用水量，降低水灰比，改善和易性，增加流动性，节约水泥，有利于混凝土强度的增长及物理性能的改善。对于不透水性要求较高的、大体积的、泵送的混凝土等，采用减水剂最为合适。

2. 早强剂

早强剂可使混凝土加速其硬化过程，提高早期强度，对加速模板周转、加快工程进度、节约冬期施工费用。常用早强剂有氯化钙、硫酸钠、硫酸钾等，可根据工程实际情况选用。但氯化物对钢筋有锈蚀作用，并影响混凝土收缩性，故钢筋混凝土氯盐掺量不得超过水泥质量的 1%（无筋混凝土为 3%），否则应加入阻锈剂，并禁止使用于预应力结构和大体积混凝土中。

3. 促凝剂

起加速水泥的凝结硬化作用，用于快速施工、堵漏、喷射混凝土等，其作用与早强剂略有区别。常用的速凝剂与水泥在加水拌和时立即反应，使水泥中的石膏丧失其缓慢作用，促使 C_3A 迅速水化，并在溶液中析出其水化物，导致水泥浆迅速凝固。如掺入水泥质量 $2.5\% \sim 3.5\%$ 的 711 速凝剂，水灰比 0.4 左右，可使水泥在 5min 内初凝，10min 内终凝，抗渗性、抗冻性和黏结能力都有所提高，前 7d 强度比不掺者高，但 7d 以后强度则较不掺者低。

4. 缓凝剂

缓凝剂是延长混凝土从塑性状态转化到固性状态所需的时间，并对其后期强度的发展无明显影响的外加剂，它广泛应用于油井工程、大体积混凝土和气候炎热地区的混凝土工程及长距离运输的混凝土。缓凝剂具有缓凝、延长水化热放热时间等功用，多与减水剂复合应用。如我国常用的糖蜜缓凝剂，当掺量为水泥质量的 0.2%～0.4% 时，可缓凝 2～3h，减水 5%～8%，节约水泥 10% 左右，并可减小混凝土收缩，提高其抗渗性。

5. 引气剂

混凝土中渗入引气剂，能产生很多密闭的微气泡，可增加水泥浆体积，减小砂石之间的摩擦力及切断与外界相通的毛细孔道，因而可改善混凝土的和易性，减少拌和用水量，提高抗渗、抗冻和抗化学侵蚀能力，适用于水工结构。但混凝土的强度一般随含气量的增加而下降，使用时应严格控制掺量，一般松香热聚物、松香酸钠的掺用量为水泥质量的 0.01%，铝粉加气剂掺用量为 0.03%。含气量控制在 3%～6% 范围内，相应减少用水量，对强度损失不大。

6. 防水剂

防水剂是用以配制防水混凝土的方法之一。其种类较多，如用按水泥质量的 0.05% 松香酸钠和 0.075% 的氯化钙配制成的复合加气剂防水混凝土，其防渗能力可达 1.2～3.5MPa，用水玻璃配制的混凝土不仅能防水，而且还有很大的黏结力和速凝作用，对于修补工程和堵塞漏水有很好的效果。

7. 抗冻剂

抗冻剂可以在一定负温度范围内，保持混凝土水分不受冻结，并促使其凝结、硬化。如氯化钠、碳酸钾可降低冰点；氯化钙不仅能降低冰点，而且还可起促凝作用。目前常用的亚硝酸钠与硫酸盐复合剂，对钢筋无腐蚀，能适用于 -10℃ 环境下的施工，而且对混凝土有明显的塑化作用，其效果优于氯化钙、碳酸钾等抗冻剂。缺点主要是用量较大时有盐析现象，影响结构美观。

8. 阻锈剂

阻锈剂实质上是一种比铁具有更强还原性的离子化合物，掺入混凝土后以减少金属失去电子的趋势，从而起到防锈的目的。在混凝土中掺有氯盐等可腐蚀钢筋的外加剂时，往往同时使用阻锈剂。常用阻锈剂有亚硝酸钠、草酸钠、硫代硫酸钠和苯甲酸等。

其他外加剂可查有关材料手册。但在选用时应注意：在正式使用外加剂之前，应该进行相应的试验，以决定适当的掺量；使用时要准确控制掺量，相应调整水灰比及均匀搅拌。

二、混凝土的拌制

混凝土的拌制是将水泥、水、粗细骨料和外加剂等原材料混合在一起，进行均匀拌和的过程。搅拌后的混凝土要求匀质，且达到设计要求的和易性和强度。

（一）搅拌机的选择

目前普遍使用的搅拌机根据其搅拌机理可分为自落式搅拌机和强制式搅拌机两大类。

1. 自落式搅拌机

自落式搅拌机搅拌鼓筒内壁装有叶片，随着鼓筒的转动，叶片不断将混凝土拌和料提高，然后利用物料的重量自由下落，达到均匀拌和的目的。自落式搅拌机筒体和叶片磨损较小，易于清理，但搅拌力量小，动力消耗大，效率低，主要用于搅拌流动性和低流动性混凝土。

2. 强制式搅拌机

强制式搅拌机是利用搅拌筒内运动着的叶片强迫物料朝着各个方向运动，由于各物料颗粒的运动方向、速度各不相同，相互之间产生剪切滑移而相互穿插、扩散，从而在很短的时间内，使物料拌和均匀，其搅拌机理被称为剪切搅拌机理。

强制式搅拌机具有搅拌质量好、速度快、生产效率高、操作简便及安全等优点，但机件磨损严重，强制搅拌机适用于搅拌干硬性或低流动性混凝土和轻骨料混凝土。

（二）混凝土搅拌站

搅拌站是生产混凝土的场所，根据混凝土生产能力、工艺安排、服务对象的不同，搅拌站可分为现场混凝土搅拌站和大型预拌混凝土搅拌站两类。

1. 现场混凝土搅拌站

现场混凝土搅拌站由于使用期限不长，一般采用简易形式，以减少投资。为了减轻工人的劳动强度，改善劳动条件，提高生产效率，现场混凝土搅拌站正在逐步向机械化和自动化方向发展。图4-34所示为一个简易的现场混凝土搅拌站示意图。它结构简单，制作方便，不需专用设备，易于装拆搬运。砂、石运到工地堆场后，用卷扬机牵动手扶拉铲将砂、石送到卸料斗内。在卸料斗下设有计量计，沙、石、水泥经计量后卸入搅拌机上料斗内，然后被提升送至搅拌筒内搅拌。沙、石装料和计量工作能自动进行。整个搅拌站只需四人操作就能完成各项工作。

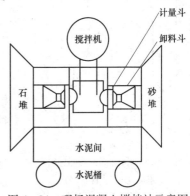

图4-34　现场混凝土搅拌站示意图

2. 大型预拌混凝土搅拌站

大型混凝土搅拌站有单阶式和双阶式两种。

（1）单阶式混凝土搅拌站是由皮带螺旋输送机等运输设备一次将原材料提升到需要高度后，靠自重下落，依次经过储料、称量、集料、搅拌等程序，完成整个搅拌生产流程，如图4-35所示。单阶式搅拌站具有工作效率高、自动化程度高、占地面积小等优点，但一次投资大。

（2）双阶式混凝土搅拌站是将原材料一次提升后，依靠材料的自重完成储料、称量、集料等工艺，再经第二次提升进入搅拌机进行搅拌，如图4-36所示。双阶式搅拌站的建筑物总高度较小，运输设备较简单，和单阶式相比投资相对要少，但材料需经两次提升进入拌筒，其生产效率和自动化程度较低，占地面积较大。

（三）搅拌制度的确定

为了获得均匀优质的混凝土拌和物，除合理选择搅拌机的型号外，还必须正确地确定搅拌制度，包括搅拌机的转速、搅拌时间、装料容积及投料顺序等。

1. 搅拌机转速

对自落式搅拌机，转速过高时，混凝土拌和料会在离心力的作用下吸附于筒壁不能自由下落；而转速过低时，既不能充分拌和，又将降低搅拌机的

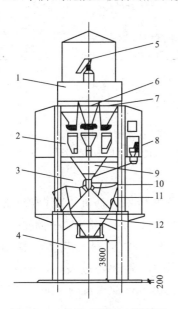

图4-35　单阶式混凝土搅拌站

1—料仓层；2—称量层；3—搅拌层；
4—底层；5—旋转布料器；6—水泥料仓；
7—砂、石料仓；8—集中控制筒；9—集料斗；
10—两路滑槽；11—搅拌机；12—混凝土漏斗

生产率。为此搅拌机转速应满足下式的要求,即

$$n = \frac{13}{\sqrt{R}} \sim \frac{16}{\sqrt{R}} \qquad (4-10)$$

式中 R——搅拌筒半径,m。

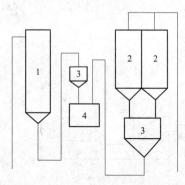

图 4-36 双阶式混凝土搅拌站
1—水泥仓;2—骨料储料斗;
3—称量系统;4—搅拌机

按表 4-15 采用。

对于强制搅拌机虽不受重力和离心力的影响,但其转速也不能过大,否则会加速机械的磨损,同时也易使混凝土拌和物产生分层离析现象,所以强制式搅拌机叶片转轴的转速一般为 30r/min,鼓筒的转速为 6~7r/min。

2. 搅拌时间

从原材料全部投入搅拌筒到混凝土拌和物开始卸出所经历的全部时间称为搅拌时间,它是影响混凝土质量及搅拌机生产率的重要因素之一。搅拌时间过短,混凝土拌和不均匀,强度及和易性都将降低;搅拌时间过长,不仅降低了生产效率,而且会使混凝土的和易性降低或产生分层离析现象。搅拌时间的确定与搅拌机型号、骨料品种和粒径以及混凝土的和易性等有关。混凝土搅拌的最短时间可

表 4-15 混凝土搅拌的最短时间 s

混凝土的坍落度（mm）	搅拌机机型	搅拌机的出料量（L）		
		<250	250~500	>500
≤30	强制式	60	90	120
	自落式	90	120	150
>30	强制式	60	60	90
	自落式	90	90	120

注 1. 掺有外加剂时,搅拌时间应适当延长;

2. 当采用其他形式的搅拌设备时,搅拌的最短时间应按设备说明书的规定或经试验确定;

3. 全轻混凝土宜用强制式搅拌机搅拌,砂轻混凝土可采用自落式搅拌机搅拌,但时间应延长 60~90s。

3. 装料容积

搅拌机的装料容积指搅拌一罐混凝土所需各种原材料松散体积的总和。为了保证混凝土得到充分拌和,装料容积通常只为搅拌机几何容积的 1/2~1/3。一次搅拌好的混凝土体积称为出料容积,约为装料容积的 0.5~0.75（又称出料系数）。如 J1-400 自落式移动搅拌机,其装料容积为 400L,出料容积 260L。搅拌机不宜超载,如装料超过装料容积的 10%,就会影响混凝土拌和物的均匀性,反之,装料过少又不能充分发挥搅拌机的效能。

4. 投料顺序

在确定混凝土各种原材料的投料顺序时,应考虑如何保证混凝土的搅拌质量,减少机械磨损和水泥飞扬,减少混凝土的粘罐现象,降低能耗和提高劳动生产率等。目前采用的投料顺序有一次投料法、二次投料法。

（1）一次投料法。这是目前广泛使用的一种方法,也就是将砂、石、水泥依次放入料斗

后再和水一起进入搅拌筒进行搅拌。这种方法工艺简单、操作方便。当采用自落式搅拌时常用的加料顺序是先倒石子，再加水泥，最后加砂。这种投料顺序的优点就是水泥位于砂石之间，进入拌筒时可减少水泥飞扬，同时砂和水泥先进入拌筒形成砂浆，可缩短包裹石子的时间，也避免了水向石子表面聚集产生的不良影响，可提高搅拌质量。

（2）二次投料法。二次投料法又可分为预拌水泥砂浆法和预拌水泥净浆法。

预拌水泥砂浆法是指先将水泥、砂和水投入拌筒搅拌 1～1.5min 后，加入石子再搅拌 1～1.5min。

预拌水泥净浆法是先将水和水泥投入拌筒搅拌 1/2 搅拌时间，再加入砂石搅拌到规定时间。

由于预拌水泥砂浆或水泥净浆对水泥有一种活化作用，因而搅拌质量明显高于一次投料法。若水泥用量不变，混凝土强度可提高 15% 左右，或在混凝土强度相同的情况下，可减少水泥用量 15%～20%。

当采用强制式搅拌机搅拌轻骨料混凝土时，若轻骨料在搅拌前已经预湿，则合理的加料顺序应是：先加粗细骨料和水泥搅拌 30s，再加水继续搅拌到规定时间；若在搅拌前轻骨料未经预湿，则先加粗、细骨料和总用水量的 1/2 搅拌 60s 后，再加水泥和剩余 1/2 用水量搅拌到规定时间。

三、混凝土运输

混凝土搅拌完毕后应及时将混凝土运输到浇筑地点。其运输方案应根据施工对象的特点、混凝土的工程量、运输距离、道路、气候条件、运输的客观条件及现有设备等综合进行考虑。

（一）运输混凝土的基本要求

（1）保证混凝土的浇筑量。尤其是在不允许留施工的情况下，混凝土运输必须保证其浇筑工作能够连续进行，为此，应按混凝土最大浇筑量和运距来选择运输机具设备的数量及型号。同时，也要考虑运输机具设备与搅拌机设备的配合，一般运输机具的容积是搅拌机出料容积的倍数。

（2）混凝土在运输过程中应保持其匀质性，不分层、不离析、不漏浆，运到浇筑地点后应具有规定的坍落度，并保证有充足的时间进行浇筑和振捣。若混凝土到达浇筑地点时已出现离析或初凝现象，则必须在浇筑前进行二次搅拌，待拌和为匀质的混凝土后方可浇筑。

应选用不漏浆、不吸水的容器运输混凝土，且在使用前用水湿润，以避免吸收混凝土内的水分导致混凝土坍落度过分减少。

（3）混凝土应以最少的转运次数和最短的时间，从搅拌地点运至浇筑现场，在混凝土初凝前浇筑完毕，混凝土从搅拌机中卸出到浇筑完毕的延续时间不宜超过表 4 - 16 的规定。

表 4 - 16　　　　　　混凝土从搅拌机中卸出到浇筑完毕的延续时间　　　　　　　　　min

混凝土强度等级	气　　温	
	不高于 25℃	高于 25℃
不高于 C30	120	90
高于 C30	90	60

注　1. 对掺有外加剂或采用快硬水泥拌制的混凝土，其延续时间应按试验确定；

　　2. 对轻骨料混凝土，其延续时间应适当缩短。

（4）当混凝土从运输工具中自由倾倒时，由于骨料的重力克服了物料间的黏聚力，大颗粒骨料明显集中于一侧或底部四周，从而与砂浆分离即出现离析，当自由倾倒高度超过 2m 时，这种现象尤其明显，混凝土将严重离析。为保证混凝土的质量，采取相应预防措施，规范规定：混凝土自高处倾落的自由高度不应超过 2m；否则，应使用串筒、溜槽或振动溜管等工具协助下落，并应保证混凝土出口的下落方向垂直，串筒的向下垂直输送距离可达 8m。串筒及溜管外形，如图 4 - 37 所示。

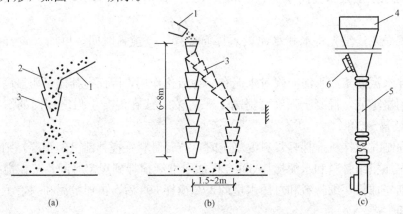

图 4 - 37　防止混凝土离析的措施
（a）溜槽；（b）串筒；（c）振捣溜管
1—溜槽；2—挡板；3—串筒；4—漏斗；5—节管；6—振动器

在运输过程中混凝土坍落度往往会有不同程度的减少，减少的原因主要是运输工具失水漏浆、骨料吸水、夏季高温天气等。为保证混凝土运至施工现场后能顺利浇筑，运输工具应严密不漏浆，运输前用水湿润容器；夏季应采取措施防止水分大量蒸发；雨天则应采取防水措施。

（二）混凝土运输机具

运输混凝土的机具很多，根据工程情况和设备配置选用。

混凝土运输机具的种类繁多，一般分为间歇式运输机具（如手推车、自卸汽车、机动翻斗车、搅拌运输车，各种类型的井架、桅杆、塔吊以及其他起重机械等）和连续式运输机具（如皮带运输机、混凝土泵等）两类，可根据施工条件进行选用。其中，混凝土搅拌运输车可长距离运送，是今后发展的方向。

手推车主要用于短距离水平运输，具有轻巧、方便的特点，其容量为 $0.07\sim0.1m^3$，机动翻斗车具有轻便灵活、速度快、效率高、能自动卸料、操作简便等特点，容量为 $0.4m^3$，一般与出料容积为 400L 的搅拌机配套使用，适用于短距离混凝土的运输或砂石等散装材料的倒运。

混凝土搅拌运输车是一种用于长距离运输混凝土的施工机械，它是将运输混凝土的搅拌筒安装在汽车底盘上，把在预拌混凝土搅拌站生产的混凝土成品装入拌筒内，然后运至施工现场。在整个运输过程中，混凝土搅拌筒始终在作慢速转动，从而使混凝土在长途运输后，仍不会出现离析现象，以保证混凝土的质量。当运输距离很长，采用上述运输工具难以保证运输质量时，可采用装载干料运输、拌和用水另外存放的方法，当快到浇筑地点时方加水搅拌，待到达浇筑地点时混凝土也已搅拌完毕，便可卸料进行浇筑。混凝土搅拌运输车的外形，如图4-38所示。

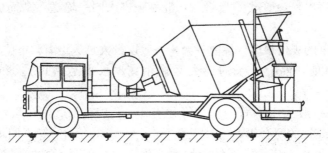

图4-38　混凝土搅拌运输车

　　井架主要用于多层或高层建筑施工中混凝土的垂直运输，由井架、卷扬机、吊盘、自动倾卸吊斗、拔杆和钢丝缆风绳组成。具有构造简单、装拆方便、投资少的优点，起重高度一般为25～40m。

　　塔式起重机是高层建筑施工中垂直和水平的主要运输机械，把它和一些浇筑用具配合起来，可很好地完成混凝土的运输任务。

　　利用泵送混凝土是当今混凝土工程施工中的一项先进技术，也是今后的发展趋势。混凝土泵的工作原理就是利用泵体的挤压力将混凝土挤压进管路系统并到达浇筑地点，同时完成水平运输和垂直运输。混凝土泵连续浇筑混凝土、施工速度快、生产效率高，工人劳动强度明显降低，还可提高混凝土的强度和密实度。混凝土泵适用于一般多高层建筑、水下及隧道等工程的施工。

　　混凝土泵的种类很多，一般有活塞泵、气压泵和挤压泵等类型；按泵体能否移动，混凝土泵可分为固定式和移动式，固定式混凝土泵使用时需要其他车辆拖至现场，具有输送能力强、输送高度高等特点，一般水平输送距离为250～600m，垂直输送高度为150m，输送能力60m³/h，适合于高层建筑的混凝土施工。

　　目前应用最为广泛的是活塞泵，根据其构造和工作机理的不同，活塞泵又可分为机械式和液压式两种，常采用液压式。与机械式相比，液压式活塞泵是一种较为先进的混凝土泵，它省去了机械传动系统，因而具有体积小、重量轻、使用方便、工作效率高等优点。液压泵还可进行逆运转，迫使混凝土在管路中作往返运动，有助于排除管道堵塞和处理长时间停泵问题。其工作原理如图4-39所示。

　　混凝土拌和料进入料斗后，吸入端片阀打开，排出端片阀关闭，液压作用下活塞左移，混凝土在自重和真空吸力作用下进入液压缸。由于液压系统中压力油的进出方向相反，使得

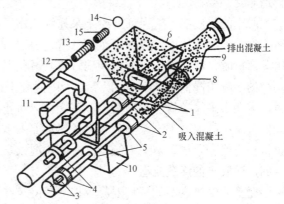

图4-39　液压活塞式混凝土泵工作原理图
1—混凝土缸；2—推压混凝土活塞；3—液压缸；4—液压活塞；
5—活塞杆；6—料斗；7—吸入阀门；8—排出阀门；9—Y形管；
10—水箱；11—水洗装置换向阀；12—水洗用高压软管；
13—水洗用法兰；14—海绵球；15—清洗活塞

活塞右移，此时吸入端片阀关闭，压出端片阀打开，混凝土被压入到输送管道。液压泵一般采用双缸工作，交替出料，通过 Y 形管后，混凝土进入同一输送管从而使混凝土的出料稳定连续。

活塞式混凝土泵的规格很多，性能各异，一般以最大泵送距离和单位时间最大输出量作为其主要指标。目前，混凝土泵的最大运输距离，水平运输可达 800m，垂直运输可达 300m。

混凝土输送管一般采用钢管制作，管径有 100、125、150mm 几种规格，标准管长 3m，还有 1m 和 2m 长的配套管，另外还有 90°、45°、30°、15°等不同角度的弯管，用于布管时管道弯折处使用。管径的选择就根据混凝土骨料的最大粒径、输送距离、输送高度和其他工程条件来决定，为防止堵塞，石子的最大料径与输送管径之比：碎石为 1：3，卵石为 1：2.5。

管道布置时应符合"路线短、弯道少、接头密"的原则。布置水平管道时，应由远到近，将管道布置到最远的浇筑点，然后在浇筑过程中逐渐向泵的方向拆管。地面水平管一般是固定的，楼面水平管则需每浇筑一层就重新铺设一次。垂直管可以沿建筑物外墙或外柱铺接，也可利用塔吊的塔身设置，垂直管道应在底部设置基座，以防止管道因重力和冲击而下沉，并在竖管下部设逆止阀，防止停泵时混凝土倒流。

混凝土泵的最大输送距离是根据施工现场实际情况而定的。混凝土泵所能输送的最大距离性能表中标明的垂直与水平距离指的是输送管全为水平管或全为垂直管的最大输送距离，而实际输送管道是由直管、弯管、锥形管、软管等组成，各种管的阻力不同，计算输送距离时，一般须先将这些管道换算成水平直管状态。换算后得到的最大总长度应小于该混凝土泵性能标明的最大水平输送距离。

在采用泵送混凝土前，先开机用水湿润管道，然后泵送水泥浆或水泥砂浆，使管道处于充分湿润状态后，再正式泵送混凝土。如开始时就直接泵送混凝土，管道在压力状态下大量吸水，导致混凝土坍落度明显减少，则会出现堵管等质量事故，因而在泵送混凝土前充分湿润管道非常必要。

混凝土的供应能力应保证混凝土泵连续工作，尽量避免中途停歇。若混凝土供应能力不足时，宜减慢泵送速度，以保证混凝土泵连续工作。如果中途停歇时间超过 45min 或混凝土出现离析时，应立即用压力水冲洗管道，避免混凝土凝固在管道内。压送时，不要把料斗内剩余的混凝土降低到 200mm 以下，否则混凝土泵易吸入空气，导致堵塞。高温条件下施工时，需在水平输送管上覆盖两层湿草袋，以防止阳光直照，并每隔一定时间洒水湿润，这样能使管道中的混凝土不至于吸收大量热量而失水，导致管道堵塞。输送管线宜直，转弯宜缓，接头应严密，如管道向下倾斜，应防止混入空气，产生阻塞。

四、混凝土的浇筑成型

混凝土的浇筑成型就是将混凝土拌和料浇筑在符合设计要求的模板内，加以捣实并使其达到设计强度、质量要求，并满足正常使用要求的结构或构件。混凝土的浇筑成型过程包括浇筑、捣实及养护，是混凝土施工的关键，对于混凝土的密实性、结构的整体性和构件尺寸的准确性都起着决定性的作用。

(一)混凝土浇筑前的准备工作

(1)混凝土浇筑前应检查模板的标高、尺寸、位置、强度、刚度等内容是否满足要求，模板接缝是否严密；钢筋及预埋件的数量、型号、规格、摆放位置、保护层厚度等是否满足要求；模板中的垃圾应清理干净，木模板应浇水湿润，但不允许留有积水。

（2）对钢筋及预埋件应检查钢筋的级别、直径、排放位置及保护层厚度是否符合设计和规范要求，并认真作好隐蔽工程记录。

（3）准备和检查材料、机具等；注意天气预报，不宜在雨雪天气浇筑混凝土。

（4）做好施工组织工作和技术、安全交底工作。

（二）混凝土浇筑的一般规定

（1）混凝土应在初凝前浇筑，如已有初凝现象，则应进行一次强力的搅拌，使其恢复流动性后，方可入模；如有离析现象，则须重新搅拌后才能浇筑。

（2）为防止混凝土浇筑时产生分层离析现象，混凝土的自由倾落高度一般不宜超过 2m；在竖向结构（如墙、柱）中浇筑混凝土的自由倾落高度不得超过 3m；对于配筋较密或不便捣实的结构，混凝土的自由倾落高度不宜超过 0.6m；否则应采取串筒、斜槽、溜管等下料，如图 4-37 所示。

（3）浇筑竖向结构的混凝土之前，底部应先浇入 50～100mm 厚与混凝土成分相同的水泥砂浆，以避免蜂窝及麻面现象。

（4）为了使混凝土振捣密实，混凝土必须分层浇筑，其浇筑层的厚度应符合表 4-17 的规定。

表 4-17　　　　　　　　　混凝土浇筑层厚度　　　　　　　　　　mm

捣实混凝土的方法		浇筑层厚度
插入式振捣		振捣器作用部分长度的 1.25 倍
表面振动		200
人工振捣	在基础、无筋混凝土或配筋稀疏的结构中	250
	在梁、墙板、柱结构中	200
	在配筋密列的结构中	150
轻骨料混凝土	插入式振捣	300
	表面振动（振动时需加荷）	200

（5）为保证混凝土的整体性，浇筑工作应连续进行。当由于技术上或施工组织上的原因必须间歇时，其间歇时间应尽可能缩短，并应在前层混凝土凝结之前，将上层混凝土浇筑完毕。间歇的最长时间应按所用水泥品种及混凝土条件确定，且不超过表 4-18 的规定，当超过时应留置施工缝。

表 4-18　　　　　　　混凝土运输、浇筑和间歇的允许时间　　　　　　　min

混凝土强度等级	气　温	
	不高于 25℃	高于 25℃
不高于 C30	210	180
高于 C30	180	150

注　当混凝土中掺有促凝剂或缓凝型外加剂时，其允许时间应根据试验结果确定。

（6）施工缝位置应在混凝土浇筑之前确定，并宜留置在结构受剪力较小且便于施工的部位。柱应留水平缝，梁、板、墙应留垂直缝。

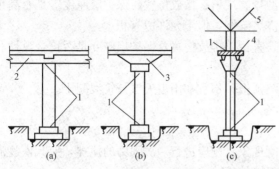

图 4-40　柱子施工缝的位置

(a) 肋形楼板柱；(b) 无梁楼板柱；(c) 吊车梁柱

1—施工缝；2—梁；3—柱帽；4—吊车梁；5—屋架

施工缝的留设位置应符合下列规定：柱子施工缝宜留在基础的顶面、梁或吊车梁牛腿的下面、吊车梁的上面、无梁楼板柱帽的下面，如图 4-40 所示；与板连成整体的大截面梁，施工缝留置在板底面以下 20～30mm 处。当板下有梁托时，留在梁托下部；单向板的施工缝留置在平行于板的短边的任何位置；有主次梁的楼板宜顺着次梁方向浇筑，施工缝应留置在次梁跨度的中间 1/3 范围内，如图 4-41 所示；墙体的施工缝留置在门洞口过梁跨中 1/3 范围内，也可留在纵横墙的交接处；双向楼板、大体积混凝土结构、拱、弯拱、薄壳、蓄水池、斗仓、多层刚架及其他结构复杂的工程，施工缝的位置应按设计要求留置。

以上是指普通混凝土结构施工中关于施工缝留设的一些注意事项。对于承受动力作用的设备基础，要求又有所不同，规范规定：承受动力作用的设备基础，不应留置施工缝，当必须留置时，应征得设计单位同意；在设备基础的地脚螺栓范围内施工缝的留置位置，应符合下列要求：水平施工缝必须低于地脚螺栓底部且与地脚螺栓底部的距离应大于 150mm；当地脚螺栓直径小于 30mm 时，水平施工缝可留置在不小于地脚螺栓埋入混凝土部分总长度的 3/4 处；垂直施工缝，其与地脚螺栓中心线的距离不得小于 250mm，且不得小于螺栓直径的 5 倍；在处理动力设备基础的施工缝时，应满足下列规定：标高不同的两个水平施工缝，其高低结合处应做成台阶形，台阶的高宽比不得大于 1.0，在水平施工缝上继续浇筑混凝土前，应对地脚螺栓进行一次观测校准；垂直施工缝处应加插筋，直径为 12～16mm，长度 500～600mm，间距 500mm，在台阶式施工缝的垂直面上也应补插钢筋。

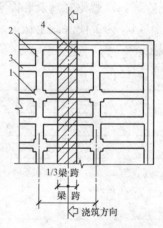

图 4-41　有梁板的施工缝位置

1—柱；2—主梁；3—次梁；4—板

在施工缝处继续浇筑之前，须待已浇筑的混凝土抗压强度达到 1.2N/mm² 后才能进行，而且需对施工缝作一些处理，以增强新旧混凝土的连接，尽量降低施工缝对结构整体性带来的不利影响。处理办法是：先在已硬化的混凝土表面上，清除水泥浮浆、松动石子以及软弱混凝土层，混凝土表面应凿毛，并加以充分湿润、冲洗干净，且不得留有积水；然后在浇筑混凝土前先在施工缝处抹 10～15mm 厚与混凝土成分相同的一层水泥砂浆；浇筑混凝土时，需仔细振捣密实，使新旧混凝土结合紧密。施工中，应严格按照上述规定进行，以保证混凝土工程的质量和整体强度。

(7) 混凝土初凝之后、终凝之前应防止振动。

(8) 在混凝土浇筑过程中，应随时注意模板及其支架、钢筋、预埋件及预留孔洞的情况，当出现不正常的变形、位移时，应及时采取措施进行处理，以保证混凝土的施工质量。

五、混凝土的浇筑

(一) 基础混凝土浇筑

1. 柱基础混凝土浇筑

民用建筑常见柱基形式为台阶式基础。台阶式基础施工时一般按台阶分层浇筑，中间不允许留施工缝；倾倒混凝土时宜先边角后中间，使混凝土充满模板；各台阶之间最好留有一定时间间歇，给下面台阶混凝土一段初步沉实的时间，以避免上下台阶之间出现裂缝，同时也便于上一台阶混凝土的浇筑。一般是按顺序先浇柱基的第一级，再依次施工第二级，但必须在第一级混凝土初凝前完成第二级混凝土的浇筑。

工业建筑中多采用预制柱，相对应基础形式为杯形基础。杯形基础施工中需注意保证其杯口底部标高的准确性，一般是浇筑到杯口底时先振实混凝土并停歇片刻，待其初步沉实后，再浇筑杯口芯模四周的混凝土，且尽可能缩短振动时间，同时混凝土浇筑应在杯口芯模两侧对称进行，以免杯口位置不准。

柱基础施工时，还需注意连接钢筋的位置，若发生位移和倾斜，需立即进行纠正。

2. 设备基础混凝土浇筑

如设计无规定，设备基础在施工时不允许留施工缝。分层浇筑时，每层厚度宜控制在200～300mm之间，浇筑时从低处开始，沿长边方向从一端向另一端进行浇筑；设备基础上一般留有地脚螺栓、预埋管道、预留螺栓等，在这些部位浇筑混凝土时需控制好混凝土的上升速度，以免发生位移或偏移；对于大直径地脚螺栓，在混凝土浇筑过程中应用经纬仪随时观测，发现误差及时纠正。

(二) 框架结构混凝土浇筑

框架结构的主要构件有基础、柱、梁、楼板等。其中框架梁、板、柱等构件是沿垂直方向重复出现的，因此，一般按结构层来分层施工。如果平面面积较大，还应分段进行，以便各工序流水作业，在每层每段中，浇筑顺序为先浇柱，后浇梁、板。

柱的浇筑宜在梁板模板安装后进行，以便利用梁板模板稳定柱模并作为浇筑混凝土的操作平台；一排柱子浇筑时，应从两端向中间推进，以免柱模板在横向推力作用下向另一方倾斜；柱在浇筑前，宜在底部先铺一层50～100mm厚与所浇混凝土成分相同的水泥砂浆，以避免底部产生蜂窝现象；柱高在3m以下时，可直接从柱顶浇入混凝土，若柱高超过3m，断面尺寸小于400mm×400mm，并有交叉箍筋时，应在柱侧模每段不超过2m的高度开浇筑孔（不小于300mm高），装上斜溜槽分段浇筑，也可采用串筒直接从柱顶进行浇筑；随着柱子浇筑高度的上升，混凝土表面将积聚大量浆水而可能造成混凝土强度不均匀现象，宜在浇筑到适当的高度时，适量减少混凝土的配合比用水量。

如柱、梁和板混凝土是一次连续浇筑，则应在柱混凝土浇筑完毕后停歇1～1.5h，待其初步沉实，排除泌水后，再浇筑梁、板混凝土。

梁、板混凝土一般同时浇筑，浇筑方法应先将梁分层浇捣成阶梯形，当达到板底位置时与板的混凝土一同浇捣，如图4-42、图4-43所示当梁高超过1m时，可先单独浇筑梁混凝土，水平施工缝设置在板下20～30mm处。

(三) 剪力墙混凝土浇筑

剪力墙混凝土浇筑除遵守一般规定外，在施工门窗洞部位时，应先在洞口两侧同时浇筑，且两侧混凝土面高差不能太大，以防止门窗洞口部位模板移动；窗户部位应先浇筑窗台下部混凝土，停歇片刻后再浇筑窗间墙；在浇混凝土之前宜先在墙身底部浇筑50～100mm厚与混凝土成分相同的水泥砂浆。

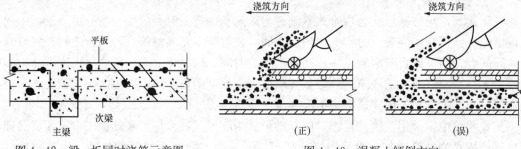

图4-42 梁、板同时浇筑示意图　　　　　图4-43 混凝土倾倒方向

（四）大体积混凝土的浇筑

大体积混凝土是指厚度大于或等于1.5m，长、宽较大，施工时水化热引起混凝土内的最高温度与外界温度之差不低于25℃的混凝土结构。一般多为建筑物、构筑物的基础，如高层建筑中常用的整体钢筋混凝土筏形基础和箱形基础等。

大体积混凝土结构的施工特点：一是整体性要求较高，往往不允许留设施工缝，一般都要求连续浇筑；二是结构的体量较大，浇筑后的混凝土产生的水化热量大，并聚积在内部不易散发，从而形成混凝土内外较大的温差，引起较大的温差应力。因此，大体积混凝土施工时，为保证结构的整体性应合理确定混凝土浇筑方案，为保证施工质量应采取有效的技术措施降低混凝土内外温差。

1. 浇筑方案的选择

大体积混凝土工程施工应符合GB 50496—2009《大体积混凝土施工规范》的规定。为了保证混凝土浇筑工作能连续进行，避免留设施工缝，应在下一层混凝土初凝之前，将上一层混凝土浇捣完毕。因此，在组织施工时，首先应按下式计算每小时需要浇筑混凝土的数量即浇筑强度：

$$V = BLH/(t_1 - t_2) \quad (\text{m}^3/\text{h}) \tag{4-11}$$

式中　　V——每小时混凝土浇筑量，m^3/h；

B、L、H——分别为浇筑层的宽度、长度、厚度，m；

t_1——混凝土初凝时间，h；

t_2——混凝土运输时间，h。

根据混凝土的浇筑量，计算所需要搅拌机、运输工具和振动器的数量，并据此拟定浇筑方案和进行劳动组织。大体积混凝土浇筑时，浇筑方案可以选择整体分层连续浇筑施工或推移式连续浇筑施工方式，如图4-44所示，保证结构的整体性。混凝土浇筑宜从低处开始，沿长边方向自一端向另一端进行。当混凝土供应量有保证时，亦可多点同时浇筑。

2. 大体积混凝土的振捣

（1）大体积混凝土应采取振捣棒振捣。

（2）为保证结构的整体性，混凝土应连

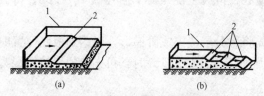

图4-44 大体积混凝土的浇筑方案

(a) 整体分层连续浇筑施工；(b) 推移式连续浇筑施工

1—模板；2—新浇筑的混凝土

续浇筑，要求下层混凝土在初凝前将上层混凝土浇筑振捣完毕，这样很容易在上、下浇筑层之间形成泌水层，它将使混凝土强度降低，影响层与层的整体性等不良后果。若采用自流方式和抽汲方法排除泌水，会带走一部分水泥浆，影响混凝土的质量。常用的处理方法是在下层泌水处铺一层干硬性混凝土，对混凝土进行二次振捣后，立即浇筑上一层混凝土，可收到较好的效果。还可以在混凝土中掺入一定数量的减水剂，则可大大减少泌水现象。

3. 大体积混凝土的养护

（1）大体积混凝土应进行保温保湿养护，在混凝土浇筑完毕后，除应按普通混凝土进行常规养护外，尚应及时按温控技术措施的要求进行保温养护。

（2）保湿养护的持续时间不得少于 14d，应经常检查塑料薄膜或养护剂涂层的完整情况，保持混凝土表面湿润。

4. 混凝土温度裂缝的产生原因

混凝土在凝结硬化过程中，水泥进行水化反应会产生大量的水化热。强度增长初期，水化热产生越来越多，蓄积在大体积混凝土内部，热量不易散失，致使混凝土内部温度显著升高，而表面散热较快，这样在混凝土内外之间形成温差，混凝土内部产生压应力，而混凝土外部产生拉应力，当温差超过一定程度后，就易拉裂外表混凝土，即在混凝土表面形成裂缝。在混凝土内逐渐散热冷却产生收缩时，由于受到基岩或混凝土垫层的约束，接触处将产生很大的拉应力，一旦拉应力超过混凝土的极限抗拉强度，便在约束接触处产生裂缝，甚至形成贯穿裂缝，这将严重破坏结构的整体性，对于混凝土结构的承载能力和安全极为不利，在工程施工中必须避免。

5. 大体积混凝土防裂技术措施

由于水泥水化热引起混凝土浇筑体内部温度剧烈变化，使混凝土浇筑体早期塑性收缩和混凝土硬化过程中的收缩增大，使混凝土浇筑体内部的温度、收缩应力剧烈变化，而导致混凝土浇筑体或构件发生裂缝。因此，应在大体积混凝土工程设计，设计构造要求，混凝土强度等级选择，混凝土后期强度利用，混凝土材料选择，混凝土配合比的设计、制备、运输、施工，混凝土的保温保湿养护及在混凝土浇筑硬化过程中浇筑体内温度及温度应力的监测和应急预案的制定等技术环节，采取一系列的技术措施。

（1）大体积混凝土工程施工前，宜对施工阶段大体积混凝土浇筑体的温度、温度应力及收缩应力进行试算，并确定施工阶段大体积混凝土浇筑体的升温峰值，里表温差及降温速率的控制指标，制定相应的温控技术措施。温控指标应符合下列规定：①混凝土浇筑体在入模温度基础上的温升值不宜大于 50℃；②混凝土浇筑体的里表温差（不含混凝土收缩的当量温度）不宜大于 25℃；③混凝土浇筑体的降温速率不宜大于 2.0℃/d；④混凝土浇筑体表面与大气温差不宜大于 20℃。

（2）大体积混凝土配合比的设计除应符合工程设计所规定的强度等级、耐久性、抗渗性、体积稳定性等要求外，尚应符合大体积混凝土施工工艺特性的要求，并应符合合理使用材料、减少水泥用量、降低混凝土绝热温升值的要求。

（3）在确定混凝土配合比时，应根据混凝土的绝热温升、温控施工方案的要求等，提出混凝土制备时粗细骨料和拌和用水及入模温度控制的技术措施。如降低拌和水温度（拌和水中加冰屑或用地下水），骨料用水冲洗降温，避免暴晒等。

（4）在混凝土制备前，应进行常规配合比试验，并应进行水化热、泌水率、可泵性等对大体积混凝土控制裂缝所需的技术参数的试验，必要时其配合比设计应当通过试泵送。

（5）大体积混凝土应选用中、低热硅酸盐水泥或低热矿渣硅酸盐水泥，大体积混凝土施工所用水泥其 3d 的水化热不宜大于 240kJ/kg，7d 的水化热不宜大于 270kJ/kg。

（6）大体积混凝土配制可掺入缓凝、减水、微膨胀的外加剂，外加剂应符合现行国家标准 GB 8076—2008《混凝土外加剂》、GB 50119—2003《混凝土外加剂应用技术规范》和有关环境保护的规定。

（7）及时采用覆盖保温保湿材料进行养护，并加强测温管理。

（8）超长大体积混凝土应选用留置变形缝、后浇带或采取跳仓法施工控制结构不出现有害裂缝。

（9）结合结构配筋，配置控制温度和收缩的构造钢筋。

（10）大体积混凝土浇筑宜采用二次振捣工艺，浇筑面应及时进行二次抹压处理，减少表面收缩裂缝。

（五）后浇带混凝土的浇筑

后浇带是在现浇钢筋混凝土结构施工过程中，为了克服由于温度、收缩等而可能产生的有害裂缝，在施工期间设置的临时伸缩缝。后浇带将结构分为若干段，以有效削减温度收缩应力，待所浇筑的混凝土经一段时间的养护干缩后，再在后浇带中浇筑补偿收缩混凝土。后浇带通常根据设计要求留设，并将分块缝保留一段时间（若设计无要求，则至少保留 28d）后再将分块的混凝土结构浇筑连成整体。后浇带的设置距离，应考虑有效降低温度和收缩应力的条件下，通过计算来获得。在正常的施工条件下，有关规范对后浇带的规定是：如混凝土置于室内和土中，后浇带的设置距离为 30m，露天为 20m。后浇带的宽度应考虑施工简便，避免应力集中。一般宽度为 800～1000mm。在后浇带施工缝处，钢筋必须贯通。后浇带的构造，如图 4-45 所示。

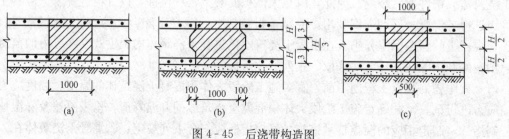

图 4-45　后浇带构造图
（a）平接式；（b）企口式；（c）台阶式

后浇带混凝土浇筑应严格按照施工技术方案进行。在浇筑混凝土前，必须将整个混凝土表面按照施工缝的要求进行处理。填充后浇带混凝土可采用微膨胀或无收缩水泥，也可采用普通水泥加入相应的外加剂拌制，但必须要求填筑混凝土的强度等级比原来结构强度提高一级，并保持至少 15d 的湿润养护。

（六）水下混凝土的浇筑

在灌注桩、地下连续墙等基础工程以及水利工程施工中，常会需要直接在水下浇筑混凝土，地下连续墙是在泥浆中浇筑混凝土。水下或泥浆中浇筑混凝土一般采用导管法，其特点是：利用导管输送混凝土并使其与环境水或泥浆隔离，依靠管中混凝土自重，挤压导管下部管口周围的混凝土在已浇筑的混凝土内部流动、扩散，边浇筑边提升导管，直至混凝土浇筑完毕。

采用导管法，可以避免混凝土与水或泥浆的接触，保证混凝土中骨料和水泥浆不产生分离，从而保证了水下浇筑混凝土的质量。

（1）导管法所用的设备及浇筑方法。导管法浇筑水下混凝土的主要设备有金属导管、承料漏斗和提升机具等，如图 4-46 所示。

导管一般由钢管制成，管径为 200～300mm，每节管长 1.5～2.5m。各节管之间用法兰盘加止水胶皮垫圈通过螺栓密封连接，拼接时注意保持管轴垂直，否则会增大提管阻力。

承料漏斗一般用法兰盘固定在导管顶部，起着盛混凝土和调节导管中混凝土量的作用，承料漏斗的容积应足够大，以保证导管内混凝土具有必需的高度。

在施工过程中，承料漏斗和导管悬挂在提升机具

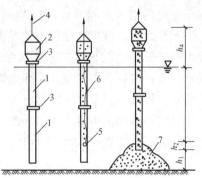

图 4-46　导管法水下浇筑混凝土
1—钢导管；2—漏斗；3—接头；4—吊索；5—隔水塞；6—铁丝；7—混凝土

上。常用的提升机具有卷扬机、起重机、电动葫芦等，一般是通过提升机来操纵导管下降或提升，其提升速度可任意调节。

球塞可用软木、橡胶、泡沫塑料等制成，其直径比导管内径小 15～20mm。

在施工时，先将导管沉入水中底部距水底约 100mm 处，用铁丝或麻绳将球塞悬吊在导管内水位以上 0.2m 处（球塞顶上铺 2～3 层稍大于导管内径的水泥袋纸，上面再撒一些干水泥，以防混凝土中的骨料嵌入球塞与导管的缝隙，卡住球塞），然后向导管内浇筑混凝土。

待导管和装料漏斗装满混凝土后，即可剪断吊绳，进行混凝土的浇筑。水深 10m 以内时，可立即剪断，水深大于 10m 时，可将球塞降到导管中部或接近管底时再剪断吊绳，混凝土靠自重推动球塞下落，冲出管底后向四周扩散，形成一个混凝土堆，且保证将导管底部埋于混凝土中，混凝土不断地从承料漏斗加入导管，管外混凝土面不断上升，导管也相应地进行提升，每次提升高度控制在 150～200mm 范围内，且保证导管下端始终埋入混凝土内，最大埋置深度不宜超过 5m，以保证混凝土的浇筑顺利进行。

混凝土的浇筑工作应连续进行，不得中断，若出现导管堵塞现象，应及时采取措施疏通，若不能解决问题，需更换导管，采用备用导管进行浇筑，以保证混凝土浇筑连续进行。

与水接触的表面一层混凝土结构松软，浇筑完毕后应及时清除，一般待混凝土强度达到 2～2.5N/mm^2 后进行。软弱层厚度在清水中至少取 0.2m，在泥浆中至少取 0.4m，其标高控制应超出设计标高。

（2）对混凝土的要求。

1）有较大的流动性。水下浇筑的混凝土是靠重力作用向四周流动而完成浇筑和密实，因而混凝土必须具有较好的流动性。管径在 200～250mm 时，坍落度取值宜为 180～200mm；采用管径 300mm 的导管浇筑，坍落度取值为 150～180mm。

2）控制粗骨料粒径。为保证混凝土顺利浇筑不堵管，要求粗骨料的最大粒径不得大于导管内径的 1/5，也不得大于钢筋净距的 1/4。

3）有良好的流动性保持能力。要求混凝土在一定时间内，其原有的流动性不下降，以

便浇筑过程中在混凝土堆内能较好地扩散成型,也就是要求混凝土具有良好的流动性保持能力,一般用流动性保持指标(K)来表示,即为混凝土坍落度不低于150mm时所持续的时间(小时),一般要求$K \geqslant 1h$。

4)有较好的黏聚性。混凝土黏聚性较强时,不易离析和泌水,在水下浇筑中才能保证混凝土的质量。配制时,可适当增加水泥用量,提高砂率至40%～47%;泌水率控制在1%～2%之间,以提高混凝土的黏聚性。

(3)导管法水下浇筑混凝土的其他要求。混凝土从导管底部向四周扩散,靠近管口的混凝土匀质性较好、强度较高,而离管口较远的混凝土易离析,强度有所下降。为保证混凝土的质量,导管作用半径取值不宜大于4m,当多根导管共同浇筑时,导管间距不宜大于6m,每根导管浇筑面积不宜大于30m²。当采用多根导管同时浇筑混凝土时,应从最深处开始,并保证混凝土面水平、均匀上升,相邻导管下口的标高差值应不超过导管间距的1/15～1/20。

导管法水下浇筑混凝土的关键:一是保证混凝土的供应量应大于导管内混凝土必须保持的高度和开始浇筑时导管埋入混凝土堆内必需的埋置深度所要求的混凝土量;二是严格控制导管提升高度,且只能上下升降,不能左右移动,以避免造成管内返水。

(七)喷射混凝土的浇筑

喷射混凝土是利用压缩空气将混凝土由喷射机的喷嘴,以较高的速度(50～70m/s)喷射到岩石、工程结构或模板的表面。在隧道、涵洞、竖井等地下建筑物的混凝土支护、薄壳结构和喷锚支护等都有广泛的应用,具有不用模板、施工简单、劳动强度低、施工进度快等优点。

喷射混凝土施工工艺分为干式和湿式两种。混凝土在"微潮"(水灰比0.1～0.2)状态下输送至喷嘴处加压喷出者,为干式喷射混凝土;将水灰比为0.45～0.50的混凝土拌和物输送至喷嘴处加压喷出者,为湿式喷射混凝土。湿式与干式喷射混凝土相比,湿式混凝土喷射施工具有施工条件好,混凝土的回弹量小等优点,应用较为广泛。

1. 材料要求

(1)水泥。优先选用硅酸盐水泥和普通硅酸盐水泥,标号不得低于32.5号。

(2)细集料。细集料宜采用质地坚硬、圆滑、洁净及颗粒级配良好的中粗砂,细度模数$M_x = 2.5 \sim 3.0$为宜,含水量控制在6%左右。

(3)粗集料。粗集料宜采用坚硬密实,具有足够强度的卵石、碎石均可,最大粒径小于20mm,其中5～10mm的量占55%,10～20mm的量占45%。

(4)外加剂。喷射混凝土多掺加速凝剂,以缩短混凝土的初凝和终凝时间,同时为增加流动性,还掺加减水剂。外加剂应根据水泥品种和集料质地经试验选定。

(5)喷射混凝土拌和用水,应使用人畜饮用的水质,不得使用污水,酸性水及海水。

2. 施工操作要点

(1)湿喷机泵送混凝土前,先用稠度10cm的白灰膏40～80L泵入管内,以便润滑管路,减少管路磨损,提高工作效率。

(2)管路尽量缩短,避免弯曲。

(3)当混凝土注满输料管并从喷枪口喷出时,再加速凝剂,不得提前启动速凝装置,避免污染作业环境。

（4）湿喷机在工作过程中，泵压力表的读数不应大于2MPa，如发现压力过大或挤压辊轮不转动，说明发生管堵现象，应立即停机疏通管道。

（5）无论何种原因造成湿喷机不能正常工作并不能及时排堵时，应采取压缩空气或其他搭配，将管道内的混凝土疏通清洗干净，严防混凝土在泵口和管道内初凝。

（八）钢管混凝土的浇筑

钢管混凝土即将普通混凝土填入薄壁圆形钢管内而形成的组合结构，如图4-47所示。钢管混凝土可借助内填混凝土增加钢管壁的稳定性，又可借助钢管对核心混凝土的约束作用，使核心混凝土处于三向受压状态，从而使核心混凝土具有更高的抗压强度和抗变形能力。

钢管混凝土即由钢管对混凝土实行套箍强化的一种套箍混凝土，其他形式的套箍混凝土如图4-48所示。它们是借助密排的螺旋形箍筋、方格钢筋网和复合方形箍筋来实现混凝土的套箍强化。钢管混凝土具有强度高、重量轻、塑性好、耐疲劳、耐冲击等优点，在施工方面也具有一定的优点：钢管本身可兼作模板，可省去支模和拆

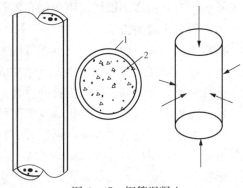

图4-47　钢管混凝土
1—钢管；2—混凝土

模的工作；钢管兼有钢筋和箍筋的作用，制作钢管比制作钢筋骨架省工、省时；钢管即劲性承重骨架，可省去支撑，能缩短工期，施工不受季节限制。

钢管混凝土最适合大跨、高层、重载和抗震、抗暴结构的受压杆件。钢管可用直缝焊接的钢管、螺旋形缝焊接钢管和无缝钢管。钢管直径不得小于100mm，壁厚不宜小于4mm。为减小变形和从经济角度考虑，钢管混凝土结构的混凝土强度等级不宜低于C30。

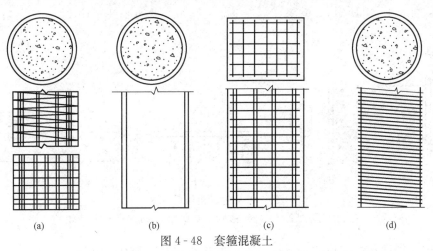

(a)　　　　　(b)　　　　　(c)　　　　　(d)

图4-48　套箍混凝土
(a) 螺旋式和环形箍；(b) 钢管；(c) 横向方格钢筋网；(d) 预应力螺旋钢丝

钢管混凝土的特点是它的钢管即模板，有很好的强度和密封性。在一般情况下，钢管内部无钢管骨架，混凝土浇筑十分方便。混凝土自钢管上口浇筑，用振捣器振捣。管径大于350mm都可用附着式捣动器捣实。对大直径钢管还可高空抛落振实混凝土，而无须振捣，抛落高度不应小于4m。混凝土浇筑宜连续进行，需留施工缝时，应将管口封闭，以免杂物

落入。

当浇筑至钢管顶端时,可使混凝土稍微溢出,再将留有排气水的层间横隔板或封顶板紧压在管端,随即进行点焊。待混凝土达到50%设计强度时,再将层间横隔板或封顶板按设计要求进行补焊。有时也将混凝土浇至稍低于钢管端部,待混凝土达到50%设计强度后,再用同强度等级的水泥砂浆补填注管口,再将层间横隔板或封顶板一次封焊到位。

管内混凝土的浇筑质量,可用敲击钢管的方法进行初步检查,如有异常,可用超声脉冲技术检测。对不密实的部位,可用钻孔压浆法进行补强,然后将钻孔补焊封牢。

六、混凝土成型方法

混凝土浇筑入模后,内部还存在着很多空隙。为了使混凝土充满模板内的每一部分,而且具有足够的密实度,必须对混凝土在初凝前进行捣实成型,使混凝土构件外形及尺寸正确、表面平整、强度和其他性能符合设计及使用要求。

混凝土振捣分人工捣实和机械捣实两种方式。

(1) 人工捣实是利用捣锤、插钎等工具的冲击力来使混凝土密实成型。捣实时必须分层浇筑混凝土,每层厚宜在150mm左右,并应注意布料均匀,每层确保捣实后方能浇筑上一层;捣插要插匀插全,尤其是主钢筋的下面、钢筋密集处、石子较多处、模板阴角处及施工缝应特别注意捣实,而且增加捣插次数比加大捣插力效果更好;用木槌敲击模板时,用力要适当,避免造成模板位移。

(2) 机械捣实是利用振动器的振动力以一定的方式传给混凝土,使之发生强迫振动破坏水泥浆的凝胶结构,降低了水泥浆的黏度和骨料之间的摩擦力,提高了混凝土拌和物的流动性,使混凝土密实成型。机械捣实混凝土效率高、密实度大、质量好,且能振实低流动性或干硬性混凝土,因此,一般应尽可能使用机械捣实。

混凝土的振动机械按其工作方式不同,可分为内部振动器、表面振动器、外部振动器和振动台等,如图4-49所示。

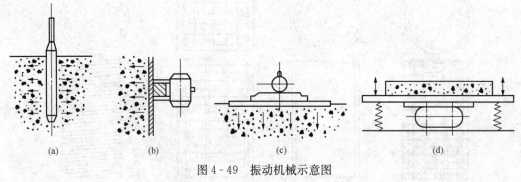

图4-49　振动机械示意图

(a) 内部振动器;(b) 外部振动器;(c) 表面振动器;(d) 振动台

(1) 内部振动器。又称插入式振动器,它由振动棒、软轴和电动机三部分组成,如图4-50所示。

振动棒是振动器的工作部分,内部装有偏心振子,电机开动后,由于偏心振子的作用使整个棒体产生高频微幅的振动。振动器工作时,依靠插入混凝土中的振动棒产生的振动力,使混凝土密实成型。插入式振动器的适用范围非常广泛,可用于大体积混凝土、基础、柱、梁、墙、厚度较大的板及预制构件的捣实工作。

插入式振动器时的振捣方法有两种：一种是垂直振捣，即振动棒与混凝土表面垂直，其特点是容易掌握插点距离、控制插入深度（不得超过振动棒长度的 1.25 倍）、不易产生漏振、不易触及钢筋和模板、混凝土受振后能自然沉实、均匀密实；另一种是斜向振捣，即振动棒与混凝土表面成一定角度，其特点是操作省力、效率高、出

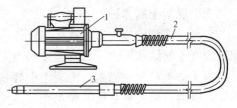

图 4-50　插入式振动器
1—电动机；2—软轴；3—振动棒

浆快、易于排除空气、不会发生严重的离析现象、振动棒拔出时不会形成孔洞。

使用插入式振动器垂直操作时的要点是："直上和直下，快插与慢拔；插点要均匀，切勿漏插点；上下要插动，层层要扣搭；时间掌握好，密实质量佳。"

分层振捣混凝土时，每层厚度不应超过振动棒长的 1.25 倍；在振捣上一层时，应插入下层 50mm 左右，以消除两层之间的接缝，同时必须在下层混凝土初凝以前完成上层混凝土的浇筑。

振动时间要掌握恰当，时间过短混凝土不易被捣实；时间过长又可能使混凝土出现离析。一般每个插入点的振捣时间为 20～30s，使用高频振动器时最短不应小于 10s，而且以混凝土表面呈现浮浆，不再出现气泡，表面不再沉落为准。

（2）表面振动器。又称平板式振动器。它是将在电动机转轴上装有左右两个偏心块的振动器固定在一个平板上。电机开动后，带动偏心块高速旋转，从而使整个设备产生振动，通过平板将振动传给混凝土。其振动作用深度较小（150～250mm），仅适用于厚度较薄而表面较大的结构或预制构件，如平板、楼地面、屋面等构件。

（3）外部振动器。又叫附着式振动器，如图 4-51 所示，它是固定在模板外侧的横挡或竖挡上，振动器的偏心块旋转时产生的振动力通过模板传给混凝土，从而使混凝土被振捣密实。它适用于振捣钢筋较密、厚度较小等不宜使用插入式振动器的结构。

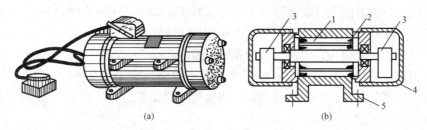

(a)　　　　　　(b)

图 4-51　附着式振动器
1—电动机；2—轴；3—偏心块；4—护罩；5—机座

使用外部振动器时，当构件尺寸较大时，需在构件两侧安设振动器同时进行振捣；一般是在混凝土入模后开动振动器进行振捣，混凝土浇筑高度须高于振动器安装部位，当钢筋较密或构件断面较深较窄时，也可采取边浇筑边振动的方法；外部振动器应与模板紧密连接，其设置间距应通过试验确定，一般为每隔 1～1.5m 设置一个。

（4）振动台。振动台是一个支承在弹性支座上的工作平台，平台下面有振动机构，模板固定在平台上。振动机构工作时，就带动工作台一起振动，从而使工作台上的构件混凝土得到振实。振动台主要用于混凝土制品厂预制构件的振捣，具有生产效率高、振捣效果好的优点。

七、混凝土的养护

混凝土成型后，为保证水泥水化作用能正常进行，应及时进行养护。养护的目的是为了保证混凝土凝结和硬化所需的湿度和适宜的温度，促使水泥水化作用充分发展，它是获得优质混凝土必不可少的措施。混凝土中拌和水的用量虽比水泥水化所需的水量大得多，但由于蒸发、骨料、模板和基层的吸水作用以及环境条件等因素的影响，可使混凝土内的水分降低到水泥水化必需的用量之下，从而妨碍了水泥水化的正常进行。因此，如果混凝土养护不及时、不充分，不仅易产生收缩裂缝、降低强度，而且会影响到混凝土的耐久性及其他性能。实践表明，未养护的混凝土与经充分养护的混凝土相比，其 28d 抗压强度将降低 30％左右，一年后的抗压强度约降低 5％，由此可见，养护对混凝土工程的重要性。

(一) 混凝土养护原理

新浇筑的混凝土，当它还未达到充分的强度时，如湿度低、遭遇干燥，使混凝土中多余的水分过早蒸发，就会产生很大的收缩变形，出现干缩裂纹，从而影响混凝土的整体性和耐久性。但当混凝土已有充分的强度后，再遭遇干燥，就不致产生裂纹现象。所以，应当采取措施使混凝土的收缩现象尽量推迟到混凝土充分硬化后再出现，这是因为混凝土的收缩在初级阶段最为强烈，而随混凝土龄期的增长则逐渐减弱。

因此，混凝土的脱水现象和干缩裂纹，主要与湿度和温度有关，如能加强养护，使混凝土在硬化期间（尤其是初凝硬化期）经常处于潮湿状态，避免水分过早蒸发；或使混凝土在较高的温度和湿度条件下，加速其硬化过程，即可防止出现脱水和减轻干缩的影响，或不再受到干缩的影响。

(二) 混凝土养护方法

混凝土养护常用方法主要有自然养护、加热养护和蓄热养护。其中蓄热养护多用于冬季施工，加热养护可用于冬季施工和预制构件的生产。

1. 自然养护

自然养护是指在自然气温条件下（平均气温高于＋5℃），用适当的材料对混凝土表面进行覆盖、浇水、保温等养护措施，使混凝土水泥的水化作用在所需的适当温度和湿度条件下顺利进行。自然养护又分为覆盖浇水养护和塑料薄膜养护。

(1) 覆盖浇水养护。覆盖浇水养护是指混凝土在浇筑完毕后 3～12h 内，可选用草帘、芦席、麻袋、锯末、湿土和湿砂等适当材料将混凝土表面覆盖，并经常浇水使混凝土表面处于湿润状态的养护方法。

混凝土的养护时间与水泥品种有关，对于采用硅酸盐水泥、普通硅酸盐水泥或矿渣硅酸盐水泥拌制的混凝土，不得少于 7d，对掺加缓凝型外加剂或有抗渗性要求的混凝土，不得少于 14d；每日浇水的次数以能保持混凝土具有足够的湿润状态为宜，一般气温在 15℃以上时，在混凝土浇筑后最初 3 昼夜中，白天至少每 3h 浇水一次，夜间也应浇水两次；在以后的养护中，每昼夜应浇水 3 次左右；在干燥气候条件下，浇水次数应适当增加。

大面积结构如地坪、楼板、屋面等可采用蓄水养护。对于贮水池一类工程可于拆除内模，混凝土达到一定强度后注水养护；对于地下结构或基础，可在其表面涂刷沥青乳液或用回填土代替洒水养护。

(2) 塑料薄膜养护。塑料薄膜养护就是以塑料薄膜为覆盖物，使混凝土表面与空气隔绝，可防止混凝土内的水分蒸发，水泥依靠混凝土中的水分完成水化作用而凝结硬化，从而达到养护目的。塑料薄膜养护有两种方法：

1）薄膜布直接覆盖法。薄膜布直接覆盖法是指用塑料薄膜布把混凝土表面敞露部分全部严密地覆盖起来，保证混凝土在不失水的情况下得到充分的养护。其优点是不必浇水，操作方便，能重复使用，能提高混凝土的早期强度，加速模具的周转。这种方法较覆盖浇水养护混凝土可提高温度 10～20℃。

2）喷洒塑料薄膜养生液法。喷洒塑料薄膜养生液法是指将塑料溶液喷涂在混凝土表面，溶液挥发后在混凝土表面结成一层塑料薄膜，使混凝土表面与空气隔绝，封闭混凝土内的水分不再被蒸发，从而完成水泥水化作用。这种养护方法一般适用于表面积大或浇水养护困难的情况。

2. 加热养护

自然养护成本低、效果较好，但养护期长。为了缩短养护期，提高模板的周转率和场地的利用率，一般生产预制构件时，宜采用加热养护。加热养护是通过对混凝土加热来加速混凝土的强度增长。常用的方法有蒸气室养护、热模养护等。

蒸气室养护就是将混凝土构件放在充满蒸气的养护室内，使混凝土在高温高湿度条件下，迅速达到要求的强度。蒸气养护过程分为静停、升温、恒温和降温四个阶段。

热模养护属于蒸汽养护，蒸汽不与混凝土接触，而是喷射到模板上加热模板，热量通过模板与刚成型的混凝土进行交换。此法养护用汽少，加热均匀，既可用于预制构件，又可用于现浇墙体。

八、混凝土的质量检查

混凝土质量检查包括施工中质量检查和施工后质量检查。施工过程中检查主要是对混凝土拌制和浇筑过程中所用材料的质量及用量、搅拌地点和浇筑地点的坍落度、运输及浇筑等方面的检查，在每一工作班内至少检查两次；当混凝土配合比由于外界影响有变动时，应及时检查；对混凝土的搅拌时间也应随时检查。施工完成后的检查主要是对已完成混凝土的外观质量检查及其强度检查，对有抗冻、抗渗要求的混凝土，尚应进行抗冻、抗渗性能检查。

混凝土的质量检查贯穿于工程施工的全过程，只有对每一个施工环节认真施工、加强监督管理，才能保证最终获得合格的混凝土产品。

（一）混凝土外观检查

混凝土结构构件拆模后，从外观上检查其结构尺寸是否正确、有无掉棱缺角等现象，表面有无麻面、蜂窝、露筋、裂缝、孔洞等缺陷，预留孔道是否通畅无堵塞，如有此类情况应加以修正。

麻面是构件表面呈现无数的小凹点，而无钢筋外露现象。产生原因主要是模板表面粗糙、清理不干净、接缝不严密发生漏浆或振捣不充分等。

蜂窝是指结构构件中出现蜂窝状的窟窿，骨料间有空隙存在。形成原因主要是材料配合比不准确，浆少石多，振捣中严重漏浆或振捣不充分等原因。

露筋是指结构构件内的钢筋没有被混凝土包裹住而暴露在外，产生原因主要是垫块位移、钢筋紧贴模板，使混凝土保护层厚度不够所致；石子粒径过大、配筋过密、水泥砂浆不能充满钢筋四周；混凝土振捣不密实、漏振等。对于面积较小且数量不多的蜂窝、麻面、露筋、露石的混凝土表面，可在表面进行修补。具体办法是先用钢丝刷或压力水洗刷基层，洗去软弱层后，再用1：2～1：2.5的水泥砂浆抹平即可。

对于较大面积的蜂窝、露筋和露石应按其全部深度凿去薄弱的混凝土层和个别突出的混凝土颗粒，然后用钢丝刷或压力水将表面冲洗干净，再用比原混凝土强度等级高一级的细骨料混凝土填塞，并仔细振捣密实。

孔洞是指混凝土结构构件局部没有混凝土，形成空腔。产生原因主要是混凝土漏振、混凝土离析、石子成堆、泥块、冰块、杂物等掺入混凝土中等。一般处理方法是将混凝土表面按施工缝的方法进行处理，即先将孔洞处松软的混凝土和突出的骨料颗粒剔除掉，顶部要凿成斜面，以免形成死角，然后用清水冲洗干净，保持湿润状态，用与混凝土内成分相同的水泥砂浆或水泥浆将结合面抹一遍，再用比原混凝土强度等级高一级的细骨料混凝土浇筑，振捣密实并加强养护。为减少新旧混凝土之间的孔隙，水灰比可控制在0.5以内，并掺水泥用量万分之一的铝粉，分层捣实。

裂缝是混凝土结构常见的质量缺陷，产生的原因较复杂，如养护不当、表面失水过多、温差过大等易产生干缩裂缝或温度裂缝，地基不均匀沉降造成构件产生贯穿性裂缝，对结构危害极大。裂缝修补方法根据具体情况而定。对于结构构件承载力和整体性影响较小的表面细小裂缝可先用压力水将裂缝冲洗干净，再用水泥浆填补。当裂缝较大较深时，需先将裂缝凿成凹槽，用压力水冲洗干净后，再用1：2～1：2.5的水泥砂浆或环氧胶泥填补。对于结构整体性和承载能力有明显影响或影响结构防水、防渗性能的裂缝，应根据实际情况采用灌浆的方法进行修补，对于宽度大于0.5mm的裂缝可采用水泥灌浆；对于宽度小于0.5mm的裂缝，可采用化学灌浆。

（二）混凝土浇筑后的强度检验

混凝土强度检验主要是指抗压强度的检验。它包括两个方面的目的：一是作为评定结构构件是否达到设计的混凝土强度等级的依据，是混凝土质量的控制性指标，应采用标准试件的混凝土强度。二是为结构构件拆模、出池、出厂、吊装、张拉、放张及施工期间临时负荷时的混凝土强度，应采用与结构构件同条件养护的标准尺寸试件的混凝土强度确定。

1. 试件的制作

用于检验结构构件混凝土质量的试件，应在混凝土浇筑地点随机制作，采用标准养护。评定强度用试块在标准养护条件下养护28d，再进行抗压强度试验，所得结果就作为判定结构或构件是否达到设计强度等级的依据。

混凝土抗压强度试验的试块是边长为150mm的立方体，实际施工中允许采用的混凝土试块的最小尺寸应根据骨料的最大粒径确定，当采用非标准尺寸的试块时，应将其抗压强度值乘以折算系数，换算为标准尺寸试件的抗压强度值。

2. 试件的留置

混凝土强度检验的试件的留置应符合下列规定：

（1）每拌制100盘且不超过100m³的同配合比的混凝土，其取样不得少于一次。

（2）每工作班拌制的同配合比的混凝土不足100盘时，其取样不得少于一次。

（3）每一现浇楼层同配合比的混凝土，其取样不得少于一次；同一单位工程每一验收项目中同配合比的混凝土，其取样不得少于一次。

（4）配合比有变化时，则每种配合比均应取样。

（5）每次取样应至少留置一组（3个）标准养护试件；同条件养护试件的留置组数，可根据实际需要而定。

3. 每组试件的强度

每组 3 个试件应在浇筑地点制作，在同盘混凝土中取样：

（1）取 3 个试件强度的算术平均值。

（2）当 3 个试件强度中的最大值和最小值之一与中间值之差超过中间值的 15％时，取中间值。

（3）当 3 个试件强度中的最大值和最小值与中间值的差均超过中间值的 15％时，该组试件不应作为强度评定的依据。

4. 强度的评定

混凝土强度应分批进行验收。同一验收批的混凝土应由强度等级相同、生产工艺及配合比基本相同的混凝土组成，对现浇混凝土结构构件，尚应按单位工程的验收项目划分验收批，每个验收项目应按现行国家标准《建筑安装工程质量检验评定统一标准》确定。对同一验收批的混凝土强度，应以同批内标准试件的全部强度代表值来评定。

（1）当混凝土的生产条件在较长时间内能保持一致，且同一品种混凝土的强度变异性能保持稳定时，应由连续的三组试件代表一个验收批，其强度应满足下列要求：

$$m_{\text{fcu}} \geqslant f_{\text{cu,k}} + 0.7\sigma_0 \tag{4-12}$$

$$f_{\text{cu,min}} \geqslant f_{\text{cu,k}} - 0.7\sigma_0 \tag{4-13}$$

当混凝土强度等级不高于 C20 时，应满足：

$$f_{\text{cu,min}} \geqslant 0.85 f_{\text{cu,k}} \tag{4-14}$$

当混凝土强度等级高于 C20 时，应满足：

$$f_{\text{cu,min}} \geqslant 0.90 f_{\text{cu,k}} \tag{4-15}$$

式中　m_{fcu}——同一验收批混凝土强度的平均值，N/mm^2；

　　$f_{\text{cu,k}}$——设计的混凝土强度标准值，N/mm^2；

　　σ_0——验收批混凝土的强度标准差，N/mm^2；

　　$f_{\text{cu,min}}$——同一验收批混凝土强度的最小值，N/mm^2。

验收批混凝土强度的标准差，应根据前一检验期内同一品种混凝土试件的强度数据，按下列公式确定

$$\sigma_0 = \frac{0.59}{m} \sum_{i=1}^{m} \Delta f_{\text{cu},i} \tag{4-16}$$

式中　$\Delta f_{\text{cu},i}$——前一检验批内第 i 验收批混凝土试件中最大值与最小值之差；

　　m——前一检验期内验收批总批数。

每个检验期持续时间不应超过三个月，且在检验期内验收批总批数不得少于 15 组。

（2）当混凝土的生产条件不能满足前面的规定，即在较长时间内不能保持一致，其强度变异性能不稳定，或在前一检验期内的同一品种混凝土没有足够的强度数据用以确定验收批混凝土强度标准差时，应由不少于 10 组的试件代表一个验收批，其强度应同时符合下列要求：

$$m_{\text{fcu}} - \lambda_1 S_{\text{fcu}} \geqslant 0.9 f_{\text{cu,k}} \tag{4-17}$$

$$f_{\text{cu,min}} \geqslant \lambda_2 f_{\text{cu,k}} \tag{4-18}$$

式中　S_{fcu}——验收批混凝土强度的标准差，N/mm^2；

　　λ_1、λ_2——合格判定系数，按表 4-19 取用。

表 4 - 19　　　　　　　　　　　　　**合 格 判 定 系 数**

试件组数 n	10～14	15～24	≥25
λ_1	1.70	1.65	1.6
λ_2	0.90	0.85	

验收批混凝土强度的标准差 S_{fcu} 应按下式计算：

$$S_{fcu} = \sqrt{\dfrac{\sum\limits_{i=1}^{n} f_{cu,i}^{2} - nmf_{cu}^{2}}{n-1}} \tag{4-19}$$

式中　$f_{cu,i}$——验收批内第 i 组混凝土试件的强度值，N/mm^2；

　　　　n——验收批内混凝土试件的总组数。

当 S_{fcu} 的计算值小于 $0.06f_{cu,k}$ 时，取 $S_{fcu}=0.06f_{cu,k}$。

(3) 对零星生产的预制构件的混凝土或现场搅拌批量不大的混凝土，可采用非统计法评定。此时，验收批混凝土的强度必须同时满足下列要求：

$$m_{fcu} \geqslant 1.15f_{cu,k} \tag{4-20}$$

$$f_{cu,min} \geqslant 0.95f_{cu,k} \tag{4-21}$$

(4) 当对混凝土试件强度的代表性有怀疑时，可采用非破损检验方法（如回弹法、超声法等）或从结构、构件中钻取芯样的方法，按国家现行有关标准的规定，对结构构件中的混凝土强度进行推定，作为处理的依据。

(三) 混凝土常见的质量问题与防治措施

1. 混凝土常见的质量问题

(1) 麻面。麻面是结构构件表面上呈现无数的小凹点，而无钢筋暴露现象。这一类问题一般是由于模板润湿不够，不严密，捣固时发生漏浆或振捣不足，气泡未排出，以及捣固后没有很好养护而产生的。

(2) 露筋。露筋是钢筋暴露在混凝土外面。产生露筋的主要原因是混凝土浇筑时垫块发生位移，钢筋紧贴模板，混凝土保护层厚度不够，或因缺边、掉角所致。

(3) 蜂窝。蜂窝是结构构件中形成有蜂窝状的窟窿，骨料间有空隙存在。这种现象主要是由于配合比不准确，砂少石多，或搅拌不匀、浇筑方法不当、振捣不合理，造成分层离析，或因模板严重漏浆等原因存在。

(4) 孔洞。孔洞是指混凝土结构内存在着空隙，局部地或全部地没有混凝土。这主要是由于混凝土捣空，砂浆严重分离，石子成堆，砂子和水泥分离而产生，或混凝土受冻，泥块杂物掺入等所致。

(5) 裂缝。结构构件产生裂缝的原因比较复杂，有温度裂缝、干缩裂缝和外力引起的裂缝。原因主要有模板局部沉陷，拆模时受到剧烈振动，温差过大，养护不良，水分蒸发过快等。

(6) 缝隙与夹层。缝隙与夹层是将结构分隔成几个不相连的部分。产生的原因主要是施工缝、温度缝和收缩缝处理不当以及混凝土中含有垃圾杂物所致。

(7) 缺棱掉角。缺棱掉角是指构件角边上的混凝土局部残损掉落。产生的主要原因是混凝土浇筑前模板未充分湿润，使棱角处混凝土中水分被模板吸去，水分不充分，强度降低，拆模时棱角损坏;另外,拆模过早或拆模后保护不好,也会造成棱角损坏。

(8) 混凝土强度不足。产生混凝土强度不足的原因主要是由于混凝土配合比设计、搅拌、现场浇筑和养护 4 个方面造成的。

1) 配合比设计方面:有时不能及时测定水泥的实际活性,影响了混凝土配合比设计的正确性;另外,套用混凝土配合比时选用不当,外加剂用量控制不准,都可能导致混凝土强度不足。

2) 搅拌方面:任意增加用水量;配合比以重量投料,称量不准;搅拌时颠倒投料顺序及搅拌时间过短等,造成搅拌不均匀,导致混凝土强度降低。

3) 现场浇筑方面:主要是施工中振捣不实及发现混凝土有离析现象时,未能及时采取有效措施来纠正。

4) 养护方面:主要是不按规定的方法、时间对混凝土进行养护,以致造成混凝土强度降低。

2. 混凝土质量缺陷的防治和处理

(1) 表面抹浆修补。对于数量不多的小蜂窝、麻面、露筋、露石的混凝土表面,主要是保护钢筋和混凝土不受侵蚀,可用 1:2~1:2.5 水泥砂浆抹面修整。在抹砂浆前,须用钢丝刷或加压力的水清洗湿润,抹浆初凝后要加强养护工作。

对结构构件承载能力无影响的细小裂缝,可将裂缝加以冲洗,用水泥浆抹补。如果裂缝开裂较深时,应将裂缝附近的混凝土表面凿毛,或沿裂缝方向凿成深为 15~20mm、宽为 100~200mm 的 V 形凹槽,扫净并洒水湿润,先刷水泥净浆一层,然后用 1:2~1:2.5 水泥砂浆分 2~3 层涂抹,总厚度控制在 10~20mm,并压实抹光。

(2) 细石混凝土填补。当蜂窝比较严重或露筋较深时,应除掉附近不密实的混凝土和突出的骨料颗粒,用清水洗刷干净并充分润湿后,再用比原来强度等级高一级的细石混凝土填补并仔细捣实。

对孔洞事故的补强,可在旧混凝土表面采用处理施工缝的方法处理,将孔洞处疏松的混凝土和突出的石子剔凿掉,孔洞顶部要凿成斜面,以免形成死角,用水刷洗干净,保持湿润 72h 后,用比原混凝土强度等级高一级的细石混凝土捣实。混凝土的水灰比宜控制在 0.5 以内,并掺入水泥用量万分之一的铝粉,分层捣实。以免新旧混凝土接触面上出现裂缝。

(3) 水泥灌浆与化学灌浆。对于影响结构承载力,或者防水、防渗性能的裂缝,为恢复结构的整体性和抗渗性,应根据裂缝的宽度、性质和施工条件等,采用水泥灌浆或化学灌浆的方法予以修补。一般对宽度大于 0.5mm 的裂缝,可采用水泥灌浆;宽度小于 0.5mm 的裂缝,宜采用化学灌浆。化学灌浆所用的灌浆材料,应根据裂缝的性质、缝宽和干燥情况选用。作为补强用的灌浆材料,常用的有环氧树脂浆液(能修补缝宽 0.2mm 以上的干燥裂缝)和甲凝(能修补缝宽 0.05mm 以上的干燥细微裂缝)等。作为防渗堵漏用的灌浆材料,常用的有丙凝(能灌入 0.01mm 以上的裂缝)和聚氨酯(能灌入 0.015mm 以上的裂缝)。

3. 混凝土强度的其他检验方法

(1) 钻芯检验法。当需要对混凝土结构物的强度复验,或由于其他原因需要重新核实结构物的承载能力时,可以在结构物上钻取芯样,作抗压强度试验,以确定混凝土的强度等级。由于芯样是在结构物上直接钻取的,因此所得结果能较真实地反映结构物的强度情况。

钻取混凝土芯样是采用内径为 100mm 或 150mm 的金刚石或人造金刚石薄壁钻头钻取高度和直径均为 100mm 或 150mm 的芯样。钻取芯样的数量视实际需要而定，芯样的两个墙面须使用切割机切割平整，如表面不平可用硫黄、硫黄砂浆环氧水泥等材料抹平。取芯部位应该是在结构或构件受力较小的部位，避开主筋、预埋件和管线的位置，便于钻芯机的安装与操作的部位。钻芯检验法对薄壁构件不能采用。

（2）回弹法。回弹法是利用回弹仪根据事前预测好的硬度—强度曲线，来测定结构或构件的抗压强度。回弹仪可直接测得结构或构件已硬化的表层混凝土的硬度数据。因此，需要事先对混凝土表面的碳化深度准确地测定，只有确定表层和内部的质量一致时，所测得强度才是该构件的平均强度。

当混凝土存在内部缺陷或表层与内部质量有明显差别，遭受化学腐蚀或火灾，硬化期间遭受冻伤，长期处于高温、潮湿环境，粗骨料粒径大于 60mm，测试部位曲率半径小于 250mm 等情况下不宜采用回弹法。

（3）超声法。超声法是利用超声波在密实度不同的混凝土中行进速度不同的原理，将超声波检测发射器放出的超声波，经过混凝土后在接收器中记录下来，通过仪器读数，按事先建立的强度与速度的关系曲线，换算成所需要测定的混凝土强度的一种测试方法。

超声波测定混凝土强度时，因参数太多，难度较大。构件的几何尺寸、配筋情况、混凝土的配合比、浇灌方向、养护方法、测试时的含水量、温度、预加荷载的影响以及测试技术等都会影响测试结果。

超声波可以较准确检测混凝土的缺陷位置、大小和性质，因而它是用来判断混凝土连续性、均匀性、整体性的一种常用方法。

（4）超声回弹综合法。超声回弹综合法是建立在超声波传播速度和回弹值同混凝土抗压强度之间相互联系的基础之上。以声速和回弹值综合反映混凝土的抗压强度，因而可以较好地反映整个混凝土的质量情况。综合法与单一法相比可以抵消一些影响因素的干扰，相互弥补各自的不足，因此精度高、适应范围广，已在混凝土工程上广泛应用。

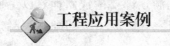

工程应用案例

【背景材料】

某机场新航站楼，位于现在的机场候机楼东侧，系东西向平面呈工字形，如图 4 - 52 所示。占地约 8.8 万 m^2，总建筑面积约 33.5 万 m^2。地下 1 层，地上 3 层，局部 4 层。该工程地下室为剪力墙—板柱结构，设计直径为 1m 的圆柱，基本柱网为 9m×9m，局部 9m×12m、12m×12m，柱网间设有剪力墙，其中外墙厚 400mm，内墙厚 200mm，高度 7.28m。墙体的竖向和水平钢筋均采用φ12@200。墙体混凝土强度等级为 C60。

该工程中内墙墙厚 200mm，为超薄型；因柱网间距多为 9m 宽，每两根柱间墙体长9m，为超长型；地下室净高 7.28m，为超高型；内墙混凝土强度等级 C60。

一、常规的内墙施工方法

1. 钢筋工程

因墙体高度达 7.28m，而墙体配筋为 φ12，钢筋较细、偏柔，可考虑分两次搭接绑扎。这样，可避免出现钢筋搭接长度过长而偏倒的现象。

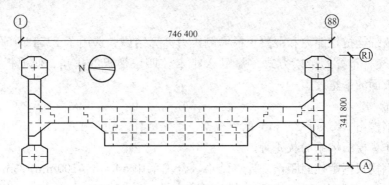

图 4-52　某机场新航站楼平面示意图

2. 模板工程

地下室墙体较高，混凝土侧压力较大，如采用标准组合钢模，则抗侧压强度难以满足要求，墙体模板须分两次支立。

3. 混凝土工程

按《混凝土结构工程施工及验收规范》（GB 50204—2002）规定，"当浇筑高度超过 3m 时，应采用串筒、溜管或振动溜管使混凝土下落"。所以混凝土亦应分两次浇筑，水平施工缝可设在墙体中部。

这种两次钢筋搭接、两次支立模板、两次浇筑混凝土的施工方法，可以确保混凝土不会发生离析现象，模板也不会因混凝土侧压力过大而发生"跑模"、"胀模"等工程事故。但它仍然存在着以下缺点：

（1）钢筋的两次搭接，不仅费工费力，而且还造成了材料的浪费（1 个搭接长度 $45d = 45 \times 12 = 540$ mm）。

（2）模板分两次支立，导致占用模板时间过长，不利于模板的周转，拖延了工期。

（3）混凝土分两次浇筑，影响了在接头部位的成型效果。

为克服上述缺点，保证混凝土不离析、模板不发生过大位移，经过研究、计算和论证后，采用了较为合理的施工方案。

二、内墙采用的施工方法

（一）钢筋工程

对于地下室的墙体钢筋，结合顶板预支的"满堂红"架子，采用一次延伸到顶。关于钢筋过长、过柔的问题，可在顶部和中间加两道扶直钢管，在模板支立完毕后，拆除钢管即可。这样既能保证钢筋位置的正确，又能因减少一次立筋接头而提高结构的受力性能。

（二）模板工程

采用整套墙模支撑体系—SF 墙模体系，一次支立到顶。

1. 模板选用

墙模采用 SF 体系专用 55 系列的组合钢模，有 1200mm×600mm 和 1200mm×150mm 两种型号，面板均为 3mm 厚的冷轧钢板，并有专用配套卡具（A、B 两型），解决了非整排模尺寸和模板间的拼接问题。其中 P1512 条型模板沿长向冲有 2 个间距 600mm、$\phi 22$ 的孔，便于穿对拉螺栓用。

2. 穿墙螺栓

穿墙螺栓采用 $\phi 16 \times 8$ 的冷挤压拉杆及配套蝶形螺母，布置间距为 600mm×1350mm。

3. 排模形式

根据穿墙螺栓抗拉能力和混凝土最大侧压力计算结果，选用了 P1512（平放）与 P6012（立放）上下交替布置的排模方式，并用 A 卡卡住四块模板的拼角，使模板的连接稳固可靠，保证模板面的平整度。

4. 模板背楞

（1）内钢楞由 $\phi 48/\delta=3.5$mm 的单根架子管做横杆，间距 450mm，并用 B 型卡与模板连接牢固。作为模板体系的次龙骨。

（2）外钢楞根据螺栓间距精确计算结果，合理采用 50mm×100mm×3mm 的双排矩形空心钢管做立杆，间距 600mm，作为模板的主龙骨。

（3）为了保证整体墙模刚度和稳定性，另沿高度方向设三道抛地斜撑，从而形成整套 SF 墙模体系，如图 4-53 所示。

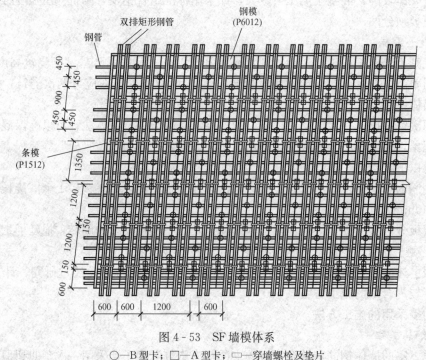

图 4-53　SF 墙模体系

○—B 型卡；□—A 型卡；━—穿墙螺栓及垫片

（三）混凝土工程

该工程混凝土总量 16 万 m³，其中地下室墙体混凝土总量 3.3 万 m³。采用模板一次支立到位、混凝土一次浇筑成型的方法。

1. 混凝土原材料及配合比（见表 4-20）

表 4-20　　　　　　　　　　C60 混凝土原材料及配合比用量表

原材料	水泥	水	砂	石子	外加剂	掺和料
规格	普 52.5 号	自来水	$M_x=2.9$	碎 5～20mm	YGU-F$_{3t}$	Ⅰ 级粉煤灰
用量（kg/m³）	493	151	538	1094	23.04	83

2. 混凝土浇筑

（1）施工时在待浇筑的模板面上，斜支铁皮或竹编板，由泵将混凝土送至铁皮上，再推至模板内，以减少混凝土对模板的冲击力，如图 4-54 所示。

（2）为确保不发生"胀模"、"跑模"现象，严格控制混凝土浇筑速度不得大于 2m/h，且每次下料高度不超过 40cm。

3. 混凝土的振捣

因 C60 混凝土本身比较黏稠，在振捣时要选用 8m 长的高频振捣棒，并适当加密棒点，操作时要"快插慢拔"，延长拔出时间，在墙柱接点处，因钢筋密集还应适当加强振捣。

4. 混凝土的养护

高强混凝土因其水灰比较低，早期强度增长较快，为及时补充因水化蒸发丧失的水分，当混凝土强度达到 1.2MPa 便立即拆模，洒水养护。并同时将两层麻袋布外附一层塑料布由上挂下，在中间利用穿墙螺栓孔穿 8 号铅丝绑扎木条压住，以防被风吹起。麻袋片是使墙面保湿，起到蓄水作用。塑料布是为了防止水分蒸发，起到保水作用。

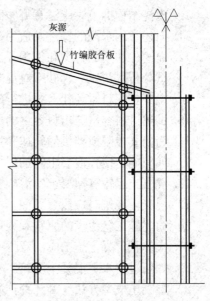

图 4-54 墙体混凝土浇筑

混凝土养护设专人负责，根据气温情况经常浇水保持湿润，一般白天 4h、夜间 6h 浇水一次，养护 14d。

三、技术经济效果

在新航站楼工程内墙施工过程中，通过上述技术革新和工艺突破。并对 19 个施工段，20 256.1m² 墙体，约合 80 363.2m³ 的混凝土，采取了"一次搭接钢筋、一次立模、一次浇筑混凝土"的施工方法，取得了良好的效果。

（1）避免了常规施工方法带来的各种不利因素，消除了两次浇筑混凝土的弊病，保证了混凝土的成型质量。

（2）采用新型模板体系——SF 墙模体系，混凝土成型后，平整面大，密实度好，穿墙螺栓孔少，达到了清水混凝土墙面的设计效果。

（3）工程结构验收时。经有关专家评定，质量优良。

（4）钢筋由两次搭接改为一次搭接到位，节省了钢材 93.6t，节约资金 27.7 万元。

（5）采用"一次支模，一次浇筑"的技术措施节约了 16 800 工日，经济效益显著。

复习思考题

1. 简述钢筋与混凝土共同工作的原理。

2. 简述钢筋的种类及其主要性能。钢筋进场验收的主要内容有哪些？

3. 什么是钢筋的冷拉和冷拔？试述钢筋冷拉原理和冷拉控制方法。

4. 试述钢筋的连接方法有哪些。简述各种方法的连接工艺及接头质量检验。

5. 如何计算钢筋的下料长度？

6. 简述钢筋代换的原则及方法。

7. 钢筋的绑扎安装与验收的要点有哪些？

8. 组合钢模板的类型有哪些？简述其构造要求。

9. 模板结构设计应考虑哪些荷载？如何确定这些荷载？如何进行荷载的组合？

10. 现浇结构拆模时应注意哪些问题？

11. 简述常用水泥的特点及适用范围。

12. 简述外加剂的种类和作用。

13. 试分析水灰比、含砂率对混凝土质量的影响。

14. 混凝土配料时为什么要进行施工配合比换算？如何换算？

15. 试述进料容量与出料容量的关系。

16. 为何要控制搅拌机的转速和搅拌时间？

17. 如何确定搅拌混凝土时的搅拌顺序？

18. 混凝土运输有何要求？混凝土在运输和浇筑中如何避免产生分层离析？

19. 混凝土浇筑时应注意哪些事项？

20. 简述施工缝留设的原则和处理方法。

21. 大体积混凝土施工应注意哪些问题？

22. 如何进行水下混凝土浇筑？

23. 混凝土成型方法有哪几种？如何使混凝土振捣密实？

24. 试述振捣器的种类、工作原理及适用范围。

25. 使用插入式振捣器时，为何要上下抽动、快插慢拔？插点布置方式有哪几种？

26. 试述湿度、温度与混凝土硬化的关系。自然养护和加热养护应注意哪些问题？

27. 试分析混凝土质量缺陷产生的原因及补救方法。如何检查和评定混凝土的质量？

28. 什么是混凝土冬期施工的"临界强度"？冬期施工应采取哪些措施？

29. 影响混凝土质量有哪些因素？在施工中如何才能保证质量？

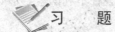

习　题

1. 定型组合钢模板块 P3012，宽 300mm，长 1200mm，钢板厚 2.5mm，钢模板两端支撑在钢楞上，用做浇筑 180mm 厚的钢筋混凝土楼板，验算钢模板块的强度与刚度。

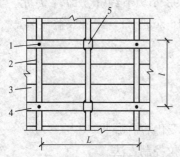

图 4-55　墙体结合钢模板组装示意图
1—拉杆；2—内钢楞；3—钢模板；
4—外钢楞；5—紧固螺栓

2. 用组合钢模板组装墙模板，墙厚 250mm，墙高 $H=3.3$m，施工气温 $T=20$℃，掺具有缓凝作用外加剂，$\beta_1=1.2$，混凝土坍落度 50~90mm，$\beta_2=1.0$，采用容量大于 0.8m³ 吊斗浇筑，混凝土浇筑速度 $v=1$m/h。其中内钢楞间距 $b=750$mm，外钢楞间距 $l=750$mm，穿墙螺栓水平间距 $L=1500$mm，如图 4-55 所示，内、外钢楞均选用 2 [100×50×3.0冷弯槽钢。试验算内、外钢楞。

3. 框架柱截面尺寸为 700mm × 700mm，柱高 3.6m，采用组合钢模板 P2015 纵向配板，选用 [80×43×5 槽钢做柱箍，间距 750mm，如图 4-56 所示，试进行柱模板验算。

4. 一根长 35m 的Ⅲ级钢筋，直径为 20mm，冷拉采用应力控制，试计算伸长值及拉力。

5. 一根直径为 25mm，长 25m 的Ⅳ级钢筋，经冷拉后，已知拉长值为 900mm，此时拉力为 200kN，试判断该钢筋是否合格。

6. 冷拉设备采用 50kN 电动卷扬机，卷筒直径为 400mm，转速为 6.32r/min，5 门滑轮组，实测设备阻力为 10kN，现用应力控制法冷拉Ⅲ级钢筋，直径为 20mm，试求设备拉力与冷拉速度是否满足要求？

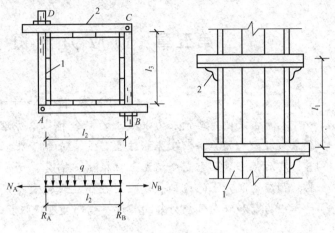

图 4-56 柱箍计算简图
1—钢模板；2—柱箍

7. 某建筑物有 6 根 L 梁，每根梁配筋如图 4-57 所示，试编制 6 根 L 梁钢筋配料单。

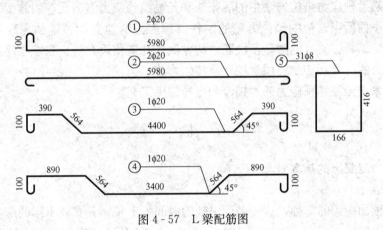

图 4-57 L 梁配筋图

8. 某主梁筋设计为 5 根 ϕ25，现在无此钢筋，仅有 ϕ28 与 ϕ20 的钢筋，已知梁宽为 300mm，应如何代换？

9. 混凝土水灰比为 0.6，已知设计配合比为水泥∶砂∶石子＝260kg∶650kg∶1380kg，现测得工地砂含水率 3％，石子含水率为 1％，试计算施工配合比。若搅拌机的装料容积为 400L，每次搅拌所需材料又是多少？

第五章　预 应 力 混 凝 土 工 程

· 内 容 提 要 ·

　　本章系统地介绍预应力混凝土的概念和基本原理，先张法、后张法和无黏结预应力混凝土的施工。在先张法里，重点介绍了张拉设备、台座、夹具和张拉工艺；在后张法里，重点介绍了张拉机械、锚具、预应力筋的制作及张拉工艺；无黏结预应力混凝土的施工一般应用在高层或较大跨度的结构施工中，本章对无黏结预应力筋和双向预应力筋的铺设、端部处理及张拉工艺也进行了阐述。

学习要求

（1）了解预应力混凝土的概念和基本原理，优点及发展概况。

（2）了解先张法的施工工艺，预应力张拉应力的控制和放张。

（3）熟悉预应力张拉方法中的后张法和无黏结预应力混凝土等的施工工艺。

（4）掌握后张法中的预应力筋的制作。预应力值建立和传递的原理、张拉设备、台座、锚具、夹具的类型及性能；构件制作孔道留设方法；张拉程序建立的依据；张拉力的计算和控制；质量控制及技术措施。

（5）掌握无黏结预应力筋的铺设和张拉锚固工艺。

第一节　概　　述

一、预应力混凝土的基本概念

1. 何谓预应力

预应力是预加应力的简称，这一名词出现的时间虽不长，只有几十年的历史，但对预加应力原理的应用却由来已久，在日常生活中稍加注意便不难找到一些熟悉的例子。如用竹箍的木桶，如图 5-1 所示，还有洗脸盆、洗衣盆、洗澡盆、水桶等在我国日常生活中应用已有几千年的历史。当套紧竹箍时，竹箍由于伸长而产生拉应力，而由木板拼成的桶壁则产生环向压应力。如木板板缝之间预先施加的压应力超过水压引起的拉应力，木桶就不会开裂和漏水。这种木桶的制造原理与现代预应力混凝土圆形水池的原理是完全一样的。这是利用预加应力以抵

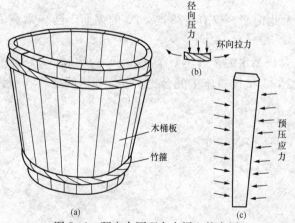

图 5-1　预应力原理在木桶上的应用

（a）木桶；（b）竹箍分离体图；（c）板块分离体

抗预期出现的拉应力的一个典型例子。

木锯（图 5-2）是另一个熟悉的例子。当锯条来回运动锯割木料时，锯条的一部分受拉而另一部分受压。这种薄而狭长的锯条本身并没有什么抗压能力，但由于预先拧紧绳子而受有预拉应力，当预拉应力超过锯木时引起的压应力，锯条就始终处于受拉状态，就不至于发生压屈失稳破坏。这是利用预加拉应力以抵抗使用时出现的压应力的一个典型例子。当整理书架需要搬运书本时，常采用如图 5-3 所示的搬书方法。由于受到双手捧书所加的压力，这列书就如同一根梁一样可以承担全部书本的重量。这和用后张预应力束将若干混凝土预制块体拼成预应力梁的原理基本上一致。

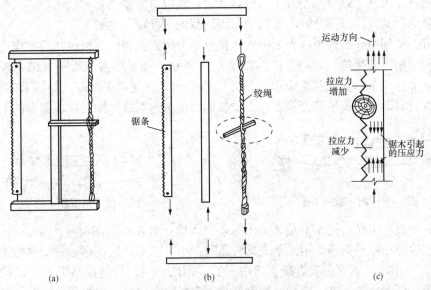

图 5-2 预应力原理在木锯上的应用

（a）中国式木锯；（b）木锯各杆件分离体图；（c）锯片的受力图

类似的例子还能举出一些，例如施工现场装卸红砖用的一次可以手提 5 块砖的砖夹子、自行车车轮的辐条等。这些例子都表明运用预加应力的原理和技术，既可用预加压应力来提高结构的抗拉能力和抗弯能力，又可用预加拉应力来提高结构的抗压能力。因此，只要善于运用，就可以利用预加应力获得改善结构使用性能和提高结构强度的效果。

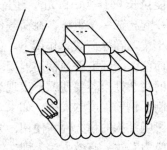

图 5-3 块体拼装式预应力梁示意图

2. 混凝土为什么要预加应力

混凝土是抗压强度高而抗拉强度低的一种结构材料。它的抗拉强度不仅很低，只有抗压强度的 $1/10 \sim 1/15$，而且很不可靠。它的抗拉变形能力也很小，如同玻璃一样是脆性的，破坏前没有明显预兆。因此，素混凝土只能用于柱墩、重力式挡土墙、地坪、路面等以受压为主的场合，而不能用梁、板等受弯结构。

为弥补混凝土抗拉强度太低的缺点，采用对混凝土预期出现拉应力的部位用钢筋来加强，即用钢筋来代替混凝土承担拉力的方法。这种用混凝土受压、用钢筋受拉的钢筋混凝土用途很广、优点很多，但也存在着一个难以克服的本质上的缺陷——开裂。所有钢筋混凝土受弯、受拉构件，不管配筋少还是配筋多，在使用状态下几乎无不开裂，以致影响它的应用范围与发展前途。

3. 何谓预应力混凝土

预应力混凝土是根据需要，人为地引入某一数值与分布的内应力，用以部分或全部抵消外荷载应力的一种加筋混凝土。

这一定义的科学性、专业性都很强，但通俗性不足，不易为一般土建工程人员以及非专业人员理解与接受。实际上预应力筋对结构所起的作用，既可以理解为产生与使用荷载应力方向相反的预加应力，也可以理解为产生与使用荷载方向相反的预加反向荷载或反向力。如果从荷载的概念出发，预应力混凝土可以定义为：预应力混凝土是根据需要，人为地引入某一数值的反向荷载，用以部分或全部抵消使用荷载的一种加筋混凝土。

为了进一步阐明什么是预应力混凝土，特以梁为例来说明。一根梁在荷载作用下将产生弯曲，并使梁的下部受拉，上部受压，如图 5-4 所示。如果用素混凝土来做一根梁，则在一定荷载 q 的作用下，很快就会断裂，如图 5-5 所示。这是由于混凝土如同天然石材一样，是一种脆性材料，它的抗压能力很大，而抗拉能力很小的缘故（约为抗压能力的 1/10）。

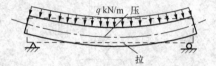

图 5-4　梁的受力情况

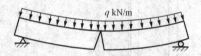

图 5-5　素混凝土梁

为了解决混凝土材料抗拉不足、抗压有余的矛盾，对在梁弯曲时将产生裂缝的受拉区，配置了抗拉性能很好的钢筋，用来承受梁弯曲时产生的拉力，这就是通常所称的钢筋混凝土梁，如图 5-6 所示。然而在素混凝土梁中配置了钢筋以后，虽然提高了梁的抗拉能力，但是仍不完善，还有缺陷。这主要是因为钢筋是强度很高，应变能力很强的韧性材料，通常每米拉长 20～50mm 也不会产生裂缝，而混凝土则是应变能力很小的脆性材料，通常每米只能拉长 0.1～0.15mm，超过这个数值就会产生断裂。而在钢筋混凝土构件中，两者黏结在一起构成一个整体，在荷载作用下是共同受力，共同变形的。图 5-6 所示的普遍钢筋混凝土梁，在外荷载 q 作用下，虽然不会断裂，但将产生裂缝，只是这种裂缝有时不易被人察觉而已。实际上普通钢筋混凝土梁，在正常荷载作用下总是带有裂缝的，这就大大影响了结构的耐久性。若要使梁不出现裂缝，则钢筋中的应力只能达到 20～30N/mm²，这样就大大限制了钢筋强度的发挥。如果要充分利用钢筋的强度，则梁又将产生很大的裂缝和挠曲变形，影响结构的耐久性和使用。为了解决这个新的矛盾，采用了对受拉区混凝土施加"预（压）应力"这一有效方法。即在结构承受外荷载之前，先在它使用时可能产生拉应力的区域，用某种方法施加一压力，促使其产生预压应力。这样，当构件在使用荷载下产生拉应力时，必须先抵消这一预压应力，才能随着荷载的增加，使受拉区的混凝土受拉开裂。图 5-6 所示的钢筋混凝土梁，如果在受拉区先对钢筋进行张拉，并利用它的回缩力使受拉区混凝土得到预压，如图 5-7（a）所示，则在上述荷载 q 的作用下，梁下缘产生的拉应力仅能使预压应力减小（抵消其一部分或全部）。这种施加预（压）应力的钢筋混凝土梁，就称为预应力钢筋混凝土梁。通常在正常使用荷载下，预应力钢筋混凝土梁的下缘不会产生裂缝，如图 5-7（b）所示。

二、预应力混凝土的材料

预应力混凝土抗裂性的高低，取决于钢筋的预拉应力值。钢筋预拉力越高，混凝土预压力越大，构件的抗裂性就越好。要建立较高的预应力，就必须具有高强度的钢筋和高强度混凝土。所以，高强材料的提供，促使产生预应力混凝土，预应力混凝土的发展又对材料提出更高的要求。

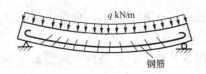

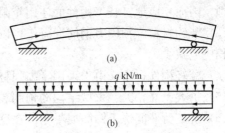

图 5-6　钢筋混凝土梁

图 5-7　预应力钢筋混凝土梁
(a) 施加预压应力时；(b) 使用时

（一）对钢材的要求

（1）高强度。混凝土预应力的大小取决于钢筋（线）的张拉应力，而构件制作过程中将出现各种应力损失，钢材强度越高，损失率越小，经济效果也越高。因此，当具备条件时，应尽量采用强度高的钢材作预应力筋。

（2）具有一定的塑性。就是要求钢筋切断时具有一定的延伸率，当构件处于低温荷载下，更应注意塑性要求，否则可能发生脆性破坏。一般冷拉热轧钢筋的延伸率≥6％，钢丝、钢绞线要求≥4％。

（3）与混凝土有较好的黏结度。先张法构件（后张自锚构件在使用时）的预应力是靠钢筋和混凝土的黏结力来完成的。因此，钢筋和混凝土的黏结度必须足够。如果用光面高强钢丝配丝时，表面应经"刻痕"或"压波"等措施处理方能使用。

（4）有良好的加工性能，如可焊性。钢筋经过"镦粗"（冷镦或热镦）后，不影响其原来的物理力学性能等。

目前，国内预应力混凝土结构常用的钢材可分为钢丝和钢筋两类。钢筋可用冷拉 HRB335、HRB400 级热轧钢筋或热处理钢筋，钢丝可用高强碳素钢丝或冷拔低碳钢丝等。

（二）对混凝土的要求

（1）高强度。只有高强混凝土充分利用高强钢材，共同承受外力，从而可以减小构件的截面尺寸，减轻构件自重并节约原材料用量。

（2）收缩、徐变小，弹性模量高，有利于减少预应力损失。混凝土强度高，抗拉、抗剪、黏结强度也都高，从而提高抗裂能力。

（3）尽可能做到快硬、早强。只有快硬、早强才能尽早施加预应力，加快施工进度，提高台座或锚具的使用率。

当前国内预应力钢筋构件中所用混凝土的强度等级常为 C40～C50，个别达到 C60～C80，一般不低于 C30。

三、预应力混凝土与钢筋混凝土的比较

预应力混凝土与普通钢筋混凝土相比，具有如下优点：

（1）提高了混凝土的抗裂度和刚度。因为预应力的作用增强了混凝土的抗拉能力，可以使混凝土不致过早地出现裂缝（推迟裂缝出现时间），同时还可以按照构件的特点，控制它

在使用过程中不出现裂缝。由于预加应力作用，构件承受荷载后，向下弯的程度要小，提高了构件的刚度。

（2）增加构件的耐久性。预应力钢筋混凝土能避免构件出现裂缝，构件内的钢筋就不容易锈蚀，因而相应地延长了构件的使用年限。

（3）节约材料。预应力钢筋混凝土可以合理地应用高强度钢材，所以钢材和混凝土用料都能相应地减少。

（4）减轻构件自重。由于采用了高强材料，构件截面尺寸相应减小，自重也就减轻了。

（5）扩大了高、大、重型结构的预制装配化程度。

（6）抗疲劳性能优于钢筋混凝土。在反复荷载作用下，预应力筋的应力波动幅度小。

尽管预应力混凝土有上述优点，但也带来了另一方面的问题，就是制作构件时增加了张拉工序、灌浆机具以及锚固装置等专用设备，同时制作技术也比钢筋混凝土复杂得多。所以跨度较小的梁和板，不承受拉力的拱与柱子等就不适宜采用预应力结构。因此，不是在任何场合都可以用预应力混凝土来代替普通钢筋混凝土的，而是两者各有合理的应用范围。

四、预应力混凝土的分类

按施加预应力的方式，预应力混凝土分为机械张拉和电热张拉两类。机械张拉又分为先张法和后张法。

第二节　先张法施工

一、先张法的基本概念

先张法是在构件浇筑混凝土之前，张拉预应力筋，并将张拉的预应力筋临时锚固在台座或钢模上，然后浇筑混凝土，待混凝土养护达到不低于混凝土设计强度值的 75%，保证预应力筋与混凝土有足够的黏结时，放松预应力筋，借助于混凝土与预应力筋的黏结，对混凝土施加预应力的施工工艺，如图 5-8 所示。先张法一般仅适用于生产中小型构件，多在固

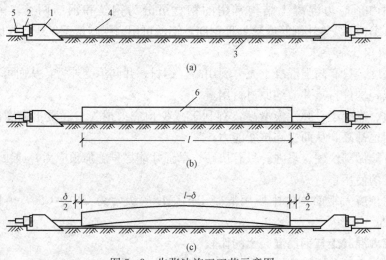

图 5-8　先张法施工工艺示意图

(a) 张拉预应力筋；(b) 浇筑混凝土；(c) 放松预应力筋

1—台座；2—横梁；3—台面；4—预应力筋；5—夹具；6—混凝土构件

定的预制厂生产，也可在现场生产。

先张法生产构件可采用长线台座法，一般台座长度在 100～150m 之间，或用短线钢模法生产构件。先张法生产构件，涉及台座、张拉机具和夹具和先张法张拉工艺。

1. 台座

台座在先张法施工中为主要的承力构件，必须具有足够的强度、刚度、稳定性，以免台座因变形、倾覆和滑移引起预应力损失，以确保先张法生产构件的质量。台座的形式较多，按构造形式不同一般可分为墩式台座和槽式台座两种。

（1）墩式台座。墩式台座由承力台墩、台面与横梁三部分组成，其长度宜为 50～150m，如图 5-9 所示，目前常用的是台墩与台面共同受力的墩式台座。台座的宽度主要取决于构件的布筋宽度、张拉与浇筑混凝土是否方便，一般为 2～3m。在台座的端部应留出张拉操作用地和通道，两侧要有构件运输和堆放的场地。台座的强度应根据构件

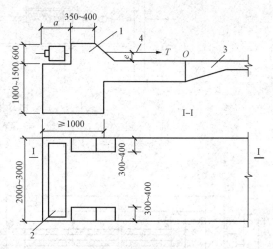

图 5-9　墩式台座
1—混凝土墩式台座；2—钢横梁；
3—混凝土台面；4—预应力筋

张拉力的大小，可按台座每米宽的承载力为 200～500kN 设计台座。

（2）槽式台座。槽式台座由钢筋混凝土压杆、上下横梁及台面组成，如图 5-10 所示。台座的长度一般不大于 50m，宽度随构件外形及制作方式而定，一般不小于 1m，承载力大于 1000kN 以上。为了便于浇筑混凝土和蒸汽养护，槽式台座一般低于地面。在现场施工可利用已预制好的柱、桩等构件制成简易槽式台座。

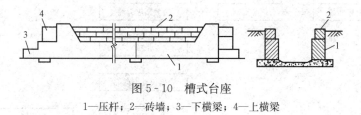

图 5-10　槽式台座
1—压杆；2—砖墙；3—下横梁；4—上横梁

2. 张拉机具和夹具

先张法生产的构件中，常采用的预应力筋分为钢丝和钢筋两种。张拉预应力钢丝时，一般直接采用卷扬机或电动螺杆张拉机，张拉预应力钢筋时，在槽式台座中常采用四横梁式成组张拉装置，用千斤顶张拉，如图 5-11 和图 5-12 所示。

二、先张法施工工艺

用先张法在台座上生产预应力混凝土构件时，其工艺流程一般如图 5-13 所示。

预应力混凝土先张法工艺的特点是：预应力筋在浇筑混凝土前张拉，预应力的传递依靠预应力筋与混凝土之间的黏结力，为了获得质量良好的构件，在整个生产过程中，除确保混凝土质量以外，还必须确保预应力筋与混凝土之间的良好黏结，使预应力混凝土构件获得符合设计要求的预应力值。

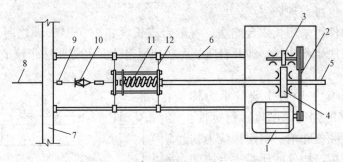

图 5-11　电动螺杆张拉机具

1—电动机；2—皮带传动；3—齿轮；4—齿轮螺母；5—螺杆；6—顶杆；7—台座横梁；
8—钢丝；9—锚固夹具；10—张拉夹具；11—弹簧测力计；12—滑动架

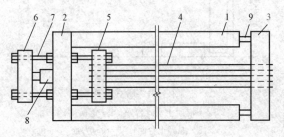

图 5-12　四横梁式成组张拉装置

1—台座；2、3—前后横梁；4—钢筋；5、6—拉力架；
7—螺丝杆；8—千斤顶；9—放张装置

1. 预应力筋的铺设

预应力筋应采用砂轮锯或切断机切断，不得采用电弧切割。为便于脱模，长线台座（或胎模）在铺放预应力筋前应先刷隔离剂，但应采取措施，防止隔离剂污损预应力筋，影响其与混凝土的黏结，如果预应力筋遭受污染，应使用适宜的溶剂清洗干净。

2. 预应力筋张拉

预应力筋张拉应根据设计要求，采用合适的张拉控制应力、张拉方法、张拉顺序和张拉程序进行，并应采取可靠的质量保证措施和安全技术措施。

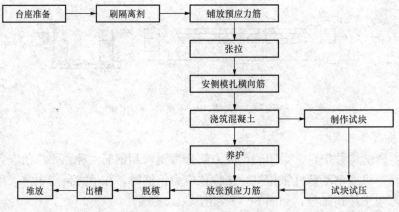

图 5-13　先张法工艺流程图

　　（1）张拉控制应力。预应力筋的张拉控制应力 σ_{con} 应符合设计要求。对于要求提高构件在施工阶段的抗裂性能而在使用阶段受压区设置的预应力筋，或当要求部分抵消由于应力松弛、摩擦、钢筋分批张拉以及预应力筋与张拉台座之间的温差等引起的应力损失时，可提高 $0.05f_{ptk}$，施工中预应力筋需要超张拉时，其最大张拉控制应力应符合表 5-1 的规定。

表 5 - 1 张拉控制应力限值和最大张拉控制应力

钢筋种类	张拉控制应力限值		超张拉最大张拉控制应力
	先张法	后张法	
消除应力钢丝、钢绞线	$0.75 f_{ptk}$	$0.75 f_{ptk}$	$0.80 f_{ptk}$
冷轧带肋钢筋	$0.70 f_{ptk}$	—	$0.75 f_{ptk}$
精轧螺纹钢筋	—	$0.85 f_{pyk}$	$0.95 f_{pyk}$

注 f_{ptk}指根据极限抗拉强度确定的强度标准值；f_{pyk}指根据屈服强度确定的强度标准值。

（2）张拉程序。预应力钢丝由于张拉工作量大，宜采用一次张拉程序：

$$0 \rightarrow (1.03 \sim 1.05)\sigma_{con} \text{ 锚固}$$

σ_{con}是预应力筋的张拉控制应力；超张拉系数 1.03～1.05 是考虑弹簧测力计的误差、温度影响、台座横梁或定位板刚度不足、台座长度不符合设计取值、工人操作影响等。

采用低松弛钢绞线时，可采用一次张拉程序：

对单根张拉：$0 \rightarrow \sigma_{con}$锚固

对整体张拉：$0 \rightarrow$初应力调整值$\rightarrow \sigma_{con}$锚固

初应力调整值一般取 $10\%\sigma_{con}$，调整的目的主要是为保证张拉时每根钢筋的应力均匀一致。

粗钢筋宜采用超张拉程序：

$$0 \rightarrow 1.05\sigma_{con}(\text{持荷 2min}) \rightarrow \sigma_{con} \text{ 锚固}$$

采用超张拉程序的目的是为了减少应力松弛损失，所谓"松弛"是指钢材在常温高应力状态下具有不断产生塑性变形的特性。

施工中应注意安全，张拉时钢筋两端正对面禁止站人；敲击锚具的锥塞或楔块时，不应用力过猛，以免损伤预应力筋而断裂伤人，且锚固可靠；冬期张拉预应力筋时，其温度不宜低于-15℃，且应考虑预应力筋易脆断而造成的危险。

3. 预应力筋的放张

预应力筋放张过程是预应力的传递过程，是先张法构件能否获得良好质量的一个重要环节，应根据放张要求，确定正确的放张顺序、放张方法及相应的技术措施。

（1）放张要求。放张预应力筋时，混凝土强度必须符合设计要求，当设计无专门要求时，不得低于混凝土设计强度等级的 75％。放张过早由于混凝土强度不足，会产生较大的混凝土弹性回缩而引起较大的预应力损失或钢丝滑动。所以，放张过程中，应使预应力构件自由压缩，避免过大的冲击与偏心。

（2）放张方法。当预应力混凝土构件用钢丝配筋时，若钢丝数量不多，钢丝放张可采用剪切、锯割或氧—乙炔焰熔断的方法，并应从靠近生产线中间处剪断，这样比在靠近台座一端处剪断时回弹减小，且有利于脱模。若钢丝数量较多，所有钢丝应同时放张，不允许采用逐根放张的方法，否则，最后的几根钢丝将承受过大的应力而突然断裂，导致构件应力传递长度骤增，或使构件端部开裂。放张方法可采用放张横梁来实现，横梁可用千斤顶或预先设置在横梁支点处的放张装置（砂箱或楔块等）来放张。

（3）放张顺序。预应力筋的放张顺序应符合设计要求；当设计无专门要求时，应符合下列规定：

1）对承受轴心预压力的构件（如压杆、桩等），所有预应力筋应同时放张；

2）对承受偏心预压力的构件，应先同时放张预压力较小区域的预应力筋，再同时放张预压力较大区域的预应力筋；

3）当不能按上述规定放张时，应分阶段、对称、相互交错地放张，以防止在放张过程中，构件产生弯曲、裂纹及预应力筋断裂等现象；

4）放张后预应力筋的切断顺序，宜由放张端开始，逐次切向另一端。

第三节 后 张 法 施 工

后张法是先制作构件，在构件中预先留出相应的孔道，待构件混凝土强度达到设计规定的数值后，在孔道内穿入预应力筋，用张拉机具进行张拉，并利用锚具将张拉后的预应力筋锚固在构件的端部。预应力筋的张拉力，主要靠构件端部的锚具传给混凝土，使其产生压应力。张拉锚固后，立即在预留孔道内灌浆，使预应力筋不受锈蚀，并与构件形成整体。图 5-14 所示为预应力混凝土后张法生产示意图。

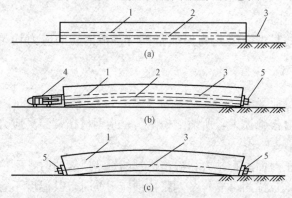

图 5-14 预应力混凝土后张法生产示意图
(a) 制作混凝土构件；(b) 张拉钢筋；(c) 锚固和孔道灌浆
1—混凝土构件；2—预留孔道；3—预应力筋；
4—千斤顶；5—锚具

后张法的生产工艺流程，如图 5-15 所示。其优点是直接在构件上张拉，不需要专门的台座，现场生产时可避免构件的长途搬运，所以适宜于在现场生产的大型构件，特别是大跨度的构件，如薄腹梁、吊车梁和屋架等。后张法又可作为一种预制构件的拼装手段，可先在预制厂制作小型块体，运到现场后穿入钢筋，通过施加预应力拼装成整体。但后张法需要在钢筋两端设置专门的锚具，这些锚具永远留在构件上，不能重复使用，耗用钢材较多，且要求加工精密，费用较高；同时，由于留孔、穿筋、灌浆及锚具部分预压应力局部集中处需加强配筋等原因，使构件端部构造和施工操作都比先张法复杂，所以造价一般比先张法高。

一、混凝土构件预留孔道

(一) 预应力混凝土构件孔道的留设

预应力的孔道形状有直线、曲线和折线三种。孔道的直径与布置主要根据预应力混凝土构件或结构的受力性能，并参考预应力筋张拉锚固体系的特点与尺寸确定。

1. 孔道直径

对粗钢筋，孔道的直径应比预应力筋直径、钢筋对焊接头处外径、需穿过孔道的锚具或连接器外径大 10~15mm。对钢丝或钢绞线，孔道的直径应比预应力钢丝束外径或锚具外径大 5~10mm，且孔道面积应大于预应力筋面积的两倍。

2. 孔道布置

预应力筋孔道之间的净距不应小于 50mm，孔道至构件边缘的净距不应小于 40mm，凡需要起拱的构件，预留孔道宜随构件同时起拱。

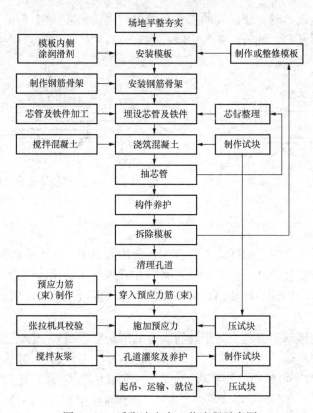

图 5-15 后张法生产工艺流程示意图

（二）孔道成型方法

预应力筋的孔道成型方法有钢管抽芯法、胶管抽芯法和预埋管法等。孔道成型时要保证孔道的尺寸与位置准确、孔道平顺、接头不漏浆、端部预埋钢板垂直于孔道中心线等。

1. 钢管抽芯法

钢管抽芯用于直线孔道。所用钢管平直，钢管表面必须圆滑，预埋前除锈、刷油。钢管在构件中每隔 1.0～1.5m 设置一个钢筋井字架，如图 5-16 所示，以固定钢管位置，井字架与钢筋骨架扎牢。长孔道两根接头处采用 0.5mm 厚铁皮做成的套管连接，如图 5-17 所示。套管要与钢管紧密贴合，以防漏浆堵塞孔道。钢管一端钻 16mm 的小孔，以备插入钢筋棒，转动钢管。抽管前每隔 10～15min 应转动钢管一次。

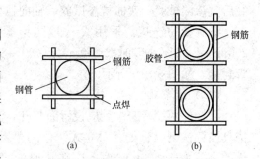

图 5-16 固定钢管或胶管位置的井字架
(a) 单孔井字架；(b) 双孔井字架

抽管宜在混凝土初凝之后、终凝以前进行，以用手指按压混凝土表面无明显指纹时为宜。常温下抽管时间约在混凝土灌注后 3～5h。抽管过早，易造成塌孔事故；太晚，混凝土与钢管黏结牢固，抽管困难，甚至抽不出来。

抽管宜先上后下，用人工或卷扬机进行。抽管方向应与孔道保持在同一直线上。抽管时必须速度均匀、边抽边转。抽管后，应及时检查孔道情况，并做好孔道清理工作，防止以后穿筋困难。

采用钢丝束镦头锚具时，张拉端的扩大孔也可用钢管抽芯成型，如图 5-18 所示。端部扩大孔应与中间孔道同心，抽管时先抽中间孔钢管，后抽扩孔钢管，以免碰坏扩孔处的混凝土并保持孔道清洁和尺寸准确。

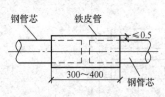

图 5-17　铁皮套管

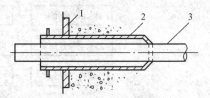

图 5-18　张拉端扩大孔用钢管抽芯成型
1—预埋钢板；2—端部扩大孔的钢管；3—中间孔的钢管

2. 胶管抽芯法

胶管抽芯法可用于直线、曲线或折线孔道，所用胶管有 5~7 层夹布胶管及供预应力混凝土专用的钢丝网胶皮管两种。前者质软，必须在管内充水后才能使用；后者质硬，且有一定弹性，预留孔道时与钢管一样使用，所不同的是浇筑混凝土后不需转动。

3. 预埋管法

预埋管法可采用镀锌钢管与金属螺旋管。金属螺旋管重量轻、刚度好、弯折方便、连接

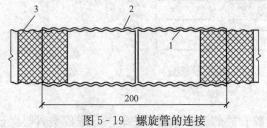

图 5-19　螺旋管的连接
1—螺旋管；2—接头管；3—密封胶带

容易、与混凝土黏结良好，可做成各种形状的预应力筋孔道，是现行后张预应力筋孔道成型用的理想材料。镀锌钢管仅用于施工周期长的超高竖向孔道或有特殊要求的部位。

螺旋管的合格性检验包括抵抗集中荷载试验、抵抗均布荷载试验、承受荷载后抗渗漏试验、弯曲抗渗试验、轴向拉伸试验等。

螺旋管的连接，采用大一号同型螺旋管。接头管的长度在管径为 $\phi40 \sim \phi65$ 时取 200mm；$\phi70 \sim \phi85$ 时取 250mm；$\phi90 \sim \phi100$ 时取 300mm，其两端用密封胶带或塑料热缩管封裹，如图 5-19 所示。

（三）灌浆孔、排气孔

在构件两端及跨中处应设置灌浆孔，其孔距不宜大于 12m。灌浆孔与排气孔也可设置在锚具或铸铁喇叭管处。对立式制作的梁，当曲线孔道的高差大于 500mm 时，应在孔道的每个峰顶处设置泌水管，泌水管伸出梁面的高度一般不小于 500mm。泌水管也可兼作灌浆管用。

对一般预制构件，可采用木塞留孔。木塞应抵紧钢管、胶管或螺旋管，并应固定，严防混凝土振捣时脱开。对现浇预应力结构金属螺旋管留孔，可在螺旋管上开口，用带嘴的塑料弧形压板与海锦垫片覆盖并用铁丝扎牢，再接通塑料管（外径 20mm，内径 16mm），如图 5-20 所示。

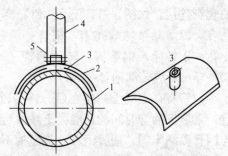

图 5-20　螺旋管上留灌浆孔
1—螺旋管；2—海绵垫；3—塑料弧形压板；
4—塑料管；5—铁丝扎紧

二、预应力筋制作

(一) 锚具及预应力筋的制作

在后张法中，预应力筋、锚具和张拉机具是配套的。目前，后张法中常用的预应力筋有单根粗钢筋、钢筋束（或钢绞线束）和钢丝束三类。它们是由冷拉Ⅱ、Ⅲ、Ⅳ级钢筋、碳素钢丝和钢绞线制作的。锚具有多种类型，锚具须具有可靠的锚固能力。

1. 单根粗钢筋

(1) 锚具。单根粗钢筋的预应力筋，张拉端一般用螺丝端杆锚具；固定端一般用帮条锚具或镦头锚具。

螺丝端杆锚具由螺丝端杆和螺母及垫板组成，如图 5-21 所示。螺丝端杆与预应力筋对焊连接，张拉设备张拉螺丝端杆用螺母锚固。这种锚具适用于直径 18～36mm 的Ⅱ、Ⅲ级钢筋。

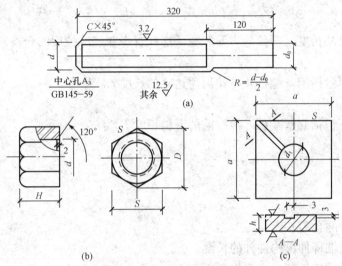

图 5-21 螺旋端杆锚具

(a) 螺丝端杆；(b) 螺母；(c) 垫板

帮条锚具是由一块方形或圆形衬板与三根互成 120°的钢筋帮条和预应力钢筋端部焊接而成，如图 5-22 所示。适用于锚固直径在 12～40mm 的冷拉Ⅱ、Ⅲ级钢筋。

镦头锚具由镦头和垫板组成。当预应力直径在 22mm 以内时，端部镦头可用对焊机热镦，将钢筋及铜棒夹入对焊机的两电极中，使钢筋端面与紫铜棒接触，进行脉冲式通电加热，当钢筋加热至红色呈可塑状态时，即逐渐加热加压，直至形成镦头为止，如图 5-23 所示。当钢筋直径较大时可采用加热锻打成型。

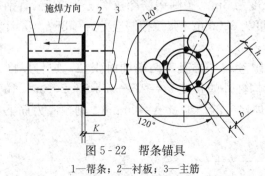

图 5-22 帮条锚具

1—帮条；2—衬板；3—主筋

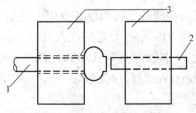

图 5-23 钢筋热镦示意图

1—钢筋；2—紫铜棒；3—电极

（2）预应力筋制作。单根粗钢筋预应力筋的制作包括配料、对焊、冷拉等工序。预应力筋的下料长度应计算确定，计算时要考虑结构的孔道长度、锚具厚度、千斤顶长度、焊接接头或镦头的预留量、冷拉伸长值、弹性回缩值、张拉伸长值等。现以两端用螺丝端杆锚具预应力筋为例，如图 5-24 所示，其下料长度计算如下：

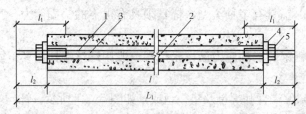

图 5-24　粗钢筋下料长度计算示意图
1—螺丝端杆；2—预应力钢筋；3—对焊接头；4—垫板；5—螺母

预应力筋的成品长度（即预应力筋和螺丝端杆对焊并经冷拉后的全长）L_1 为

$$L_1 = l + 2l_2 \tag{5-1}$$

预应力筋（不包括螺丝端杆）冷拉后需达到的长度 L_0 为

$$L_0 = L_1 - 2l_2 \tag{5-2}$$

预应力筋（不包括螺丝端杆）冷拉前的下料长度 L 为

$$L = \frac{L_0}{1 + \gamma - \delta} + n\Delta \tag{5-3}$$

张拉端　　　　　　　　　　$l_2 = 2H + h + 5 \tag{5-4}$

锚固端　　　　　　　　　　$l_1 = H + h + 10 \tag{5-5}$

式中　　l ——构件的孔道长度；

　　　　l_2 ——螺丝端杆伸出构件外的长度；

　　　　l_1 ——螺丝端杆长度，一般为 320mm；

　　　　γ ——预应力筋的冷拉率（由试验确定）；

　　　　δ ——预应力筋的冷拉弹性回缩率（一般 0.4%～0.6%）；

　　　　n ——对焊接头数量；

　　　　Δ ——每个对焊接头的压缩量（一般 20～30mm）；

　　　　H ——螺母高度；

　　　　h ——垫板厚度。

【例 5-1】　预应力混凝土屋架，采用机械张拉后张法施工，孔道长度为 29.80m，预应力筋为冷拉Ⅲ级钢筋，直径为 20mm，每根长度为 8m。实测钢筋冷拉率 γ 为 3.5%，钢筋冷拉后的弹性回缩率 δ 为 0.4%，螺丝端杆长度为 320mm，张拉控制应力为 $0.85f_{pYk}$，计算预应力钢筋的下料长度和预应力筋的张拉力。

解　因屋架孔道长度大于 24m，宜采用螺丝端杆锚具，两端同时张拉，螺母厚度取 36mm，垫板厚度取 16mm，则螺丝端杆伸出构件外的长度 $l_2 = 2H + h + 5 = 2 \times 36 + 16 + 5 = 93$mm，对焊接头数 $n = 3 + 2 = 5$，每个对焊接头的压缩量 $\Delta = 20$mm，则预应力筋下料长度为

$$L = \frac{l - 2l_1 + 2l_2}{1 + \gamma - \delta} + n\Delta$$

$$=\frac{29\,800-2\times320+2\times93}{1+0.035-0.004}+5\times20$$

$$=28\,564\text{mm}$$

预应力筋的张拉力为

$$F_P=\sigma_{con}\cdot Ap=0.85\times500\times314=133\,450\text{N}$$

【例 5-2】 ［例 5-1］中若孔道长度为 20.8m，采用一端张拉，固定端采用帮条锚具和镦头锚具，分别计算预应力钢筋的下料长度。

解 (1) 帮条锚具取 3 根 $\phi14$ 长 50mm 的钢筋帮条，垫板取 15mm 厚 50mm×50mm 的钢板，则

预应力筋的成品长度为

$$L_1=l+l_2+l_3=20\,800+93+(50+15)=20\,958\text{mm}$$

预应力筋（不含螺丝端杆锚具）冷拉后长度为

$$L=L_1-l_1=20\,958-320=20\,638\text{mm}$$

预应力筋（不含螺丝端杆锚具）下料长度为

$$L=\frac{L_0}{1+\gamma-\delta}+n\Delta=\frac{20\,638}{1+0.035-0.004}+(2+1)\times20=20\,077\text{mm}$$

(2) 镦头锚具长度可取 2.25 倍钢筋直径加垫板厚度 15mm，即 $l_4=2.25\times20+15=60\text{mm}$，则预应力筋（不含螺丝端锚具）下料长度为

$$L=\frac{l+l_2+l_4-l_1}{1+\gamma-\delta}+n\Delta=\frac{20\,638+93+60-320}{1+0.035-0.004}+(2+1)\times20=19\,915\text{mm}$$

2. 钢筋束和钢绞线束

(1) 锚具。钢筋束和钢绞线束目前使用的锚具有 JM 型、XM 型、QM 型和镦头锚具等。

1) JM 型锚具。它由锚环与 6 片夹片组成，如图 5-25 所示。夹片呈扇形，用两侧的半圆槽锚固预应力筋。

JM 型锚具可用于锚固 3~6 根直径为 12mm 的光圆或变形的钢筋束，也可用于锚固

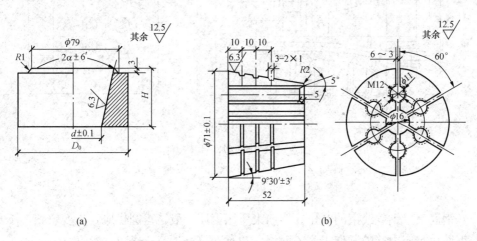

(a)   (b)

图 5-25 JM 型锚具

(a) 锚环；(b) 绞 JM-12-6 夹片

5～6根直径为12mm或15mm的钢绞线束。JM型锚具也可作工具锚重复使用,但如发现夹筋孔的齿纹有轻度损伤时,即应改为工作锚使用。

2)XM型锚具。它是一种新型锚具,既可用于锚固钢绞线束,又可用于锚固钢丝束;既可锚固单根预应力筋,又可锚固多根预应力筋;当用于锚固多根预应力筋时,既可单根张拉,逐根锚固,又可成组张拉,成组锚固;它既可用作工作锚,又可用作工具锚。XM型锚具通用性好,锚固性能可靠,施工方便,且便于高空作业。XM型锚具由锚环和3块夹片组成,如图5-26所示。

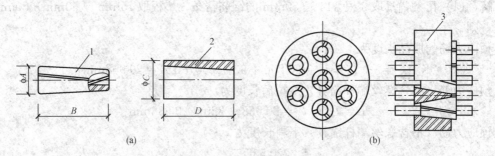

图 5 - 26　XM 型锚具

(a) 单根 XM 型锚具;(b) 多根 XM 型锚具

1—夹片;2—锚环;3—锚板

3)QM型锚具。它也是由锚板与夹片组成,但与XM型锚具不同之处有:锚孔是直的,锚板顶面是平的,夹片垂直开缝。此外,备有配套喇叭形铸铁垫板与弹簧圈等,由于灌浆孔设在垫板上,锚板尺寸可稍小。该体系还配有专门工具锚。QM型锚具及其有关配件的形状,如图5-27所示。这种锚具适用于锚固4～31φ12和3～19φ15钢绞线束。

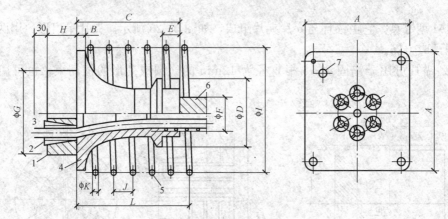

图 5 - 27　QM 型锚具及配件

1—锚板;2—夹片;3—钢绞线;4—喇叭形铸铁垫板;

5—弹簧圈;6—预留孔道用的波纹管;7—灌浆孔

(2)钢筋束、钢绞线束的制作。钢筋束所用钢筋一般是盘圆供应,长度较长,不需对焊接长。钢筋束预应力筋的制作工序一般为:开盘冷拉→下料→编束。

当采用JM型、XM型锚具,用穿心式千斤顶张拉时,钢筋束和钢绞线束的下料长度L,应等于构件孔道长度加上两端为张拉、锚固所需的外露长度。如图5-28所示,按式

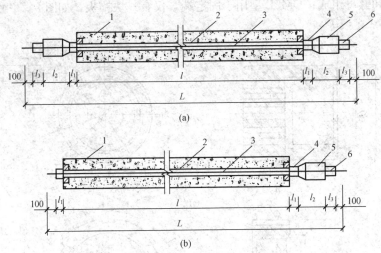

图 5-28 钢筋束、钢绞线束下料长度计算简图

(a) 两端张拉；(b) 一端张拉

1—混凝土构件；2—孔道；3—钢绞线；4—夹片式工作锚；5—穿心式千斤顶；6—夹片式工作锚

(5-7) 计算

两端张拉时
$$L = l + 2(l_1 + l_2 + l_3 + 100) \qquad (5-6)$$

一端张拉时
$$L = l + 2(l_1 + 100) + l_2 + l_3 \qquad (5-7)$$

式中　l——构件的孔道长度，mm；

$\quad\quad l_1$——工作锚厚度，mm；

$\quad\quad l_2$——穿心式千斤顶长度，mm；

$\quad\quad l_3$——夹片式工具锚厚度，mm。

热处理钢筋、冷拉Ⅳ级钢筋及钢绞线下料切断时，宜采用切断机或砂轮锯切断，不得采用电弧切割。钢绞线切断前，在切口两侧各50mm处，应用铅丝绑扎，以免钢绞线松散。

钢绞线束或钢筋束预应力筋的编束，主要是为了保证穿入构件孔道中的预应力筋束不发生扭结。编束工作是将钢筋或钢绞线理顺以后，用铅丝每隔1m左右绑扎成束，在穿筋时尽可能注意防止扭结。

3. 钢丝束

(1) 锚具。钢丝束一般由几根到几十根 $\phi3\sim5$mm 平行的碳素钢丝组成。目前采用的锚具有钢质锥形锚具和钢丝束镦头锚具等。

1) 钢质锥形锚具（又称费氏锚具）。由锚环和锚塞组成，如图5-29所示。用于锚固以锥锚式双作用千斤顶张拉的钢丝束。

2) 钢丝束镦头锚具。用于锚固 12~54根 $\phi5$ 碳素钢丝的钢丝束。分 DM5A 型和 DM5B 型，DM5A 型用于张

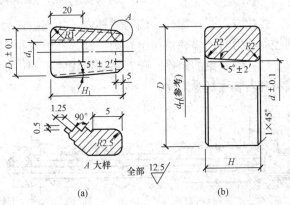

图 5-29　钢质锥形锚具

(a) 锚塞；(b) 锚环

拉端，由锚杯和螺母组成；DM5B型用于固定端，仅有一块锚板，如图5-30所示。

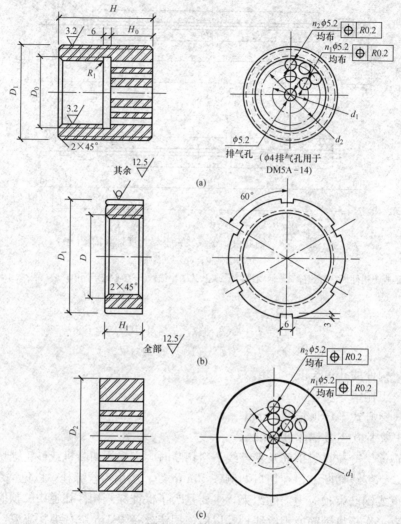

图 5-30 镦头锚具
(a) DM5A 锚杯；(b) DM5A 螺母；(c) DM5B 锚板

张拉时，张拉螺杆一端与锚杯内丝扣连接，另一端与拉杆式千斤顶的拉头连接，当张拉到控制应力时，锚杯被拉出，则拧紧锚杯外丝扣上的螺母加以锚固。

（2）钢丝束的制作。随着锚具形式的不同，钢丝束制作方法也有差异。一般需经下料、编束和安装锚具等工序。

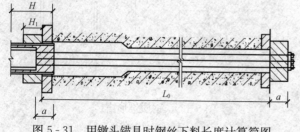

图 5-31 用镦头锚具时钢丝下料长度计算简图

当采用钢质锥形锚具、XM 型锚具、QM 型锚具时，预应力钢丝束的制作和下料长度计算基本上与预应力钢筋束相同。

对钢丝束镦头锚固体系，如采用镦头锚具一端张拉时，应考虑钢丝束张拉锚固后螺母位于锚杯中部，钢丝的下料长度 L 可按图5-31所示，用式（5-8）计算

$$L = L_0 + 2\alpha + 2\delta - 0.5(H - H_1) - \Delta L - C \qquad (5-8)$$

式中　L_0——孔道长度；

　　　α——锚板厚度；

　　　δ——钢丝镦头留量（取钢丝直径的两倍）；

　　　H——锚杯高度；

　　　H_1——螺母高度；

　　　ΔL——张拉时钢丝伸长值；

　　　C——混凝土弹性压缩（当其值很小时可略去不计）。

【例 5-3】　某预应力混凝土屋架，采用机械张拉法施工。孔道长度为 23.80mm，预应力筋为 18ϕ^b5（甲级 1 组）冷拔低碳钢丝束。两端采用镦头锚具，一端张拉，张拉控制应力为 $0.65f_{ptk}$。计算预应力钢丝的下料长度和预应力筋张拉力。

解　张拉端锚具为 DM5A-18 型镦头锚具；固定端为 DM5B-18 型镦头锚具，张拉机械为 YC-60 型穿心式双作用千斤顶。锚杯高度 H 为 70mm，螺帽高度 H_1 为 25mm，锚板厚度 α 为 30mm，钢丝镦头留量取 $\delta = 2 \times 5 = 10$mm。

预应力筋张拉力为

$$F_P = \sigma_{con} \cdot A_P = 0.65 \times 650 \times \left(18 \times \frac{3.14 \times 5^2}{4}\right) = 149\ 248\text{N}$$

张拉时钢丝伸长值为

$$\Delta L = \sigma_{con} \frac{l}{E_3} = 0.65 \times 650 \times \frac{23\ 800}{2.0 \times 10^5} = 50\text{mm}$$

预应力钢丝的下料长度为

$$L = L_0 + 2\alpha + 2\delta - 0.5(H - H_1) - \Delta L - C$$
$$= 23\ 800 + 2 \times 30 + 2 \times 10 - 0.5 \times (70 - 25) - 50 - 0$$
$$= 23\ 808\text{mm}$$

（二）钢丝下料与编束

1. 钢丝下料

消除应力钢丝放开后是直的，可直接下料。钢丝下料时如发现钢丝表面有毛接头或机械损伤，应注意随时剔除。

采用镦头锚具时，同时钢丝下料长度的相对差值（指同束最长与最短钢丝之差）不应大于 $L/5000$，且不得大于 5mm（L 为钢丝下料长度）。钢丝下料可用钢管限位法或用牵引索在拉紧状态下进行。钢管限位法下料，如图 5-32 所示。钢管固定在木板上，钢管内径比钢丝直径大 3～5mm，钢丝穿过钢管至另一端限位器时，用 DL10 型冷镦器切断。限位器与切断器切口间的距离，即为钢丝的下料长度。

2. 钢丝编束

钢丝束两端钢丝的排列顺序应一致，钢丝不得交叉，穿束与张拉顺序不紊乱。因此，每束钢丝都必须进行编束。编

图 5-32　钢管限位法下料

1—钢丝；2—切断器刀口；3—木板；
4—ϕ10 黑铁管；5—铁钉；6—端角挡头

束方法与所用锚具形式应协调。

采用镦头锚具时，根据钢丝分圈布置的特点，首先将内圈和外圈钢丝分别用铁丝顺序编扎，然后将内圈钢丝放在外圈钢丝内扎牢。为了简化钢丝编束，钢丝的一端可直接穿入锚杯，另一端距端部约 20cm 处编束，这样穿锚板时钢丝就不会紊乱。钢丝束的中间部分可根据长度适当扎几道。

采用钢质锥形锚具时，钢丝编束有空心束和实心束两种方法，但都需要用圆盘梳丝板理顺钢丝，并在距钢丝端部 5～10cm 处编扎一道。

(三) 碳素钢丝镦头

1. 镦头设备

$\phi^s 5$ 碳素钢丝的镦头，采用 LD10 型钢丝冷镦器。$\phi^s 7$ 碳素钢丝的镦头，采用 LD20 型钢丝冷镦器，其镦头力为 200kN。

2. 镦头的形式与质量

钢丝镦粗的形式通常有蘑菇形和平台形两种。前者受锚板的硬度影响大，如锚板较软，镦头易陷入锚孔而断于镦头处；后者由于有平台，受力性能较好。

为了保证镦头质量，应预先制作 6 个镦头试件，进行外观检查与拉伸试验。镦头的外形检查要求有：

(1) 钢丝的镦头尺寸不得小于规定值。

(2) 允许有纵向不贯通的钢丝镦头裂缝，但不允许出现已延伸到母材或将镦头分为两半或水平裂缝；也不允许出现因镦头夹片造成的钢丝显著刻痕。镦头的拉伸试验应满足镦头强度要求。试镦合格后方可正式镦头。

(四) 钢绞线下料与编束

钢绞线下料时，应制作一个简易的铁笼，将钢绞线盘装在铁笼内，从盘卷中央逐步抽出，以防止在下料过程中钢绞线紊乱，并弹出伤人。

钢绞线的下料宜用砂轮切割机切割，不得采用电弧切割。

钢绞线的编束用 20 号铁丝绑扎，间距 1～1.5m。编束时应先将钢绞线理顺，并尽量使各根钢绞线松紧一致。如单根穿入孔道，则不编束。

(五) 钢绞线固定端钢具组装

1. 挤压锚具组装

挤压设备采用 YJ45 型挤压机，由液压千斤顶、机架和挤压模组成。挤压机工作时，千斤顶的活塞杆推动套筒通过喇叭形模具，使套筒变细，硬钢丝螺旋圈脆断并嵌入套筒与钢绞线中，以形成牢固的挤压头。

2. 压花锚具成型

压花设备采用压花机，由液压千斤顶、机架和夹具组成。压花机的最大推力为 350kN，行程为 70mm。

三、预应力筋穿入孔道

预应力筋穿入孔道，主要是穿束时机与穿束方法。

(一) 穿束时机

根据穿束与浇筑混凝土之间的先后关系，可分为先穿束和后穿束两种。

1. 先穿束法

先穿束法即在浇筑混凝土之前穿束。此法穿束省力，但穿束占用工期，束的自重引起的波纹管摆动会增大摩擦损失，束端保护不当易生锈。按穿束与预埋螺旋管之间的配合。又可分为以下三种情况。

（1）先穿束后装管，即将预应力筋先穿入钢筋骨架内，然后将螺旋管逐节从两端套入并连接。

（2）先装管后穿束，即将螺旋管先安装就位，然后将预应力筋穿入。

（3）两者组装后放入，即在梁外侧的脚手架上将预应力筋与套管组装后，从钢筋骨架顶部放入就位，箍筋应先作成开口箍，再封闭。

2. 后穿束法

后穿束法，即在浇筑混凝土之后穿束。此法可在混凝土养护期内进行，不占工期，便于用通孔器或高压水通孔，穿束后即行张拉，易于防锈，但穿束较为费力。

（二）穿束方法

根据一次穿入数量，可分为整束穿和单根穿。钢丝束应整束穿；钢丝线优先采用整束穿，也可用单根穿。穿束工作可由人工、卷扬机和穿束机进行。

1. 人工穿束

人工穿束可利用起重设备将预应力筋吊起，工人站在脚手架上逐步穿入孔内。束的前端应扎紧并裹胶布，以便顺利通过孔道。对多波曲线束，宜采用特制的牵引头，工人在前头牵引，后头推送，用对讲机保持前后两端同时出力。对长度不大于 50m 的两跨曲线束，人工穿束还是方便的。

2. 用卷扬机穿束

用卷扬机穿束，主要用于超长束、特重束、多波曲线束等整束穿的情况。卷扬机的速度宜慢些（每分钟约 10m），电动机功率为 1.5～2.0kN。束的前端应装有穿束网套或特制的牵引头。

穿束网套可用细钢丝绳编织。网套上端通过挤压方式装有吊环，使用时将钢绞线穿入网套中（到底），前端用铁丝扎死，顶紧不脱落即可。

3. 用穿束机穿束

用穿束机穿束适用于大型桥梁与构筑物单根穿钢绞线的情况。穿束机有两种类型：一是由油泵驱动链板夹持钢绞线传送，速度可任意调节，穿束可进可退，使用方便。二是由电动机经减速箱减速后，由两对滚轮夹持钢绞线传送，进退由电动机正反转控制。穿束时，钢绞线前头应套上一个子弹头形的壳帽。

四、张拉机具设备

预应力筋的张拉工作，必须配置成套的张拉机具设备。后张法用张拉设备主要由液压千斤顶、高压油泵和外接油管三部分组成。

（一）液压千斤顶

目前常用的张拉预应力筋的液压千斤顶（代号为 YL）；穿心千斤顶（代号为 YC）和锥锚式千斤顶（代号为 YZ）三种。液压千斤顶的额定张拉力为 180～5000kN。

1. YL 型千斤顶

YL 型千斤顶主要适用于张拉采用螺丝端杆锚具的粗钢筋和钢丝束、采用镦头锚具的钢丝束。常用的有 YL-60 型千斤顶。

YL-60 型千斤顶是一种通用性的拉杆式液压千斤顶，如图 5-33 所示。

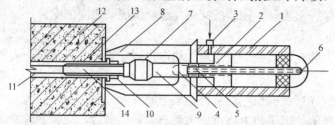

图 5-33　用拉杆式千斤顶张拉单根粗钢筋的工作原理图

1—主缸；2—主缸活塞；3—主缸进油孔；4—副缸；5—副缸活塞；

6—副缸进油孔；7—连接器；8—传力架；9—拉杆；10—螺母；

11—预应力筋；12—混凝土构件；13—预埋铁板；14—螺丝端杆

2. YC 型千斤顶

YC 型预应力千斤顶，是一种适应性很强的千斤顶，它适用于张拉采用 JM12 型、QM 型、XM 型的预应力钢丝束、钢筋束和钢绞线束。配置撑脚和拉杆等附件后，又可作为拉杆式千斤顶使用。在该千斤顶前端装上分束顶压器，并在千斤顶与撑套之间用钢管接长后可作为 YZ 型千斤顶使用，张拉钢质锥形锚具。因此，YC 型千斤顶是目前最常用的张拉千斤顶之一。YC 型千斤顶的张拉力，一般有 180、200、600、1200kN 和 3000kN，张拉行程由 150～800mm 不等，基本上已经形成各种张拉力和不同张拉行程的千斤顶系列。YC 型千斤顶，根据使用功能不同，又可分为 YC 型、YCD 型、YCQ 型等系列产品。现以 YC-60 型千斤顶为例，说明其工作原理，如图 5-34 所示。

3. YZ 型千斤顶

锥锚式 YZ 型千斤顶主要用于张拉钢丝束、钢筋或钢绞线束，其构造如图 5-35 所示。

YZ 型千斤顶在使用过程中，松楔的劳动强度大，且不安全。因此，YZ-85 千斤顶如图 5-36 所示。在千斤顶上增设退楔翼片，使该千斤顶具有张拉、顶锚、退楔三种功能，从而提高工作效率，降低劳动强度。

(二) 电动高压油泵

电动高压油泵的类型比较多，图 5-37 所示为 ZB₄-500 型电动高压油泵，它由泵体、控制阀和车体管路等部分组成。

(三) 千斤顶的校验

用千斤顶张拉预应力筋时，张拉力主要用油泵上的压力表读数表达。压力表所表明的读数，表示千斤顶主缸活塞单位面积上的压力值。理论上，将压力表读数乘以活塞面积，即

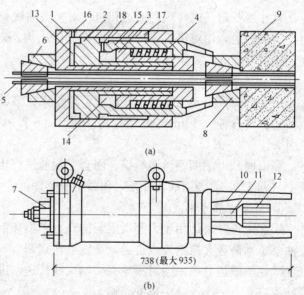

(a)

738(最大 935)

(b)

图 5-34　YC-60 型千斤顶

(a) 构造与工作原理图；(b) 加撑脚后的外貌图

1—张拉油缸；2—顶压油缸 (即张拉活塞)；3—顶压活塞；

4—弹簧；5—预应力筋；6—工具锚；7—螺母；8—锚环；

9—构件；10—撑脚；11—张拉杆；12—连接器；

13—张拉工作油室；14—顶压工作油室；

15—张拉回程油室；16—张拉缸油嘴；

17—顶压缸油嘴；18—油孔

可求得张拉力的大小。设预应力筋的张拉力为 N，千斤顶的活塞面积为 F，则理论上的压

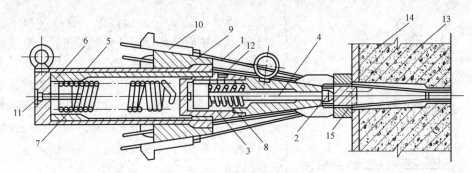

图 5-35 YZ 型千斤顶构造示意图

1—预应力筋；2—顶压头；3—副缸；4—副缸活塞；5—主缸；6—主缸活塞；
7—主缸拉力弹簧；8—副缸压力弹簧；9—锥形卡环；10—楔块；
11—主缸油嘴；12—副缸油嘴；13—锚塞；14—构件；15—锚环

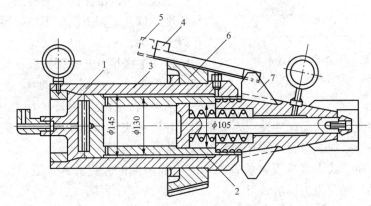

图 5-36 YZ-85 千斤顶构造图

1—主缸；2—副缸；3—退楔缸；4—楔块（张拉时位置）；
5—楔块（退出时位置）；6—锥形卡环；7—退楔翼片

力表读数 P，可用式（5-9）计算

$$P = \frac{N}{F}(\text{MPa}) \tag{5-9}$$

但是，实际张拉力往往比式（5-9）的计算值小。其主要原因是一部分张拉力被活塞与油缸之间的摩阻力所抵消，而摩阻力的大小又与许多因素有关，具体数值很难通过计算确定。因此，施工中常采用张拉设备配套校验的方法，直接测定千斤顶的实际张拉力与压力表读数之间的关系，制成表格或绘制成 P 与 N 的关系曲线，供施工中直接查用。千斤顶校验时，千斤顶与压力表一定要配套校验，压力表的精度不宜低于 1.5 级，校验用的试验机或测力计精度不得低于 ±2%。张拉设备的校验期一般不超过半年，如在使用过程中张拉设备出现反常现象，或在千斤顶经过检修后开始使用时，应重新校验。

五、预应力筋的张拉

预应力筋的张拉是制作预应力混凝土的关键，必须按照现行《混凝土结构工程施工质量验收规范》的有关规定进行施工。

1. 一般规定

预应力筋张拉时，结构的混凝土强度应符合设计要求，当设计无要求时，不应低于设计

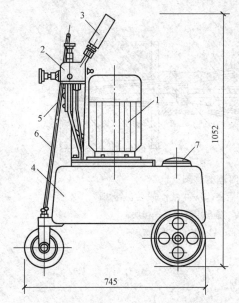

图 5-37　ZB₄-500 型电动高压油泵
1—电动机及泵体；2—控制阀；3—压力表；
4—油箱小车；5—电气开关；6—拉手；7—加油口

强度标准值的 75%，以确保在张拉过程中，混凝土不致受压而破坏。安装张拉设备时，直线预应力筋应使张拉力的作用线与孔道中心线重合；曲线预应力筋应使张拉力的作用线与孔道中心线末端的切线重合。预应力筋张拉、锚固完毕，留在锚具外的预应力筋长度不得小于 30mm。锚具应用封端混凝土保护，长期外露的锚具应采用防锈措施。

2. 张拉控制力和张拉程序

后张法预应力筋的张拉控制应力 σ_{con} 不宜超过表 5-1 规定的数值。张拉程序与先张法相同。

3. 预应力筋的张拉方式

根据预应力混凝土的结构特点、预应力筋的形状与长度，以及施工方法的不同，预应力筋张拉方式有以下几种：

(1) 一端张拉方式。张拉设备放置在预应力筋一端的张拉方式。适用于长度不大于 30m 的直线预应力筋与锚固损失影响长度 $L_f \geqslant L/2$（L 为预应力筋长度）的曲线预应力筋；如设计人员根据计算资料或实际条件认为可以放宽以上限制的话，也可采用一端张拉。但张拉端宜分别设置在构件的两端。

(2) 两端张拉方式。张拉设备放置在预应力筋两端的张拉方式。适用于长度大于 30m 的直线预应力筋与锚固损失影响长度 $L_f < L/2$ 的曲线预应力筋。当张拉设备不足或由于张拉顺序安排关系，也可先在一端张拉完成后，再移至另一端张拉，补足张拉力后锚固。

(3) 分批张拉方式。对配有多束预应力筋的构件或结构分批进行张拉的方式。由于后批预应力筋张拉所产生的混凝土弹性压缩对先张拉的预应力筋造成预应力损失，所以先批张拉的预应力筋张拉力应加上该弹性压缩损失值，或将弹性压缩损失平均值统一增加到每根预应力筋的张拉力内。

(4) 分段张拉方式。在多跨连续梁板分段施工时，通长的预应力筋需要逐段进行张拉的方式。对大跨度多跨连续梁，在第一段混凝土浇筑与预应力筋张拉锚固后，第二段预应力筋利用锚头连接器接长，以形成通长的预应力筋。

(5) 分阶段张拉方式。在后张传力梁等结构中，为了平衡各阶段的荷载，采取分阶段逐步施加预应力的方式。所加荷载不仅是外载（如楼层重量），也包括由内部体积变化（如弹性缩短、收缩与徐变）产生的荷载。梁的跨中处下部与上部纤维应力应控制在容许范围内。这种张拉方式具有应力、挠度与反拱容易控制、材料省等优点。

(6) 补偿张拉方式。在早期预应力损失基本完成后再进行张拉的方式。采用这种补偿张拉，可克服弹性压缩损失，减少钢材应力松弛损失，混凝土收缩徐变损失等，以达到预期的预应力效果。此法在水利工程与岩土锚杆中应用较多。

4. 预应力筋的张拉顺序

预应力筋的张拉顺序，应使混凝土不产生超应力、构件不扭转与侧弯、结构不变位等。因此，对称张拉是一项重要原则。同时，还应考虑到尽量减少张拉设备的移动次数。

图 5-38 所示预应力混凝土屋架下弦杆钢丝束的张拉顺序。钢丝束的长度不大于 30m，采用一端张拉方式。图 5-38（a）所示预应力筋为两束，用两台千斤顶分别设置在构件两端，对称张拉，一次完成。图 5-38（b）所示预应力筋为 4 束，需要分两批张拉，用两台千斤顶分别张拉对角线上的两束，然后张拉另两束。由于分批张拉引起的预应力损失，统一增加到张拉力内。

图 5-39 所示为双跨预应力混凝土框架梁钢绞线束的张拉顺序。钢绞线束为双跨曲线筋，长度达 40m，采用两端张拉方式。图 5-39 中 4 束钢绞线分为两批张拉，两台千斤顶分别设置在梁的两端，按左右对称各张拉一束，待两批 4 束均进行一端张拉后，再分批在另一端补张拉。这种张拉顺序，还可减少先批张拉预应力筋的弹性压缩损失。

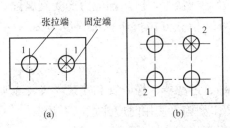

图 5-38 屋架下弦杆预应力筋张拉顺序
（a）两束；（b）4 束
1，2—预应力筋分批张拉顺序

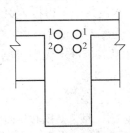

图 5-39 框架梁钢绞线预应力筋
的张拉顺序
1，2—预应力筋分批张拉顺序

对配有多根预应力筋的预应力混凝土构件，由于不可能同时一次张拉，应分批、对称地进行张拉。分批张拉时，要考虑后批预应力筋张拉时对混凝土产生的弹性压缩，而引起前批张拉并锚固好的预应力筋应力值的降低，所以对前批张拉的预应力筋张拉应力值应增加 $\alpha_E\sigma_{pc}$，见式（5-10）

$$\alpha_E \cdot \sigma_{pc} = \frac{E_s}{E_c} \times \frac{(\sigma_{con} - \sigma_1)A_p}{A_n} \tag{5-10}$$

式中　α_E——钢筋弹性模量与混凝土弹性模量的比值；

　　　　σ_{pc}——后批张拉的预应力筋对前批张拉的预应力筋重心处的混凝土法向应力，MPa；

　　　　E_s——钢筋的弹性模量，MPa；

　　　　E_c——混凝土的弹模量，MPa；

　　　　σ_{con}——预应力筋的控制应力，MPa；

　　　　σ_1——预应力筋的第一批应力损失值，MPa；

　　　　A_p——后批张拉的预应力筋截面面积，mm^2；

　　　　A_n——混凝土构件的净截面面积，mm^2。

采用分批张拉时，应按式（5-10）计算出分批张力的预应力损失值，分别加到先批张拉预应力筋的张拉控制应力值内，采用同一张拉值逐根复位补足。

六、孔道灌浆

预应力筋张拉后，应立即进行孔道灌浆，以防止预应力筋锈蚀，增加结构的整体性和耐久性。

（一）灌浆的要求

（1）孔道灌浆前应进行水泥浆配合比设计，并通过试验确定其流动度、泌水率、膨胀率及强度。

（2）灌浆宜用强度等级不低于 42.5MPa 的普通硅酸盐水泥和矿渣硅酸盐水泥配制的水泥浆，应优先采用普通硅酸盐水泥。水泥浆的强度不应低于 20MPa。

（3）水泥浆应有足够的流动性，水灰比为 0.4 左右，流动度为 120～170mm。

（4）水泥浆 3h 泌水率宜控制在 2%，最大不得超过 3%。

（5）在水泥浆中掺入适量的减水剂（占水泥重量 0.25% 的木质素磺酸钙、0.25% 的 FDN），一般可减水 10%～15%，对保证灌浆质量有明显效果。

在水泥浆中掺入占水泥重量 0.05‰ 的铝粉，可使水泥浆获得 2%～3% 的膨胀率，对提高孔道灌浆饱满度有好处，同时也能满足强度要求。

此外，水泥浆中不得掺入氯化物、硫化物以及硝酸盐等，以防预应力筋受到腐蚀。

水泥浆强度不应低于 M20（灰浆强度等级 M20 指立方体抗压标准强度为 20N/mm²），水泥浆试块用 7.07cm³ 无底模制作。

（二）灌浆设备

灌浆设备包括：砂浆搅拌机、灌浆泵、储浆桶、过滤器、橡胶管和喷浆嘴等。灌浆泵常用的型号有 UB3 型、UBJ1.8 型、C-263 型、C-251 型等，使用时应注意以下几点：

（1）使用前应检查球阀是否损坏或存有干灰浆等。

（2）启动时应进行清水试车，检查各管道接头和泵体是否漏水。

（3）使用时应先开动灌浆泵，再放灰浆。

（4）用完后，泵和管道必须清理干净，不得留有余灰。

（三）灌浆工艺

搅拌好的水泥浆必须通过过滤器置于储浆桶内，并不断搅拌，以防泌水沉淀。灌浆工作应缓慢均匀地进行，不得中断，并应排气通顺；在孔道两端冒出浓浆并封闭排气孔后，宜再继续加压至 0.5～0.6N/mm²，稍后再封闭灌浆孔。灌浆顺序宜先灌注下层孔道。

灌浆前孔道应用压力水冲洗，以清洗和湿润孔道。但冲洗后，应采取有效措施排除孔道中的积水。对较大的孔道或预埋管孔道，二次灌浆有利于增强孔道的充实率，但第二次灌浆时间要掌握恰当，一般在水泥浆泌水基本完成，初凝尚未开始时进行（夏季为 30～45min，冬季为 1～2h）。冬天施工时，灌浆前孔道周边的温度应在 5℃以上，水泥浆的温度在灌浆后至少有 5d 保持在 5℃以上。灌浆时水泥浆的温度宜为 10～25℃。为避免冻害，可采取在灌浆前通入 50℃的温水，提高孔道附近的温度，或在水泥浆中加入适量的加气剂，或掺减水剂等减少游离水的措施。

第四节　无黏结预应力混凝土结构施工

无黏结预应力混凝土是一项后张法新工艺。其工艺原理是利用无黏结筋与周围混凝土不黏结的特性，将预先组装好的无黏结预应力筋（简称无黏结筋）在浇筑混凝土之前与非预应力筋一起，按设计要求铺放在模板内，然后浇筑混凝土。待混凝土达到 70% 强度后，利用无黏结预应力筋在结构内可做纵向滑动的特性，进行张拉锚固，借助两端锚具，达到对结构产生预应力的效果。其工艺流程如图 5-40 所示。

无黏结预应力混凝土的施工方法是在预应力筋的表面刷防腐润滑脂并包塑料管后，铺设在模板内的预应力筋设计位置处，然后浇筑混凝土，待混凝土达到要求的强度后，进行预应力筋的张拉和锚固。该工艺的优点是不需要留设孔道、穿筋、灌浆，施工简单，摩擦力小，预应力筋易弯成多跨曲线形状等，是近年发展起来的一项新技术。

一、无黏结预应力筋制作

无黏结预应力筋一般由钢绞线或 7φ5 高强钢丝组成的钢丝束，通过专用设备涂包防腐油脂和塑料套管而构成的一种新型预应力筋，其截面如图 5 - 41 所示。

无黏结预应力筋包括钢丝束和钢绞线。制作时要求每根通长，中间不能有接头，其制作工艺为：编束放盘→刷防腐润滑油脂→覆裹塑料护套→冷却→调直→成型。

二、无黏结预应力筋的锚具

无黏结预应力结构中，预应力筋的张拉力完全借助于锚具传递给混凝土，外荷载作用引起预应力筋受力的变化也全部由锚具承担。因此，无黏结预应力筋用的锚具不仅受力较大，而且承受重复荷载。无黏结预应力筋的锚具宜选用 QM 或 XM 体系的单孔锚具及挤压锚具，有时也采用小规格的群锚。

1. 张拉端

（1）锚具凸出混凝土表面，如图 5 - 42 所示。

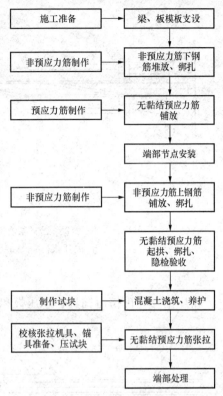

图 5 - 40　无黏结预应力混凝土
的施工工艺流程

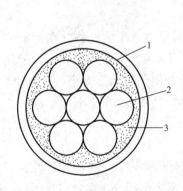

图 5 - 41　无黏结筋断面
1—塑料管；2—钢绞线或钢丝束；
3—防腐润滑油脂

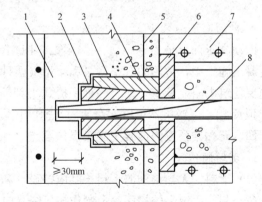

图 5 - 42　张拉端凸出时的构造
1—混凝土圈梁；2—防腐油脂；3—塑料帽；4—锚具；
5—钢筋；6—承压板；7—螺旋筋；8—无黏结预应力筋

（2）锚具凹进混凝土表面，如图 5 - 43（a）所示；垫板连体式锚具凹进混凝土表面，如图 5 - 43（b）所示。

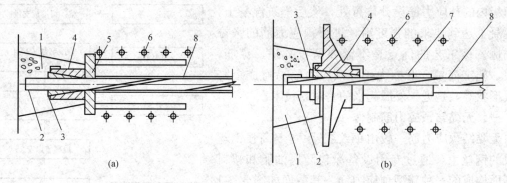

图 5-43　凹入式夹片锚具张拉端构造

（a）圆套筒式锚具；（b）垫板连体式锚具

1—混凝土或砂浆填实；2—塑料帽；3—防腐油脂；4—锚具；
5—承压板；6—螺旋筋；7—塑料保护套；8—无黏结预应力筋

2. 固定端

挤压锚具，由挤压锚具、承压板和螺旋筋组成，如图 5-44 所示。

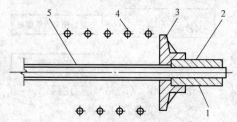

图 5-44　固定端挤压锚具构造

1—异形钢丝衬套；2—挤压元件；3—承压板；
4—螺旋筋；5—无黏结预应力筋

三、张拉设备及机具

配套张拉设备有千斤顶及油泵。机具有顶压器（液压和弹簧两种）、张拉杆、工具锚等。

1. 前卡千斤顶

无黏结预应力筋一般均采用前卡千斤顶单根张拉方法。YCQ20 型前卡穿心千斤顶与 QM 型锚具配合，可以采用不顶压工艺张拉，施工效率很高。对于要求顶压的锚具，也可安装顶压器，对于群锚，还可安装双筒撑套。

2. 电动高压油泵

电动高压油泵是为千斤顶、挤压泵或 LD-10 型镦头器提供高压的设备。在无黏结预应力混凝土施工中，常用的有中型泵和小型泵两种。中型泵可以和各种液压设备配套使用，但在高层建筑中略显笨重；还有一种手提式小型油泵，比较轻便，但油箱太小，和 YCQ20 型千斤顶及 LD-10 镦头器可以配套使用，速度较慢，易发热，使用时须待机冷却。

四、无黏结预应力混凝土施工操作要点

1. 现场制作

（1）下料。无黏结筋的下料长度应按设计和施工工艺计算确定。下料应用砂轮锯切割。

（2）制作固定端的挤压锚。制作挤压锚具时应遵守专项操作规定。在完成挤压后，护套应正好与挤压锚具头贴紧靠拢。

（3）在使用连体锚作为张拉端锚具时，必须加套颈管并切断护套，安装定心穴模。

2. 模板

底模板在建筑物周边宜外挑出去，以便早拆侧模，侧模应便于可靠固定锚具垫板。

3. 铺筋

（1）底模安装后，应在模板上标出预应力筋的位置和走向，以便核查根数并留下标记。

（2）为保证无黏结筋的曲线矢高要求，应合理编排预应力底筋。

（3）无黏结筋的曲率可用马凳控制，间距为 0.8~1.2m。

（4）无黏结筋为双向曲线配置时，必须事先编序，制订铺放顺序。

（5）无黏结筋与预埋电线发生位置矛盾时，后者应予避让。

（6）在施工中无黏结筋的护套如有破损，应对破损部位用塑料胶带包缠修补。

4. 端部节点安装

（1）固定端挤压式锚具的承压板应与挤压锚固头贴紧并固定牢靠。

（2）张拉端无黏结筋应与承压板垂直，承压板和穴模应与端模紧密固定。

（3）穴模外端面与端模之间应加泡沫塑料垫片，防上漏浆。

（4）张拉端无黏结筋外露长度与所使用的千斤顶有关，应具体核定并适当留有余量。

5. 混凝土浇筑及振捣

混凝土浇筑时，严禁踏压撞碰无黏结筋、支撑架以及端部预埋部件；张拉端、固定端混凝土必须振捣密实，以确保张拉操作的顺利进行。

6. 张拉

（1）张拉依据和要求。

1）设计单位应向施工单位提出无黏结筋的张拉顺序、张拉值及伸长值。

2）张拉时混凝土强度设计无要求时，不应低于设计强度的 75%，并应有试验报告单。

3）张拉前必须对各种机具、设备及仪表进行校核标定。

4）无黏结筋张拉顺序应按设计要求进行，如设计无特殊要求时，可依次张拉。

5）为减少无黏结筋松弛、摩擦等损失，可采用超张拉法。

6）张拉后，按设计要求拆除模板及支撑。

（2）张拉操作。

1）张拉千斤顶前端的附件配置与锚具形式有关，应具体处置。

2）张拉时要控制给油速度。

3）无黏结筋曲线配置或长度超过 40m 时，宜采取两端张拉。

4）张拉前后，均应认真测量无黏结筋外露尺寸，并作好记录。

5）张拉程序宜采用从 $0 \rightarrow 103\%\sigma_{con}$ 张拉并直接锚固，同时校核伸长值。实际伸长值对计算伸长值的偏差应在 $+10\% \sim -5\%$ 之间。

6）无黏结筋张拉时，应逐根填写张拉记录，经整理签署验收存档。

7. 端部处理

张拉后应采用液压切筋器或砂轮锯切断超长部分的无黏结筋，严禁采用电弧切断。将外露无黏结筋切至约 30mm 后，涂专用防腐油脂，并加盖塑料封端罩，浇筑混凝土。当采用穴模时，应用微膨胀细石混凝土或高强度等级砂浆将构件凹槽堵平。

五、预应力混凝土现浇框架结构施工

预应力混凝土现浇框架结构是对框架梁或板，以及局部柱施加预应力的一种结构体系，目前在国内被广泛采用。预应力混凝土框架结构，分有黏结预应力框架结构和无黏结预应力框架结构。梁的跨度可为每跨 15、18、21、25m 等。有的主梁为有黏结预应力，次梁为无黏结预应力，有的在柱中施加预应力。现浇预应力框架结构的楼板可用现浇板、预制的预应力空心板，也可用预应力叠合楼板。预应力叠合楼板是由预制的预应力薄板与现浇叠合层组成。预应力薄板厚度一般为 50mm，施工时可作为永久性模板使用，现浇叠合层厚度按设计要求而定，一般为 60～90mm。在现浇预应力框架结构中，框架梁一般配置曲线或折线预应力筋。

（一）曲线孔道的留设

现浇预应力框架结构中，通常配置曲线预应力筋，因此在框架施工中必须留设曲线孔道。曲线孔道可采用金属波纹管留孔，其弯曲部分的坐标按预应力筋曲线方程计算确定，弯曲成型后的坐标误差应控制在 2mm 以内。以图 5 - 45 所示预应力混凝土现浇框架结构中所配置的曲线预应力筋为例，预应力筋的曲线方程为

$$y = \frac{4f}{l^2} x(l - x) \tag{5 - 11}$$

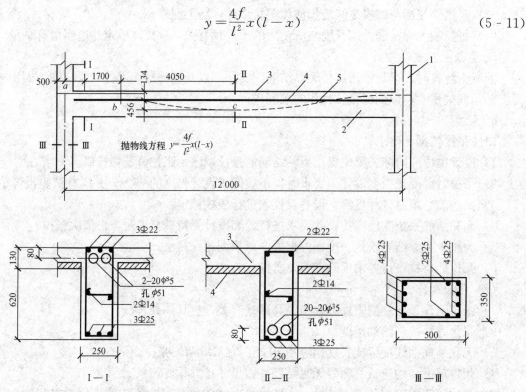

图 5 - 45　预应力混凝土现浇框架结构

1—框架柱；2—框架梁；3—现浇叠合层；4—预制预应力混凝土薄板；5—预应力筋

ab 段 $f = 134$mm，bc 段 $f = 456$mm。根据 x 坐标分别为 0.7、1.7、2.75、3.75、4.75m 和 5.75m 时，计算所得 y 坐标分别为 47、134、340、479、562mm 和 590mm。因此，曲线孔道定位图如图 5 - 46 所示。

留孔波纹管可在现场弯曲成所需的曲线形状，接头部分用 300mm 长的大一号波纹管套接。关于灌浆孔和泌水孔则在波纹管上打孔后用带嘴弧形白铁（或塑料）压板形成，如图 5 - 47 所示。灌浆孔一般留在曲线筋的最低部位，泌水孔设在曲线筋的最高拐点处。灌浆孔和泌水孔用 ϕ20 塑料管，并伸出表面 50mm 左右。

（二）曲线预应力筋的张拉及应力控制

框架梁中曲线预应力筋的张拉采用两端同时张拉工艺，预应力筋的应力控制应确保其跨中的预应力值，一般要求在使用阶段跨中的有效预应力值为 $0.5～0.55 f_{ptk}$。曲线预应力筋

在张拉阶段产生的预应力损失主要是锚具变形与预应力筋内缩和孔道摩阻损失，因此，曲线预应力筋张拉锚固完毕后，应保证跨中有效预应力值在 $0.60f_{ptk}$ 左右。

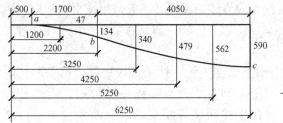

图 5-46 曲线孔道定位尺寸示意图

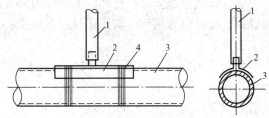

图 5-47 灌浆孔或泌水孔留设示意图

1—ϕ20 塑料管；2—带嘴弧形白铁压板；
3—波纹管；4—绑扎铅丝

（三）预应力混凝土现浇框架结构施工

预应力混凝土现浇框架结构施工顺序通常有以下三种。

（1）逐层浇筑，逐层张拉。施工顺序为浇筑完成一层框架梁混凝土后，张拉该层框架梁的预应力筋，预应力筋张拉完成后可以拆除该层梁的支撑。

（2）数层浇筑，顺向张拉。施工顺序为浇筑完成数层框架梁混凝土后，顺向（自下而上）逐层张拉框架梁的预应力筋，下层预应力筋张拉时，上一层混凝土框架梁的混凝土强度至少应达到 C15。

（3）数层浇筑，逆向张拉。施工顺序为浇筑完成数层框架梁混凝土后，逆向（自上向下）逐层张拉框架梁的预应力筋。

（四）预应力混凝土现浇板柱结构施工

预应力混凝土板柱结构，其基本单元是由 4 根预制钢筋混凝土柱、楼板、边梁、悬臂板和剪力墙等组成。在柱网纵横轴线处穿入预应力筋，通过预加应力使板牢固结合，形成整体，如图 5-48 所示。

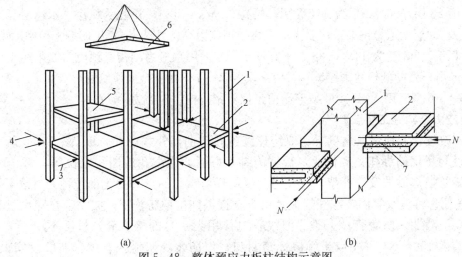

(a)　　　　　　　　　　　　　　(b)

图 5-48　整体预应力板柱结构示意图

(a) 整体预应力板柱结构安装示意图；(b) 板与柱的摩擦节点

1—柱；2—楼板；3—纵向预应力；4—横向预应力；5—安装就位的楼板；
6—正在吊装的楼板；7—预应力筋

主体结构安装顺序为：杯形基础杯底抄平以控制柱安装标高→柱安装、校正和固定→在柱上装设支撑楼板的临时支托→楼板和边梁的安装→灌注板柱之间的砂浆和养护。

装配式整体预应力板柱结构的预应力筋可配置成直线或曲线，一般采用碳素钢丝束或钢绞线束。锚具可选用钢质锥形锚具和XM型锚具，配以YC-18、YC-20型穿心式千斤顶进行高空张拉。

预应力筋的张拉方案视下列情况而定：当轴线长度较短、柱子又较短时，可采用柱底固定，吊装一层、张拉一层的张拉方案，比较安全和省事；当轴线长度较短，而柱长较长时，可采用柱底固定，吊装好上层楼板，并在板柱间接缝灌浆以后，再张拉下层预应力筋的张拉方案，这样有利于减少柱顶的位移；当轴线较长时，由于在张拉过程中板柱间接缝砂浆将产生较大的压缩变形，而造成较大柱顶位移，则必须采取有效措施，减少或消除柱的附加弯矩。

预应力筋的张拉顺序和张拉制度一般为：在层次安排上由一层开始、逐层向上至顶层张拉；对每一层而言，先张拉长向的纵轴线预应力筋，后张拉短向的横轴线预应力筋；对于各轴线之间的张拉顺序，则先中柱后边柱，对称交叉张拉；对于每一轴线多根预应力筋张拉，则以对角线对称分批张拉。长向纵轴线的预应力筋由于长度较长，宜采用两端张拉，即一端先行张拉，另一端补张拉至$103\% \sigma_{con}$后锚固的张拉工艺，以使预加应力沿长向轴线比较均匀地传递。横向预应力筋一般比较短，可采用一端张拉工艺。

预应力筋张拉锚固以后，立即进行柱上预留孔洞的灌浆，并浇筑楼板间的接缝混凝土。

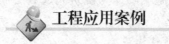

工程应用案例

【背景材料】

某市邮电大厦占地面积$14\ 156m^2$，总建筑面积$53\ 800m^2$。主楼为框筒结构，地下1层（局部2层），地上32层。总高度137.2m，其中5层以下是裙房，6～27层为标准层，层高3.2m，第28层（96.2m）为旋转餐厅，层高5.8m，第29～32层为机房、水箱层等。28层的12道及29层4道悬挑梁采用后张法有黏结预应力结构，29层周边4道框架梁由原来4跨7.2m、4跨7.8m变为14.4m和2跨15.6m，亦采用预应力结构。预应力筋采用$\phi 15.24$，$f_{ptk} = 1860N/m^2$的低松弛钢绞线。梁内穿设$\phi 55 \sim \phi 75$薄壁金属波纹管形成孔道。锚具采用OVM15-4～6型，用YCD-150型千斤顶张拉，张拉控制应力为$0.7f_{ptk}$。

【预应力结构施工要点】

（1）波纹管的埋设。悬挑梁、双跨连续的孔道曲线，如图5-49、图5-50所示。波纹管穿设与梁钢筋绑扎交叉作业，待箍筋绑扎好后，根据孔道曲线定位图，每1m用$\phi 8$钢筋同梁箍筋焊成波纹管托架，在孔道曲线的反弯点、拐点等变化部位适当加密，用6～8股钢筋扎丝将波纹管固定在托架上。由于在接点部位钢筋较密，波纹管在穿设过程中尽量避免反复弯曲，防止管壁开裂。波纹管连接用大一号的接头套，长度不小于300mm，两端各旋入150mm，并用胶带缠绕3道封口，以防水泥浆流入管中。波纹管安设好后，在两端套入螺旋筋和喇叭口的锚垫板，锚垫板须垂直于孔道中心线，且牢固不跑位。部分悬挑预应力梁的锚固端原设计在梁侧边的柱脚处，但柱端面小、钢筋密，锚垫板放置困难，于是将波纹管穿过柱边在延伸400mm，将锚垫板安装在框架梁内，在浇筑混凝土梁内留下 1m 的"后浇段"。

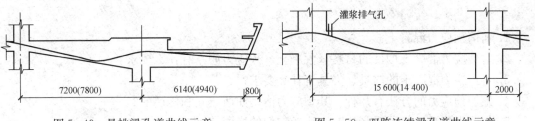

图 5-49　悬挑梁孔道曲线示意　　　　　图 5-50　双跨连续梁孔道曲线示意

（2）预应力筋穿束。悬挑梁内侧框架梁跨度为 7.8、7.2m，梁的截面尺寸为 600mm×600mm～1510mm、800mm×900mm～1670mm，悬挑端跨度为 4.000～6.940m，截面尺寸为 600mm×800mm、800mm×900mm，梁内预应力筋分别为 2～7φ15.24、6～5φ15.24钢绞线。双跨连续梁长度为 31.2、28.8m，内设钢绞线 4～6φ15.24。钢绞线下料根据设计长度用薄片砂轮机切断，铁丝绑扎端头，并编号挂牌。穿束时，在每束钢绞线上设可拆卸的锥形引帽并逐根穿入波纹管内。双跨连续梁穿束时引帽可焊在钢绞线端头，以防掉入波纹管内堵塞孔道。

（3）灌浆孔、泌水孔设置。在预应力梁的各孔道的峰顶设置灌浆孔和泌水孔，其制作方法是：在波纹管上熔出直径约 30mm 的圆孔，然后用 φ80 半圆镀锌管做适当弯折，并在铁丝上开孔焊在 φ25 的镀锌管上，在波纹管的圆孔周围，半圆管与波纹管之间用海绵垫，周围用胶带缠绕数层，并用铁丝扎牢，φ25 镀锌管伸出梁面 500mm，即作灌浆孔和工作泌水排气孔。

（4）混凝土浇筑。浇筑混凝土前，先对波纹管标高、位置以及锚垫板的连接固定进行复检，保证位置准确。混凝土浇筑时，特别注意振动棒不要直接触及波纹管以防弯曲。由于在锚固区及节点部位钢筋较密，混凝土应细致振捣，保证密实性。另外，为了保证孔道畅通，在浇混凝土时派专人拉动波纹管内的钢绞线。

（5）预应力筋张拉。混凝土达到设计强度后，清除张拉端和锚固端的灰浆、杂物，搭设张拉平台。张拉采取双控方法，以拉应力为主，伸长值为辅。根据张拉合力点尽可能在截面重心和张拉宜对称的原则确定梁中各项预应力筋的张拉顺序。张拉程序为：$0 \rightarrow 0.2\sigma_{con} \rightarrow 0.6\sigma_{con} \rightarrow 1.03\sigma_{con}$（持荷 5min，测最终伸长值）$\rightarrow 1.0\sigma_{con}$。

预应力筋张拉控制应力为 $0.7f_{ptk}$。每束 5φ15.24、6φ15.24、7φ15.24 的张拉控制力分别为 911.40、1093.68、1275.96kN。

（6）灌浆、封锚。张拉完毕 24h 后，检查钢绞线无回缩、锚具无异常现象即可灌浆，灌浆材料采用 42.5 级普通硅酸盐水泥，水灰比为 0.45。灌浆时用灰浆泵缓慢均匀地从中间灌浆孔灌入，不宜中断，待两端冒出浓浆为止。2h 后，增大注浆压力进行二次补浆，封堵出浆孔。

预应力筋外露留取 20cm 左右：在锚具周围弯折，用环氧树脂涂刷 3 道，然后支设张拉端、锚固端模板，在张拉端用 C40 细石混凝土封裹锚具。锚固端与框架梁"后浇段"的混凝土浇筑密实。

 复习思考题

1. 何谓预应力混凝土？
2. 对预应力混凝土构件的材料（混凝土、预应力筋）有什么要求？
3. 对预应力混凝土的锚具、夹具有什么要求？
4. 施加预应力的方法有几种？其预应力值是如何建立和传递的？
5. 何谓先张法？何谓后张法？试比较它们的异同点。
6. 先张法长线台座由哪些部分组成？各起什么作用？如何进行台座的稳定性验算？
7. 先张法常用的夹具有哪几种？如何与张拉设备配套使用？
8. 预应力筋为什么要先焊后拉？
9. 试述先张法的张拉程序和放松预应力筋的方法。
10. 后张法常用的锚具有哪些？如何与张拉设备配套使用？
11. 试述 XM 锚具的特点及适用情况。
12. 后张法孔道留设有哪几种方法？各适用于什么情况？应注意哪些问题？
13. 建立张拉程序的依据是什么？在张拉程序中为什么要超张拉和持荷 2min？
14. 预应力筋张拉方式有哪些？
15. 分批张拉时，如何弥补混凝土弹性压缩应力损失？
16. 重叠生产的预应力构件如何弥补其应力损失？
17. 如何计算张拉力和钢筋的伸长值？
18. 预应力筋张拉后，为什么必须及时进行孔道灌浆？对孔道灌浆有何要求？
19. 预应力筋张拉和钢筋冷拉有何区别？
20. 有黏结预应力与无黏结预应力施工工艺有何区别？
21. 对无黏结预应力筋材料有何要求？常用何种锚具与张拉设备？
22. 如何制作无黏结预应力筋？
23. 预应力混凝土现浇框架结构施工有哪几种方法？

习 题

1. 某预应力混凝土屋架，采用机械张拉后张法施工，两端为螺丝端杆锚具，端杆长度为 320mm，端杆外露出构件端部长度为 120mm，孔道长度为 23.80m，预应力筋为冷拉Ⅳ级钢筋，直径为 20mm，钢筋长度为 8m，实测钢筋冷拉率为 4‰，弹性回缩率为 0.3‰，张拉控制应力为 $0.85f_{pyk}$ （$f_{pyk}=500N/mm^2$），试计算钢筋的下料长度和张拉力。

2. 某车间预应力混凝土吊车梁长度为 6m，配置直线预应力筋为 4 束 6ϕ'12 钢筋，采用 YC60 型千斤顶一端张拉，千斤顶长度为 435mm，两端均采用 JM12-6 型锚具，锚具厚度为 55mm，垫板厚 15mm，张拉控制应力（σ_{con}）为 $0.85f_{pyk}$（$f_{pyk}=500N/mm^2$），试计算钢筋的下料长度和张拉力。

3. 某车间采用 21m 的预应力混凝土屋架，孔道长度 20.8m，采用 2ϕ'28 钢筋，一端用螺丝端杆锚具（锚具长 320mm，端部露出构件 120mm），另一端用帮条锚具（帮条长

60mm，垫板厚 15mm），张拉控制应力 $\sigma_{con} = 0.85f_{pyk}$（$f_{pyk} = 500N/mm^2$），混凝土采用 C40，冷拉控制应力为 $500N/mm^2$，冷拉率 5%，弹性回缩率 0.4%，现场钢筋每根长度为 7.5m，屋架在工地 3 榀平卧重叠预制，采用拉杆式千斤顶一端张拉，试计算：

（1）预应力筋的下料长度；

（2）预应力筋的冷拉力及冷拉伸长值；

（3）确定预应力筋的张拉程序，计算每榀预应力筋的张拉力和伸长值。

第六章　结 构 安 装 工 程

┌───── 内 容 提 要 ─────┐

　　本章主要介绍结构安装工程和钢结构安装工程中常用的起重机械类型、性能及使用特点；构件的吊装工艺及平面布置；结构安装方案的拟订。重点分析了起重机的选择及各参数间的关系、起重机开行路线及构件平面布置的关系，以及影响结构安装方案的因素，着重阐述了起重机稳定性验算。

学习要求

　　(1) 了解结构吊装的准备工作，起重机的性能及特点，各种构件的吊装工艺及吊装中的质量安全技术措施。

　　(2) 掌握起重机的选择，正确选择结构安装方法，确定起重机的开行路线，拟定构件平面布置方案。

　　(3) 熟悉钢网架结构的安装、多层装配式框架结构安装方法，以及安装质量控制和安全技术。

第一节　起 重 机 具 设 备

　　结构吊装用的起重机械主要有：桅杆式起重机、自行式起重机、塔式起重机以及索具设备。

一、桅杆式起重机

　　桅杆式起重机是用木材或金属材料制作的起重设备，多以因地制宜、就地取材的原则在现场制作。其特点是：制作简单、装拆方便，能在比较狭窄的现场上使用；起重量较大，可达 100t 以上；能安装特殊工程和重大结构；服务半径小、移动较困难，需要拉设较多的缆风绳，一般仅用于结构吊装工程量集中的工程。

　　在建筑工程中常用的桅杆式起重机有：独脚拔杆、悬臂拔杆、人字拔杆和牵缆式桅杆起重机，如图 6-1 所示。

　　(1) 独脚拔杆。独脚拔杆按制作的材料分类有：木独脚拔杆、钢管独脚拔杆和格构式独脚拔杆。木独脚拔杆起重高度一般为 8~15m，起重量在 100kN 以内；钢管独脚拔杆起重高度在 20m 以内，起重量可达 300kN；格构式独脚拔杆起重高度可达 70m，起重量可达 1000kN。独脚拔杆是由拔杆、起重滑轮组、卷扬机、缆风绳及锚锭等组成，起重时拔杆保持不大于 10°的倾角，如图 6-1 (a) 所示。

　　(2) 人字拔杆。人字拔杆一般是由两根圆木或两根钢管用钢丝绳绑扎或铁件铰接而成，如图 6-1 (b) 所示。钢管人字拔杆所用钢管规格视拔杆起重量而定，起重量 100kN，拔杆

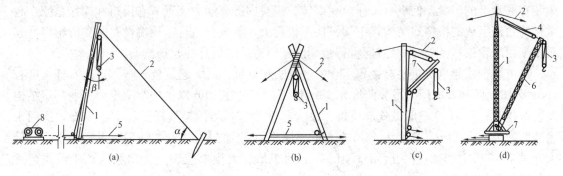

图 6-1 桅杆式起重机

(a) 独脚拔杆；(b) 人字拔杆；(c) 悬臂拔杆；(d) 牵缆式桅杆起重机

1—拔杆；2—缆风绳；3—起重滑轮组；4—导向装置；5—拉索；6—起重臂；7—回转盘；8—卷扬机

长度 20m，钢管外径 273mm，壁厚 10mm。

(3) 悬臂拔杆。悬臂拔杆是在独脚拔杆的中部或 2/3 高度处装一根起重臂而成，如图 6-1 (c) 所示。它的特点是起重高度和起重半径都较大，起重臂左右摆动角度也大，多用于轻型构件的吊装。

(4) 牵缆式桅杆起重机。牵缆式桅杆起重机是独脚拔杆下端装一根起重臂而成，如图 6-1 (d) 所示。这种起重机的起重臂可以起伏，机身可回转 360°，可以在起重半径范围内，把构件吊到任何位置。由圆木制成的牵缆式桅杆起重机，桅杆高可达 25m，起重量 50kN 左右；用角钢组成的格构式截面杆件的牵缆式起重机，桅杆高度可达 80m，起重量 100kN 左右。牵缆式桅杆起重机需设较多的缆风绳，适用于构件多且集中的建筑物的结构安装工程。

二、自行式起重机

自行式起重机可分为履带式起重机、汽车式起重机与轮胎式起重机。自行式起重机的优点是灵活性大，移动方便，能为整个建筑工地服务。这类起重机的缺点是稳定性较差。

（一）履带式起重机

履带式起重机是一种自行式 360° 全回转的起重机，其工作装置经改造后可作挖土机或打桩架，是一种多功能的机械，如图 6-2 所示。它操作灵活，行驶方便，对地耐力要求不高，臂杆可以接长或更换。目前，履带式起重机是建筑结构安装工程中的主要起重机械，特别在一般单层工业厂房结构安装中使用最为广泛。履带式起重机主要由行走装置、回转机构、机身和起重臂等部分组成。行走装置采用两条链式履带，以减少对地面的平均压力；回转机构

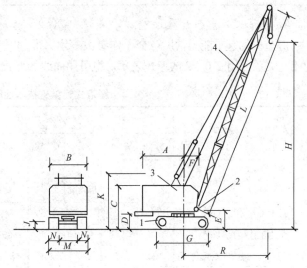

图 6-2 履带式起重机

1—行走装置；2—回转装置；3—机身；4—起重臂

A，B，……—外形尺寸符号；L—起重臂长；

H—起重高度；R—起重半径

为装在底盘上的转盘，使机身可作360°回转；机身内部有动力装置、卷扬机和操作系统；起重臂为角钢组成的格构式结构，下端铰接于机身上，随机身回转，顶端设有两套滑轮组（起重及变幅滑轮组），钢丝绳通过起重臂顶端滑轮组连接到机身的卷扬机上。

国产履带式起重机主要有：W_1-50 型履带式起重机：最大起重量 100kN，起重杆长度有 10m 及 18m 两种，适用于吊装跨度在 18m 以下，高度在 10m 以内的小型单层工业厂房结构及装卸作业；W_1-100 型履带式起重机：最大起重量 150kN，起重杆长度 13～23m，适用于吊装跨度为 18～24m、高度为 15m 左右的单层工业厂房结构；W_1-200 型履带式起重机，最大起重量 400kN，起重杆长度可达 40m，适用于吊装大型单层工业厂房结构。履带式起重机外形尺寸如图 6-2 和表 6-1 所示。

表 6-1　　　　　　　　　　　　　　　履带式起重机外形尺寸　　　　　　　　　　　　　　　　mm

符　号	名　　称	型　号				
		W_1-50	W_1-100	W_1-200	∈-1252	西北 78D（80D）
A	机身尾部到回转中心距离	2900	3300	4500	3540	3450
B	机身宽度	2700	3120	3200	3120	3500
C	机身顶部到地面高度	3220	3675	4125	3675	—
D	机身底部距地面高度	1000	1045	1190	1095	1220
E	起重臂下铰点中心距地面高度	1555	1700	2100	1700	1850
F	起重臂下铰点中心至回转中心距离	1000	1300	1600	1300	1340
G	履带长度	3420	4005	4950	4005	4500（4450）
M	履带架宽度	2850	3200	4050	3200	3250（3500）
N	履带板宽度	550	675	800	675	680（760）
J	行走底架距地面高度	300	275	390	270	310
K	机身上部支架距地面高度	3480	4170	6300	3930	4720（5270）

1. 履带式起重机起重性能

起重机的起重能力常用三个工作参数表示，即起重量 Q、起重高度 H 和起重半径 R。三者的相互关系可用表 6-2 的形式表示，也可用曲线的形式表示，如图 6-3～图 6-5 所示。

表 6-2　　　　　　　　　　　　　　履带式起重机技术性能表

参　数		型　号									
		W_1-50			W_1-100		W_1-200			∈-1252		
起重臂长度（m）		10	18	18 带鸟嘴	13	23	15	30	40	12.5	20	25
最大工作幅度（m）		10	17	10	12.5	17.0	15.5	22.5	30	10.0	15.5	19.0
最小工作幅度（m）		3.7	4.5	6.0	4.23	6.5	4.5	8.0	10.0	4.0	5.65	6.5
起重量（kN）	最大工作幅度	100	75	20	150	80	500	200	80	200	90	70
	最小工作幅度	26	10	10	35	17	82	43	15	55	25	17
起重高度（m）	最大工作幅度	9.2	17.2	17.2	11.0	19.0	12.0	26.8	36.0	10.7	17.9	22.8
	最小工作幅度	3.7	7.6	14.0	5.8	16.0	3.0	19.0	25.0	8.1	12.7	17.0

注　表中数据所对应的起重臂倾角为 $\alpha_{\min}=30°$，$\alpha_{\max}=77°$。

起重量 Q 是指起重机在一定起重半径范围内起重的最大能力，一般不包括吊钩、滑轮组的重量。起重半径 R 是指起重机回转中心至吊钩中心的水平距离。起重高度 H 是指起重机吊钩中心至停机面的垂直距离。

　　从上述起重机性能表和性能曲线中可看出：起重量、起重半径、起重高度三个工作参数间存在着互相制约的关系，其取值取决于起重臂长度及其仰角。当起重臂长度一定时，随着仰角的增大，起重量和起重高度增加，而起重半径减小；当起重臂的仰角不变时，随着起重臂长度的增加，起重半径和起重高度增加，而起重量减小。

　　起重半径 R、起重高度 H、起重臂长 L 及仰角 α 相互之间的几何关系，如图 6-6 所示，其计算式为

$$R = F + L\cos\alpha \qquad (6-1)$$
$$H = E + L\sin\alpha - d_0 \qquad (6-2)$$

式中　d_0——吊钩中心至起重臂顶端定滑轮中心的最小距离（2.5～3.5m）；

　　　　E、F——由表 6-1 查得。

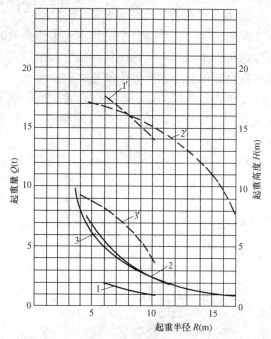

图 6-3　W_1-50 型履带式起重机性能曲线
1—L＝18m 有鸟嘴时 R-H 曲线；1′—L＝18m 有鸟嘴时
Q-R 曲线；2—L＝18m 时 R-H 曲线；2′—L＝18m
时 Q-R 曲线；3—L＝10m 时 R-H 曲线；3′—L＝
10m 时 Q-R 曲线

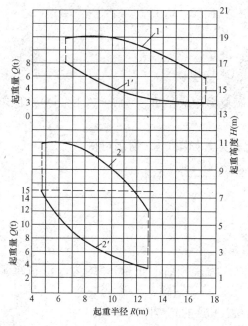

图 6-4　W_1-100 型履带式起重机性能曲线
1—L＝23m 时 R-H 曲线；1′—L＝23m 时 Q-R 曲线；
2—L＝13m 时 R-H 曲线；2′—L＝13m 时 Q-R 曲线

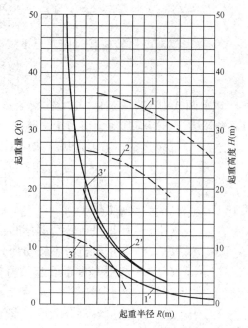

图 6-5　W_1-200 型起重机性能曲线
1—L＝40m 时 R-H 曲线；1′—L＝40m 时 Q-R 曲线；
2—L＝30m 时 R-H 曲线；2′—L＝30m 时 Q-R 曲线；
3—L＝15m 时 R-H 曲线；3′—L＝15m 时 Q-R 曲线

2. 履带式起重机稳定性验算

起重机稳定性是指整个机身在起重作业时的稳定程度，起重机在正常条件下工作，一般可以保持机身稳定，但在超负荷吊装或由于施工需要接长起重臂时，需进行稳定性验算，以保证在吊装作业中不会发生倾覆事故。

履带式起重机的稳定性应以起重机处于最不利工作状态即稳定性最差时（机身与行驶方向垂直）进行验算，此时，应以履带中心 A 为倾覆中心，验算起重机稳定性，如图 6-7 所示。

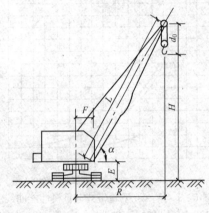
图 6-6　几何关系

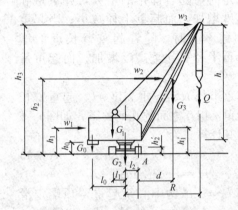
图 6-7　履带起重机稳定性验算

（1）当考虑吊装荷载及附加荷载（风荷载、刹车惯性力和回转离心力等）时应满足下式要求：

$$k_1 = \frac{稳定力矩}{倾覆力矩} \geqslant 1.15$$

（2）当仅考虑吊装荷载时应满足下式要求：

$$k_2 = \frac{稳定力矩}{倾覆力矩} \geqslant 1.40$$

以上两式中 k_1、k_2 称为稳定性安全系数。倾覆力矩取吊重一项所产生的力矩，稳定力矩取全部稳定力矩与其他倾覆力矩之差。

按 k_1 验算较复杂，施工现场一般用 k_2 简化验算，如图 6-7 所示可得

$$k_2 = \frac{G_1 l_1 + G_2 l_2 + G_0 l_0 - G_3 l_3}{Q(R - l_2)} \geqslant 1.40 \tag{6-3}$$

式中　　　　G_0——起重机平衡重；

　　　　　　G_1——起重机可转动部分的重量；

　　　　　　G_2——起重机机身不转动部分的重量；

　　　　　　G_3——起重臂重量（起重臂接长时，为接长后的重量），约为起重机重量的 $4\% \sim 7\%$；

l_0、l_1、l_2、l_3——以上各部分的重心至倾覆中心 A 点的相应距离；

　　　　　　R——起重机的回转半径；

　　　　　　Q——起重机的起重量。

验算后如不满足式（6-3）时，可采用临时增加平衡重；改变地面坡角的大小或方向；在起重臂顶端拉设临时缆风绳等措施。上述措施，均应经计算确定，并在正式使用前进行试用。

【例 6-1】 某建筑工地拟选用 W_1-100 型履带式起重机（最大起重量 150kN）吊装厂房钢筋混凝土柱，每根柱重（包括索具）175.0kN，试验算起重机稳定性。

解 据现场实测可知 $G_1=202.0$kN，$G_2=144.0$kN，$G_0=30.0$kN，$G_3=435$kN（起重臂长度为 13m）。根据表 6-1 查得

$$l_2 = \frac{M}{2} - \frac{N}{2} = \frac{3.2}{2} - \frac{0.675}{2} = 1.26\text{m}$$

实测 $l_1=2.63$m；$l_0=4.59$m

根据表 6-2 查得 $R=4.23$m

由于 $l_3 = R - \left(l_2 + \frac{13 \times \cos 77°}{2}\right) = 1.29\text{m}$（最大仰角 77°）

当 $Q=175$kN 时，将以上数值代入式（6-3）得

$$k_2 = \frac{202 \times 2.63 + 144 \times 1.26 + 30 \times 4.59 - 43.5 \times 1.29}{175 \times (4.23 - 1.26)}$$

$$= 1.53 > 1.40$$

如［例 6-1］计算的 $k_2 < 1.40$ 时，可采取在机身尾部增加配重。需增加的重量 G'_0 可按下式计算：

$$稳定力矩 + G'_0 l_0 \geqslant 1.40 \times 倾覆力矩$$

$$G'_0 = \frac{1.40 \times 倾覆力矩 - 稳定力矩}{l_0}$$

3. 起重臂接长验算

当起重机的起重高度大或起重半径不能满足吊装需要时，则可采用接长起重臂杆的方法予以解决。其起重量 Q' 按图 6-8 计算。根据起重力矩等量换算原理，可由 $\sum M_A = 0$ 整理得

$$Q'\left(R' - \frac{M}{2}\right) + G'\left(\frac{R'+R}{2} - \frac{M}{2}\right) = Q\left(R - \frac{M}{2}\right)$$

整理后得

$$Q' = \frac{1}{2R'-M}\left[Q(2R-M) - G'(R'+R-M)\right]$$

（6-4）

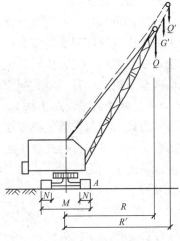

图 6-8 起重臂接长计算简图

式中 R'——起重臂接长后的起重半径；

G'——起重臂接长部分的重量。

当 Q' 值小于所吊构件重量时，须用式（6-4）进行稳定性验算，并采取相应措施，如在起重臂顶端拉设缆风绳等，以加强起重机稳定性。

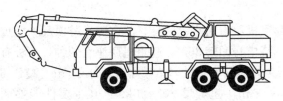

图 6-9 汽车式起重机外貌图

（二）汽车式起重机

汽车式起重机是将起重机构安装在通用或专用汽车底盘上的一种自行式全回转起重机，起重机构动力由汽车发动机供给，其行驶的驾驶室与起重操纵室分开设置，如图 6-9 所示。这种起重机的优点是运行速度

快，能迅速转移，对路面破坏性很小。但吊装作业时必须支腿，不能负荷行驶，也不适合在松软或泥泞的地面上工作。一般地，汽车式起重机适用于构件运输装卸作业和结构吊装作业。

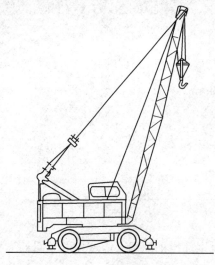

图 6-10 轮胎式起重机

国产汽车式起重机有：Q_2-8 型、Q_2-12 型、Q_2-16 型等。最大起重量分别为 80kN、120kN、160kN。适用于构件装卸作业或用于安装标高较低的构件。国产重型汽车式起重机有 Q_2-32 型，起重臂长 30m，最大起重量 320kN，可用于一般厂房的构件安装。Q_3-100 型，起重臂长 12～60m，最大起重量 1000kN，可用于大型构件安装。

（三）轮胎式起重机

轮胎式起重机在构造上与履带式起重机大体相似，但其行走装置采用轮胎，起重机构安装在加重型轮胎和轮轴组成的特制底盘上，能全回转，如图 6-10 所示。起重时利用支腿支撑，增加机身的稳定性并保护轮胎。必要时，支腿下可垫垫块，以扩大支承面。国产的轮胎式起重机有：QL_2-8 型、QL_3-16 型、QL_3-25 型、QL_3-40 型、QL_1-16 型等。均可用于构件装卸和一般工业厂房的结构安装。

三、塔式起重机

塔式起重机是一种塔身直立，起重臂安装在塔身顶部且可作 360°回转的起重机。它具有较大的工作空间，起重高度大，广泛应用于多层及高层装配式结构安装工程。一般可按行走机构、变幅方式、回转机构的位置及爬升方式的不同而分成若干类型。常用的类型有：轨道式塔式起重机、爬升式塔式起重机、附着式塔式起重机等。

（一）轨道式塔式起重机

轨道式塔式起重机是在多层房屋施工中应用最广泛的一种起重机。由于它是在轨道上行驶的起重机，又称自行式塔式起重机。该机种类繁多，能同时完成垂直和水平运输，在直线和曲线轨道上均能运行，使用安全，生产效率高，可负荷行走。常用的轨道式塔式起重机有以下几种。

1.QT_1-2 型塔式起重机

QT_1-2 型塔式起重机是一种塔身回转式轻型塔式起重机，主要由塔身、起重臂和底盘组成，如图 6-11 所示。这种起重机塔身可以折叠，能整体运输，如图 6-12 所示。起重力矩 160kN·m，起重量 10～20kN，轨距 2.8m。适用于五层以下民用建筑结构安装和预制构件厂装卸作业。

2.QT_1-6 型塔式起重机

QT_1-6 型塔式起重机是塔顶旋转式塔式起重机，由底座、塔身、起重臂、塔顶及平衡重等组成。塔顶有齿式回转机构，塔顶通过它围绕塔身回转 360°。起重机底座有两种，一种有 4 个行走轮，只能直线行驶；另一种有 8 个行走轮能转弯行驶，内轨半径不小于 5m。QT_1-6 型塔式起重机的最大起重力矩为 400～450kN·m，起重量 20～60kN，其主要性能如图 6-13 上的起重机性能曲线及表 6-3 所示。

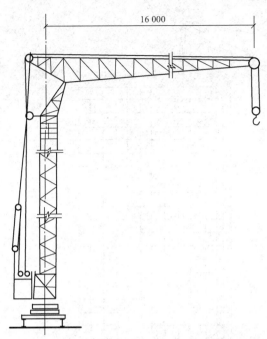

QT$_1$-2 型塔式起重机工作性能

幅度 (m)	起重高度 (m)	起重量 (kN)
16.00	17.20	10.0
15.00	20.30	10.7
14.00	22.80	11.5
13.00	24.40	12.3
12.00	25.60	13.4
11.00	26.60	14.6
10.00	27.40	16.0
9.00	28.00	17.8
8.00	28.30	20.0

图 6-11　QT$_1$-2 型塔式起重机

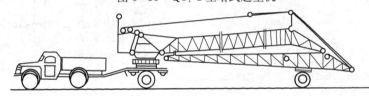

图 6-12　QT$_1$-2 型塔式起重机整体拖动示意图

表 6-3　　　　　　　　　　　　　　**QT$_1$-6 型塔式起重机性能**

幅度 (m)	起重量 (kN)	起重高度 (m)		
		无高接架	带一节高接架	带两节高接架
8.5	60.0	30.4	35.5	40.6
10	49.0	29.7	34.8	39.9
12.5	37.0	28.2	33.6	38.4
15	30.0	26.0	31.1	36.2
17.5	25.0	22.7	27.8	32.9
20	20.0	16.2	21.3	26.4
20	10.0	16.2	21.3	26.4

3. QT-60/80 型塔式起重机

QT-60/80 型塔式起重机是一种塔顶旋转式塔式起重机，起重力矩 600～800kN·m，最大起重量 100kN。这种起重机适用于多层装配式工业与民用建筑结构安装。

4. QT-20 型塔式起重机

QT-20 型塔式起重机为塔身回转式起重机，主钩最大起重量 200kN，起重半径 8.5～20m，最大起重高度 53m，塔身高 35～57.8m，幅度 30m，适用于多层工业与民用建筑结构构件安装。

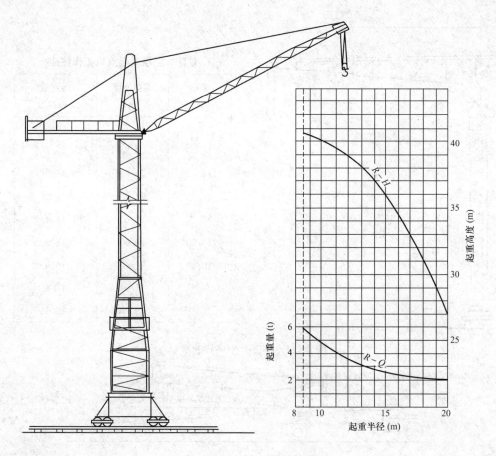

图 6 - 13   QT$_1$-6 型塔式起重机

（二）爬升式塔式起重机

爬升式塔式起重机是自升式塔式起重机的一种，它安装在高层装配式结构的框架梁上，每吊装 1～2 层楼的构件后，向上爬升一次。这类起重机主要用于高层（10 层以上）框架结构安装。其特点是塔身短、不需轨道和附着装置，用钢量省，造价低，不占施工现场用地；但塔机荷载作用于楼层，建筑结构需进行相对加固，拆卸时需在屋面架设辅助起重设备。该机适用于现场狭窄的高层建筑结构安装。

爬升式塔式起重机由底座、套架、塔身、塔顶、行车式起重臂、平衡臂等部分组成。起重机型号有：QT$_5$-4/40 型、QT$_3$-4 型及用原有 20～60kN 塔式起重机改装的爬升式塔式起重机。

QT$_5$-4/40 型塔式起重机，如图 6 - 14（a）所示的底座及套架上均设有可伸出和收回的活动支腿，在吊装构件过程中及爬升过程中分别将支腿支承在框架梁上。每层楼的框架梁上均需埋设地脚螺栓，用以固定活动支腿。

用 QT$_1$-6 型塔式起重机改装的爬升式塔式起重机，如图 6 - 14（b）所示。起重机底座梁上装有可回转的下支座，套架上设有可向上翻转的上支座。

QT$_5$-4/40 型爬升式塔式起重机的爬升过程，如图 6 - 15 所示。

（1）将起重小车回至最小幅度，下降吊钩，使起重钢丝绳绕过回转支承上支座的导向滑轮，穿过走台的方洞，用吊钩吊住套架的提环，如图 6 - 15（a）所示。

（2）放松固定套架的地脚螺栓，将活动支腿收进套架梁内，提升套架至两层楼高度，摇

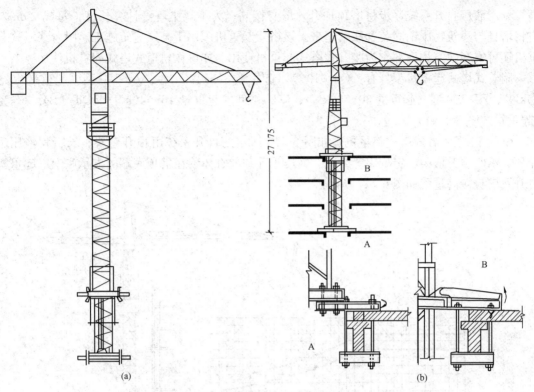

图 6-14 爬升式塔式起重机

(a) QT$_5$-4/40 型塔式起重机；(b) 用 QT$_1$-6 型改装的爬升式塔式起重机

出套架活动支腿，用地脚螺栓固定，松开吊钩，如图 6-15（b）所示。

（3）松开底座地脚螺栓，收回活动支腿，开动爬升机构将起重机提升两层楼高度，摇出底座活动支腿，并用地脚螺栓固定，如图 6-15（c）所示。

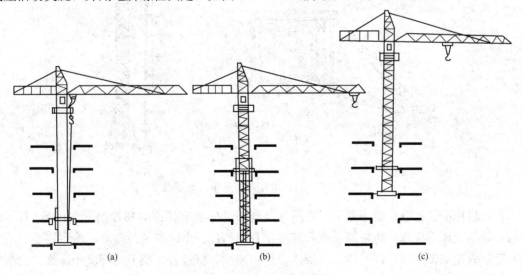

图 6-15 爬升过程示意图

（三）附着式塔式起重机

附着式塔式起重机是固定在建筑物近旁钢筋混凝土基础上的起重机，它随建筑物的升高，利用液压自升系统逐步将塔顶顶升，塔身接高。为了减小塔身计算长度，每隔 20m 左右将塔身与建筑物用锚固装置联结起来。该塔式起重机多用于高层建筑施工。附着式塔式起重机还可安在建筑物内部作为爬升式塔式起重机使用，亦可作轨道式塔式起重机使用。

附着式塔式起重机型号有：QT₄-10 型（起重量 30～100kN）、ZT-120 型（起重量 40～80kN）、ZT-100 型（起重量 30～60kN）、QT₁-4 型（起重量 16～40kN）、QT（B）-3-5 型（起重量 30～50kN）。

QT₄-10 型附着式塔式起重机，如图 6-16 所示的自升系统由顶升套架、长行程液压千斤顶、承座顶升横梁、定位销等组成。液压千斤顶的缸体装在塔顶底端的支承座上。起重机自升及塔身接高过程如图 6-17 所示。

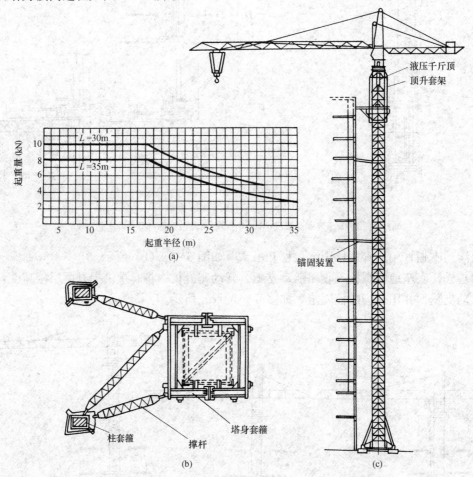

图 6-16 QT₄-10 型附着式塔式起重机

首先将标准节吊到摆渡小车上，将过渡节与塔身标准节相连的螺栓松开如图 6-17（a）所示；开动液压千斤顶，将塔顶及顶升套架顶升到超过一个标准节的高度，然后用定位销将顶升套架固定如图 6-17（b）所示；液压千斤顶回缩，将装有标准节的摆渡小车推到套架中间的空间里如图 6-17（c）所示；用液压千斤顶稍微提升标准节，退出摆渡小车，然后将标准节落在塔身上，并用螺栓加以连接如图 6-17（d）所示；拔出定位销，下降过渡节，使之与塔身连成整体如图 6-17（e）所示。

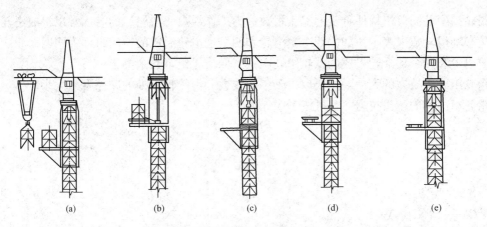

图 6-17　附着式塔式起重机自升过程

（a）准备状态；（b）顶升塔顶；（c）推入标准节；（d）安装标准节；（e）塔顶与塔身连成整体

四、索具设备

结构安装工程施工中除了起重机外，还要使用许多辅助工具及设备，如卷扬机、滑轮组、钢丝绳、吊钩、卡环、横吊梁、柱销等，一般有定型产品可供选用。

（一）卷扬机

在建筑施工中常用的电动卷扬机有快速和慢速两种。快速电动卷扬机（JJK 型）主要用于垂直、水平运输和打桩作业；慢速电动卷扬机（JJM 型）主要用于结构吊装、钢筋冷拉和预应力钢筋张拉作业。常用的电动卷扬机的牵引能力一般为 10～100kN，卷扬机在使用时必须做可靠的锚固，以防止在工作时产生滑移或倾覆。根据牵引力的大小，卷扬机的固定方法有四种，如图 6-18 所示。

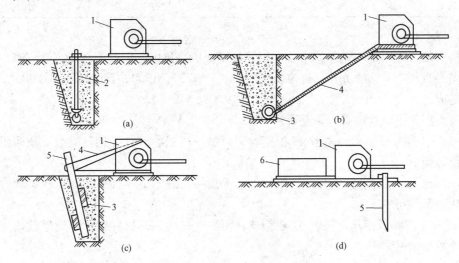

图 6-18　卷扬机的固定方法

（a）螺栓固定法；（b）横木固定法；（c）立桩固定法；（d）压重固定法

1—卷扬机；2—地脚螺栓；3—横木；4—拉索；5—木桩；6—压重

（二）滑轮组

滑轮组是由一定数量的定滑轮和动滑轮及绳索组成。滑轮组既能省力又可改变力的方向，它是起重机械的重要组成部分。通过滑轮组能用较小拉力的卷扬机起吊较重的构件。

滑轮组中共同负担构件重量的绳索根数称为工作线数。滑轮组的名称常以组成滑轮组的定滑轮和动滑轮数来表示,如由四个定滑轮和四个动滑轮组成的滑轮组称为四四滑轮组;由五个定滑轮和四个动滑轮组成的滑轮组,叫做五四滑轮组,其余类推。

滑轮组跑头拉力的大小,主要取决于工作线数和滑轮轴承处的摩擦阻力大小。

滑轮组绳索的跑头拉力 S,可按下式计算:

$$S = KQ \qquad (6-5)$$

$$K = \frac{f^n(f-1)}{f^n - 1}$$

式中 S——跑头拉力;

   Q——计算荷载;

   K——滑轮组省力系数;

   f——单个滑轮阻力系数;青铜轴套轴承 $f=1.04$,滚珠轴承 $f=1.02$,无轴套轴承 $f=1.06$;

   n——工作线数。若绳索从定滑轮引出,则 $n=$ 定滑轮数＋动滑轮数＋1;若绳索从动滑轮引出,则 $n=$ 定滑轮数＋动滑轮数。

起重机械用的滑轮多用青铜轴套轴承,其滑轮组省力系数见表 6-4。

表 6-4   青铜轴套滑轮组省力系数

工作线数 n	1	2	3	4	5	6	7	8	9	10
省力系数 K	1.040	0.529	0.360	0.275	0.224	0.190	0.166	0.148	0.134	0.123
工作线数 n	11	12	13	14	15	16	17	18	19	20
省力系数 K	0.114	0.106	0.100	0.095	0.090	0.086	0.082	0.079	0.076	0.074

(三)钢丝绳

结构安装工程用钢丝绳是先由若干根钢丝捻成股;再由若干股围绕线芯捻成绳。每股钢丝又由多根直径 0.4～4.0mm,抗拉强度为 1400、1550、1700、1850MPa 或 2000MPa 的高强钢丝捻成。

建筑工程常用钢丝绳有以下几种:

6×19＋1 即 6 股钢丝,每股 19 根钢丝,再加一根线芯。这种钢丝绳粗、硬而耐磨,一般用作缆风绳。

6×37＋1 即 6 股钢丝,每股 37 根钢丝,再加一根线芯。这种钢丝绳比较柔软,一般用于穿滑轮组和作吊索。

6×61＋1 即 6 股钢丝,每股 61 根钢丝,再加一根线芯。这种钢丝绳质地软,一般用于重型起重机械的吊索。

1. 钢丝绳允许拉力的计算

钢丝绳允许拉力按下式计算

$$F_g \leqslant \frac{P_m}{K} = \frac{\alpha P_g}{K} \qquad (6-6)$$

式中 F_g——钢丝绳的允许拉力,kN;

   P_m——钢丝绳的破断拉力,kN;

表 6-5   钢丝绳破断拉力换算系数

钢丝绳结构	换算系数 α
6×19＋1	0.85
6×37＋1	0.82
6×61＋1	0.80

P_g——钢丝绳的破断拉力总和，kN；

α——钢丝绳破断拉力折算系数，查表6-5；

K——钢丝绳安全系数，查表6-6。

表6-6   钢丝绳安全系数

用　　途	安全系数	用　　途	安全系数
作缆风绳	3.5	作吊索、无弯曲时	6～7
用于手动起重设备	4.5	作捆绑吊索	8～10
用于机动起重设备	5～6	用于载人的升降机	14

2. 钢丝绳选择计算

起重滑轮组钢丝绳的选择，应根据滑轮组绕出索的跑头拉力，考虑钢丝绳进入卷扬机途中经过导向滑轮的阻力影响来选择，按下式计算：

$$F_G = f^m F \tag{6-7}$$

式中　F_G——钢丝绳所受拉力，kN；

F——滑轮组跑头拉力，kN；

m——导向滑轮数；

f——导向滑轮阻力系数。

3. 钢丝绳的种类

按丝和钢丝股搓捻的方向分为：

（1）顺捻绳。每股钢丝的搓捻方向与钢丝股的搓捻方向相同。这种钢丝绳柔性好，表面较平整，不易磨损；但容易松散和扭结卷曲，吊重物时，易使重物旋转。一般多用于拖拉或牵引装置。

（2）反捻绳。每股钢丝的搓捻方向与钢丝股的搓捻方向相反。这种钢丝绳较硬，强度较高，不易松散，吊重物时不会扭结旋转，多用于吊装工作。

4. 钢丝绳使用时注意事项

（1）使用中不准超载。当在吊重物的过程中，如绳股间有大量油挤出来时，说明荷载过大，必须立即检查。

（2）钢丝绳穿过滑轮时，滑轮槽的直径应比绳的直径大1～2.5mm；所需滑轮最小直径符合有关规定。

（3）为减少钢丝绳的腐蚀和磨损，应定期加润滑油（一般以工作时间四个月左右加一次）。存放时，应保持干燥，并成卷排列、不得堆压。

（4）使用旧钢丝绳，应事先进行检查。钢丝绳规格检查，测量钢丝绳直径，要用卡尺量出最大直径，量法如图6-19（a）所示；钢丝绳安全检查，经检查有下列情况之一者，应予以报废。

钢丝绳磨损或锈蚀达直径的40%以上；钢丝绳

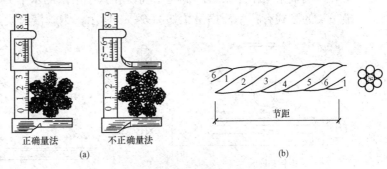

图6-19　钢丝绳量法与节距

（a）直径量法；（b）节距量法

整股破断；使用时断丝数目增加很快；钢丝绳每一节距长度范围内，断丝根数超过规定数值时。一节距指某一股钢丝搓绕绳一周的长度，约为钢丝直径的8倍如图6-19（b）所示。

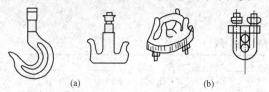

图6-20　吊钩与钢丝绳夹头

(a) 吊钩；(b) 钢丝绳夹头

（四）吊装工具

1. 吊钩

吊钩有单钩和双钩两种，外形如图6-20（a）所示。吊装时一般都用单钩。

2. 钢丝绳夹头（卡扣）

用于固定钢丝绳端部，外形如图6-20（b）所示。选用夹头时，必须使U形的内侧净距等于钢丝绳的直径。使用夹头的数量与钢丝绳的粗细有关，粗绳用得较多。

3. 卡环（卸甲）

用于吊索之间或吊索与构件吊环之间的连接。由弯环与销子两部分组成；弯环的形式有直形和马蹄形，销子的连接形式有螺栓式和活络式。活络卡环的销子端头和弯环孔眼无螺纹，可以直接抽出，多用于吊装柱子。当柱子就位并临时固定后，可以在地面上用绳将销子拉出，解除吊索，避免在高空作业。卡环外形及柱子的绑扎法，如图6-21所示。

4. 吊索（千斤绳）

作吊索用的钢丝绳要求质地柔软，容易弯曲，直径大于11mm。根据形式不同，可分为环形吊索（万能吊索）和开口吊索，如图6-22所示。

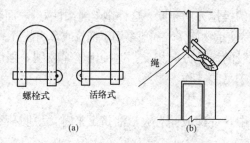

图6-21　卡环及柱子绑扎

(a) 卡环；(b) 绑扎柱子（脱销示意）

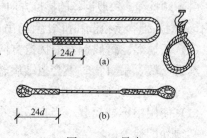

图6-22　吊索

(a) 环状吊索；(b) 轻便吊索

5. 横吊梁

横吊梁又称铁扁担，常用于柱和屋架等构件的吊装。用横吊梁吊柱，使柱身保持垂直，便于安装；用横吊梁吊屋架可降低起吊高度和减小吊索的水平分力对屋架的压力。

横吊梁的型式有：钢板横吊梁如图6-23所示，钢管横吊梁如图6-24所示。

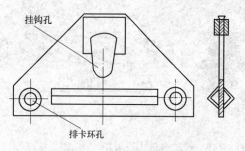

图6-23　钢板横吊梁

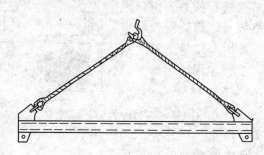

图6-24　钢管横吊梁

第二节　单层工业厂房结构安装

单层工业厂房一般除基础在施工现场就地灌注外，其他构件均为预制构件。它一般分为普通钢筋混凝土构件和预应力钢筋混凝土构件两大类。单层工业厂房预制构件主要有：柱、吊车梁、连系梁、屋架、天窗架、屋面板、地梁等。根据构件的尺寸、重量及运输构件的能力，一般较重、较大的构件（如屋架、柱子）在现场就地预制；其他重量较轻、数量较多的构件（如屋面板、吊车梁、连系梁等）宜采有工厂预制，运到现场安装。结构安装工程是单层厂房施工的主导工程。

一、构件安装前的准备工作

（一）场地清理与铺设道路

起重机进场之前，按照现场平面布置图，标出起重机的开行路线，清理道路上的杂物，并进行平整压实。在回填土或松软地基上，要用枕木或厚钢板铺垫，敷设水、电管线。雨季施工，要做好施工排水工作。

（二）构件的运输、堆放与临时加固

1. 构件的运输

钢筋混凝土构件的运输多采用汽车运输，选用载重量较大的载重汽车和半拖式或全拖式的平板拖车，将构件直接运到工地构件堆放处。构件在运输过程中必须保证构件不变形、不倾倒、不损坏。为此，要求路面平直，并有足够的宽度和转弯半径；构件运输时，支垫位置和方法应正确、合理，符合构件受力情况，防止构件开裂，按路面情况掌握行车速度，尽量保持平稳，减少振动和冲击，如图 6-25 所示。

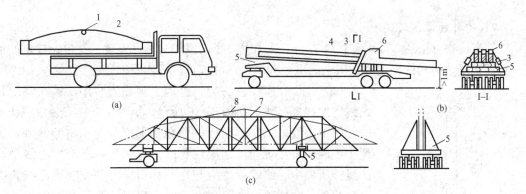

图 6-25　构件运输示意图

（a）用汽车运鱼腹式吊车梁；（b）用拖车运柱子；（c）用钢拖架运屋架

1—钢丝；2—鱼腹式吊车梁；3—倒链；4—钢丝绳；5—垫木；6—柱子；7—钢拖架；8—屋架

2. 构件的堆放

构件应考虑便于吊升及吊升后的就位，按照施工组织设计的平面布置图进行堆放，以避免进行二次搬运为原则。堆放构件的场地应平整坚实并有排水措施。构件根据其刚度和受力情况，确定平放或立放，堆放的构件必须保持稳定。水平分层堆放的构件，层与层之间应以隔板或垫木隔开，各层隔板或垫木的位置应保持在同一条垂直线上，支垫数量要符合设计要求以免构件折断。构件堆垛的高度应按构件强度、地面承载力、垫木的强度和堆垛的稳定性而定。

3. 构件的临时加固

在吊装前须进行吊装应力的验算，并采取适当的临时加固措施。

（三）构件的检查与清理

构件安装前应对所有构件进行全面的质量检查。

（1）数量。各类构件的数量是否与设计的件数相符。

（2）强度。安装时混凝土的强度不应低于设计强度等级的75%。对于一些大跨度或重要构件，如屋架，则应达到100%的设计强度。对于预应力混凝土屋架，孔道灌浆强度应不低于$15N/mm^2$。

（3）外形尺寸。构件外观有无缺陷、损伤，外形几何尺寸、形状，预埋件的位置和尺寸，吊环的位置和规格，接头的钢筋长度等是否符合设计要求。当设计无要求时，应符合施工规范中构件的允许偏差。具体检查内容如下：

1）柱子。检查总长度，柱脚底面平整度，柱脚到牛腿面的长度，截面尺寸，预埋件的位置和尺寸等。

2）屋架。检查总长度及跨度，是否与轴线尺寸相吻合。屋架侧向弯曲，连接屋面板、天窗架等构件用的预埋件的位置等。

3）吊车梁。检查总长度、高度、侧向弯曲、预埋件位置等。

4）外表面。检查构件外表有无损伤、缺陷、变形；预埋件上有无粘砂浆等污物；吊环有无损伤、变形，能否穿卡环或钢丝绳等。预埋件上若粘有砂浆等污物，均应清除，以免影响拼装与焊接。

构件检查应作记录，对不合格的构件，应会同有关单位研究，并采取适当措施，才可进行安装。

（四）构件的弹线与编号

构件经检查合格后，即可在构件表面上弹出中心线，以作为构件安装、对位、校正的依据。对形状复杂的构件，还要标出它的重心和绑扎点的位置。具体要求是：

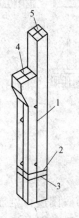

图 6-26　柱子弹线

1—柱子中心线；2—地坪标高线；

3—基础顶面线；4—吊车梁

对位线；5—柱顶中心线

（1）柱子。应在柱身的三个面上弹出安装中心线、基础顶面线、地坪标高线，如图 6-26 所示。矩形截面柱安装中心线可按几何中心线；工字形截面柱除在矩形部分弹出中心线外，为便于观测和避免视差，还应在翼缘部位弹出一条与中心线平行的线。所弹中心线的位置应与柱基杯口面上的安装中心线相吻合。此外，在柱顶与牛腿顶面上要弹出屋架及吊车梁的安装中心线。基础杯口顶面弹线要根据厂房的定位轴线测出，并应与柱的安装中心线相对应，作为柱安装、对位和校正时的依据。

（2）屋架。屋架上弦顶面应弹出几何中心线，并从跨度中央向两端分别弹出天窗架、屋面板或檩条的安装位置线，在屋架的两个端头弹出屋架的安装中心线。

（3）梁。在梁的两端及顶面弹出安装中心线。在弹线的同时，应按图纸对构件进行编号，号码要写在明显部位。不易辨别上下左右的构件，应在构件上标明记号，以免安装时将方向搞错。

（五）钢筋混凝土杯形基础的准备

杯形基础的准备工作有：杯口顶面标线及杯底找平。

（1）检查杯口尺寸。并根据柱网轴线在基础顶面弹出十字交叉的安装中心线，用于柱子校正，如图 6-27 所示。中心线对定位轴线的允许偏差为±10mm。

（2）在杯口内壁测设一水平线，如图 6-27 所示。并对杯底标高进行一次抄平与调整，以保证柱子安装后其牛腿面标高能符合设计要求。如图 6-28 所示的柱基，调整时先用尺测出杯底实际标高 H_1（小柱测中间一点，大柱测四个角点）。牛腿面设计标高 H_2 与杯底实际标高的差，就是柱脚底面至牛腿面应有的长度 l_1，与柱实际长度 l_2 之差（其差值就是制作误差），即为杯底标高调整值 ΔH，结合柱脚底面平整程度，用水泥砂浆或细石混凝土将杯底垫至所需高度。标高允许偏差为±5mm。

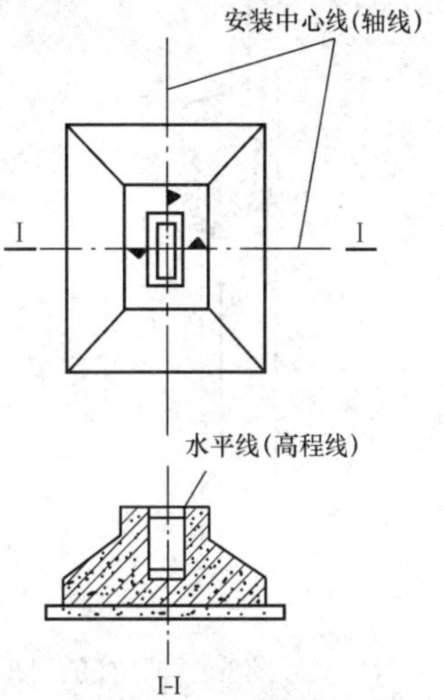

（六）料具的准备

结构安装之前，要准备好钢丝绳、吊具、吊索、滑车等；还要配备电焊机、电焊条。为配合高空作业，便于人员上下，准备好轻便的竹梯或挂梯。为临近固定柱子和调整构件的标高，准备好各种规格的垫铁、木楔或钢楔。

图 6-27　基础弹线

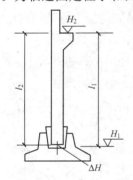

图 6-28　柱基抄平与调整

二、构件的安装工艺

（一）柱子的安装

柱子的安装工艺，包括绑扎、吊升、就位、临时固定、校正、最后固定等工序。

1. 绑扎

绑扎柱子用的吊具有吊索、卡环和铁扁担等。为使在高空中脱钩方便，尽量采用活络式卡环。为避免起吊时吊索磨损构件表面，要在吊索与构件之间垫以麻袋或木板。

柱的绑扎方法、绑扎位置和绑扎点数应视柱的形状、长度、配筋、起吊方法及起重机性能等因素而定。因柱起吊时吊离地面的瞬间由自重产生的弯矩最大，其最合理的绑扎点位置，应按柱产生的正负弯矩绝对值相等的原则来确定。一般中、小型柱子（重 130kN 以下），可以采用一点绑扎；重型柱子或配筋少而细长的柱子（如抗风柱），为防止起吊过程中柱身断裂，常采用两点甚至三点绑扎。对于有牛腿的柱，其绑扎点应选在牛腿以下 200mm 处。工字形截面和双肢柱，绑扎点应选在实心处（工字形柱的矩形截面处和双肢柱的平腹杆处），否则，应在绑扎位置用方木加固翼缘，以免翼缘在起吊时损坏。特殊情况下，绑扎点要计算确定。

按柱起吊后柱身是否垂直，分为直吊法和斜吊法，相应的绑扎方法有：

（1）斜吊绑扎法。当柱平放起吊的抗弯强度满足要求时，可以采用斜吊绑扎法，如图 6-29所示。该方法的特点是柱不需要翻身，起重钩可低于柱顶，当柱身较长，起重机臂长不够时，用此法较方便，但因柱身倾斜，就位时对中较困难。

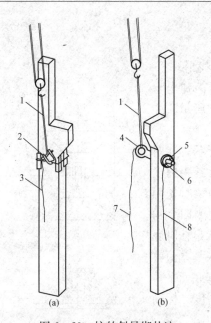

图 6-29 柱的斜吊绑扎法

(a) 采用活络卡环; (b) 采用柱销

1—吊索; 2—活络卡环; 3—活络卡环插销拉绳; 4—柱销;

5—垫圈; 6—插销; 7—柱销拉绳; 8—插销拉绳

(2) 直吊绑扎法。当柱平放起吊的抗弯强度不足,需将柱由平放转为侧立然后起吊时,可采用直吊绑扎法,如图 6-30 所示。该方法的特点是吊索从柱的两侧引出,上端通过卡环或滑轮挂在铁扁担上;起吊时,铁扁担位于柱顶上,柱身呈垂直状态,便于柱垂直插入杯口和对中、校正。但由于铁扁担高于柱顶,须用较长的起重臂。

2. 吊升方法

柱子的吊升方法,根据柱子重量、长度、起重机性能和现场施工条件而定。一般可分为旋转法和滑行法两种。

(1) 旋转法。柱子吊升时,起重机边升钩,边回转起重杆,使柱子绕柱脚旋转而呈直立状态,然后插入杯口。其特点是:柱在平面布置时,柱脚靠近基础,为使其在吊升过程中保持一定的回转半径(起重臂不起伏),应使柱的绑扎点、柱脚中心和杯口中心点三点共弧。该圆弧的圆心为起重机的回转中心,半径为圆心到绑扎点的距离。柱子堆放时,应尽量使柱脚靠近杯口,以提高吊装速度,如图 6-31 所示。用旋转法吊装时,柱在吊装过程中所受振动较小,生产效率较高,但对起重机的机动性要求较高。采用自行式起重机吊装时,宜采用此法。

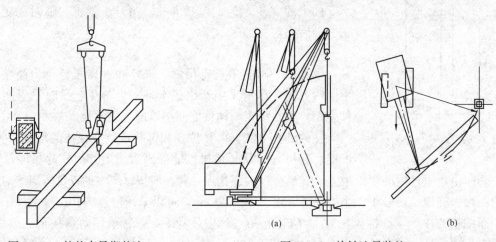

图 6-30 柱的直吊绑扎法

图 6-31 旋转法吊装柱

(a) 旋转过程; (b) 平面布置

(2) 滑行法。采用滑行法吊装时,如图 6-32 所示,柱的平面布置应使绑扎点、基础杯口中心两点共弧,并在起重半径 R 为半径的圆弧上,柱的绑扎点宜靠近基础。柱起吊时,起重机只升钩,起重臂不转动,柱顶也随之上升,而柱脚则沿地面滑向基础,直至柱身转为直立状态,起重钩将柱提离地面,对准基础中心,将柱脚插入杯口。该方法具有以下特点:在起吊过程中起重机只需转动起重臂即可吊装就位,比较安全。用滑行法吊装时,柱在滑行过程中受到振动，对构件不利，但滑行法对起重机械的要求较低，只需要起重钩上升一个动作。因此，当采用独脚拔杆、人字拔杆、对一些长而重的柱，为便于构件布置及吊升，常采用此法。

3. 就位和临时固定

柱脚插入杯口后，并不立即降至杯底，而是在离杯底 30～50mm 处进行悬空对位，如图 6-33 所示。就位的方法，是用八只木楔或钢楔从柱的四边打入杯口，并用撬棍撬动柱脚，使柱的安装中心线对准杯口上的安装中心线，使柱基本保持垂直。

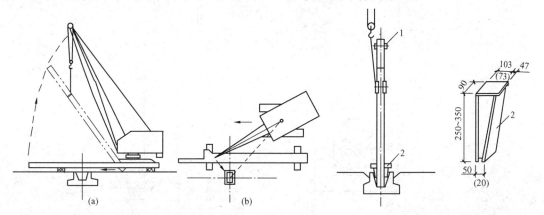

图 6-32　滑行法吊装柱　　　　　　　　　图 6-33　柱的对位与临时固定
(a) 滑行过程；(b) 平面布置　　　　　　1—安装缆风绳或挂操作台的夹箍；2—钢楔
　　　　　　　　　　　　　　　　　　　（括号内的数字表示另一种规格钢楔的尺寸）

柱就位后，将八只楔块略加打紧，放松吊钩，让柱靠自重沉至杯底，再检查一下安装中心线对准的情况，若已符合要求，即将楔块打紧，将柱临时固定。

吊装重型柱或细长柱时，除采用八只楔块临时固定外，必要时增设缆风绳拉锚。

4. 校正

柱的校正是一项重要工作，如果柱的吊装对位不够准确，就会影响与柱相连接的吊车梁、屋架等构件吊装的准确性。

柱的校正包括三个方面的内容：即平面位置、标高及垂直度。平面位置的校正，在柱临时固定前进行，对位时就已完成，而柱标高则在吊装前已通过按实际柱长调整杯底标高的方法进行了校正。垂直度的校正，则应在柱临时固定后进行。柱垂直偏差的检查方法，是用两架经纬仪从柱相邻的两边（视线应基本与柱面垂直）去检查柱安装中心线的垂直度。在没有经纬仪的情况上，也可用垂球进行检查。如偏差超过规定值，则应校正柱的垂直度。垂直度校正方法常用楔子配合钢钎校正法，如图 6-34 所示；丝杠千斤顶平顶法，如图 6-35 所示；钢管撑杆校正法，如图 6-36 所示。在实际施工中，无论采有何种方法，均必须注意以下几点：

(1) 应先校正偏差大的，后校正偏差小的，如两个方向偏差数相近，则先校正小面，后校正大面。校正好一个方向后，稍打紧两面相对的四个楔子，再校正另一个方向。

(2) 柱在两个方向的垂直度都校正好后，应再复查平面位置，如偏差在 5mm 以内，则打紧八个楔子，并使其松紧基本一致。80kN 以上的柱校正后，如用木楔固定，最好在杯口另用大石块或混凝土块塞紧，柱底脚与杯底四周空隙较大者，宜用坚硬石块将柱脚卡死。

(3) 在阳光照射下校正柱的垂直度，要考虑温差影响。由于温差影响，柱将向阴面弯

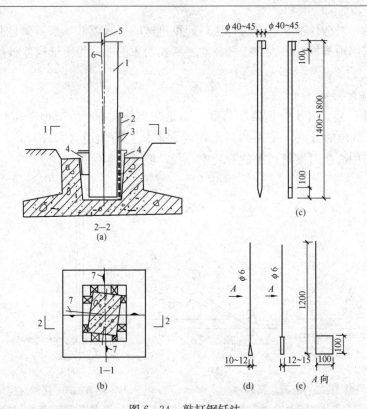

图 6 - 34　敲打钢钎法

(a) 2—2 剖面；(b) 1—1 剖视；(c) 钢钎详图；(d) 甲型旗型钢板；(e) 乙型旗型钢板

1—柱；2—钢钎；3—旗型钢板；4—钢楔；5—垂直线；6—柱中线；7—直尺

曲，使柱顶有一个水平位移。水平位移的数值与温差、柱长度及厚度等有关。长度小于10m的柱可不考虑温差影响。细长柱可利用早晨、阴天校正，或当日初校，次日晨复校，也可采取预留偏差的办法来解决。

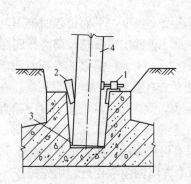

图 6 - 35　丝杆千斤顶平顶法

1—丝杠千斤顶；2—楔子；3—石子；4—柱

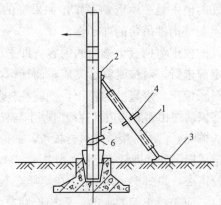

图 6 - 36　钢管撑杆校正法

1—钢管；2—头部摩擦板；3—底板；
4—转动手柄；5—钢丝绳；6—卡环

5. 最后固定

柱校正后，应立即进行最后固定。最后固定的方法，是在柱脚与杯口的空隙中灌注比柱混凝土等级高一级的细石混凝土。

混凝土的灌注分两次进行，如图 6 - 37 所示。第一次：灌注混凝土至楔块底面。第二次：当第一次灌注的混凝土达到设计强度标准值的 25% 时，即可拔出楔块，将杯口灌满混凝土，并进行养护。

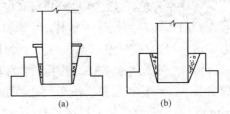

图 6 - 37 柱的最后固定

(a) 第一次灌注混凝土；(b) 第二次灌注混凝土

（二）吊车梁的安装

吊车梁的安装，必须在柱子杯口第二次浇筑的混凝土达到强度标准值的 75% 以后进行。类型通常有 T 形、鱼腹式和组合式等几种。其安装程序为：绑扎、吊升、就位、临时固定、校正和最后固定。

1. 绑扎、吊升、就位与临时固定

吊车梁采用两点绑扎，绑扎点应对称设在梁的两端，吊钩应对准梁的重心，如图 6 - 38 所示。以便起吊后梁身基本保持水平。梁的两端设拉绳控制，避免悬空时碰撞柱子。

吊车梁对位时应缓慢降钩，使吊车梁端部与柱牛腿面的横轴线对准。在对位过程中不宜用撬棍顺纵轴方向撬动吊车梁。因为柱子顺纵轴方向的刚度较差，撬动后会使柱顶产生偏移。假如横线未对准，应将吊车梁吊起，再重新对位。

吊车梁本身的稳定性较好，一般对位时，仅用垫铁垫平即可，无须采取临时固定措施，起重机即可松钩移走。当梁高与

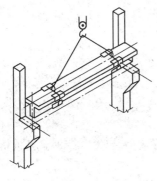

图 6 - 38 吊车梁吊装

底宽之比大于 4 时，可用 8 号铁丝将梁捆在柱上，以防倾倒。

2. 校正、最后固定

吊车梁的校正主要是平面位置和垂直度的校正。因为吊车梁的标高主要取决于柱子牛腿标高，在做基础抄平时，已对牛腿面至柱脚的距离作过测量和调整，如仍存在误差，可待安装吊车轨道时，在吊车梁面上抹一层砂浆找平即可。

吊车梁平面位置的校正，主要是检查吊车梁纵轴线以及两列吊车梁间的跨度是否符合要求。按施工规范要求，轴线偏差不得大于 5mm，在屋架安装前校正时，跨距不得有正偏差，以防屋架安装后柱顶向外偏移。检查吊车梁纵轴线偏差，有以下几种方法。

（1）通线法。根据柱的定位轴线，在车间两端地面定出吊车梁定位轴线的位置，打下木桩，并设置经纬仪。用经纬仪先将车间两端的四根吊车梁位置校正准确，并用钢尺检查两列吊车梁之间的跨距 L_K 是否符合要求。然后在四根已校正的吊车梁端设置支架（或垫块），约高 200mm，并根据吊车梁的定位轴线拉钢丝通线。如发现吊车梁的吊装纵轴线与通线不一致，则根据通线来逐根拨正吊车梁的安装中心线。拨动吊车梁可用撬棍或其他工具，如图 6 - 39 所示。

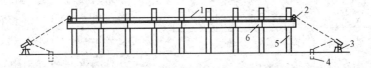

图 6 - 39 通线法校正吊车梁示意图

1—通线；2—支架；3—经纬仪；4—木桩；5—柱；6—吊车梁

（2）平移轴线法。在柱列边设置经纬仪，如图6-40所示，逐根将杯口上柱的吊装准线投影到吊车梁顶面处的柱身上，并作出标志。若柱安装准线到柱定位轴线的距离为 a，则标志距吊车梁定位轴线应为 $\lambda-a$（λ 为柱定位轴线到吊车梁定位轴线之间的距离，一般 $\lambda=750mm$）。可据此来逐根拨正吊车梁的安装纵轴线，并检查两列吊车梁之间的跨距 L_K 是否符合要求。在检查及拨正吊车梁纵轴线的同时，可用垂球检查吊车梁的垂直度，偏差值应在5mm以内。若有偏差，可在吊车梁两端的支座面上加斜垫铁纠正。每迭垫铁不得超过三块。

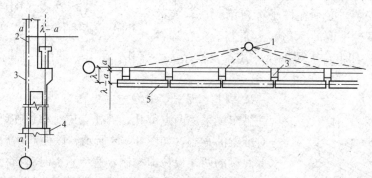

图6-40　平移轴线法校正吊车梁
1—经纬仪；2—标志；3—柱；4—柱基础；5—吊车梁

（3）边吊边校法。重型吊车梁，由于校正时撬动困难，也可在吊装时，借助于起重机，采取边吊装边校正的方法。

吊车梁的最后固定，是在吊车梁校正完毕后，用连接钢板与柱侧面、吊车梁顶端的预埋铁件相焊接，并在接头处支模，浇筑细石混凝土。

（三）屋架的安装

工业厂房的钢筋混凝土屋架，一般在施工现场平卧重叠预制。安装的施工顺序是：绑扎、扶直与就位、吊升、对位、临时固定、校正和最后固定。

1. 绑扎

屋架的绑扎点应选在上弦节点处，左右对称，并高于屋架重心，在屋架两端应加拉绳，以免屋架起吊后晃动和倾翻。绑扎时吊索与水平线的夹角不宜小于 $45°$，以免屋架承受过大的横向压力。必要时，为了减少绑扎高度及所受横向压力，可采用横吊梁。吊点数目及位置与屋架的型式和跨度有关，一般经吊装验算确定。

屋架跨度小于或等于18m时绑扎两点；当跨度大于18m时绑扎四点；当跨度大于30m时，应考虑采有横吊梁，以减少绑扎高度，对三角组合屋架等刚度较差的屋架，下弦不能承受压力，故绑扎时也应采用横吊梁，如图6-41所示。

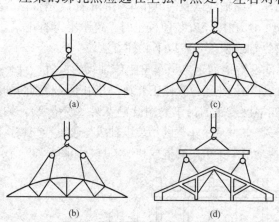

图6-41　屋架的绑扎
(a) 屋架跨度小于或等于18m时；(b) 屋架跨度大于18m时；
(c) 屋架跨度大于30m时；(d) 三角形组合屋架

2. 扶直与就位

屋架在安装前，先要翻身扶直，并将屋架吊运至预定地点就位。

钢筋混凝土屋架是平面受力构件，侧向刚度较差，扶直时在自重影响下承受平面外力，部分改变了杆件的受力性质，特别是上弦杆极易扭曲造成屋架损伤。因此在屋架扶直时必须采取技术措施，严格遵守操作要求，才能保证安全施工。

扶直屋架时，按起重机与屋架相对位置不同，可分为正向扶直与反向扶直两种：

（1）正向扶直。起重机位于屋架下弦一边，首先以吊钩对准屋架上弦中点，收紧吊钩，然后略起臂使屋架脱模。接着起重机升钩并升起重臂，使屋架以下弦为轴缓慢转为直立状态，如图6-42、图6-43（a）所示。

（2）反向扶直。起重机立于屋架上弦一边，首先以吊钩对准屋架上弦中点，收紧吊钩，接着升钩并降低起重臂，使屋架以下弦为轴缓缓转为直立状态，如图6-43（b）所示。

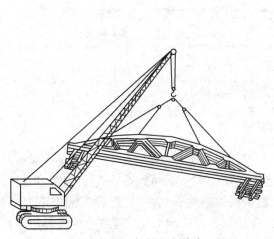

图 6-42 屋架的正向扶直

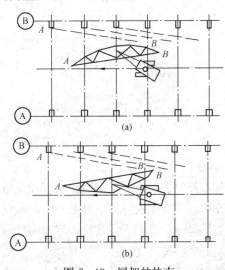

图 6-43 屋架的扶直
(a) 正向扶直；(b) 反向扶直（虚线表示屋架就位的位置）

正向扶直与反向扶直的最大不同点，就是在扶直过程中，前者升起起重臂，后者降低起重臂，以保证吊钩始终在上弦中点的垂直上方。而升臂比降臂易于操作且较安全，故应尽可能采用正向扶直。

屋架扶直后，立即进行就位，将屋架移往吊装前的规定位置。屋架就位的位置与屋架的安装方法、起重机械性能有关，应少占场地、便于吊装。且应考虑屋架的安装顺序、两端朝向等问题。一般靠柱边斜放或以3~5榀为一组平行于柱边就位，用支撑或8号铁丝等与已安装好的柱或已就位的屋架拉牢，以保持稳定。

3. 吊升、对位与临时固定

屋架吊升是先将屋架吊离地面约500mm，然后将屋架转至吊装位置下方，再将屋架提升超过柱顶约300mm，然后将屋架缓缓降至柱顶，对准建筑物的定位轴线。

屋架对位应以建筑物的定位轴线为准。因此在屋架吊装前，应用经纬仪或其他工具在柱顶放出建筑物的定位轴线。如柱顶截面中心线与定位轴线偏差过大时，可逐渐调整纠正。规范规定，屋架下弦中心线对定位轴线的移位允许偏差为5mm。

屋架对位后，立即进行临时固定。临时固定稳妥后，起重机方可摘钩离去。

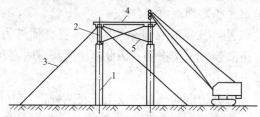

图 6-44　屋架的临时固定
1—柱子；2—屋架；3—缆风绳；
4—工具式支撑；5—屋架垂直支撑

第一榀屋架的临时固定必须高度重视。因为它是单片结构，侧向稳定较差，而且还是第二榀屋架的临时固定的支撑。第一榀屋架的临时固定方法，通常是用四根缆风绳从两边将屋架拉牢，也可将屋架与抗风柱连接作为临时固定。

第二榀屋架的临时固定，是用工具式支撑撑牢在第一榀屋架上，如图6-44所示。以后各榀屋架的临时固定也都是用工具式支撑撑牢在前一榀屋架上，如图6-45所示。

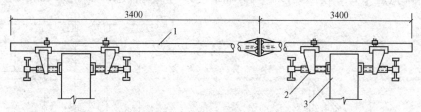

图 6-45　工具式支撑的构造
1—钢管；2—撑脚；3—屋架上弦

4. 校正、最后固定

屋架经对位、临时固定后，主要校正垂直度偏差。规范规定：屋架上弦（在跨中）对通过两支座中心垂直面的偏差不得大于$h/250$（h 为屋架高度）。检查时可用垂球或经纬仪。用经纬仪检查，是将仪器安置在被检查屋架的跨外，距柱的横轴线约1m左右；然后，观测屋架中间腹杆上的中心线（安装前已弹好），如偏差超出规定数值，可转动工具式支撑上的螺栓加以纠正，并在屋架端部支承面垫入薄钢片。校正无误后，立即用电焊焊牢作为最后固定。焊接时，应先焊接屋架两端成对角线的两侧边，避免两侧同侧施焊，使焊缝收缩导致屋架倾斜。

（四）屋面板的安装

屋面板四角一般预埋有吊环，如图6-46所示，用带钩的吊索钩住吊环即可安装。1.5m×6m的屋面板有四个吊环，起吊时，应使四根吊索长度相等，屋面板保持水平。

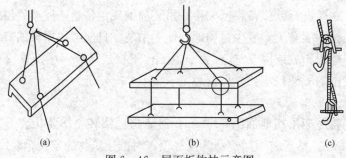

图 6-46　屋面板钩挂示意图
（a）单块吊；（b）多块吊；（c）节点示意

屋面板的安装次序，应自两边檐口左右对称地逐块铺向屋脊，避免屋架承受半边荷载。

屋面板对位后，立即进行电焊固定，每块屋面板可焊三点，最后一块只能焊两点。

三、结构安装方案

单层工业厂房结构的特点是：平面尺寸大、承重结构的跨度与柱距大、构件类型少、重量大，厂房内还有各种设备基础（特别是重型厂房）等。因此，在拟订结构安装方案时，应着重解决起重机选择、结构安装方法、起重机械开行路线与构件的平面布置等问题。

（一）起重机的选择

起重机的选择是吊装工程的重要问题，因为它关系到构件安装方法、起重机开行路线与停机位置、构件平面布置等许多问题。

1. 起重机类型的选择

起重机类型主要是根据厂房的结构特点、宽度、构件重量、安装高度、安装方法、施工现场条件和当地现有起重设备等确定。要综合考虑其合理性、可行性和经济性。

中小型厂房跨度不大，构件的重量及安装高度也不大，厂房内的设备多在厂房结构安装完毕后进行安装，因此采用自行式起重机安装是比较合理的。当厂房结构的高度和长度较大时，可选用塔式起重机安装屋盖结构。在缺乏自行式起重机的地方，可采用独脚拔杆、人字拔杆、悬臂拔杆等安装。大跨度的重型工业厂房，选用的起重机既要能安装厂房的承重结构，又要能完成设备的安装，所以多选用大型自行式起重机、重型塔式起重机、大型牵缆式桅杆起重机等。对于重型构件，当一台起重机无法吊装时，也可用两台起重机抬吊。

2. 起重机型号及起重臂长度的选择

起重机的类型确定之后，还需要进一步选择起重机的型号及起重臂的长度。所选起重机的三个工作参数：起重量 Q、起重高度 H、工作幅度 R 要满足构件安装的要求。

（1）起重量。起重机的起重量必须大于或等于所吊装构件的重量与索具重量之和，即

$$Q \geqslant Q_1 + q \tag{6-8}$$

式中　Q——起重机的起重量，kN；

　　Q_1——构件的重量，kN；

　　q——索具的重量，kN。

（2）起重高度。起重机的起重高度必须满足所吊装构件的安装高度要求，如图 6-47、

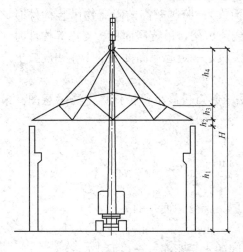

图 6-47 起重高度的计算简图

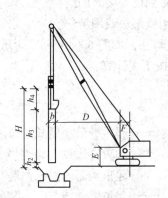

图 6-48 工作幅度计算简图

图 6 - 48 所示，即

$$H \geqslant h_1 + h_2 + h_3 + h_4 \tag{6-9}$$

式中　H——起重机的起重高度，m，从停机面算起至吊钩钩口；

　　　h_1——吊装支座表面高度，m，从停机面算起；

　　　h_2——吊装间隙，视具体情况而定，但不小于 0.3，m；

　　　h_3——绑扎点至构件吊起后底面的距离，m；

　　　h_4——索具高度，m，自绑扎点至吊钩钩口，视具体情况而定。

（3）工作幅度。当起重机可以不受限制地开到所安装构件附近去吊装构件时，可不验算工作幅度。但当起重机受限制不能靠近安装位置去吊装构件时，则应验算当起重机的工作幅度为一定值时的起重量与起重高度能否满足吊装构件的要求。一般根据所需的 $Q_{\min}$、$H_{\min}$ 值，初步选定起重机型号，再按下式进行计算：

$$R_{\min} = F + D + 0.5b \tag{6-10}$$
$$D = g + (h_1 + h_2 + h_3' - E)\cot\alpha$$

式中　F——起重臂枢轴中心距回转中心距离，m；

　　　D——起重臂枢轴中心距所吊构件边缘距离，m；

　　　g——构件上口边缘与起重臂之间的水平空隙，不小于 0.5m；

　　　E——吊杆枢轴心距地面高度，m；

　　　α——起重臂的倾角；

h_1、h_2——含义同前；

　　　h_3'——所吊构件的高度，m；

　　　b——构件的宽度，m。

工作幅度的计算简图，如图 6 - 48 所示。同一种型号的起重机可能具有几种不同长度的起重臂，应选择一种既能满足三个吊装工作参数的要求而又最短的起重臂。但有时由于各种构件吊装工作参数相差大，也可选择几种不同长度的起重臂。例如，吊装柱子可选用较短的起重臂，吊装屋面结构则选用较长的起重臂。

（4）最小起重臂长度的确定。下述情况下对起重机的臂长有要求：吊装平面尺寸较大的构件时，应使构件不与起重臂相碰撞（如吊屋面板）；跨越较高的障碍物吊装构件时，应使起重臂不碰到障碍物，如跨过已安装好的屋架或天窗架，吊装屋面板、支撑等构件时，应使起重臂不碰到已安装好的结构。最小臂长要求实质是一定起重高度下的工作幅度要求。求最小臂长可用数解法或图解法。

1）数解法。如图 6 - 49（a）所示为数解法求起重机最小臂长计算方法示意图。最小臂长 $L_{\min}$ 可按下式计算：

$$L_{\min} = l_1 + l_2 = \frac{h}{\sin\alpha} + \frac{a+g}{\cos\alpha} \tag{6-11}$$

式中　$L_{\min}$——起重臂最小臂长，m；

　　　h——起重臂底铰至构件吊装支座（屋架上弦顶面）的高度，m；

　　　a——起重钩需跨过已吊装结构的距离，m；

　　　g——起重臂轴线与已吊装屋架轴线间的水平距离（至少取 1m）；

　　　α——起重臂仰角，可按下式计算：

$$\alpha = \tan^{-1} \sqrt[3]{\frac{h}{a+g}}$$

2）图解法。如图 6-49（b）所示，可按以下作图步骤求起重机最小臂长：①按一定比例绘出欲吊装厂房一个节间的纵剖面图，并画出起重机吊装屋面板时，起重钩需伸到处的垂线 V-V；②按地面实际情况确定停机面，并根据初步选用的起重机型号从起重机外形尺寸表，可查出起重臂底铰至停机面的距离 E 值，画出水平线 H-H；③自屋架顶面向起重机方向水平量出一距离（$g \geqslant 1\text{m}$），可得 P 点；④过 P 点画若干条直线，被 V-V 及 H-H 两线所截，得线段 S_1G_1、S_2G_2、S_3G_3 等。这些线段即为起重机吊装屋面板时起重臂的轴线长度。取其中最短的一根即为所求的最小臂长。量出 α 角，即为所求的起重臂倾角。

按上述方法先确定起重机位于跨中，吊装跨中屋面板所需臂长及起重倾角。然后再复核一下能否满足吊装最边缘一块屋面板的要求。若不能满足吊装要求，则需改选较长的起重臂及改变起重倾角，或将起重机开到跨边去吊装跨边的屋面板。

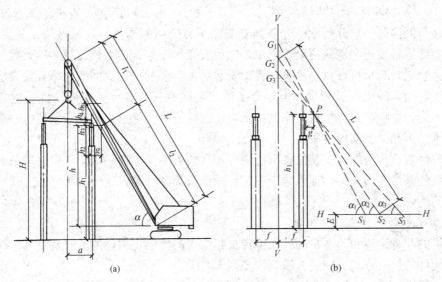

图 6-49 起重机最小臂长计算示意图
（a）数解法；（b）图解法

（二）结构安装方法及起重机开行路线

1. 结构安装方法

单层工业厂房的结构安装方法有分件安装法和综合安装法两种：

（1）分件安装法。分件安装法指起重机在车间内每开行一次仅安装一种或两种构件。一般厂房分三次开行安装完全部构件。

1）第一次开行，安装全部柱子，并对柱子逐一进行校正和最后固定。

2）第二次开行，安装吊车梁和连系梁以及柱间支撑等。

3）第三次开行，以节间为单位安装屋架、天窗架、屋面板及屋面支撑等构件，如图 6-50所示，表示分件安装时的构件安装顺序。

此外，在屋架安装之前还要进行屋架的扶直就位、屋面板的运输堆放，以及起重臂接长等工作。

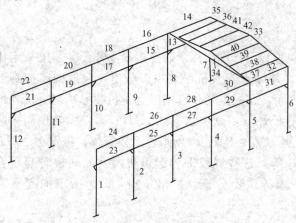

图 6 - 50 分件安装时的构件吊装顺序

1～12—柱；13～32—单数是吊车梁，双数是连系梁；

33、34—屋架；35～42—屋面板

注：图中数字表示构件吊装顺序

分件安装法由于起重机每次开行是安装一种或一类构件，起重机可根据构件的重量及安装高度来选择，不同构件选用不同型号的起重机，能够充分发挥起重机的工作性能。在安装过程中，吊具不需要经常更换，操作易于熟练，安装速度快。采用这种安装方法，还能给构件临时固定、校正及最后固定等工序提供充裕的时间。构件的供应及平面布置比较简单，目前，一般单层厂房结构安装多采用此法。但由于起重机开行路线长，形成结构空间的时间长，在安装阶段稳定性较差。

（2）综合安装法。综合安装法是指起重机在车间内的一次开行中，分节间安装完所有类型的构件。具体做法是先安装 4～6 根柱子，随即进行校正和浇筑混凝土固定，然后安装吊车梁、连系梁、屋架、天窗架、屋面板等构件。总之，起重机在每一停机位置，安装尽可能多的构件。因此，综合安装法起重机的开行路线较短，停机位置较少。但综合安装法要同时安装各种类型的构件，索具更换频繁，操作多变，影响起重机生产效率的提高，使构件的供应复杂，平面布置拥挤，构件的校正也较困难。因此，目前较少采用。

由于分件安装法与综合安装法各有优缺点，目前有不少工地采用分件安装法吊装柱，而用综合安装法来吊装吊车梁、连系梁、屋架、屋面板等各种构件，起重机分两次开行安装完各种类型的构件。

2. 起重机的开行路线及停机位置

起重机的开行路线和起重机的停机位置与起重机的性能、构件的尺寸及重量、构件的平面布置、构件的供应方式、安装方法等许多因素有关。

当安装屋架、屋面板等屋面构件时，起重机大多沿跨中开行；当吊装柱时，则视跨度大小、柱的尺寸和重量及起重机性能，可沿跨中开行、跨边开行及跨外开行，如图 6 - 51 所示。

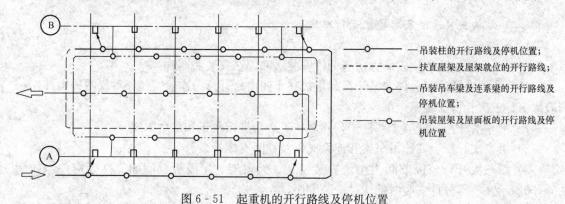

图 6 - 51 起重机的开行路线及停机位置

当 $R \geqslant L/2$ 时，起重机可沿跨中开行，每个停机位置可吊装两根柱，如图 6-52（a）所示；

当 $R \geqslant \sqrt{\left(\dfrac{L}{2}\right)^2 + \left(\dfrac{b}{2}\right)^2}$ 时，则可安装四根柱，如图 6-52（b）所示；

当 $R < \dfrac{L}{2}$ 时，起重机需沿跨边开行，每个停机位置安装一根柱，如图 6-52（c）所示；

若 $R \geqslant \sqrt{a^2 + \left(\dfrac{b}{2}\right)^2}$，则可安装两根柱，如图 6-52（d）所示。

式中　R——起重机的工作幅度，m；

　　　L——厂房跨度，m；

　　　b——柱的间距，m；

　　　a——起重机开行路线到跨边的距离，m。

当柱布置在跨外时，则起重机一般沿跨外开行，停机位置与跨边开行相似。

如图 6-51 是一个单跨车间，当采用分件吊装法时，起重机的开行路线及停机位置图。起重机自Ⓐ轴线进场，沿跨外开行吊装Ⓐ列柱，

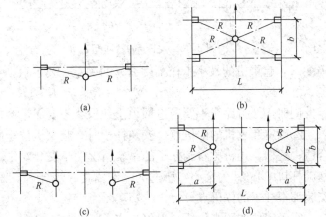

图 6-52　起重机吊装柱时的开行路线及停机位置

再沿Ⓑ轴线跨内开行吊装Ⓑ列柱，然后转到Ⓐ轴扶直及排放屋架，再转到Ⓑ轴吊装Ⓑ列吊车梁、连系梁等，再转到Ⓐ轴吊装Ⓐ列吊车梁，再转到跨中吊装屋盖系统。

制定安装方案是，尽可能使起重机的开行路线最短，在安装各类构件的过程中，互相衔接，不跑空车。同时，开行路线要能多次重复使用，以减少铺设钢板、枕木的设施。要充分利用附近的永久性道路作为起重机的开行路线。

（三）构件的平面布置与运输堆放

构件的平面布置与起重机的性能、安装方法、构件的制作方法有关。在选定起重机型号、确定施工方案后，根据施工现场实际情况加以制定。

1. 构件的平面布置原则

（1）每跨的构件宜布置在本跨内，如有困难时，也可布置在跨外便于安装的地方。

（2）构件的布置，应便于支模及浇筑混凝土；若为预应力混凝土构件，要留出抽管、穿筋的操作场地。

（3）构件的布置，要满足安装工艺的要求，尽可能布置在起重机的工作幅度内，尽量减少起重机负荷行驶的距离及起伏起重臂的次数。

（4）构件的布置，力求占地最少，保证起重机械、运输车辆的道路畅通。起重机回转时，机身不得与构件相碰。

（5）构件布置时，要注意安装朝向，避免在安装时空中调头，影响安装进度和安全。

（6）构件均应在坚实的地基上浇筑，新填土要加以夯实，以防下沉。

2. 预制阶段构件的平面布置

（1）柱的布置。柱的布置方式与场地大小、安装方法有关，一般有三种：即斜向布置、纵向布置及横向布置。

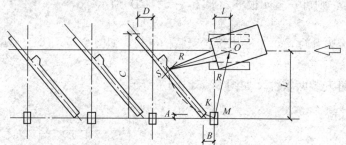

图 6 - 53　柱子的斜向布置

1）柱的斜向布置：柱子如用旋转法起吊，可按三点共弧斜向布置。确定预制位置，可采用作图法，其作图步骤如图 6 - 53 所示。

①确定起重机开行路线到柱基中线的距离 L，起重机吊装柱子时与起重机相应的工作幅度 R，起重机的最小工作幅度 R_{min} 的关系，要求：

$$R_{min} < L \leqslant R$$

同时，开行路线不要通过回填土地段，不要靠近构件，防止起重机回转时碰撞构件。

②确定起重机的停机点。安装柱子时，起重机位于所吊柱子的横轴线稍后的范围内比较合适；这样，司机可看到柱子的吊装情况便于安装对位。停机点确定的方法是，以要安装的基础杯口中心 M 为圆心，所选的工作幅度 R 为半径，画弧相交开行路线于 O 点，O 点即为安装那根柱子的停机点。

③确定柱的预制位置。以停机点 O 为圆心，OM 为半径画弧，在靠近柱基的弧上任选一点 K 作为预制时的柱脚中心。K 点选定后，以 K 为圆心，柱脚到吊点的长度为半径画弧，与 OM 半径所画的弧相交于 S，连 KS 线，得出柱中心线，即可画出柱子的模板位置图。量出柱顶、柱脚中心点到柱列纵横轴线的距离 A、B、C、D，作为支模时的参考。

布置柱时，要注意柱牛腿的朝向，避免安装时在空中掉头。当柱布置在跨内时，牛腿应面向起重机；布置在跨外时，牛腿应背向起重机。有时由于场地限制或柱身过长，无法做到三点（杯口、柱脚、吊点）共弧，可根据不同情况，布置成两点共弧。两点共弧的布置方法有两种：一是将杯口、柱脚共弧，吊点放在工作幅度 R 之外，如图 6 - 54（a）所示。安装时，先用较大的工作幅度 R' 吊起柱子，并升起重臂，当工作幅度变为 R 后，停止升臂，随之用旋转法安装柱子。另一种方法是：将吊点、杯口共弧，安装时采用滑行法，即起重机在吊点上空升钩，柱脚向前滑行，直到柱子成直立状态，起重臂稍加回转，即可将柱子插入杯口，如图 6 - 54（b）所示。

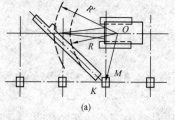
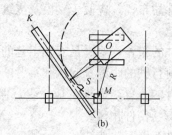

图 6 - 54　两点共弧布置法

2）柱的纵向布置：对于一些较轻的柱，起重机能力有富余，考虑到节约场地，方便构件制作，可顺柱列纵向布置，如图 6 - 55 所示。柱纵向布置时，起重机的停机点应安排在两柱基的中点，使 $OM_1 = OM_2$，这样，每一停机点可吊两根柱。为了节约模板，减少用地，也可采取两柱叠浇。预制时，先安装的柱放在上层，两柱之间要做好隔离措施。上层柱由于不能绑扎，预制时要埋设吊环。

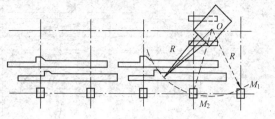

图 6 - 55　柱子的纵向布置

（2）屋架的布置。屋架一般安排在跨内平卧叠浇预制，每叠 3～4 榀。布置的方式有三种：正面斜向布置、正反斜向布置、顺轴线正反向布置等，如图 6 - 56 所示。

在上述三种布置形式中，应优先考虑采用斜向布置方式，因为它便于屋架的扶直就位。只有在场地受限制时才考虑采用其他两种形式。屋架正面斜向布置时，下弦与厂房纵轴线的夹角 $\alpha = 10° \sim 20°$。预应力混凝土屋架，预留孔洞采用钢管时，屋架两端应留出 $\left(\dfrac{L}{2}+3\right)$ m 一段距离（L 为屋架跨度）作为抽管、穿筋的操作场地；如在一端抽管时，应留出 $(L+3)$ m 的一段距离。如用胶皮管预留孔洞时，距离可适当缩短。屋架之间的间隙可取 1m 左右以便支模及浇筑混凝土。屋架之间互相搭接的长度视场地大小及需要而定。

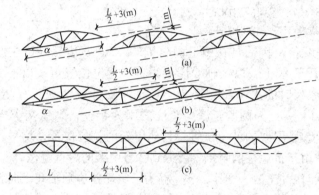

图 6 - 56　屋架预制时的几种布置方式

（a）斜向布置；（b）正反斜向布置；（c）正反纵向布置

（3）吊车梁的布置。当吊车梁安排在现场预制时，可靠近柱基顺纵向轴线或略作倾斜布置。也可插在柱子的空当中预制。如具有运输条件，也可在场外集中预制。

3. 安装阶段构件的就位布置及运输堆放

安装阶段的就位布置，是指柱子安装完毕后，其他构件的就位布置。包括屋架的扶直就位，吊车梁、屋面板的运输就位等。

（1）屋架的扶直就位。屋架可靠柱边斜向就位或成组纵向就位。

1）屋架的斜向就位。确定就位位置的方法，可采用作图法，其步骤如下：

①确定起重机安装屋架时的开行路线及停机点。安装屋架时，起重机一般沿跨中开行，也可根据安装需要稍偏于跨度的一边开行，先在跨中画出平行于纵轴线的开行路线，再以安装的某轴线（如②轴线）的屋架中心点 M_2 为圆心，以选择好的工作幅度 R 为半径画弧，相交开行路线上于 O_2 点，O_2 点即为安装②轴线屋架时的停机点，如图 6 - 57 所示。

②确定屋架的就位范围。屋架一般靠柱边就位，但应离开柱边不小于 200mm，并可利用柱子作为屋架的临时支撑。当受场地限制时，屋架的端头也可稍许伸出跨外。根据以上原则，确定屋架就位范围的外边界线 PP。起重机安装屋架及屋面板时，机身需要回转，设起重机尾部至机身回转中心的距离为 A，则在距开行路线为 $(A+0.5)$ m 的范围内，不宜布置屋架和其他较高的构件；以此为界，画出就位范围的内边界线 QQ。两条边界线 PP、QQ 之间，即为屋架的就位范围。当厂房跨度较大时，这一范围的宽度过大，可根据实际情况加以缩小。

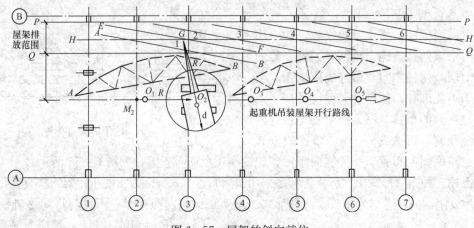

图 6 - 57 屋架的斜向就位
（虚线表示屋架预制时的位置）

③确定屋架的就位位置。确定好就位范围后，在图上画出 PP、QQ 两边界线的中线 HH，屋架就位后，屋架的中点均在 HH 线上。以②轴线屋架为例，就位位置可按以下方法确定：以停机点 O_2 为圆心，安装屋架时的工作幅度 R 为半径，画弧交 HH 线于 G 点，G 点即为②号屋架就位后的中点。再以 G 点为圆心，屋架跨度之半为半径，画弧交 PP、QQ 两线于 E、F 两点，连 EF，即为②号屋架的就位位置。其他屋架的就位位置，均平行于此屋架，端点相距 6m，但①号屋架由于抗风柱的阻挡，要退到②号屋架的附近就位。

2) 屋架的成组纵向就位。屋架纵向就位时，一般以 4～5 榀为一组靠柱边顺轴线纵向就位。屋架与柱之间、屋架与屋架之间的净距不小于 200mm，相互之间用铅丝及支撑拉紧撑牢。每组屋架之间，应留 3m 左右的间距作为横向通道。应避免在已安装好的屋架下面去绑扎、吊装屋架。屋架起吊后，注意不要与已安装的屋架相碰；因此，布置屋架时，每组屋架的就位中心线，可大约安排在该组屋架倒数第二榀安装轴线之后 2m 处，如图 6 - 58 所示。

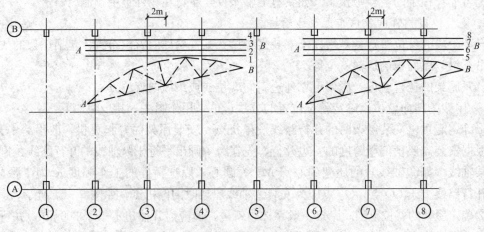

图 6 - 58 屋架的成组纵向就位
（虚线表示屋架预制时的位置）

(2) 吊车梁、连系梁、屋面板的运输、堆放与就位。单层工业厂房除了柱和屋架一般在施工现场制作外，其他构件，如吊车梁、连系梁、屋面板等，均在预制厂或附近的露天预制场制作，然后运至工地吊装。构件运至现场后，应按施工组织设计所规定的位置，按编号及构件吊装顺序进行就位或集中堆放。吊车梁、连系梁的就位位置，一般在其吊装位置的柱列附近，跨内跨外均可。有时也可不用就位，而从运输车辆上直接吊至牛腿上。

屋面板的就位位置，跨内或跨外均可，如图 6-59 所示。根据起重机吊装屋面板时所需的工作幅度确定。一般情况下，当布置在跨内时，应向后退 3～4 个节间开始就位，当布置在跨外时，应向后退 1～2 个节间开始就位。以上所介绍的是单屋工业厂房构件布置的原则与方法。构件的预制位置或就位位置是按作图法定出来的。掌握了这些原则之后，在实际工作中可将构件按比例用硬纸片剪成小模型，然后在同样比例的平面图上进行布置和调整。经研究确定后，绘出预制构件平面布置图。

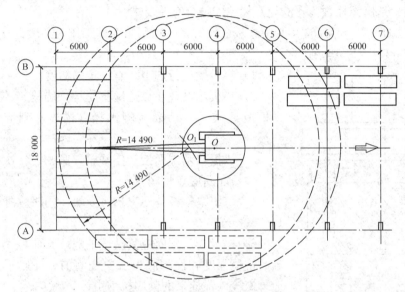

图 6-59 屋面板吊装工作参数计算简图及屋面板的就位布置图

（虚线表示当屋面板跨外布置时之位置）

第三节 钢结构工程安装

一、单层钢结构工程安装

单层钢结构工程以单层工业厂房结构安装最为典型。钢结构单层工业厂房一般由柱、柱间支撑、吊车梁、制动梁（桁架）、托架、屋架、天窗架、上下弦支撑、檩条及墙体骨架等构件组成。柱基通常采用钢筋混凝土阶梯或独立基础。

（一）安装前的准备工作

（1）钢结构安装前，应按构件明细表核对进场的构件，核查质量证明书、设计变更文件、加工制作图、设计文件、构件交工时所提交的技术资料。

（2）落实和深化施工组织设计，对起吊设备、安装工艺及稳定性较差的构件，起吊前应进行稳定性验算，必要时应进行临时加固。大型构件和细长构件的吊点位置和吊环构造应符合设计或施工组织设计的要求，对大型或特殊的构件，吊装前应进行试吊，确认无误后方可正式起吊。确定现场焊接的保护措施。

（3）应掌握安装前后外界环境，如风力、温度、风雪、日照等资料，做到心中有数。

（4）钢结构安装前，应对下列图纸进行自审和会审：钢结构设计图；钢结构加工制作图；基础图；其他必要的图纸和技术文件。

（5）基础验收。

1）基础混凝土强度达到设计强度的75%以上。

2）基础周围回填完毕，具有较好的密实性，吊车行走不会塌陷。

3）基础的轴线、标高、编号等都以设计图标注在基础面上。

4）基础顶面平整，如不平，要事先修补，预留孔应清洁，地脚螺栓应完好，二次浇灌处的基础表面应凿毛。基础顶面标高应低于柱底面安装标高40～60mm。

5）锚栓、地脚螺栓预留孔的允许偏差应符合有关要求。

（6）垫板的设置。钢结构吊装中垫板的设置是一项很重要的工作，必须十分重视，垫板设置如图6-60所示。其原则为：

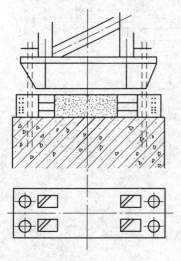

图6-60 垫板设置

1）垫板要进行加工，有一定的精度。

2）垫板应设置在靠近地脚螺栓（锚栓）的柱脚底板加劲板或柱肢下，每根地脚螺栓（锚栓）侧应设1～2组垫板。

3）垫板与基础面接触应平整、紧密。二次浇灌混凝土前，垫板之间应点焊固定。

4）每组垫板板叠不宜超过5块，同时宜外露出柱底板10～30mm。

5）垫板与基础面应紧贴、平稳，其面积大小应根据基础的抗压强度和柱脚底板二次浇灌前，柱底承受的荷载及地脚螺栓（锚栓）的紧固拉力由计算确定。

6）每块垫板间应贴合紧密，每组垫板都应承受压力，使用成对斜垫板时，两块垫板斜度应相同，且重合长度不应少于垫板长度的2/3。

7）灌筑的砂浆应采用无收缩的微膨胀砂浆，一定要作砂浆试块，强度应高于基础混凝土强度一个等级。

（二）钢柱子安装

（1）柱子安装前应设置标高观测点和中心线标志，并且与土建工程相一致。标高观测点的设置应与牛腿（肩梁）支撑面为基准，设在柱的便于观测处，无牛腿（肩梁）柱，应以柱顶端与桁架连接的最后一个安装孔中心为基准。

（2）中心线标志的设置应符合下列规定：

1）在柱底板的上表面行线方向设一个中心标志，列线方向两侧各设一个中心标志。

2）在柱身表面的行线和列线方向各设一个中心线，每条中心线在柱底部、中部（牛腿或肩梁部）和顶部各设一处中心标志。

3）双牛腿（肩梁）柱在行线方向两个柱身表面分别设中心标志。

（3）多节柱安装时，宜将柱组装后再整体吊装。

（4）钢柱安装就位后需要调整，校正应符合下列规定：

1）应排除阳光侧面照射所引起的偏差。

2）应根据气温（季节）控制柱垂直度偏差：气温接近当地年平均气温时（春、秋季），柱垂直偏差应控制在"0"附近。气温高于或低于当地平均气温时，应以每个伸缩段（两伸缩缝间）设柱间支撑的柱子为基准，垂直度校正至接近"0"，行线方向连跨应以与屋架刚性连接的两柱为基准；此时，当气温高于平均气温（夏季）时，其他柱应倾向基准点相反方向；气温低于平均气温（冬季）时，其他柱应倾向基准点方向。柱的倾斜值应根据施工时气温和构件跨度与基准的距离而定。

（5）柱子安装的允许偏差应符合有关要求。

（6）屋架、吊车梁安装后，进行总体调整，然后固定连接。固定连接后尚应进行复测，超差的应进行调整。

（7）对长细比较大的柱子，吊装后应增加临时固定措施。

（8）柱子支撑的安装应在柱子校正后进行，只有确保柱子垂直度的情况下，才可安装柱间支撑，支撑不得弯曲。

（三）吊车梁安装

（1）吊车梁的安装应在柱子第一次校正和柱间支撑安装后进行。安装顺序应从有柱间支撑的跨间开始，吊装后的吊车梁应进行临时固定。

（2）吊车梁的校正应在屋面系统构件安装并永久连接后进行，其允许偏差应控制在规定范围内。

（3）吊车梁吊面标高的校正，可通过调整柱底板下垫板厚度，调整吊车梁与柱牛腿支撑面间的垫板厚度，调整后垫板应焊接牢固。

（4）吊车梁下翼缘与柱牛腿连接应符合：吊车梁是靠制动桁架传给柱子制动力的简支梁（梁的两端留有空隙，下翼缘的一端为长螺栓连接孔），连接螺栓不应拧紧，所留间隙应符合设计要求，并应将螺母与螺栓焊固。纵向制动由吊车梁和辅助桁架共同传给柱的吊车梁，连接螺栓应拧紧后将螺母焊固。

（5）吊车梁与辅助桁架的安装宜采用拼装后整体吊装。其测向弯曲，扭曲和垂直度应符合规定。

（6）当制动板与吊车梁为高强螺栓连接，与辅助桁架为焊接连接时，应按以下顺序安装：

1）安装制动板与吊车梁应用冲钉和临时安装螺栓，制动板与辅助桁架用点焊临时固定。

2）经检查各部分尺寸，并确认符合有关规定后，即可焊接制动板之间的拼接缝。

3）安装并紧固制动板与吊车梁连接的高强度螺栓。

（7）焊接制动板与辅助桁架的连接焊缝，安装吊车梁时，中部宜弯向辅助桁架，并应采取防止产生变形的焊接工艺施焊。

（四）吊车轨道安装

（1）吊车轨道的安装应在吊车梁安装符合规定后进行。

（2）吊车轨道的规格和技术条件应符合设计要求和国家现行有关标准的规定，如有变形应经矫正后方可安装。

（3）在吊车梁顶面上弹放墨线的安装基准线，也可在吊车梁顶面上拉设钢线，作为轨道安装基准线。

（4）轨道接头采用鱼尾板连接时，要做到：

1) 轨道接头应顶紧，间隙不应大于 3mm；接头错位，不应大于 1mm。

2) 伸缩缝应符合设计要求，其允许偏差为 ±3mm。

轨道采用压轨器与吊车梁连接时，要做到：压轨器与吊车梁上翼应密贴，其间隙不得大于 0.5mm，有间隙的长度不得大于压轨器长度的 1/2；压轨器固定螺栓紧固后，螺纹露长不应少于 2 倍螺距。

（5）轨道端头与车挡之间的间隙应符合设计要求，当设计无要求时，应根据温度留出轨道自由膨胀的间隙。两车挡应与起重机缓冲器同时接触。

（五）屋面系统结构安装

（1）屋架的安装应在柱子校正符合规定后进行。

（2）对分段出厂的大型桁架，现场组装时应符合：

1) 现场组装的平台，支点间距为 L，支点的高度差不应大于 $L/1000$，且不超过 10mm。

2) 构件组装应按制作单位的编号和顺序进行，不得随意调换。

3) 桁架组装应先用临时螺栓和冲钉固定，腹杆应同时连接，经检查达到规定后，方可进行节点的永久连接。

（3）屋面系统结构可采用扩大组合拼装后吊装，扩大组合拼装单元宜成为具有一定刚度的空间结构，也可进行局部加固达到此目的。

（4）每跨第一、第二榀屋架及构件形成的结构单元，是其他结构安装的基准。安全网、脚手架、临时栏杆等可在吊装前装设在构件上。垂直支撑、水平支撑、檩条和屋架角撑的安装应在屋架找正后进行，角撑安装应在屋架两侧对称进行，并应自由对位。

（5）有托架且上部为重屋盖的屋面结构，应将一个柱间的全部屋面结构构件安装完，并且连接固定后再吊装其他部分。

（6）天窗架可组装在屋架上一起起吊。

（7）安装屋面天沟应保证排水坡度，当天沟侧壁是屋面板的支承点时，则侧壁板顶面标高与屋面板其他支撑点的标高相匹配。

（8）屋面系统结构安装允许偏差，应符合设计规定的要求。

（六）维护系统结构安装

墙面檩条等构件安装，应在主体结构调整定位后进行，可用拉杆螺栓调整墙面檩条的平直度。

（七）平台、梯子及栏杆的安装

（1）钢平台、钢梯、栏杆安装，应符合设计要求及有关规定。

（2）平台钢弧应铺设平整，与支撑梁密贴，表面有防滑措施，栏杆安装牢固可靠，扶手转角应光滑。

二、多层及高层钢结构安装工程

用于钢结构多、高层建筑的体系有：框架体系、框架剪力墙体系、框筒体系、组合筒体系及交错钢桁架体系等。钢结构具有强度高、抗震性能好、施工速度快的优点，所以在高层建筑中得到广泛应用。但用钢量大、造价高、防火要求高。

（一）安装前的准备工作

多层及高层钢结构安装工程，安装前的准备工作主要包括以下内容：

（1）检查并标注定位轴线及标高的位置。

（2）检查钢柱基础，包括基础的中心线、标高、地角螺栓等。

（3）确定流水施工的方向，划分流水段。

（4）安排钢构件在现场的堆放位置。

（5）选择起重机械。起重机械的选择是多层及高层钢结构工程安装前准备工作的关键。

一般多层及高层钢结构的安装多采用塔式起重机，并要求塔式起重机应具有足够的起重能力，臂杆长度应具有足够的覆盖面，钢丝绳要满足起吊高度的要求。当需要多机作业时，臂杆要有足够的高差，互不碰撞并安全运转。

（6）选择吊装方法。多层及高层钢结构的吊装多采用综合吊装法，其吊装顺序一般是：平面内从中间的一个节间开始，以一个节间的柱网为一个吊装单元，先吊装柱、后吊装梁，往四周扩展；垂直方向自下而上，组成稳定结构后，分层次安装次要构件，一节间一节间钢框架、一层楼一层楼安装完成。这样有利于消除安装误差累积和焊接变形，使误差减低到最少限度。

（7）建筑物定位轴线、基础上柱的定位轴线和标高、地脚螺栓（锚栓）的允许偏差，应符合有关规定。

（二）安装与校正

1. 钢柱的吊装与校正

（1）钢柱吊装。钢结构高层建筑的柱子，多为 3～4 层一节，节与节之间用坡口焊连接。钢柱吊装前，应预先按施工需要在地面上将操作挂篮、爬梯等固定在相应的柱子部位上。钢柱的吊点在吊耳处，根据钢柱的重量和起重机的起重量，钢柱的吊装可选用双机抬吊或单机吊装，如图 6 - 61 所示。单机吊装时，需在柱

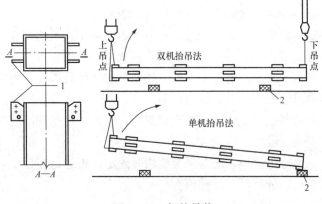

图 6 - 61　钢柱吊装
1—吊耳；2—垫木

根部垫以垫木，用旋转法起吊，防止柱根部拖地和碰撞地脚螺栓，损坏丝扣；双机抬吊时，多用递送法使钢柱在吊离地面后，在空中进行回直。在吊装第一节钢柱时，应在预埋的地脚螺栓上加设保护套，以免钢柱就位时碰坏地脚螺栓的丝牙。

（2）钢柱校正。钢柱就位后，立即对垂直度、轴线、牛腿面标高进行初校，安设临时螺栓，卸去吊索。钢柱上下接触面间的间隙一般不得大于 1.5mm。如间隙在 1.6～6.0mm 之间，可用低碳钢垫片垫实间隙。柱间间距偏差可用液压千斤顶与钢楔，或倒链与钢丝绳或缆风绳进行校正，如图 6 - 62 如示。柱子安装的允许偏差应符合有关要求。

（3）柱底灌浆。在第一节框架安装、校正、螺栓紧固后，即应进行底层钢柱柱底灌浆，如图 6 - 63 所示。灌浆方法是先在柱脚四周立模板，将基础上表面清除干净，清除积水，用高强度聚合砂浆从一侧自由灌入至密实，灌浆后用湿草袋和麻袋覆盖养护。

2. 钢梁的吊装与校正

钢梁在吊装前，应于柱子牛腿处检查标高和柱子间距，并应在梁上装好扶手杆和扶手绳，以便待主梁吊装就位后，将扶手绳与钢柱系牢，以保证施工人员的安全。钢梁一般可在

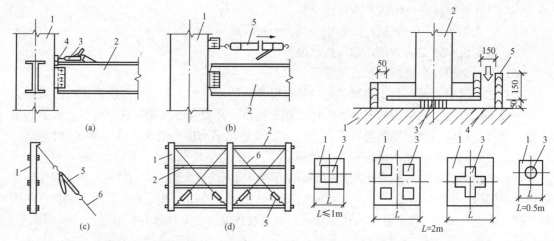

图 6-62　钢柱的校正

(a) 千斤顶与钢楔校正法；(b) 倒链与钢丝绳校正法；

(c) 单柱缆风绳校正法；(d) 群柱缆风绳校正法

1—钢柱；2—钢梁；3—100kN 液压千斤顶；

4—钢楔；5—20kN 倒链；6—钢丝绳

图 6-63　钢柱柱底灌浆

1—柱基；2—钢柱；3—无收缩水泥砂浆标高块；

4—12mm 钢板；5—模板

钢梁的翼缘处开孔作为吊点，其位置取决于钢梁的跨度。为加快吊装速度，对重量较小的次梁和其他小梁，可利用多头吊索一次吊装数根。

　　为了减少高空作业，保证质量并加快吊装进度，可以将梁、柱在地面组装成排架后进行整体吊装。当一节钢框架吊装完毕，即需对已吊装的柱、梁进行误差检查和校正。对于控制柱网的基准线用线坠或激光仪观测，其他柱根据基准柱用钢卷尺量测，校正方法同单层钢结构安装工程柱、梁的校正。

　　梁校正完毕，用高强螺栓临时固定，再进行柱校正，紧固连接高强螺栓，焊接柱节点和梁节点，进行超声波检验。

　　（三）构件间的连接

　　钢柱之间的连接常采用坡口焊连接。主梁与钢柱的连接，一般上、下翼缘用坡口焊连接，而腹板用高强螺栓连接。次梁与主梁的连接基本上是在腹板处用高强螺栓连接，少量再在上、下翼缘处用坡口焊连接，如图 6-64 所示。柱与梁的焊接顺序，先焊接顶部柱、梁节点，再焊接底部柱、梁节点，最后焊接中间部分的柱、梁节点。

　　坡口焊连接应先做好准备（包括焊条烘焙、坡口检查、设电弧引入、引出板和钢垫板，并点焊固定，清除焊接坡口、周边的防锈漆和杂物，焊接口预热）。柱与柱的对接焊接，采用二人同时对称焊接，柱与梁的焊接亦应在柱的两侧对称同时焊接，以减少焊接变形和残余应力。

　　高强螺栓连接两个连接构件的紧固顺序是：先主要构件，后次要构件。

　　工字形构件的紧固顺序是：上翼缘→下翼缘→腹板。

　　同一节柱上各梁柱节点的紧固顺序是：柱子上部的梁柱节点→柱子下部的梁柱节点→柱子中部梁柱节点。

　　每一节点安设紧固高强度螺栓顺序是：摩擦面处理→检查安装连接板（对孔、扩孔）→临时螺栓连接→高强螺栓紧固→初拧→终拧。

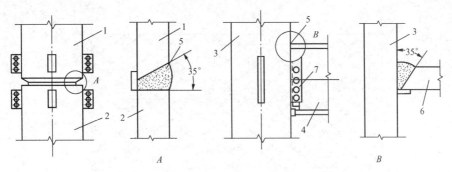

图 6 - 64 上柱与下柱、柱与梁连接构造
1—上节钢柱；2—下节钢柱；3—柱；4—主梁；
5—焊缝；6—主梁翼板；7—高强螺栓

三、钢网架结构的安装

钢网架结构是由多根杆件按照一定规律布置，通过结点连接而成的网格状杆系结构。它改变了一般平面桁架的变力状态，具有空间受力的性能。由于它的外形像一块平板，因此称为平板形网架。

钢网架结构的整体性能很好，能有效地承受各种非对称荷载，集中荷载和动力荷载。由于组成网架的杆件和节点可以定型化，适用于在工厂成批生产，制作完成后运到现场拼装，从而使网架的施工做到速度快，精度高，有利于质量的保证。网架结构的平面布置灵活，适用于不规则的建筑平面、大跨度建筑，也可用于中小跨度建筑中。因此网架结构在世界各国都得到了迅速的发展，在各类空间结构中的采用位居首位。

网架结构的安装方法，应根据网架受力和构造特点，在满足质量、安全、进度和经济效果的要求下，结合当地的施工技术条件综合确定。一般可分为高空拼装法、整体安装法和高空滑移法三种。

（一）高空拼装法

高空拼装法是指将网架的杆件和节点（或小拼单元）直接在高空设计位置总拼成整体的方法。先在地面上搭设拼装支架，然后用起重机把网架构件分件或分块吊至空中的设计位置，在支架上进行拼装。高空拼装法适用于非焊接连接（螺栓球节点或高强螺栓连接）的各种类型网架。因为焊接连接的网架采用高空散装法施工时，不易控制标高和轴线，另外还需采取防火措施。

施工前应根据结构特点、构件重量、安装标高、现场条件及现有设备确定吊装机械。

拼装支架可用木制或钢管制，支架可局部搭设作为活动式，亦可满堂搭设，如图 6 - 65 所示。局部支架的位置必须对准网架下弦的支承节点，支架间距不宜过大，以免网架安装过程中产生较大下垂。支架高度要方便操作，用千斤顶调整标高，则支架上表面距网架下弦节点 80cm 左右为宜。

高空拼装法拼装网架时，网架块件顺序安排要考虑减少误差积累和安装方便，另外要考虑结构的受力特点和吊装机械的性能。网架总的拼装顺序是从建筑物的一端开始向另一端以两个三角形同时推进，待两个三角形相反后，则按人字形逐榀向前推进，最后在另一端的正中闭合。每榀块体的安装顺序，在开始的两个三角形部分是由屋脊部分开始分别向两边拼装；两个三角形相交后，则由交点开始同时向两边拼装，如图 6 - 66 所示。

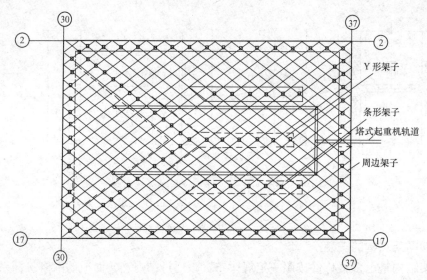

图 6 - 65　拼装支架的平面布置

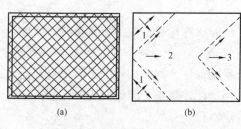

图 6 - 66　网架平面与拼装顺序
(a) 网架平面；(b) 拼装顺序
1、2、3—拼装顺序

网架拼装后，下方有支架者用方木顶住中央竖杆处，用千斤顶顶住屋架中央竖杆下方进行标高调整。其他分块则随拼装随拧紧高强螺栓，并与已拼好的分块连接即可。由于螺栓大于螺杆直径，故高强螺栓需随拼装随拧紧，否则会加大网架的下垂。

网架拼装完毕并全面检查后，拆除全部支顶网架的方木和千斤顶。考虑到支承拆除后网架中央沉降最低，故按中央、中间和边缘三个区分阶段按比例下降支承，即分六次下降，每次下降的数值，三个区的比例是 2∶1.5∶1。下降支承时要严格控制同步下降，避免由于个别支点受力而使这个支点处的网架杆件变形过大甚至破坏。

（二）整体安装法

整体安装法就是先将网架在地面上拼装成整体，然后用起重设备垂直地将其整体提升到设计位置上加以固定。这种施工方法不需高大的拼装支架，高空作业少，易保证焊接质量，但需要大型的起重设备，技术较复杂。因此，对球节点的钢管网架，尤其是三向网架等杆件较多的网架较适宜。根据所用设备的不同，整体安装法又分为多机抬吊法、提升机提升法、桅杆提升法、千斤顶顶升法等。

1. 多机抬吊法

用四台起重机联合作业，将地面错位拼装好的网架整体提升到柱顶后，在空中进行移位落下就位安装。一般有四侧抬吊与两侧抬吊两种方法，如图 6 - 67 所示。四侧抬吊为防止起重机因升降速度不一而产生不均匀荷载，每台起重机设两个吊点，每两台起重机的吊索互相用滑轮串通，使各吊点受力均匀，网架均衡上升。当网架升到比柱顶高 30cm 时，进行空中移位。起重机甲一边落起重臂，一边升钩；起重机乙一边升起重臂，一边落钩；丙丁两台起重机则松开旋转刹车跟着旋转，待转到网架支座中心线对准柱子中心时，四台起重机同时落钩,并通过设在多架四角的拉索和倒链拉动网架进行对线,将网架落到柱顶就位。两侧抬吊系用四台起重机将网架吊到柱顶,同时向一个方向旋转一定距离,即可就位。

多机抬吊法准备工作简单,安装快速方便。四侧抬吊与两侧抬吊比较,前者移位较平稳,但操作较复杂;后者空中移位较方便,便平稳性差一些。适用于跨度 40m 左右、高度 25m 左右的中小型网架屋盖的吊装。

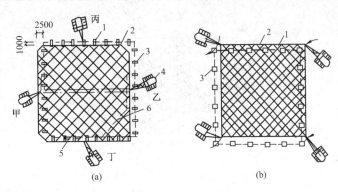

图 6-67 四机抬吊网架

(a) 四侧抬吊;(b) 两侧抬吊

1—网架安装位置;2—网架拼装位置;3—柱;
4—履带式起重机;5—吊点;6—串通吊索

2. 提升机提升法

在结构柱上安装升板工程用的电动穿心式提升机,将地面正位拼装的网架直接整体提升到柱顶横梁就位,如图 6-68 所示。

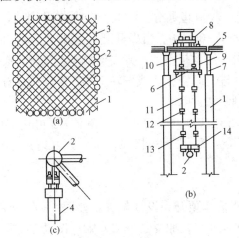

图 6-68 提升机提升网架

(a) 网架平面;(b) 网架提升装置;(c) 支座构造

1—框架柱;2—钢球支座;3—网架;4—托架;5—上横梁;6—下横梁;7—短钢柱;8—电动穿心式提升机;9—吊挂螺栓;10—提升螺栓;11—吊杆;12—卡环接头;13—支承法兰;14—钢吊梁

提升点设在网架四边的中部,每边 7～8 个。提升设备的组装系在柱顶加接短钢柱上,安装工字钢上横梁,每一吊点安放一台 300kN 电动穿心提升机,提升机的螺杆下端连接多节长 1.8m 的吊杆,下面连接横吊梁,梁中间用钢销与网架支座钢球上的吊环相连接。在钢柱顶上的上横梁处,又用螺杆连接着一个下横梁,作为拆卸吊杆时的停歇装置。当提升机每提升一节吊杆后(升速为 3cm/min),用 U 形卡板塞入下横梁上部和吊杆上端的支承法兰之间,卡住吊杆,卸去上吊杆,将提升螺杆下降与下一节吊杆接好,再继续上升,如此循环往复,直到网架升到托梁以上,然后把预先放在柱顶牛腿的托梁移至中间就位,再将网架下降于托梁上,即完成吊装。网架提升时应同步,每上升 60～90cm 观测一次,控制相邻两个提升点高差不大于 25mm。

提升机提升法不需大型吊装设备,机具和安装工艺简单,提升平稳,劳动强度低,工效高,施工安全,但准备工作量大。适用于跨度 50～70m、高度 40m 以上、重量较大的大、中型周边支承网架屋盖的安装。

3. 桅杆提升法

将网架在地面错位拼装,用多根独脚桅杆将其整体提升到柱顶以上,然后进行空中旋转和移位,落下就位安装,如图 6-69 所示。

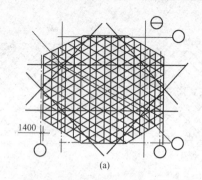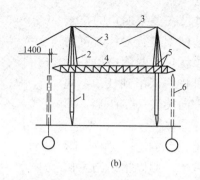

图 6-69　独脚桅杆提升网架

(a) 网架平面布置；(b) 网架吊装

1—独脚桅杆；2—吊索；3—缆风绳；4—网架；5—吊点（每根桅杆 8 个）；6—柱子

　　柱和桅杆应在网架拼装前竖立，当安装长方、八角形网架，在网架三向直径接近支座处竖立四根钢格构独脚桅杆，每根桅杆的两侧各挂一副起重滑车组，每副滑车组下设两个吊点，配一台卷筒直径、转速相同的电动卷扬机，使提升同步，每根桅杆设 6 根缆风绳与地面成 30°～40°夹角。

　　网架拼装时，逆时针转角 2°5′，使支座偏离柱 1.4m，即用多根桅杆将网架吊过柱顶后，需要向空中移位或旋转 1.4m。提升时，四根桅杆、八副起重滑车组同时收紧提升网架，使其等速平稳上升，相邻两桅杆处的网架高差应不大于 100mm。当提升到柱顶以上 50cm 时，放松桅杆左侧的起重滑车组，使桅杆右侧的起重滑车组保持不动，则左侧滑车组松弛，拉力变小，因而其水平分力也变小，网架便向左移动，进行高空移位或旋转就位，经轴线、标高校正后，用电焊固定。桅杆利用网架悬吊，采用倒装法拆除。

　　桅杆提升法，桅杆可自行制造，起重量大，可达 1000～2000kN，桅杆高度可达 50～60m，但所需设备数量大，准备工作和操作较复杂，适用于安装高、重、大（跨度 80～100m）的大型网架屋架。

　　4. 千斤顶顶升法

　　千斤顶顶升法是利用支承结构和千斤顶将网架整体顶升到设计位置，如图 6-70 所示。顶升用的支承结构一般多利用网架的永久性支承柱，亦可在原支点处或其附近设置临时顶升支架。顶升千斤顶可采用普通液压千斤顶或丝杠千斤顶，要求各千斤顶的行程和起重速度一致。网架多采用伞形柱帽的方式，在地面按原位整体拼装。由四根角钢组成的支承柱从腹杆间隙中穿过，在柱上设置缀板作为搁置横梁千斤顶和球支座用。上下临时缀板的间距根据千斤顶的尺寸、冲程、横梁等尺寸确定，应恰为千斤顶使用行程的整数倍，其标高偏差不得大于 5mm。如用 320kN 普通液压千斤顶，缀板的间距为 420mm，即顶一个循环总高度为 420mm，千斤顶分三次（150mm＋150mm＋120mm）顶升到该标高。顶升时，每一顶升循环工艺过程，如图 6-71 所示。顶升应做到同步，各顶升点的差异不得大于相邻两个顶升用的支承结构间距的 1/1000，且不大于 30mm；在一个支承结构上设有两个或两个以上千斤顶时不大于 10mm。千斤顶顶升法设备简单，不用大型吊装设备；顶升支承结构可利用永久性支承，拼装网架不需搭设拼装支架，可节省费用，降低施工成本，操作简便安全。但顶升速度较慢，且对结构顶升的误差控制要求严格，以防失稳。适用于安装多支点支承的各种四角锥网架屋盖。

（三）高空滑移法

采用这种施工方法时，网架多在建筑物前厅顶板上设拼装平台进行拼装，待第一个拼装单元或第一段拼装完毕，即将其下落至滑移轨道上，用牵引设备通过滑轮组将拼装好的网架向前滑移一定距离。接下来在拼装平台上拼装第二个拼装单元或第二段，接好后连同第一个拼装单元或第一段一同向前滑移，如此逐段拼装不断向前滑移，直至整个网架拼装完毕并滑移至就位位置。网架屋盖近年来采用高空平行滑移法施工逐渐增多，尤其适用于影剧院、礼堂等工程。

拼装好的网架的滑移，可在网架支座下设滚轮，使滚轮在滑道上滑动，如图 6-72 所示。亦可在网架支座下设支座底板，使支座底板沿预埋在钢筋混凝土框架梁上的预

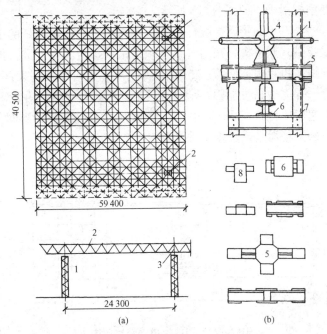

图 6-70 网架顶升施工设备

（a）网架平面及立面；（b）顶升装置及安装图

1—柱；2—网架；3—柱帽；4—球支座；5—十字架；
6—横梁；7—[16 槽钢制下缀板；8—上缀板

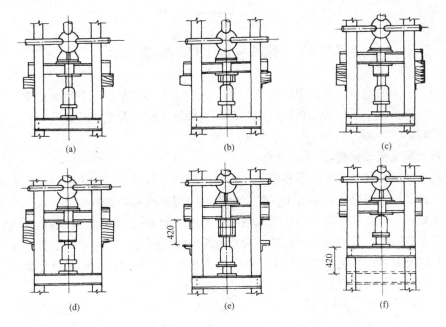

图 6-71 网架顶升施工过程

（a）顶升 150mm，两侧垫方形垫板；（b）回油，垫圈垫块；（c）重复（a）过程；
（d）重复（b）过程；（e）顶升 120mm，安装上缀板；（f）回油，下缀板升一级

埋钢板滑动, 如图 6-73 所示。

先在地面将网架杆件拼装成两球一杆和四球五杆的小拼构件, 然后用悬臂式桅杆、塔式或履带式起重机, 按组合拼接顺序吊到拼接平台上进行扩大拼装, 先就位点焊拼接网架下弦方格, 再点焊横向跨度方向角腹杆, 每节间单元网架部件点焊接顺序由跨中间两端对称进行, 焊完后临时加固, 牵引可用慢速卷扬机进行, 并设减速滑轮组, 牵引点应分散设置, 滑移速度应控制在 1m/min 内, 做到两边同步滑移。当网架跨度大于 50m 时, 应在跨中增设一条平稳滑道或辅助支顶平台。

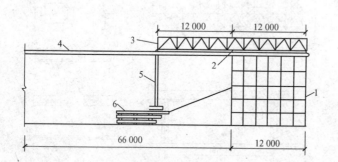

图 6-72 滑移轨道和滑移程序
1—拼装平台下的支柱; 2—滚轮; 3—网架;
4—主滑动轨道; 5—格构式钢柱; 6—辅助滑动轨道

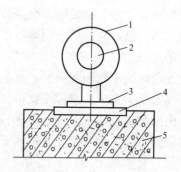

图 6-73 钢板滑动支座
1—球节点; 2—杆件; 3—支座钢板;
4—预埋钢板; 5—钢筋混凝土框架梁

高空滑移法, 不需大型起重设备; 可与室内其他工种平行作业, 缩短总工期; 用工省, 减少高空作业; 施工速度快。适用于场地狭小或跨越其他结构、起重机无法进入网架安装区域的中小型网架。

第四节 结构安装工程的安全技术

结构安装工程的特点: 构件重, 操作面小, 高空作业多, 机械化程度高, 多工程上下交叉作业等, 如果措施不当, 极易发生安全事故。组织施工时, 要重视这些特点, 采取相应的安全技术措施。

一、防止起重机倾翻措施

(1) 起重机的行驶道路必须平整坚实, 松软土层要进行处理。如土质松软, 需铺设道木或路基箱。起重机不得停置在斜坡上工作, 也不允许起重机两个履带一高一低。当起重机通过墙基或地梁时, 应在墙基两侧铺垫道木或石子, 以免起重机直接碾压在墙基或地梁上。

(2) 应尽量避免超载吊装。但在某些特殊情况下难以避免时, 应采取措施, 如: 在起重机起重臂上拉缆绳或在其尾部增加平衡重等。起重机增加平衡重后, 卸载或空载时, 起重臂必须落到与水平线夹角 60°以内。在操作时应缓慢进行。

(3) 禁止斜吊。这里讲的斜吊, 是指所要起吊的重物不在起重机起重臂顶的正下方, 因而当将捆绑重物的吊索挂上吊钩后, 吊钩滑车组不与地面垂直, 而与水平线成一个夹角。斜吊会造成超负荷及钢丝绳出槽, 甚至造成拉断绳索。斜吊还会使重物在离开地面后发生快速摆动, 可能碰伤人或其他物体。

(4) 应尽量避免满负荷行驶, 如需作短距离负荷行驶, 只能将构件吊离地面 300mm 左右，且要慢行，并将构件转至起重机的前方，用拉绳控制构件摆动。

（5）双机抬吊时，要根据起重机的起重能力进行合理的负荷分配，并在操作时要统一指挥，互相密切配合。在整个抬吊过程中，两台起重机的吊钩滑车组均应基本保持垂直状态。

（6）不吊重量不明的重大构件设备。

（7）禁止在六级风的情况下进行吊装作业。

（8）指挥人员应使用统一指挥信号，信号要鲜明、准确。起重机驾驶人员应听从指挥。

二、防止高空坠落措施

（1）操作人员在进行高空作业时，必须正确使用安全带。安全带一般应高挂低用，即将安全带绳端的钩环挂于高处，而人在低处操作。

（2）在高空使用撬杠时，人要立稳，如附近有脚手架或已安装好构件，应一手扶住，一手操作。撬杠插进深度要适宜，如果撬动距离较大，则应逐步撬动，不宜急于求成。

（3）工人如需在高空作业时，应尽可能搭设临时操作台。操作台为工具式，拆装方便，自重轻，宽度为 0.8～1.0m，临时以角钢夹板固定在柱上部，低于安装位置 1～1.2m，工人在上面可进行屋架的校正与焊接工作。

（4）如需在悬空的屋架上弦行走时，应在其上设置安全栏杆。

（5）在雨期或冬期里，必须采取防滑措施。如：扫除构件上的冰雪；在屋架上捆绑麻袋，在屋面板上铺垫草袋等。

（6）登高用的梯子必须牢固。使用时必须用绳子与已固定的构件绑牢。梯子与地面的夹角一般以 60°～70°为宜。

（7）操作人员在脚手板上通行时，应思想集中，防止踏上挑头板。

（8）安装有预留孔洞的楼板或屋面板时，应及时用木板盖严。

（9）操作人员不得穿硬底皮鞋上高空作业。

三、防止高空落物伤人措施

（1）地面操作人员必须戴安全帽。

（2）高空操作人员使用的工具、零配件等，应放在随身佩带的工具袋内，不可随意向下丢掷。

（3）在高空气割或电焊切割时，应采取措施，防止火花落下伤人。

（4）地面操作人员，应尽量避免在高空作业面的正下方停留或通过，也不得在起重机的起重臂或正在吊装的构件下停留或通过。

（5）构件安装后，必须检查连接质量，只有确保连接安全可靠，才能构钩或拆除临时固定工具。

（6）吊装现场周围应设置临时栏杆，禁止非工作人员入内。

工程应用案例

【背景材料】

某厂金工车间为两跨各 18m 的单层厂房，厂房长 84m，柱距 6m，共有 14 个节间。厂房平、剖面图，如图 6-74 所示。

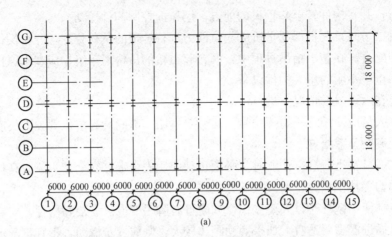

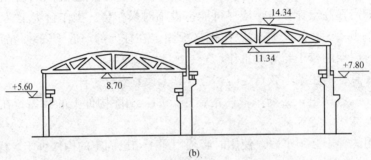

图 6-74　金工车间平、剖面图

(a) 平面图；(b) 剖面图

一、结构安装方法

采用分件安装法。柱现场预制，用履带式起重机吊装；柱吊装后，预制预应力屋架(后张法)，屋架混凝土强度达到 75% 设计强度标准值后，穿预应力筋、张拉。屋架扶直就位后，屋盖结构一次吊装(屋架、连系梁、屋面板)。吊车梁在柱吊装完毕，屋架预制前进行吊装(由构件厂供应)。

金工车间主要预制构件一览表，见表 6-7。

表 6-7　　　　　　　　　　　　金工车间主要预制构件一览表

轴　　线	构件名称及型号	数　　量	构件重量 (kN)	构件长度 (m)	安装标高 (m)
Ⓐ~Ⓖ ①~⑮	基础梁 YJL	40	14	5.97	
Ⓓ~Ⓖ	连系梁 YLL	28	8	5.97	+8.20
Ⓐ	柱 Z_1	15	51	10.1	
Ⓓ~Ⓖ	柱 Z_2	30	64	13.1	
Ⓑ~Ⓒ	柱 Z_3	4	46	12.6	
Ⓔ~Ⓕ	柱 Z_4	4	58	15.6	
—	低跨屋架 YGJ-18 高跨屋架 YGJ-18	15 15	44.6 44.6	17.70 17.70	+8.70 +11.34

续表

轴 线	构件名称及型号	数 量	构件重量 (kN)	构件长度 (m)	安装标高 (m)
一	吊车梁 DCL$_1$ 吊车梁 DCL$_2$	28 28	35 50.2	5.97 5.97	+5.60 +7.80
一	屋面板 YWB	336	13.5	5.97	+14.34

二、起重机的选择

根据工地现有设备，选择履带式起重机进行结构吊装。部分主要构件吊装时的工作参数为：

1. 柱子

最重的柱为：Z_2 柱重 64kN，柱长 13.1m

要求起重量　　　　　$Q=Q_1+q=64+2=66\text{kN}$

要求起重高度，如图 6-75 所示，即

$$H=h_1+h_2+h_3+h_4=0+0.30+8.20+2.0=10.50\text{m}$$

2. 屋架

要求起重量　　　　　$Q=Q_1+q=44.6+3=47.6\text{kN}$

要求起重高度，如图 6-76 所示，即

$$H=h_1+h_2+h_3+h_4=11.34+0.30+2.60+3.0=17.24\text{m}$$

根据上述数据可选用 W_1-100 型履带式起重机，臂长 23m，起重高度 19m。

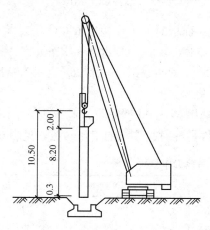

图 6-75 Z_2 柱起重高度计算简图

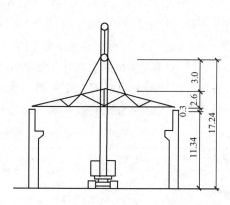

图 6-76 屋架起吊高度计算简图

3. 屋面板

吊装高跨跨中屋面板时，如图 6-77 所示。

起重量：$Q=Q_1+q=13.5+2=15.5\text{kN}$

起重高度：$H=h_1+h_2+h_3+h_4=14.34+0.3+0.24+2.5=17.38\text{m}$

吊装高跨跨中屋面板时，采用 W_1-100 型履带式起重机，最小起重臂长时的起重臂仰角 α 按下式计算：

$$\alpha=\tan^{-1}\sqrt[3]{\frac{h}{a+g}}$$

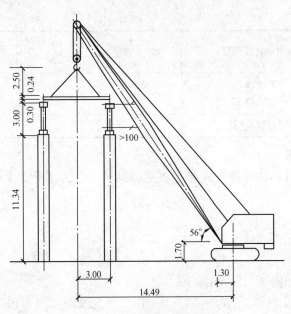

图 6 - 77 吊装屋面板计算简图

$$= \tan^{-1}\sqrt[3]{\frac{14.34-1.70}{3+1}} \approx 56°$$

所需最小起重臂长度可按下式求得

$$L_{\min} = \frac{h}{\sin\alpha} + \frac{a+g}{\cos\alpha} = \frac{14.34-1.70}{\sin 56°} + \frac{3+1}{\cos 56°} = 22.35\text{m}$$

选用 $W_1\text{-}100$ 型，臂长 23m，仰角 56°，吊装屋面板时的工作幅度 R 为

$$R = F + L \cdot \cos 56° = 1.3 + 23 \cdot \cos 56° = 1.3 + 12.86 = 14.16\text{m}$$

查 $W_1\text{-}100$ 型履带式起重机性能表，当 $L=23$m，$R=14.16$m 时，$Q=23$kN$\geqslant 15.5$kN，$H=17.5$m>17.38m，满足吊装跨中屋面板的要求。

综合各构件吊装时起重机的工作参数，确定选用 $W_1\text{-}100$ 型履带式起重机，23m 起重臂吊装厂房各构件。查起重机性能表，确定出各构件吊装时起重机的工作参数，见表 6 - 8。

表 6 - 8   金工车间各主要构件吊装工作参数

构件名称	柱 Z_1			柱 Z_2			屋架 YGJ-18			屋面板		
工作参数	Q (kN)	H (m)	R (m)	Q (kN)	H (m)	R (m)	Q (kN)	H (m)	R (m)	Q (kN)	H (m)	R (m)
计算需要值	53	7.5		66	10.5		47.6	17.24		15.5	17.38	
23m 臂工作参数	53	19	8.7	66	19	7.5	50	19	9.0	23	17.50	14.49

三、起重机开行路线及构件平面布置

柱的预制位置即是吊装前排放的位置。吊装Ⓐ列柱 Z_1 时最大工作幅度 $R=8.7$m，吊装Ⓓ、Ⓖ列柱最大工作幅度 $R=7.5$m，起重机跨边开行。采用一点绑扎旋转法起吊。柱的平面布置及起重机开行路线，如图 6-78 所示。

屋架现场叠浇预制，起吊前扶直排放，屋架排放的位置及吊装屋架时起重机开行路线，如图 6-79 所示。

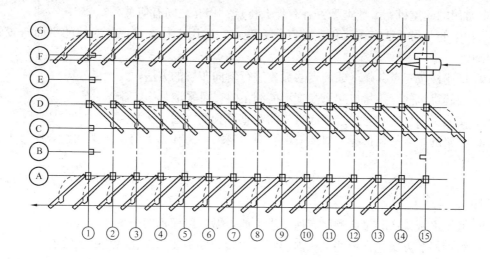

图 6-78　柱的平面布置及起重机开行路线

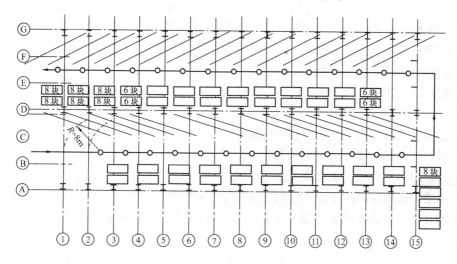

图 6-79　屋架、屋面板的布置及起重机开行路线

 复习思考题

1. 汽车式起重机和轮胎式起重机各有何特点？

2. 履带式起重机的特点？目前常用的型号有哪些？如何对履带式起重机起重臂接长进行稳定验算？

3. 塔式起重机有哪些类型？试述其特点及适用范围。

4. 试述附着式塔式起重机的构造及自升原理。

5. 试述爬升式塔式起重机的构造及爬升原理。

6. 结构吊装中常用的钢丝绳有几种？如何计算钢丝绳的允许拉力？钢丝绳使用中应注意哪些问题？

7. 构件吊装前应作哪些准备工作？为什么要作这些准备工作？

8. 常用的起重机有哪些类型？各有什么特点？相互之间有何关系？

9. 柱子的起吊方法有哪几种？各有什么特点？适用于什么情况？对柱的平面布置各有什么要求？

10. 试述柱按三点共弧（或两点共弧）进行斜向布置的方法。

11. 当起重机的起重量或起重高度不能满足时，可采取什么措施？

12. 安装屋面板时，怎样选择起重机的起重臂长度（图解法）？

13. 屋架的吊点如何选择？对屋架绑扎有何要求？为什么大跨度屋架和组合屋架绑扎要采用铁扁担？

14. 试述屋架吊升、校正和固定（临时、永久）的方法。为什么屋架永久固定时两端要采用对角施焊？

15. 对屋面板排放和吊装顺序有何要求？能否做到屋面板四个角都能点焊？

16. 结构吊装方案包括哪些主要内容？试比较分件吊装和综合吊装的优缺点。

17. 起重机的开行路线与构件预制阶段的平面布置和安装阶段的平面布置有何关系？

18. 安装阶段屋架的扶直有几种方法？如何确定屋架的排放范围和排放位置？

19. 试述柱子吊装的验算（步骤、计算简图）方法。

20. 试述屋架扶直强度的验算（步骤、计算简图）方法。

21. 钢结构构件安装前有哪些准备工作？

22. 钢柱子安装中心线标志的设置有哪些规定？

23. 试述吊车梁的安装顺序。

24. 多层及高层钢结构安装前有哪些准备工作？

25. 网架结构的吊装方法有哪几种？

26. 钢结构涂料涂装施工准备工作有哪些？

27. 钢结构防腐涂料涂装施工应做好哪些工作？

28. 钢结构防火涂料涂装对施工环境有哪些要求？

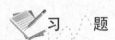 习　　题

1. 某厂房柱的牛腿标高为 8.6m，吊车梁长 6m，高 0.9m。当起重机停机面为 -0.5m 时，试计算安装吊车梁时的起重高度？

2. 某厂房跨度为 24m，柱距 6m，天窗架顶面标高为 18m，屋面板厚 0.24m，现用履带式起重机安装天窗架屋面板，其停机面为 -0.2m，起重臂底铰距地面高度为 1.5m，试分别用数解法和图解法确定起重机的最小臂长。

3. 柱厂房柱重 8.35t，采用一点绑扎直吊，钢丝绳采用 $6 \times 19 + 1$，钢丝强度为 1400kN，试选用钢丝绳直径。

4. 已知某车间跨度为 21m，柱距为 6m，起重机分别沿两纵轴线跨内和跨外开行，当选用起重半径 $R = 7.0$m，开行路线距柱轴线 $a = 5.5$m 时，试对柱进行预制平面布置。要求分别根据斜向布置和三点共弧进行设计并列出作图的步骤，确定出停机点的位置。

第七章　高层建筑主体结构工程施工

内容提要

本章从高层建筑的结构体系、施工特点出发，重点介绍了高层建筑施工中常用的起重机械和不同结构体系的施工方案。在起重机械一节中，主要介绍高层建筑施工主要机械的性能、适用范围、选择方法及使用要求。在施工方案中，介绍了脚手架的搭设、液压滑模施工、升板法施工、大模板施工、转换层结构施工等的工艺原理、施工方法及技术措施。

学习要求

（1）了解高层建筑的结构体系及施工特点，能对主体结构的施工方案进行选择、比较。

（2）掌握常用塔式起重机的类型、性能及适用范围；能合理地进行选择和使用。

（3）掌握液压滑模的组成系统、组装顺序及滑升原理，能对滑模施工中容易产生的质量事故进行分析和处理。

（4）掌握脚手架的搭设、大模板组装方法及对施工质量、安全的要求。

（5）掌握转换层结构施工工艺、施工方案及技术措施。

第一节　概　　述

随着我国经济建设的迅猛发展，高层建筑在我国大中城市如雨后春笋般的涌现，进一步展现出我国城市建设的规律和现代城市化的发展进程；同时，对建筑业科技进步也起着极大的推动作用。

高层建筑的施工技术水平随着工程建设的发展而不断提高，尤其近几年有了突破性的进展。当今世界上一些先进的高层和超高层结构体系，都进入了我国的建筑设计和施工领域。在高层住宅方面，除通常采用的现浇剪力墙体系外，滑模施工日渐增多，滑模施工工艺在滑升结构的类型、范围、外形、截面形式、工艺和机具等方面，都有了很大发展和创新，已处于国际先进水平。目前还推行了群体高层内浇外砌体系，加快了施工进度。在各类高层公共建筑方面，钢筋混凝土框筒、框剪、筒中筒等结构体系已广泛投入使用。在施工中，有采用预应力板柱结构和带框无砂陶粒混凝土结构，如广东国际大厦采用的无黏结预应力混凝土楼板，其高度已超过国际同类建筑的高度。在超高层建筑方面，全钢结构框架也开始出现。在解决关键技术超厚钢板的现场焊接中，采用气体保护焊焊接130mm厚钢板获得成功，并成功解决了整体钢框架的焊接变形控制和测量校正的技术问题，使这项技术达到了国际先进水平。随着大批新技术、新材料、新设备的普及和推广，高层建筑施工技术将会得到更快、更好地发展。

一、高层建筑的定义

高层建筑主要是按其建设层数或建筑物（或构筑物）的总高度作为划分高层建筑与一般建筑（或构筑物）的依据。按照 1972 年召开的国际高层建筑会议确认，将高层建筑按其层数或总高度划分为四种类型：

第一类高层建筑，指层数为 9～16 层，最高为 50m。

第二类高层建筑，指层数为 17～25 层，最高为 75m。

第三类高层建筑，指层数为 26～40 层，最高为 100m。

第四类高层建筑，指层数为 40 层以上，总高度在 100m 以上。

以上是国际建筑界对高层建筑的理解。结合我国的具体情况，《民用建筑设计通则》(JGJ 37—1987) 对高层建筑作了如下的界定："高层建筑是指 10 层以上的住宅和总高度超过 24m 的公共建筑和综合性建筑"。

二、高层建筑的结构体系与施工方法

（一）框架结构体系

框架结构同时承受竖向荷载和水平荷载，是我国过去在多层建筑中应用较多的结构形式之一。框架体系由梁、柱构件通过节点连接构成。框架结构的优点是建筑平面布置灵活，可形成较大的空间，有利于布置餐厅、会议厅、休息厅等。因此，在公共建筑中应用较多。

框架结构仍属柔性结构，抗水平荷载的能力较弱，而且抗震性能较差。因此，其高度 H 不宜过高，一般 H 不宜超过 60m，且 H 与房屋宽度 B 之比不宜超过 5。否则，为了同时满足强度和侧向刚度，就会出现肥梁胖柱，经济效果较差。

框架结构施工有现浇和预制装配之分。现浇框架目前多采用组合式定型钢模，现场进行浇筑，为了加快施工进度，梁、柱模板可预先整体组装，然后进行安装。预制装配式框架多由工厂预制，用塔式起重机（轨道式或爬升式）或自行式起重机（履带式、汽车式起重机等）进行安装。装配式柱子的接头，有榫式、插入式、浆锚式等，接头要能传递轴力、弯矩和剪力。柱与梁的接头，有明牛腿式、暗牛腿式、齿槽式、整浇式等。可做成刚接（承受剪力和弯矩），也可做成铰接（只承受垂直剪力）。装配式框架接头钢筋的焊接非常重要，要注意焊接变形和焊接应力，如图 7-1 所示。

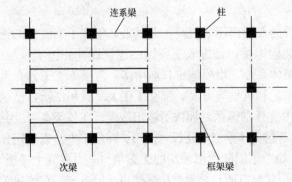

图 7-1 框架结构体系

（二）剪力墙结构体系

剪力墙结构体系是利用建筑物的内墙和外墙作为承重骨架，构成剪力墙来抵抗水平力的结构体系。剪力墙一般为钢筋混凝土墙，厚度不小于 14 cm。这种体系的侧向刚度大，可以承受较大的水平荷载和竖向荷载，但其主要荷载为水平荷载。剪力墙结构的高度 H，一般不宜超过 150 m。

剪力墙结构适用于居住建筑和旅馆建筑，这类结构开间小、墙体多、变化少，采用剪力墙结构非常适宜。剪力墙结构体系的主要缺点是建筑物平面被剪力墙分隔成小的开间，使建筑布置和使用要求受到一定的限制。剪

力墙结构体系可以用大模板或滑升模板进行拼装施工。滑升模板用于施工高层剪力墙结构，我国于 20 世纪 70 年代就已开始使用，上海、北京、广州、深圳等地都有应用，并作了不少的改进，取得良好的效果，如图 7-2 所示。

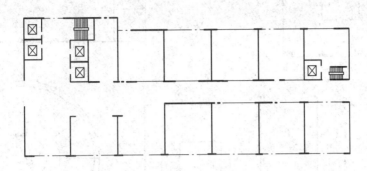

图 7-2　剪力墙结构体系

（三）框架—剪力墙体系

在框架结构平面中的适当部位设置钢筋混凝土剪力墙，也可以利用楼梯间、电梯间墙体作为剪力墙，使其形成框架—剪力墙结构。框架—剪力墙既有框架平面布置灵活的优点，又能较好地承受水平荷载，并且抗震性能良好，是目前高层建筑中经常采用的一种结构体系。适用于 15～30 层的高层建筑，高度一般不超过 120m。

剪力墙一般为现浇钢筋混凝土墙板，常用大模板或组合式钢模进行现浇。框架部分用组合式钢模板进行现浇，如图 7-3 所示。

（四）筒体体系

筒体体系是指由一个或几个筒体作为承重结构的高层建筑结构体系。水平荷载主要由筒体承受，具有很大的空间刚度和抗震能力。

整个筒体就如一个固定于基础上的封闭的空心悬臂梁，它不仅可以抵抗很大的弯矩，也可以抵抗扭矩，是非常有效的抗侧力体系。这种结构体系建筑布

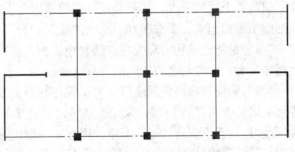

图 7-3　框架—剪力墙结构体系

置灵活，单位面积的结构材料消耗少，是目前超高层建筑的主要结构体系之一。筒体体系又可分为以下几种体系，如图 7-4 所示。

（1）**核心筒体系**（或称内筒体系）：这种结构体系一般由设于建筑内部的电梯井，或设备竖井的现浇钢筋混凝土筒体与外部的框架共同组成。

（2）**框筒体系**：这种结构体系由建筑物四周密集的柱子与高跨比较大的横梁组成。

（3）**筒中筒体系**：这种结构体系由内筒与外筒组成。

（4）**成束筒体系**：这种结构体系是由几个互相连在一起的筒体组成，因而具有非常大的侧向刚度，用于高度很大的超高层建筑。

核心筒的内筒和筒中筒结构体系多为现浇的钢筋混凝土墙板结构，如高度较大时，采用滑升模板施工方法较为适宜。

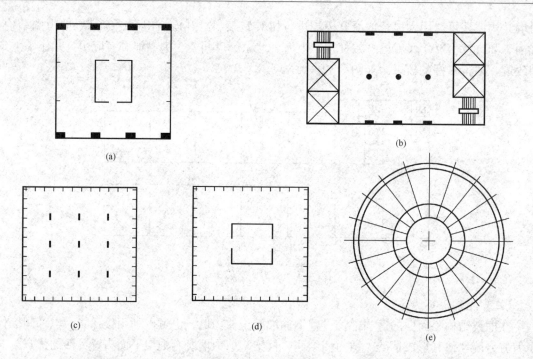

图 7-4　筒体结构体系

（a）核心筒式（中央式）；（b）核心筒式（尽端式）；（c）外筒式；（d）、（e）筒中筒式

三、高层建筑施工的特点

高层建筑和多层建筑主体结构的施工技术各有异同。从逐层施工的方法来看，基本相同；但从整个建筑来看，并不相同。主要原因是由高度增高而带来施工条件的差异。高层建筑的施工概括起来，要掌握好"高"、"深"、"长"、"密" 4 个特点。

"高"是指建筑物的高度高。随着建筑施工高度的增加，导致高层建筑施工的特点是垂直运输量大，没有与之相适应的垂直运输设备，要建造高层建筑是相当困难的。

"深"是指基础埋置深度深。为了保证高层建筑整体的稳定性，天然地基的埋置深度不宜小于建筑物高度的 1/12，采用桩基时，不宜小于建筑高度的 1/15（桩的长度不计算在埋置深度内），至少应有一层地下室。因此，一般埋深均在地面以下 5m。目前我国高层建筑中基础埋置最深的是北京京城大厦，地下 4 层，埋深－23.5m，深基础给施工带来很大的困难，尤其是软土地基的处理难度大。

"长"是指建筑物施工周期长。高层建筑施工周期都比较长，一般多层住宅每栋平均工期在 10 个月左右，而高层建筑的施工周期一般都在一年以上。要缩短施工周期，主要是缩短主体结构和装饰施工周期，各种高层结构体系可以采用不同的施工方法。而现浇混凝土是高层建筑施工的主导工序，合理地选择模板体系是缩短工期、降低成本的主要途径之一。

"密"是指高层建筑的施工条件复杂。高层建筑一般建造在密集的建筑群中，因此施工场地狭小，建造时必须保护相邻建筑、道路和地下管线不遭损坏，一般在基础工程施工时，均要采用挡土或加固等措施。

为此通过技术、经济比较，选择最优施工方案是十分必要的。同时在高层建筑施工组织设计中，需拟订相应的基础工程施工方案、主体结构工程施工方案和装饰工程施工方案等，以便更好地组织施工。

第二节　高层建筑主体结构施工用机械设备

高层建筑主体结构施工期间，每天都有大量建筑材料、半成品、成品以及施工人员都需要进行垂直运输，因此高层建筑主体结构施工用的机械设备，主要是塔式起重机、混凝土泵和施工外用电梯（人货两用电梯）。

一、塔式起重机

塔式起重机主要分为快速拆装塔式起重机和自升式塔式起重机两大类。前者即移动式塔式起重机，可根据需要换装不同的底盘而成为轨道式、轮胎式或履带式。后者一般多为轨道式、固定式、附着式和内爬式塔式起重机。高层建筑和超高层建筑施工用垂直运输机械，主要是附着式（自升式）塔式起重机和内爬式塔式起重机。

（一）高层建筑施工对塔式起重机的要求

1. 起重臂要长

高层建筑起重机标准臂长一般为 30～45m，可以接长到 50～60m。有的重型自升式塔式起重机的标准起重臂长 80m，最长可接到 95m。

2. 工作速度要高而且能调速

起重机的提升机构普遍具有 3～4 种工作速度，重物提升速度超过 100m/min，有的重型塔式起重机，在起吊较轻荷载时的最大提升速度可达 233m/min。

3. 采用小车变幅臂架

塔式起重机小车变幅臂架的优点是通过起重小车行走来变幅，再辅以适当的旋转就可进行构件就位，吊装比较方便。

4. 改善操纵条件

随着塔式起重机向大型、大高度、长起重臂方向发展，操作人员的能见高度越来越差。因此需要在起重臂端部（仰俯变幅或起重小车上）安装电视摄像机，操作人员在操作室可以利用电视进行控制，以方便安装和就位。

（二）塔式起重机的选择与布置

塔式起重机的选择要综合考虑建筑物的高度、建筑物的结构形式、构件的重量、现场的平面布置等各方面情况，同时要兼顾装、拆塔式起重机的场地和建筑结构满足塔架锚固、爬升的要求。

（1）由建筑物高度初步选定所需塔身高度、臂杆形式及塔式起重机类型。

（2）根据总工期的要求和施工方法，计算总安装数量及综合吊次，以施工定额为依据，排出进度计划，确定塔式起重机的台数和进出场日期。

（3）当一个工程因一台塔式起重机无法满足工期需要时，可采用多台塔式起重机同时作业。但是在多台起重机布置时，应避免相互碰撞与干扰，可采取以下措施：

1）在满足构件安装和保证塔式起重机有足够覆盖面积的前提下，尽量加大两台塔式起重机的塔身距离，并应考虑较低塔吊的起重臂不碰撞较高塔吊的塔身。

2）相邻两机起重臂应上下相互错开，较高塔吊的起重臂应高于较低塔吊的塔尖。

3）高低塔式起重机应分期进场，一般先进高度较低的塔式起重机，施工至一定高度后再安装较高的塔式起重机。

二、混凝土输送泵

混凝土泵是用压力将混凝土拌和物沿管道输送的一种设备，它能连续完成混凝土的水平运输和垂直运输。配以布料杆或布料机，就可方便地进行混凝土浇筑。在现浇结构的高层建筑施工中，采用泵送混凝土能有效地解决混凝土量巨大的基础施工，以及占总垂直运输量70％左右的高层建筑上部结构混凝土的运输问题（有关泵送混凝土施工的内容详见本书第四章第三节）。

三、施工电梯

施工电梯又称人货两用电梯，是高层建筑施工设备中唯一可运送人员上下的垂直运输设备。如果不采用施工电梯，高层建筑施工中的净工作时间损失将达30％左右，因此施工电梯是高层建筑施工提高生产率的关键设备之一。

施工电梯分钢索驱动式与齿轮、齿条驱动式两种。后者又分带平衡重和不带平衡重，单笼和双笼，单机组驱动和双机组驱动等6种形式。就载重量而言，有轻型、重型和超轻型之分。轻型的载重量10kN，或乘员12人；重型的载重量为20～24kN，或乘员27～30人；超轻型的载重为6kN，或6～8人。施工电梯主要包括：

（1）塔架：塔架的断面尺寸为650mm×650mm和800mm×800mm，由4根无缝钢管做主弦杆，也可采用方钢管。

（2）平衡重系统：平衡重系统包括平衡重、天轮架、钢丝绳等。平衡重约等于梯笼自重加1/2的额定载重量。

（3）梯笼升降传动机构：它由导轨上的齿条、电动机、行星减速器，蜗轮减速器，电碰制动装置等组成。

（4）限速制动装置：常用的限速制动装置有重锤离心摩擦式捕捉器和偏心摩擦锥鼓制动器两种。

（5）自行架设机构：塔架和附着装置的接高或拆除，利用梯笼的升降运动及附装在梯笼顶部的小吊杆。小吊杆有手动的，也有电动的。

施工电梯由于人货两用，提升速度多在40m/min左右，最高可达80m/min。施工电梯起升高度可达450m。电梯附墙后最大自由高度为7～10m。为了保证梯笼的安全运行、防止意外坠落，施工电梯均设置了限速制动装置，当下降速度大于0.88～0.98m/s时，能自动切断电源实现平缓制动，逐步迫使梯笼停止运行。为了确保紧急情况下施工电梯的畅通，施工电梯的进线应专线供电，以防安全事故的发生。

在主体结构施工阶段，施工电梯主要运送对象是施工人员、钢筋、预埋件和工具等。到装饰施工时，施工电梯还要运送装修材料、卫生设备、水暖器材、管道设备等。在高层建筑施工中，装饰工程和安装工程经常提前插入，使整个工程处于结构施工、设备安装和装饰工程施工交叉平行进行的状态。而一台施工电梯的服务楼层面积约为600 m²，因此对人货电梯运输组织与管理十分重要。为充分发挥施工电梯的作用，应采取以下措施：

（1）施工楼层相对集中；

（2）增加班次，白天以运送施工人员为主，晚上运送材料；

（3）合理组织，尽可能满载运输；

（4）上下班时每隔3～5个楼层停靠一次，以加快运行速度，电梯不允许在楼层等候；

（5）在楼层设置相应生活设施，以减少施工人员上下流动。

四、高层建筑施工用脚手架

在高层建筑施工中，目前主要采用钢管扣件脚手架和门架式组合脚手架，工具式自升降脚手架也越来越多。高层建筑的脚手架一般用于安全防护和外墙装饰工程。在高层建筑结构施工中，为了修补外墙、处理接缝及外墙喷涂，也常用吊篮。正确选用外脚手架的构造形式并进行合理搭设，与缩短工期、顺利施工、保障安全和降低造价有密切的关系。

（一）钢管扣件脚手架

钢管扣件脚手架是目前使用最广泛的脚手架之一，其材料性能和搭拆方法与多层脚手架的要求相同（详见本书第三章第一节）。由于受到搭设高度的限制，立杆的间距相应缩小。高度在 20～30m 之间用单根立杆，立杆纵距 1.8m；高度在 30～40m 之间，若用单根立杆则纵距为 1.5m；高度在 40～50m 之间，若用单根立杆则纵距为 1.0m。

高度在 30～50m 之间，纵距要保持在 1.8m 者，则自立杆顶步算起，往下 30m 用单根立杆，再往下到地面部分，里外立杆均采用双根钢管，顺纵墙并列组成，必须用扣件紧固（如 45m 高度的脚手架，则从地面到 15m 高度用双立杆，从 15m 到 45m 高度用单立杆）。

高于 30m 的高层脚手架，应采用钢制可调节的连墙杆，承受拉力要求不低于 6.8kN 左右，并按下列要求施工：

（1）按垂直方向每隔 3.6m，水平方向每隔 5.4m 设置一道连墙杆。

（2）在高层建筑施工中，按上述位置将预埋件埋置在混凝土柱、墙、圈梁内。当混凝土强度达到 15N/mm² 以上，方可实施与脚手架的连接。

（3）连墙杆应尽量靠近小横杆与立杆的连接处，但不应将小横杆直接用作连墙杆，如图 7-5 所示。

（4）预埋件设置应保持上下垂直一条线。如遇特殊情况必须移位时，应在原位置邻近点设置。

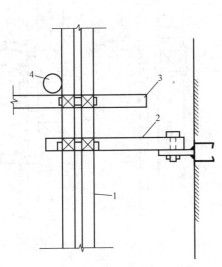

图 7-5 高层建筑连墙杆设置

1—立杆；2—连墙杆；3—小横杆；4—大横杆

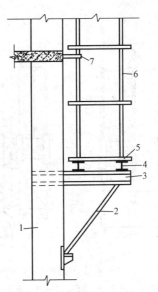

图 7-6 外挑钢梁脚手架

1—墙体；2—支撑；3—挑梁；4—横梁；
5—槽钢；6—脚手架；7—附墙连接

对于超过50m的高层建筑脚手架应专门设计，并按批准的施工组织设计进行搭设。其常用的做法是：每隔若干层（约30m）沿建筑四周外墙设置一排由工字钢或槽钢组成的三角悬挑梁，钢梁通过预埋件固定于混凝土外墙或柱上，如图7-6所示。脚手架按有关规定在钢梁上搭设。

（二）爬升式脚手架

爬升式脚手架（亦称附着升降式脚手架）是指采用各种形式的架体结构及附着支撑结构、依靠设置于架体上或工程结构上的专用升降设备实现沿建筑物外墙升降的施工脚手架。这种脚手架吸收了吊脚手架和挂脚手架的优点，不但可以附墙升降，还可以节省大量脚手架材料和人工。

爬升式脚架的分类有很多种，按支撑形式可分为悬挑式、吊拉式、导轨式和导座式等；按升降动力类型可分为电动、手拉葫芦和液压等方式；按升降方式可分为单片式、分段式和整体式等；按控制方法可分为人工控制和自动控制等；按爬升方式可分为套管式、挑梁式、互爬式和导轨式等。

1. 套管式附着升降脚手架

套管式附着升降脚手架的基本结构如图7-7所示，由脚手架系统和提升设备两部分组成，脚手架系统由升降框和连接升降杠的纵向水平杆、剪刀撑、脚手板及安全网等组成。

套管式附着升降脚手架的升降是通过固定杠的交替升降来实现的。固定框和滑动框可以相对滑动，并且分别与建筑物固定。因此，在固定框固定的情况下，可以松开滑动框与建筑物之间的连接，利用固定框上的滑动框提升一定高度并与建筑物固定，再松开固定框同建筑物之间的连接，利用滑动框上的吊点将固定框提高一定的高度并固定，从而完成一个提升过程；下降则反向操作。其升降原理，如图7-8所示。

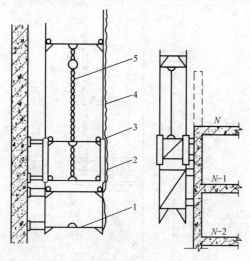

图7-7　套管式爬架的基本结构
1—固定框；2—滑动框；3—纵向水平杆；
4—安全网；5—提升机具

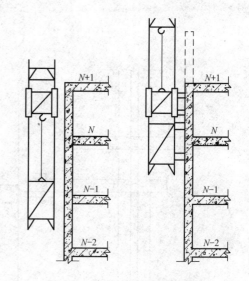

图7-8　套管式爬架的升降原理

2. 悬挑式附着升降脚手架

悬挑式附着升降脚手架是目前应用较广的一种附着升降脚手架，其种类也很多。其基本构造如图7-9所示，由脚手架、爬升机构和提升系统组成。脚手架可用扣件式钢管脚手架或碗扣式钢管脚手架搭设而成。爬升机构包括承力托盘、提升挑梁、导向轮及防倾覆、防坠落安全装置等部件。提升系统一般使用环链式电动葫芦和控制柜，电动葫芦的额定提升荷载一般不小于70kN，提升速度一般不宜超过250mm/min。悬挂式附着升降脚手架的升降原理为：将电动葫芦（或其他提升设备）挂在挑梁上，葫芦的吊钩挂在承力托盘上，使各电动葫芦受力，松开承力托盘同建筑物的固定连接，开动电动葫芦，则爬架即沿建筑物上升（或下降），待爬架升高（或下降）一层到达预定位置时，将承力托盘同建筑物固定，并将架子同建筑物连接好，则架子即完成一次升（或降）的过程。再将挑梁移至下一个位置，准备下一次升降。

3. 互爬式附着升降脚手架

互爬式附着升降脚手架的基本结构形式如图7-10所示，由单元脚手架、附墙支撑机构和提升装置组成。单元脚手架可由扣件式钢管脚手架和碗扣式脚手架搭设而成。附墙支撑机构是将单元脚手架吊在建筑物上，还可在架子底部设置斜撑杆支撑单元脚手架。提升装置一般使用手拉葫芦，其额定提升荷载不小于20kN，手拉葫芦的吊钩挂在与被升单元相邻的横梁上，挂钩则挂在被提升单元底部。

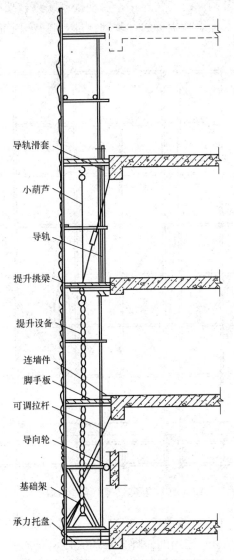

图7-9 悬挑式爬升脚手架的基本构造

（图中标注）导轨滑套 小葫芦 导轨 提升挑梁 提升设备 连墙件 脚手板 可调拉杆 导向轮 基础架 承力托盘

互爬式附着升降脚手架的升降原理如图7-11所示。每一个单元脚手架单独提升，当提升某一单元时，先将提升葫芦的挂钩钩住被提升单元底部，解除被提升单元约束，操作人员站在两相邻的架体上进行升降操作；当该升降单元到位后，与建筑物固定，再将葫芦挂在该单元横梁上，进行与之相邻单元脚手架可同时进行升降操作。

4. 导轨式附着升降脚手架

导轨式附着升降脚手架由脚手架、爬升机构和提升系统组成。其爬升机构是一套独特的机构，包括导轨、导轨组、提升滑轮组、提升挂座、连墙支杆、连墙支座、边墙挂板、限定锁、限位锁挡块及斜拉钢丝绳等定型构件。提升系统也是采用手提葫芦或环链式电动葫芦。

导轨式附着升降脚手架的升降原理如图7-12所示。导轨沿建筑竖向布置，其长度比脚手架高一层，架子上部和下部均装有导轮，提升挂座固定钢丝绳，钢丝绳绕过提升滑轮组同提升葫芦的挂钩连接；启动提升葫芦，架子沿导轨上升，提升到位后固定；将底部空出的导轨及连墙挂板拆除，装到顶部，将提升挂座移到上部，准备下次提升。

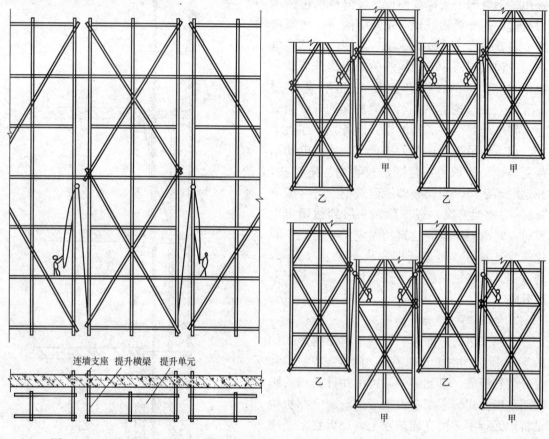

图 7-10 互爬式脚手架基本结构　　　　图 7-11 互爬式脚手架升降原理

（三）高层建筑外脚手架方案的选择原则

（1）选用的外脚手架系统必须安全感好，防御意外情况要有切实的措施。

（2）能满足工程施工的技术和进度要求，即适应性强。

（3）所选用的外脚手架方案是可行的、经济的。

（4）当建筑物高度不超过 40m 时，外脚手架在结构施工阶段用于安全防护，装修阶段用于油化、涂料时，宜选用挂架—吊篮脚手架系统、承插式钢框脚手架系统；若建筑物外凹凸不大于 1m，宜用桥式脚手架系统；若围护结构用于砌砖、装修工程贴面砖等施工荷载较大的作业时，宜用扣件式钢管脚手架系统。当建筑物的高度超过 40m 时，则需沿高度方向进行分段，吊撑、悬挑一次或数次。

（5）当建筑物的层高低于 3m，总高度不超过 60m，可选用上吊式扣件钢管撑架或斜撑钢管加吊杆；当建筑物层高低于 3m，柱、梁、剪力墙现浇，可选用三角形钢架；当建筑物外部凹凸起伏变化较大，即用于 200mm 的纵向或横向装饰线条等，且建筑物层高又大于或等于 3m 者，可选用下撑式挑梁钢架；当外脚手架选用桥式脚手架时，可选用下撑式空间钢架。

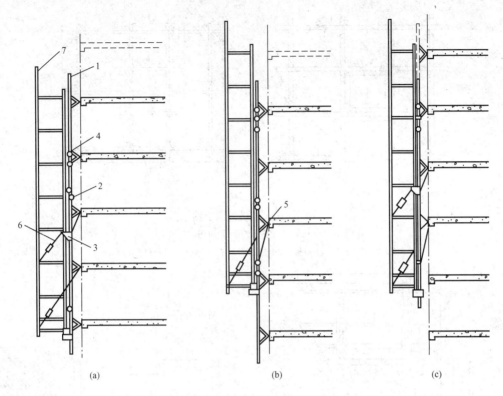

图 7 - 12　导轨式爬架的升降原理

1—导轨；2—导轮；3—提升挂座；4—连墙支杆；5—连墙支座；6—斜拉钢丝绳；7—脚手架

第三节　高层建筑主体结构的施工

高层建筑主体结构施工根据结构体系的不同，可采用以下几种施工形式：高层框架结构施工、大模板施工、滑升模板施工、筒体结构施工及台模施工工艺等。

一、高层框架结构的施工

（一）全现浇钢筋混凝土结构的施工

在高层全现浇框架结构施工中，主要解决模板工程中的组合问题；高强混凝土的制备问题；泵送混凝土的施工技术和无黏结预应力混凝土的施工问题。

1. 组合模板

施工前，做好配板设计和模具准备，使模板成为梁、板、柱的模数。

（1）柱模板。先将第一段 4 面模板就位拼装好，立即校正并调整其对角线，要使模板竖直，位置要准；待第一段模板拼装好以后，用柱箍固定，接着拼第二段，直至一层柱的全高，如图 7 - 13 所示。

（2）梁模板。安装梁模板，常用桁架支撑，如图 7 - 14 所示。安装就位时，两端安装孔应先准确套入立柱用螺栓固定，并在立柱上加设横档，以确保立柱的稳定。梁模与柱模的连接，一般采用角模或小钢模拼接，如图 7 - 15 所示。

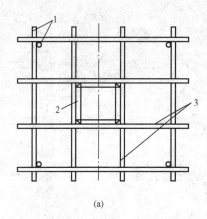
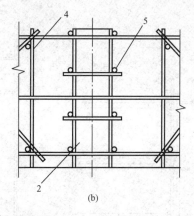

(a)　　　　　　　　　　　　　　　　　　(b)

图 7-13　柱模板固定图

(a) 平面图；(b) 立面图

1—井字架；2—柱模板；3—固定杆件；4—立杆；5—柱模板箍

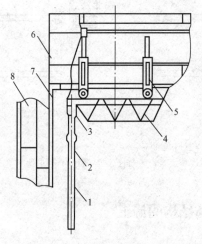

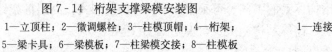

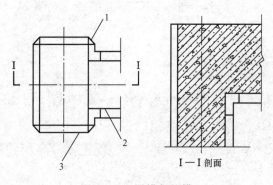

I—I 剖面

图 7-14　桁架支撑梁模安装图　　　　　　　图 7-15　梁模与柱模

1—立顶柱；2—微调螺栓；3—柱模顶帽；4—桁架；　　　1—连接用的角模；2—梁的侧模；3—柱模

5—梁卡具；6—梁模板；7—柱梁模交接；8—柱模板

2. 高强混凝土的制备

对于全现浇钢筋混凝土框架结构需用 C50～C60 的高强混凝土，这是因为高强混凝土节约材料用量，降低造价。要制备高强混凝土，其主要技术途径有：

(1) 选用需水性小的水泥。所谓水泥需水性，即是使水泥砂浆式混凝土达到可塑性或流动性所需要的拌和用水量。因为用水量小的水泥，在配制相同稠度的混凝土所采用的水灰比更小，就可以获得较高的混凝土强度。比如，硅酸盐水泥所需标准稠度用水量为 21％～28％，而火山灰质硅酸盐水泥所需标准稠度用水量则为 26％～32％，相比之下，需水性要大些。

(2) 选用合适的水泥细度。水泥颗粒越细，强度越高，但水化作用也太快。一般选用 52.5 级硅酸盐水泥，富余系数在 1.13 以上，水泥颗粒直径为 30μm 左右，或将一般水泥进行二次磨细，以增加细度，提高水化反应的能力，加快混凝土各个龄期强度的发展。

(3) 选用高标号水泥。要配制高强度混凝土，必须采用优质的高标号水泥。

(4) 降低水灰比。当选定水泥之后，水灰比越小，水泥浆的黏滞性越大，所配制的混凝土强度也就越高。配制一般混凝土，其水灰比一般为 0.6；加入减水剂，可使水灰比由 0.6 降到 0.30～0.35，而配制的混凝土的强度等级为 C50～C60；若再加入高活性掺和料，如粉煤灰外掺料、沸石粉外掺料和硅灰等，可使水灰比降低为 0.25，则配制的混凝土强度等级可达 C100～C130，此时混凝土仍有较好的和易性。

高强混凝土的施工要点：严格控制配合比；严格控制搅拌时间；严格掌握浇筑要领；严格质量养护措施。

（二）现浇柱、预制梁和楼板框架结构的施工

在有抗震要求的高层建筑施工中，使用得较多的一种工业化建筑体系，类似装配式结构的施工，但又使柱、梁的接头由焊接改为现浇，其梁、柱节点整体性加强了，比全现浇框架体系可减少支、拆模板的工序，加快了施工进度。目前在现场常用的有两种方法，其一为先浇筑柱子，后吊装预制的梁和板；二是先吊装预制的梁，后浇筑柱子，最后吊装板。

二、高层建筑大模板施工

大模板在高层建筑的剪力墙体系中已普遍采用，这是因为现浇混凝土量大，需要的模板量也大，为降低劳动强度、加快施工进度、提高工程质量，故根据需要，将每道墙以一块或数块模板，由起重机承担吊、装、拆，进行流水施工。

大模板的迎风面积大，一般在 20 层以内的剪力墙体系中采用较多；耗钢量达 110kg/m²；施工单位的设备投资也大，一般小型企业有困难。大模板的组装，如图 7-16 所示。

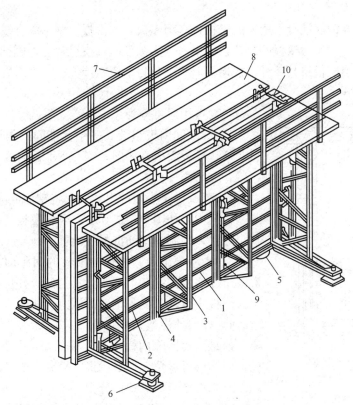

图 7-16　大模板组装示意图

1—面板；2—水平加劲肋；3—支撑桁架；4—竖楞；5—调整水平度的螺旋千斤顶；
6—调整垂直度的螺旋千斤顶；7—栏杆；8—脚手板；9—穿墙螺栓；10—固定卡具

（一）常用大模板种类

1. 内浇外挂体系

这种体系的全部纵横剪力墙均用大模板现浇，对于非承重墙和内隔墙则采用预制墙板。它适用于有抗震要求的 16 层以下的高层建筑。

2. 内浇外砌体系

这种体系是将外墙挂板改为砌砖，目的是避免板缝渗水；内墙仍为现浇钢筋混凝土。

3. 全现浇体系

这种体系适用于 16 层以上的高层建筑，除内隔墙外，全部纵、横承重墙均采用大模板现浇钢筋混凝土。

（二）大模板施工的准备工作

1. 划分施工流水段

因为高层建筑，上面主体呈"火箭"型，作业面不宽，所以常常以两、三幢建筑物进行流水作业。

2. 起重机械的选择

在高层建筑施工中，对塔吊的选择是根据建筑高度而定的。当建筑高度在 13～14 层左右，一般选用起重臂的回转半径为 30m 的 600kN 塔式起重机，其起重高度为 40m；若层数更高时，就得选用 800kN·m 以上的塔式起重机。

3. 大模板的组装

高层建筑现浇钢筋混凝土所用的模板，有钢模板、木模板、钢木混合模板和钢化玻璃模板等，常用钢模板。其对模板的组装，按用途分为标准间内模组装、外廊挑梁模板组装、内墙模板组装和外墙模板组装 4 种；按模板形状则分为平模组装、小角模组装、大角模组装和筒板组装 4 种。

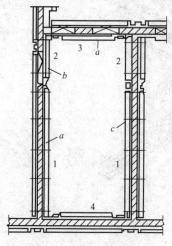

图 7-17 内模组装图
a—先拆；b—后拆；c—模板上部夹具
1、2、3、4—内模板编号

（1）按用途可分为：

1）标准间内模组装。一个标准间的内墙模板由 4 种规格共 6 块模板组成，如图 7-17 所示板与板的组装及角模的组装，在后面作详细说明。

2）外廊挑梁模板的组装。先将钢筋混凝土挑梁预制好，装入大模内，如图 7-18 所示。组装模板后，要使上面的缺口正好镶入预制的钢筋混凝土挑梁。

3）内墙模组装。模板与模板的间距即为墙厚，下部用混凝土导墙块控制，上部用夹具控制，并用两道对销螺栓固定大模板，以承受混凝土的侧压力，如图 7-19 所示。

4）外墙外模组装。如图 7-20 所示，一般采用悬挑外模，这是因为拆除内模不受外模的影响。其拆除的顺序为：先拆内模，再拆角模，最后拆外模。

（2）按模板的形状可分为：

1）平板模的组装。对高层建筑的墙体浇筑混凝土，一般是先立横墙大模，浇筑横墙，待拆除横墙模板后再组装纵墙模板，如图 7-21 所示。

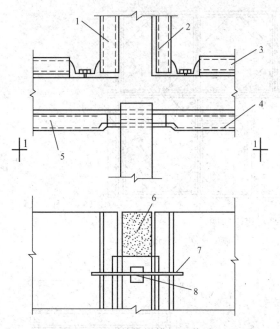

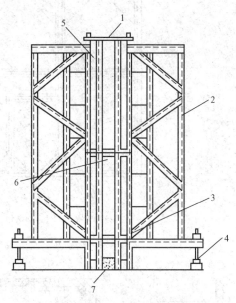

图 7 - 18　外挑梁模板组装图

1—横墙模；2—现浇横墙；3—走廊内模；4—走廊外模；
5—现浇坡度廊墙；6—预制挑梁；7—定位销；8—楔块

图 7 - 19　内墙大模板安装

1—上夹具；2—桁架；3—穿墙螺栓；4—校正螺栓；
5—大模板（内模）；6—套管；7—导墙

使用平模较普遍，这是因为其构造简单、制作方便、装、拆灵活，浇筑成的墙体混凝土平整，但不能同时浇筑纵、横墙的混凝土，故整体性差，施工层次多。

2）小角模的组装。因纵、横墙不能同时浇筑混凝土，所以将小角模与平模配套使用。小角模与平模的组装，如图 7 - 22（a）所示；小角模构成的阴角，如图 7 - 22（b）所示。

由于组装小角模，就增加了组、拆工序，且小角模刚度较差，阴角也不够方正，拆除也较困难。

3）大角模的组装。由于小角模存在缺陷，而大角模则不然，它在房间的阴角处，形成"L"形，可使纵、横墙的混凝土同时浇筑。这样，结构的整体性好，连接也方便，模板的刚度和稳定性都好。拆模后阴角较方正，如图 7 - 23 所示。但在模板接槎时，会使浇筑的混凝土墙面形成凹凸不平，需待整修。

4）筒子模的组装。一个房间的外墙用预制外墙板外，其他 3 个墙面的模板与钢结构架子组成的大型模板，称为筒子模，如图 7 - 24 所示。筒子模的刚度大，整体性好，能增强自身稳定，其操作平台较宽并能提高工效，加快施工进度。但体积较大，需要较大的起重设备。

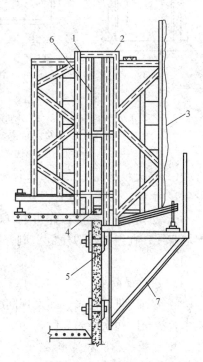

图 7 - 20　悬挑外模

1—外模悬挑梁；2—外模；3—安全网；
4—预制导墙；5—混凝土墙；6—内模；
7—走道扶墙三脚架

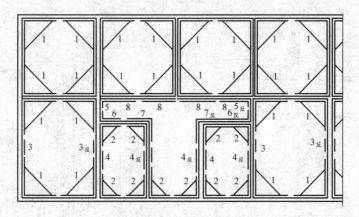

图 7 - 21　平板模组装图

1—大角模；2—小角模；3、4、8—平模；5、6、7—角模

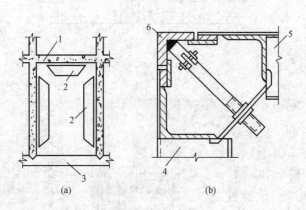

图 7 - 22　小角模

(a) 小角模与平模组装；(b) 小角模阴角组装

1、6—小角模；2—平模；3—预制外墙板；

4—横墙平模；5—纵墙平模

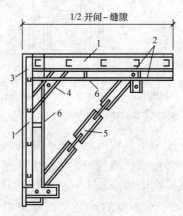

图 7 - 23　大角模组装

1—面板；2—纵横肋；3—角模合页；

4—地角螺栓孔；5—花篮螺丝；6—穿墙螺孔

(三) 大模板现浇混凝土结构的施工工艺

1. 准备工作

先设计模板组装图，标明组装顺序；组装模板；预留门、窗框的位置；埋好预埋件；弹出墙身线；在组装好的模板上刷好脱模剂；将绑扎好的钢筋放入大模板内；检查位置是否正确。

2. 浇筑混凝土

浇筑前应进行检查，如发现问题及时校正；按设计要求进行配料，使混凝土能达到强度要求；浇筑时每次浇筑高度为 30～40cm。

3. 模板的拆除和清理

当混凝土浇筑后，应及时养护，待混凝土强度达到规定值才能拆除模板。拆模时，应将全部零件装入箱内，以防丢失。

4. 质量要求

采用大模板浇筑的混凝土结构，其允许误差为：墙身轴线±5mm；墙身标高±10mm；

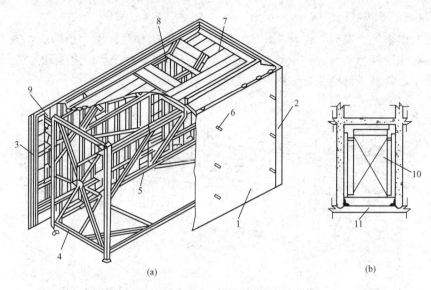

图 7-24　筒模组装图

1—模板；2—内角模；3—外角模；4—钢架；5—爬梯；6—穿墙螺栓；

7—操作平台；8—出入孔；9—吊轴；10—筒模；11—预制外墙板

墙面平整度±4mm；垂直度±5mm。

（四）大模板施工过程中应采取的安全措施

（1）检查。施工前，应检查电器、绳索、吊具等。

（2）持证上岗，专人负责。起重机的操作人员应是训练有素的熟练工，指挥人员应具有丰富的经验。

（3）安全网沿外墙满布。

（4）拆模。当混凝土的强度大于 $1.2N/mm^2$ 时方可拆模；若要吊装楼面板，墙体混凝土的强度不得小于 $2.5N/mm^2$。

三、高层建筑液压滑升模板施工

滑升模板施工是一种机械化程度高，施工速度快的现浇钢筋混凝土施工工艺。特别是在烟囱、筒仓、水塔、电视塔等高耸构筑物的施工中应用较多。近几年在高层建筑的施工中已广泛应用。

液压滑升模板的施工特点：在建筑物、构筑物的底部平面，沿墙、柱、梁等构件的周边，每次装模高度为 1.2m。随后在模板内绑扎钢筋并浇筑混凝土，当混凝土本身能承受上部新浇混凝土的荷载后，再用提升设备将模板不断向上提升。这样分层浇筑的混凝土，随着模板的不断上升，连续浇筑成型，所以整体性好。

（一）液压滑升模板施工的特点

（1）大量节省模板和脚手架，节约劳动力 30%～50%，降低工程费用 20% 以上。

（2）由于大量减少支模、拆模和搭设脚手架等工序，使绑扎钢筋、浇筑混凝土和模板的滑升紧密配合，改善了施工条件，提高了工效，加快工程进度，可缩短工期约 1/3。

（3）整体性好，质量高，抗震能力强，操作人员在平台上和吊脚手架上工作，安全可靠。

（4）滑升模板的缺点：耗钢量大、需一套专用的提升设备、一次性投资大。

(二) 液压滑升模板的装置

液压滑升模板是由模板、提升架、操作平台、支撑杆及液压千斤顶组成，并安装就位。液压千斤顶在支撑杆上爬升，并带动提升架、模板及操作平台一起随之爬升，从而不间断地分层进行施工。其液压滑模装置如图 7-25 所示。

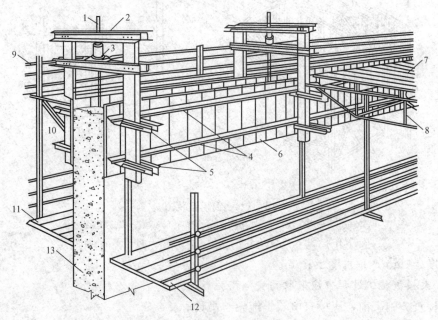

图 7-25　液压滑升模板组成示意图

1—支撑杆；2—提升架；3—液压千斤顶；4—围圈；5—围圈支托；6—模板；7—操作平台；
8—平台桁架；9—栏杆；10—外挑三脚架；11—外吊脚手；12—内吊脚手；13—混凝土墙体

高层建筑施工中采用滑模施工方法，应认真进行设计。在进行滑升模板的设计之前，首先要确定滑模施工的工作范围，即根据建筑物的平面形状、尺寸和结构特点，确定哪些结构部件采用其他方法施工。

模板与操作平台系统应有足够的强度、整体刚度和稳定性，以确保建筑物的几何形状和尺寸的准确以及施工的安全。液压提升系统必须工作可靠，运转性能良好。施工精度与观测系统必须简便，以确保滑模施工的质量。

(三) 液压滑升模板的施工工艺

高层建筑滑升模板的施工工艺主要有"滑一浇一"和"滑三浇一"两种。

所谓"滑一浇一"，就是现浇墙体用滑升模板，浇筑一层墙体后，模板滑升，紧接着支模现浇楼板。这样施工，其特点是：增强了墙体和楼板连接的整体性，因为横向和竖向是连续的；逐层封闭，操作平台与楼层之间只有一个楼层的空间高度；开创了立体作业面，有些工序可以提前穿插进行。

所谓"滑三浇一"就是先利用滑模浇筑三层墙体，再支模浇筑横向结构，如楼板、阳台等。其特点：一是施工顺序上可以错开，即先竖向墙体，后横向楼板等；二是在时间上和空间上可以分开进行竖向和横向作业；三是各个施工过程不会出现相互干扰的现象。

四、筒体结构施工

随着社会经济和科学技术的发展，高层建筑的层数也越来越多，而框架—剪力墙结构体系已不能满足超高层建筑在水平荷载作用下的强度和刚度要求，而在设计方面，多采用筒体结构。

（一）筒体结构的施工特点

在高层建筑中，一般在20层以上或建筑物的高度在100m左右，或超过100m，大都采用筒体结构。对于筒体结构的施工，其特点如下：

（1）标准层多，有利于材料、机具、人力的配备和统一管理。

（2）现浇混凝土的量大，其模板复杂，这就要求装拆方便；定型化，能多次重复使用。

（3）垂直运输量大，必须选择好垂直运输机械。

（4）制订施工方案时，因为高层建筑施工的工期长，要考虑采取雨季和冬季施工措施。

（二）提模施工

提模施工是高层建筑现浇筒体结构的一种施工方法，运用升板机来逐层提升墙、柱和梁的模板，由一层一直到顶层，待整个结构工程完成后，才拆除模板。

提模系统是由劲性钢柱和工具式钢柱、提升架、操作平台以及外挂脚手架组成，如图7-26所示。其工艺流程是：先在地面上组装墙、柱、梁的模板；待模板组装好以后，浇筑混凝土，待混凝土达到一定强度后，拆除模板；由升板机将模板提升到上一层楼的位置；浇筑钢筋混凝土楼板；再组装墙、柱、梁的模板。这样循环的工序，直至整个结构工程浇筑完毕。

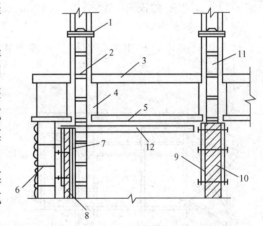

图7-26　提模系统示意图

1—升板机；2—工具式钢柱；3—提升架（承力架）；
4—吊杆；5—操作平台；6—外挂脚手架；
7—墙模板；8—混凝土墙；9—柱模板；
10—混凝土柱；11—劲性钢柱；12—梁模板

用提升模板浇筑筒体结构的钢筋混凝土，具有以下特点：一是与塔式起重机完成同样作业，升模的"小机群"可以节约台班吊次，且模板还可以不落地；二是采用散支散拆，可以减少50％的模板；三是脚手架是外挂的，其费用可省50％；四是由于非连续性作业，与滑模相比，操作易掌握，便于管理，质量有保证。

1. 提模施工主要机械设备

（1）升板机。一般采用电动螺杆提升机，其功率为3kW/台，额定提升重力为300kN/台，提升速度为1.8m/h。

（2）内爬塔吊。一般将爬塔设在电梯井内，且露出建筑物外不少于9个标准节。

（3）混凝土泵。一般采用固定式高压泵，将混凝土一次泵送到位。

（4）垂直运输的电梯。人货两用，一般配置2~3台。

（5）外挑转运平台。其作用是将模板、支撑、钢柱、钢梁等由室内转往上一层楼。

2. 提模施工时注意的事项

（1）待楼板的钢筋混凝土达到一定强度后，才进行墙、柱轴线位置的弹线。

（2）先组装、校正、固定外墙内模，再组装、校正、固定外模，用穿墙螺栓将内、外模板固定。

(3) 混凝土经养护，使其强度达到 $1.2N/mm^2$ 以上时才能拆除侧模；浇筑一层，养护一层，检查验收一层后，才进行下一楼层的施工。

五、台模施工工艺

台模又称为桌模、飞模，是一种由台板、梁、支架、支撑、调节支腿及配件组成的工具式模板。它适用于高层建筑大柱网、大空间的现浇钢筋混凝土框架结构、框架—剪力墙结构的楼板施工，特别适用于无柱帽的无梁楼盖结构工程施工。台模可以整体组装、整体脱模，借助于起重机械从已完成浇筑混凝土的楼层"飞出"，转移到上一楼层重新支设使用；也可以在同一楼层内水平移动浇筑另一侧的楼盖混凝土，以实现流水作业。因此，使用台模省时省工，施工速度快，但通用性差。

工具式台模种类较多，有无支腿式（又称悬挂架式）和有支腿式，后者又分为分离式支腿、伸缩式支腿、折叠式支腿。我国在高层建筑施工中使用的台模，除了自行设计的钢管脚手架和门式架组装台模外，还引进了国外的支腿伸缩式台模体系。

（一）组合式台模

组合式台模主要是用组合钢模板及配件钢管脚手，按柱网尺寸搭设成的一种台模，如图 7-27 所示。

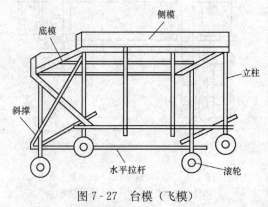

图 7-27　台模（飞模）

1. 台模设计要求

台模设计应满足下列主要的要求：

(1) 台模的平面尺寸要符合工程的柱网结构尺寸，以减少周边的拼装补缝工作。

(2) 台模的面板、配件、钢管等应尽量使用标准材料，以便拆除后重复使用。

(3) 台模规格要少，力争达到标准组装，以便多次重复使用。

(4) 台模设计大小与轻重，应考虑升降机的水平移动和起重机的吊动能力。

(5) 组合式台模应具有一定的强度、刚度，以满足施工荷载及转移支设的要求。

2. 台模的构造

图 7-28 所示的组合式台模，模板全部采用 30mm×1500mm 的定型钢模板，模板之间用 V 型卡和 L 型插销连接，次梁采用 60mm×40mm×2.5mm 矩形钢管，次梁与面板之间用钩头螺栓和蝶形扣件连接。主梁采用 70mm×50mm×3.0mm 矩形钢管，主次梁之间用紧固螺栓和蝶形扣件连接。主柱采用 $\phi48\times3.5mm$ 钢管和 $\phi38\times4mm$ 内缩式伸缩腿，间隔 100mm 钻 $\phi13$ 的圆孔，用 $\phi12$ 的圆销固定。$\phi38\times4mm$ 伸缩腿下端焊 100mm×100mm 的正方形钢板，钢板下面用木楔来调整台模少量高度。每个台模用立柱 6～9 根，最大荷载 20kN/m²。主柱之间用 $\phi48\times3.5mm$ 的钢管作水平支撑和剪刀撑。4 角梁端头焊接 4 只吊环，用于吊运台模。台模的升降采用螺旋千斤顶，台模移动时用安装在主柱下端的滚轮。

3. 台模的组装、安装和脱模

(1) 组装台模：台模一般在施工现场按施工组织设计进行组装。组装可用正装法和倒装法。正装法是先组装台模架子，后组装最上面的模板；倒装法则与其相反，先在已铺好的平台上将模板装好，紧接着安装支架，最后将台模旋转 180° 吊运就位使用。

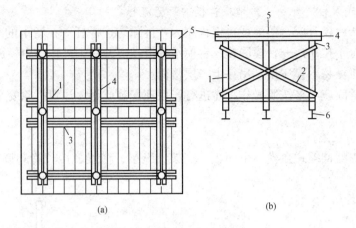

图 7 - 28　组合式台模

(a) 台面仰视图；(b) 侧面图

1—主柱；2—剪刀撑；3—主梁；4—次梁；5—模板；6—内缩式伸缩腿

(2) 台模安装：安装前，先在地（楼）面上根据中心轴线控制桩，弹出安装台模的边线，并在将来立柱安放位置处分别测出标高，标出需要垫高的尺寸，就可吊运台模就位。台模就位后，按标出的标高尺寸用千斤顶将台模升到标高，垫上垫块，用木楔楔紧并用钉子将其固定。整个楼层的台模调整好后，就用 V 形卡将相邻的台模连接起来，便可绑扎钢筋和浇筑混凝土。

(3) 脱模：楼板混凝土达到拆模强度后就可以脱模。脱模时，先用千斤顶将台模顶住，拔脱木楔和垫块，装上滚轮，降下千斤顶，让滚轮着地实现脱模。

（二）多功能门式架台模

多功能门式架台模是用多功能门式脚手架作支撑架，上面配以组合钢模板、钢木组合模板、钢竹组合模板、薄钢板与木板组合、多层胶合板作面板的台模。

1. 多功能门式架台模的拼装和安装就位

拼装程序：平整场地→按台模设计图纸核对构件尺寸→铺脚手垫板→放底托线尺寸→按线安放底托→将门式脚手架插入底托内→安装交叉拉杆→安装上部形顶托→调平找正调好高度→安装大龙骨→安装下部角钢及上部连接件→安装小龙骨→铺木板（多层胶合板）安装薄钢板→安装 $\phi 48$ 水平、斜拉杆、剪刀撑→安装吊环及栏杆→检查纠正验收。多功能门式架台模结构组成如图 7 - 29 所示。

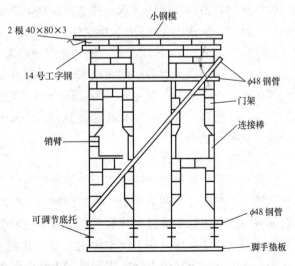

图 7 - 29　多功能门式架台模

2. 多功能门式架台模升层、落地或拆模的工艺流程

多功能门式架台模升层、落地或拆模程序为：拆除防护栏杆→在留下的 4 个底托处装 4 个起落架→挂 4 个手拉葫芦→台模脱模→台模水平滑动离开柱子外皮→台模放在滚轮上推出楼层→启动起重机械将台模飞出，吊往上一层楼面。

台模安装与拆除应严格按照操作程序进行，保证安装质量，注意拆除安全。

（三）20K 飞模

1. 飞模的结构组成

20K 飞模为支腿伸缩式台模。由面板、支架、纵梁、横梁、接长管和调节螺栓等组成，如图 7 - 30 所示。

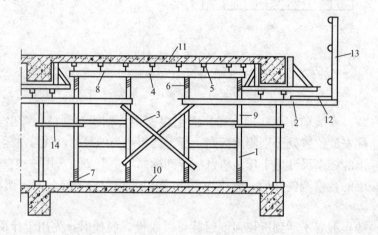

图 7 - 30　20K 飞模

1—承重钢管支架；2—钢管剪刀撑；3—工字钢纵梁；4—槽钢挑梁；5—合金横梁；
6—底部调节螺旋；7—顶部调节螺旋；8—顶板；9—伸长接长管；10—垫板；
11—九层胶合板；12—脚手板；13—防护栏杆；14—防护立柱

（1）支架：由钢筋焊接成双支柱支架，高 1530mm、宽 1219mm 或 610mm。

（2）纵梁：纵梁用 16 号工字钢制作；挑梁用 16 号槽钢制作；横梁采用铝梁，长度有 9 种（1981～4876mm），重 6kg/m，最大允许弯矩为 9.3kN・m。

（3）剪刀撑：横向剪刀撑用两根 32mm×32mm×3.2mm 的角钢，中间用铆钉将两根角钢连接在一起。纵向剪刀撑用外径为 $\phi51mm$ 的薄型钢管，中间用直角扣件连接，两端用万向扣件与立柱连接。其他配件有底部调节支脚、调节螺栓支腿、延伸管、接长管、顶板、单腿支柱、铝梁卡子等。

2. 20K 飞模组拼及运吊就位

组拼程序：清理打扫地面或楼面→根据控制中心线放线→绑扎柱子钢筋→按照弹出的边线和点铺放木垫和底部调节支腿→将底部调节支腿的螺栓调到同一高度→按飞模设计图安装支架和剪刀撑→用钉子穿过支腿底板孔眼钉穿在木垫板上→安装顶部调节螺栓及顶板→将调节螺栓调整到同一高度→将工字钢纵梁安装在顶板上并用夹子固定→用 V 形螺栓将槽钢挑梁固定在支腿的固定横梁上→在槽钢挑梁上铺放脚手板并用铅丝扎牢→安装保护栏杆和挂安全网。

飞模拼装完毕后，就可以整体吊运安装就位。就位后，用上、下调节螺栓将整个平台升

到设计标高。紧接着在槽钢挑梁下安放单腿支柱并安装水平拉杆，超过水平拉杆将单腿支柱和支架固定。

楼板飞模安装就位后，就进行梁模、柱模板的搭设安装，调直对正、固定等工作。填补飞模平台四周的胶合板，调理修补梁、柱、板交界处的模板，清理扫除柱模内的杂物垃圾，即可浇筑柱子的混凝土。

柱混凝土浇筑振捣完毕后，清扫干净平台模板，粘贴板缝胶条，刷脱模剂，清理干净梁板内的各种杂物，按浇筑混凝土的规定和方法浇筑梁板混凝土。

（四）飞模的脱模和转移

当梁板混凝土强度达到设计强度的 80% 以上时，方可脱模。脱模前应先将柱、梁模板及支撑立柱拆除；旋松飞模顶部和底部调节螺栓，让飞模下降到梁底 5cm 以下。

飞模整体下落后，用起重机继续将飞模外推，待推出楼层约三分之二左右时，再一面起吊一面将飞模外送"飞出"楼层，随即将飞模吊至上层楼面。

飞模拼装应保证质量，安装应达到设计标高，脱模和转移应保证安全，严格按照飞模拼装、就位、脱模和转移的工艺流程进行，确保工程质量和人身安全。

第四节　高层建筑转换层结构施工

在高层建筑剪力墙结构中，剪力墙间距小，适合于布置旅馆和住宅的客房层，当需要在底部布置商店、会议室、餐馆、文化娱乐及其他需要较大空间的公用房间时，可以将部分剪力墙通过转换层变为框支剪力墙，用框架柱代替剪力墙，形成大空间剪力墙结构以满足建筑功能的要求。大空间剪力墙结构可以在建筑物下部一层或多层形成大空间。由于高层建筑结构下部楼层受力很大，上部楼层受力较小，正常的结构布置应是下部刚度大、墙体多、柱网密，到上部逐渐减少墙、柱的数量，以扩大柱网，如图 7-31（a）所示。这样，结构的正常布置与建筑功能对空间的要求正好相反，为了满足建筑功能的要求，结构必须进行"反常规设计"，即将上部布置小空间，下部布置大空间；上部布置刚度大的剪力墙，下部布置刚度小的框架柱，如图 7-31（b）所示。为了实现这种结构布置，就必须在结构转换的楼层设置水平转换构件，即转换层结构。

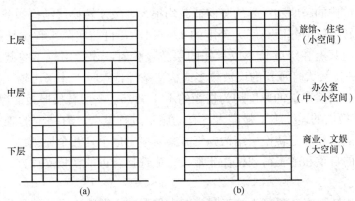

图 7-31　多功能建筑中结构正常布置与建筑功能的矛盾示意图
（a）正常的结构布置；（b）建筑功能对空间的要求

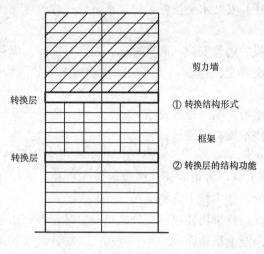

剪力墙
① 转换结构形式
框架
② 转换层的结构功能

图 7-32 转换层的结构功能

一、转换层按结构功能的分类

1. 上层和下层结构类型的转换

转换层将上部剪力墙转换为下部框架，以创造一个较大的内部自由空间。这种转换层广泛用于剪力墙结构和框架—剪力墙结构中，称这种类型的转换层为第Ⅰ类转换层，如图7-32所示转换层①。

2. 上层和下层柱网、轴线的改变

转换层上、下层的结构形式没有改变，通过转换层使下部柱的柱距扩大，形成大柱网。这种转换层常用于外框筒的底部形成大入口的情况，称这种类型的转换层为第Ⅱ类转换层，如图7-32所示转换层②。

3. 同时转换结构形式和结构轴线位置

上部楼层剪力墙结构通过转换层改变为框架的同时，柱网轴线与上部楼层的轴线错开，形成上、下结构错位的布置，称这种类型的转换层为第Ⅲ类转换层。

二、结构转换层的特点

（1）转换结构构件常承受其上部结构传下来的巨大竖向荷载，或悬挂下部结构的多层荷载，使得转换结构构件的内力很大。因此，竖向荷载成了控制转换结构构件设计的主要因素。

（2）转换结构构件通常具有数倍于上部结构的跨度，转换结构构件的竖向挠度成为严格控制的目标。

（3）转换结构的连续施工强度大，有的施工过程复杂，增加了施工过程中的难度。

（4）结构中由于设置了转换层，沿建筑物高度方向刚度的均匀性会受到很大的破坏，力的传递途径有大的改变，这决定了转换层结构不能以通常结构来进行分析和设计，在施工中必须制订施工方案，确保施工质量。

三、确定转换层结构施工方案的原则

由于转换层结构的跨度和承受的竖向荷载均很大，致使转换层结构的截面尺寸不可避免地高而大。一般转换梁的截面高度为跨度的 1/4～1/6，目前实际工程中转换梁常用截面高度为 1.6～4.0m，只有在跨度较小或承托的层数较少时，才采用较小的截面高度，一般为 0.9～1.4m，而跨度较大且承托的层数较多或构造条件特殊时，才采用较大的截面高度，一般为 4.0～8.2m。转换厚板的厚度约为柱距的 1/3～1/5，一般转换厚板的厚度可选用 2.0～2.8m。另外，转换层的连续施工强度大，有的施工过程复杂，有一定的难度等，由于转换层结构的上述特点，在确定转换层结构施工方案时应考虑下列几个原则：

（1）转换层的自重和施工荷载往往非常大，应选择合理的模板支撑方案，并进行模板支撑体系的设计。

（2）对大体积转换层，混凝土施工时应考虑采取减小混凝土水化热的措施，防止新浇混凝土的温度裂缝。

（3）转换层的跨度和承受的荷载都很大，其配筋较多，而且钢筋骨架的高度大，施工时应采取措施保证钢筋骨架的稳定和便于钢筋的布置。

（4）对预应力混凝土转换层，由于其跨度和承受的荷载都很大，预应力钢筋数量大，因此要合理选择预应力的张拉技术以防止张拉阶段预拉区开裂或反拱过大。

（5）设置模板支撑系统后，转换结构施工阶段的受力状态与使用阶段是不同的，应对转换梁（或转换厚板）及其下部楼层的楼板进行施工阶段的承载力验算。

可以说，高层建筑转换层结构施工的关键是确定转换层的施工方案，它直接影响到施工阶段结构的安全、工程质量和施工成本。基于对高层建筑转换层结构的施工实践，主要介绍钢筋混凝土转换层结构、预应力混凝土转换层结构的施工技术等内容。

四、钢筋混凝土转换层结构的施工

（一）转换层底模板的支撑系统

转换层的混凝土自重以及施工荷载是非常大的，因此，确定转换层底模板的支撑系统是转换层施工的关键之一。目前，实际工程中转换层底模板的支撑系统可以采用下列方法：

1. 常规浇筑法

转换梁或转换厚板施工时，考虑一次支模浇筑混凝土成型。由于转换层底模的施工荷载很大，其支撑往往需要从转换层底一直撑到底层地面或地下室的底板。该方案需准备大量的模板支撑材料，材料的租借费或一次购置费太大。因此，这种施工技术适用于施工现场可用的支撑材料较多，且转换层在高层建筑中位置较低的情况。

2. 叠合浇筑法

应用叠合梁原理将转换梁或转换厚板分两次或三次分层浇筑叠合成型，如图 7-33 所示。该方案利用第一次浇筑混凝土形成的梁或板，支撑第二次浇筑混凝土的自重及施工荷载。利用第二次浇筑混凝土与第一次浇筑混凝土形成的叠合梁，支撑第三次浇筑混凝土的自重及施工荷载。采用这种施工技术时，转换梁或转换厚板下的钢管支撑系统，只需考虑承受第一次的混凝土自重和施工荷载，可以减小其下部钢管支撑的负荷，减少大量模板材料。同时因混凝土分层浇筑可缓解大体积混凝土水化热高、温度应力过大对控制裂缝的不利影响。

施工时应注意叠合面的处理，必要时在叠合面处采取特殊的构造处理，以保证转换层的整体承载力不因混凝土的分层浇筑而降低。同时应对叠层浇筑的转换结构进行施工阶段的承载力验算。

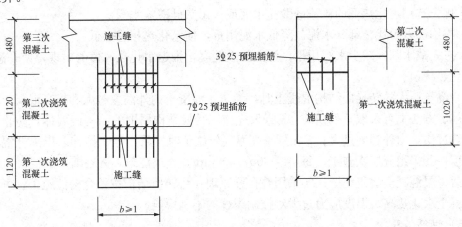

图 7-33　转换层（梁）分层浇筑高度图

3. 荷载传递法

将转换梁或转换厚板的混凝土自重和施工荷载通过支撑系统由若干层楼板共同承担。支承楼板的数量应通过计算来确定。必要时可同设计单位商量对楼板设计进行更改,增加转换层下面若干层楼板的厚度,提高楼板的承载力。也可考虑充分利用转换层支撑柱的传力作用。转换层的自重及施工荷载通过两种途径进行传递:一部分通过梁两端柱面挑出的钢牛腿或柱面插出的多排斜撑杆构成的梁下斜撑支架体系,将转换层底的绝大部分荷载传递给混凝土柱;另一部分通过楼面设置的竖向支撑构成的梁下排架体系,将其余的荷载传递给下面若干个楼层,即由若干个楼层共同承担这部分荷载。

4. 埋设型钢法

在转换梁中埋设型钢或钢桁架,将型钢或钢桁架与模板连为一体,以承受全部大梁自重及施工荷载,大梁一次浇捣成型。该方案可节省模板支撑材料,适用于转换梁跨度大且转换层下部大空间、层高大的情况。当采用这种施工技术时,转换梁设计成钢骨混凝土组合结构为宜。

(二) 混凝土工程

在大跨度超高度转换梁及转换厚板的混凝土施工时,应采取措施防止新浇混凝土产生温度裂缝。目前实际工程中采取的措施有:

(1) 根据混凝土的配合比和预计的施工气候及现场条件,对大跨度超高度转换梁及转换厚板整个过程中的温度状况进行模拟计算,掌握混凝土在浇筑后一个月内的各部位温度的变化规律,为大跨度超高度转换梁及转换厚板的施工提供科学的预测分析和依据。

(2) 大体积混凝土转换结构施工时,应采取措施控制混凝土内部与混凝土表面温度差小于 25℃,实际工程中可采用下列方法:①蓄热保温法,即常规保温方法,混凝土的养护要把握两个关键,即在升温阶段以保湿为主,在降温阶段以保温为主;②内降外保法,即在大体积混凝土内部循环埋管通水冷却降温,减少混凝土内部与混凝土表面的温差,在大体积混凝土转换结构的上表面及其底面采取保湿措施;③蓄水养护法,即在混凝土初凝后先洒水养护 2h,随后进行蓄水养护,蓄水高度一般为 100mm。

(3) 浇筑厚大的转换层结构混凝土时,为防止混凝土内外温差过大和提高混凝土抗拉强度,在选用水泥方面可采取下列措施:

1) 优先选用水化热低的矿渣硅酸盐水泥或火山灰硅酸盐水泥。

2) 掺用沸石粉代替部分水泥。降低水泥用量,使水化热相应降低。

3) 掺入减水剂,减少水泥用量,使混凝土缓凝,推迟水化热峰值的出现,使升温延长,降低水化热峰值。

(4) 浇筑厚大的转换层结构混凝土时,为防止混凝土内外温差过大和提高混凝土抗拉强度,在施工方法上可采取下列措施:①采取先施工转换结构周围的结构或墙体,防止混凝土表面散热过快,内外温差过大;②在夏季高温气候施工时,采用冰水搅拌,以降低混凝土的入模温度;③采用分层次施工,每层厚 300~500mm,连续浇筑,并在前一层混凝土初凝之前,将后一层混凝土浇筑完毕;④采用叠合梁原理,将转换结构按叠合构件施工,可缓解大体积混凝土水化热高、温度应力过大对控制裂缝的不利影响。

(三) 钢筋工程

转换梁的含钢量大、主筋长、布置密,在梁柱节点区钢筋"相聚"。因此,正确地翻样和下料，合理安排好钢筋就位次序是钢筋施工的关键。

（1）钢筋翻样和下料。钢筋翻样前必须弄清设计意图，审核、熟悉设计文件及有关说明，掌握现行规范的有关规定。翻样时考虑好钢筋之间的穿插避让关系，确定制作尺寸和绑扎顺序。

（2）一般转换层结构主筋接头全部采用闪光对焊或锥螺纹接头连接、冷挤压套筒连接，对于两端做弯头的钢筋，采用可调伸螺纹接头解决钢筋旋转的困难。

（3）当转换梁高度或转换板厚度较大时，在转换梁两侧搭设双排脚手架，如图7-34所示，保证钢筋骨架的稳定和便于操作。铺设第1层（底层）钢筋后，从第2层钢筋开始，在每跨梁内用两根短钢管找好标高，扣接在两侧脚手架上，作为钢筋的临时支托，校正钢筋位置焊好支架后，撤去短钢管。按此次序自下而上逐层放好水平钢筋及圆洞暗环梁钢筋，绑好箍筋及"S"钩。

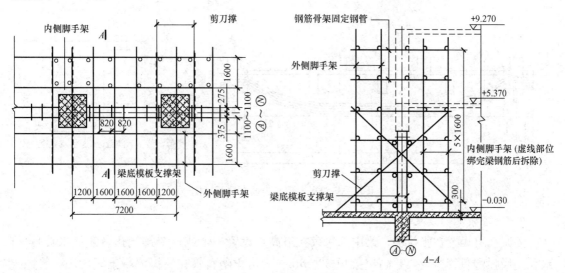

图7-34　转换梁脚手架示意图

五、预应力混凝土转换层结构的施工

预应力转换梁或厚板施工工艺流程：预应力筋下料→搭设梁、板钢管支撑→铺设梁底模板、起拱和校正梁底标高→梁钢筋骨架→确定预应力筋曲线坐标位置，焊定位钢筋→穿入直线波纹管→穿入有黏结预应力钢绞线→固定波纹管及端部锚垫板→穿入曲线无黏结预应力筋→固定无黏结筋→安装、固定端部锚垫板→安装梁侧模和楼板底模→绑扎楼板钢筋→作隐蔽工程检查→浇筑混凝土并养护→拆除梁侧模和板底模→张拉有黏结预应力筋、灌浆→张拉第1批无黏结预应力筋→拆梁底模板及支架→张拉第2批无黏结预应力筋→切割端部预应力筋和端部封裹。

（一）材料的质量检查

施工前必须严格检查钢绞线、锚具、夹具、波纹管等材料的质量。钢绞线经材料性能和无黏结包裹层检查合格后下料；锚具、夹具按现行施工质量验收规范的要求进行检查；波纹管应抽样进行盛水试验，检查是否漏水。

（二）穿预应力筋

预应力转换梁或厚板的预应力筋有先穿筋和后穿筋两种方法，但考虑到截面尺寸大，预应力筋长，配筋较多，工程中大多采用先穿预应力筋的方法，穿入预应力筋的布置，如图7-35所示。但应注意在混凝土初凝以前需经常抽动预应力筋，以防止其被漏浆粘住。因为从混凝土浇筑到预应力钢筋张拉、灌浆，中间有相当长的时间间隔，采用分阶段张拉技术则时间更长，还应采取措施防止预应力钢筋锈蚀。

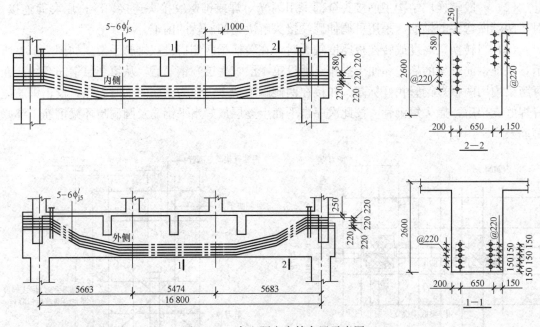

图7-35　穿入预应力筋布置示意图

（三）灌浆孔的设置

灌浆孔可设置在张拉端，梁中部每束在最高点设置一个或多个排气孔（兼泌水孔），排水孔用增强塑料管留设，并高出梁顶300mm。为防止塑料管在浇捣混凝土时压扁，管内再穿入小1号的塑料管，以增强刚度。

（四）波纹管的铺设和固定

在绑扎好转换层普通钢筋后，即可进行波纹管的铺设。以波纹管底为准，在箍筋上画出孔道曲线标高；将φ16的定位短钢筋点焊在箍筋孔道曲线标高处，其间距边段@500mm，跨中段@1000mm；再铺设和固定波纹管，并用U形钢筋（φ6）扣上波纹管后点焊在定位短钢筋上。波纹管固定之后，应进行隐蔽工程检查，检查重点是波纹管和有无破损；套管接头有无包裹；预应力束的最高点、最低点、反弯点是否与设计一致；张拉端和固定端的安装是否妥当；张拉端外露长度是否足够等；预应力曲线筋远看是否流畅；预应力钢筋是否基本平行等。检查后做隐蔽工程记录。

（五）分阶段张拉预应力筋

预应力转换层结构施工中最具有特色的是分阶段张拉，分阶段张拉不仅是预应力施工的方法，还是结构设计人员充分发挥主观能动性，优化转换结构设计的重要手段。转换梁或厚板上承受数层甚至数十层结构的荷载，预应力钢筋用量较多，要防止张拉阶段预拉区开裂或反拱过大，应采取以下措施：一是采用择期张拉技术，即待转换结构上部施工数层之后再张拉预应力，在此之前转换梁下的支撑必须加强；二是在预拉区配置一定数量的预应力钢筋用以控制张拉阶段的裂缝及过大的反拱，该部分的预应力筋是使用阶段所不需要的。

采用分阶段张拉技术。分阶段张拉可定义为预应力是逐渐施加，以平衡各阶段荷载的预应力技术。施加的荷载可以是外荷载，也可以是由于本身体积的变化（弹性压缩、收缩和徐变）而产生的内部应力。分阶段张拉技术由于张拉次数较多，施工费用略高，结构设计人员应根据具体情况决定采取何种方法。

（六）孔道灌浆及端部封裹

从灌浆孔均匀地一次灌满孔道，待另一端泌水孔和锚具出气孔冒出浓浆后封闭泌水孔（出气孔）并继续加压到 0.6MPa，持荷 2min 后封闭灌浆孔。灌浆后及时检查泌水情况并进行人工补浆。张拉和灌浆结束后用小型砂轮切割机从锚具外 30mm 切断多余预应力筋，防腐处理后用微膨胀细石混凝土封闭。

第五节　高层建筑施工的安全技术

高层建筑施工随着施工高度的增加，高空坠落、物体打击等安全事故也有所增加。据统计近年来高处坠落事故死亡人数占工伤死亡人数的 46%。为了保护建筑工人在生产中的安全，高层建筑施工除遵守一般建筑安装工程的安全操作规程外，尚应根据高层建筑施工的特点，编制出相应的安全技术规程。

一、高层建筑脚手架的搭设和拆除

高层建筑的脚手架搭拆，除要遵守普通脚手架搭设的要求外，尚须遵守下列规定：

（1）高层脚手架的底脚必须牢固，须在墙基回填土以后搭设。回填土应分层夯实，达到坚实平整，上铺 10~15cm 厚道渣，认真做好排水处理。在道渣上铺砌块或混凝土预制块，然后在砌块上铺通长的 12~16 号槽钢，使立杆垂直稳定地立在槽钢和砌块上。

（2）高层脚手架的外侧，从第 2 步到第 5 步，每步均须在外立杆里侧设 1m 高的防护栏杆和 40cm 高的挡脚板，防护栏杆与立杆要用扣件扣牢。5 步以上除防护栏杆照做外，应全部设防护安全笆和防护安全网。在沿街或居民密集区则应从第 2 步开始，外侧全部设防护安全笆和防护安全网，一般高层建筑结构施工中，安全网除随楼层施工架设外，首层和每隔 4 层设一道安全网。脚手架每隔 4 步，应在里立杆与墙面之间铺设通长的安全底笆，底笆与里立杆的连接不应少于 4 点。

脚手架与结构的拉撑连杆不准设在阳台栏杆、窗框等薄弱部位，拉撑连杆应设计成既能承受拉力又能承受压力的工具型为好。无论是受拉或受压的拉撑连杆，一定要待拆除脚手架时才能逐步从上而下拆除。施工中途如妨碍其他工序操作，需要拆除个别拉撑连杆时，必须经工程施工管理人员同意，并采取有效的加固措施。经检查确实牢固可靠后，方可拆除，任何人不得擅自拆除。

二、高层建筑施工的防雷保护措施

由于高层建筑施工工地四周的起重机、井架、脚手架突出很高，材料堆积很多，万一遭受雷击，不但对施工人员的生命有危险，还容易引起大火，造成严重事故。

为此，高层建筑施工期间，应采取如下的防雷措施：

（1）施工时应按照正式设计图纸的要求，先做全部接地设备。

（2）结构施工时，应按图纸规定，随时将混凝土中的主筋与接地装置连接，以防施工期间遭到雷击。

(3) 建筑工地上的井字架等垂直运输设备上,应将一侧的中间立杆接高,高出顶端 2m 作为接闪器,并在该立杆下端设置接地器。同时应将卷扬机的金属外壳可靠接地。

(4) 建筑工地上的起重机最上端必须装设避雷针,并连接于接地装置上,接地装置应尽可能利用永久性接地系统。起重机上的避雷针,应能保护整个起重机。

(5) 建筑物四周的钢脚手架应连接可靠,并有良好的接地及避雷装置。

三、高层建筑施工其他安全措施

(1) 高层建筑结构施工中要严防高空坠落和物体打击,在"四口"、"五临边"均需采取有效的防护措施。

1)"四口"的防护措施:凡楼梯口、电梯进口(包括垃圾洞口)、预留洞口、通道口,必须设围栏或盖板。混凝土预制楼板的预留洞口可事先预埋钢筋网。设备安装时剪掉预埋钢筋。

正在施工的建筑物的出入口和井架通道口,必须搭设板棚或者席棚,棚的宽度应大于出入口,棚的长度应根据建筑的高度确定。

2)"五临边"的防护措施:凡尚未安装栏杆的阳台周边、无脚手架的屋面周边、井架通道的两侧边、框架建筑的楼层周边、斜道两侧边等,必须设置 1m 高的双层围栏或搭设安全网。

(2) 高层建筑结构施工时,应采用稳妥可靠的上、下通信联系措施。

(3) 结构施工时,施工层使用的中小型电气机具,应安装漏电保护装置。

(4) 加强消防治安工作,消防用水设专用管线,并保证足够的水压。

(5) 起重机械必须按国家标准安装,经动力设备部门验收合格后方能使用,使用中应健全保养制度,安全防护装置应保持齐全有效。

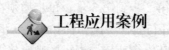

工程应用案例

【背景材料】

某市远中商城 B2 房平面呈长方形,长 844m,宽 22.5m,高 100m,共 34 层。建筑面积 38 687.41m²。B2 房底层为架空层,转换板作为上部结构的传力层通过自身的强度及刚度,将上部剪力墙结构传来的荷载重新分配后,通过底层劲肋柱传至地下空底板及桩基。转换板厚 1.8m,设计混凝土强度等级为 C60。

一、施工特点及难点

(1) 转换板自重加上施工荷载达 60kN/m²,通过验算,地下室顶板自身的强度和刚度不能满足由转换板排架支撑传递过来的荷载,因此必须将荷载传递到地下室底板上。

(2) 该转换板混凝土总方量达 3200m³,属高空大体积混凝土,对混凝土的浇捣和保温养护提出了非常高的要求。

二、方案优化及实施

1. 模板及支撑体系

(1) 由于转换板结构厚达 1.8m,自重加上施工荷载达 60kN/m²,因此在地下室排架搭设时除了要满足其顶板施工要求外,还应考虑转换层施工的需要。

（2）根据计算并结合现场实际情况，选择了转换板下排架采用 $\phi48$ 钢管，排架间距 450mm×450mm，每隔1.8m再设1道水平拉杆以降低长细比，提高排架整体稳定性。为保证扣件有足够摩擦力以抵抗滑动，立杆及顶部双向牵杠均采用3个扣件连接，并用扭力扳手进行测试以保证每个扣件均能满足受力要求。

（3）考虑到转换层施工时地下室混凝土顶板已产生一定的强度。所以，地下室排架根据计算，排架间距可放大至700mm×700mm，如图7-36所示，其他均同上层排架，但要求在转换板混凝土强度达到设计要求后才能将地下室排架拆除。

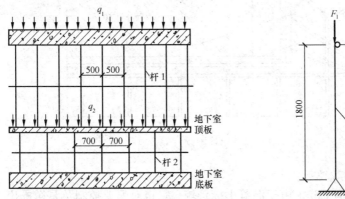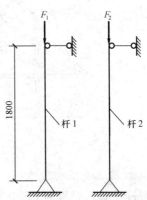

图7-36　排架计算简图

（4）所有排架底部垫设木方，以使受力均匀扩散，同时每隔5m设剪刀撑，如图7-37所示，以增加整体稳定性。

（5）转换板底模采用双层18mm厚九夹板，中间夹一层薄膜。这样不但提高了模板的强度和刚度，防止变形，还起到了转换板底表面保温保湿的效果，模板格栅采用100mm×50mm木方，间距200mm，保证了底板面的平整度。

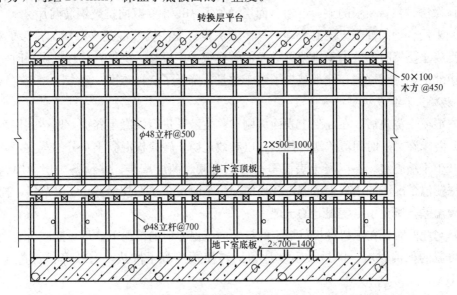

图7-37　转换层平台排架示意图

（6）侧模采用一层 18mm 厚九夹板，100mm×50mm 木方，间距 300mm 做竖向围檩，ϕ48 钢管做横向围檩，ϕ14 螺杆间距 450mm×500mm 与转换板上、中、下层钢筋连接，外侧打角撑，侧模在蓄热保温结束后拆除，如图 7-38 所示。

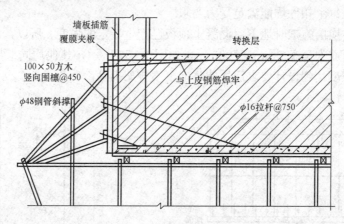

图 7-38 转换层外围侧模示意图

2. 混凝土施工及优化措施

（1）混凝土设计强度为 C60，由于混凝土标号较高，也对温差控制及泵送提出了很高的要求。为便于施工和保证混凝土质量，防止有害裂缝的产生，对混凝土的设计强度，配合比进行可行性研究。根据上部结构的荷载及荷载分阶段递增的实际情况，对混凝土的设计强度进行调整，经业主研究同意混凝土最终采用 C55 R60。

（2）在降低了设计标号的同时，对配合比进行了优化，通过掺入粉煤灰和矿粉，减少水泥用量，降低水化热，减小了混凝土的绝对温升值。

（3）为防止混凝土表面产生收缩裂缝，在混凝土上、下表面采用了增加抗裂钢筋的做法，具体做法是在转换板的上、下两个面层增加了 ϕ8@100 双向抗裂钢筋网片。

（4）采用合理的混凝土浇捣流程。具体做法是：先浇捣柱混凝土以增加排架的稳定性，使后续混凝土浇捣时不致由于排架晃动而使转换板产生位移。浇捣转换板混凝土时，采用两台泵车由北向南逐退逐浇，此举减少了泵车数量，降低了浇捣难度。

3. 混凝土养护及抗裂措施

（1）混凝土浇筑后，在混凝土表面涂刷"养生液"进行混凝土养护，以达到保水效果。

（2）要求在第一时间覆盖塑料薄膜，以有效地防止转换板混凝土水分的蒸发，防止混凝土表面产生干缩裂缝。在混凝土表面覆盖 1 层薄膜、两层草袋，并预备 1 层薄膜、两层草袋，根据测温情况增加或减少覆盖，现场实际最多时覆盖了两层薄膜、3 层草袋，控制了混凝土内表温差，避免了温度裂缝的出现。

（3）与此同时，在不超过规范规定的最大内表温差值的情况下，尽可能减少转换板混凝土表面覆盖的保温材料，以最大限度地帮助转换板混凝土散热，有效降低混凝土绝对温升值。

（4）充分利用混凝土内的自有水分，来满足混凝土最早期的水化反应，在覆盖保温材料前不浇水，以保证混凝土表面温度不至于下降过快。

（5）在保温材料覆盖完毕后，要求在养护浇水时要做到"少"、"匀"、"勤"，并避免发生水管中途漏水现象，引起转换板混凝土局部急速降温，影响混凝土的质量。

（6）该工程转换板混凝土为 3200m³，自重 8000 多吨，每平方米荷载达 6 吨，它的支撑排架耗用了钢管 20 万米，扣件 40 万只。为了尽早拆除排架，减少周转材料的租赁时间，采用了"混凝土超临界同条件养护系统"技术，充分利用了混凝土强度发展与混凝土养护温度的关系，即温度越高，混凝土的强度发展越快。对大体积混凝土来说，其初期自身温度可达 50～80℃甚至更高，它的强度发展速度远快于一般意义上的"同条件养护"。因此，用同步温控措施，使养护室温度与大体积混凝土温度相同，可了解大体积混凝土的即时强度。实测结果：只用了 10d 试块就达到了拆模强度的要求，减少了排架支撑的时间，节约了周转材料费用，如根据常温养护却需用时 20d 左右。

三、几点体会

（1）排架体系计算要采用合理的计算模式，使排架系统除了满足强度和刚度的要求外，尽可能达到最优化的要求，减少不必要的浪费。底模采用双层模板夹薄膜的方法，不仅减小了模板的变形，而且对混凝土底表面的保温、保湿产生了很好的效果。

（2）通过混凝土配合比的优化，降低了大体积混凝土的最高温升值，减小了保温难度和时间，节约了工期。

（3）通过在转换板上、下表层增加抗裂钢筋、混凝土上表面涂刷"养生液"等技术措施，有效地控制了混凝土表向收缩裂缝的产生。从现场的实际效果看，转换板未产生有害裂缝。

（4）本工程转换板混凝土方量达 3200m³，属大体积混凝土施工范畴，为防止混凝土裂缝的产生，可以采用微机实时监测混凝土内表温差和"混凝土超临界同条件养护系统"，不仅为混凝土试块的养护提供了即时的温度值，也有利于及时掌握大体积混凝土的强度发展情况，为提前拆模提供了依据。

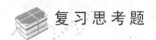

复习思考题

1. 试述高层建筑分哪几类。
2. 试述高层建筑结构体系有哪几类。
3. 高层建筑施工具有哪些特点？
4. 高层建筑主体结构施工常用的机械设备有哪些？
5. 高层建筑施工对塔式起重机有哪些要求？
6. 泵送混凝土施工应注意哪些问题？
7. 简述施工电梯由哪些部分组成。
8. 高层建筑施工爬升式脚手架按爬升方法分为哪几种？
9. 制备高强混凝土的主要技术途径有哪些？
10. 试述大模板的种类。
11. 试述大模板现浇混凝土结构的施工工艺。
12. 大模板施工中应采取哪些安全措施？
13. 试述液压滑升模板的施工特点及应用范围。

14. 液压滑升模板由哪几部分组成?

15. 试述液压滑升模板的施工工艺。

16. 筒体结构施工有哪些特点?

17. 采用提升模板施工的主要机械设备有哪些?

18. 高层建筑转换层结构施工的关键是什么?

19. 简述转换层结构施工中应注意的问题。

20. 简答"四口"和"五临边"的安全防护措施内容。

第八章　防　水　工　程

┌────· 内 容 提 要 ·────┐

本章内容包括地下防水、屋面防水和卫生间防水工程。地下防水着重介绍卷材防水层、冷胶料防水层、水泥砂浆防水层及防水混凝土的构造、性能、施工方法和质量要求。屋面防水则重点分析了卷材防水屋面、涂膜防水屋面施工方法和施工工艺，分析了刚性防水屋面裂缝漏水的原因、施工要点和质量控制措施以及卫生间防水层的构造、性能和做法。

学习要求

(1) 熟悉地下工程防水等级标准，卷材防水层、冷胶料防水层及水泥砂浆防水层的构造、性能和做法。掌握卷材防水层的铺贴方法；水泥砂浆防水层的防水机理。

(2) 熟悉屋面工程防水等级标准，卷材防水屋面的构造和各层的作用；掌握卷材防水屋面、涂膜防水屋面的施工要点及质量标准；掌握自防水屋面施工特点，刚性防水屋面的构造要求以及产生质量通病的原因。

(3) 掌握卫生间防水层的构造、性能和做法以及保证防水工程质量的技术措施。

防水工程施工是建设工程中的重要组成部分。通过防水材料的合理选择与施工，建设工程可防御浸水和渗漏发生，确保工程建设能够充分发挥使用功能，延长使用寿命。因此防水工程的施工必须严格遵守有关操作规程，切实保证工程质量。

第一节　防水工程的分类与等级

一、防水工程分类

防水工程在整个建设工程中虽属分部分项工程，但其特点又具有相对独立性。防水工程技术是一项综合性很强的系统工程，涉及防水设计的技巧、防水材料的质量、防水施工技术水平以及防水工程全过程（包括使用过程）的管理水平等。只有做好这些环节，才能确保防水工程的质量和耐用年限。防水工程按其采取的措施和手段不同，可分为材料防水和构造防水两大类。

（1）材料防水。材料防水是依靠防水材料经过施工形成整体封闭防水层阻断水的通路，达到防水或增强抗渗漏的能力。材料防水按采用防水材料的不同，分为柔性防水和刚性防水两大类。柔性防水又分卷材防水和涂膜防水，均采用柔性防水材料，主要包括各种防水卷材和防水涂料，经施工将其铺贴或涂布在防水工程的迎水面，达到防水目的。刚性防水指混凝土防水，其采用的材料主要有普通细石混凝土、补偿收缩混凝土等。混凝土防水是依靠增强混凝土的密实性及采取构造措施达到防水目的。

（2）构造防水。构造防水是采取正确与合适的构造形式阻断水的通路，防止渗漏发生的统称。如对各类接缝，各种部位、构件之间设置的温度缝、变形缝，以及节点细部构造的防水处理均属构造防水。

二、防水工程等级的划分和设防要求

1. 屋面防水等级和设防要求

国家标准《屋面工程质量验收规范》（GB 50207—2002）按建筑物类别将屋面防水的设防要求将其分为 4 个等级，见表 8-1。

表 8-1 屋面防水等级和设防要求

项　　目	屋　面　防　水　等　级			
	I	II	III	IV
建筑物类别	特别重要或对防水有特殊要求的建筑	重要的建筑和高层建筑	一般建筑	非永久性的建筑
防水层合理使用年限	25 年	15 年	10 年	5 年
防水层选用材料	宜选用合成高分子防水卷材、高聚物改性沥青防水卷材、金属板材、合成高分子防水涂料、细石混凝土等材料	宜选用高聚物改性沥青防水卷材、合成高分子防水卷材、金属板材、合成高分子防水涂料、高聚物改性沥青防水涂料、细石混凝土、平瓦、油毡瓦等材料	宜选用三毡四油沥青防水卷材、高聚物改性沥青防水卷材、合成高分子防水卷材、金属板材、高聚物改性沥青防水涂料、合成高分子防水涂料、细石混凝土、平瓦、油毡瓦等材料	可选用二毡三油沥青防水卷材、高聚物改性沥青防水涂料等材料
设防要求	三道或三道以上防水设防	二道防水设防	一道防水设防	一道防水设防

2. 地下工程防水等级和防水标准

国家标准《地下工程防水技术规范》（GB 50108—2001）按地下工程围护结构防水要求，将地下工程分为 4 个防水等级，见表 8-2。其中工业与民用建筑的地下室，按其用途性质均达到一级或二级防水标准。

表 8-2 各类地下工程的防水等级

防水等级	一级	二级	三级	四级
标准	不允许渗水，围护结构无湿渍	不允许漏水，围护结构有少量、偶见的湿渍	有少量漏水点，不得有线流和漏泥沙，每昼夜漏水量<0.5L/m²	有漏水点，不得有线流和漏泥沙，每昼夜漏水量<2L/m²
工程名称	医院、餐厅、旅馆、影剧院、商场、冷库、粮库、金库、档案库、通信工程、计算机房、电站控制室、配电间、防水要求较高的生产车间 指挥工程、武器弹药库，防水要求较高的人员掩蔽部 铁路旅客站台、行李房、地下铁道车站、城市人行地道	一般生产车间、空调机房、发电机房、燃料库 一般人防掩蔽工程 电气化铁路隧道、寒冷地区铁路隧道、地铁运行区间隧道、城市公路隧道、水泵房	电缆隧道 水下隧道，非电气化铁路隧道、一般公路隧道	取水隧道、污水排放隧道 人防疏散干道涵洞

第二节 屋 面 防 水 工 程

屋面防水工程是房屋建筑的一项重要工程，在建筑施工中占有很重要的地位，它是保证工程结构不受水浸蚀的一项专门技术。屋面防水效果好坏将直接影响到建筑物的使用寿命和生产、生活的正常进行，为此施工中必须严格认真负责地做好防水工程。屋面防水按其做法和构造主要分为卷材防水屋面、涂料防水屋面和刚性防水屋面三种。

一、卷材防水屋面

卷材防水屋面所用的卷材有沥青防水卷材、高聚物改性沥青防水卷材和合成高分子防水卷材等，目前沥青卷材已被淘汰。卷材经粘贴后形成一整片防水的屋面覆盖层，起到防水作用。卷材有一定的韧性，可以适应一定程度的涨缩和变形。粘贴层的材料取决于卷材种类：沥青卷材用沥青胶做粘贴层；高聚物改性沥青防水卷材则用改性沥青胶；合成橡胶树脂类卷材和合成高分子系列卷材，需用特制的黏结剂冷粘贴于预涂底胶的屋面基层上，形成一层整体不透水的屋面防水覆盖层。卷材防水屋面构造，如图 8-1 所示。

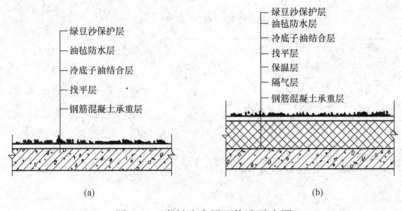

图 8-1 卷材防水屋面构造示意图
(a) 无保温层卷材屋面；(b) 有保温层卷材屋面

(一) 卷材防水施工的基本要求

1. 基层与找平层

基层与找平层应做好嵌缝（预制板）、找平及转角和基层处理等工作。

采用水泥砂浆找平层时，水泥砂浆抹平收水后应二次压光，充分养护，不得有酥松、起砂、起皮及起壳现象，否则必须进行修补。屋面基层与女儿墙、立墙、天窗壁、烟囱、变形缝等突出屋面结构的连接处，以及基层的转角处（各水落口、檐口、天沟、檐沟、屋脊等）均应做成圆弧。

铺设防水层（或隔气层）前，找平层必须干燥、洁净。基层处理剂（或称冷底子油）的选用应与卷材的材性相容，基层处理剂可采用喷涂、刷涂施工，喷、涂应均匀，待第一遍干燥后再进行第二遍喷、涂，待最后一遍干燥后，方可铺设卷材。

2. 施工顺序及铺设方向

卷材铺贴应采取"先高后低、先远后近"的施工方向，即高低跨屋面，先铺高跨后铺低跨；等高的大面积屋面，先铺离上料地点较远的部位，后铺较近部位。这样可以避免已经铺设好的屋面因材料运输遭人员踩踏和破坏。大面积铺贴卷材前，应先做好节点密封处理，做好附加层和屋面排水较集中部位（屋面与水落口连接处、檐口、天沟等）及分格缝的空铺条等处理，然后由屋面最低标高处向上施工。施工段的划分宜设在屋脊、檐口、天沟、变形缝等处。

卷材铺贴方向应根据屋面坡度和周围是否有振动来确定。当屋面坡度小于3%时，卷材宜平行于屋脊铺贴；屋面坡度在3%～15%时，卷材可平行或垂直于屋脊铺贴；屋面坡度大于15%或受振动时，沥青防水卷材应垂直屋脊铺贴，高聚物改性沥青防水卷材和合成高分子防水卷材可平行或垂直于屋脊铺贴，但上、下层卷材不得相互垂直铺贴。

3. 搭接方法、宽度和要求

卷材铺贴应采用搭接法。相邻两幅卷材的接头还应相互错开300mm以上，以免接头处多层卷材因重叠而黏结不实。叠层铺贴，上、下层两幅卷材的搭接缝也应错开1/3幅宽，如图8-2所示。当采用高聚物改性沥青防水卷材点粘或空铺时，两头部分必须全粘500mm以上。平行于屋脊的搭接缝，应顺水流方向搭接；垂直于屋脊的搭接缝应顺年最大频率风向搭接。叠层铺设的各层卷材，在天沟与屋面的连接处，应采用交叉接法搭接，搭接缝应错开，接缝宜留在屋面或天沟侧面，不宜留在沟底。

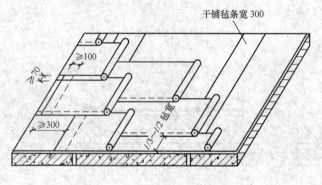

图8-2　卷材水平铺贴搭接要求

（二）卷材防水屋面的施工

1. 高聚物改性沥青卷材防水屋面施工

所谓"改性"，即改善沥青性能，在石油沥青中掺入适量聚合物，如橡胶等，以降低沥青的脆点，并提高其耐热性。采用这类聚合物改性的材料，可以延长屋面的使用期限。

（1）材料要求：

1）主体材料。高聚物改性沥青卷材主要包括 SBS 改性沥青柔性卷材、铝箔塑胶卷材、化纤胎改性卷材、塑料沥青聚酯卷材以及彩砂面聚酯胎弹性体卷材等产品。

2）配套材料。配套材料主要是胶粘剂（包括冷底子油）。该材料主要用于卷材与基层的粘接，又可用于排水口、管子根部等容易渗漏水的薄弱部位的密封处理等。

3）辅助材料。辅助材料主要是汽油，用作胶粘剂的稀释剂、机具的清洗剂和热熔施工时汽油喷灯的燃料。

（2）施工准备：

1）施工工具准备。高聚物改性沥青卷材的施工工具包括：小平铲、扫帚、高压吹风机、电动搅拌器、滚动刷、铁桶、汽油喷灯、剪刀、钢卷尺、小线纯、彩色粉等。

2）施工条件准备。屋面找平层应抹平压光，坡度应符合设计要求，不允许有起砂掉灰和凹凸不平等缺陷存在，其含水率一般不宜大于9%。找平层不应有局部积水现象，找平层与突起物（如女儿墙、烟囱、通气孔、变形缝等）相连接的阴角，应抹成均匀光滑的小圆角，找平层与檐口、排水口、沟脊等相连接的阳角，应抹成均匀光滑的圆弧形。

（3）施工要点：高聚物改性沥青卷材防水屋面施工，可以采取单层外露构造或双层外露构造，分别如图 8-3 和图 8-4 所示，其施工方法有冷粘法和热熔法施工两种。

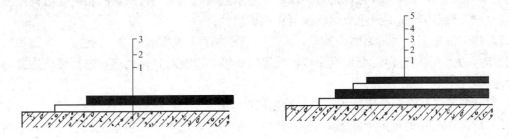

图 8-3 单层外露防水

1—基层；2—胶粘剂；3—卷材

图 8-4 双层外露防水

1—基层；2，4—胶粘剂；3，5—卷材

1）冷粘法施工：

a）清理基层。施工前，应将基层表面突出物铲除，并将尘土杂物等清除干净。

b）涂刷基层处理剂。基层处理剂用汽油等溶剂稀释胶粘剂制成，涂刷时要均匀一致，切勿反复涂刷。

c）复杂部位增强处理。待基层处理干燥后，可先对排水口、管子根部、烟囱底部等容易发生渗漏的薄弱部位，在距中心 200mm 范围内，均匀涂胶，厚度以 1mm 左右为宜，涂胶后随即粘贴一层聚酯纤维无纺布，并在无纺布上再涂刷一道厚度为 1mm 左右的粘胶剂，干燥后即可形成一层无接缝和弹塑性的整体层。

d）铺贴卷材防水层。根据卷材的铺贴方法，在流水坡度以下开始弹出基准线，边涂刷胶粘剂边向前滚铺卷材，并及时用压辊用力压实处理。用毛刷涂刷时，蘸胶液要饱满，涂刷要均匀，滚压时注意不要卷入空气或异物。

e）卷材接缝处理。卷材纵横之间的搭接宽度为 100mm，一般接缝既可用胶粘剂粘合，也可用汽油喷灯等进行加热熔接，其中以加热熔接的效果更为理想。双层做法时，第二层卷材的搭接缝与第一层搭接缝错开卷材幅宽的 1/3～1/2。

f）接缝边缘和卷材末端收头处理。对卷材搭接缝的边缘以及末端收头部位，应刮抹膏状的胶粘剂进行粘合封闭处理，以达到密封防水的目的。必要时也可在经过密封处理的末端收头处，再用掺入水泥重量 20％的环保胶的水泥砂浆进行压缝处理，如图 8-5 和图 8-6 所示。

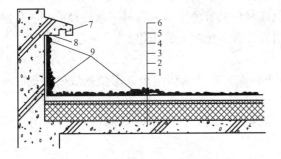

图 8-5 卷材接缝及收头处理之一

1—结构层；2—保温层；3—找平层；4—胶粘剂；

5—防水层；6—保护层；7—滴水槽；

8—环保胶水泥砂浆；9—膏状胶粘剂

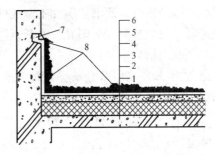

图 8-6 卷材接缝及收头处理之二

1—结构层；2—保温层；3—找平层；4—胶粘剂；

5—防水层；6—保护层；7—环保胶水泥砂浆；

8—膏状胶粘剂

g）保护层施工。为了遮蔽或反射阳光的辐射和延长卷材防水层的使用寿命，在防水层铺设完毕清扫干净并检查验收合格后，即可在防水层表面上采用边涂刷胶粘剂，边铺撒膨胀蛭石粉保护层或均匀涂刷银色或绿色涂料作保护层。

2）热熔法施工。采用热熔法施工，可以节省胶粘剂，降低防水工程造价，特别是当气温较低时，尤为适用。但需准备汽油喷灯或煤气焊枪，以便对卷材加热，进行热熔连接的铺设处理。

a）清理基层和涂刷基层处理剂，与冷粘法施工相同。

b）待涂刷基层处理剂干燥 8h 以上，开始铺贴卷材，用喷灯加热基层和卷材时，加热要均匀，喷灯距离卷材 0.5m 左右，待卷材表面熔化后，缓慢地滚铺卷材进行铺贴。

c）趁卷材尚未冷却时，用铁抹子或其他工具把接缝边封好，再用喷灯均匀细致地密封。

d）其他与冷粘贴法施工相同。

2. 高分子卷材防水屋面施工

合成高分子防水卷材有橡胶、塑料和橡塑共混三大系列，这类防水卷材与传统的石油沥青卷材相比，具有单层结构防水、冷施工、使用寿命长等优点。

（1）材料要求：

1）主体材料。合成高分子防水卷材主要包括三元乙丙橡胶防水卷材、氯化聚乙烯与橡胶共混防水卷材、氯化聚乙烯防水卷材、氯璜化聚乙烯防水卷材以及聚氯乙烯防水卷材等。

2）配套材料：

a）基层处理剂。一般采用氯丁橡胶乳液，主要作用是隔绝基层渗透的水分和提高基层表面与合成高分子防水卷材之间的黏结能力。

b）基层胶粘剂。该材料主要用于防水卷材与找平层之间的黏结，一般可选用氯丁橡胶类的黏结剂。其黏结剥离强度大于 50N/25mm，基层胶粘剂的用量为 0.4kg/m² 左右。

c）卷材接缝胶粘剂。卷材接缝胶粘剂为专用胶粘剂，它是以丁基橡胶、氯化丁基橡胶或氯丁橡胶和硫化剂、促进剂、填充剂和溶剂等配制而成的双组分或单组分常温硫化型的胶粘剂。

d）卷材接缝密封剂。一般可选用单组分氯璜化聚乙烯密封膏或双组分聚氯酯密封膏等材料作接缝密封剂，主要用于卷材与卷材搭接缝边缘以及卷材末端收头部位的密封处理。其用量以 0.05kg/m² 左右为宜。

e）表面着色剂。该材料一般由三元乙丙橡胶溶液或聚丙烯酸酯乳液与铝粉（或铬绿、钛青绿）等经混合、研磨工序加工制成的银色或绿色的着色涂料。卷材防水层经涂刷着色涂料处理后，可以达到反射阳光、降低顶层室内温度和美化屋面的作用。

3）辅助材料：

a）二甲苯。二甲苯是基层处理剂的稀释剂和施工机具的清洗剂，用做基层处理剂的稀释剂时，其用量为 0.25kg/m² 左右。

b）乙酸乙酯。该材料主要用于擦洗手或被胶粘剂等材料污染的部位，其用量为 0.05kg/m² 左右。

（2）施工准备：

1）施工机具的准备。主要有电动搅拌器、高压吹风机、滚动刷、手持压辊、剪子、皮尺等。

2）施工条件的准备：

a）找平层用水泥砂浆找平压光，平整度可用 2m 长靠尺检查，找平层与靠尺之间的最大空隙不应超过 5mm，空隙仅允许平缓变化，如图 8-7 所示。

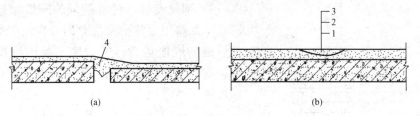

(a)　　　　　　　　　　(b)

图 8-7　基层处理做法

（a）两板不平基层处理；（b）基层有凹坑处理

1—清理坑部；2—刷环保胶一道；3—环保胶水泥砂浆找平；4—找平成坡

b）基层与突出屋面的结构（女儿墙、烟囱、管道等）相连的阴角，应抹成均匀且平整光滑的圆角。基层与檐口、天沟、排水口等相连接的阳角应抹成光滑的圆弧。

c）平屋顶基层的坡度应符合设计要求，一般坡度以 2%～5% 为宜，天沟的纵向坡度不宜小于 5%。

d）基层必须干燥，含水率以小于 9% 为宜。

e）在铺贴卷材防水层之前，必须将表面的突出物、砂浆疙瘩等异物铲平，并将尘土杂物清扫干净。对阴阳角、管道根部、排水口部位更应认真清理干净。

（3）施工操作要点：合成高分子卷材防水屋面施工工艺一般有：单层外露防水施工、涂膜与卷材复合防水施工、有刚性保护层的施工，分别如图 8-8～图 8-10 所示。下面主要介绍单层外露防水施工操作要点如下：

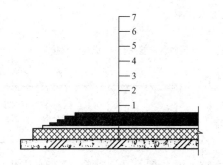

图 8-8　单层外露防水

1—结构层；2—保温层；3—找平层；4—基层
处理剂；5—基层胶粘剂；6—高分子
防水卷材；7—表面着色剂

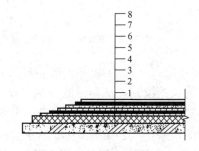

图 8-9　涂膜与卷材复合防水构造

1—结构层；2—保温层；3—找平层；4—基层
处理剂；5—聚氨酯涂膜防水层；6—胶粘剂；
7—高分子卷材防水层；8—表面着色剂

1）涂布基层处理剂。一般是将聚氨酯涂膜防水材料的甲料、乙料、二甲苯按 1:1.5:3 的比例配合搅拌均匀，再用长把滚刷蘸满后均匀涂布在基层表面上，干燥 4h 以上，即可进行下一道工序的施工；用喷涂机喷涂时要求厚薄均匀，经干燥 12h 左右才能进行下一道工序的施工。

2）复杂部位增强处理。平屋顶的阴角、排水口、通气孔根部等处，是易发生渗漏的薄弱部位，在铺贴防水卷材之前，应采用聚氨酯涂膜防水材料胶粘带进行增强处理。

3）涂布基层胶粘剂。先将盛氯丁橡胶的铁桶打开，用手持电动搅拌器搅拌均匀，即可

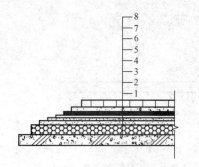

图 8-10　有刚性保护层

1—结构层；2—保温层；3—找平层；4—基层
处理剂；5—胶粘剂；6—高分子卷材防水层；
7—水泥砂浆黏结层；8—面砖等饰面层

进行涂布施工。

4）铺设卷材。卷材铺设的一般原则是铺设多跨或高低跨屋面的防水卷材时，应按先高后低，先远后近的顺序进行；铺设同一跨中屋面的防水层时，应先铺设排水比较集中的部位，按标高由低到高的顺序铺设。

a）卷材的配置。应将卷材顺长方向进行配置，并使卷材长向与流水坡垂直，卷材搭接要顺流水方向，不能成逆向，如图 8-11 所示。

b）卷材铺贴。根据卷材配置方案，从流水下坡开始，先弹出基准线，然后将已涂布胶粘剂的卷材卷成圆筒，在其中心插一根 $\phi 30$ 长 150cm 的钢管，由两人分别手持钢管两端，将卷材的一端粘贴固定在预定的部位，再沿基准线铺展卷材。

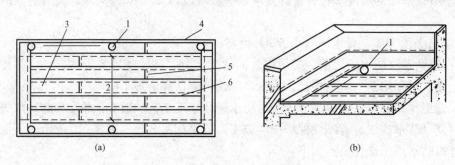

图 8-11　卷材配置示意图

（a）平面图；（b）剖示图

1—排水口；2—排水坡；3—封脊卷材；4—女儿墙；5—横向卷材接头；6—纵向卷材接头

c）排除空气。每当铺完一张卷材后，应立即用干净松软的长把滚刷，从卷材的一端开始，朝卷材的横方向沿"之"字路线用力滚压一遍，以彻底排除卷材黏结层的残余空气，如图 8-12 所示。

d）滚压。在排除空气后，平面部位可用外包橡胶的长 30cm 重 30～40kg 的铁辊滚压一遍，使其黏结牢固；垂直部位可用手持压辊滚压粘牢。

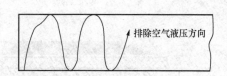

图 8-12　排除空气的示意图

e）卷材接缝的黏结。卷材的接缝宽度一般为 100mm，在搭接缝部位每隔 500～600mm，用氯丁橡胶胶粘剂涂刷一下，将搭接部位的卷材翻开，先作临时黏结固定，如图 8-13 所示；然后用丁基胶胶粘剂的 A，B 两个组分，按1∶1 的比例配合搅拌均匀，再用油漆刷均匀刷在卷材接缝的两个黏结面上，干燥 20～30min，指感

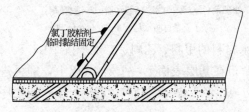

图 8-13　搭接缝部位的临时黏结固定

基本不粘时，即可进行粘合。

f）卷材收头处理。为了防止卷材末端收头和搭接缝边缘的剥落或渗漏，该部位必须用

单组分氯磺化聚乙烯或聚氨酯密封膏封闭严密，并在末端收头处用掺有水泥用量 20% 的环保胶的水泥砂浆进行压缝处理。

5）屋面着色。在卷材铺设完毕，经认真检查确认完全合格后，将卷材表面的尘土杂物等彻底清扫干净，再用长滚刷均匀涂布银色或绿色的表面着色涂料进行屋面着色。

二、涂料防水屋面

防水涂料是以高分子合成材料为主体，在常温下呈无定型液态，经涂布并能在结构表面形成坚韧防水膜的物料总称，主要有薄质涂料和厚质涂料两大类。涂料防水施工操作简便，无污染，冷操作，无接缝，能适应复杂基层，防水性能好，温度适应性强，易修补。

（一）薄质防水涂料的施工

薄质防水涂料屋面一般有三胶、一毡三胶、二毡四胶、一布一毡四胶、二布五胶等做法。施工前按设计要求对屋面板的板缝用细石混凝土嵌填密实或上部用油膏嵌缝，将屋面清扫干净，并在突出屋面结构的交接处、转角处加铺一层附加层，宽度 250～350mm；板端缝、檐口板与屋面交接处先干铺一层宽度为 150～300mm 塑料薄膜缓冲层。

胶料可采取涂刷、刮涂或机械喷涂的方法。如果设计要求加衬（玻璃棉布或毡片），衬布应采用搭接法，搭接要求参见石油沥青油毡的铺贴搭接。铺加衬布前应先浇胶料刮刷均匀，纤维不露白，并用辊子滚压密实，将布下空气排尽。必须待上道涂层干燥后再进行下道涂层施工，干燥时间要视当地气温而定，一般需 4～24h。整个防水层施工完毕，在一周内不许上人或进行其他工序施工。

（二）厚质防水涂料的施工

石灰乳化沥青属于厚质防水涂料，采用抹压法施工，要求基层干燥密实、坚固干净无松动现象，不得起砂、起皮，石灰乳化沥青应搅拌均匀，无沉淀块粒，其稠度为 50～100mm，铺抹前根据不同季节和气温高低决定涂刷不同的冷底子油。当日最高气温≥30℃时，应先用水将屋面基层冲洗干净，然后刷稀释的石灰乳化沥青冷底子油一道。在春秋季节，应在清洁的屋面基层上涂刷汽油冷底子油（汽油∶沥青＝7∶3）一道，必要时应通过试抹确定冷底子油的种类和配合比。待冷底子油干燥后，立即铺抹石灰乳化沥青，厚度为 5～7mm，待表面收水后，用铁抹子压实抹光，施工气温以 5～30℃为宜。

（三）涂抹保护层的施工

根据设计规定或涂料的使用说明书选定涂层保护材料。一般薄质涂料宜用蛭石、云母粉、铝粉及浅色涂料，厚质涂料可用黄砂、石英砂及石屑粉。进行保护层施工时，在防水层涂刷最后一道涂层时，就立即均匀撒布保护层材料，并随即用胶辊滚压，使之粘牢，隔日将多余部分扫去。涂层刷浅色涂料时，须待防水层最后一道涂膜充分干燥后，将配好的浅色涂料均匀地涂刷一道，要求不露底，不起泡，未干前禁止上人踩踏。

三、刚性防水屋面施工

刚性防水屋面实质上是刚性混凝土板块防水和柔性接缝防水材料复合的防水屋面。这种刚柔结合的防水屋面适应结构层的变形，它主要是依靠混凝土自身的密实性或采用补偿收缩混凝土，并配合一定的结构措施来达到防水目的。这些结构措施包括：屋面具有一定的坡度（便于雨水及时排除）；增加钢筋；设置隔离层（减少结构层变形对防水层的不利影响）；混凝土分块设缝（使板面在温度、湿度变化时不致开裂）；采用油膏嵌缝（适应屋面基层变形，保证分格缝的防水功能）。由于刚性防水层对地基不均匀沉降、温度变化、结构振动等因素都非常敏感，所以刚性防水屋面适用于屋面结构刚度较大及地基地质条件较好的建筑。既可用在防水等级为Ⅲ级的屋面防水，也可用作Ⅰ、Ⅱ级屋面多道防水设防中的一道防水层；不适用于设有松散材料保温层的屋面以及受较大振动或冲击的建筑屋面。刚性防水屋面施工可分为普通细石混凝土防水层、补偿收缩混凝土防水层施工。

（一）刚性防水屋面的一般要求

1. 屋面结构层板缝及刚柔结合处理

（1）刚性防水屋面的结构层宜为整体现浇的钢筋混凝土。刚性防水屋面的坡度宜为2‰～3‰，并应采用结构找坡。

（2）屋面结构层如采用装配式钢筋混凝土板时，应用强度等级不小于 C20 的细石混凝土灌缝，灌缝的细石混凝土宜掺微膨胀剂。当屋面板板缝宽度大于 40mm 或上窄下宽时，板缝内必须设置构造钢筋，板端缝应进行密封处理。

（3）刚性防水层与山墙、女儿墙以及突出屋面结构的交接处均应做柔性密封处理。

（4）细石混凝土防水层与结构层间宜设隔离层。

（5）防水层的细石混凝土宜掺外加剂，如膨胀剂、减水剂、防水剂等，并必须用机械搅拌和机械振捣。刚性防水层应设置分格缝，分格缝必须嵌填密封材料。

2. 材料要求

（1）防水层的细石混凝土用普通硅酸盐水泥或硅酸盐水泥；用矿渣硅酸盐水泥时应采取减小泌水性的措施。水泥标号不宜低于 32.5 号。不得使用火山灰质水泥。水泥储存时应防止受潮，存放期不得超过三个月，否则必须重新检验确定其标号。

（2）防水层内配置的钢筋宜采用冷拔低碳钢丝。

（3）防水层的细石混凝土和砂浆中，粗骨料的最大粒径不宜超过 15mm，含泥量不应大于 1%；细骨料应采用中砂或粗砂，含泥量不应大于 2%；拌和用水应采用不含有害物质的洁净水。

（4）防水层细石混凝土使用的膨胀剂、减水剂、防水剂等外加剂，应根据不同品种的适用范围及技术要求选定。

外加剂应分类保管，不得混杂，并应存放于阴凉、通风、干燥处。运输时应避免雨淋、日晒和受潮。

（二）普通细石混凝土防水施工

1. 施工准备

（1）施工机具。细石混凝土应用机械搅拌，机械振捣，以保证混凝土质量。所用机具包括：混凝土搅拌机、平板振捣器等。

（2）隔离层施工。隔离层可选用干铺卷材、砂垫层、低标号砂浆等材料。干铺卷材隔离层做法：在找平层上干铺一层卷材，卷材的接缝均应粘牢；表面涂刷二道石灰水或掺 10% 水泥的石灰浆（防止日晒卷材发软），待隔离层干燥有一定强度后进行防水层施工。

（3）配筋。钢筋网片可绑扎或点焊成型。保护层不小于 10mm。

（4）支分格缝模板。模板应做成上宽下窄，一般上口尺寸 25mm、下口尺寸 20mm，模板应先浸水并涂刷隔离剂，用砂浆固定在隔离层上。

（5）细石混凝土配制。应按防水混凝土的要求配制，每立方米混凝土的水泥用量不小于330kg；含砂率为 35%～40%；灰砂比为 1∶2～1∶2.5；水灰比不大于 0.55；坍落度以 3～5cm 为宜。普通细石混凝土中，掺入减水剂或防水剂时，应准确计量，投料顺序得当，拌和均匀。

2. 施工工艺

细石混凝土防水层施工质量的好坏，关键在于保证混凝土的密实性和及时养护。

（1）浇筑。浇筑细石混凝土应注意防止混凝土分层离析。混凝土搅拌时间不应少于2min。运输中应防止漏浆或离析，如发生离析应重新搅拌。用浇灌斗吊运的倾倒高度不应大于1m，分散倾倒在屋面，浇筑混凝土应从高处往低处进行。铺摊混凝土时必须保护钢筋不错位。分格板块内的混凝土应一次整体浇灌，不留施工缝。从搅拌至浇筑完成应控制在2h以内。

（2）振捣。用平板振捣器振捣至表面泛浆为宜。在分格缝处，应在两侧同时浇筑混凝土后再振，以免模板位移。浇筑中用2m靠尺检查，混凝土表面刮平，抹压。

（3）表面处理。表面刮平，用铁抹子压实压光，达到平整并符合排水坡度要求。抹压时严禁在表面洒水、加水泥浆或撒干水泥。当混凝土初凝后，拆出分格缝模板并修整。混凝土收水后应进行二次表面压光，并在终凝前三次压光成活。

（4）养护。混凝土浇筑12～24h后应进行养护。养护时间不应少于14d，养护方法采用淋水、覆盖等。养护初期屋面不允许上人。

（三）补偿收缩混凝土防水施工

补偿收缩混凝土实际是一种适度膨胀的混凝土。国内目前应用较多的是在混凝土中掺入适量U形膨胀剂（U-typc Expansive Agent，简称UEA）制作的防水混凝土，称为UEA补偿收缩混凝土。它具有抗裂和抗渗双重功能，可使结构与防水合二为一，达到结构自防水的目的。

U形膨胀剂是一种以硫铝酸盐、硫酸铝、硫酸铝钾和硫酸钙等组成的无机化合物，并与明矾石、石膏等混合粉磨而成的高效复合膨胀材料。将适量的UEA（一般取代水泥重量的10%～14%）掺入普通混凝土中，能有效地增加混凝土的抗裂、抗渗能力，成为一种具有补偿收缩性能的新型防水混凝土。

补偿收缩混凝土防水的基本原理：钙矾石是水泥和水泥制品的膨胀源，当U形膨胀剂加入普通水泥与水拌和后，与硅酸钙析出的氢氧化钙作用，形成水化硫铝酸钙。当混凝土膨胀时，混凝土中的钢筋对它的膨胀产生限制作用，钢筋本身也因与混凝土一起膨胀而产生拉应力，同时也就在混凝土中产生了相应的压应力。一般说来，在限制膨胀条件下，导入的预应力值为0.20～0.70MPa，这等于提高了混凝土的早期抗拉强度，推迟了混凝土产生收缩的过程。在此期间，混凝土经浇水养护，抗拉强度获得了较大幅度的增长。当混凝土开始收缩时，其抗拉强度已增长到足以抵抗收缩应力，从而防止或大大减少混凝土收缩裂缝的出现。

抗渗的前提是抗裂，作为一个整体性的防水层，抗裂是关键，也是先决条件。尽管普通防水混凝土（密实性混凝土）或其他外加剂防水混凝土的抗渗标号能够满足设计要求，但它们都不具有膨胀性能和抗裂功能。相反，UEA混凝土建立的0.2～0.7MPa预压应力，改善了钢筋混凝土中的应力状态，其补偿收缩作用产生的抗裂抗渗功能，正是混凝土达到自防水的主要依据，也是与其他防水混凝土只防渗不抗裂的根本区别。

UEA补偿收缩混凝土在水化过程中形成的大量钙矾石，能够填充堵塞混凝土的毛细孔隙，切断水的渗透通路，并可使大孔减少，总的孔隙率下降，高压水银测孔表明：掺入12%UEA的水泥总孔隙率为$0.124cm^3/g$，而不掺的水泥为$0.21cm^3/g$，相差40%以上。

补偿收缩混凝土的施工要点：

（1）补偿收缩混凝土的水灰比、每立方米混凝土水泥最小用量、含砂率、灰砂比以及分格缝和节点施工等均与普通细石混凝土相同。

（2）用膨胀剂拌制补偿收缩混凝土时，应按配合比准确称量；搅拌投料时膨胀剂应与水泥同时加入。混凝土连续搅拌时间不应少于 3min。

（3）每个分格板块的混凝土必须一次浇筑完成，严禁留施工缝；抹压时严禁在表面洒水、加水泥浆或撒干水泥。混凝土收水后应进行二次压光。

（4）补偿收缩混凝土防水层的养护与普通细石混凝土要求相同。

第三节　地下室防水施工

随着国民经济建设的发展，城市高层建筑和超高层建筑增多，由于深基础的设置和建筑功能的需要，一般均设有一层或多层地下室，其防水作用极为重要。目前采用较多的施工方法有混凝土结构自防水施工、水泥砂浆抹面防水施工、卷材防水施工、涂膜防水施工等。

一、混凝土结构自防水施工

混凝土结构自防水，是以工程结构本身的混凝土密实性实现防水功能的一种防水做法。它使结构承重和防水合为一体，造价低，工序简单，施工方便。

（一）种类及适用范围

1. 种类

防水混凝土一般分为普通防水混凝土、外加剂防水混凝土和膨胀性防水混凝土。

2. 适用范围

不同类型的防水混凝土具有不同特点，可按使用要求选择。各种防水混凝土的适用范围见表 8-3。

表 8-3　　　　　　　　　　　　防水混凝土的适用范围

种　类		最高抗渗压力（N/mm^2）	特　点	适　用　范　围
普通防水混凝土		＞3.0	施工简便，材料来源广泛	适用于一般工业与民建筑及公共建筑的地下防水工程
外加剂防水混凝土	加气剂防水混凝土	＞2.2	抗冻性好	适用于北方高寒地区，抗冻要求较高的防水工程及一般防水工程，不适用于抗压强度＞20N/mm²，耐磨性要求较高的防水工程
	减水剂防水混凝土	＞2.2	拌和物流动性好	适用于钢筋密集或捣固困难的薄壁防水构筑物，也适用于对混凝土凝结时间（促凝或缓凝）和流动性有特殊要求的防水工程（如泵送混凝土）
	三乙醇胺防水混凝土	＞3.8	早期强度高，抗渗标号高	用于工期紧迫，要求早强及抗渗较高的防水工程及一般防水工程
	氧化铁防水混凝土	＞3.8		适用于水中结构的无筋少筋厚大防水混凝土工程及一般地下防水工程、砂浆修补抹面工程。在接触直流电源或预应力混凝土及重要的薄壁结构上不宜使用
膨胀性防水混凝土		＞3.6	密实性好，抗裂性好	适用于地下工程防水和地上防水构筑物的后浇缝

（二）普通防水混凝土

通过预先调整配合比的方法，改变混凝土内部孔隙特征（形态和大小），堵塞漏水通路，不加其他防水措施，仅以提高混凝土自身密实性达到防水的目的。

1. 材料要求

防水混凝土使用的水泥：在不受侵蚀性介质和冻融作用时，宜采用普通硅酸盐水泥、火山灰硅酸盐水泥、粉煤灰硅酸盐水泥，水泥强度不宜低于32.5。

防水混凝土所用的砂石应符合规范规定，且石子最大粒径不宜大于40mm，砂宜用中砂。

拌制混凝土所用的水，应采用不含有害物质的洁净水。防水混凝土可根据工程需要掺入引气剂、减水剂、密实剂等外加剂，其掺量和品种应经试验确定。

2. 配合比设计

防水混凝土的配合比应通过试验确定。其抗渗等级应比设计要求提高0.2MPa。配合比设计时，水泥强度宜为42.5，水泥用量不得少于300kg/m³；砂率宜为35%～40%；灰砂比宜为1：2～1：2.5，水灰比宜在0.55以下，最大不得超过0.6；坍落度不宜大于50mm，如掺外加剂或采用泵送混凝土时，可不受此限制。

（三）外加剂防水混凝土

外加剂防水混凝土是靠掺入少量有机或无机物外加剂改善混凝土的和易性，提高密实性和抗渗性，以适应工程需要的防水混凝土。按所掺外加剂种类不同可分为：减水剂防水混凝土、加气剂防水混凝土和氯化铁防水混凝土等。

1. 减水剂防水混凝土的配制及施工要点

（1）减水剂防水混凝土的配合比。以通用的MF减水剂为例，MF减水剂防水混凝土的配合比见表8-4。

表8-4　　　　　　　MF减水剂防水混凝土配合比

混凝土强度等级	配合比 水泥：砂：石	水灰比	砂率 (%)	坍落度 (cm)	单方材料用量 （kg/m³）			MF掺量 (%)
					水泥	砂子	石子	
C30	1：1.25：3.08	0.426	37	10～12	390	710	1200	0.5
C35	1：1.57：3.05	0.405	34	10～12	410	645	1250	0.5

（2）MF水溶液的配制。将MF减水剂和热水按1：3的比例（重量比）配合，搅拌至完全溶解后，贮存待用。MF（干粉）的掺量一般为水泥用量的0.5%，如混凝土的水泥用量为100kg时，应掺入1：3 MF水溶液为1.81L或2.0kg。

（3）减水剂防水混凝土的搅拌。MF减水剂防水混凝土的配合比必须经过准确称量，并用强制式搅拌机搅拌，搅拌时间一般要求不少于1.5min，也不要超过2.0min，同时对混凝土坍落度要经常抽查检验，并将其严格控制在规定的范围内。

（4）减水剂防水混凝土的运输和浇灌。搅拌好的防水混凝土应用翻斗车运输到施工现场。浇灌混凝土时，要选用频率为14 000次/min的高频插入式振捣器，振捣密实。浇灌混凝土时，应尽量一次连续浇灌完毕，尽可能不留或少留施工缝。如遇大面积混凝土施工，难以完成连续浇灌，必须留施工缝时，施工缝应用BW膨胀橡胶止水条代替传统的止水钢板进行密封防水处理。

（5）防水混凝土施工缝的处理。BW 膨胀橡胶止水条是由聚氨酯等高分子聚合物和适量的无机材料混合加工制成，其截面为 20mm×30mm，带有自黏性能的条状物。该材料在静水中浸泡 15min 左右，体积可膨胀 50％以上，能堵塞 1.5MPa 压力水的渗透，可有效地解决施工缝的抗渗防水难题。BW 膨胀橡胶条的主要技术性能指标：膨胀率≥100％；耐热性在 150℃条件下，不流淌，耐低温性在－20℃条件下，不发脆；剪力强度 0.06MPa；剥离强度 0.1kN/m；耐水压 0.6～1.5MPa；比重 1.3。

施工时，只要将包装 BW 膨胀橡胶止水条的隔离纸撕掉，直接粘贴在平整和清理干净的施工缝处，压紧粘牢；必要时还须每隔 1m 左右加钉一个水泥钢钉，固定后即可浇灌下一作业段的防水混凝土，如图 8-14 所示。

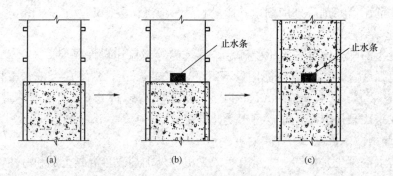

图 8-14　地下室防水混凝土施工缝的处理
（a）上一工序浇筑的混凝土施工缝平面；（b）在施工缝平面处粘贴 BW 膨胀橡胶止水条；
（c）施工缝处前后浇筑的混凝土

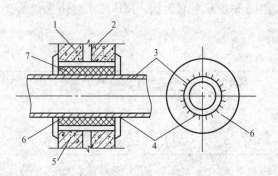

图 8-15　预埋加焊止水环套管做法
1—防水混凝土结构；2—止水环；3—穿墙管道；4—焊缝；
5—预埋套管；6—封口钢板；7—密封膏

（6）穿墙管道的防水处理。在穿墙管部位，一般采用预埋加焊止水环的套管。安装穿墙管道时，先将管道穿过预埋套管，然后一端以封口钢板将套管与穿墙管焊牢，再从另一端将套管与穿墙管之间的缝隙用聚氨酯等弹性密封膏嵌填，再用封口钢板封堵严密，如图 8-15 所示。

（7）防水混凝土后浇缝的处理。当地下室为大面积防水混凝土结构时，应考虑防水混凝土后期的干缩、蠕变或不均匀沉降等因素，容易引起构筑物变形、开裂而造成渗漏水的问题。为此，应在工程结构设计时预留必要的后浇缝隙（缝内的结构钢筋不能断开，仅在浇灌混凝土时预留后浇缝）。待各段防水混凝土施工完毕并基本收缩变形完成后，再浇筑具有一定膨胀性能和较高强度的明矾石膨胀水泥混凝土。在后浇缝浇筑明矾石膨胀水泥混凝土前，必须将预留后浇缝中结构混凝土两侧的表面凿毛和彻底清扫干净，以保证先后浇筑的混凝土互相黏结牢固，不出现缝隙，使其起到结构和防水合一的作用。后浇缝的混凝土浇筑完成后应保持在潮湿条件下养护 4 周以上。

（8）减水剂防水混凝土的保护。对在常温条件下和暴露在空气中的防水混凝土，应覆盖塑料薄膜或草帘进行潮湿保水养护 7 天以上。因为在潮湿条件下可使水泥充分水化，水化生成物可将毛细孔堵塞，切断水的通道，从而提高水泥面的致密性和防水抗渗功能。如为冬季施工，减水剂防水混凝土可采用蓄热法养护。

（9）回填灰土。减水剂防水混凝土施工完成后，宜在地下室混凝土结构的外侧加做一道附加防水层。以确保地下室工程防水质量。整个防水工程经检查验收合格后，即可分层回填二八灰土，并分层夯实，使其形成混凝土结构外围防水的另一道防线。

2. 防水混凝土质量的检查及验收

（1）各种原材料必须符合现行国家标准、施工及验收规范和设计要求，并要提供质量证明文件、检测报告以及检验记录。

（2）应有防水混凝土的强度、抗渗性能等检测报告。

（3）施工单位要提供分项工程及隐蔽工程的验收记录资料。

（4）防水混凝土的外观应认真检查有无蜂窝、麻面、孔洞、露筋等影响质量的缺陷。穿墙管、变形缝等细部构造是否用弹性或弹塑性密封膏封闭严密，整个防水层是否形成一个整体，地下室结构的各个部位有无渗漏水现象。若发现有局部渗漏水现象时，应找准漏水点，并采用打孔、预埋喷嘴和用压力灌注氰凝（氰凝是一种新型灌浆堵漏材料）的方法进行修补，直至无渗漏水为止。

二、水泥砂浆防水施工

水泥砂浆防水施工属刚性防水附加层的施工。如地下室工程以混凝土结构自防水为主，并不意味着其他防水做法不重要。因为大面积的防水混凝土难免会存在一些缺陷。另外，防水混凝土虽然不渗水，但透湿量还是相当大的，故对防水、防湿要求较高的地下室，还必须在混凝土的迎水面或背水面抹防水砂浆附加层。

水泥砂浆防水层所用的材料及配合比应符合规范规定。水泥砂浆防水层是由水泥砂浆层和水泥浆层交替铺抹而成，一般需做 4～5 层，其总厚度为 15～20mm。施工时分层铺抹或喷射，水泥砂浆每层厚度宜为 5～10mm，铺抹后应压实，表面提浆压光；水泥浆每层厚度宜为 2mm。防水层各层间应紧密结合，并宜连续施工。如必须留设施工缝时，平面留槎采用阶梯坡形槎，接槎位置一般宜留在地面上；亦可留在墙面上；但须离开阴阳角处 200mm。

三、地下室卷材防水施工

地下室卷材防水层的施工基本上有两种方法：外防外贴法和外防内贴法。

（一）外防外贴法

外防外贴法是在围护结构墙施工完成后，将立面卷材防水层直接铺贴在围护结构的外表面，最后采取保护措施的方法。铺贴卷材防水层应符合下列规定：

（1）铺贴卷材应先铺贴平面，后铺贴立面，交接处应交叉搭接，平面防水卷材的施工方法宜采用空铺法、点粘法或条粘法，不宜采用满粘法。

（2）临时性保护墙应采用石灰浆砌筑，其内表面亦应采用石灰砂浆做找平层，并刷石灰浆。如采用模板时，应在其上涂刷隔离剂。各层卷材铺好后，其顶端应临时固定。

（3）从平面折向立面的卷材与永久性保护墙的接触面，应采用胶结料紧密贴严；与临时性保护墙接触面，应临时贴附在该墙上或模板上。

（4）围护结构完成在拆除临时性保护墙后，即可铺贴立墙卷材。铺贴立墙卷材之前，应先将临时性保护墙区段各层卷材的接槎揭开，并将其表面清理干净。如卷材有局部损伤，应进行修补后方可继续施工。多层卷材应错槎接缝，上层卷材应盖过下层卷材。铺贴立墙防水层必须采用满粘法施工。

外防外贴法施工临时性保护墙铺设卷材应遵守规范规定，如图8-16所示；立墙卷材防水层错槎接缝方法，如图8-17所示。

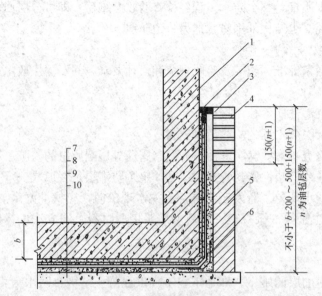

图8-16 临时性保护墙铺设卷材示意图

1—围护结构；2—永久性木条；3—临时性木条；4—临时性保护墙；

5—永久性保护墙；6—卷材附加层；7—保护层；

8—卷材防水层；9—找平层；10—混凝土垫层

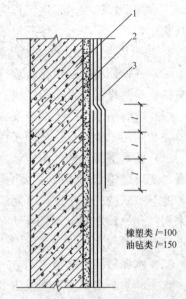

图8-17 立墙卷材防水层错槎接缝

1—围护结构；2—找平层；

3—卷材防水层

当施工条件受到限制时，可采用外防内贴法铺贴卷材防水层。

（二）外防内贴法

外防内贴法是在浇筑混凝土垫层后，在垫层上将永久性保护墙全部砌好，再将卷材铺贴在永久性保护墙和垫层上的方法。待防水层全部做好，最后浇筑围护结构的混凝土。采用这一方法，保护墙内表面应抹1∶3水泥砂浆找平层。卷材宜先铺立面，后铺平面。铺贴立面时，应先铺转角，后铺大面。防水层采用沥青防水卷材的层数宜为3～4层；采用高聚物改性沥青防水卷材的层数宜为2～3层；采用合成高分子防水卷材的层数宜为1～2层。

黏结卷材的找平层表面应使用与卷材材性相容的基层处理剂或底料涂刷均匀，以增强卷材与找平层的黏结力。卷材防水层基层的所有阴阳角处均应做成圆弧。对沥青类卷材，圆弧半径应大于150mm。在立面与平面的转角处，卷材的接缝应留在平面上，距立面不应小于600mm；在转角处和易产生变形或渗水的部位，应增铺1～2层相同的卷材或选用柔性好、拉伸强度较高的卷材作附加防水层。

四、地下室涂膜防水施工

1. 主要材料

（1）聚氨酯涂膜防水材料甲组分：由甲苯二异氰酸酯（TDI），二苯基甲烷二异氰酸酯（MDI），聚丙二醇醚（N220）和聚丙三醇醚（N330）等原料在加热搅拌条件下，经过氢转移的加成聚合反应制成，其异氰酸基的含量应控制在3.5%左右为宜，其用量为1kg/m² 左右。

（2）聚氨酯涂膜防水材料乙组分：主要由固化剂，煤焦油，以及增韧剂、防霉剂、促进剂、增粘剂、填充剂等，在加热条件下脱水和搅拌均匀，再经过研磨等工序加工制成的一种混合物。其中固化剂主要有氨基和羟基两大类，如选用羟基固化的乙组分，其羟基含量应控制在 0.7%～0.8% 之间，其用量为 1.5kg/m² 左右。

（3）聚氨酯涂膜的主要技术性能。聚氨酯的甲、乙组分按 1∶1.5 的比例配合搅拌均匀，摊铺成厚度为 1.5～2.0mm 的防水涂膜。

（4）无机铝盐防水剂：主要由无机铝盐等多种无机盐类的水溶液配制而成，为淡黄色透明油状液体，比重为 1.31～1.35，属找平层水泥砂浆的添加剂，目的是降低找平层的透湿系，使基层含水率较快地达到施工要求。

（5）涤纶无纺布（又称聚酯纤维无纺布）：由涤纶纤维加工制成；规格为 60g/m² 左右，用于底板与立墙之间的阴角作增强材料。

（6）聚乙烯泡沫塑料片材：由聚乙烯树脂和化学助剂等，经过捏合，混炼，挤出和盐浴发泡等工序加工制成，厚度为 5～6mm，宽度为 800～900mm，容重为 40kg/m³ 左右，主要用作地下室外墙防水涂膜的软保护层。

（7）辅助材料：主要包括二甲苯（涂料稀释剂和机具清涂剂）、二月桂酸二丁基锡（促凝剂）和苯磺酰氯（缓凝剂）等。

2. 施工机具

小平铲、扫帚、铁桶、电动搅拌器、油刷、滚刷、灭火器等。

3. 施工作业条件准备

（1）为了防止地下水或地表水的渗透。使基层的含水率满足施工要求，在基坑的混凝土垫层表面上，应抹 20mm 左右厚度的无机铝盐防水砂浆（配合比为水泥：中砂：无机铝盐防水剂：水＝1∶3∶0.1∶0.35～0.30），要求抹平压光，不应有空鼓、起砂、掉灰等缺陷存在。立墙混凝土外表面如有水泡、气孔、蜂窝、麻面等现象，应采用加入水泥量为 15% 的环保胶或聚醋酸乙烯乳液调制的水泥腻子填充刮平。

（2）遇有穿墙套管部位，尽管两端应带法兰盘，并应安装牢固，收头圆滑。

（3）涂膜防水的基层表面必须干燥，含水率小于 9% 为宜。

4. 施工操作步骤

（1）清理基层。聚氨酯涂膜防水的基层表面，必须把尘土杂物等认真清理干净。

（2）涂布底胶。将聚氨酯甲、乙组分和二甲苯按 1∶1.5∶2 的比例（重量比）配合搅拌均匀，再用长把滚刷蘸满底胶，均匀涂布在基层表面上，涂布量以 0.3kg/m² 左右为宜。涂布底胶后应固化干燥 4h 以上，才能进行下一工序施工。

（3）聚氨酯涂膜防水材料的配制。聚氨酯涂膜防水材料应随用随配，配制好的混合料最好在 2h 内用完。配制方法是将聚氨酯甲、乙组分和二甲苯按 1∶1.5∶0.3 的比例配合，用电动搅拌机搅拌均匀备用。

（4）涂膜防水层施工。用长把滚刷蘸满已配好的聚氨酯涂膜防水混合材料，均匀涂布在涂过底胶和干净的基层表面上，涂布时要求厚薄均匀一致。对平面基层以涂刷 3～4 度为宜，每度涂布量为 0.6～0.8kg/m²；对立面基层以涂刷 4～5 度为宜，每度涂布量为 0.5～0.6kg/m²。防水涂膜的总厚度以不小于 2mm 为合格。

涂完第一度涂膜后，一般需固化 5h 以上，至基本不粘手时，再按上述方法涂第二、三、

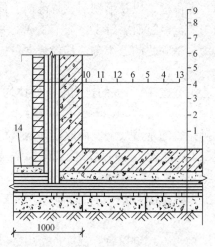

图 8-18　地下室聚氨酯涂膜防水构造
1—素土夯实；2—素混凝土垫层；3—水泥砂浆找平层；4—聚氨酯底胶；5—第一、二度聚氨酯涂膜；6—第三度聚氨酯涂膜；7—油毡保护隔离层；8—细石混凝土保护层；9—钢筋混凝土底板；10—聚乙烯泡沫塑料软保护层；11—第五度聚氨酯涂膜；12—第四度聚氨酯涂膜；13—钢筋混凝土墙；14—涤纶纤维无纺布增强层

四、五度涂膜。但对平面的涂布方面，后一度应与前一度的涂布方向相垂直。凡遇到底板与立墙连接的阴角，均需铺设涤纶纤维无纺布进行附加增强处理，如图 8-18 所示。具体做法是在涂布第二度涂膜后，立即铺贴涤纶纤维无纺布，铺贴时应使无纺布均匀平坦地黏结在涂膜上，并滚压密实，不应有空鼓和皱折现象存在。经过 5h 以上的固化，方可涂布第三度涂膜。这样做的目的是防止增强后的涂膜出现空鼓或皱折等缺陷。

（5）平面部位铺贴油毡保护隔离层。当平面部位最后一度聚氨酯涂膜完全固化，经过检查验收合格后，即可空铺一层石油沥青纸胎油毡作保护隔离层，铺设时可用少许聚氨酯混合料或氯丁胶系列胶粘剂点粘固定，以防止在浇筑细石混凝土时发生位移。

（6）浇筑细石混凝土保护层。对平面部位在石油沥青纸胎油毡保护隔离层上，直接浇筑 40～50mm 厚的细石混凝土作刚性保护层。施工时必须防止施工机具如手推车或铁锹损坏油毡保护隔离层和涂膜防水层。如发现有损坏现象，必须立即用聚氨酯的混合料修复，修复完成后方可继续浇筑细石混凝土，以免留下渗漏水的隐患。

（7）钢筋混凝土结构施工。在完成细石混凝土保护层的施工和养护固化后，即可根据设计要求和规范规定，绑扎钢筋并进行结构混凝土的施工。

（8）立面粘贴聚乙烯泡沫塑料保护层。对立墙部位，宜在聚氨酯涂膜防水层的外侧直接粘贴 5～6mm 厚的聚乙烯泡沫塑料片材作软保护层，其具体做法是在涂刷第四度聚氨酯防水涂膜，待完全固化和经过认真检查验收合格后，再均匀涂布第五度涂膜。在涂膜未固化前，应立即粘贴聚乙烯泡沫塑料片材作保护层；也可在第五度完全固化后，用氯丁橡胶系胶粘剂将聚乙烯泡沫塑料片材点粘固定，形成防水涂膜保护层。粘贴时，要求泡沫塑料片材拼缝严密，以防止在回填灰土时损坏防水涂膜。

（9）回填灰土。完成聚乙烯泡沫塑料保护层的施工后，即可按照设计要求或规范的规定，分层回填 2∶8 灰土，并分层夯实。

5. 成品保护

（1）操作人员应严格保护已做好的涂膜防水层，在做保护层以前不允许非本工序的施工人员进入施工现场，以防止损坏防水层。

（2）施工人员必须严格按照操作步骤进行施工，严防施工材料污染其他不做防水涂膜的工程部位。

6. 施工注意事项

（1）施工用的材料必须用铁桶包装，并要封闭严密，不允许敞开贮存。

（2）施工用材料有一定的毒性，存放材料的仓库和施工现场，必须通风良好。无通风条件的地方必须安装通风设备，否则不允许进行聚氨酯涂膜防水层施工。

（3）施工材料多属易燃物质，存料、配料以及施工现场严禁烟火，并应配备足够的消防器材。

（4）每次施工用过的机具，必须及时用二甲苯等有机溶剂认真清洗干净，以便重复使用。

第四节　卫生间防水施工

卫生间一般有较多穿过楼地面或墙体的管道，平面形状较复杂且面积较小，如果采用各种防水卷材施工，因防水卷材的剪口和接缝较多，很难黏结牢固、封闭严密，难以形成一个有弹性的整体防水层，比较容易发生渗漏水的质量事故。为了提高卫生间的防水工程质量，通过大量的实验和实践证明，以涂膜防水代替各种卷材防水，尤其是选用高弹性的聚氨酯涂膜防水或选用弹塑性的氯丁胶乳沥青涂料防水等新材料和新工艺，可以使卫生间的地面和墙面形成一个没有接缝、封闭严密的整体防水层，从而达到防水的目的。

一、卫生间地面聚氨酯防水涂料施工

聚氨酯涂膜防水材料是双组分化学反应固化型的高弹性防水涂料，多以甲、乙双组分形式使用。

其特点是在固化前为无定型黏稠状态物质，在任何复杂的基层表面均能施工，对端部收头处的质量能得到保证；形成较厚的涂膜，具有橡胶弹性，延伸性好、抗拉强度和抗撕裂强度高。但原材料成本高；施工时要求准确称量配合、搅拌均匀、分层施工；防水基层有较好的防滑度。

（一）材料准备

1. 主要材料

（1）聚氨酯涂膜防水材料包括甲组分（预聚体）和乙组分。

（2）其他材料。无机铝盐防水剂，是水泥砂浆找平层的添加剂，目的是使找平层降低透湿率，使基层含水率较快地达到施工要求；涤纶无纺布，由涤纶纤维加工制成，用于底板与立墙之间的阴角作增强材料。

2. 辅助材料

主要包括二甲苯（清洗工具用）、二月桂酸二丁基锡（凝固过慢时，可作促进剂用）、苯磺酰氯（凝固过快时，可作缓凝剂用）等。

（二）基层处理

（1）卫生间的防水基层必须用 1:3 的水泥砂浆找平，要求抹平压光无空鼓，表面要坚实，不应有起砂、掉灰现象。在抹找平层时，凡遇到管子根部周围，要使其略高于地面，在地漏的周围，应做成略低于地面的洼坑。

（2）卫生间楼（地）面找平层的坡度以 1%～2% 为宜，凡遇到阴、阳角处，要抹成半径不小于 10mm 的小圆弧。

（3）穿过楼地面或墙壁的管件（如套管、地漏等）以及卫生洁具等，必须安装牢固，收头圆滑，下水管转角墙的坡度及其与立墙之间的距离，如图 8-19 所示。

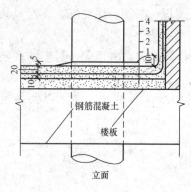

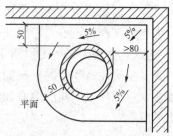

图 8-19　卫生间下水管道转
角墙立面及平面图
1—垫层；2—找平面；3—防水层；
4—抹面层

（4）基层必须基本干燥，一般在基层表面均匀泛白无明显水印时，才能进行涂膜防水层施工。施工前要将基层表面的尘土杂物彻底清扫干净。

（三）施工操作程序

1. 清理基层

施工前，先将基层表面的突出物、砂浆疙瘩等异物铲除，并进行彻底清扫。如发现有油污、铁锈等，要用钢丝刷、砂布和有机溶剂等彻底清扫干净。

2. 涂布底胶

将聚氨酯甲、乙组分和二甲苯按 1∶1.5∶2 的比例（质量比）配合搅拌均匀，再用小滚刷均匀涂布在基层表面上。干燥固化 4h 以上，才能进行下道工序。

3. 配制聚氨酯涂膜防水涂料

将聚氨酯甲、乙组分和二甲苯按 1∶1.5∶2 的比例配合，用电动搅拌机搅拌均匀备用。应随配随用，一般在 2h 内用完。

4. 涂膜防水施工

用小滚刷或油漆刷将已配好的防水混合材料均匀涂布在底胶已干燥的基层表面上。涂布时要求厚薄均匀一致，平刷上 3~4 度为宜。防水涂膜的总厚度以不小于 1.5mm 为合格。涂完第一度涂膜后，一般需固化 5h 以上，在基本不粘连时，再按上述方法涂布第二、三、四度涂膜，并使后一度与前一度的涂膜方向相垂直。对管子根部和地漏周围以及下水管转角墙部位，必须认真涂刷，涂刷厚度不小于 2mm。在涂刷最后一度涂膜固化前及时稀撒少许干净的粒径为 2~3mm 的小豆石，使其与涂膜防水层黏结牢固，作为与水泥浆保护层黏结的过渡层。

5. 作好保护层

当聚氨酯涂膜防水层完全固化和通过蓄水试验并检验合格后，即可铺设一层厚度为 15~25mm 的水泥砂浆保护层。然后可根据要求铺设陶瓷面砖或马赛克等饰面层。

（四）质量要求

（1）聚氨酯涂膜防水材料的技术性能应符合设计要求或标准规定，并应附有质量证明文件和现场取样进行检测的试验报告以及其他相关质量的证明文件。

（2）涂膜厚度应均匀一致，总厚度不应小于 1.5mm。

（3）涂膜防水层必须均匀固化，不应有明显的凹坑、气泡和渗漏水的现象。

二、卫生间楼地面氯丁胶乳沥青防水涂料施工

氯丁胶乳沥青防水涂料是氯丁橡胶乳液与乳化沥青混合加工而成，它兼具橡胶和石油沥青材料双重优点。该涂料与溶剂性同类涂料相比，成本较低，且基本无毒，不易燃，不污染环境，亦适用于冷施工，成膜性好，涂膜的抗裂性较强。

（一）施工前的准备

（1）材料的准备：氯丁胶乳沥青防水涂料；聚酯纤维无纺布。

（2）施工工具的准备：主要有大棕毛刷（板长 240～400mm），人造毛滚刷（ϕ60×250mm），小油漆刷（50～100mm）和扫帚等。

（二）施工操作程序

1. 阴角、管子根部和地漏等部位的施工

这些部位易发生渗漏，必须先铺一布二油进行附加补强处理。即将涂料用毛刷均匀涂刷在需要进行附加补强处理的部位，按形状要求把剪好的聚酯纤维无纺布粘贴好，然后涂刷涂料。待干燥后，再按要求进行一布四油施工。

2. 一布四油施工

（1）在洁净的基层上均匀涂刷第一遍涂料，待涂料表面干燥后（4h 以上），即可铺贴聚酯纤维无纺布，紧接着涂刷第二遍涂料。施工时可边铺边涂刷涂料。聚酯纤维无纺布的搭接宽度不应小于 70mm。铺布的过程要用毛刷将布铺刷平整，彻底排除气泡，并使涂料浸透布纹，不得有白茬、折皱，垂直面应贴高 250mm 以上，收头处必须粘贴牢固，封闭严密。

（2）第二遍涂料涂刷，待干燥（24h 以上）后，再均匀涂刷第三遍涂料，待表面干燥（4h 以上）后再涂刷第四遍涂料。

3. 蓄水试验

第四遍涂料涂刷干燥（24h 以上）后，方可进行蓄水试验，蓄水高度一般为 50～100mm，蓄水时间 24～48h，当无渗漏现象时，方可进行刚性保护层施工。

（三）质量要求

（1）水泥砂浆找平层作完后，应对其平整度、坡度和干燥程度进行预验收。

（2）防水涂料应有产品质量证明书以及现场取样的复检报告。

（3）施工完成后氯丁胶乳沥青涂膜防水层不得有起鼓、裂纹、孔洞等缺陷。末端收头部位应粘贴牢固，封闭严密，形成整体的防水层。

（4）做完防水层的卫生间，经 24h 以上的蓄水检验，无渗漏水现象方为合格。

（5）要提供检查验收记录，连同材料质量证明文件等技术资料一并归档备查。

三、卫生间涂膜防水施工注意事项

（1）施工用材料有毒性，存放材料的仓库和施工现场必须通风良好，无通风条件的地方必须安装机械通风设备。

（2）施工材料多属易燃物质，存放、配料以及施工现场必须严禁烟火，现场要配备足够的消防器材。

（3）在施工过程中，严禁上人踩踏未完全干燥的涂膜防水层。操作人员应穿平底胶布鞋，以免损坏涂膜防水层。

（4）凡需做附加补强层的部位，应先施工，然后再进行大面防水层施工。

（5）已完工的涂膜防水层，必须经蓄水试验无渗漏现象后，方可进行刚性保护层施工。进行刚性保护层施工时，切勿损坏防水层，以免留下渗漏隐患。

四、卫生间渗漏及堵漏措施

（一）板面及墙面渗水

1. 产生原因

（1）混凝土、砂浆施工的质量不良，存在微孔渗漏；

（2）板面、隔墙出现轻微裂缝；

（3）防水层施工质量不好或被损坏。

2. 堵漏措施

（1）拆除卫生间渗漏部位饰面材料，涂刷防水涂料。

（2）如有开裂现象，则应对裂缝先进行增强防水处理，再刷防水涂料。增强处理一般采用贴缝法、填缝法和填缝加贴缝法。贴缝法主要适用于微小的裂缝，可刷防水涂料并加贴纤维材料或布条，作防水处理。填缝法主要用于较显著的裂缝，施工时要先进行扩缝处理，将缝扩展成 15mm×15mm 左右的 V 形槽，清理干净后刮填嵌缝材料。填缝加贴缝法除采用填缝处理外，在缝表面再涂刷防水涂料，并粘贴纤维材料处理。

（3）当渗漏不严重，饰面材料拆除困难时，也可直接在其表面刮涂透明或彩色聚氨酯防水涂料。

（二）卫生洁具及穿楼板管道、排水管口等部位渗漏水

1. 产生原因

（1）细部处理方法不当，卫生洁具及管口周围填塞不严；

（2）由于振动及砂浆、混凝土收缩等原因，出现裂缝；

（3）卫生洁具及管口周围未用弹性材料处理，或施工时嵌缝材料及防水涂料黏结不牢；

（4）嵌缝材料及防水涂层被拉裂。

2. 堵漏措施

（1）将渗漏部位彻底清理，刮填弹性嵌缝材料。

（2）在渗漏部位涂刷防水涂料，并粘贴纤维材料增强。

第五节 防水工程质量控制

一、材料质量控制

防水材料的外观、质量、规格和物理性能均应符合标准、规范的规定要求。并应对进场材料进行抽样检验，常见材料的检验项目如下：

1. 卷材

（1）沥青防水卷材：纵向拉力、耐热度、柔性和不透水性。

（2）高聚物改性沥青防水卷材：拉伸性能、耐热度、柔性和不透水性。

（3）合成高分子防水卷材：拉伸强度、断裂伸长率、低温弯折性和不透水性。

2. 胶粘剂

（1）改性沥青胶粘剂：黏结剥离强度。

（2）合成高分子胶粘剂：黏结剥离强度和黏结剥离强度浸水后保持率。

3. 防水涂料

检验固体含量、耐热度、柔性、不透水性和延伸性。合成高分子防水涂料还需检验拉伸强度和断裂延伸率。

4. 胎体增强材料

检验拉力和延伸率。

5．密封材料

（1）改性沥青密封材料：改性石油沥青密封材料应检验黏结性、耐热度和柔韧性；改性煤焦油沥青密封材料应检验黏结延伸率、耐热度、柔韧性和回弹率。

（2）合成高分子密封材料：检验黏结性、柔性和拉伸—压缩循环性能。

6．保温材料

（1）松散保温材料应检查粒径、堆积密度。

（2）板状保温材料应检查密度、厚度、板的形状和强度。

二、施工过程质量控制

（1）编制防水工程施工方案。主要内容应包括：工程概况→图纸会审纪要→施工准备→工艺流程→操作要点→工程质量验收→安全注意事项→成品保护→工程回访等内容。

（2）防水工程必须由防水专业队伍负责施工。

（3）防水工程所用各类材料均应符合质量标准和设计要求。

（4）防水工程施工中应做分项工程的交接检查；分项工程未经检查验收，不得进行后续施工。

（5）基层要求：

1）基层（找平层）和刚性防水层的平整度，应用2m靠尺检查；面层与直尺间最大空隙不应大于5mm；空隙应平缓变化，每米长度内不应多于一处。基层表面不得有酥松、起层起砂、空鼓等现象。平面与突出物连接处和阴阳角等部位的找平层应抹成圆弧。防水层作业前，基层应干净、干燥。

2）屋面坡度应准确，排水系统应通畅。

（6）细部构造要求。各细部构造防水处理应达到规范规定和设计要求。

（7）卷材防水层要求。铺贴工艺应符合标准、规范的规定和设计要求，卷材搭接宽度准确，接缝严密。平立面卷材及搭接部位卷材铺贴后表面应平整，无皱折、鼓泡、翘边等现象，接缝牢固严密。

（8）涂膜防水层要求：

1）涂膜厚度必须达到标准、规范规定和设计要求。

2）涂膜防水层不应有裂纹、脱皮、起鼓、薄厚不匀或堆积、露底、露胎以及皱皮等现象。

（9）密封处理要求。密封部位的材料应紧密黏结基层。密封处理必须达到设计要求，嵌填密实，表面光滑、平直。不出现开裂、翘边、鼓泡、龟裂等现象。

（10）刚性防水层要求：

1）除防水混凝土和防水砂浆所用材料应符合标准规定外，外加剂及预埋件等均应符合有关标准和设计要求。

2）防水混凝土必须密实，其强度和抗渗等级必须符合设计要求和有关标准规定。

3）刚性防水层的厚度应符合设计要求，其表面应平整，不起砂，不出现裂缝。细石混凝土防水层内的钢筋位置应准确。分格缝做到平直，位置正确。

4）施工缝、变形缝的止水片（带），穿墙管件，支模铁件等设置和构造部位必须符合设计要求和有关规范规定。

（11）屋面保温层要求：

1）保温材料的强度、表观密度、导热系数、吸水率以及配合比，均应符合规范规定和设计要求。

2）松散保温材料，应分层铺设，压实适当，表面平整，找坡正确。

3）板状保温材料，应粘贴紧密，铺平垫稳，找坡正确，错缝铺设并嵌填密实。

4）整体现浇保温层，应拌和均匀，分层铺设，压实适当，表面平整，找坡正确。

（12）成品保护：防水工程完工后强调成品保护。工程验收前应把施工用的物品搬走，杂物清扫干净，经蓄水试验和验收后，方可做保护层，要求现场作业人员不穿钉子鞋，避免破坏防水层。水暖工、架子工操作后要进行检查，对破损的防水层应及时修理好，避免后患。

（13）保护层要求：

1）松散材料保护层和涂料保护层应覆盖均匀，黏结牢固。

2）块体保护层应铺砌平整，勾缝严密。分格缝的留设应正确。

3）刚性保护层与防水层之间应设置隔离层，分格缝的留设应正确。

三、防水功能质量检验

（1）防水层施工中，每一道防水层完成后，应由专人进行检查，合格后方可进行下一道防水层的施工。

（2）检验屋面有无渗漏水、积水，排水系统是否畅通，可在雨后或持续淋水 2h 以后进行，有可能做蓄水检验时，蓄水时间为 24h。厕浴间蓄水检验亦为 24h。

（3）各类防水工程的细部构造处理，各种接缝，保护层等均应做外观检验。

（4）涂膜防水层的涂膜厚度检查，可用针刺法或仪器检测。每 100m² 防水面层不应少于一处，每项工程至少检测三处。

（5）各种密封防水处理部位和地下防水工程经检查合格后方可隐蔽。

（6）防水工程完工在经过一个雨季后，就要进行回访，发现渗漏及时修补。

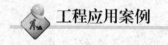

工程应用案例

【背景材料】

某机场新航站楼总建筑面积 34 万 m²，其中平屋面面积 1.8 万 m²，均为上人屋面，面层作法为 300mm×300mm×6mm 釉面砖，防水层材料为美国创高 TP-1400SR 自粘型防水卷材。由于屋面各种管道很多，加之平屋面面积大，为确保工程质量，按 6m×6m 在找平层施工时留设断底缝，兼做排气槽，在管道根部、雨水口、女儿墙等节点处用创高 60 做附加层，再铺贴卷材防水，并用创高 DY 嵌缝膏对防水收头做柔性密封。该工程已经过一个夏季的考验，未发现渗漏现象，取得了良好效果。

一、屋面构造

由于该工程的特殊重要性，平层屋面上设有架空层，自下而上构造层次为：①250mm 厚预制钢筋混凝土结构层；②100mm 厚 FSG 憎水珍珠岩保温砖；③60mm 厚预制钢筋混凝土架空板；④40mm 厚细石混凝土叠合层；⑤创高 TP-1400SR 防水层；⑥30mm 厚细石混凝土保护层内置铅丝网；⑦5mm 厚 1：1.5 水泥砂浆；⑧300mm×300mm×6mm 地砖，砖缝 5mm，1：1 水泥砂浆嵌缝，各特殊部位防水构造，如图

8-20～图8-22所示。

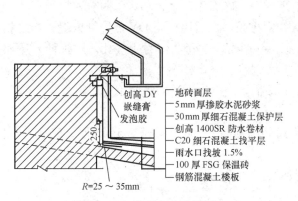

图 8-20　架空屋面女儿墙

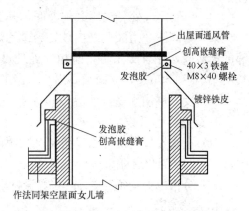

图 8-21　出屋面设备基础

二、创高防水材料的技术性能

创高 TP—1400SR 卷材为自粘型防水材料，涂布底涂剂创高 6 号后，直接粘贴，且接头搭接简便、牢固，易于操作，其技术性能如下：不透水性 0.2MPa、24h 不透水；耐热性 80℃、2h 无变化；低温性－20℃、30mim，$R=15$mm、无裂纹；截面抗拉强度 9.6MPa；延伸性 300%（检验依据：Q/BSH02-02-92 冷自粘无胎自粘防水卷材）。

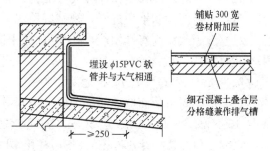

图 8-22　排气槽

创高 60 为单组分材料，不用搅拌，不用底料，能与水和空气作用形成极富弹力的防水涂膜，可单独作为防水层，且延伸率高，抗渗能力强，适用于复杂基层施工，如屋面管道、设备基础、天沟等，用它作附加层，再配以创高 TP-1400SR 卷材，防水效果极佳。创高 TP-60 涂料成膜后的技术性能如下：延伸率 950%；抗拉强度 2.0MPa；适应温度为 －40～60℃；吸水性 2.4%（6 个月）；抗裂性：0～1.6mm 裂缝（1.3mm 厚涂膜）。

三、施工工艺流程

基层清理→断底缝及各处节点的柔性密封→防水附加层施工→涂布底涂剂→铺贴防水卷材→收头密封→蓄水试验→保护层施工→釉面砖镶贴。

四、施工要点

1. 基层处理

（1）对基层表面进行清理，铲除砂浆疙瘩等突起物，遇有基层剥落、起砂、裂缝等现象，可用 1:2.5 水泥砂浆内掺 40% 众霸-Ⅱ型胶修整。

（2）在排水口、管道根部及女儿墙拐角处，遇有油污铁锈，应用砂纸和创高 200 清洁剂清除，并对基层进行反复彻底清扫。

（3）对超过 1.5mm 的缝隙须挖成 7mm 宽、12mm 深小槽，填入填充料后，用创高 60 密封。

（4）对找平层内预埋的机电管线，在其两侧各 150mm 范围内剔出凹槽，配置 50mm×50mm 网眼的钢板网，然后用 C30 豆石混凝土灌注，表面压光。

2. 断底缝及各处节点柔性密封

(1) 6m×6m 处分格缝必须断底，并清理干净，确保无砂浆、油污等附着物。

(2) 每间隔一道断底缝内放置聚苯乙烯蜂窝撑条，然后用创高 DY 嵌缝膏嵌缝；与之相邻的断底缝，在与女儿墙立面相通处理设 ϕ15mm PVC 软管，作为排气孔。软管伸入屋面长度不小于 250mm，立面须高出泛水高度与大气相通。

(3) 女儿墙滴水檐口处留 20mm×20mm 凹槽，用创高 DY 嵌缝膏填充密封。

3. 防水附加层施工

(1) 在女儿墙及出屋面设备基础的阴阳角处用创高 60 均匀涂刷 1.5mm 厚、500mm 宽附加层，24h 固化后即可进行卷材铺设。

(2) 分格缝处均须作 300mm 宽卷材附加层。

4. 涂布底涂剂

创高 6 号底涂剂在施涂前应充分摇匀，但底涂剂不能稀释，使用毛刷滚刷涂布，要求厚薄一致，不得漏刷和堆积过厚，视基层情况，每千克涂布 3.5～5.5m²。底涂完毕后应尽快铺卷材，由于底涂剂有挥发性，如 6h 内还未铺贴卷材应重新涂布底涂剂，所以每次涂布面积不宜过大。

5. 铺贴创高 TP-1400SR 卷材

(1) 铺贴时由平面低处向上铺展，用刷子及钢辘筒推平，使其与基层粘牢。钢辘筒应为直径 150mm、长 400mm、重 50kg 的实心钢辘，表面圆滑、无刺。

(2) 卷材短边搭接 150mm、长边搭接 100mm，接头位置应相互错开，搭接处须用辘筒压平压实。

(3) 平立面交接处应由下向上铺贴，使卷材紧贴阴角，不得有空鼓、粘贴不牢等现象。

6. 卷材收头密封

为使卷材收贴牢固，防止跳边、渗漏，收头处用创高 DY 嵌缝膏密封。

7. 蓄水试验

防水层铺设完成后，封堵屋面所有出水口，放入至少 25mm 深的水持续 36h，经检查无渗漏后，办理隐检手续，方可进行下道工序的施工。

8. 保护层施工

将防水层表面清理干净，铺设 30mm 厚 C20 细石混凝土保护层，内置 50mm×50mm 网眼的铅丝网，并找好屋面坡度。

9. 面层镶贴

在细石混凝土保护层有一定强度但尚未完全干硬之前即开始铺贴釉面砖，砖缝 5mm，贴砖砂浆 5mm 厚内掺众霸-Ⅰ型胶。

五、施工注意事项及成品保护措施

(1) 防水基层必须干燥，防水层施工不得在雨天进行，施工时应在现场准备足够的塑料布，以便遇雨时及时覆盖工作面；

(2) 雨水口要保证畅通，周围不得堆放材料、工具，在施工完成后要及时清理；

(3) 作业人员必须配备橡胶手套、口罩、工作服等劳保用品；

(4) 施工现场及材料存储场地严禁明火作业，并配备消防器材；

(5) 在已做好的防水层上应设专人看护，防止意外损坏，如发现损坏，应用创高 200 清洁剂处理破损面，再用相同卷材或创高 60 涂料修补。

复习思考题

1. 建筑防水按其采取的措施和手段不同分为哪几类？

2. 建筑防水划分为哪几个等级，分别适用那些范围和耐用年限？

3. 防水卷材按性质可分为哪几类？

4. 简述高聚物改性沥青防水卷材的分类和特点。

5. 试述合成高分子防水卷材的特性。

6. 建筑防水涂料的概念及常用的品种有哪些？

7. 简答地下室防水采用较多的施工方法有哪些？

8. 何谓混凝土结构自防水？防水混凝土一般可分为哪几类？

9. 试述减水剂防水混凝土的施工要点。

10. 地下室卷材防水层的施工方法有哪两种？

11. 试述地下室涂膜防水施工操作步骤。

12. 试述细石混凝土防水施工工艺。确保施工质量的关键是什么？

13. 试述补偿收缩混凝土防水的基本原理。

14. 补偿收缩混凝土防水施工要点有哪些？

15. 试述卷材热溶法和冷粘法的施工工艺。

16. 试述防水涂膜的施工要点。

17. 编制防水施工方案主要包括哪些内容？

18. 对卷材涂膜防水层有哪些要求？

19. 防水功能质量检验应包括哪些方面？

第九章　装　饰　工　程

·内 容 提 要·

　　本章内容主要包括抹灰工程、贴面工程、涂料工程、地面工程、吊顶工程、壁纸裱糊工程、幕墙工程等内容。增加了建筑物的美观和艺术形象，美化环境，有隔热、隔音、防潮的功能，还可保护墙面免受外界条件的侵蚀，提高围护结构的耐久性。本章除重点阐述一般装饰工程的做法和质量要求外，还着重介绍了装饰工程所用的新材料、新技术和新工艺。

学习要求

　　(1) 了解一般抹灰层的组成、作用和做法，掌握一般抹灰和装饰抹灰的质量标准及施工操作要点。

　　(2) 熟悉面砖施工操作要点；掌握大理石、花岗石施工工艺。

　　(3) 了解装饰工程的新材料、新技术及发展方向，掌握幕墙工程、涂料工程、地面工程、吊顶工程、壁纸裱糊工程的质量要求和施工工艺。

　　建筑装饰是指建筑饰面，即为了人们视觉要求和对建筑主体结构的保护作用而进行的艺术处理与加工。建筑装饰是与建筑物密不可分的统一整体，它不能脱离建筑物而单独存在。装饰施工是围绕建筑物的墙面、地面、顶棚、梁柱、门窗等表面附着装饰层的空间环境来进行。它是建筑功能的延伸、补充和完善。由于装饰施工过程是一项十分复杂的生产活动，项目繁多，涉及面广，工程量大，施工工期长，耗用的劳动量多。如在一般民用建筑中，平均每平方米的建筑面积就有 $3\sim5m^2$ 的内抹灰，有 $0.15\sim1.3m^2$ 的外抹灰；劳动量占总劳动量的 15%～30%；工期占总工期的 30%～40%；造价占总造价的 30%左右，对一些装饰要求高的公共建筑，装饰部分的工期和造价甚至占整个建筑物总工期和总造价的 50%以上。因此，装饰工程在建筑工程中占有相当重要的地位。

第一节　抹　灰　工　程

一、抹灰工程的分类和组成

抹灰工程按面层不同分为一般抹灰和装饰抹灰。

一般抹灰按其构造不同可分为底层和面层。底层可用石灰砂浆、水泥混合砂浆、水泥砂浆、聚合物水泥砂浆、膨胀珍珠岩水泥砂浆等；面层可用麻刀灰、纸筋石灰以及石膏灰等。

装饰抹灰一般也分为底层和面层。底层多用水泥砂浆；面层则根据所用材料及施工工艺的不同，分为水刷石、水磨石、斩假石、干粘石、拉毛灰、喷涂、滚涂、弹涂等。

二、一般抹灰施工

（一）一般抹灰的级别

根据建筑物的标准及其在装饰上的要求，一般抹灰又可以分为三级，即普通抹灰、中级抹灰和高级抹灰。

普通抹灰用于简易住宅、大型设施和非居住性的房屋（如汽车库、仓库、锅炉房）以及居住物中的地下室、储藏室。要求做一层底层和一层面层，亦可不分层一遍成活，做到分层赶平，修整，表面压光。

中级抹灰用于一般住宅、公用和工业建筑（如住宅、宿舍、教学楼、办公楼）以及高标准建筑物中的附属用房。要求做一层底层、一层中层、一层面层，如图9-1所示。做到阳角找方，设置标筋，分层赶平、修整，表面压光。

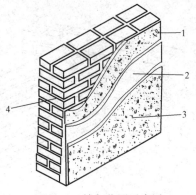

图 9-1　抹灰分层示意图

1—底层；2—中层；3—面层；4—基层

高级抹灰用于大型公共建筑物、纪念性建筑物（如剧院、礼堂、宾馆、展览馆和高级住宅）以及有特殊要求的高级建筑等。要求一层底层、数层中层和一层面层。做到阴阳角找方，设置标筋，分层赶平，修整，表面压光。

（二）一般抹灰施工

1. 施工准备

抹灰工程采用的材料质量直接影响工程质量，因而其所用材料的质量必须符合国家现行技术标准的规定。水泥的强度等级不低于32.5，其安定性试验必须合格；砂料应坚硬洁净，其中黏土、泥灰、粉末等含量不超过3%，过筛后不得含有杂物；石灰膏必须经过块状石灰淋制，并经过3mm见方筛孔过滤，熟化时间不少于15天。纸筋石灰宜集中加工，纸筋应磨细，且熟化时间不少于15天。

一般抹灰施工常用机具有砂浆搅拌机、纤维—白灰混合磨碎机、铁抹刀、木抹刀、阳角抹刀、压子、托灰板、木杠、方尺和挂线板，如图9-2所示。

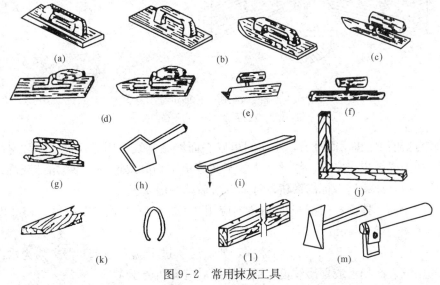

图 9-2　常用抹灰工具

(a) 木抹刀；(b) 塑料抹刀；(c) 铁抹刀；(d) 压板；(e) 阴角抹刀；(f) 阳角抹刀；(g) 捋角器；
(h) 托灰板；(i) 挂线板；(j) 方尺；(k) 八字靠尺和钢筋卡子；(l) 刮子（木杠）；(m) 剁斧

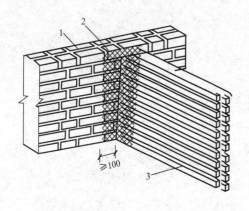

图 9-3 不同材料交接处铺设金属网

1—砖墙；2—金属网；3—板条墙

2. 基层处理

抹灰前应对基层进行必要的处理，对于凹凸不平的部位应剔平补齐，填平孔洞沟槽；表面太光的要剔毛，或用 1∶1 水泥浆掺 10% 环保胶薄抹一层，使之易于挂灰。不同材料交接处应铺设金属网，搭缝宽度从缝边起每边不得小于 100mm，如图 9-3 所示。

3. 施工方法

一般抹灰的施工，按部位可分为墙面抹灰和顶棚抹灰。

（1）墙面抹灰。

1）中级和普通抹灰。为了保证墙面垂直平整，应先在墙面上做灰饼和标筋，然后抹底层灰，如图 9-4 所示。其施工方法是先用托线板检查墙面平整垂直程度，在墙的上角各做一个标准灰饼，其大小约 50mm 见方，厚度即抹灰厚度，以墙面平整垂直决定，最薄不小于 7mm。然后根据这两个灰饼用托线板或线锤挂垂直做墙面下角两个标准灰饼，再用钉子钉在左右灰饼附近墙缝里，拴上小线挂好通线，并根据小线位置每隔 1.2~1.5mm 作若干标准灰饼。待灰饼稍干后即可沿竖向灰饼抹宽约 100mm 的砂浆条，以灰饼面为准用木杠刮平，即为标筋。标筋稍干后可抹底层灰。

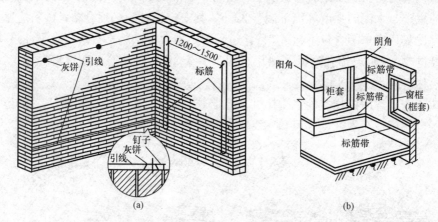

图 9-4 挂线做灰饼、标筋位置示意图

（a）灰饼、标筋位置示意；（b）水平横向标筋示意

2）高级抹灰。先将房间规方，小房间可以一面墙做基线，用方尺规方。如房间面积较大，要在地面上先弹出十字线，据此十字线至离墙角 100mm 处，弹出墙角抹灰准线，并在准线上下两端排好通线后做标准灰饼及标筋。最后抹底层灰。

（2）室内墙面、柱面和门洞口的阳角，应用 1∶2 水泥砂浆抹出护角，其高度不低于 2m，每侧宽度不小于 50mm。

（3）面层应在底层灰 6~7 成干时涂抹，如底层灰过干应先浇水润湿。如为水泥砂浆面层，须将底层灰表面扫毛或划出纹道，面层涂抹后应经两遍压光。

（4）顶棚抹灰。顶棚抹灰前应在墙顶四周适当位置弹出水平线，据此定出抹灰层厚度；

即可沿顶棚四周抹灰并圈边找平。在底层灰 6～7 成干时，涂抹罩面灰，分两遍抹平压实，其厚度不大于 2mm。顶棚面要求表面顺平，并压实压光，不应有抹纹、气泡和接槎不平等现象。顶棚与墙面相交的阴角应成一条直线。

三、装饰抹灰施工

装饰抹灰与一般抹灰的区别在于两者具有不同的装饰面层，其底层和中层的做法基本相同，下面介绍几种主要装饰面层的施工。

（一）水刷石施工

水刷石是一种传统的装饰抹灰，常用于外墙面的装饰层，也可用于檐门、腰线、窗楣、门窗套、柱面等装饰部位。

1. 施工准备工作

（1）抹灰工具。铁抹子、压抹子、托灰板、八字靠尺、钢筋卡子、方尺、木杠、水壶、扫帚、棕刷、砂浆搅拌机及手压（电动）式小型浆泵。

（2）材料配合比。基层一般为 10～15mm 厚的 1：3 水泥砂浆；面层可用 1：1 大八厘水泥石子浆、1：1.25 中八厘水泥石子浆或 1：1.5 小八厘水泥石子浆。面层的厚度也有所不同，大八厘为 20mm，中八厘为 15mm，小八厘为 10mm。有时为减轻普通水泥的灰色调，可用部分石灰膏代替水泥但不宜过多，用彩色石子时可用白水泥。

2. 施工操作程序

（1）用 1：3 水泥砂浆抹基层 10～15mm，收平后用抹子划不规则线，以增加同面层的黏结力。

（2）在干后的基层上用水浇湿，贴分格条，薄刮素水泥浆一道。

（3）接着抹水泥石子浆，同分格条厚；先粗抹平整，然后用铁抹子反复刮压，使石子密实、均匀。

（4）待面层刚开始初凝时（用手指按之略有指印），用棕刷浆水刷沾表面水泥浆 2～3 遍，使石子露出粒径的三分之一。如表面发现因洗刷翘起的石子，即用铁抹拍平，拍平后露出水泥浆，仍用水刷洗。刷洗应自上而下进行，注意不要冲坏面层，刷洗过程也可用喷浆泵喷清水冲洗。

（5）用清水清洗表面，要求高的工程还可用稀草酸清洗一遍后，再用水冲洗。

3. 质量要求

石粒清晰，分布均匀、紧密平整，色泽一致，不得有掉粒和接槎痕迹。

（二）斩假石施工

斩假石施工是在抹灰面层上做出有规律的槽缝，做成像用石头砌成的墙面一样。面层做法同水刷石大体相同，石子粒径一般较小，以小八厘或石屑为宜。除水刷石工具外，还要有剁斧。其操作程序为：分块弹线，嵌条分格，刷素水泥浆；接着将拌制好的水泥石屑砂浆分两次抹上，头道浆要薄，二道浆抹至与分格条平；待收水后用木抹子打磨压实，上下溜直，最后用软扫帚顺着斩纹方向清扫一遍。面层石屑抹浆后，要防烈日暴晒或冰冻，并需进行养护 6～10 天。斩假石开斩前，应先试斩，以石子不脱落为准。在边角处要轻斩，斩成水平纹，中间部分斩成垂直纹。斩好后取出分格条并用钢丝刷顺斩纹刷净尘土。

斩假石面层，要求斩纹顺直，间距均匀，深浅一致，线条清晰、留出边缘宽窄一样，棱角分明，并不得有损坏。

（三）干粘石施工

干粘石是在水刷石的基础上，改变了施工方法。达到同水刷石基本相同的外装饰效果，具有节约材料，提高工效的目的。

1. 施工准备

（1）工具。干粘石施工，除用一般抹灰工具外，还需用拍板和托盘。

（2）材料。干粘石抹面所用的石子以小八厘为多（粒径 3～5mm），也可用中八厘（粒径 5～6mm），很少用大八厘，干粘石饰面所用砂子以 0.35～0.5mm 的中砂为好，含泥量不得超过 3%，使用前过筛。水泥用普通水泥和白水泥，同一饰面要用同一种标号水泥。黏结砂浆可用 1：3 水泥砂浆，也可用 1：0.5：2 水泥、石膏、砂的混合砂浆，因此材料还包括石膏。美术干粘石要求在黏结砂浆中加矿物颜料，颜料的色彩和质量应按设计严格检查。为增强黏结层的黏结力，砂浆中还可掺入适量的环保胶。

2. 施工操作程序

（1）基层处理。先将基层清扫干净，混凝土表面要清除隔离剂，浇水湿润后薄抹纯水泥浆一道，然后抹水泥砂浆。

（2）弹线嵌条。在基层抹灰和表面处理后，按设计要求分格弹线，在线上贴分格条。

（3）抹黏结层。黏结层厚度一般为石子粒径的 1～1.2 倍。黏结层砂浆层一般分两次抹成，第一次薄抹打底，保证与底面黏结，第二道抹成总厚度不超过 4～7mm，然后用靠尺找平、高刮低补，注意不要留下抹纹。

（4）撒石子。黏结层砂浆抹完后立即甩石子，顺序是先边后中，先上后下，撒石子时，动作要快，撒均匀。每板上下左右安排齐整，搭接紧密，撒完后可进行局部密度调整。

（5）压石子。压石子也同样是先压边、后压中间、从左至右、从上到下。压石子分三步进行，轻压、重压、重拍，即在水泥砂浆不同凝结程度时用不同压法。在完全凝结前压完，压头遍可用大铁板，后二道可用普通宽铁板，干粘石面层达到一定强度后，应洒水养护。

3. 质量要求

石粒黏结牢固、分布均匀、颜色一致、不露浆、不漏粘、线条清晰、棱角方正。

第二节　饰　面　工　程

一、大理石（花岗石、青石板、预制水磨石板等）饰面板的安装

大理石、花岗石、青石板、预制水磨石板等安装工艺基本相同，以大理石为例，其安装工艺流程如下：材料准备与验收→基体处理→板材钻孔→饰面板固定→灌浆→清理→嵌缝→打蜡。

1. 材料准备与验收

大理石拆除包装后，应按设计要求挑选规格、品种、颜色一致，无裂纹、无缺边、掉角及局部污染变色的块料，分别堆放。按设计尺寸要求在平地上进行试拼，校正尺寸，使宽度符合要求，缝平直均匀，并调整颜色、花纹，力求色调一致，上下左右纹理通顺，不得有花纹横、竖突变现象。试拼后分部位逐块按安装顺序予以编号，以便安装时对号入座。对轻微破裂的石材，可用环氧树脂胶粘剂黏结；表面有洼坑、麻点或缺棱掉角的石材，可用环氧树脂腻子修补。

2. 基层处理

安装前检查基层的实际偏差，墙面还应检查垂直度、平整度情况，偏差较大者应剔凿、修补。对表面光滑的基层进行凿毛处理。然后将基层表面清理干净，并浇水湿润，抹水泥砂浆找平层。找平层干燥后，在基层上分块弹出水平线和垂直线，并在地面上顺墙（柱）弹出大理石外廊尺寸线，在外廊尺寸线上再弹出每块大理石板的就位线，板缝应符合有关规定。

3. 饰面板固定方法

（1）绑扎固定灌浆法。首先绑扎用于固定饰面板的钢筋网片。采用 $\phi6$ 双向钢筋网，依据弹好的控制线与基层的预埋件绑牢或焊牢，钢筋网竖向钢筋间距不大于 500mm，横向钢筋与块材连接孔网的位置一致。第一道横向钢筋绑在第一层板材下口上面约 100mm 处，以后每道横筋绑在比该层板材上口低 10～20mm 处。钢筋网必须绑扎牢固，不得有颤动和弯曲现象。预埋铁件在结构施工时埋设，如图 9-5 所示。也可用如图 9-6 所示的冲击电钻，在基层上打 $\phi6.5mm～\phi8.5mm$、深 $\geqslant60mm$ 的孔，将 $\phi6mm～\phi8mm$ 短钢筋埋入，外露 50mm 以上，并做弯钩，用绑扎或焊接的方式固定水平钢筋，如图 9-7 所示。

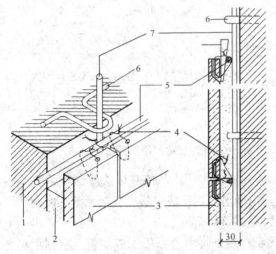

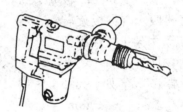

图 9-6　冲击电钻

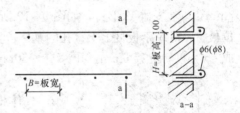

图 9-5　饰面板钢筋网片固定

1—墙体；2—水泥砂浆；3—大理石板；4—铜丝或铅丝；
5—横筋；6—铁环；7—立筋

图 9-7　水平钢筋固定

其次要对大理石进行修边、钻孔、剔槽，如图 9-8 所示。以便穿绑铜丝（或铅丝）与墙面钢筋网片绑牢，固定饰面板。每块板的上、下边钻孔数量均不得少于 2 个，如板宽超过 500mm，应不少于三个。打眼的位置应与基层上钢筋网的横向钢筋位置相适应，一般在板材断面上由背面算起 2/3 处，用笔画好钻孔位置，相应的背面也画出钻孔位置，距边沿不小于 30mm，然后钻孔，使竖孔、横孔相连通，孔径为 5mm，能满足穿线即可。为了使铜丝通过处不占水平缝位置，在石板侧面的孔壁再轻轻剔一道槽，深约 5mm，以便埋卧铜丝。板材钻孔后，

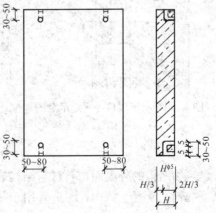

图 9-8　大理石钻孔与凿沟

即穿入 20 号铜丝备用。

　　饰面板安装前，先将饰面板背面、侧面清洗干净并阴干。从最下一层开始，两端用块材找平找直，拉上横线，再从中间或一端开始安装。安装时，按部位编号取大理石板就位，先将下口铜丝绑在横筋上，再绑上口铜丝，用托线板靠直靠平，并用木楔垫稳，再将铜丝系紧，保证板与板交接处四角平整。安装完一层后，再用托线板找垂直，水平尺找平整、方尺找阴阳角。石板找好垂直、平整、方正后，在石板表面横竖接缝处每隔 100～150mm 用调成糊状的石膏浆予以粘贴，临时固定石板，使该层石板成一整体，以防止发生移位。余下的石板间缝隙应用纸或石膏灰封严。待石膏凝结、硬化后进行灌浆。

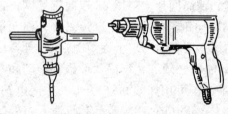

图 9-9　手电钻

　　（2）钉固定灌浆法。首先进行石板钻孔。将大理石饰面板直立固定于木架上，用如图 9-9 所示的手电钻在距板两端 1/4 处居板厚中心钻孔，孔径 6mm，深 35～40mm。板宽≤500mm 的打直孔两个；板宽＞500mm 打直孔三个；＞800mm 的打直孔四个。将板旋转 90°固定于木架上，在板两侧分别各打直孔一个，孔位距下端 100mm 处，孔径 6mm，孔深 35～40mm，上下直孔都用合金錾子在板侧面方向剔槽，槽深 7mm，以便安卧 U 形钉，如图 9-10 所示。

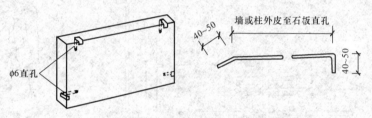

图 9-10　大理石钻直孔和 U 形钉

然后对基体钻孔，按基体放线分块位置临时就位板材，对应于板材上下直孔的基体位置上，用冲击电钻钻成与板材孔数相等的斜孔，斜孔成 45°角度，孔径 6mm，孔深 40～50mm，如图 9-11 所示。

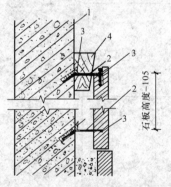

图 9-11　石板就位、固定示意图
1—基体；2—U 形钉；3—硬木
小楔；4—大头木楔

　　基体钻孔后，将大理石板安放就位，根据板材与基体相距的孔距，用钳子现制直径 5mm 的不锈钢 U 形钉，一端勾进大理石板直孔内，随即用硬木小楔楔紧；另一端勾进基体斜孔内，拉小线或用靠尺板和水平尺，校正板的上下口及板面的垂直度和平整度，并检查与相邻板材接合是否严密，随后将基体斜孔内不锈钢 U 形钉楔紧。接着用大头木楔紧固于板材与基体之间，以紧固 U 形钉，如图 9-12 所示。

　　大理石饰面板位置校正准确、临时固定后，即可分层灌浆。

　　（3）钢针式干挂法。钢针式干挂工艺是利用高强螺栓和耐腐蚀、强度高的柔性连接件，将薄型石材饰面挂在建筑物结构的外表面，石材与结构表面之间留出 40～50mm 的空腔，此工艺多用于 30m 以下的钢筋混凝土结构，不适宜用于砖墙或加气混凝土墙。由于连接件具有三维空间的可调性，增强了石材安装的灵活性，易于使饰面平整。干挂法工艺流程如下：①根据设计尺寸，进行石材钻孔，孔径 4mm，孔深 20mm；②石材背面刷胶粘剂，贴玻璃纤维网格布；③在墙面上挂水平、竖直位置线，以控制石材的垂直、平整；④支底层石材托架，放置底层石板，调节并暂时固定；⑤用冲击电钻在结构上钻孔，插入膨胀螺栓，镶 L 形不锈钢固定件；⑥用胶粘剂灌入下层板材上部孔眼，插入连接钢针（$\phi 4$ 不锈钢，长 8mm），将胶粘剂灌入上层板材下孔内，再把上层板材对准钢针插入；⑦校正并临时固定板材；⑧重复⑤～⑦工序，直至完成全部板材安装，最后镶顶层板材；⑨清理板材饰面，贴防污胶条，嵌缝，刷罩面涂料。这种工艺安装板材后不需要灌浆。

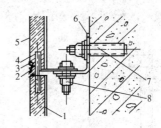

图 9 - 12 干挂安装示意图

1—玻纤布增强层；2—嵌缝；3—钢针；4—长孔（充填环氧树脂胶粘剂）；5—石衬薄板；6—L 形不锈钢固定件；7—膨胀螺栓；8—紧固螺栓

饰面板安装过程中，对异形尺寸板材可用切割机切割。阴阳角处接缝的处理，如图 9 - 13 所示。

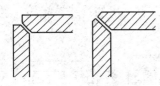

图 9 - 13 阴阳角接缝处理

4. 灌浆

每安装好一层饰面板，即应进行灌浆工作。可用 1∶1.5～2.5 水泥砂浆（稠度一般为 80～120mm）分层灌入石板内侧缝隙中，每层灌注高度为 150～200mm，并不得超过石板高度的 1/3。灌注后应插捣密实，待下层砂浆初凝后，才能灌注上层砂浆。最后一层砂浆应只灌至石板上口水平接缝以下 50～100mm 处，所留余量作为安装上层石板时灌浆的结合层。最后一层砂浆初凝后，可清理擦净石板上口余浆，砂浆终凝后，可将上口木楔轻轻移动抽出，打掉上口有碍安装上层石板的石膏，然后按同样方法依次逐层安装上层石板。

5. 嵌缝

全部石板安装完毕，灌注砂浆达到设计强度标准值的 50% 后，即可清除所有石膏和余浆痕迹，用抹布擦洗干净，并用与石板相同颜色的水泥浆填抹接缝，边抹边擦干净，保证缝隙密实，颜色一致。

室外安装光面和镜面的饰面板的接缝，可在水平缝中垫硬塑料板条，垫塑料板条时，应将压出部分保留，待砂浆硬化后，将塑料条剔出，用水泥细砂浆勾缝。

全部工程完工后，表面应清洗干净，晾干后，再进行打蜡擦亮。

除上述安装工艺外，对花岗石薄板、厚度为 10～12mm 的镜面大理石。人造饰面板以及小规格的饰面板，也可采用胶粘剂或水泥浆粘贴。

二、面砖或釉面瓷砖的镶贴

面砖或釉面瓷砖镶贴前应经挑选、预排，不同部位的排列方式分别如图 9 - 14～图 9 - 16 所示。使规格、颜色

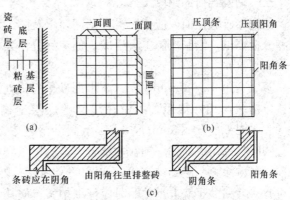

图 9 - 14 瓷砖墙面排砖示意图

(a) 纵剖图；(b) 平面；(c) 横剖面

一致，灰缝均匀。基层应扫净，浇水湿润，用 1：3 水泥砂浆打底，厚 7～10mm，找平划毛，打底后养护 1～2d 方可镶贴。镶贴前应找好规矩，按砖实际尺寸弹出横竖控制线，定出水平标准和皮数。接缝宽度应符合设计要求，一般宽为 1～1.5mm。然后用废瓷砖按黏结层厚度用混合砂浆贴灰饼，找出标准，灰饼间距一般为 1.5～1.6m，阳角处要两面挂直。镶贴时先浇水湿润底层，根据弹线稳好平尺板，作为镶贴第一皮瓷砖的依据。贴时一般从阳角开始，由下往上逐

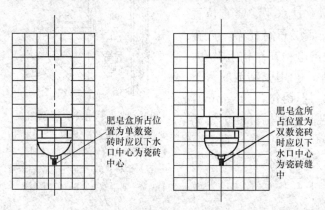

图 9-15 洗脸盆、镜箱和肥皂盒部位瓷砖排列示意图

层粘贴，使不成整块的留在阴角。如有水池、镜框者，应以水池、镜框为中心往两面分贴，总之，先贴阳角大面，后贴阴角、凹槽等难度较大的部位。如墙面有突出的管线、灯具、卫生器具支承物，应用整砖套割吻合，不得用非整砖拼凑镶贴。

镶贴后的每块瓷砖，当采用混合砂浆黏结层时，可用小铲把轻轻敲击；当采用环保胶水泥浆黏结层时，可用手轻压，并用橡皮锤轻轻敲击，使其与基层黏结密实牢固，并要用靠尺随时检查平直方正情况，修正缝隙。凡遇缺灰、黏结不密实等情况时，应取下瓷砖重新粘贴，不得在砖口处塞灰，以防止空鼓。

室外接缝应用水泥浆嵌缝；室内接缝，宜用与釉面瓷砖相同颜色的石灰膏（非潮湿房间）或水泥浆嵌缝。待整个墙面与嵌缝材料硬化后，用棉丝、砂纸清理或用稀盐酸刷洗，然后用清水冲洗干净。

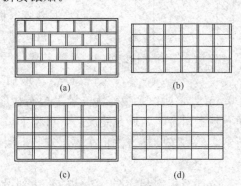

图 9-16 外墙面砖排缝示意图
(a) 错缝；(b) 通缝；(c) 竖通缝；(d) 横通缝

三、陶瓷锦砖的镶贴

陶瓷锦砖镶贴前，应按照设计图案要求及图纸尺寸，核实墙面的实际尺寸，根据排砖模数和分格要求，绘制出施工大样图，加工好分格条，并对陶瓷锦砖统一编号，便于镶贴时对号入座。

基层上用 12～15mm 厚 1：3 水泥砂浆打底，找平划毛，洒水养护。镶贴前弹出水平、垂直分格线，找好规矩。然后在湿润的底层上刷素水泥浆一道，再抹一层 2～3mm 厚 1：0.3 水泥纸筋灰或 3mm 厚 1：1 水泥砂浆（掺 2% 乳胶）黏结层，用靠尺刮平，抹子抹平。同时将锦砖底面朝上铺在木垫板上，缝里撒灌 1：2 干水泥砂，并用软毛刷子刷净底面浮砂，薄薄涂上一层黏结灰浆，如图 9-17 所示。然后将陶瓷锦砖按平尺板上口沿线由下往上对齐接缝粘贴于墙上。粘贴时应仔细拍实，使其表面平整。待水泥砂浆初凝后，用软毛刷将护纸刷水润湿，约半小时后揭纸，并检查缝的平直大小，校正拨直。粘贴 48h 后，除了取出米厘条后留下的大缝用 1：1 水泥砂浆嵌缝外，其他小缝均用素水泥浆嵌平。待嵌缝材料

硬化后，用稀盐酸溶液刷洗，并随即用清水冲洗干净。

四、木质饰面板施工

木质饰面板是一种美观、雅致、耐久、隔声和保温性能较好的高级内墙饰面。木饰面由防潮层、木龙筋、木饰面板和木帽头等组成，如图9-18所示。防潮层常用油毡和油纸，其层数由设计作出规定。木龙筋常用杉木、红松、白松等，要求木质干燥、变形小。竖筋断面常用 40mm×

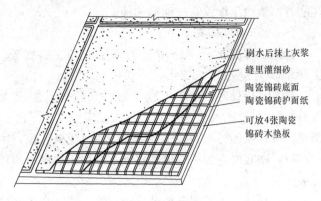

图 9-17 陶瓷锦砖镶贴

50mm、35mm×50mm 和 40mm×40mm 等，横筋断面常用 40mm×50mm、35mm×40mm 和 40mm×40mm 等，外侧面要刨光。竖、横龙筋除外侧面外，要满刷一度防腐剂。木饰面板常采用五夹板做饰面板，也用木板和企口板作饰面板。木材不能腐朽、颜色要一致；木帽头和护角应用与饰面板相同的材料，必须充分干燥，不能有裂缝及 20mm 以上的活节疤，不允许有死节。

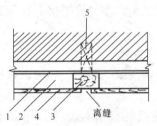

图 9-18 木质饰面板构造
1—防潮层；2—横筋；3—竖筋；
4—胶合板（或木板条）；5—木榫

施工时根据设计图纸的要求和饰面板的规格尺寸，在墙面上弹出水平标高控制线，再弹出竖筋和横筋中心位置线；按所弹出墨线上的钉子位置，先在墙上埋木榫（或在砌墙和捣混凝土时，预先埋好木砖），然后根据控制线和木榫钉上木龙筋。木龙筋要横平竖直，接头平齐，外侧面要在同一个面上。

木龙筋固定好后，即可安装饰面板。当用胶合板时，根据设计图纸分块尺寸，弹出竖筋面中心线，并在胶合板上画好线，用细齿板锯锯开，用细长刨将侧边刨光，再用 25~35mm 钉子将胶合板钉在木龙筋上。胶合板饰面板的竖缝一般宜离缝钉，缝宽 6~10mm，木龙筋中心线两边离饰面板边距离要相等。胶合板饰面板如设横缝时，亦常为离缝做法，做法同竖缝。钉子距离 80~150mm，钉帽要敲扁，并顺木纹冲送进饰面板 1mm 左右。另外，门框或筒子板与饰面板相接处要平齐，且用饰面板覆盖。要做到木饰面线角整齐、表面光滑、木纹对齐、线条清秀并要求分格缝横平竖直、大小一致。当用企口木板作饰面板时，斜着钉暗钉进行安装。遇有异形，应根据设计图纸制作；当用木板作饰面板时，有打槽、拼缝和拼槽的做法，应根据图纸先做出实样，预制好后进行安装。

钉上帽头时，要钉通，断面大小和出线规格要一致，表面光滑，不得有刨丝和歪扭现象，接头作暗榫，要平直。钉阳角护角时，用通长和相同断面料，要起榫割角。先要弹好墨线，用 35mm 钉子钉牢，钉距 300mm 左右。

木饰面板施工完后，要涂刷涂料，胶合板表面常刷泡立水漆，木板和企口木板常刷混色油漆。

五、裱糊工程施工

裱糊工程是我国历史悠久的一种传统装饰工艺。常用的裱糊材料有纸基塑料壁纸和玻璃纤维墙布。按外观分为：印花、压花、浮雕、低发泡和高发泡等；按施工方法有现场刷胶裱糊和背面预涂压纸胶直接铺贴两种。

（一）裱糊工程施工程序

裱糊工程施工程序一般分为基层处理、刷底胶、弹线、裁纸、闷水、刷胶、裱糊等工序。

（1）基层处理。裱糊工程基层必须干燥，要求含水率为：对混凝土和抹灰层不大于8%；对木制品不大于12%。基层表面应坚实、平滑；飞刺、麻点、砂浆和裂缝应清除；阴阳角顺直；表面污垢、尘土要清理干净；泛碱部位宜用9%的稀醋酸中和、清洗等。

（2）刷底胶。为了避免基层吸水过快，裱糊前应用1：1的环保胶水溶液作底胶涂刷基层表面。

（3）弹线。为了保证粘贴壁纸花纹、图案线条连接顺当，在基层表面底胶干燥后，应弹垂直线和水平线作为裱糊的基准线。

（4）裁纸。弹好线后应根据墙面尺寸，壁纸和墙布品种、图案、颜色、规格进行选配分类，拼花裁切。图案花纹应对齐、裁边要平直整齐，编号平放待用。

（5）闷水及涂胶。准备裱糊的壁纸背面刷清水或放入清水中浸泡3min，使其充分吸水后，抖掉明水，阴干后再裱糊。复合壁纸不得浸水。裱糊时应先在基层表面刷一遍黏结剂，并在壁纸背面均匀地涂刷一层薄的粘胶剂，但不能漏刷。

（6）壁纸粘贴。将纸幅垂直对准基准线粘贴，花纹图案拼缝严密，不允许搭接，并用刮板由高往低刮平粘牢。

（二）裱糊工程的质量要求

（1）壁纸、墙布必须粘贴牢固，表面色泽一致，不得有气泡、空鼓、裂缝、翘边、皱折和污斑等现象，斜视时无胶痕。

（2）表面平整，无波纹起伏，壁纸、墙布与挂镜线、贴脸板和踢脚板紧接，不得有缝隙。

（3）各幅拼接应横平竖直，拼接处花纹、图案吻合，不离缝、不搭接，距墙面1.5m处正视，不显拼缝。

（4）阴阳转角垂直，棱角分明，阴角处搭接顺光，阳角处无接缝。

（5）壁纸、墙布边缘平直整齐，不得有边毛、飞刺。

（6）不得有漏贴、补贴和脱层等缺陷。

六、涂料工程

涂料工程包括油漆涂饰和涂料涂饰，它是将胶体的溶液涂敷在物体表面，使之与基层黏结，并形成一层完整而坚韧的薄膜，借此以达到装饰、美化和保护基层免受外界侵蚀的目的。

（一）油漆涂饰施工

1. 建筑工程中常用的油漆

建筑工程中常用油漆的种类及其主要特性如下：

（1）清油（鱼油、熟油）。清油又称鱼油、熟油，干燥后漆膜柔软，易发粘。多用于调稀厚漆和红丹防锈漆，也可单独涂刷于金属、木材表面或打底及调配腻子。

（2）厚漆（铅油）。厚漆又称铅油，有红、白、黄、绿、灰、黑等色。使用时需加清油、松香水等稀释。漆膜柔软，与面漆黏结性好，但干燥慢，光亮度、坚硬性较差。可用于各种涂层打底或单独用于表面涂层，也可用来调配色油和腻子。

（3）调和漆。调和漆分油性和磁性两类，油性调和漆的漆膜附着力强，有较高的弹性，不易粉化、脱落及龟裂，经久耐用，但漆膜较软，干燥缓慢，光泽差，适用于室外面层涂刷。常用的磁性调和漆有脂胶调和漆和酚醛调和漆等，漆膜较硬，颜色鲜明，光亮平滑，能耐水洗，但耐气候性差，易失光、龟裂和粉化，故仅用于室内面层涂刷。调和漆有大红、奶油、白、绿、灰、黑等色，不需调配，使用时只需调匀或配色，稠度过大时可用松节油或200号溶剂汽油稀释。

（4）清漆。清漆分油质清漆和挥发性清漆两类。油质清漆又称凡立水，常用的有酯胶清漆、酚醛清漆、醇酸清漆等。漆膜干燥快，透明光泽，适用于木门窗、板壁及金属表面罩光。挥发性清漆又称泡立水，常用的有漆片，漆膜干燥快、坚硬光亮，但耐水、耐热、耐气候性差，易失光，多用于室内木材面层的油漆或家具罩面。

（5）聚醋酸乙烯乳胶漆。这是一种性能良好的新型涂料和墙漆，适用于作高级建筑室内抹灰面，木材面的面层涂刷，也可用于室外抹灰面。其优点是漆膜坚硬平整，附着力强、干燥快，耐曝晒和水洗，新墙面稍经干燥即可涂刷。

此外，还有磁漆、大漆、硝基纤维漆（即蜡克）、耐热漆、耐火漆、防锈漆及防腐漆等。

2. 油漆涂饰施工

油漆工程施工包括基层处理、打底子、抹腻子和涂刷油漆等工序。

（1）基层处理。为了使油漆和基层表面黏结牢固，节省材料，必须对木料、金属、抹灰层和混凝土基层的表面进行处理。木材基层将表面的灰尘、污垢清除干净，表面上的缝隙、毛刺、节疤和脂裹修整后，用腻子填补，金属基层，应将表面除去锈斑、尘土、油渍、焊渣等杂物；抹灰层和混凝土基层，要求表面干燥、洁净，不得有起皮和松散处等，粗糙的表面应磨光，缝隙和小孔应用腻子刮平。

（2）打底子。在处理好的基层表面上刷冷底子油一遍（可适当加色），并使其厚薄均匀一致，以保证整个油漆面色泽均匀。

（3）抹腻子。腻子是由油料加上填料（石膏粉、大白粉）、水或松香水拌制成膏状物。抹腻子的目的是使表面平整。对于高级油漆施工，需在基层上全部抹一层腻子，待其干后用砂纸打磨，然后再抹腻子，再打磨，直到表面平整光滑为止。

（4）涂刷油漆。油漆施工按质量要求不同分为普通油漆、中级油漆和高级油漆三种。一般松软木材面、金属面以采用普通或中级油漆较多；硬质木材面、抹灰面则采用中级或高级油漆。涂饰的方法有刷涂、喷涂、擦涂、揩涂及滚涂等多种。

在整个涂刷油漆的过程中，油漆不得任意稀释，最后一遍油漆不宜加催干剂。涂刷中，应待前一遍油漆干燥后方可涂刷后一遍油漆。

（二）涂料涂饰施工

建筑涂料从化学组成上可分为有机高分子涂料、无机高分子涂料以及有机无机复合高分子涂料；按涂膜层状态分为薄质型涂料（如苯-丙乳胶漆）、厚质型涂料（如乙-丙乳液厚涂料）、砂壁状涂层涂料（如彩砂苯-丙外墙涂料、彩色复层凹凸花纹涂料）等；按自身的特殊性能分为防火涂料、防水涂料、防霉涂料、防结露涂料等；按使用部位分为内墙涂料、外墙涂料、地面涂料、顶棚涂料、门窗涂料及屋面防水涂料等。

1. 新型外墙涂料

（1）JDL-82A 着色砂丙烯酸系建筑涂料。该涂料由丙烯酸系乳液、人工着色石英砂及各种助剂混合而成。其特点是结膜快、耐污染、耐褪色性能良好，而且色彩鲜艳、质感丰富、黏结力强，适用于混凝土、水泥砂浆、石棉水泥板、纸面石膏板、砖墙等基层。其施工工序和要求如下：

1）基层处理。要清除墙面的油污、铁锈、油迹，要求墙面有一定的强度，无粉化、起砂和空鼓现象。墙面如有缺棱掉角处，应用砂浆修补，有孔洞应用水泥：环保胶＝100：20 加适量水配成的腻子处理。

2）喷涂前将涂料搅拌均匀，加水量不得超过涂料重量的 5%，喷涂厚度要均匀，待第一道涂料干燥后再喷第二道。

3）喷涂机具采用喷嘴孔径 5～7mm 的喷斗，喷斗距离墙面 300～400mm，空气压缩机的压力为 0.5～0.7MPa。涂料最低施工温度为 5℃，贮存温度为 5～40℃。该涂料由 25kg/方铁筒和 25kg/塑料筒包装，施工用量为 3.5～4kg/m²。

（2）彩砂涂料。彩砂涂料是丙烯酸酯类建筑涂料的一种，这类涂料有优异的耐候性、耐水性、耐碱性和保色性等。研制彩砂涂料是为了解决涂料褪色、变色问题，并从耐久性和装饰效果方面提供一种中、高档建筑涂料。彩砂涂料是用着色骨料代替一般涂料中的颜料、填料，从根本上解决了褪色问题。同时，由于着色骨料是高温烧结、人工制造，可做到色彩鲜艳、质感丰富。彩砂涂料所用的合成树脂乳液使涂料的耐水性、成膜温度、与基层的黏结力、耐候性等都有了改进，从而提高了涂料的耐久性。其施工工艺如下：

1）基层处理。基层表面要求平整、洁净，基本干燥，有一定强度。需刮腻子找平时，可用配合比为水泥：环保胶＝100：20（加适量水）的环保胶水泥腻子，不能使用强度低的材料作腻子，以免涂膜成片脱落。为减少基层的吸水性，便于刮腻子操作，可先在基层上刷一道环保胶：水＝1：3 的水溶液。新抹的水泥砂浆层至少间隔 3d，最好 7d 后再喷涂彩砂涂料，否则会引起涂层表面泛白和"花脸"。

2）弹线分格。大面积墙面上喷涂彩砂涂料均应弹线做分格缝，以便于涂料施工接槎。分格缝的做法是，按墨线粘贴 20mm 宽的分格条，在喷罩面胶前取出，然后把缝内的胶和石粒刮净。

3）配料。彩砂涂料的配合比为 BB-01 乳液（或 BB-02 乳液）：骨料：增稠剂（2%水溶液）：成膜助剂：防霉剂和水＝100：400～500：20：4～6：适量。无论是单组分包装或是双组分包装的彩砂涂料，都按配合比充分搅拌均匀。不能随意加水冲稀，以免影响涂层质量，涂料有沉淀时应随时搅拌均匀。涂料一般用量为 2kg/m²。

4）喷涂。喷斗要把握平稳，出料口与墙面垂直，距离为 400～500mm，空气压缩机压力保持在 0.6～0.8MPa。喷嘴直径以 5mm 为宜，喷涂时喷斗要缓慢移动，使涂层充分盖底。如发现涂层局部尚未盖底，应在涂层干燥前喷涂找补。一般在喷石后用胶辊滚压两遍，把悬浮石料压入涂料中，做到饰面密实平整，观感好。然后隔 2h 左右再喷罩面胶两遍，以使石粒黏结牢固，不致掉落，风雨天不宜施工。

（3）丙烯酸有光凹凸乳胶漆。丙烯酸有光凹凸乳胶漆是以有机高分子材料苯乙烯、丙烯酸酯乳液为主要胶粘剂，加上不同的颜料、填料和集料而制成的薄质型和厚质型两部分涂料。厚质型涂料是丙烯酸凹凸乳胶底漆；薄质型涂料是各色丙烯酸有光乳胶漆。该乳液型涂料具有良好的耐水性、耐碱性和装饰效果。

丙烯酸凹凸乳胶漆通过喷涂，再经过辊压就可得到各种式样的凹凸花纹，增强立体感。涂饰的方法有两种：一种是在底层上喷一遍凹凸乳胶底漆，经过辊压后再在凹凸乳胶底漆上喷1～2遍各色丙烯酸有光乳胶漆；另一种方法是在底层上喷一遍各色丙烯酸有光乳胶漆，等干后再在其上喷涂丙烯酸凹凸乳胶底漆，然后经过辊压显出凹凸图案，等干后再罩一层苯丙乳液。经过如此几道工序后，建筑物外墙面显示出各种各样的花纹图案和美丽的色彩，装饰质感极佳。

2. 新型内墙涂料

(1) 乳胶漆。乳胶漆属乳液型涂料，是以合成树脂乳液为主要成膜物质，加入颜料、填料以及保护胶体、增塑剂、耐湿剂、防冻剂、消泡剂、防霉剂等辅助材料，经过研磨或分散处理而制成的涂料。乳胶漆具有以下特点：

1) 安全无毒。乳胶漆以水为分散介质，随水分的蒸发而干燥成膜，施工时无有机溶剂逸出，不污染空气，不危害人体，且不浪费溶剂。

2) 涂膜透气性好。乳胶漆形成的涂膜是多孔而透气的，可避免因涂膜内外湿度差而引起鼓泡或结露。

3) 操作方便。乳胶漆可采用刷涂、滚涂、喷涂等施工方法，施工后的容器和工具可以用水洗刷，而且涂膜干燥较快，施工时两遍之间的间歇只需几小时，这有利于连续作业和加快施工进度。

4) 涂膜耐碱性好。该漆具有良好的耐碱性，可在初步干燥、返白的墙面上涂刷，基层内的少量水分则可通过涂膜向外散发，而不致顶坏涂膜。

乳胶漆适宜于混凝土、水泥砂浆、石棉水泥板、纸面石膏板等基层。要求基层有足够的强度，无粉化、起砂或掉皮现象。新墙面可用乳胶加老粉作腻子嵌平，磨光后涂刷。旧墙面应先除去风化物、旧涂层，用水清洗干净后方能涂刷。

喷涂时空气压缩机的压力应控制在0.5～0.8MPa。手握喷斗要稳，出料口与墙面垂直，喷嘴距墙面500mm左右。先喷涂门、窗口，然后横向来回旋喷墙面，防止漏喷和流坠。顶棚和墙面一般喷两遍成活，两遍间隔约2d。若顶棚与墙面喷涂不同颜色的涂料时，应先喷涂顶棚，后喷涂墙面。喷涂前用纸或塑料布将不喷涂的部位，如门窗扇及其他装饰体遮盖住，以免污染。

刷涂时，可用排笔，先刷门、窗口，然后竖向、横向涂刷两遍，其间隔时间为2h。要求接头严密，颜色均匀一致。

(2) 喷塑涂料。喷塑涂料是以丙烯酸酯乳液和无机高分子材料为主要成膜物质的、有骨料的建筑涂料（又称"浮雕涂料"或"华丽喷砖"）。它是用喷枪将其喷涂在基层上，适用于内、外墙装饰。

喷塑涂层结构分为底油、骨架、面油三部分。底油是涂布乙烯-丙烯酸酯共聚乳液，既能抗碱、耐水，又能增加骨架与基层的黏结力；骨架是喷塑涂料特有的一层成型层，是主要构成部分，用特制的喷枪、喷嘴将涂料喷涂在底油上，再经过滚压形成主体花纹图案；面油是喷塑涂层的表面层，面油内加入各种耐晒彩色颜料，使喷塑涂层带有柔和的色彩。

喷塑涂料可用于水泥砂浆、混凝土、水泥石棉板、胶合板等面层上。喷塑按喷嘴大小分为小花、中花、大花。施工时应预先做出样板，经有关单位鉴定后方可进行。其施工工艺如下：

1) 基层处理与养护。喷塑施工前，基层要先养护，夏季气温 27℃左右时，现抹水泥砂浆须养护 4～7d，现浇混凝土需 7d；冬季气温 10℃以上时，现抹水泥砂浆面 7～10d，现浇混凝土需 14d 方可开始喷塑。如用胶合板做基层，胶合板和基体一定要刷一道均匀胶水，胶合板是用钉子固定时，其钉帽应打扁并进入板面 0.5～1mm，钉眼用腻子抹平，板与板之间接缝要用腻子补平。喷塑前应将工作面周围门窗框、扇以及不作喷塑的墙面用旧报纸或塑料布加以遮盖防护，避免污染，在雨天和风力较大时不宜施工。

2) 粘分格条。外墙面大面积喷塑一定要有分格条，分格条应宽窄薄厚一致，粘贴在中层砂浆面上应横平竖直、交接严密，分格条粘贴前一天应先泡水浸透，完工后应适时取出，取出时要注意别碰坏喷塑材料。

3) 喷刷底油。用油刷或喷枪将底油涂布于基层。

4) 喷点料（骨架层）。用单斗喷枪，空压机压力为 0.5～0.6MPa，风速 5m/s，喷嘴距墙面 500～600mm，与饰面成 60～90℃，由一人持喷枪，一人负责搅拌骨料成糊状，一人专门添料，在每一分格块内要连续喷，表面颜色要一致，花纹大小要均匀，不显接槎，喷出的材料不得有气鼓、起皮、漏喷、脱落、裂缝及流坠等现象。

5) 压花。如要压花，隔 15min 后，可用蘸松节油的塑料辊在喷点上用力均匀轻松辊压，压花厚度为 5～6mm 为宜。

6) 喷面油色彩按设计要求一次性配足，以保证整个饰面的色泽均匀，不宜过厚，不可漏喷，一般以喷 2 道为宜，第一道用水性面油，第二道用油性面油，但需待第一道涂膜干后再喷涂第二道，在常温下，前后两道施涂的时间不应小于 4h。

7) 分格缝上色基层原有分格条喷涂后即可揭起，分格缝可根据设计要求的颜色重新描涂。

第三节　楼地面工程

楼地面工程是人们工作和生活中接触最频繁的一个分部工程。反映楼地面工程档次和质量水平，有地面的承载能力、耐磨性、耐腐蚀性、抗渗漏能力、隔声性能、弹性、光洁程度、平整度等指标以及色泽、图案等艺术效果。

一、楼地面的组成及其分类

（一）楼地面的组成

楼地面是房屋建筑底层地坪与楼层地坪的总称。由面层、垫层和基层等部分构成。

（二）楼地面的分类

按面层材料分有：土、灰土、三合土、菱苦土、水泥砂浆、混凝土、水磨石、马赛克、木、砖和塑料地面等。

按面层结构分有：整体地面（如灰土、菱苦土、水泥砂浆、混凝土、现浇水磨石、三合土等）、块料地面（缸砖、拼花木板、马赛克、水泥花砖、预制水磨石块、大理石板材、花岗石板材等）和涂布地面。

二、楼地面面层施工

（一）水泥砂浆地面

水泥砂浆地面面层的厚度为 15～20mm。一般用 32.5 号水泥与中砂或粗砂配制，配合比为 1：2～2.5（体积比），砂浆应是干硬性的，以手捏成团稍出浆为准。

操作前先按设计测定地坪面层标高，同时将垫层清扫干净洒水湿润后，刷一道含 4%～5%的环保胶水素水泥浆，紧跟着铺上水泥砂浆，用刮尺赶平，并用木抹子压实，待砂浆初凝后终凝前，用铁抹子反复压光三遍，不允许撒干灰砂收水抹压。砂浆终凝后（一般在 12h 后）铺盖草袋、锯末等浇水养护。水泥砂浆面层除用铁抹子压光以外，其养护是保证面层不起砂的关键，应引起足够的重视。当施工大面积水泥砂浆面层时，应按要求留设分格缝，防止砂浆面层发生不规则裂缝，一旦发生裂缝应立即修补。

（二）细石混凝土地面

细石混凝土地面可以克服水泥砂浆地面干缩较大的缺点。这种地面强度高、干缩值小，但厚度较大，一般为 30～40mm。混凝土的强度等级不低于 C20，浇筑时的坍落度不应大于 30mm，水泥采用不低于 32.5 号的普通硅酸盐水泥或硅酸盐水泥，砂用中砂或粗砂，碎石或卵石的粒径应不大于 15mm，且不大于面层厚度的 2/3。

混凝土铺设时，预先在地坪四周弹出水平线，以控制面层的厚度，并用木板隔成宽小于 3m 的条形区段，先刷水灰比 0.4～0.5 的水泥浆，随刷随铺混凝土，用刮尺找平，用表面振动器振捣密实或采用滚筒交叉来回滚压 3～5 遍，至表面泛浆为止，然后进行抹平和压光。混凝土面层应在初凝前完成抹平工作，终凝前完成压光工作。

用钢筋混凝土现浇楼板或强度等级低于 C15 的混凝土垫层兼面层时，可采用随捣随抹的方法。必要时加适量 1：2～1：2.5 的水泥砂浆抹平压光。随抹水泥砂浆面层工作，应在基层混凝土或细石混凝土初凝前完成。

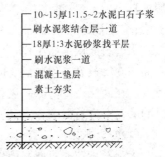

混凝土面层三遍压光成活及养护同水泥砂浆面层。

（三）水磨石地面施工

水磨石面层做法如图 9-19 所示。现浇水磨石地面面层应在完成顶棚和墙面抹灰后，再施工水磨石地面面层。其工艺流程如下：基层清理→浇水冲洗湿润→设置标筋→做水泥砂浆找平层→养护→镶嵌玻璃条（或金属条）→铺抹水泥石子浆面层→养护、试磨→两浆三磨→冲洗干后打蜡。

图 9-19　水磨石面层做法

水磨石面层所用的石粒，应用坚硬可磨的岩石（如白云石、大理石等）做成，石粒应洁净无杂物，其粒径除特殊要求外，一般为 4～12mm。白色或浅色的水磨石面层，应采用白水泥；深色的水磨石面层，宜采用标号不低于 32.5 号的硅酸盐水泥、普通硅酸盐水泥或矿渣硅酸盐水泥。水泥中掺入的颜料宜用耐光、耐碱的矿物颜料，掺入量不宜大于水泥量的 12%。

水磨石面层宜在找平层水泥砂浆抗压强度达到 1.2MPa（一般养护 2～3d）后铺设。水磨石面层铺设前，应在找平层上按设计要求的图案设置分格条（可用铜条、铝条或玻璃条）。嵌条时，用木条顺线找齐，将嵌条紧靠在木条边上，用素水泥浆涂抹嵌条的一边，先稳好一面，然后拿开木条，在嵌条的另一边涂抹水泥浆。在分格条下的水泥浆形成八字角，素水泥浆涂抹的高度应比分格条低 3mm。分格条嵌好后，应拉 5m 长通线对其进行检查并整修，嵌条应平直，交接处要平整、方正，镶嵌牢固，接头严密，作为铺设面层的标准，如图 9-20 所示。嵌条后，应浇水养护，待素水泥浆硬化后，在找平层表面刷一遍与面层颜色

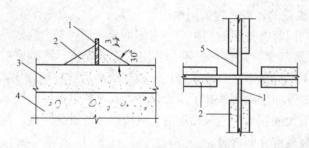

图 9-20　分格嵌条设置

1—分格条；2—素水泥浆；3—水泥砂浆找平层；

4—混凝土垫层；5—40～50mm 内不抹素水泥浆

相同的水灰比为 0.4～0.5 的水泥浆做结合层，随刷随铺水泥石子浆。水泥石子浆的虚铺厚度比分格嵌条高出 1～2mm。要铺平整，用滚筒滚压密实。待表面出浆后，再用抹子抹平。在滚压过程中，如发现表面石子偏少，可在水泥浆较多处补撒石子并拍平，增加美观，次日开始养护。

在同一面层上采用几种颜色图案时，先做深色，后做浅色，先做大面，后做镶边，待前一种色浆凝固后，再做后一种，以免混色。

水磨石开磨前应先试磨，以表面石粒不松动方可开磨。

水磨石面层使用磨石机按二浆三磨磨光。第一遍用 60～80 号粗金刚石磨，边磨边洒水，要求磨匀磨平，使全部分格条外露。用水将水泥浆冲洗干净，用同色水泥浆涂抹，以填补面层所呈现的细小孔隙和凹痕，洒水养护 2～3d。第二遍用 100～150 号金刚石，要求磨到表面光滑为止，用水冲洗干后，刷一遍同色水泥浆，养护 2d。第三遍用 180～240 号金刚石，磨至表面石子均匀显露，平整光滑，无砂眼细孔，用水冲洗后，涂抹草酸溶液［热水：草酸＝1：0.35（重量比），溶化冷却后用］一遍。再用 280 号细油石，研磨至出白浆，表面光滑为止，用水冲洗晾干后打蜡。

水磨石面层上蜡工作，应在影响面层质量的其他工序全部完成后进行。可用川蜡 500g、煤油 2000g 放在桶里熬到 130℃（冒白烟），现加松香水 300g、鱼油 50g 调制，将蜡包在薄布内，在面层上薄薄涂一层，待干后再用钉有细帆布（或麻布）的木块代替油石，装在磨石机的磨盘上进行研磨，直到光滑洁亮为止。上蜡后铺锯末进行保护。

（四）大理石、花岗石、碎拼大理石地面施工

大理石、花岗石属高档地面材料，一般为光面，部分采用粗磨的花岗石用作广场地面和局部镶贴。大理石、花岗石地面用于高档公用建筑厅堂、电梯间及主要楼梯间的地面铺设。由于大理石抗风化能力弱，因而大理石板材不宜用于室外地面面层。

1. 大理石、花岗石板块楼地面施工

（1）翻样。根据设计给定的图案，结构平面几何形状的实际尺寸，柱位置，楼梯位置，门洞口、墙和柱的装修尺寸等综合统筹兼顾进行翻样，提出加工订货单，准确的翻样。使现场切割大理石、花岗石的现象减少到最低限度，保证总体装饰效果。

（2）定线。根据＋50cm 水平线在墙面上弹出地面标高线。已进行翻样用定形加工的板材时，按翻样把板材的经纬线翻到墙上。如采用标准板材，排板时统筹兼顾以下几点：一是尽可能对称；二是房间与通道的板缝应相通；三是尽可能少锯板；四是房间与通道如用不同颜色的板材时，分色线应留置于门扇处。有图案的厅堂应根据图案设计，厅堂平面几何形状尺寸、板材规格、镶边宽窄、门洞口、墙、柱面装饰等统筹兼顾进行计算排板，并绘制大样图、排板后将经纬线定线尺寸翻到墙面上。

（3）试铺。在正式铺设前，对每一个房间，厅堂的板材进行试铺。试铺时充分考虑其图案、颜色、纹理等。一个好的试铺，可使地面颜色、纹理协调美观、相邻两块板的色差不能

太明显，有的大理石可拼合成天然图案，能显示出独具匠心的效果。试铺后按两个方向编号排列，并按编号码放整齐。

（4）灌浆擦缝。板材铺砌 1～2 昼夜后进行灌浆擦缝。调与板面颜色接近的稀水泥色浆，用浆壶徐徐灌入板缝（一次难灌实，可几次灌），并用长把刮板把流出的水泥浆喂入缝隙内。灌浆 1～2h 后，用棉丝团蘸原稀水泥浆擦缝，与板面擦平，同时将板面上水泥浆擦净。然后面层覆盖保护。

（5）镶贴踢脚板。在墙面抹灰时，留出踢脚板的高度和镶贴所需的厚度，有镶贴踢脚板的墙处不得留有白灰砂浆等易于造成踢脚板空鼓的杂物。踢脚板出墙厚度宜为 8～10mm。镶贴前先将踢脚板用水浸湿阴干，在阳角相交处的踢脚板，镶贴前预先割成 45℃。踢脚板的立缝宜与地面板缝对齐。镶贴踢脚板可采用粘贴法，也可采用灌浆法。

（6）打蜡。在各工序完工后才能打蜡，要求达到光滑洁净。打蜡方法与现制水磨石相同。

2. 碎拼大理石面层施工

碎拼天然大理石面层应采用颜色协调、薄厚一致、不带尖角的碎块大理石板材在水泥砂浆结合层上铺设。按设计要求的颜色、规格挑选碎拼大理石，有裂缝有尖角的应剔除。在墙上弹出地面水平标高线，必要时在基层上弹线确定碎拼大理石的平面布置，然后进行试拼。试拼后，将碎大理石块移至一边，将基层清理干净，洒水润湿，刷素水泥浆结合层，随刷随铺干硬性砂浆结合层（找平层），铺砌碎块大理石。铺砌方法与铺砌大理石地面的方法相同。铺砌 1～2 昼夜后灌缝，灌水泥砂浆，厚度与碎拼大理石上表面平，并将其表面抹平压光，洒水养护不少于 7d，按要求磨光和打蜡。做得好的碎拼大理石地面，能达到色泽协调、图案丰富的装饰效果。

（五）陶瓷地砖地面

陶瓷地砖是近几年发展很快的中档地面面层材料，花色品种多，施工方便，广泛用于各类公用建筑和住宅工程。铺设陶瓷地砖、缸砖、水泥花砖地面的施工工艺如下：

（1）铺找平层。基层清理干净后提前浇水湿润。铺找平层时应先刷素水泥浆一道，随刷随铺砂浆。

（2）排砖弹线。根据 +50cm 水平线在墙面上弹出地面标高线。根据地面的平面几何形状尺寸及砖的大小进行计算排砖。排砖时统筹兼顾以下几点：一是尽可能对称；二是房间与通道的砖缝应相通；三是不割或少割砖，可利用砖缝宽窄、镶边来调节；四是房间与通道如用不同颜色的砖时，分色线应留置于门扇处。排后直接在找平层上弹纵、横控制线（小砖可每隔四块弹一控制线），并严格控制好方正。

（3）选砖。由于砖的大小及颜色有差异，铺砖前一定要选砖分类。将尺寸大小及颜色相近的砖铺在同一房间内。同时保证砖缝均匀顺直、砖的颜色一致。

（4）铺砖。纵向先铺几行砖，找好位置和标高，并以此为准，拉线铺砖。铺砖时应从里向外退向门口的方向逐排铺设，每块砖应跟线。铺砖的操作是，在找平层上刷水泥浆（随刷随铺）、将预先浸水晾干的砖的背面朝上，抹 1:2 水泥砂浆黏结层，厚度不小于 10mm，将抹好砂浆的砖铺砌到找平层上，砖上楞应跟线找正找直，用橡皮锤敲振拍实。

（5）拨缝修整。拉线拨缝修整，将缝找直，并用靠尺板检查平整度，将缝内多余的砂浆扫出，将砖拍实。

（6）勾缝。铺好的地面砖，应养护 48h 才能勾缝。勾缝用 1:1 水泥砂浆，要求勾缝密实、灰缝平整光洁、深浅一致，一般灰缝低于砖面3～4mm。如设计要求不留缝，则需灌缝擦缝，可用干水泥并喷水的方法灌缝。

第四节　顶 棚 工 程 施 工

顶棚又称天棚，系指楼板以下部分，也是室内装饰工程中的一个重要组成部分。作为顶棚，要求表面光洁、美观，并能起反射光的作用，以改善室内的亮度和内部环境。顶棚有直接式和悬吊式两种。

一、直接式顶棚

直接式顶棚是指在楼板底面直接涂刷和抹灰，或者粘贴装饰材料。一般用于装饰要求不高的办公、住宅等建筑。直接式顶棚分直接喷（刷）顶棚、直接抹灰式顶棚和直接粘贴式顶棚。

（一）直接喷（刷）顶棚施工

（1）喷（刷）常在混凝土底板上进行。若为预制混凝土板，要扫净板底浮灰、砂浆等杂物，再用水泥砂浆将板的接缝抹平。预制板安装时要调整好板底的平整度，不宜出现太大的高差。现浇混凝土板底面平整度要好，不应出现凹凸和麻面，也不宜太光滑，喷（刷）前预先修补。清理板底是一道不可忽视的工作，应将油毡、灰纸等粘附在板底的模板填缝物清除干净，并用水泥砂浆填补大的孔洞，然后刮平。

（2）板表面过于平滑时，在浆液中加适量的羧甲基纤维素、环保胶等，以增加黏结效果，或选用黏结性好的涂料。

（3）喷（刷）浆由顶棚一端开始至另一端结束。要掌握好浆液的稠度，既要使板底均匀覆盖，又不产生流坠现象。

（二）直接抹灰顶棚施工

（1）嵌缝抹黏结剂。对板底进行清理后，将板缝用水泥砂浆修补，待其干后，刷水刮素水泥浆一道。刮抹不宜过厚，因过厚易导致脱落。

（2）抹平。一般分两次完成，第一遍抹水泥石灰砂浆8～10mm厚，从房间的短边开始，用铁抹子将浆砂刮于板底，然后用木抹改搓平搓毛，待其有一定强度后再抹第二遍砂浆5mm厚，用木抹子搓干搓毛。在潮湿房间可抹水泥浆，非潮湿房间抹纸筋石灰砂浆。

（3）做装饰线脚。在顶棚与墙体交接处、灯具安放处，在顶棚抹灰的同时按设计要求做一些线脚。简单的半圆角，用阴角抹子即可做成；较复杂的线脚要用死模或活模来做。

（4）喷（刷）浆。在抹灰完成后，表面往往喷（刷）大白浆或其他涂料，方法同前。

（三）直接粘贴式顶棚的施工

直接粘贴式顶棚有两种做法：一是精装饰材料在支撑时铺于模板上，然后浇灌混凝土，使装饰材料粘于混凝土上，拆除模板后即可作为装饰面层，这种饰面使用的是板材，如干抹灰板、压型钢板等。二是在混凝土构件安装和现浇混凝土拆模后，清理楼底面，用黏结剂把装饰面层粘上，这种饰面使用的是干抹灰板、石膏板等。

二、悬吊式顶棚

悬吊式顶棚是现代室内装饰的重要组成部分，它直接影响整个建筑空间的装饰风格与效果，同时还具有保温、隔热、隔声、照明、通风、防火等作用。悬吊式顶棚主要由吊筋（吊杆、吊头等）、龙骨（搁栅）和罩面板三部分组成。

（一）吊筋

对于现浇钢筋混凝土楼板，一般在混凝土中预埋 $\phi 6$ 钢筋（吊环）或 8 号镀锌铁丝作为吊筋，也可以采用金属膨胀螺丝、射钉固定钢筋（钢丝、镀锌铁丝）作为吊筋，如图 9-21 所示。

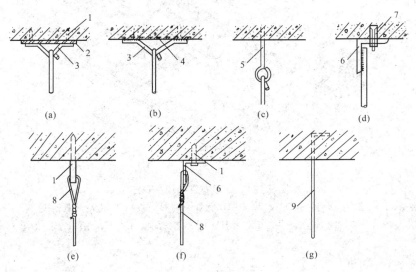

图 9-21　吊筋固定法

(a) 射钉固定；(b) 预埋铁件固定；(c) 预埋 $\phi 6$ 钢筋吊环；(d) 金属膨胀螺丝固定；

(e) 射钉直接连接钢丝（或 8 号铁丝）；(f) 射钉角铁连接法；(g) 预埋 8 号镀锌铁丝

1—射钉；2—焊板；3—$\phi 10$ 钢筋吊环；4—预埋钢板；5—$\phi 6$ 钢筋；6—角钢；

7—金属膨胀螺丝；8—铝合金丝（8 号、12 号、14 号）；9—8 号镀锌铁丝

（二）龙骨安装

悬吊式顶棚龙骨有木质龙骨、轻钢龙骨和铝合金龙骨。

木质龙骨由大龙骨、小龙骨、横撑龙骨和吊木等组成，如图 9-22 所示。大龙骨用 60mm×80mm 方木，沿房间短向布置。用事先预埋的钢筋圆钩穿上 8 号镀锌铁丝将龙骨拧紧；或用 $\phi 6$ 或 $\phi 8$ 螺栓与预埋钢筋焊牢，穿透大龙骨上紧螺母。大龙骨间距以 1m 为宜。吊顶的起拱一般为房间短向的 1/200。小龙骨安装时，按照墙上弹的水平控制线，先钉四周的小龙骨，然后按设计要求分档画线钉小龙骨。最后钉横撑龙骨。小龙骨、横撑龙骨一般用 40mm×60mm 或 50mm×50mm 方木，底面相平，间距与罩面板相对应，安装前须有一面刨平。大龙骨、小龙骨连接处的小吊木要逐根错开，不要钉在同一侧，小龙骨接头也要错开，接头处钉左右双面木夹板。

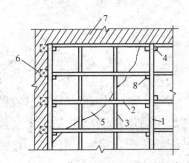

图 9-22　木质龙骨吊顶

1—大龙骨；2—小龙骨；3—横撑龙骨；

4—吊筋；5—罩面板；6—木砖；

7—砖墙；8—吊木

轻钢龙骨和铝合金龙骨，其断面形状有：U 形、T 形等数种，每根龙骨长 2～3m，在现场用连接件拼装，接头应相应错开。U 形龙骨吊顶安装示意图，如图 9-23 所示；TL 形铝合金龙骨安装示意图，如图 9-24、图 9-25 所示。轻钢龙骨和铝合金龙骨安装过程如下：

（1）弹线。根据楼层标高水平线，用尺竖向量至顶棚设计标高，沿墙四周弹出顶棚标高水平线（水平允许偏差±5mm），并沿顶棚高水平线在墙上划好龙骨分档位置线。

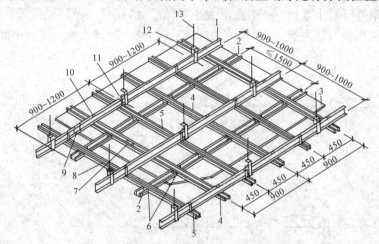

图 9-23　U 形龙骨吊顶示意图

1—BD 大龙骨；2—UZ 横撑龙骨；3—吊顶板；4—UZ 龙骨；5—UX 龙骨；6—UZ_3 支托连接；7—UZ_2 连接件；8—UX_2 连接件；9—BD_2 连接件；10—UZ_1 吊挂；11—UX_1 吊挂；12—BD_1 吊件；13—吊杆 $\phi8\sim\phi10$

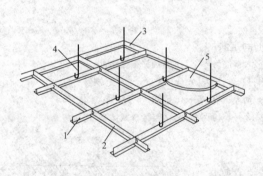

图 9-24　TL 形铝合金吊顶（不上人吊顶）

1—大 T；2—小 T；3—角条；4—吊件；5—罩面板

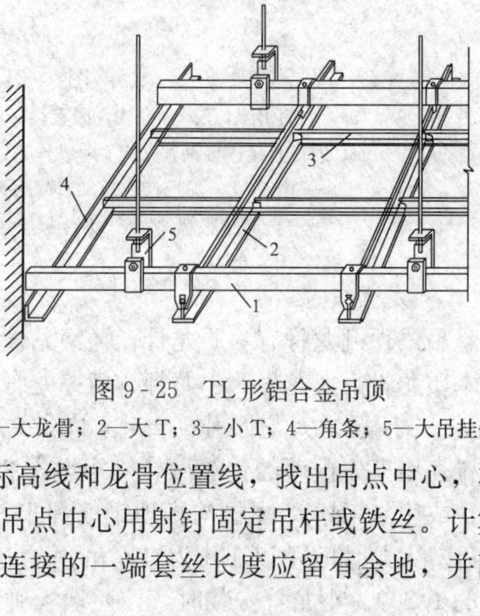

图 9-25　TL 形铝合金吊顶

1—大龙骨；2—大 T；3—小 T；4—角条；5—大吊挂件

（2）安装大龙骨吊杆。按照在墙上弹出的标高线和龙骨位置线，找出吊点中心，将吊杆焊接固定在预埋件上。未设预埋件时，可按吊点中心用射钉固定吊杆或铁丝。计算好吊杆的长度，确定吊杆下端的标高。与吊挂件连接的一端套丝长度应留有余地，并配好螺母。

（3）大龙骨安装。将组装好吊挂件的大龙骨，按分档线位置使吊挂件穿入相应的吊杆螺栓上，拧紧螺母。然后，相接大龙骨，装连接件，并以房间为单元，拉线调整标高和平直。中间起拱高度应不小于房间短向跨度的 1/200。龙骨切割采用小型无齿锯，靠四周墙边的龙骨用射钉钉固在墙上，射钉间距为 1m。

（4）小龙骨安装。按已弹好的小龙骨分档线，卡放小龙骨吊挂件，然后按设计规定的小龙骨间距，将小龙骨通过吊挂件垂直吊挂在大龙骨上，吊挂件 U 形腿用钳子卧入大龙骨内。小龙骨的间距应按罩面板的密缝或离缝要求进行不同的安装。小龙骨中距应计算准确并应通过翻样确定。

（5）横撑龙骨安装。横撑龙骨应用小龙骨截取。安装时，将截取的小龙骨的端头插入支托，扣在小龙骨上，并用钳子将挂搭弯入小龙骨内。组装好后的小龙骨和横撑龙骨底面要求平齐。横撑龙骨间距应根据所用罩面板规格尺寸确定。

（三）罩面板安装

罩面板是统一的规格尺寸，所以应按室内的长和宽的净尺寸来安排。每个方向都应有中心线。若板材为单数，则对称于中间一行板材的中线；若板材为双数，则对称于中间的缝，不足一块的余数分摊在两边。安装小龙骨和横木时，也应从中心向四个方向推进，切不可由一边向另一边分格。当吊顶上设有开孔的灯具和通风排气孔时，更应该通盘考虑如何组成对称的图案排列，这种顶棚都有设计图纸可依循。

罩面板的安装方法有以下几种：

（1）搁置法。将装饰罩面板直接摆放在 T 形龙骨组成的格框内。摆放时要按设计图案要求摆放。有些轻质罩面板，考虑刮风时会被掀起（包括空调口附近），可用木条、卡子固定。

（2）嵌入法。将装饰罩面板事先加工成企口暗缝，安装时将 T 形龙骨两肢插入企口缝内固定。

（3）粘贴法。将装饰罩面板用胶粘剂直接粘贴在龙骨上。

（4）钉固法。将装饰罩面板用钉、螺丝钉、自攻螺丝等固定在龙骨上，钉子应排列整齐。

（5）压条固定法。用木、铝、塑料等压缝条将装饰罩面板钉固在龙骨上。

（6）塑料小花固定法。在板的四角采用塑料小花压角用螺丝固定，并在小花之间沿板边等距离加钉固定。

（7）卡固法。多用于铝合金吊顶，板材与龙骨直接卡接固定，不需要再用其他方法加固。

（四）吊顶工程安装注意事项

（1）吊顶龙骨在运输安装时，不得扔摔、碰撞。龙骨应平直，防止变形；罩面板在运输和安装时，应轻拿轻放，不得损坏板的表面和边角。

（2）罩面板安装前，吊顶内的通风、水电管道及上人吊顶内的人行安装通道，应安装完毕。消防管道安装并试压完毕；吊顶内的灯槽、斜撑、剪刀撑等，应根据工程情况适当布置。轻型灯具吊在大龙骨或附加龙骨上，重型灯具或电扇不得与吊顶龙骨连接，应另设吊钩；罩面板按规格、颜色等预先进行分类选配。

（3）罩面板安装时不得有悬臂现象，应增设附加龙骨固定。施工用的临时通道应架设或吊挂在结构受力构件上，严禁以吊顶龙骨作为支撑点。

（五）质量要求

吊顶工程所用的材料品种、规格、颜色以及基层构造、固定方法等应符合设计要求。罩面板与龙骨应连接紧密，表面应平整，不得有污染、折裂、缺棱掉角、锤伤等缺陷、接缝应均匀一致，粘贴的罩面不得有脱层，胶合板不得有刨透之处。搁置的罩面板不得有漏、透、翘角现象。

第五节　建筑幕墙工程

建筑幕墙工程是由金属构件与各种板材组成的悬挂在主体结构上，不承担主体结构荷载与作用的建筑物外围护结构。按建筑幕墙的面板可将其分为玻璃幕墙、金属幕墙、石材幕墙、混凝土幕墙及组合幕墙等。按建筑幕墙的安装形式又可将其分为散装建筑幕墙、半单元建筑幕墙、单元建筑幕墙、小单元建筑幕墙。

一、玻璃幕墙

（一）玻璃幕墙的分类

面板材料为玻璃的建筑幕墙称为玻璃幕墙。玻璃幕墙采用大面积的玻璃装饰于建筑物的外立面，利用玻璃本身的一些特殊性能，使建筑物显得别具一格，光亮、洁净、明快、挺拔，较之其他装饰材料，在色泽与光彩方面，都给人一种全新的概念。

按照所需玻璃幕墙的建筑效果，可采用不同结构形式的玻璃幕墙。目前玻璃幕墙的主要形式有框支撑玻璃幕墙、点支撑玻璃幕墙及全玻幕墙。框支撑玻璃幕墙由金属框架作为玻璃幕墙结构的支撑，而玻璃则作为装饰的面板，玻璃与金属框架周边连接；点支撑玻璃幕墙由玻璃面板、点支撑装置及支撑结构构成，玻璃与支撑结构间通过点支撑装置相连，相对于框支撑玻璃幕墙来说，玻璃与支撑结构呈点状连接；全玻幕墙由玻璃肋和玻璃面板构成，玻璃本身就是承受自重及风荷载的承重构件。对于框支撑玻璃幕墙，按照金属框架是否外露，分为明框玻璃幕墙、隐框玻璃幕墙、半隐框玻璃幕墙。金属框架的构件显露于面板外表面的框支撑玻璃幕墙称为明框玻璃幕墙；金属框架的构件完全不显露于面板外表面的框支撑玻璃幕墙称为隐框玻璃幕墙；金属框架的竖向或横向构件，显露于面板外表面的框支撑玻璃幕墙称为半隐框玻璃幕墙。

（二）玻璃幕墙的构造

明框玻璃幕墙是用铝合金压板和螺栓将玻璃固定在骨架的立柱和横梁上，压板的表面再扣插铝合金装饰板，如图 9-26 所示。隐框玻璃幕墙常用的构造形式主要有两种：一种是用结构胶将玻璃粘贴在铝合金框架上，再用连接件将铝合金框固定在铝合金骨架上，如图 9-27 所示；另一种是在玻璃上打孔，再用专用连接件（如接驳器）穿过玻璃孔将玻璃与钢骨架相连，这种玻璃幕墙又称点支式玻璃幕墙。点支式幕墙在我国正处于蓬勃的发展阶段，从传统的玻璃肋点支式玻璃幕墙（图 9-28）、单梁点支式玻璃幕墙

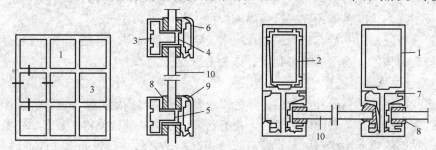

图 9-26　明框玻璃幕墙构造示意图

1—立柱；2—套管；3—横梁；4—压板；5—螺栓；6—装饰扣板；

7—附件；8—橡胶压条；9—定位垫块；10—玻璃

（图 9-29）、桁架点支式玻璃幕墙（图 9-30），到张拉索杆结构点支式玻璃幕墙（图 9-31）和张拉自平衡索杆点支式玻璃幕墙（图 9-32）。点支式玻璃结构与张拉膜结构相组合创造出了崭新的建筑形式。

玻璃幕墙应按围护结构设计，具有足够的承载能力、刚度、稳定性和相对于主体结构的位移能力。采用螺栓连接的幕墙构件，应有可靠的防松、防滑措施；采用挂接或插接的幕墙构件应有可靠的防脱、防滑措施。

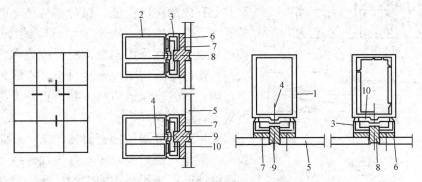

图 9-27 隐框玻璃幕墙构造示意图

1—立柱；2—横梁；3—铝合金框；4—紧固螺栓；5—玻璃；

6—垫条；7—结构胶；8—泡沫棒；9—耐候胶；10—固定件

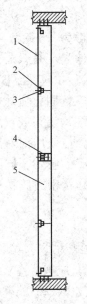 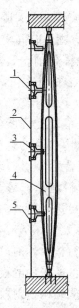 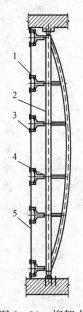 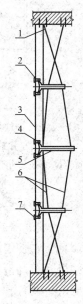

图 9-28 玻璃肋点支
式玻璃幕墙

1—钢化玻璃；2—连接
件；3—钢爪；4—不
锈钢夹板；5—玻
璃肋

图 9-29 单梁点支
式玻璃幕墙

1—钢爪；2—钢化
玻璃；3—转接
件；4—钢梁；
5—连接件

图 9-30 桁架点
支式玻璃幕墙

1—连接件；2—钢桁
架；3—钢爪；
4—转接件；
5—钢化玻璃

图 9-31 张拉索杆结
构点支式玻璃幕墙

1—拉索固定端；2—连接件；
3—钢化玻璃；4—钢爪；
5—拉索支撑杆；
6—不锈钢拉索；
7—拉索调节端

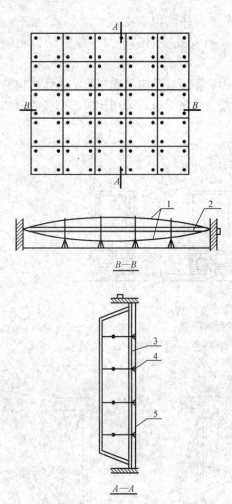

图 9-32 张拉自平衡索杆结
构点支式玻璃幕墙

1—不锈钢拉索；2—自平衡钢管；3—钢桁架；
4—钢爪；5—钢化夹胶玻璃

（三）玻璃幕墙的材料

玻璃幕墙用材料应符合国家现行标准的有关规定及设计。尚无相应标准的材料应符合设计要求，并应有出厂合格证。玻璃幕墙应选用耐候性的材料。金属材料和金属零配件除不锈钢及耐候钢外，钢材应进行表面热浸镀锌处理、无机镀锌涂料处理或采取其他有效的防腐措施，铝合金材料应进行表面阳极氧化、电泳涂漆、粉末喷涂或氟碳漆喷涂处理。玻璃幕墙材料宜采用不燃性材料或难燃性材料，防火密封构造应采用防火密封材料。隐框和半隐框玻璃幕墙，其玻璃与铝型材的黏结必须采用中性结构密封胶；全玻幕墙和点支撑幕墙采用镀膜玻璃时，不应采用酸性硅酮结构密封胶黏结。硅酮结构密封胶和硅酮建筑密封胶必须在有效期内使用。隐框或半隐框玻璃幕墙所采用的中性硅酮结构密封胶，是保证隐框或半隐框玻璃幕墙安全的关键材料。中性硅酮结构密封胶有单组分与双组分之分，单组分硅酮结构密封胶是靠吸收空气中的水分而固化，单组分硅酮结构密封胶的固化时间较长，一般为 14～21d，双组分固化时间较短，一般为 7～10d。硅酮结构密封胶在固化前，其黏结拉伸强度是很弱的，因此，玻璃幕墙构件在打注结构胶后，应在温度 20℃、湿度 50% 以上的干净室内养护，待固化后才能进行下道工序。幕墙工程所使用的结构密封胶，应选用法定检测机构检测的合格产品，在使用前对幕墙工程选用的铝合金型材、玻璃、双面胶带、硅酮耐候密封胶、塑料泡沫棒等与硅酮结构密封胶接触的材料做兼容性试验和黏结剥离性试验，试验合格后方可进行打胶。

（四）玻璃幕墙的制作与安装

玻璃幕墙在加工制作前应与土建设计施工图进行核对，对已建主体结构进行复测，并应按实测结果对幕墙设计进行必要调整。加工幕墙构件所采用的设备、机具应满足幕墙构件加工精度要求，其量具应定期进行计量认证。采用硅酮结构密封胶黏结固定隐框玻璃幕墙构件时，应在洁净、通风的室内进行注胶，且环境温度、湿度条件应符合结构胶产品的规定。注胶宽度和厚度应符合设计要求。除全玻幕墙外，不应在现场打注硅酮结构密封胶。单元式幕墙的单元组件、隐框幕墙的装配组件均应在工厂加工组装。低辐射镀膜玻璃应根据其镀膜材料的黏结性能和其他技术要求，确定加工制作工艺；镀膜与硅酮结构密封胶不相容时，应除去镀膜层。硅酮结构密封胶不宜作为硅酮建筑密封胶使用。

安装玻璃幕墙的主体结构，应符合有关结构施工质量验收规范的要求。进场安装的玻璃幕墙构件及附件的材料品种、规格、色泽和性能均应符合设计要求。玻璃幕墙的安装施工应单独编制施工组织设计，并应包括：①工程进度计划；②与主体结构施工、设备安装、装饰装修的协调配合方案；③搬运、吊装方法；④测量方法；⑤安装方法；⑥安装顺序；⑦构件、组件和成品的现场保护方法；⑧检查验收；⑨安全措施。

单元式玻璃幕墙的安装施工组织设计尚应包括：①吊具的类型和吊具的移动方法，单元组件起吊地点、垂直运输与楼层上水平运输方法和机具；②收口单元位置、收口闭合工艺及操作方法；③单元组件吊装顺序以及吊装、调整、定位固定等方法和措施；④幕墙施工组织设计应与主体工程施工组织设计衔接，单元幕墙收口部位应与总施工平面图中工机具的布置协调，如果采用吊车直接吊装单元组件时，应使吊车臂覆盖全部安装位置。点支撑玻璃幕墙的安装施工组织设计尚应包括：①支撑钢结构的运输、现场拼装和吊装方案；②拉杆、拉索体系预拉力的施加、测量、调整方案以及索杆的定位、固定方法；③玻璃的运输、就位、调整和固定方法；④胶缝的充填及质量保证措施。

玻璃幕墙安装施工应符合现行行业标准《建筑施工高处作业安全技术规范》（JGJ 80）、《建筑机械使用安全技术规程》（JGJ 33）、《施工现场临时用电安全技术规范》（JGJ 46）的有关规定。安装施工机具在使用前，应进行严格检查。电工具应进行绝缘电压试验。手持玻璃吸盘及玻璃吸盘机，应进行吸附重量和吸附持续时间试验。采用外脚手架施工时，脚手架应经过设计，并应与主体结构可靠连接。采用落地式钢管脚手架时，应双排布置。当高层建筑的玻璃幕墙安装与主体结构施工交叉作业时，在主体结构的施工层下方应设置防护网；在距离地面约3m高度处，应设置挑出宽度不小于6m的水平防护网。采用吊篮施工时，对吊篮应进行设计，使用前应进行安全检查；吊篮不应作为竖向运输工具，并不得超载；不应在空中进行吊篮检修；吊篮上的施工人员必须配系安全带。现场焊接作业时，应采取防火措施。

二、金属幕墙

面板材料为金属板的建筑幕墙称为金属幕墙。金属幕墙主要由金属饰面板、固定支座、骨架结构、各种连接件及固定件、密封材料等构成，金属饰面板悬挂或固定在承重骨架或墙面上，如图9-33、图9-34所示。与玻璃幕墙和石材幕墙相比，金属幕墙的强度高、重量轻、防火性能好、施工周期短，可应用于各类建筑物。

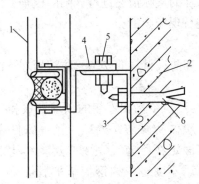

图9-33 铝合金板或塑铝板幕墙构造示意图
1—铝合金板或塑铝板；2—建筑结构；
3—角钢连接件；4—直角形铝型材横梁；
5—调节螺栓；6—锚固膨胀螺栓

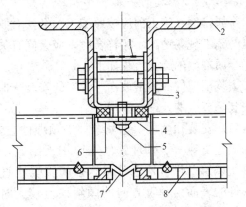

图9-34 铝合金蜂窝板幕墙构造示意图
1—焊接钢板；2—结构边线；3—∟75×50×5角钢；4—5×3铝管；5—螺丝带垫圈；
6—4s×45×5铝板；7—橡胶带；
8—蜂窝铝合金外墙板

（一）金属幕墙的构成

（1）骨架材料。金属幕墙通常采用型钢骨架或铝合金骨架。型钢骨架结构强度高、造价低、锚固间距大，一般用于低层建筑或对安装精度要求不高的金属幕墙结构中。由于型钢骨架易生锈，在施工前必须进行相应的防腐处理，而且型钢骨架对使用维护的要求较高，所以金属幕墙的骨架多采用铝型材骨架。

（2）饰面材料。金属幕墙饰面板的常用材料有彩色涂层复合钢板、铝合金板、蜂窝铝合金复合板和塑铝板等。彩色涂层复合钢板是以彩色涂层钢板为面层，以轻质保温材料为芯板，经过复合后而形成的一种板材。金属幕墙采用的铝合金板一般是 LF21 铝合金板，其厚度为 2.5mm。为了提高较大规格的铝合金板的板面刚度，通常在铝合金板的背面用与板面相同质地的铝合金带或角铝进行加强。铝合金板的表面则采用粉末喷涂或氟碳喷涂工艺进行处理，协调铝合金板面色调的同时也可提高板材的使用寿命。蜂窝铝合金复合板是在两块铝板中间加上用各种材料制成的蜂窝状夹层，蜂窝铝合金板的夹层材料以铝箔为主。塑铝板是以铝合金板为面层材料，聚乙烯或聚氯乙烯等热塑性塑料为芯板材料，经复合而成的装饰板。

（3）连接件。金属幕墙的骨架结构需通过连接件与建筑的主体结构相连。连接件需进行防锈、防腐处理。

（4）辅助材料。辅助材料主要指填充材料、保温隔热材料、防火防潮材料、密封材料和黏结材料等。填充材料主要是聚乙烯发泡材料。保温隔热材料主要用岩棉、矿棉及玻璃棉等。密封材料及黏结材料有中性的耐候硅酮胶、双面胶及结构胶。密封胶的性能应满足设计要求，且宜采用中性耐候硅酮胶，不得将过期的密封胶用于幕墙工程中。双面胶在选用时应考虑到金属幕墙所承受的风荷载的大小。当风荷载大于 $1.8 kN/m^2$ 时，则选用中等硬度的聚氨基乙酯低发泡间隔双面胶带；当风荷载小于或等于 $1.8 kN/m^2$ 时，宜选用聚乙烯低发泡间隔双面胶带。结构胶采用中性胶，并不得使用过期的结构胶，结构胶的性能应满足国家规范的有关规定。

（二）金属幕墙的安装

金属幕墙在施工前应按照施工图纸，对照现场尺寸的实际情况进行详细的核查。发现有图纸与施工现场情况不相符合时，应会同有关人员进行现场会审。

金属幕墙的施工流程如下：

安装预埋件→测量放样→骨架的安装→保温隔热和防火材料的安装→防雷处理→饰面板的安装→节点的处理→清理。

（1）安装预埋件。金属幕墙的预埋件主要是指与建筑结构相连接的预埋钢板和幕墙骨架的固定支座等。预埋铁件用厚钢板制成，其表面应做防腐防锈处理。预埋铁件在结构混凝土浇筑前进行，也可用高强膨胀螺栓直接将其固定在已施工完成的建筑结构上。预埋铁件的表面沿垂直方向的倾斜误差较大时，应采用厚度适中的钢板垫平后焊牢，严禁用钢筋头等不规则金属件进行垫焊或搭接焊。预埋铁件固定后，再用高强螺栓或焊接的方法将幕墙支座固定在预埋铁件上，固定支座可用不锈钢板或经过镀锌处理过的角钢制成。

（2）测量放样。将预埋件和建筑物轴线的位置复测后，再将竖向骨架和横向骨架的位置定出，并用经纬仪定出幕墙的转角位置。测量时应控制好测量误差，测量时的风力不超过四级。放样后应及时校核相关尺寸，确保幕墙的垂直度和立柱位置的正确性。

（3）骨架的安装。骨架在安装前应检查铝合金骨架的规格尺寸、连接件加工处理的情况等是否符合图纸和规范的要求。将经过热浸镀锌处理过的连接角钢焊接在预埋铁件上，焊接时应采用对称焊接，以防止产生焊接变形。预埋铁件上的连接铁件焊接后，需对焊缝进行防锈处理。用不锈钢螺栓将立柱固定在连接角钢上，在立柱与连接铁件的接触处固定厚度为1mm左右的橡胶绝缘片，以防不同的金属之间产生电化学腐蚀。立柱的尺寸经过校准后拧紧螺栓。再用L形铝角件将铝合金横梁安装在立柱上，立柱与横梁之间用弹性橡胶垫片隔开，横梁与立柱的接缝用密封胶密封处理。

（4）幕墙的防火、隔热和防雷处理。在金属幕墙与楼板结构之间的缝隙处，用厚度不小于1.5mm经过防腐处理的耐热钢板和岩棉或矿棉进行防火密封处理，形成防火隔离带，隔离带中间不得有空隙。幕墙有保温隔热要求时，在铝合金骨架的空当内用阻燃型聚苯乙烯泡沫板等材料进行填充，泡沫板的尺寸可根据现场尺寸裁切。将泡沫板固定在铝合金框架内，再用彩色涂层钢板或不锈钢板等材料进行封闭。金属幕墙的饰面板如果用铝合金蜂窝板时，由于蜂窝板本身具有较好的保温隔热性能，则在板的背面可以不做上述的保温隔热处理。幕墙的防雷体系应与建筑结构的防雷体系有可靠的连接，以确保整片幕墙框架具有连续而有效的导电性，保证防雷系统的接地装置安全可靠。防雷系统与供电系统不得共享接地装置。

（5）饰面板的安装。饰面板在安装时应做好保护工作，避免板面被硬物撞击或划伤。按照幕墙上饰面板的分格布置要求，将饰面板固定在铝合金骨架上，固定时应注意分格缝的水平度和垂直度应满足有关要求。饰面板固定后，在板的接缝内安装泡沫棒。板的接缝四周须用保护胶纸粘贴，以防密封胶污染板面。注胶的宽度与深度的比例一般为2∶1。密封胶固化后再将保护胶纸撕去。

（6）节点的处理。金属幕墙的节点主要是指幕墙的转角处、不同材料的交接处、女儿墙的压顶、墙面边缘的收口、墙面下端部位和幕墙的变形缝等部位。这类节点的处理，既要满足建筑结构的功能要求，又要与建筑装饰相协调，起到烘托饰面美观的作用。在铝合金板墙中，一般采用特制的铝合金成型板进行构造处理。幕墙的变形缝处用异形金属板和氯丁橡胶带进行处理。

（7）清理。清理工作主要是指对幕墙板面的清洗。有保护胶纸的板面应将保护胶纸及时撕去，撕胶纸时应按从上至下的方向进行。板面清洗时所用的清洗剂应是中性清洗剂，不得用碱性或酸性清洗剂，以免板面被污损。

三、石材幕墙

面板材料为石板材的建筑幕墙称为石材幕墙。它利用金属挂件将石板材钩挂在钢骨架或结构上。石材幕墙主要由石材面板、固定支座、骨架结构、各种连接件及固定件、密封材料等组成。石材幕墙不仅能够承受自重荷载、风荷载、地震荷载和温度应力的作用，还应满足保温隔热、防火、防水和隔声等方面的要求，因此石材幕墙应进行承载力和刚度方面的计算。

由于花岗岩的强度高、耐久性好，因而一般用花岗岩作为石材幕墙的面板材料。为保证板材的安全性，防止板材与连接件处产生裂缝，板材的厚度一般在30mm以上。花岗岩板材的色泽应基本一致，板体上不应有影响安全要求的明显缝隙，毛面板的正反面和镜面板的背面应刷涂透明隔离剂，以防雨水的侵蚀作用，板材的规格公差不能超过规定的范围。石材的吸水率应小于 0.8%，弯曲强度不应小于 $8.0MPa$。石材的放射性应符合《天然石材产品放射性防护分类控制标准》（JC 518）的规定。

骨架结构材料有铝合金型材和碳素钢型材。铝合金型材的质量应符合石材幕墙规范的规定，碳素钢型材的质量应满足《钢结构设计规范》的要求。碳素钢构件应采用热镀锌防腐处理，焊接部位处必须刷镀锌防锈漆。

石材幕墙的连接件和固定件有挂件和螺栓。挂件一般用不锈钢和铝合金。不锈钢挂件用于无骨架体系和钢骨架体系，铝合金挂件与铝合金骨架配套使用。螺栓有热镀锌钢螺栓或不锈钢螺栓。固定支座用螺栓固定时须做现场拉拔实验，以确定螺栓的承载力。

石材幕墙的构造有直接式（图 9-35）、骨架式（图 9-36）、背栓式、黏结式和组合式等。直接式石材幕墙就是用挂件将石材直接固定在主体结构上的一种构造形式；骨架式是在主体结构上安装相应的骨架体系，在骨架上安装金属挂件，通过金属挂件将石材固定在骨架上；背栓式是在石材的背面用柱锥式钻头钻出专用孔，将专用锚栓固定在孔洞内，通过锚栓和金属挂件将板材固定在骨架上；黏结式是在板材背面的某些位置上用干挂石材胶，将石材直接粘贴在主体结构上的一种施工工艺；组合式则是将石材、保温材料等在工厂内加工后形成组合框架，再将组合框架固定在钢骨架上。

石材幕墙的施工工艺如下：

安装预埋件→测量放样→安装骨架→石材面板的安装→接缝处理→清洗扫尾。

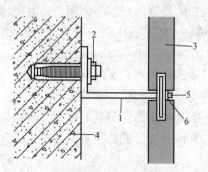
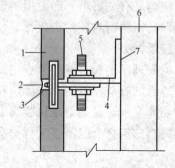

图 9-35　直接式石材幕墙构造示意图　　　图 9-36　骨架式石材幕墙构造示意图
1—挂件；2—膨胀螺栓；3—石材；　　　　1—石材；2—耐候胶；3—泡沫棒；4—挂件；
4—基体；5—耐候胶；6—泡沫棒　　　　　5—螺栓；6—骨架；7—焊缝

四、幕墙工程的质量验收

（1）幕墙工程的质量验收按《建筑装饰装修工程质量验收规范》（GB 50210—2001）进行。

（2）相同设计、材料、工艺和施工条件的幕墙工程每 $500\sim1000m^2$ 应划分为一个检验批，不足 $500m^2$ 也应划分为一个检验批。同一单位工程的不连续的幕墙工程应单独划分检验批。对于异型或有特殊要求的幕墙，检验批的划分应根据幕墙的结构工艺特点，由监理单位（或建设单位）和施工单位协商确定。

（3）每个检验批每 $100m^2$，应至少抽查一处，每处不得小于 $10m^2$。对于异型或有特殊要求的幕墙，应根据幕墙的结构和工艺特点及幕墙工程的规模，由监理单位（或建设单位）

和施工单位协商确定。

（4）验收。主要从幕墙结构的安全与安装偏差及装饰效果等方面着手进行验收，验收时必须检查相关的资料，并对幕墙的外观质量及安装允许偏差进行检验。

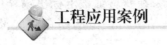

工程应用案例

【背景材料】

某市交通银行大楼位于市中心路口，高约 60m，外立面全部采用花岗岩面板装饰，并配以适量的铝合金窗和玻璃幕墙，石材幕墙约 7800m²，玻璃幕墙和铝合金窗约 800m²。石材选用福建产 606 号火烧板，标准厚度 20mm。后切式干挂石材幕墙也称无应力锚固式石材幕墙。它是一组底部钻孔锚栓通过凸形结合和基材连接，并由金属框架支承的一种新型石材幕墙，与传统干挂石材施工工艺比较具有寿命长、重量轻、可拆换的优点。某市幕墙分公司引进国外先进技术设备，并在此基础上加以改进，形成了先进的施工工艺。目前国内专业施工企业已有数家，但设计多依靠国外公司完成。某市交行大楼的后切式干挂石材幕墙工程全部由国内施工企业设计并施工完成，取得了良好效果。

一、施工准备

1. 材料设备

石材幕墙使用的材料应符合国家现行产品标准的规定，同时应具有耐候性能和耐火性能。石材选用不具放射性的火成岩（花岗石），并根据层理选材。耐火、吸水、强度等性能均应符合国家现行标准的规定。严禁用溶剂型的化学清洁剂清洗石材，应采用机械研磨或用清水冲洗表面。

耐候密封胶必须不含硅油，以防对石材造成污染。使用的橡胶条应有保证使用年限及组分化验单。

石材与龙骨采用专门的齐平式或间隔式锚栓连接。螺栓形式如图 9-37 所示。

幕墙龙骨采用铝合金，必须符合《铝合金建筑型材》（GB 5237—1993）中的高精级，且做好接地

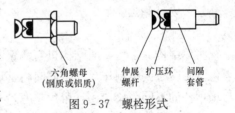

六角螺母
（钢质或铝质）

伸展　扩压环　间隔
螺杆　　　　　套管

图 9-37　螺栓形式

防雷措施。制作设备采用从国外引进的 SBN500 锚栓安装机及大批量电钻机等。同时，针对国内的工程实际，该公司对进口加工设备做了改进，将 2 孔同时加工改为 4 孔同时加工，并且采用流水作业线，加快了制作速度，提高了产品质量。

2. 外脚手架要求

一般土建外脚手架离墙 20cm，无法满足龙骨安装的需要，搭设要求距墙 310～350mm，脚手架立杆横距 1m，步高 1.8m，架体连墙尽可能多利用窗洞口，少用埋件固定。脚手架必须搭设稳固，脚手架数量充足。

3. 基层处理

外立面装修前，应按后切式石材幕墙的设计和安装要求，对外墙面进行清理。安装尺寸与结构钢筋矛盾时，要报请业主、设计、监理确定处理方案。墙面有凹凸不平的，需要进行剔凿修整。墙面上外露的钢筋头，要全部、彻底地割除，然后在表面涂刷防锈漆，外墙面上

遗留的孔洞，按照有关技术规范要求及时修补。

二、构件板材加工

1. 锚栓安装

锚栓在加工厂应按设计要求，在石材饰板上标出锚栓位置，先按石材实际厚度垂直钻孔达到指定的深度，然后控制钻头沿一定的路径做底部拓孔后吹净粉屑，把锚栓和套管放入孔中，然后推进套管，使扩压环强行进入底部拓孔中，与材料形成凸形结合，完成无应力锚固。全部加工制作由电脑控制，能确保加工的质量和装配后外墙面的平整度。

2. 构件加工

幕墙结构构件截料前应进行校直调整。横梁允许偏差为±0.5mm，立柱允许偏差为±1.00mm，端头斜度允许偏差为−15°，截料端头不得因加工而变形，毛刺不应大于0.2mm。孔位的允许偏差为±0.5mm，孔距的允许偏差为±0.5mm，累计偏差不得大于±1.0mm。

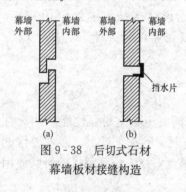

幕墙　　幕墙　　幕墙　　幕墙
外部　　内部　　外部　　内部

挡水片

(a)　　　　(b)

图 9-38　后切式石材幕墙板材接缝构造

3. 石材加工

石材应结合其组合形式，并应确定工程中使用的基本形式后进行加工。板材间缝隙挡雨是一个需要解决的问题。目前国内多采用露缝或打胶的办法解决。这两种方法都存在一些弊病。本工程原设计通过水平缝企口，竖向缝打胶的方法解决板材间缝隙挡雨问题，如图 9-38 (a) 所示。但在实际施工中发现制作安装均较困难，后改用如图 9-38 (b) 所示构造，既保持石材内外等压，又可防止雨水溅入，较好地解决了挡雨的问题。

三、安装施工

1. 龙骨安装

主体结构完工后，对结构进行测量，得出实际尺寸，对土建结构偏差进行控制、分配、消化。必要时调整制作尺寸，同时将幕墙与预埋件的连接件制作成多种长度，以便根据杆件与预埋件的不同距离选用，避免垫塞带来的不利影响。

龙骨与主体结构连接的预埋件，应在土建施工时按设计要求埋设。埋件应牢固，位置准确，标高偏差不大于 10mm，位置偏差不大于 20mm，严格按设计要求进行复查。埋件钢板须经镀锌处理。如果主体结构施工时未预埋，应用对销螺栓或胀锚固定。

将立挺（竖直方向龙骨）通过连接件与主体预埋件连接，并进行调整和固定。按饰板规格和设计布置，在立挺上弹出水平线并打孔，用不锈钢圆头螺钉固定横梁。将横梁两端的连接件及垫片安装在立挺的预定位置。并应安装牢固，接缝严密。同一层的横梁安装应由下而上进行。当安装完一层高度时，应进行检查、调整、固定，使其符合质量要求。

焊接操作按有关施工技术规范执行。所有搭接全部满焊。龙骨固定焊接后，清除所有焊药及焊渣等杂物，在焊接部位补刷四遍防锈漆。

2. 饰板安装

墙面和柱面干挂石材，应先找平，分块弹线，并按弹线尺寸及花纹图案预拼和编号。固定石材的挂件应与锚固件龙骨连接牢固。把在工厂内已安装锚栓的饰板按设计图挂在横梁上。为保证饰板的平整及板缝的均匀，在饰板的固定构件上用调节螺钉微调好后，用固定销钉锁定，如图9-39所示。

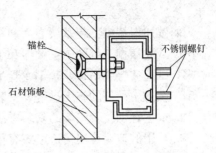

图9-39 饰板安装示意图

女儿墙顶、窗洞、门洞、墙角等特殊装饰部位的墙面应根据设计要求制作非标准尺寸的饰板，然后挂板。挂板一般由主要的表面（或主要观赏点）开始，由下而上或由上而下按一个方向顺序安装，板面安装完毕隐检合格后对竖缝打胶，并清洗板面。

四、质量要求

饰板不得有缺边掉角和裂缝及严重划伤。颜色、质地均匀一致，无大块色斑、特殊纹理和明显色差。规格、位置排列必须准确无误，固定准确，龙骨型号、安装位置必须准确无误，焊缝长度符合要求，焊接牢固。由于板材为工厂制作，电脑控制，可达到较高的精度。在目前石材幕墙技术规范尚未颁布的情况下，本工程施工允许偏差参照玻璃幕墙的标准确定。经实测，工程质量符合现行标准。

五、施工体会

通过本工程的实践体会到：后切式干挂石材幕墙克服了传统的钢销式和槽式干挂石材幕墙的某些缺点，在安全性、耐久性、方便性等方面都具有较大的优势。

目前国内干挂石材幕墙多采用钢销式。这种石材幕墙在实际工程中产生了许多问题，受到许多限制，引起了专家的关注。建设部《金属与石材幕墙工程技术规范》（JGJ 133—2001）中明确提出钢销式和槽式石材幕墙的搭设高度不得超过20m。后切式的干挂石材幕墙具有先进的、经济合理的结构型式和施工工艺，发展前景广阔。

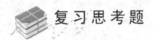

复习思考题

1. 简述抹灰工程的分类、组成及其作用。

2. 抹灰为什么要分层？简述每层的厚度和作用。

3. 抹灰工程在施工前应做哪些准备工作（基层表面的处理材料准备等）？有什么技术要求？

4. 试述立标法的操作程序。

5. 试述水刷石面层的施工工序和技术要求。

6. 试述干粘石施工工艺过程和注意的问题。

7. 试述大理石及预制水磨石饰面板安装的工艺流程和技术要求。

8. 铺釉面砖的主要施工过程和技术要求是什么？

9. 铺陶瓷锦砖和玻璃锦砖（玻璃马赛克）面层的主要工序和要求有哪些？

10. 试述水泥砂浆地面和细石混凝土地面的施工方法和保证质量的措施。

11. 试述水磨石地面的施工方法和保证质量措施。

12. 试述水磨石的开磨时间、要求每遍磨光时间间隔与所采用金刚石号数。

13. 试述地毯的铺设方法。

14. 试述涂料基层的处理，不同质量等级涂层对刮腻子、磨光、涂刷涂料等主要工序的要求。

15. 试述对裱糊工程基层表面和材料要求。

16. 试述裱糊工程的施工顺序和工艺流程。

17. 试述铝合金吊顶、轻钢龙骨吊顶构造、安装的施工过程。

18. 试述木吊顶的施工过程。安装木吊顶应掌握哪些技术要求？

19. 试述轻钢龙骨隔墙的安装方法。

20. 常用的玻璃幕墙构造形式有哪些？如何进行玻璃幕墙的安装？

21. 简述石材幕墙的施工工艺。

第十章　道　路　工　程

内容提要

　　本章内容包括道路工程施工机械的分类、选型和组合；填方路基、挖方路基的施工方法，特殊土路基的施工方法；路基压实方法；路基排水设施；路面基层的施工。水泥混凝土路面的施工方法、质量控制与检查验收。沥青路面的施工方法、质量控制与检查验收。

学习要求

　　(1) 熟悉道路工程路基施工前的准备工作。
　　(2) 了解路基排水设施的种类、施工要点。掌握填方路基、挖方路基、特殊土路基的施工方法。
　　(3) 掌握路面基层的施工和质量控制、检查验收标准。
　　(4) 掌握水泥混凝土路面、沥青路面的施工方法、质量控制与检查验收。

　　道路是在天然地表面上按照线形设计要求开挖或堆填而成的工程结构物。其中路基和路面作为不可分割的整体，共同承受着汽车荷载的重复作用和自然条件的长期影响。由于道路沿线地形起伏，地质、地貌、气象特征多变，再加上沿线城镇经济发达程度与交通繁忙程度不同，根据道路所处位置、交通性质和使用特点，将道路分为公路、城市道路、厂矿道路和林业道路等。

　　公路是连接城、镇、工业基地、港口及集散地等的道路，主要供汽车行驶。根据交通量及其使用任务、性质，可分为汽车专用公路（包括高速公路、一级公路）和一般公路（包括二级公路、三级公路、四级公路）。交通部 2004 年颁布的《公路工程技术标准》（JTGB 01—2003）根据公路的使用任务、功能和适应交通量分为五个等级，由五个等级构成公路网，其中高速公路、一级公路为公路网的骨干线，二、三级公路为公路网内的基本线，四级公路为公路网的支线。

　　城市道路是城市内部的道路，是城市组织生产、安排生活、搞活经济、物质流通所必需的车辆、行人交通往来的道路。城市道路根据其在道路系统中的地位、交通功能以及对沿线建筑物的服务功能、车辆、行人进出频度，将城市道路分为四类（快速路、主干路、次干路、支路）。

　　厂矿道路主要是为工厂、矿区交通服务的专用道路。林业道路主要是为林区开发的木材运输服务的专用道路。

第一节　路　基　工　程　施　工

　　路基是道路的重要结构物，它是路面的基础，应具有足够的强度和整体稳定性。路基主要是用土、石修建而成，施工工艺较为简单，但土（石）方工程量较大，往往是控制道路施工工期的关键。路基通常分为一般路基和特殊路基。凡在正常的地质与水文条件下，路基填挖高度不超过设计规范或技术标准所允许的范围，称为一般路基；凡超过规定范围的高填或深挖路基，以及特殊地质与水文条件地区的路基，称为特殊路基。

路基可分为路堤、路堑和半填半挖路基三种类型，如图 10-1 所示。填方路基称为路堤；低于原地面的挖方路基称为路堑；位于山坡上的路基，设计上常采用道路中心线标高作为原地面标高，这样可以减少土（石）方工程量，避免高填深挖和保持横向填挖平衡，形成半填半挖路基。

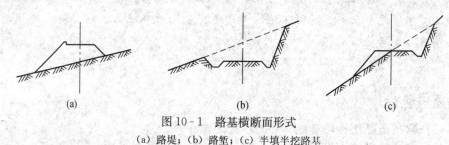

图 10-1　路基横断面形式

(a) 路堤；(b) 路堑；(c) 半填半挖路基

一、施工前的准备工作

路基施工前的准备工作包括施工测量、施工前的复查与试验、清理施工现场等工作。对于高速公路和一级公路或采用新技术、新工艺、新材料的其他等级公路，还应做好施工前铺筑试验路、施工机械准备及施工放样工作。

1. 施工测量

施工前应做好施工测量工作，其内容包括导线、中线、水准点复测、检查与补测横断面，校对和增加水准点等。

2. 施工前的复查与试验

路基施工前，应对路基施工范围内的地质、地形、水文情况进行详细调查。根据设计文件要求，对挖、填土方的路堤填料进行复查和取样试验。

3. 清理施工现场

办好有关土地征用、占用手续，依法使用土地。对路基范围内的建筑物、道路、沟渠、通信及电力设施等，施工单位应协同有关部门做好拆迁工作。应对路基附近的危险建筑物进行加固处理，应对文物古迹妥善保护。

4. 铺筑试验路

高速公路和一级公路、特殊地区公路或采用新技术、新工艺、新材料的路基，在正式施工前应采用不同的施工方案和施工方法，铺筑试验路并进行相关试验分析，从中选出最佳施工方案和施工方法以指导大面积路基施工。所铺筑的试验路应具有代表性，施工机械和工艺过程要与以后全面施工时相同。通过试验路铺筑可确定压实各种填料的最佳含水量、适宜的松铺厚度、相应的碾压遍数、最佳机械配置和施工组织方法等。

5. 施工机械准备

路基施工机械准备包括铲土运输机械（推土机、铲运机和平地机等）、挖掘机械（正铲挖掘机、反铲挖掘机、拉铲挖掘机、抓铲挖掘机）、工程运输机械（公路型和非公路型车辆）、石方工程机械（松土器和各种凿岩钻孔机械）、压实机械（碾压机械、振动碾压机械和夯实机械）等。

6. 施工放样工作

路基开工前，应根据路基横断面设计图或路基设计表进行放样。路基放样的目的是在原地面上标定路基的轮廓，作为施工的依据，其放样工作内容包括：

（1）在地面中线桩处标定填挖高度。

（2）按设计图纸定出横断面的各主要控制点，如路堤的边缘和坡脚、路堑的坡顶、半填半挖断面的坡脚和坡顶。

（3）边坡放样，按设计的路基边坡率放出边坡的位置桩。

（4）移桩移点，遇有在施工中难以保存的标志桩，应沿横断面方向将桩点移设于施工范围以外。

二、路堤填筑施工

1. 土方路堤施工

填筑土方路堤时，宜采用水平分层填筑法进行施工，即按照横断面全宽分成水平层次逐层向上填筑。如原地面不平，应由最低处分层填起，每填一层，经过压实符合规定要求后，再填上一层。原地面纵坡大于12%的地段，可采取纵向分层法施工，即沿纵坡分层，逐层填压密实。

2. 土石路堤施工

土石路堤是指利用砾石土、卵石土、块石土等天然土石混合材料填筑而成的路堤。在填筑施工时，当天然土石混合材料中所含石料强度大于 20MPa 时，由于不易被压路机压碎，石块的最大粒径不得超过压实层厚的 2/3；当所含石料为强度小于 15MPa 的软质岩时，石料的最大粒径不得超过压实层厚。土石路堤不允许采用倾填方法，均应分层填筑、分层压实，每层铺填厚度应根据压实机械类型和规格确定，一般不宜超过 40cm。其施工方法为：

（1）按填料渗水性能来确定填筑方法。即压实后渗水性较大的土石混合填料，应分层分段填筑，如需纵向分幅填筑，则应将压实后渗水性较好的土石混合填料填筑于路堤两侧。

（2）按土石混合料不同来确定填筑方法。即当所有土石混合料岩性或土石混合比相差较大时，应分层分段填筑。如不能分层分段填筑时，应将硬质石块混合料铺筑于填筑层下面，且石块不得过分集中或重叠，上面再铺含软质石料混合料，然后整平碾压。

（3）按填料中石料含量来确定填筑方法。即当石料含量超过 70% 时，应先铺填大块石料，且大面向下，放置平稳，再铺填小块石料、石碴或石屑嵌缝找平，然后碾压；当石料含量小于 70% 时，土石可以混合铺填，且硬质石料（特别是尺寸大的硬质石料）不得集中。

3. 高填方路堤

水稻田或长年积水地带，用细粒土填筑路堤高度在 6m 以上，其他地带填土或填石路堤高度在 20m 以上时，则属于高填方路堤。高填方路堤在施工前应检查地基土是否满足设计所要求的强度，如不满足，则应按特殊路基要求进行加固处理。在施工时，如填土来源不同、性质相差悬殊时，应分层填筑，而不应分段或纵向分幅填筑；如受水浸淹没部分，应采用稳定性好以及渗水性好的填料填筑，其边坡不宜小于 1∶2。

4. 桥涵及其他构造物处的填筑

桥涵及其他构造物处的填筑，主要包括桥台台背、涵洞两侧及涵顶、挡土墙墙背的填筑。在施工过程中，既要保证不损坏构造物，又要保证填筑质量，避免由于路基沉陷而发生跳车，影响行车安全、舒适和速度。因此，必须选择合理的施工措施和施工方法。

（1）填料选用。桥涵端头产生跳车的主要原因是路基压缩沉陷和地基沉降。为了保证台背处路基的稳定，填料除设计文件另行规定外，应尽可能采用砂类土或透水性材料。如果选用非透水性材料时，则要对填料进行处理。另外，可以采用换土或掺入石灰、水泥等稳定性材料进行处理。特别注意的是，不要将构造物基础挖出的土混入填料中。

（2）填土范围。台背后填筑不透水材料，应满足一定长度、宽度和高度的要求。一般情况下，台背填土顺路线方向长度，顶部为距翼墙尾端不小于台高加 2m，底部距基础内缘不小于 2m，拱桥台背填土长度不小于台高的 3～4 倍，涵洞每侧不小于 2 倍孔径长度；填筑高度应从路堤顶面起向下计算，在冰冻地区一般不小于 2.5m，无冰冻地区填至高水位处。

（3）回填压实。桥台背后填土宜与锥形护坡同时进行；涵洞缺口填土应在两侧对称均匀分层回填压实；分层松铺厚度宜小于 20cm，当采用小型夯实设备时，松铺厚度不宜大于 15cm；涵洞顶部的填土厚度小于 50～100cm 时，不得允许重型机械设备通过。挡土墙背面填料宜选用砾石或砂类土。墙趾部分的基坑应及时回填压实，并做成向外倾斜的横坡。在填土过程中，应防止水的侵害，回填完成后，顶部应及时封闭。

三、挖方路基施工

由于挖方路堑是由天然地层所构成的，具有较为复杂的地质结构。处于地壳表层的挖方路堑边坡，在施工过程中会受到自然和人为因素等影响，比路堤边更容易发生变形和破坏。

（一）土方路堑的施工

土方路堑的开挖方式，应根据路堑的深度、纵向长度、现场施工条件和开挖机械等因素来确定。其开挖方式有横挖法、纵挖法和混合式开挖法。

1. 横挖法

横挖法就是对路堑整个横断面的宽度和深度从一端或两端逐渐向前开挖的方式。适用于开挖较短的路堑。

（1）单层横向全宽挖掘法。即一次挖掘到设计标高，逐渐向纵深挖掘，挖出的土方向两侧运送，如图 10-2（a）所示。这种开挖方式适用于开挖深度小且较短的路堑。

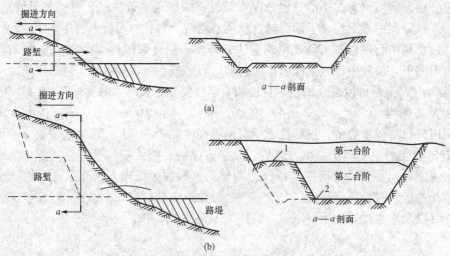

图 10-2　横向全宽挖掘法
(a) 单层横向全宽挖掘法；(b) 多层横向全宽挖掘法
1—第一台阶运土道；2—临时排水沟

（2）多层横向全宽挖掘法。即从开挖的一端或两端按横断面分层挖至设计标高，如图10-2（b）所示。这种开挖方式适用于开挖深度大且较短的路堑。每层挖掘深度可根据施工安全和方便而定。人工横挖法施工时，深度为1.5～2.0m；机械横挖法施工时，每层台阶深度为3.0～4.0m。

2. 纵挖法

纵挖法就是沿路堑的纵向，将高度分成深度不大的层次进行挖掘的方法。适用于较长的路堑。

（1）分层纵挖法。即沿路堑全宽，以深度不大的纵向分层挖掘前进的施工方法，如图10-3（a）所示。

（2）通道纵挖法。即沿路堑纵向挖掘一通道，然后将通道向两侧拓宽，上层通道拓宽至路堑边坡后，再开挖下层通道，按此方向直至开挖到路基顶面标高，如图10-3（b）所示。适用于较长、较深且两端地面纵坡较小的路堑。

（3）分段纵挖法。即沿路堑纵向选择一个或几个适宜处，将较薄一侧路堑横向挖穿，将路堑在纵方向上按桩号分成两段或数段，各段再纵向开挖的方式，如图10-3（c）所示。适用于路堑过长，弃土运距较远的傍山路堑，或一侧的堑壁不厚的路堑开挖。

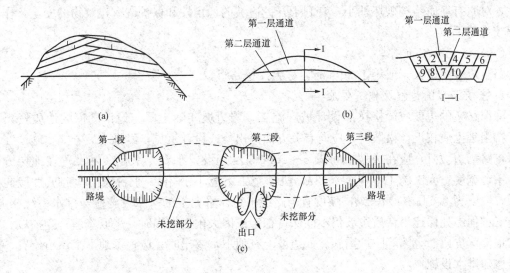

图10-3　纵向挖掘法

（a）分层纵挖法；（b）通道纵挖法（图中数字为拓宽顺序）；（c）分段纵挖法

3. 混合式开挖法

混合式开挖法是将横挖法和通道纵挖法混合使用的挖掘方法，如图10-4所示。当路堑纵向长度和开挖深度都很大时，为了扩大工作面，先将路堑纵向挖通后，然后沿横向坡面挖掘，以增加开挖坡面。每一个坡面应安排一个机械化施工班组进行施工作业。

（二）岩石路堑的施工

在路基工程中，沿线路通过山区、丘陵及傍山沿溪地段时，往往会遇到集中或分散的岩石区域，因此，就必须进行石方的破碎、挖掘作业。开挖石方时，应根据岩石的类别、风化程度等，确定开挖方式。对于软岩和强风化岩石，均宜采用人工开挖或机械开挖，否则，应采用爆破法开挖和松土法开挖。爆破法开挖就是利用炸药爆炸时产生的热量和高压，使岩石

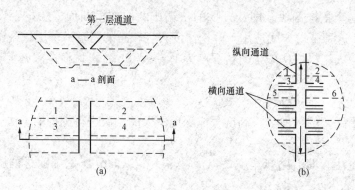

图 10 - 4　混合挖掘法

（a）横面和平面；（b）平面纵、横通道示意

注：箭头表示运土与排水方向，数字表示工作面号数。

或周围介质受到破坏或移动，其特点是施工速度快，减轻繁重的体力劳动，提高生产率，但需要有充分的爆破知识和必要的安全措施。松土法开挖就是利用松土器把松岩土后，利用铲运机装运的施工方法。一般松土深度可达 50cm 以上。其特点是避免了爆破施工所带来的危险性，对原有地质结构破坏性小，有利于开挖边坡的稳定性和保护既有建筑物的安全，作业过程较为简单。

（三）深挖路堑的施工

路堑边坡高度大于或等于 20m 时，称为深挖路堑。

1. 土质路堑的边坡及施工要求

深挖路堑的边坡应严格按照设计坡度施工。若边坡实际土质与设计勘探的地质资料不符，特别是土质较设计松散时，应向有关方面提出修改设计意见，经批准后方能实施。在施工深挖路堑边坡时，应在边坡上每隔 6～10m 高度处设置平台，平台最好设置在地层分界处。平台宽度：人工施工不应小于 2m，机械施工不应小于 3m。平台表面横向坡度应向内倾斜，坡度为 0.5%～1%；纵向坡度宜与路线平行。平台上的排水设施应与排水系统相通。在施工过程中如修建平台后边坡仍不能保持稳定或因大雨后坍塌时，采取修建石砌护坡、在边坡上植草皮或挡土墙等防护措施。如边坡上有地下水渗出时，应根据地下水渗出位置、流量，修建排水设施。

2. 石质路堑的边坡及施工要求

石质路堑宜采用中小型爆破法施工，只有当路线穿过独山丘，开挖后边坡不高于 6m，根据岩石类型和风化程度，确认开挖后能保持边坡稳定时，才能考虑大型爆破。单边坡石质路堑的施工宜采用深粗炮眼，分层，分排、多药量、群炮、光面、微差爆破法。双边坡石质路堑首先需用纵向挖掘法在横断面中部每层开挖一条较宽的纵向通道，然后横断面两侧按单边坡石质路堑的方法施工。

四、特殊地区路基施工

（一）软土地基路基施工

软土在我国滨海平原、河口三角洲、湖盆地周围及山涧谷地均有广泛分布。在软土地基上修筑路基，若不加以处置或处置不当，往往会导致路基失稳或过量沉陷，造成公路不能正常使用。软土从广义上说，就是强度低、压缩性高的软弱土层。软土可划分为软黏性土、淤泥、淤泥质土、泥炭、泥炭质土五大类。习惯上常把软黏性土、淤泥、淤泥质土总称为软土，而把有机质含量很高的泥炭、泥炭质土总称为泥沼。当路堤经稳定性验算或沉降计算不能满足设计要求时，必须对软土地基进行加固。加固的方法很多，常用的方法有：

1. 砂垫层法

砂垫层法就是在软湿地基上铺 30～50cm 厚的排水层，有利于软湿表层的固结，并形成填土的底层排水，它可以提高地基强度，使施工机械通行，改善施工时重型机械的作业条件。砂垫层材料，一般采用透水性较好的中砂及粗砂，为了防止砂垫层被细粒土污染造成堵塞，在砂垫层上下两侧应设置反滤层。

2. 排水固结法

排水固结法就是在地基中设置砂井等竖向排水体，然后利用自身重力分级逐渐加载，或在场地先行加载预压，使土体中的孔隙水排出，逐渐固结，地基发生沉降，同时强度逐步提高的方法。

3. 土工聚合物法

用土工聚合物加固软土地基是 20 世纪 80 年代中后期发展起来的一种新技术。在软土地基表层铺设一层或多层土工聚合物具有排水（土工聚合物能够形成一个水平向的排水面，起到排水通道的作用。在淤泥等高含水量的超软弱地基中，土工聚合物的铺垫可以作为前期处理，以便于施工的可能性）、隔离（土工聚合物直接铺在软土面上，起到隔离的作用。如在砂垫层施工中，在砂垫层上面增铺土工聚合物，可以防止填土污染砂垫层）、应力分散（利用土工聚合物的高韧性，与地基组合形成一个整体，限制地基的侧向变形，分散荷载，减少路堤填筑后地基的不均匀沉降，提高地基的承载力）、加筋补强（土工聚合物与土体组合形成复合地基，增强了地基的抗剪力）等特点。

4. 粉喷桩

粉喷桩即粉体喷射搅拌桩加固软土地基，是以粉体物质作为加固料与原状软土进行强力搅拌，经过物理化学反应生成一种特殊的、具有较高强度、较好变形特性和水稳定性的混合柱体。粉喷桩所使用的加固料有水泥粉、石灰粉、钢渣粉等，根据不同的土质条件按设计要求分别选择加固料种类以及合理的配合比。

5. 反压护道法

反压护道法是在路堤两侧填筑一定宽度和高度的护道，控制路堤下的淤泥或淤泥质土向两侧隆起而平衡路基的稳定。反压护道法加固路基虽然施工简便，不需要特殊的机械设备，但占地较多，用土量大，后期沉降量大，且只能解决软土地基路堤的稳定。反压护道一般采用单级形式，由于反压护道本身的高度不能超过极限高度，因此一般适用于路堤高度不大于 5/3～2 倍极限高度的软土处理，且泥沼不宜采用。

（二）其他特殊地区路基施工

1. 滑坡地区路基施工

山坡地段，由于大量土体或岩石在重力作用下，沿着一定软弱面、带整体向下滑动的现象，称为滑坡。滑坡是山区公路的主要病害之一。由于滑坡体的形成主要是由水引起的，因而在施工过程中必须做好地下水和地表水的处理。滑坡的影响因素有地貌、岩层、构造和水等，滑坡的形式主要有浅层流动性滑坡、小规模的圆形滑动、大规模的圆形滑动和岩石滑坡四大类。滑坡地区路基在施工前，应对滑坡地区做详细的调查、分析，并结合路基通过滑坡体的位置及水文、地质条件，选定处理措施和方法。在防治措施中以排水、力学平衡和改善滑带土的工程性质为主。

2. 黄土地区路基施工

黄土是一种特殊的黏性土，主要分布在昆仑山、秦岭、山东半岛以北的干旱和半干旱地区。黄土根据沉积的时代不同，可分为新黄土、老黄土和红色黄土。黄土遇水后会膨胀，干燥后又会收缩，多次反复容易形成裂缝和剥落。黄土浸水后在外荷载或自重的作用下发生下沉的现象，称为湿陷，其本身结构破坏，强度降低。湿陷性黄土又可分为自重湿陷（指土层浸水后仅由于土的自重而发生的湿陷）和非自重湿陷（指土层浸水后由于土的自重和附加压力共同作用而发生的湿陷）两类。在黄土地区路基施工中，基底处理应按照设计要求和黄土的湿陷类型进行。当基底为非湿陷性黄土且无地下水活动时，按一般黏性土的要求进行施工，并做好排水、防水措施；当基底土具有强湿陷性时，除采取排水、防水措施外，还应考虑地基加固措施，以提高基底土层的承载力。

3. 膨胀土地区路基施工

膨胀土是指土中黏粒成分主要由亲水性矿物组成，同时具有吸水膨胀、失水收缩两种变形的高液限黏土。凡液限大于40%的黏土，都可判断为膨胀土。膨胀土根据其膨胀率可分为强、中、弱三级，一般在设计文件中有规定；若无规定，则可取样通过土工试验确定。膨胀土就其黏土矿物成分划分为以蒙脱石为主和以伊利石为主两大类。膨胀土具有土的黏土矿物成分中含有亲水性矿物成分；有较强的胀缩性；有多裂隙性结构；有显著的强度衰减性；含有钙质或铁锰质结构；呈棕、黄、褐、红和灰白等色；自然坡度平缓，无直立陡坡；对路基及工程建筑物有较强的潜在破坏作用等特性。

(1) 路堤填筑。膨胀土地区路堤施工前，应按规定做试验路段，为路基正式施工提供数据资料和积累经验。膨胀土地区路基施工时，应尽量避开雨节，并加强现场排水，以保证地基和已填筑的路基不被水浸泡。强膨胀土难以捣碎压实，其稳定性差，不应作为路堤填料；中等膨胀土经过加工、改良处理（一般掺石灰）后可作为填料；弱膨胀土可根据当地气候、水文情况及道路的等级加以应用。对于直接使用中、弱膨胀土填筑路堤时，应及时对边坡及坡顶进行防护。

高速公路、一级公路、二级公路等采用中等膨胀土作路床填料时，应掺灰进行改性处理。改性处理后，要求胀缩总率接近于零。而限于条件，高速公路、一级公路用中等膨胀土填筑路堤时，路堤填成后应立即做浆砌护坡封闭边坡。当填土填至路床底面时，应停止填筑，改用符合规定强度的非膨胀土或改性处理的膨胀土填至路床顶面设计标高并压实，如当年不能铺筑路面，应做封层，封层的填筑厚度不宜小于30cm并做成不小于2%的横坡。路堤原地面应进行处理，当填高不足1m的路堤，必须挖去30~60cm的膨胀土，换填非膨胀土并按规定压实；当地表为潮湿土时，必须挖去湿软土层换填碎石、砂砾或挖去坚硬岩石碎渣，或将土翻开掺石灰稳定并按规定压实。

(2) 路堑开挖。膨胀土地区路堑开挖应按规定处理，挖方边坡不要一次挖到设计线，应沿边坡预留一层，其厚为30~50cm，待路堑挖完时，再削去边坡预留部分，并立即浆砌护坡封闭。对于高速公路、一级公路的路床应超挖30~50cm，并立即用粒料或非分层回填或改性土回填，按规定压实；对于二级及二级以下公路，当挖到距路床顶面以上30cm时，应停止向下开挖，做好临时排水沟，待做路面时，再挖至路床以下 30cm，并用非膨胀土回填，按要求压实。

（3）碾压。膨胀土遇水易膨胀，因此碾压时，应在压实最佳含水量时进行。自由膨胀率越大的土层采用的压实机械越重。为了使土块中水分易于蒸发，减小土块自身的膨胀率，有利于提高压实效率，土块应击碎至 5cm 粒径以下。压实土层厚度不宜大于 30cm。路堤与路堑交界处，两者土内的含水量不一定相同，原有的密实度也不相同，压实时应使其压实均匀、紧密，避免发生不均匀沉陷，因此，填挖交界处 2m 范围内的挖方地基表面的土应挖台阶翻松，并检查其含水量是否与填土的含水量相近，同时采取适宜的压实机械将其压实到规定的压实度。

4. 盐渍土地区路基施工

当地表土层 1m 内的土层容盐含量大于 0.5% 时称为盐渍土。盐渍土地区路基施工时，排水是一项非常重要的工作，由于水对盐渍土所造成的溶蚀作用是影响路基稳定的主要因素，它可以使路基土体聚积过量的含盐水分而导致路基失稳破坏。盐渍土地区的地下排水管与地面沟渠之间，必须采用防渗措施。当路基一侧或两侧有取土坑时，取土坑底部距离地下水位不应小于 15~20cm，且底部应向路堤外有 2%~3% 的排水横坡和不小于 0.2% 的纵坡，在排水困难地段或取土坑有被水淹没的可能时，应在路基一侧或两侧取土坑外设置高 0.4~0.5m、顶宽 1.0m 的纵向护堤；当路基两侧无取土坑时，应设置纵向和横向排水沟，两排水沟的间距不宜大于 300~500m，长度不超过 2000m；地下水位较高的地段，除挡、导表面水外，应加深两侧边沟或排水沟，以降低路基下的地下水位。

盐渍土在压实时，其压实度应尽可能提高一些，以防止盐分的转移和保证路基的稳定。盐渍土路堤应分层铺填，分层压实，限制压实层松铺厚度是保证压实度的重要措施，要求每层松铺厚度不大于 20cm，砂类土松铺厚度不大于 30cm。碾压方式坚持"先轻后重，先慢后快，先两侧后中间"的原则，并严格控制含水量，且含水量不应大于最佳含水量的 1%，雨天不得施工。在压实时，应控制含水量，含水量宜略小于最佳含水量。在缺水干旱地区，由于含水量不足，在压实时应争取加水达到最佳含水量的 60% 以上，也可采取增大压实功能的方法来达到要求的压实度，特别是对路基最上一层的填料，一定要在最佳含水量时压实。

五、路基压实

路基施工破坏了土体的天然状态，致使其结构松散，颗粒重新组合。研究表明，路基压实后，土体密实度提高，透水性降低，毛细水上升高度减小，减少了因水分集聚和侵蚀而导致的路基软化，或者因冻胀而引起的不均匀变形，从而提高了路基的强度和稳定性。

（一）准备工作

1. 铺筑试验路段，确定路基压实的最佳方案

土的压实过程和结果受到多种因素的影响，内因包括含水量和土的性质，外因包括压实功能、压实机具和压实方法等，实践证明，这些因素并不是独立起作用，而是在共同起作用，因此路基压实应该从不同方案中选出最佳方案。具体步骤如下：

（1）确定最佳含水量和最大干容重。取代表性土样，按《公路土工试验规程》做击实试验，绘制含水量和干容重的关系曲线，如图 10-5 所示，曲线峰值处干容重最大，称为最大

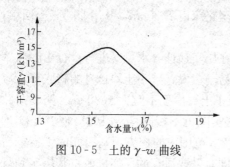

图 10-5　土的 γ-w 曲线

干容重 γ_0，对应的含水量为最佳含水量 w。

（2）确定松铺厚度和碾压遍数。松铺厚度指未经压实的材料层厚度，为松铺系数和达到规定压实度的压实厚度的乘积。可以根据压路机械的功能及土质情况来确定松铺厚度和碾压次数，高速、一级公路应该按松铺厚度 30cm 进行试验，以确保压实层的匀质性。通过试验路及有关数据的检测，写出试验报告，最后确定铺层厚度和碾压遍数以及填土的实际含水量，以便在施工中掌握控制。

2. 确定压实机械

在路基路面施工中，使用压实机械进行压实是施工的关键工序之一，压实效果的好坏，直接关系到工程质量的优劣。压实机械按压力作用原理分为静作用碾压机械、振动碾压机械和夯实机械；按行走方式分为拖式和自行式碾压机械；按碾轮形状分为光轮、羊脚轮和充气胎轮。土质不同，有效的压实机械也不同，在正常情况下，碾压砂性土采用振动压路机效果最好，夯击式次之，光轮压路机最差；碾压黏性土采用捣实式和夯击式最好，振动式稍差。

3. 含水量的检测与控制

如前所述，在有效控制含水量的情况下才能达到压实标准，一般应该在该种土的最佳含水量±2%以内压实，当需要对土采用人工加水时，达到最佳含水量所需的加水量按有关公式进行估算。

（二）压实施工

1. 填方地段基底的压实

路堤基底应该在填筑前压实。高速公路、一级公路和二级公路路堤基底的压实度不应小于85%；当路堤土高度小于路床厚度（80cm）时，基底的压实度不宜小于路床的压实度标准。

2. 土方路堤的压实

碾压前应该对填土层的松铺厚度、平整度和含水量进行检查，符合要求后方可进行碾压。用铲运机、推土机和自卸汽车推运土料填筑时，应该平整每层填土，并且自中线向两边设置2%～4%的横向坡度，并及时碾压，特别要注意雨季施工。高速公路、一级公路的路基填土压实宜采用振动式压路机或者采用35～50t轮胎式压路机。当采用振动式压路机碾压时，第一遍应静压，然后先慢后快，先弱振后强振。碾压机械的行驶速度，开始时宜慢速，最大速度不宜超过 4km/h；碾压时直线段由两边向中间，小半径曲线段由内侧向外侧，纵向进退式进行；横向接头的轮迹应有一部分重叠，对振动式压路机一般重叠 0.4～0.5m；对三轮压路机一般重叠后轮宽的1/2，前后相邻两区段（碾压区段之前的平整预压区段与其后的检验区段）宜纵向重叠 1.0～1.5m。应达到无漏压、无死角，确保碾压均匀。当采用夯锤压实时，首遍各夯位宜紧靠，如有间隙不得大于 15cm，次遍夯位应该压在首遍夯位的缝隙上，如此连续夯实直至达到规定的压实度。

3. 路堑路基的压实

零填及路堑路床的压实，应该符合表 10-1 的压实度标准。

表 10 - 1 路 基 压 实 度 标 准

填挖类别	路床顶面以下深度（m）	路基压实度（%）		
		高速公路、一级公路	二级公路	三级公路、四级公路
零填及挖方	0～0.30	—	—	≥94
	0～0.80	≥96	≥95	—
填方	0～0.80	≥96	≥95	≥94
	0.80～1.50	≥94	≥94	≥93
	＞1.50	≥93	≥92	≥90

注 1. 表列数值以重型击实试验法为准。

2. 特殊干旱或特殊潮湿地区的路基压实度，按表列的数值可以适当降低。

3. 三级公路修筑沥青混凝土路面时，其路基压实度采用二级公路标准。

（三）路基压实标准

衡量路基的压实程度是工地实际达到的干容重与室内标准击实试验所得的最大干容重的比值，即压实度或称压实系数。路基受到的荷载应力随深度而迅速减小，因此路基上部压实度应该高一些。此外，公路等级不同，路基的压实度也不同，压实度应该不小于表 8 - 1 的规定，试验方法以《公路土工试验规程》为准。

六、路基排水设施施工

路基排水工程应首先施工桥梁涵洞及路基施工场地范围以外的地面水和地下水排水设施，使地基和填土料不受水侵害，保证路基工程质量和进度。而施工场地的临时排水设施应尽量与路基永久性排水设施相结合。

1. 地面排水设施

地面水主要是指由降水形成的地面水流。地面排水设施既能将可能停滞在路基范围内的地面水迅速排除，又能防止路基范围以外的地面水流入路基内。地面排水设施主要有边沟、截水沟、排水沟、跃水和急流槽、拦水带、蒸发池等。

2. 地下排水设施

地下水主要是指上层滞水（从地面渗入尚未深达下层的水）、层间水（在地面以下任何两个隔水层之间的水）、潜水（在地面以下第一个隔水层以上的含水层中的水）。公路上常用的地下排水设施有明沟与排水槽、暗沟、渗井、渗沟等。

七、路基防护与加固

易于冲蚀的土质边坡和易于风化的岩石路堑边坡，在风化作用和雨水冲刷的作用下，将会发生冲沟、剥落、掉块、滑坡等坡面变形，因此必须进行防护和加固。

（一）坡面防护施工

坡面防护包括植物防护和工程防护，施工必须适时、稳定，防止水、气温、风沙作用破坏边坡的坡面。施工前岩体表面应该冲洗干净，土体表面应该平整、密实、湿润。

1. 植物防护

植物防护一般采用种草、铺草、植树（灌木）。种草适用于边坡稳定、坡面轻微冲刷的路堤与路堑边坡，撒籽时要均匀，铺种后应养护管理；铺草皮适用于土质边坡，铺设时可以平铺、叠铺或方格式铺设，由坡脚向上铺设，用尖木桩固定于土质边坡上；植树（灌木）适用于土边坡，应该注意栽种季节，并做好保护措施。

2. 工程防护

工程防护用在不宜于草木生长的陡坡面，采用砂石、水泥、石灰等矿质材料进行防护。防护方法包括灌缝及勾缝、抹面、捶面、喷浆及喷射混凝土（或带锚杆铁丝网）、坡面护墙等。施工前应该将杂质、边坡表层风化岩石等清除，有潜水露出时要做引水或截流处理。

灌缝及勾缝施工前应该将缝内冲洗干净，岩体节理多而细者宜用勾缝，砂浆嵌缝中与岩体牢固结合，缝宽较大宜用砂浆灌缝，缝宽而深宜用混凝土灌缝，灌缝时振捣密实，灌满至缝口抹平；使用抹面砂浆和捶面多合土的配合比应经试抹后确定，抹面宜分两次，底层抹全厚的 2/3，面层抹 1/3，捶面应经过拍打使砂浆与坡面紧贴，面积较大时还应该设伸缩缝；喷浆和喷射混凝土施工前，坡面应平顺整齐，有裂缝时要补齐，使用带锚杆铁丝网时要先冲洗干净锚杆孔，然后插入锚杆，用水泥砂浆固定，铁丝网应该与锚杆连接牢固，喷射时力求均匀，喷后养护 7～10d。坡面护墙的墙基应坚固，墙面和坡面应结合紧密，墙顶与边坡间缝隙应封严，砌体石质坚硬，浆砌砌体和干砌咬扣必须紧密、错缝，严禁通缝、叠砌、贴砌和浮塞，每隔 10～15m 设一伸缩缝。

（二）冲刷防护施工

沿河路基受到流水冲刷时，应该采取冲刷防护措施，常用形式有以下几种。

1. 直接防护

直接防护是一种加固岸坡的防护措施。常用方法包括植物防护、抛石防护、干（浆）砌片石护坡、石笼防护等。植物防护同坡面防护所述基本相同；抛石防护应该在枯水季节施工，石料性质、粒径以及抛石堆的顶宽、边坡、结构形式及长度应按设计规定执行，如果采用嵌固的抛石防护类型，采用打桩嵌固方法效果较好；采用干（浆）砌片石护坡施工时，铺砌自下而上进行，砌块交错嵌紧，严禁浮塞，砂浆在砌体内必须饱满、密实，不得有悬浆，各部位连接紧密，水不得进入坡岸背面，分段施工时每隔 10～15m 设一伸缩缝；石笼防护应该注意编笼时采用镀锌铁丝，基角部分宜采用箱形笼，边坡宜用圆筒形笼，笼装石块直径应大于笼网孔径，较大石块放置在边部，小的在中部，安置石笼应做到位置准确、搭接衔接稳固、紧密，保证石笼的整体性。

2. 间接防护

间接防护采用导流结构物改变水流方向，使水流轴线方向偏离路基岸边或降低防护处的流速，甚至促使其淤积，起到对路基的安全保护作用。导流结构物有丁坝、顺坝、潜坝等。施工应该按设计要求并符合水工构造物的有关规定，严格掌握工程质量标准。

第二节　路面基层（底基层）施工

路面基层是指直接位于沥青面层（可以是一层、二层或三层）下，用高质量材料铺筑的主要承重层；或直接位于水泥混凝土面板下，用高质量材料铺筑的一层结构层。底基层是在沥青路面基层下铺筑的辅助层。基层（底基层）按组成材料可分为碎砾石、稳定土和工业废渣等三大类。

一、半刚性基层材料拌和机械

半刚性基层材料拌和机械可分为路拌机械和厂拌设备两大类。

1. 路拌机械

稳定土拌和机能把土、无机结合料和矿料等材料按施工配合比，在路上直接拌和。这种路拌机械占地小、机动灵活，所需配套设备少，其拌和质量好。稳定土拌和机械按行走方式可分为履带式和轮胎式两种。

2. 厂拌设备

稳定土厂拌设备是将土、碎石、砾石或碎砾石、水泥、石灰、粉煤灰和水等材料按照施工配合比在固定的地点拌和均匀的专用生产设备。稳定土厂拌设备由供料系统（包括各种料斗）、拌和系统、控制系统（包括各种计量器和操作系统）、输送系统和成品储存系统五大系统所组成，如图10-6所示。

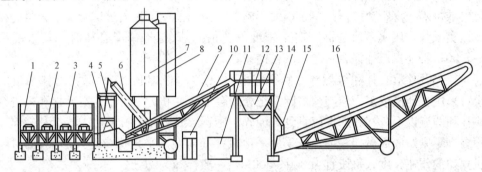

图 10-6 稳定土厂拌设备结构示意图

1—配料斗；2—皮带供料机；3—水平皮带输送机；4—小仓；5—叶轮供料器；6—螺旋送料器；

7—大仓；8—垂直提升机；9—斜皮带输送机；10—控制柜；11—水箱水泵；12—拌和筒；

13—混合料储仓；14—拌和筒立柱；15—溢料管；16—大输料皮带机

二、碎、砾石基层（底基层）施工

（一）级配碎、砾石基层（底基层）施工

级配碎、砾石基层是由各种粗细集料（碎石和石屑、砾石和砂）按最佳级配原理修筑而成的，其强度和稳定性取决于内摩阻力和黏结力的大小，具有一定的水稳定性和力学强度。

1. 路拌法施工

级配碎石基层（底基层）路拌法施工流程，如图10-7所示。

（1）准备下承层。基层的下承层是底基层及其以下部分，底基层的下承层可能是土基也可能还包括垫层。下承层的表面应平整、坚实，具有规定的路拱，没有任何松散的材料和软弱地点。下承层的平整度和压实度弯沉值应符合规范的规定。土基不论是路堤或路堑，必须用12～15t三轮压路机或等效的碾压机械进行碾压检验（压3～4遍）。在碾压过程中，如发现土过干、表层松散，应适当洒水；如土过湿，发生"弹簧"现象，应采用挖开晾晒、换土、掺石灰或粒料等措施进行处理。

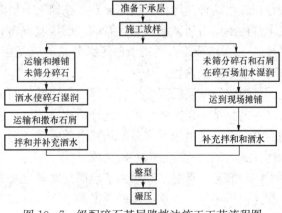

图 10-7 级配碎石基层路拌法施工工艺流程图

（2）施工放样。在下承层上恢复中线，直线段每 15～20m 设一桩，平曲线段每 10～15m 设一桩，并在两侧路肩边缘外 0.3～0.5m 设指示桩，进行水平测量，在两侧指示桩上用明显标记标出基层或底基层边缘的设计高程。

（3）计算材料用量。根据各路段基层或底基层的宽度、厚度及预定的干压实密度，并按确定的配合比分别计算。如为级配碎石，则计算各段需要的未筛分碎石和石屑的数量或不同料级碎石和石屑的数量，并计算每车料的堆放距离；如为级配砾石，则分别计算各种集料的数量，根据料场集料的含水量以及所用车辆的吨位，计算每车料的堆放距离。

（4）运输和摊铺集料。集料装车时，应控制每车料的数量基本相等。在同一料场供料路段内，由远到近将料按计算的距离卸置于下承层上，卸料距离应严格掌握，避免料不足或过多，且料堆每隔一定距离应留缺口，以便于施工。摊铺前应事先通过试验确定集料的松铺系数（或压实系数，压实系数是混合实干密度的比值）。人工摊铺混合料时，其松铺系数为 1.40～1.50；平地机摊铺混合料时，其松铺系数为 1.25～1.35。

（5）拌和及整形。拌和级配碎、砾石应采用稳定土拌和机，在无稳定土拌和机的情况下，也可采用平地机或多铧犁与缺口圆盘耙相配合进行拌和。当采用稳定土拌和机进行拌和时，应拌和两遍以上，拌和深度应直到级配碎、砾石层底，在进行最后一遍拌和之前，必要时先用多铧犁紧贴底面翻拌一遍；当采用平地机拌和时，用平地机将铺好的集料翻拌均匀，平地机拌和的作业长度，每段宜为 300～500m，一般拌和 5～6 遍。

（6）碾压。整型后，当混合料的含水量等于或接近最佳含水量时，立即用 12t 以上的三轮压路机、振动压路机或轮胎压路机进行碾压。直线段由两侧路肩开始向路中心碾压；在有超高的路段上，由内侧路肩向外侧路肩进行碾压。碾压时后轮应重叠 1/2 轮宽，后轮必须超过两段的接缝处。后轮压完路面全宽，即为一遍。碾压一直进行到要求的密实度为止。一般需碾压 6～8 遍，应使表面无明显轮迹。压路机的碾压速度，头两遍用 1.5～1.7km/h 为宜，以后用 2.0～2.5km/h。路面两侧应多压 2～3 遍。

2. 中心站集中拌和（厂拌）法施工

厂拌法就是将混合料在中心站按预定配合比用诸如强制式拌和机、卧式双转轴桨叶式拌和机、普通水泥混凝土拌和机等多种机械进行集中拌和，然后运输、摊铺、整型、碾压。

（二）填隙碎石基层（底基层）

用单一尺寸的粗碎石做主骨料，形成嵌锁作用，用石屑填满碎石间的孔隙，增加密实度和稳定性，这种结构称为填隙碎石。在缺乏石屑时，也可以添加细砂或粗砂等细集料，但其技术性能不如石屑。而填隙碎石的一层压实厚度，通常为碎石最大粒径的 1.5～2.0 倍，即 10～12cm。填隙碎石适用于各等级公路的底基层和二级以下公路的基层，其基层的施工方法有干法和湿法两种。

填隙碎石基层的强度主要依靠碎石颗粒之间的嵌锁和摩阻作用所形成的内摩阻力，而颗粒之间的黏结力起次要作用，这种结构层的抗剪强度主要取决于剪切面上的法向应力和材料的内摩阻角，是由粒料表面的相互滑动摩擦、剪切时体积膨胀而需克服的阻力、粒料重新排列而受到的阻力这三项因素所构成。

（1）准备下承层。基层的下承层是底基层及其以下部分，底基层的下承层可能是土基也可能还包括垫层。下承层表面应平整坚实，具有规定的路拱，没有任何松散的材料和软弱地点。土基不论是路堤还是路堑，必须经过 12～15t 三轮压路机或等效的碾压机械进行碾压检验（压 3～4 遍）；在碾压过程上，如发现土过干，表面松散，应适当洒水；如土过湿，发生"弹簧"现象，应采取挖开晾晒、换土、掺石灰或集料等措施进行处理。

（2）施工放样同前。

（3）备粗碎石料，根据各路段基层或底基层的厚度、宽度及松铺系数（1.20～1.30；碎石最大粒径与压实厚度之比为 0.5 左右时，系数为 1.30，比值较大时，系数接近 1.20），计算各段需要的粗碎石数量；根据运料车辆的体积，计算每车料的堆放距离。填隙料用量为粗碎石质量的 30%～40%。

（4）运输和摊铺粗碎石。

（5）撒铺填隙料和碾压。

干法施工：初压用 8t 两轮压路机碾压 3～4 遍，使粗碎石稳定就位。撒铺填隙料用石屑撒铺机或类似的设备将干填隙料均匀地撒铺在已压稳的粗碎石层上，松厚为 2.5～3.0cm，必要时，用人工或机械进行扫匀。碾压用振动压路机或重型振动压路机慢速碾压，将全部填隙料振入粗碎石间的孔隙中。注意路面两侧应多压 2～3 遍。再次撒铺填隙料并扫匀同第一次，但松厚为 2.0～2.5cm。再次碾压碎石表面孔隙全部填满后，用 12～15t 三轮压路机再碾压 1～2 遍。在碾压过程中，不应有任何蠕动现象，在碾压之前，宜在其表面先洒少量水（洒水量在 3kg/m² 以上）。

湿法施工：初压、撒铺填隙料、碾压、再次撒铺填隙料、再次碾压施工过程同干法施工。粗碎石层表面孔隙全部填满后，立即用洒水车洒水，直到饱和。但注意勿使多余的水浸泡下承层。用 12～15t 三轮压路机跟在洒水车后面进行碾压，在碾压过程中，将湿填隙料继续扫入所出现的孔隙中，如需要，再添加新的填隙料。洒水和碾压应一直进行到细集料和水形成粉砂浆为止。干燥碾压完成后的路段需要留待一段时间，让水分蒸发，表干后扫除面上多余的细料。设计厚度超过一层铺筑厚度，需在上面再铺一层时，应待结构层变干后，在上摊铺第二层粗碎石，并重复初压、撒铺填隙料、碾压、再次撒铺填隙料施工过程。

三、稳定土基层施工

采用一定的技术措施，使土成为具有一定强度与稳定性的筑路材料，以此修筑的路面基层称为稳定土基层。常用的稳定土基层有石灰土、水泥土和沥青土三种。稳定土的方法有许多种，按其技术措施的不同可分为：机械方法（如压实）、物理方法（如改善水温状况）、加入掺加剂（如粒料、黏土、盐溶液、有机结合料、无机结合料、高分子化合物及其他化学添加剂等）、技术处理（如热处理、电化学加固）等。

（一）水泥稳定土基层

在粉碎的或原来松散的土（包括各种粗、中、细粒土）中，掺入足量的水泥和水，经拌和得到的混合料在压实及养生后，当其抗压强度符合规定的要求时，称为水泥稳定土。用水泥稳定砂性土、粉性土和黏性土得到的混合料，简称水泥土；稳定砂得到的混合料，简称水泥砂。用水泥稳定粗粒土和中粒土得到的混合料，视所用原材料，可简称水泥碎石（级配碎石和未筛分碎石）、水泥砂砾。

水泥稳定土的强度形成主要是水泥与细粒土的相互作用（包括离子交换及团粒化作用、硬凝反应、碳酸化作用等）。水泥稳定土具有较好的力学性能和板体性。其影响强度的主要因素有土质、水泥成分与剂量、含水量、成型工艺控制等。水泥稳定土可适用于各种交通类别道路的基层和底基层，但水泥土不应用作高级沥青路面的基层，只能用作底基层。在高速公路和一级公路上的水泥混凝土面板下，水泥土也不应用作基层。

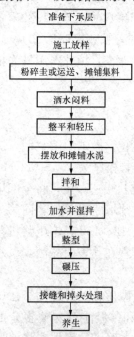

图 10-8　水泥稳定土路拌法拖工工艺流程

水泥稳定土基层施工方法有路拌法和厂拌法两种。

1. 路拌法施工

路拌法施工工艺流程如图 10-8 所示。对于二级或二级以下的一般公路，水泥稳定土可以采用路拌法施工。

（1）准备下承层。水泥稳定土的下承层表面应平整、坚实，具有规定的路拱，没有任何松散的材料和软弱地点。当水泥稳定土用作基层时，要准备底基层；当水泥稳定土用作老路面的加强层时，要准备老路面。对于底基层，应进行压实度检查，对于柔性底基层还应进行弯沉值测定。新完成的底基层或土基，必须按规定进行验收。凡验收不合格的路段，必须采取措施，使其达到标准后，方可铺筑水泥稳定土层。

（2）施工测量。首先在底基层或老路面或土基上恢复中线。直线段每 15～20m 设一桩，平曲线段每 10～15m 设一桩，并在两侧路肩边缘外设指示桩。进行水平测量时，应在两侧指示桩上用明显标记标出水泥稳定土层边缘的设计高程。

（3）备料采集集料前，应先将树木、草皮和杂土清除干净。在预定的深度范围内采集集料，不应分层采集，也不应将不合格的集料采集在一起。集料中超尺寸颗粒应予以筛除，对于塑性指数大于 12 的黏性土，可视土质和机械性能确定土是否需要过筛。

（4）计算材料用量。根据各路段水泥稳定土层的宽度、厚度及预定的干密度，计算各路段的干燥集料数量；根据料场集料的含水量和所用运料车辆的吨位，计算每车料的堆放距离；根据水泥稳定土层的厚度和预定干密度及水泥量，计算每平方米水泥稳定土用的水泥用量，并计算每袋水泥的摊铺面积；根据水泥稳定土层的宽度，确定摆放水泥的行数，计算每行水泥的间距，根据每包水泥的摊铺面积和每行水泥的间距，计算每袋水泥的纵向间距。

（5）摊铺集料。首先应通过试验确定集料的松铺系数；其次摊铺集料应在摊铺水泥前一天进行，摊铺长度以日进度需要量为宜，最后应检验松铺材料层的厚度，其厚度（松铺厚度＝压实厚度×松铺系数）应符合预计的要求，必要时，应进行碱料或补料工作。

（6）洒水闷料。如已平整的集料含水量过小，应在集料层上洒水闷料。细粒土应闷料一夜，而中粒土和粗粒土应视其中细土含量的多少，来确定闷料时间。如为水泥和石灰综合稳定土，应将石灰和土拌和后一起闷料。

（7）摆放和摊铺水泥。

（8）拌和。当用稳定土拌和机进行拌和时，其深度应达到稳定层底部，并应略为破坏（1cm 左右）下承层的表面，以利于上下层黏结，严禁在拌和层底部留有"素土"夹层。在没有专用拌和机械的情况下，可用农用旋转耕作机与多铧犁或平地机配合进行拌和，也可用缺口圆盘耙与多铧犁或平地机配合进行拌和，但应注意拌和效果与拌和时间不能过长。

（9）整型。用机械整型时，当混合料拌和均匀后，立即用平地机初步整平和整型。在直线段，平地机由两侧向路中心进行刮平，在平曲线段，平地机应由内侧向外侧进行刮平，必要时，再返回刮一次。在初平的路段上，用拖拉机、平地机或轮胎压路机快速碾压一遍，以暴露潜在的不平整。每次整型时都应按照规定的坡度和路拱进行，但特别注意接缝要顺适平整。用人工整型时，应用锹和耙先把混合料摊平，用路拱板初步整型。用拖拉机初压 1～2 遍后，根据实测的压实系数，确定纵横断面标高，利用锹和耙挖成整型，并用路拱板校正成型。

(10) 碾压。整型后，当混合料的含水量等于或稍大于最佳含水量时，立即用 12t 以上的三轮压路机、重型轮胎压路机或振动压路机在路基全宽内进行碾压。直线段，由两侧路肩向中心碾压；平曲线段，由内侧路肩向外侧路肩进行碾压。碾压时，应重叠 1/2 轮宽，一般需碾压 6～8 遍，其碾压速度，头两遍为 1.5～1.7km/h，以后用 2.0～25km/h 的碾压速度。在碾压结束之前，用平地机再终平一次，使其纵向顺适，路拱和超高符合设计要求。终平时，应将局部高出部分刮除并扫出路外；局部低洼处，不再进行找补。

(11) 接缝和"掉头"处理。同日施工的两工作段的衔接处，应搭接拌和。第一段拌和后，留 5～8cm 不进行碾压。第二段施工时，前段留下未压部分，要加部分水泥，重新拌和，并与第二段一起碾压。工作缝（每天最后一段末端缝）和"掉头"的处理为：在已碾压完成的水泥稳定土层束端，沿稳定土挖一条横贯全路宽的长约 30cm 的槽，直挖到下承层顶面。此槽应与路的中心线垂直，且靠稳定土的一面应切成垂直面。将两根方木（长度各为水泥稳定土层宽的一半，厚度与其压实厚度相同）放在槽内，并紧靠已完成的稳定土，以保证其边缘不致遭第二天工作时的机械破坏。用原挖出的素土回填槽内其余部分。如拌和机械或其他机械必须到已压成的水泥稳定土层上"掉头"，应采取措施保护"掉头"部分，一般可在准备"掉头"的 8～10m 长的稳定土层上，先覆盖一张厚塑料布（或油毡纸），然后在塑料布上盖约 10cm 厚的一层土、砂或砂砾。第二天，摊铺水泥及湿拌后，除去方木，用混合料回填。靠近方木未能拌和的一小段，应人工进行补充拌和。整平时，接缝处的水泥稳定土应较完成断面高出约 5cm，以便将"掉头"处的土除去后，能刮成一个平顺的接缝。整平后，用平地机将塑料布上大部分土除去（注意勿刮破塑料布），然后人工除去余下的土。在新混合料碾压过程中，将接缝修整平顺。

(12) 纵缝处理。水泥稳定土层的施工应避免纵向接缝。在必须分两幅进行施工时，纵缝必须垂直相接，不应斜接。纵缝的处理方法为：在前一幅施工时，在靠中央一侧用方木或钢模板作支撑，方木或钢模板的高度与稳定土层的压实厚度相同。混合料拌和结束后，靠近支撑木（或板）的一部分，应人工进行补充拌和，然后整型和碾压。再铺筑另一幅时，或在养护结束后，拆除支撑木（或板）。第二幅混合料拌和结束后，靠近第一幅部分，应人工进行补充拌和，然后进行整型和碾压。

2. 厂拌法施工

水泥稳定土可以在中心站用强制式拌和机、双转轴桨叶式（卧式叶片）拌和机等厂拌设备进行集中拌和，塑性指数小、含土少的砂砾石、级配碎石、砂、石屑等集料，也可以用自落式拌和机拌和。

摊铺时，可采用沥青混凝土摊铺机、水泥混凝土摊铺机或稳定土摊铺机。如下承层是稳定细粒土，应将下承层顶面拉毛，再摊铺混合料。在一般公路上没有摊铺机时，可采用摊铺箱摊铺混合料，也可采用自动平地机摊铺混合料。碾压时，采用三轮压路机或轮胎压路机、振动压路机紧跟在摊铺机后面及时进行碾压。用摊铺机摊铺混合料时，中间不宜中断，如因故中断时间超过 2h，应设置横向接缝，摊铺机应驶离混合料末端。人工将末端混合料整齐，紧靠混合料放两根方木，方木的高度应与混合料的压实厚度相同。方木的另一侧用砂砾或碎石回填约 3m 长，高度应高出方木几厘米，将混合料碾压密实。在重新开始摊铺混合料之前，将砂砾或碎石和方木除去，并将下承层顶面清扫干净。摊铺机返回到已压实层的末端，重新开始摊铺混合料。摊铺时，应尽量避免纵向接缝，高速和一级公路的基层应分两幅摊铺，采用两台摊铺机一前一后相隔 5～8m 同步向前摊铺混合料，并一起进行碾压。在不能避免纵向接缝的情况下，纵缝必须垂直相接，严禁斜缝。处理方法为：在前一幅摊铺时，在靠后一幅的一侧用方木或钢模板作支撑，方木或钢模板的高度应与稳定土层的压实厚度相同，养生结束后，在摊铺另一幅之前拆除支撑木（或板）。

（二）石灰稳定土基层

在粉碎的或原来松散的土（包括各种粗、中、细粒土）中，掺入足量的石灰和水，经拌和、压实及养生后得到的混合料，当其抗压强度符合规定的要求时，称为石灰稳定土。用石灰稳定细粒土得到的混合料，简称石灰土。用石灰稳定粗粒土和中粒土得到的混合料，视所用原料而定，原材料为天然砂砾时，简称石灰砂砾土。原材料为天然碎石土时，简称石灰碎石土。用石灰稳定级配砂砾（砂砾中无土）和级配碎石（包括未筛分碎石）时，也分别简称石灰砂砾土和石灰碎石土。

石灰稳定土适用于各级公路路面的底基层，可用作二级和二级以下公路的基层，但不应用作高级路面的基层，也不应在冰冻地区的潮湿路段以及其他地区的过分潮湿路段用作基层。

石灰稳定土属于整体性半刚性材料，尤其在后期灰土的刚度很大，为了避免灰土层受弯拉而断裂，并能在施工碾压时有足够的稳定性和不起皮，灰土层不宜小于 8cm。为了便于拌和均匀和碾压密实，其厚度又不宜大于 15cm。压实厚度大于 15cm 时，应分层铺筑。石灰稳定土层上未铺封层或面层时，禁止开放交通。当施工中断，临时开放交通时，应采取封土、封油撒砂等临时保护措施，不使基层表面遭受破坏。

（三）沥青稳定土基层

以沥青（液体石油沥青、煤沥青、乳化沥青、沥青膏浆等）为结合料，将其与粉碎的土拌和均匀，摊铺平整，碾压密实成型的基层称为沥青稳定土基层。各类土都可以用液体沥青来稳定。当采用较粘稠的沥青稳定时，只有低黏性的土（亚砂土、轻亚黏土等）才能取得良好的效果；黏性较大的土用粘稠沥青稳定时，由于沥青难于均匀分布于土中，其稳定效果较差，因而黏性较大的土，可采用综合稳定的方法，即在掺加沥青之前，向土中掺加少量活化剂，可取得显著的稳定效果。

由于沥青稳定土中的结合料与土粒表面黏着力不大，内聚力也不大，因此液体沥青稳定土的特征是强度形成较慢，并随含水量的增加，强度会显著下降。通常采用慢凝液体石油沥青和低标号煤沥青作为制备沥青土的结合料，也有采用乳化沥青（由于液体沥青消耗大量有工业价值的轻质油分，强度形成缓慢）作为沥青土的结合料。沥青膏浆比较适用于稳定砂类土，使其具有较好的整体性；对于黏性土，可用机械对土与沥青膏浆进行强力搅拌，然后铺在路上碾压成型。

沥青稳定土基层施工的关键在于拌和与碾压。结合料如采用液体石油沥青或低标号煤沥青时，一般采用热油冷料，油温为 120～160℃，如采用乳化沥青或沥青膏浆时，采用冷油冷料。沥青稳定土混合料的拌和有人工与机械两种。沥青稳定土基层的碾压可采用轮胎式压路机碾压，也可采用钢轮压路机进行碾压，但应选用轻型或中型，且只压一遍即可，否则可能会出现裂缝或推移。碾压后再过 2～3d 复压 1～2 遍效果最佳，如先用钢轮压路机碾压一遍后再用轮胎压路机碾压几遍，其平整度与密实度都较好。特别注意加强初期养护，这样可以加速路面成型。

第三节　水泥混凝土路面施工

一、水泥混凝土路面的施工机械

水泥混凝土路面的施工机械主要有水泥混凝土搅拌和水泥混凝土摊铺成型两大类机械设备，它们直接影响着水泥混凝土路面的浇筑质量和成型质量。

1. 搅拌设备

水泥混凝土搅拌设备，可分为水泥混凝土搅拌机和水泥混凝土搅拌站（楼）两大类，水泥混凝土搅拌机按其搅拌原理分为自落式和强制式两大类。

2. 摊铺设备

水泥混凝土摊铺设备按其施工方法可分为轨道式和滑模式两大类。

（1）轨道式摊铺机。轨道式摊铺机是支撑在平底型轨道上的，它既可以固定在宽基钢边架上，也可以安放在预制的混凝土板上或补强处理后的路面基层上。轨道式摊铺机由轨道的平整度来控制水平调整，而垂直调整则根据摊铺机的类型，采用不同的调整控制方式。

轨道式摊铺设备主要由进料器、摊铺机、压实机和修整机、传力杆和拉杆放置机、路面纹理加工机和养护剂喷洒机等机械组成。

（2）滑模式摊铺机。滑模式摊铺设备是 20 世纪 60 年代初发展起来的一种新型水泥混凝土路面施工机械。滑模式摊铺设备安装在履带底盘上，行走装置在模板外侧移动，支撑侧边的滑动模板沿机械长度方向安装。机械的方向和水平位置靠固定在路面两侧桩上拉紧的导向钢丝和高强尼龙绳来控制。机械底盘的水平位置靠与导向钢丝相接触的传感装置来自动控制。附设的传感器也同时制约摊铺机的转向装置，以使导向钢丝和滑模之间保持一定的距离。滑模式摊铺机作业时，不需要另架设轨道和模板，能按照要求使路面板挤压成型。滑模式摊铺设备主要由摊铺机、传力杆或拉杆放置机、路面纹理加工机、养护剂洒喷机、切缝机等机械组成。

二、轨道式摊铺机施工

1. 施工准备工作

施工前的准备工作包括选择拌和场地，材料准备及质量检验，混合料配合比检验与调整，基层的检验与整修等项工作。

（1）材料准备及质量检验。根据施工进度计划，在施工前分别备好所需水泥、砂、石料、外加剂等材料，并在实际使用前检验核查。已备水泥除应查验其出厂质量报告单外，还应逐批抽验其细度、凝结时间、安定性及 3、7d 和 28d 的抗压强度是否符合要求。为了节省时间，可采用 2h 压蒸快速测定方法。

混合料配合比检验与调整主要包括工作性的检验与调整、强度的检验，以及选择不同用水量、不同水灰比、不同砂率或不同级配等配制混合料，通过比较，从中选出经济合理的方案。

（2）基层检验与整修。主要包括基层质量检验和测量放样。基层的质量检查项目为基层强度（基层顶面的当量回弹模量值或以标准汽车测定的计算回弹弯沉值作为检查指标）、压实度、平整度（以3m直尺量）、宽度、纵坡高程和横坡（用水准仪测量），这些项目均应符合规范的要求。基层完成后，应加强养护，控制行车，不许出现车槽。测量放样是水泥混凝土施工的一项重要工作，首先应根据设计图纸放出路中心线以及路边线，设置胀缝，缩缝。曲线起讫点和纵坡转折点等中心桩，同时根据放好的中心线和边线，在现场核对施工图纸的混凝土分块线，要求分块线距窨井盖及其他公用事业检查井盖的边线至少1m的距离，否则应移动分块线的距离。

2. 机械选型和配套

轨道式摊铺机施工是各工序由一种或几种机械按相应的工艺要求和生产率进行控制。各施工工序可以采用不同类型的机械，而不同类型的机械的生产率和工艺要求是不相同的，因此，整个机械化施工需要考虑机械的选型和配套。

主导机械是担负主要施工任务的机械。由于决定水泥混凝土路面质量和使用性能的施工工序是混凝土的拌和和摊铺成型，因此，通常把混凝土摊铺成型机械作为第一主导机械，而把混凝土拌和机械作为第二主导机械。在选择机械时，应首先选定主导机械，然后根据主导机械的技术性能和生产率来选择配套机械。配套机械是指运输混凝土的车辆，选择的主要依据是混凝土的运量和运输距离，一般选择中、小型自卸汽车和混凝土搅拌运输车。

机械合理配套是指拌和机与摊铺机、运输车辆之间的配套情况。当摊铺机选定后，可根据机械的有关参数和施工中的具体情况计算出摊铺机的生产率。拌和机械与之配套是在保证摊铺机生产率充分发挥的前提下，使拌和机械的生产率得到正常发挥，并在施工过程中保持均衡、协调一致。

3. 拌和与运输

拌和质量是保证水泥混凝土路面的平整度和密实度的关键，而混凝土各组成材料的技术指标和配合比计算的准确性是保证混凝土拌和质量的关键。在机械化施工过程中，混凝土拌和的供料系统应尽量采用自动计量设备。

在运输过程中，为了保证混凝土的工作性，应考虑蒸发水和水化失水，以及因运输颠簸和振动使混凝土发生离析等。因此，要缩短运输距离，并采取适当措施防止水分损失和混凝土离析。一般情况下，坍落度大于5.0cm时，用搅拌运输车运输，且运输时间不超过1.5h；坍落度小于2.5cm时，用自卸汽车运输，且运输时间不超过1h。若运输时间超过极限值时，可掺加缓凝剂。

卸料机械有侧向和纵向卸料机两种，如图10-9所示。侧向卸料机在路面铺筑范围外操作，自卸汽车不进入路面铺筑范围，因此要有可供卸料机和汽车行驶的通道；纵向卸料机在路面铺筑范围内操作，由自卸汽车后退卸料，因此在基层上不能预先安放传力杆及其支架。

4. 混凝土的铺筑与振捣

（1）轨道模板安装。轨道式摊铺机施工的整套机械是在轨道上移动前进，并以轨道为基准控制路面表面高程。由于轨道和模板同步安装，统一调整定位，因此将轨道固定在模板上，既可作为水泥混凝土路面的侧模，也是每节轨道的固定基座，如图10-10所示。轨道

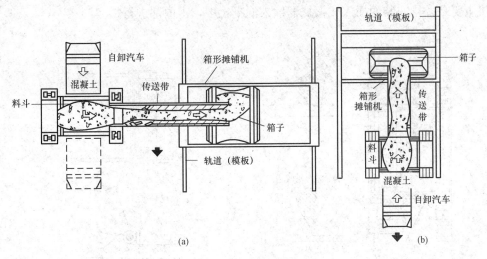

图 10 - 9 卸料机械

(a) 侧向卸料机;(b) 纵向卸料机

的高程控制、铺轨的平直、接头的平顺,将直接影响路面的质量和行驶性能。

(2) 摊铺。摊铺是将倾卸在基层上或摊铺机箱内的混凝土按摊铺厚度均匀地充满模板范围内。摊铺机械有刮板式、箱式和螺旋式三种。

刮板式摊铺机本身能在模板上自由地前后移动,在前面的导管上左右移动。由于刮板自身也要旋转。因此可以将卸在基层上的混凝土堆向任意方向摊铺,如图 10 - 11 所示。箱式摊铺机是混凝土通过卸料机卸在钢制箱子内,箱子在机械前进行驶时横向移动,同时箱子的下端按松散厚度刮平混凝土,如图 10 - 12 所示。螺旋式摊铺机是用正反方向旋转的旋转杆(直径约 50cm)将混凝土摊开,螺旋后面有刮板,可以准确地调整高度,如图 10 - 13 所示。这种摊铺机的摊铺能力大,其松铺系数在 1.15~1.30 之间。

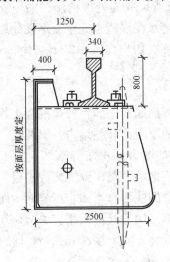

图 10 - 10 轨道模板

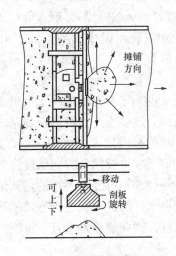

图 10 - 11 刮板式摊铺机施工

(3) 振捣。水泥混凝土摊铺后,就应进行振捣。振捣可采用振捣机或内部振动式振捣机进行。混凝土振捣机是跟在摊铺机后面,对混凝土进行再次整平和捣实的机械。内部振捣式振捣机主要是并排安装的插入式振捣器插入混凝土中，由内部进行捣实。

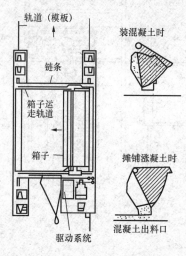

图 10-12　箱式摊铺机施工

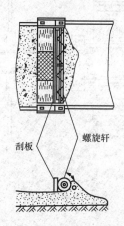

图 10-13　螺旋式摊铺机施工

5. 表面修整

振实后的混凝土要进行平整、精光、纹理制作等工序，以便获得平整、粗糙的表面。

采用机械修整时的表面修整机有斜向表面修整机和纵向表面修整机两种。斜向表面修整机是通过一对与机械行走轴线成 10°～13°的整平梁做相对运动来完成修整，其中一根整平梁为振动整平梁。纵向表面修整机的整平梁在混凝土表面作纵向往返移动，同时兼作横向移动，而机体的前进将混凝土表面整平，施工时，轨道或模板的顶面应经常清扫，以便机械能顺畅通过。精光工序是对混凝土表面进行最后的精细修整，使混凝土表面更加致密、平整、美观。这是保证混凝土路面外观质量的关键工序。纹理制作是提高高等级公路水泥混凝土路面行车安全的抗滑措施之一。水泥混凝土路面的纹理制作可分为两类：一类是在施工时，水泥混凝土处于塑性状态（即初凝前），或强度很低时所采取的处理措施，如用纹理制作机或棕刷进行拉毛（槽）、压纹（槽）、嵌石等；另一类是水泥混凝土完全凝结硬化后，或使用过程中所采取的处理措施，如在混凝土面层上用切槽机切出深 5～6mm、宽 3mm、间距为20mm 的横向防滑槽等。

6. 接缝施工

混凝土面层是由一定厚度的混凝土板组成，具有热胀冷缩的特性，混凝土板会产生不同程度的膨胀和收缩，这些变形会受到板与基础之间的摩阻力和黏结力，以及板面的自重和车轮荷载的约束，致使板内产生过大的应力，造成板的断裂或拱胀等破坏。为了避免这些缺陷，混凝土路面必须在纵横两个方向建造许多接缝，把整个路面分割成许多板块。但在任何形式的接缝处，板体都不可能是连续的，其传递荷载的能力总不如非接缝处，而且任何形式的接缝都不免要漏水，因此，对各种形式的接缝，都必须为其提供相应的传荷与防水设施。

（1）横向接缝。横向接缝是垂直于行车方向的接缝，横向接缝有三种，即胀缝、缩缝和施工缝。

1）胀缝。胀缝的施工分浇筑混凝土完成时设置和施工过程中设置两种。浇筑混凝土完成时设置胀缝适用于混凝土板不能连续浇筑的情况，施工时，传力杆长度的一半穿过端部挡板，固定于外侧定位模板中，混凝土浇筑前先检查传力杆位置，浇筑时应先摊铺下层混凝土，用插入式振捣器振实，并校正传力杆位置后，再浇筑上层混凝土；浇筑邻板时，应拆除顶头木模，并设置下部胀缝板、木制嵌条和传力杆套筒。施工过程中设置胀缝适用于混凝土板连续浇筑的情况，施工时，应预先设置好胀缝板和传力杆支架，并预留好滑动空间，为保证胀缝施工的平整度和施工的连续性，胀缝板以上的混凝土硬化后用切缝机按胀缝板的宽度切两条线，待填缝时，将胀缝板上的混凝土凿去。

2) 缩缝。横向缩缝的施工方法有压缝法和切缝法两种。压缝法是在混凝土捣实整平后，利用振动梁将 T 形振动压缝刀准确地按接缝位置振出一条槽，然后将铁制或木制嵌缝条放入，并用原浆修平槽边，待混凝土初凝前泌水后取出嵌条，形成缝槽。切缝法是在凝结硬化后的混凝土（混凝土达到设计强度等级的 25%～30%）中，用锯缝机（带有金刚石或金刚砂轮锯片）锯割出要求深度的槽口，这种方法可保证缝槽质量和不扰动混凝土结构，但要掌握好锯割时间，切缝时间过迟，因混凝土凝结硬化而使锯片磨损过大，而且更主要的是混凝土会出现收缩裂缝；切缝时间过早，混凝土还未终凝，锯割时槽口边缘会产生剥落。切缝时间应根据混凝土的性质、施工时的气候条件等因素而定。

3) 施工缝。施工缝是由于混凝土不能连续浇筑而中断时设置的横向接缝。施工缝应尽量设在胀缝处，如不可能，也应设在缩缝处，多车道施工缝应避免设在同一横断面上。施工缝应用平头缝或企口缝的构造形式。平头缝上部应设置深为板厚 1/3～1/4 或 4～6cm、宽为 8～12mm 的沟槽，内浇灌填缝料。为了便于板间传递荷载，在板厚中央应设置长约 0.4m、直径为 20mm 的传力杆，其半段锚固在混凝土中，另半段涂沥青或润滑油，允许滑动。

(2) 纵向接缝。纵向接缝是指平行于混凝土行车方向的接缝，纵缝一般按 3～4.5m 设置。纵向接缝施工应预先将拉杆采用门形式固定在基层上，或用拉杆旋转机在施工时置入，接缝顶面缝槽用锯缝机切成深 6～7cm 的缝槽，使混凝土在收缩时能从此缝向下规则开裂，防止因锯缝深度不足而引起不规则裂缝。纵向平头缝施工时应根据设计要求的间距预先在横板上制作拉杆置放孔，并在缝壁一侧涂刷隔离剂，顶面用锯缝机切成深度为 3～4cm 的缝槽，用填缝料填满。纵向企口缝施工时应在模板内侧做成凸榫状，拆模后，混凝土板侧面即形成凹槽，需设置拉杆时，模板在相应位置处钻圆孔，以便拉杆穿入。

(3) 接缝填封。混凝土板养生期满后应及时填封缝隙。填缝前，首先将缝隙内泥砂清除干净并保持干燥，然后浇灌填缝料。填缝料的灌注高度，夏天应与板面齐平，冬天宜稍低于板面。当用加热施工式填缝料时，应不断搅匀至规定的温度。气温较低时，应用喷灯加热缝壁。个别脱开处，应用喷灯烧烤，使其黏结紧密。目前用的强制式灌缝机和灌缝枪，能把改性聚氯乙烯胶泥和橡胶沥青等加热施工式填缝料和常温施工式填缝料灌入缝宽不小于 3mm 的缝内，也能把分子链较长、稠度较大的聚氯酯焦油灌入 7mm 宽的缝内。

三、滑模式摊铺机施工

滑模式摊铺机不需要轨道，用由四个液压缸支承腿控制的履带行走机构行走，整个摊铺机的机架支承在四个液压缸上，可以通过控制机械上下移动，调整摊铺机铺层厚度，并在摊铺机的两侧设置可随机移动的固定滑动模板。滑模式摊铺机一次通过就可以完成摊铺、振捣、整平等多道工序。

滑模式摊铺机的摊铺过程，如图 10-14 所示。首先由螺旋摊铺器 1 把堆积在基层上的水泥混凝土向左右横向摊开，刮平器 2 进行初步刮平，然后由振捣器 3 进行捣实，刮平板 4 进行振捣后整平，形成密实而平整的表面，再利用搓动式振捣板 5 对混凝土层进行振实和整平，最后用光面带 6 光面。

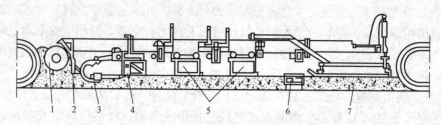

图 10 - 14　滑模式摊铺机摊铺过程示意图

1—螺旋摊铺器；2—刮平器；3—振捣器；4—刮平板；5—搓动式振捣板；

6—光面带；7—混凝土面层

第四节　沥青路面施工

一、施工前的准备工作

施工前的准备工作主要有确定料源及进场材料的质量检验、施工机械类型与检查、铺筑试验路段等项工作。

1. 确定料源及进场材料的质量检验

对进场的沥青材料，应检验生产厂家所附的试验报告，检查装运数量、装运日期、订货数量、试验结果等，并对每批沥青进行抽样检测，试验中如有一项达不到规定要求时，应加倍抽样试验，如仍不合格时，则按合同要求退货。沥青材料的试验项目有针入度、延度、软化点、薄膜加热、蜡含量、密度等。有时可根据合同要求增加其他非常规测试项目。确定石料料场，主要是检查石料的技术标准，如石料等级、饱和水抗压强度、磨耗率、压碎值、磨光值和石料与沥青的黏结力等是否满足要求。进场的砂、石屑、矿粉应满足规定的质量要求。

2. 施工机械类型与检查

沥青路面施工机械主要有沥青洒布机、沥青混合料拌和设备和沥青混合料摊铺设备等。沥青路面可分为沥青混凝土、热拌沥青碎石、乳化沥青碎石混合料、沥青贯入式和沥青表面处置五种类型；按强度构成原理可将沥青路面分为密实类和嵌挤类两大类；按施工工艺的不同，沥青路面又可分为层铺法、路拌法和厂拌法三大类。

施工前应对各种施工机具进行全面的检查，包括拌和与运输设备的检查；洒油车的油泵系统、洒油管道、量油表、保温设备等的检查；矿料撒铺车的传动和液压调挡系统的检查，并事先进行试撒，以便确定撒铺各种规格矿料时应控制的间隙和行驶速度；摊铺机的规格和机械性能的检查；压路机的规格、主要性能和滚筒表面的磨损情况检查。

3. 铺筑试验路段

在沥青路面修筑前，应按选定的机械设备和混合料配合比铺筑试验路段，主要研究合适的拌和时间与温度，摊铺温度与速度，压实机械的合理组合、压实温度和压实方法，松铺系数，合适的作业段长度等。并在沥青混合料压实 12h 后，按标准方法进行密实度、厚度的抽样，全面检查施工质量，系统总结，以便指导施工。

二、洒铺法沥青路面层施工

用洒铺法施工的沥青路面面层有沥青表面处置和沥青贯入式两种。

1. 沥青表面处置路面

沥青表面处置是用沥青和细粒矿料按层铺施工成厚度不超过 30mm 的薄层路面面层。由于处置层很薄，一般不起提高路面强度的作用，主要是用来抵抗行车的磨损和大气作用，增强防水性，提高平整度，改善路面的行车条件。

沥青表面处置通常采用层铺法施工。按照洒布沥青和铺撒矿料的层次多少，沥青表面处置可分为单层式、双层式和三层式三种。单层式是洒布一次沥青，铺撒一次矿料，厚度为1.0～1.5cm；双层式是洒布两次沥青，铺撒两次矿料，厚度为 2.0～2.5cm；三层式是洒布三次沥青，铺撒三次矿料，厚度为 2.0～3.0cm。

层铺法沥青表面处置施工，一般采用"先油后料"（即先洒布一层沥青，后铺撒一层矿料）法。双层式沥青表面处置路面的施工顺序为：备料→清理基层及放样→浇洒透层沥青→洒布第一层沥青→铺撒第一层矿料→碾压→洒布第二层沥青→铺撒第二层矿料→碾压→初期养护。单层式和三层式沥青表面处置施工，顺序与双层式基本相同，只是相应地减少或增加一次洒布沥青、铺撒一次矿料和碾压工作。

2. 沥青贯入式路面

沥青贯入式路面是在初步碾压的矿料层上洒布沥青，分层铺撒嵌缝料、洒布沥青和碾压，并借助于行车压实而成的沥青路面，其厚度一般为 4～8cm。沥青贯入式路面的强度构成主要是靠矿料的嵌挤作用和沥青材料的黏结力，因而具有较高的强度和稳定性。由于沥青贯入式路面是一种多孔隙结构，为了防止路表水的浸入和增强路面的水稳定性，在面层的最上层必须加铺封层。

沥青贯入式路面的施工程序为：备料→整修、放样和清扫基层→浇洒透层或粘层沥青→铺撒主层矿料→第一次碾压→洒布第一次沥青→铺撒第一次嵌缝料→第二次碾压→洒布第二次沥青→铺撒第二次嵌缝料→第三次碾压→洒布第三次沥青→铺撒封层矿料→最后碾压→初期养护。

三、热拌热铺沥青混合料路面施工

热拌沥青混合料是由沥青与矿料在加热状态下拌和而成的混合料的总称，热拌沥青混合料路面是热拌沥青混合料在加热状态下铺筑而成的路面。

1. 施工准备及要求

施工准备工作包括下承层的准备和拌和设备选型、施工放样、机械组合等多项工作。

（1）拌和设备选型。通常根据工程量和工期选择拌和设备的生产能力和移动方式，同时，其生产能力应与摊铺能力相匹配，不应低于摊铺能力，最好高于摊铺能力 5% 左右。高等级公路沥青路面施工，应选用拌和能力较大的设备。

（2）施工放样。施工放样主要是标高测定和平面控制。标高测定主要是控制下承层表面高程与原设计高程的差值，以便在挂线时保证施工层的厚度。施工放样不但要保证沥青路面的总厚度，而且要保证标高不超出容许范围。注意，在放样时，应计入实测的松铺系数。

（3）机械组合。高等级公路路面的施工机械应优先考虑自动化程度较高和生产能力较强的机械，以摊铺、拌和机械为主导机械与自卸汽车、碾压设备配套作业，进行优化组合，使沥青路面施工全部实现机械化，如图 10-15、图 10-16 所示。

2. 拌和与运输

沥青混合料的生产组织包括矿料、沥青供应和混合料运输两个方面，任何一方面组织不

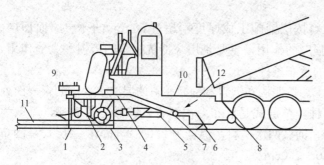

好都会引起停工。所用矿料应符合质量要求，储存量应为日平均用量的 5 倍，堆场应加以遮盖，以防雨水。拌和设备在每次作业完毕后，都必须立即用柴油清洗沥青系统，以防止沥青堵塞管路，沥青混合料成品应运至工地，开工前应查明施工位置、施工条件、摊铺能力、运输路线、运距和运输时间，以及所需混合料的种类和数量等。运输车辆数量必须满足拌和设备连续生产的要求，不因车辆少而临时停工。

图 10 - 15　沥青混合料摊铺机

1—摊平板；2—振捣板；3—螺旋摊铺器；4—水平臂；
5—链式传送器；6—履带；7—枢轴；8—顶推辊；
9—厚度控制器；10—料斗；11—摊铺面；12—自卸汽车

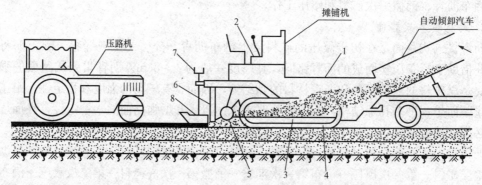

图 10 - 16　沥青混合料摊铺机操作示意图

1—料斗；2—驾驶台；3—送料器；4—履带；5—螺旋摊铺器；
6—振捣器；7—厚度调节螺杆；8—摊平板

3. 沥青混合料摊铺作业

沥青混合料摊铺前，应先检查摊铺机的熨平板宽度和高度是否适当，并调整好自动找平装置。有条件时，尽可能采用全路幅摊铺，如采用分路幅摊铺，接槎应紧密、拉直，并宜设置样桩控制厚度，摊铺时，沥青混合料温度不应低于 100℃（煤沥青不低于 70℃）。摊铺厚度应为设计厚度乘以松铺系数，其松铺系数应通过试铺碾压确定，也可按沥青混凝土混合料取 1.15～1.35，沥青碎石混合料取 1.15～1.30，酌情取值，摊铺后应检查平整度及路拱。摊铺机作业的施工过程为：

（1）熨平板加热。由于 100℃ 以上的混合料遇到 30℃ 以下的熨平板底面时，将会冷粘于板底上，并随板向前移动时拉裂铺层表面，使之形成沟槽和裂纹，因此，每天开始施工前或停工后再工作时，应对熨平板进行加热，即使夏季也必须如此，这样才能对铺层起到熨烫的作用，从而使路表面平整无痕。

（2）摊铺方式。摊铺时，应先从横坡较低处开铺，各条摊铺带宽度最好相同，以节省重新接宽熨平板的时间。使用单机进行不同宽度的多次摊铺时，应尽可能先摊铺较窄的那一条，以减少拆接宽次数；如单机非全幅宽作业时；每幅应在铺筑 100～150m 后调头完成另一幅，此时一定要注意接槎。使用多机摊铺时，应在尽量减少摊铺次数的前提下，各条摊铺带能形成梯队作业方式，梯队的间距宜在 5～10m 之间，以便形成热接槎。

（3）接槎处理。接槎有纵向接槎和横向接槎。纵向接槎：两条摊铺带相接处，必须有一部分搭接，才能保证该处与其他部分具有相同的厚度，搭接的宽度应前后一致，搭接施工有冷接槎和热接槎两种。冷接槎施工是指新铺层与经过压实后的已铺层进行搭接，搭接宽度为 3～5cm；热接槎施工是在使用两台以上摊铺机梯队作业时采用，此时两条毗邻摊铺带的混合料都还处于压实前的热状态，所以纵向接槎容易处理，而且连接强度较好。横向接槎：相邻两幅及上下层的横向接槎均应错位 1m 以上，横向接槎有斜接槎和平接槎两种。高速和一级公路中下层的横向接槎可采用斜接槎，而上面层则应采用垂直的平接槎，其他等级公路的各层均应采用斜接槎。处理好横向接槎的基本原则是将第一条摊铺带的尽头边缘锯成垂直面，并与纵向边缘成直角。横向接槎质量的好坏，直接影响路面的平整度。

4. 沥青混合料的碾压

碾压是沥青路面施工的最后一道工序，要获得好的路面质量最终是靠碾压来实现。碾压的目的是提高沥青混合料的强度、稳定性和耐疲劳性。碾压工作包括碾压机械的选型与组合、压实温度、速度、遍数、压实方法的确定以及特殊路段的压实（如弯道与陡坡等）。

（1）碾压机械的选型与组合。目前最常用的沥青路面压路机，压路机的选型应考虑摊铺机的生产率、混合料的特性、摊铺厚度、施工现场的具体情况等因素。摊铺机的生产效率决定了压路机需要压实的能力，从而影响到压路机的大小和数量的选用，而混合料的特性为选择压路机的大小、最佳频率与振幅提供了依据。

（2）沥青路面的压实作业。压实程序分为初压、复压、终压三个阶段。初压是整平和稳定混合料，同时又为复压创造条件。初压时用 6～8t 双轮压路机或 6～10t 振动压路机（关闭振动装置）压两遍，压实温度一般为 110～130℃（煤沥青混合料不高于 90℃）。初压后应检查平整度、路拱，必要时进行修整。复压是使混合料密实、稳定、成型，而混合料的密实程度取决于这道工序，因此，必须用重型压路机碾压并与初压紧密衔接。复压时用 10～12t 三轮压路机、10t 振动压路机或相应的重型轮胎压路机碾压不少于 4～6 遍直至稳定和无明显轮迹，压实温度一般为 90～110℃（煤沥青混合料不低于 70℃）。终压是消除轮迹，最后形成平整的压实面，这道工序不宜用重型压路机在高温下完成，并紧跟在复压后进行。终压时用 6～8t 振动式压路机（关闭振动装置）压 2～4 遍，且无轮迹，压实温度一般为 70～90℃（煤沥青混合料不低于 50℃）。

压实方法，压路机在碾压时应从外侧向中心碾压，始终保持压路机以压实后的材料作为支承边。当采用轮胎式压路机时，相邻碾压带应重叠 1/3～1/2 的碾压轮宽度；当采用三轮式压路机时，相邻碾压带应重叠 1/2 宽度；当采用振动压路机时，相邻碾压带应重叠 10～20cm 宽度，振动频率宜为 35～50Hz，振幅宜为 0.3～0.8mm。压路机应以慢而均匀的速度进行碾压，其碾压速度应符合有关规定。

第五节　道路工程施工中的质量通病与防治

道路工程建设"百年大计，质量责任重于泰山"。但对于道路工程施工中常见的一些质量通病，则须引起高度重视，并在工程施工过程中采取措施予以防治。

一、高填路堤的下沉及防治

高填路堤在竣工后，由于自然环境的影响，加上通车后汽车行驶动荷载的作用，经常引起路堤整体下沉或局部沉陷、路堤边坡塌方等病害，危害了道路的正常使用。为了保持道路处于良好的技术状态，必须采取一些行之有效的方法进行防治。常用的方法有：

（1）换土重填。将原路堤不符合要求的土挖去，更换新的、符合规范要求的土。回填时，挖补面积要扩大，且挖成台阶形，由下往上逐层填筑，逐层夯实，其压实度要高出原路堤 1～2 个百分点。

（2）加固化剂。当换土重填受到限制时，可采用在原填料中掺入一定品种与数量的固化剂处理路堤的病害。固化剂分为固态和液态两种：固态如石灰、石膏、水泥等；液态如聚丙烯酰氨、聚丙烯酸等有机化合物。

（3）液压灌浆。通过打桩机将注浆管打入路堤下，其浆液通过注浆管均匀地注入土层中。浆液以填充、渗透等方式占据土颗粒之间或岩石裂缝中的空隙，这样将原松散的土粒或有裂缝的岩石胶结成整体，形成一个结构新、强度大、防水性能高、稳定性好的路堤。

二、沥青路面的早期病害与防治

由于种种原因，沥青路面可能产生各种病害。

（一）病害的种类及产生的原因

（1）泛油。由于沥青混合料中沥青的用量偏多，且稠度偏低，黏结料过软，从而导致从黏结料或沥青浆中溢出路面黑色发光的斑点。

（2）波浪。由于沥青用量偏多，黏结料太软，致使路面在车辆行驶荷载的作用下逐渐形成低洼、隆起变形。

（3）壅包。由于路面材料的稳定性差，交叉路口的车辆频繁起动和控制，致使路面产生竖向位移。

（4）路面打滑。造成路面打滑的，主要原因有两个：一是沥青路面上多余的沥青，在行车荷载重复作用下泛油；二是在行车动荷载的作用下，将沥青路面的矿料磨光了。

（5）裂缝。沥青路面破损的表现形式就是裂缝。按其成因的不同，有横向裂缝、纵向裂缝和网裂缝三种。

1）横向裂缝。垂直于行车方向，按其成因又分为荷载裂缝和非荷载裂缝两种：

①荷载裂缝，由于施工质量低劣，在车辆行驶荷载作用下，使沥青面层与半刚性的基层产生拉应力。当这种拉应力超过其疲劳强度，则形成撕裂。

②非荷载裂缝，这是横向裂缝的主要形式，其形成原因：由于沥青混合料面层收缩而出现的裂缝；由于路面基层的反射而造成的裂缝。

2）纵向裂缝。按其成因有：

①摊铺沥青混合料时，两路幅之间在接槎处未处理好，在行车荷载与气候冷热的作用下逐渐开裂。

②由于对路基压实不均匀或路基边缘受水的浸蚀而产生不均匀的沉陷所产生的裂缝。

3）网状裂缝。出现网状裂缝，是由于路面整体强度不足而产生的。造成路面整体强度不足的原因主要有：路面结构设计不合理，路基、路面碾压不密实，路面混合料配合比不当，路面混合料拌和不均匀。

（6）坑洼。沥青路面出现坑洼，可能有两个原因：一是面层出现网裂、龟裂，未及时养护；二是基层局部强度不足。

（二）沥青路面早期病害的预防措施

1. 合理的结构设计

沥青路面设计质量是工程质量的基础和前提，在设计时应注意以下事项：

（1）减薄沥青面层的厚度。由于人们一直认为沥青面层的厚度，以"越厚越好"，所以大多数高速公路的沥青面层厚度都大于 15cm，只有部分高速公路沥青面层的厚度为 9～12cm。据国内最新研究成果表明：高速公路、高等级公路的沥青面层，其合理厚度应比《公路沥青路面设计规范》（JTJ 014—1997）建议的厚度酌情减薄。

（2）沥青路面的防水设计应加强。如设置沥青面层防水层，搞好路肩排水，路基的横坡排水等。

（3）选用合理的配合比。高速公路、高等级公路沥青混合料的配合比，是一项复杂而又细致的工作，需根据具体情况，不断总结经验，严格控制各个环节，才能得出合理的配合比。

2. 精心施工，确保工程质量

在沥青路面施工过程中，严格按照全面质量管理制度，加强工程监理，具体从以下几个方面入手：

（1）加强对原材料的检验。

（2）加强配合比的控制。

（3）检查施工机具设备。

（4）铺筑试验路段。

（5）加强施工过程的质量管理。

3. 加强对路面的养护

若在施工中留有隐患，在使用中要特别注意养护。俗话说"三分修路，七分在管"可见养护的重要性。总之，要做到将病害消灭在萌芽状态。

（三）沥青路面病害的防治措施

（1）防渗性差。对防渗性差的路面或局部破损的路面，采取普遍加一层乳化沥青，进行封层处理。

（2）严重壅包。对于沥青面层产生的严重壅包，用铣刨机进行铣刨或用人工削峰填谷。

（3）波浪路面。沥青路面若产生了波浪，可用铣刨机进行铣刨，铲去 2～3cm 的厚度，重新用拌和料进行铺筑。

（4）路面泛油。及时铺撒石料，进行碾压。

（5）路面裂缝。先凿掉裂缝旧痕，形成"V"字形，擦去尘土；再用大于 0.5MPa 压力的空压机，吹去缝中的灰尘；按配合比重新配制修补材料；用挤压轮将修补材料灌入裂缝中；养护 24h 后即可开通行车。

（6）路面坑槽。路面出现坑槽，可采用修补方法进行处治。如在严寒地区，则用乳化沥青作结合料进行修补。

（7）路面打滑。将路面的尘土杂物清扫干净后，喷油封面，撒上粒径为 3～8mm 的石屑或粗砂，扫匀压实。

三、水泥混凝土路面的质量通病及防治

尽管近几年水泥混凝土路面发展很快，仍然免不了出现一些病害。要及时分析产生病害的原因，以便采取措施进行防治。

（一）水泥混凝土路面质量通病产生的原因

1. 水泥混凝土路面断板产生的原因

由纵向、横向、斜向裂缝的发展而形成混凝土板的完全折断，称之为断板。究其产生原因，主要是由于温度应力或荷载应力超过混凝土的变曲抗压强度，水泥混凝土板就会产生裂缝并发展为断板。具体说，有如下几种原因：

（1）水泥混凝土的强度不足。

（2）集料含泥量或含有机质超标。

（3）水灰比偏大。

（4）搅拌混凝土不均匀，振捣不实。

（5）切缝不及时或切缝深度不够，造成应力集中。

（6）由于大吨位车的增多，超重车超过原设计荷载。

（7）路基的不均匀沉降。

2. 水泥混凝土路面接缝的破坏原因

（1）挤碎。由于胀缝宽度不够，阻碍混凝土板受热膨胀时的伸长。

（2）填缝料失效，使得坚硬的碎屑落入缝内。

（3）错台。当交通车量或路基的承载力在横向各幅混凝土板上分布不均匀，各幅混凝土板下沉不一致，就出现错台现象。

（二）水泥混凝土路面病害防治的措施

1. 水泥混凝土路面断板的防治措施

（1）局部修补。当水泥混凝土路面是局部断裂，其修补方法分为两种：

1）轻微断裂。先画线放样，凿开深 5～7cm 的长方形凹槽，洗刷干净后，用快凝细石混凝土填补。

2）对于裂缝较宽，具有轻微剥落的断板，可采用的修补方法是将断板凿至贯通，再放入 $\phi22@300～400$ 的钢筋，用快凝混凝土捣实，并与原路面平齐。

（2）整块板更换。对于断裂严重，板被分割成几块或有错台的情况，宜采用整块板更换。将原断裂的板凿掉，换上快凝混凝土，重新浇筑捣实。

2. 水泥混凝土路面裂缝的防治措施

（1）用聚氯乙烯胶泥或沥青橡胶等填缝。

（2）用环氧树脂灌缝。将原裂缝凿开成"V"字形，待清除灰尘后，放入 $\phi18～\phi20$ 钢筋后，灌入环氧树脂胶泥。

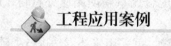

工程应用案例

【背景材料】

某高速公路东线 14 标段软土路基处理试验段第 J 试验区位于某市境内。试验区里程 K46＋628 至 K46＋894，全长 K266，加固软土路基处理宽度 50～54m，设计路堤最大填高

为 5.4m。区内地层自上而下依次为：①耕植土，厚 2.5～1.5m；②淤泥，饱水、流塑状态，厚 2.5～4m；③淤泥质细砂，饱水、松散，平均厚 5.7m；④淤泥，饱水，流塑状态，钻孔至 30m 未钻透。

一、软土路基处理方案

采用真空预压法进行软基处理，并在抽真空 40d 后填筑路堤，实质上是真空—堆载联合预压法进行处理。竖向排水体采用直径 7cm 袋装砂井，井距为 1.3m，平面呈等边三角形布置。水平向排水体为砂垫层，在砂垫层中铺设排水滤管与抽真空系统相连接，砂垫层上覆塑料密封膜。

对于细砂夹层，由于其渗透系数较大，在抽真空后将产生负压损失，为保证处理效果，在加固区周边采取竖向穿透该层的封堵措施，在考虑施工可操作性及进行经济比较后决定采用深层搅拌桩形成连续墙进行防渗封堵。

二、工艺流程

施工准备→放样→砂垫层→夹层封堵（水平滤管埋设、密封沟开挖）→密封膜铺设→真空泵安装→抽真空→路堤填筑→卸载验收。

1. 抽真空

真空泵安装完成后开始抽真空。2d 内负压为 45kPa，经对膜进行检查补漏后，负压达到 80kPa，此后一直围绕 80kPa 窄幅波动，波动幅度小于 ±3kPa。

2. 路堤填筑

路堤设计为两侧用黏土包边的填砂路堤，采用吹砂吹填。吹第 1 层砂前在密封膜上加铺一层土布保护，填筑高度 4.2m，分 3 次吹填。吹第 1 层砂高 1.2m；吹第 2 层砂高 1.8m；吹第 3 层砂高 1.2m。

三、观测与讨论

1. 水平位移

（1）真空预压阶段。9 月 19 日～10 月 20 日，各测斜管均产生指向加固区的收缩变形，最大日位移量 25mm，30d 累计水平位移 300mm，导致加固区周边均有可见收缩裂缝产生，最长连续裂缝长 30m，缝最大宽度达 100mm。

（2）真空—堆载联合作用阶段。11 月 2 日～12 月 7 日，共分 3 次吹砂加载至 4.2m 填砂高度，伴随每一次吹砂过程，各测斜管均测得向外的水平位移，一般在加载后 1～2d 达到最大值，随后有个较快的向内收缩位移，3～4d 后趋于稳定。第 1 次加载所产生的水平位移最大，第 2、3 次加载产生的水平位移逐次减小。最大日水平位移为 40mm，最小日水平位移量 20mm，最大水平位移总共为 80mm。

2. 表面沉降

（1）真空预压阶段。真空度上升阶段（0～80kPa）日均沉降量 30mm，最大日沉降量 53mm，随后沉降速率变缓，整个真空预压阶段表面沉降速率是一个渐变收敛的过程。到 11 月 1 日，最大累计沉降量为 798mm，最小累计沉降量 580mm（以上不包含砂垫层施工期间沉降值）。

（2）真空—堆载联合作用阶段。每一次吹砂填筑路堤都是沉降速率增加的过程，总的趋势是加载过程随加载次数和填筑高度的增加逐渐延长，但沉降速率逐渐变缓。第 1 次吹砂 1.2m 高，最大沉降量 252mm，最小沉降量 154mm，最大日沉降量为 63mm（11 月 8 日）；

第 2 次吹砂 1.8m 高，最大日沉降量 332mm，最小沉降量 262mm，最大日沉降量 57mm
（11 月 19 日）；第 3 次吹砂 1.2m 高，最大沉降量 169mm，最小沉降量 75mm，最大日沉降量 24mm。到 12 月 5 日，真空—堆载联合作用下产生的最大累计沉降量为 712mm，最小累计沉降量为 571mm，33d 内平均日最大沉降量为 21.6mm，平均日最小均沉降量为 17.3mm（以上数据均包括堆载前的沉降）。

　　在整个真空预压路堤填筑过程中，围绕加固区周边在真空预压期内产生的收缩裂缝一直存在，但缝宽在吹砂过程中产生变化，地表无明显隆起变形。

　　3. 讨论

　　在软土地基上路堤的填筑速度主要受路堤坡脚水平位移速率的控制。在一般情况下，当填筑过程中坡脚的水平位移速率过大，则地基可能发生剪切破坏，导致路堤失稳。因而现行《公路路基施工技术规范》（JTJ 034—2000）（以下简称《规范》）规定软地基土路堤填筑过程中坡脚水平位移速率每昼夜不大于 0.5cm，并综合考虑表面沉降速率每昼夜不大于 0.1cm。

　　从本试验段的观测结果看到，虽然在路堤填筑过程中水平速率达到 40mm，是《规范》允许值的 8 倍，沉降速率最大为每昼夜 63mm，是《规范》允许值的 6.3 倍，且在整个吹砂期间日平均沉降量 17.3mm，是《规范》允许值的 1.73 倍，但地基并没有发生明显的剪切破坏，路堤无失稳现象。主要有以下几方面原因：①由于吹砂开始前已有 40d 的真空预压期，被加固土体已产生最大 1.11m，最小 0.934m 的累计沉降，土体固结使地基的抗剪强度提高；②袋装砂井提高了被加固土体的整体抗剪强度；③由于真空负压在被加固土体周边产生的指向被加固土体的侧压力使土体被约束而抗剪能力提高，是根据每一次吹砂后先发生向外水平位移，停止吹砂后紧接着发生向内收缩的水平位移作出的判断。

　　四、结束语

　　综上所述，对真空预压技术在软土路基和路堤中的应用有以下几点体会：

　　（1）真空预压技术的应用可以加快软土的固结速度，提高地基在路堤填筑期间的承载能力，从而可加快路堤的填筑速度，加快工程进度，缩短工期。对一些软土层较厚，按堆载预压施工其固结时间较长而业主要求的工期短的情况下，采用真空预压技术可取得显著效果。

　　（2）应用真空预压时应注意其适用性，当软土层中有透水夹层，且水源补给充足而进行封堵困难时，由于较难达到要求的负压值，不宜采用该技术处理。

　　（3）由于真空预压技术处理费用高，是否采用应慎重考虑，应在作出较详细的经济效益分析后再行决定。

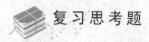 复习思考题

1. 路基工程有何特点，路基工程与有关工程项目的关系是什么？
2. 试述影响路基稳定的因素有哪些。
3. 一般路基的典型横断面形式有哪几种类型？
4. 土方路堤填筑的方法有哪几种？
5. 土质路堑的开挖方法有哪几种？
6. 填方路堤压实的方法和要求是什么？

7. 盐渍土如何分类？盐渍土路基施工的要求是什么？

8. 软土、沼泽地区路基施工常用的处理措施是什么？

9. 路面的分工和分级是什么？

10. 路面的功能对路面的要求是什么？路面的作用是什么？

11. 路面的结构组成是什么？

12. 沥青混凝土路面的类型有哪些？其基本特征是什么？

13. 水泥混凝土路面的构造由哪几部分组成？

第十一章 桥梁结构工程

┌─── **内容提要** ───┐

　　本章的内容包括桥梁的基本组成及分类，沉井、围堰施工，桥梁上部结构施工。主要介绍在桥梁上部结构施工中主要介绍装配式桥梁施工，预应力混凝土梁桥悬臂法施工，预应力混凝土连续梁桥顶推法施工，拱桥施工，斜拉桥施工。

学习要求

　　(1) 熟悉桥梁的基本组成及分类；掌握沉井的制作及施工工艺，围堰的施工方法。

　　(2) 熟悉装配式桥梁的特点；掌握构件的架设方法。

　　(3) 了解预应力混凝土梁桥悬臂浇筑施工法的特点；熟悉预应力混凝土梁桥悬臂拼装施工法的特点；掌握梁段的浇筑程序及梁段合龙的施工要点，混凝土块件的预制方法、分段吊装系统的施工、接缝的类型与技术处理。

　　(4) 熟悉预应力混凝土连续梁桥顶推法施工的特点；掌握顶推施工的工艺和梁段施工的方法。

　　(5) 了解拱架的构造，拱架的卸落、拆除程序及施工工艺；掌握有支架拱桥拱圈混凝土的浇筑程序，装配式钢筋混凝土拱桥的施工工艺及施工验算。

　　(6) 熟悉斜拉桥索塔、主梁的构造及施工工艺；掌握斜拉索的制作、安装方法和防护措施。

第一节 概　　述

　　在公路、铁路、城市和农村道路建设中，为了跨越河流、沟谷或其他道路等，必须修建各种类型的桥梁，因此桥梁是交通线中的重要组成部分。随着科技的进步、社会生产力的高速发展，对桥梁结构提出了更高的要求。经过几十年的努力，我国桥梁建筑无论在规模上还是在科技水平上，均已跻身世界先进行列。各种功能齐全、造型美观的城市立交桥、高架桥及跨越各种障碍物的大跨径公路、铁路桥，如雨后春笋般相继建成。随着我国公路 2020 年远景规划的实施，跨越渤海湾、杭州湾、琼州海峡及舟山连岛等大型工程已列入规划建设阶段。如 2003 年 6 月开工建设的杭州湾跨海大桥是国道主干线——同三线跨越杭州湾的便捷通道，大桥北起嘉兴市海盐郑家埭，跨越宽阔的杭州湾海域后止于宁波市慈溪水路湾，全长 36km，大桥建成后将缩短宁波至上海间的陆路距离 120km。连接上海南汇芦潮港与洋山岛深水港的东海大桥长达 31km，建成后将使上海港的集装箱吞吐能力大大增加，并从根本上解决枯水期 5 万～10 万吨以上巨轮经长江进出上海港困难的问题。

一、桥梁的基本组成

　　桥梁由上部结构、下部结构、支座和附属设施四个部分组成，如图 11-1 所示为一座公路桥梁的概貌，将一般桥梁工程的相关名词解释如下：

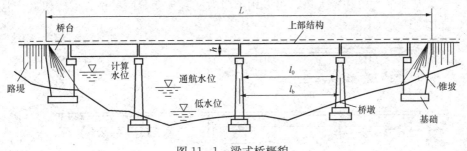

图 11-1 梁式桥概貌

（1）上部结构又称桥跨结构。是在线路中断时跨越障碍的主要承重结构，是桥梁支座以上（无铰拱起拱线或刚架主梁底线以上）跨越桥孔的总称，当跨越幅度越大时，上部结构的构造也就越复杂，施工难度也相应增加。

（2）下部结构是桥墩、桥台和基础的统称。桥墩和桥台是支承上部结构并将其传来的永久荷载和车辆等荷载传至基础的结构物。桥台设在桥梁两端，桥墩则在两桥台之间。桥墩的作用是支承桥跨结构；而桥台除了起支承桥跨结构的作用外，还要与路堤衔接，以防止路堤滑塌。桥墩和桥台底部称为基础，基础承担从桥墩和桥台传来的全部荷载，这些荷载包括竖向荷载以及地震、船舶撞击墩身等引起的水平荷载。由于基础深埋于水下地基中，是桥梁施工中难度较大的部分，也是确保桥梁施工安全的关键。

（3）支座设在墩（台）顶，用于支承上部结构的传力装置。它不仅要传递较大的荷载，并且要保证上部结构按设计要求能产生一定的变位。

（4）桥梁的附属设施包括桥面系统、伸缩缝、桥梁与路堤衔接处的桥头搭板和锥形护坡等。

河流中的水位是变动的，枯水季节的最低水位称为低水位；洪峰季节河流中的最高水位称为高水位；桥梁设计中按规定的设计洪水频率计算所得的高水位称为设计洪水位；设计洪水位加壅水高和浪高称为计算水位；在各级航道中，能保持船舶正常航行时的水位称为通航水位。

二、桥梁的分类

（一）桥梁按受力体系分类

按照受力体系分类，桥梁有梁式桥、拱式桥、刚架桥、吊桥（悬索桥）四种基本体系。其中梁式桥以受弯为主，拱式桥以受压为主，吊桥以受拉为主。另外，由上述三大基本体系的相互组合，派生出在受力上也具组合特征的多种桥型，如梁、拱组合桥和斜拉桥等。

1. 梁式桥

梁式桥是一种在竖向荷载作用下无水平反力的结构，如图 11-2（a）、（b）所示。由于外力（永久荷载和可变荷载）的作用方向与承重结构的轴线接近垂直，因而与同样跨径的其他结构体系相比，梁桥内产生的弯矩最大，通常需用抗弯、抗拉能力强的材料来建造。对于中、小跨径桥梁，目前在公路上应用最广的是标准跨径的钢筋混凝土或预应力混凝土简支梁桥，施工方法有预制装配和现浇两种。这种梁桥的结构简单、施工方便，简支梁对地基承载力的要求也不高，钢筋混凝土及先张法预应力混凝土简支梁桥常用跨径在 25m 以下；当跨径较大时，需采用后张法预应力混凝土简支梁桥，但跨度一般不超过 50m。为了改善受力条件和使用性能，地质条件较好时，中小跨径梁桥可修建等截面连续梁桥，如图 11 - 2（c）所示。对于较大跨径的大桥和特大桥，可采用预应力混凝土变截面梁桥、钢桥和钢—混凝土叠合梁桥，如图 11 - 2（d）、（e）所示。

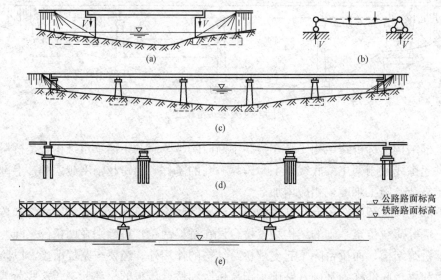

图 11 - 2　梁式桥

2. 拱式桥

拱式桥如图 11 - 3（a）所示，主要承重结构是拱圈或拱肋（拱圈横截面设计成分离形式时称为拱肋）。拱式结构在竖向荷载作用下，桥墩和桥台将承受水平推力，如图 11 - 3（b）所示。

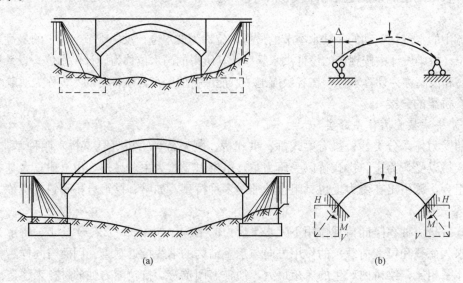

图 11 - 3　拱式桥

拱桥的承重结构以受压为主，通常可用抗压强度高的材料（如砖、石、混凝土）和钢筋混凝土等来建造。拱桥不仅跨越能力很大，而且外形酷似彩虹卧波，十分美观，经济效益也很好，一般在跨径 500m 以内均可作为首选方案。但是，为了确保拱桥的安全，下部结构和地基

（特别是桥台）必须能经受住较大的水平推力作用，此外，与梁式桥不同，由于拱圈（或拱肋）在合龙前自身不能维持平衡，因而拱桥在施工过程中的难度和危险性要远大于梁式桥。

3. 刚架桥

刚架桥的主要承重结构是梁（或板）与立柱（或竖墙）整体结合在一起的刚架结构，梁和柱的连接处具有很大的刚性，以承担负弯矩的作用。如图 11-4（a）所示的门式刚架桥，在竖向荷载作用下，柱脚处具有水平反力，梁部主要受弯，但弯矩值较同跨径的简支梁小，梁内还有轴压力 H，因而其受力状态介于梁桥与拱桥之间，如图 11-4（b）所示。刚架桥的跨中建筑高度就可做得较小，但普通钢筋混凝土修建的刚架桥在梁柱刚结处较易产生裂缝，需在该处多配钢筋。如图 11-4（c）所示的 T 形刚构桥（带挂孔的或不带挂孔的）是修建较大跨径混凝土桥梁曾采用的桥型。如图 11-4（d）所示的连续刚构桥，属于多次超静定结构，在设计中一般应减小墩柱顶端的水平抗推刚度，使得温度变化下在结构内不致产生较大的附加内力，对于很长的桥，为了降低这种附加内力，往往在两侧的一个或数个边跨上设置滑动支座，从而形成如图 11-4（e）所示的刚构——连续组合体系桥型。当跨越陡峭河岸和深谷时，修建斜腿刚架桥往往既经济合理又造型轻巧美观，如图 11-4（f）所示。由于斜腿墩柱置于岸坡上，有较大斜角，中跨梁内的轴压力也很大，因而斜腿刚架桥的跨越能力比门式刚构桥要大得多，但斜腿的施工难度较直腿大些。

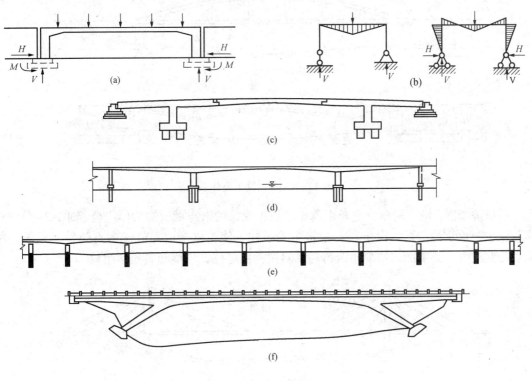

图 11-4　刚架桥

4. 吊桥（悬索桥）

吊桥是用悬挂在两边塔架上的强大缆索作为主要承重结构，如图 11-5 所示。吊桥的承载系统包括缆索、塔柱和锚碇三部分，因此结构自重较轻，能够跨越任何其他桥型无与伦比的特大跨度。吊桥的另一特点是受力简单明了，成卷的钢缆易于运输，在将缆索架设完成后，便形成了一个强大稳定的结构支承系统，施工过程中的风险相对较小。

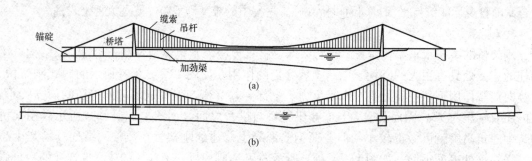

图 11 - 5　吊桥（悬索桥）

5. 组合体系桥梁

由几个不同受力体系的结构组合而成的桥梁称为组合体系桥梁。梁、拱组合体系，如图11-6所示，这类体系中有系杆拱、桁架拱等。它们利用梁的受弯与拱的承压特点组成联合结构。在预应力混凝土结构中，因梁体内可以储备巨大的压力来承受拱的水平推力，使这类结构既具有拱的特点，又没有水平推力，故对地基要求不高，但这种结构施工复杂。

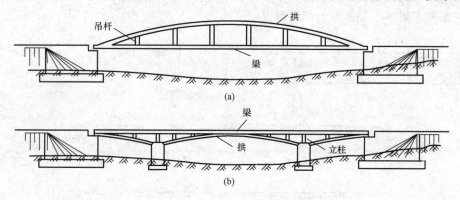

图 11 - 6　梁、拱组合体系

斜拉桥如图 11 - 7 所示，它是由承压的塔、受拉的索与承弯的梁体组合起来的一种结构体系。主要承重的主梁，由于斜拉索将主梁吊住，使主梁变成类似于多点弹性支承的连续梁，由此减少主梁截面，增加桥跨跨径。斜拉桥由塔柱、主梁和斜拉索组成。

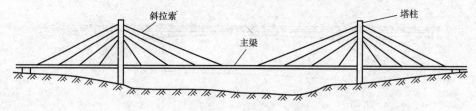

图 11 - 7　斜拉桥

常用的斜拉桥是三跨双塔式结构，独塔双跨形式，如图 11 - 8 所示，具体形式及布置的选择应根据河流、地形、通航、美观等要求加以论证确定。

（二）桥梁的其他分类方法

除了上述按受力特点分成不同的结构体系外，人们还习惯地按桥梁的用途、规模大小和

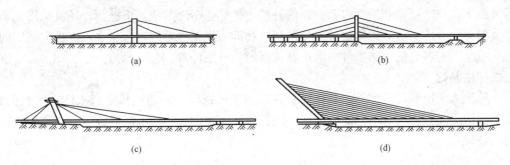

(a)   (b)

(c)   (d)

图 11 - 8　独塔斜拉桥

建桥材料等其他方面将桥梁进行分类。

（1）按用途来划分，有公路桥、铁路桥、公铁两用桥、农桥（或机耕道桥）、人行桥、水运桥（渡槽）、管线桥等。

（2）按桥梁总长和跨径的不同，分为特大桥、大桥、中桥、小桥和涵洞。

（3）按照主要承重结构所用的材料划分，有砖、石、混凝土桥、钢筋混凝土桥、预应力混凝土桥、钢桥和木桥等。

（4）按跨越障碍的性质，可分为跨河桥、立交桥、高架桥和栈桥。高架桥一般指跨越深沟峡谷以替代高路堤的桥梁，以及在城市桥梁中跨越道路的桥梁。

（5）按上部结构的行车道位置，分为上承式、中承式和下承式桥梁。

第二节　桥 梁 基 础 施 工

在桥梁工程中常用的基础形式有扩大基础、桩基础、沉井基础、柱管基础等。

一、扩大基础

所谓扩大基础，就是将墩（台）及上部结构传来的荷载由其直接传递至较浅的支撑地基的一种基础形式，一般采用明挖基坑的方法进行施工，故又称之为明挖扩大基础或浅基础。其主要特点是：

（1）由于能在现场直观确认支撑地基的情况下进行施工，因而施工质量可靠。

（2）施工时的噪声、振动和对地下污染等建设公害较小。

（3）与其他类型的基础相比，施工所需的操作空间较小。

（4）在多数情况下，比其他类型的基础造价省、工期短。

（5）易受冻胀和冲刷产生的恶劣影响。

扩大基础施工的顺序是开挖基坑，对基底进行处理（当地基的承载力不满足设计要求时，需对地基进行加固），砌筑圬工或立模、绑扎钢筋、浇筑混凝土。其中，开挖基坑是施工中的一项主要工作，而在开挖过程中，必须解决挡土与止水排水的问题。

当土质坚硬时，对基坑的坑壁可不进行支护，仅按一定坡度进行开挖。在采用土、石围堰或土质疏松的情况下，一般应对开挖后的基坑坑壁进行支护加固，以防止坑壁坍塌。支护的方法有挡板支护加固、混凝土及喷射混凝土加固等。

扩大基础施工的难易程度与地下水处理的难易有关。当地下水位高于基础的设计底面标高时，则需采取止水排水措施，如打钢板桩或考虑采用集水坑用水泵排水、深井排水及井点法等使地下水位降低至开挖面以下，以使开挖工作能在干燥的状态下进行。还可采用化学灌浆法及围幕法（冻结法、硅化法、水泥灌浆法和沥青灌浆法等）进行止水。但扩大基础的各种施工方法都有各自的制约条件，因此在选择时应特别注意。

二、桩基础

桩是沉入土层的柱类构件，其作用是将作用于桩顶以上的荷载传递到土体中的较深处。根据不同情况，桩可以有不同的分类法（成桩方法及桩的分类，不同的施工方法和工艺见本书第二章）。

（一）沉入桩

沉入桩是将预制桩用锤击打或振动法沉入地层至设计要求标高。预制桩包括木桩、混凝土桩和钢桩，一般有如下特点：

（1）因在预制场内制造，故桩身质量易于控制，质量可靠。

（2）沉入施工工序简单，工效高，能保证质量。

（3）易于水上施工。

（4）多数情况下施工噪声和振动的公害大、污染环境。

（5）受运输、起吊设备能力等条件限制，其单节预制桩的长度不能过长；沉入长桩时要在现场接桩；桩的接头施工复杂、麻烦，且易出现构造上的弱点；接桩后如果不能保证全桩长的垂直度，则将降低桩的承载能力，甚至在沉入时造成断桩。

（6）不易穿透较厚的坚硬地层，当坚硬地层下仍存在较弱层，设计要求桩必须穿过时，则需辅以其他施工措施，如射水或预钻孔等。

（7）当沉入地基的桩超长时，需截除其超长部分，不经济。

沉入桩施工方法主要有：锤击沉入桩、振动沉入桩、静力压桩法、辅助沉桩法、沉管灌注法以及锤底沉管法等。

（二）灌注桩

灌注桩是在现场采用钻孔机械（或人工）将地层钻挖成预定孔径和深度的孔后，将预制成一定形状的钢筋骨架放入孔内，在孔内灌入沉动性的混凝土而形成桩基。水下混凝土多采用垂直导管法灌注。灌注桩特点如下：

（1）与沉入桩的锤击法和振动法相比，施工噪声和振动要小得多。

（2）能修建比预制桩的直径大、入土深度大、承载力大得多的桩。

（3）与地基土质无关，在各种地基上均可使用。

（4）施工时应特别注意孔壁坍塌形成的流砂，以及孔底沉淀等的处理，施工质量的好坏，对桩的承载力影响很大。

（5）因混凝土是在泥水中灌注的，因此混凝土质量较难控制。灌注桩因成孔的机械不同，通常采用旋转锥钻孔法，潜水钻机成孔法，冲击钻机成孔法，正循环回转法，反循环回转法，冲抓钻机成孔法，人工挖孔法等。

（三）大直径桩

一般认为直径2.5m以上的桩可称为大直径桩，目前最大桩径已达6m。近年来，大直径桩在桥梁基础中得到广泛应用，结构形式也越来越多样化，除实心桩外，还发展了空心桩；施工方法上不仅有钻孔灌注法，还有预制桩壳钻孔埋置法等。根据桩的受力特点，大直径桩多做成变截面的形式。大直径桩与普通桩在施工上的区别主要反映在钻机选型、钻孔泥浆及施工工艺等方面。

三、沉井基础

沉井基础是一种断面和刚度均比桩大得多的筒状结构，施工时在现场重复交替进行构筑和开挖井内土方，使之沉落到预定的地基上。沉井基础的适宜下沉深度一般为 10～40m。与其他基础形式相比，沉井基础的抗水平力作用能力及竖直支撑力均较大，由于刚度大，其变形较小。沉井基础施工的难点在于沉井的下沉，主要是通过从井孔内除土，清除刃脚正面阻力及沉井内壁摩阻力后，依靠其自重下沉。沉井下沉的方法可分为排水开挖下沉和不排水开挖下沉。但其基本施工方法应为不排水开挖下沉，只有在稳定的土层中，而且渗水量不大时，才采用排水开挖法下沉。

在水中修筑沉井时，应对河流汛期、通航、河床冲刷进行调查研究，尺量利用枯水季节进行施工。如施工期需要经过汛期时，应采取相应的措施。沉井基础的施工，一般可分为旱地施工、水中筑岛施工和浮运沉井施工三种。

1. 旱地沉井施工

当桥梁墩台位于旱地时，沉井可就地制造、挖土下沉、封底、填充井筒和浇筑混凝土顶板，其施工顺序如图 11-9 所示。

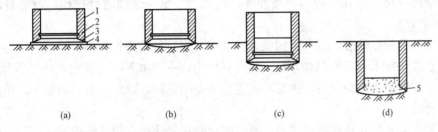

图 11-9　沉井施工顺序图

1—井壁；2—凹槽；3—刃脚；4—承垫木；5—素混凝土封底

（1）平整场地。当天然地面土质较好时，只需将地面杂物清除干净整平地面后，在其上制作沉井。为了减少沉井的下沉深度，也可在基础位置挖以浅坑，在坑底制作沉井，坑底应高出地下水面 0.5～1.0m。当土质松软，应整平夯实或换土夯实，在一般情况下，应在整平的场地上铺设不小于 0.5m 厚的砂或砂砾层。

（2）制作第一节沉井。由于沉井自重大，刃脚踏面尺寸小，应力集中，场地土承载力往往不能满足要求，在整平的场地上刃脚踏面位置处，应对称地铺满一层垫木（垫木可用 200mm×200mm 的方木），以加大支撑面积，使沉井重量在垫木下产生的压应力不大于 100kPa。然后在刃脚位置处放上刃脚角钢，竖立内模，绑扎钢筋，立外模，最后浇筑第一节沉井混凝土，如图 11-10 所示。

（3）拆模及抽垫。沉井混凝土达到设计强度等级的 70% 以后，即可拆除模板，当强度达到设计强度等级后，才能拆垫木。拆垫木应按一定的顺序进行，以免引起沉井开裂、移动和倾斜。抽拆顺序为：先拆除内隔墙下的垫木，再拆除短边下的垫木，最后拆除长边下的垫木。在拆除长边下的垫木时，应以定位垫木（最后抽出的垫木）为中心，由远及近对称拆除，最后拆除定位垫木。在整个拆除垫木过程中，应每抽出一根垫木立即用砂进行回填并捣实。

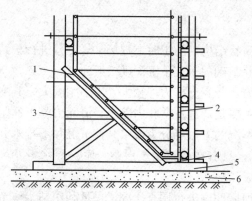

图 11-10　沉井刃脚模板
1—内模；2—外模；3—立柱；
4—角钢；5—垫木；6—砂垫层

（4）挖土下沉。沉井下沉施工可分为排水下沉和不排水下沉两种施工方法。当沉井穿过的土层较稳定，不会因为排水而产生流砂时，可采用排水下沉。排水下沉可采用人工挖土和机械挖土，但常采用人工挖土。不排水下沉常采用机械挖土（抓土斗或吸泥机）。如遇土质较硬，水力吸泥机应配置水枪射水进行挖土，但由于吸泥机是将水和土一起吸出井外，因此需要经常向井内加水，维持井内水位高出井外水位 1～2m，以免发生涌土和流砂现象。

（5）接高沉井。第一节沉井下沉至距地面还剩 1～2m 时，应停止挖土，浇筑第二节沉井。浇筑第二节沉井前，应使第一节沉井正直并开凿毛顶面，然后立模浇筑混凝土，待混凝土达到设计强度等级后，再拆模继续挖土下沉。

（6）筑井顶围堰。如沉井顶面低于地面或水面时，应在沉井上面接筑围堰。围堰的平面尺寸略小于沉井尺寸，其下端与井顶预埋锚杆相连。围堰是临时性结构，待墩身出水后即拆除。

（7）地基检验和处理。沉井沉到设计标高后，应对基底进行检验。检验的内容包括地基土质和平整度。排水下沉的沉井，可直接进行检验；不排水下沉的沉井，可由潜水工进行检验或钻取土样鉴定。检验以后，应对基底进行必要的处理，以保证封底混凝土、沉井和地基之间紧密连接。

（8）封底、充填井孔及浇筑顶盖。地基的检验和处理符合设计要求后，应立即进行封底工作。如封底是在不排水的情况下进行时，应按浇筑水下混凝土的要求进行。

2. 水中沉井施工

当水流速不大，水深在 3～4m 以内，可采用水中筑岛的方法进行沉井施工，如图 11-11所示。其施工方法与旱地沉井施工方法一样。

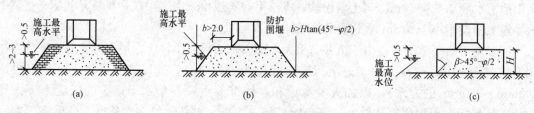

图 11-11　水中筑岛下沉沉井

3. 浮运沉井施工

当水深较大，用筑岛法施工沉井不经济，且施工困难，可改为浮运法施工沉井。首先在岸边制作沉井，利用在岸边铺成的滑道将沉井滑入水中，如图 11-12 所示。然后将沉井悬浮于水中，运到设计位置上。当沉井运到设计位置就位以后，用水或混凝土将沉井沉入水底，每沉入一节，将沉井接长，直至沉井刃脚切入河床一定深度。在施工过程中，应始终保证沉井的稳定。

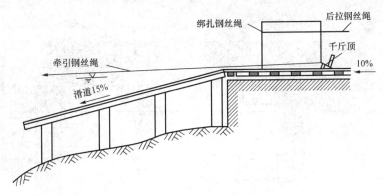

图 11-12 浮运沉井下水

四、管柱基础

管柱基础因其施工的方法和工艺相对来说较复杂，所需的机械设备也较多，一般的桥梁极少采用这种形式的基础，仅当桥址处的水文地质条件十分复杂，应用通常的基础施工方法不能奏效时，才采用这种基础形式。因此，对于大型的深水或海中基础，特别是深水岩面不平、流速大的地方采用管柱基础是比较适宜的。

管柱基础的施工是在水面上进行的，不受季节性影响，特别是在洪水季节施工，能尽量使用机械设备，从而改善劳动条件，提高工作效率，加速工程进度，降低工程成本。管柱基础适用于各种土质的基底，尤其是在水深、岩面不平、无覆盖层或覆盖层很厚的自然条件下，不宜修建其他类型的基础中使用。

管柱基础按条件的不同，施工方法也不同，一般可分为：需要设置防水围堰的低承台或高承台基础和不需要设置防水围堰的低承台或高承台基础两类。两类施工方法以设置防水围堰的低承台或高承台比较复杂，如图 11-13 所示。

管柱基础在施工时，必须设置控制管柱倾斜和防止位移的导向结构，导向结构应布置在便于下沉和接高管柱处。对于围笼式导向结构，尚应考虑其顶面便于安装钻机，并兼有作钢板桩围堰支撑之用。在管柱振动下沉时，应根据地质情况、管柱直径、预计沉入深度等，并考虑附近地面沉陷和振动力对邻近建筑物及相邻管柱的影响，采用不同的施工方法，如振动沉桩机振动下沉，振动与管柱内除土下沉，振动与射水下沉，振动与射水、吸泥下沉，振动与射水、射风、吸泥下沉等。水上施工时，应对施工结构和施工船的锚碇设施的受力状态随时检查和调整，并注意锚碇牢固。

（一）管柱制作

管柱分为管柱体、连接措施和管靴三部分。管柱体有钢筋混凝土管柱、预应力混凝土管柱和钢管柱三种。钢筋混凝土管柱在下沉振动不大的情况下采用，适用入土深度不大于25m，常用直径为 1.55~5.8m；预应力混凝土管柱的下沉深度大于 25m，能承受较大的振动荷载，管壁抗裂性强，常用的直径为 3.0~3.6m；钢管柱的直径为 1.4~3.2m。管柱是采用分段预制，分段接长，其分节长度可由运输设备、起重能力及构件情况而定。连接措施一般采用法兰栓结。管靴置于管柱最下节，以便于管柱下沉时，使管柱穿越覆盖层或切入基岩风化层中，要求桩靴具有足够的强度和刚度。

钢筋混凝土管柱和预应力混凝土管柱的预制，可采用普通浇筑法或旋转浇筑法，混凝土粗骨料以碎石为宜，竖立浇筑时，管壁顶部混凝土必须浇筑密实，并与法兰盘黏结良好，

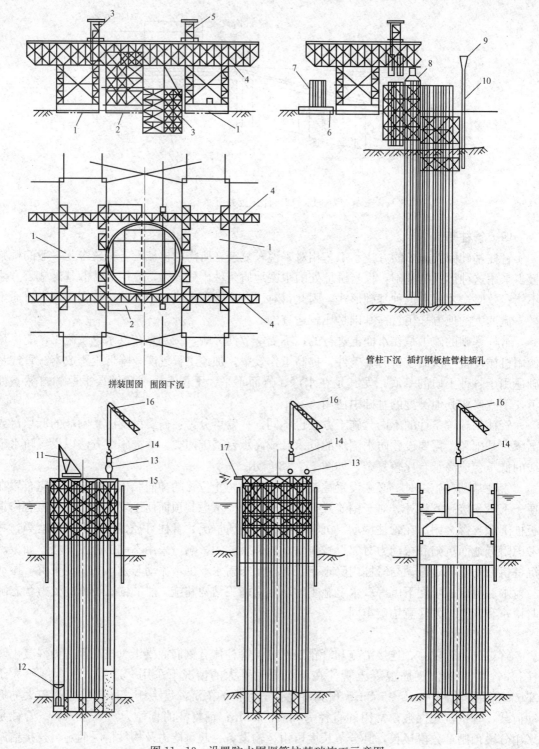

管柱下沉 插打钢板桩管柱插孔

拼装围图 围图下沉

图 11-13   设置防水围堰管柱基础施工示意图

1—导向船；2—拼装铁驳；3—钢围；4—连接梁；5—天车；6—运输铁驳；7—管柱；
8—振动打桩机；9—打桩机；10—钢板柱；11—钻机；12—钻头；13—灌注混凝土导管；
14—混凝土吊斗；15—钻机平台；16—吊机；17—吸泥机

且每节管柱应一次浇成。需要钻岩嵌固的管柱，在钻头冲击升降范围内的管柱内壁周围应用钢板保护。预应力混凝土管柱的管壁不允许有裂缝，钢筋混凝土管柱的管壁允许有局部裂缝，但其深度不得大于 20mm，宽度不大于 0.25mm，长度不大于管壁厚度的两倍。钢管柱制作时，上下相邻两壁板的竖直拼接缝应错开，其错开距离沿弧长不得小于 1m。

根据成品管检验资料及设计所需每根管柱长度，组合配套并作好标志，使整根管柱的曲折度满足设计要求。管柱在横卧、多层堆放及运送时，必须采取防止管柱滚动的措施，多层堆放时，应验算管壁强度。大直径管柱竖立堆放时，应验算其稳定性。

（二）下沉管柱的导向设备

下沉管柱的导向设备是一种临时性辅助结构，是保证管柱下沉过程中使之固定于设计位置上的辅助结构，其结构类型可根据基础尺寸、管柱直径、下沉深度、河水深度、流速等条件决定，通常有浅水中的导向框架和深水中的整体围笼两大类。导向框架如图 11-14 所示，由万能杆件拼装而成，运至墩位，起吊后予以固定。整体围笼多由万能杆件一次拼装而成，如图 11-15 所示，即在岸边或船上将围笼一次拼装，运至墩位，并用多台浮吊辅以平衡重起吊、下沉、就位后，用围笼托支撑在导向船上。如条件限制时，亦可采用分层拼装方案，即在岸边拼装下部几层，运至墩位后起吊下沉就位，并支撑在导向船上，再接高以上几层。

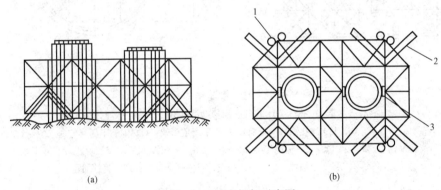

图 11-14 导向框架示意图
(a) 立面；(b) 平面
1—木柱；2—木撑；3—木楔

围笼拼装时，可按铺设工作平台、内芯桁导环，托架等工序进行，拼装时还应注意：

（1）应作好拼装前的准备工作，即在拼装前应将拼装船及导向船组靠泊于拼装码头，如图 11-16 所示，并用木撑架及钢丝绳固定其相对位置。

（2）严格控制底层节点位置，确保底层内芯桁架尺寸准确，必要时可加拼临时水平杆件和斜撑，防止接高时变形，每接高 8m 应加设风缆，以确保安全。

（3）内芯桁架拼装时，严禁扩大杆件螺孔。

（4）导环拼装时必须保证其位置正确，两导环外缘相对位置允许偏差为 1/500（1 为相邻导环间距）。

（5）导向木的连接螺栓严禁伸出木体外，以免挂住管柱的法兰盘。

（三）管柱下沉与钻岩

管柱下沉施工应根据覆盖层土质和管柱下沉的深度来进行，为了作好下沉管柱的准备工

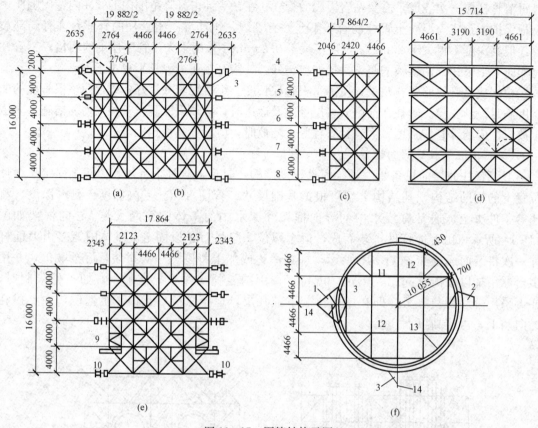

图 11-15　围笼结构示图

(a) 1/2 起吊主桁；(b) 围笼平面辅助吊点桁架；(c) 1/2 侧桁架；

(d) 1/4 连接系（展开面）；(e) 平衡重桁架；(f) 围笼平面

1—起吊托架；2—导向架；3—辅助托架；4—第 V 层；5—第 IV 层；6—第 III 层；7—第 II 层；

8—第 I 层；9—锚柱；10—平衡吊点；11—平衡重；12—管柱插孔；

13—辅助吊点架；14—中心线

作，除参考同类土质已有实践经验数据资料外，对重大工程可先进行试沉，用以探索最为经济而有效的方法及设备。

1. 管柱下沉

管柱下沉的方法可根据土层情况，采用下列施工方法：振动沉桩机振动下沉；振动配合管内除土下沉；振动配合吸泥机吸泥下沉；振动配合高压射水下沉；振动配合射水、射风、吸泥下沉。其施工程序为：

(1) 准备工作。在管柱下端安装管靴，需要射水、吸泥配合的管柱外周安装射水管或吸泥机等设备。

(2) 下沉作业顺序。先起吊管柱，在围笼中插放管柱，顺次接长管柱；安装振动沉桩机，振动下沉，在振动下沉时，先下沉定位管柱（包括辅助受力管柱），再将围笼吊挂在沉好的定位管柱上，最后下沉其余管柱。如需要采用射水、吸泥配合时，还要包括射水管和吸泥管的安装、接长，射水、吸泥作业和拆卸射水、吸泥管等工作。

管柱下沉时应注意：

1）两台振动沉桩机并联使用时，应选择同型号的振动沉桩机及电机并同步运转。

2）根据土质、管柱下沉深度、结构特点、振动力大小及其对周围建筑设施的影响等具体情况，规定振动下沉速度的最低限值，每次连续振动时间不宜超过 5min。当管柱内除土后继续振动仍不下沉，或振动时有明显回跳、倾斜加剧以及大量翻沙涌水时，应立即停振采取措施加以处理。

3）管柱群的下沉顺序，应考虑悬挂围笼、下沉相互影响以及便于施工等因素确定，并应在施工组织设计文件中标明。

4）摩擦支撑管柱，在接近设计标高后的最后下沉阶段不得射水。挖土面

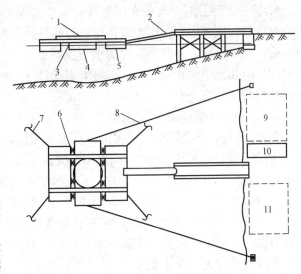

图 11-16 拼装码头布置图

1—连接梁；2—跳板；3—导向船木撑架；4—拼装船；
5—导向船；6—钢丝绳；7—锚缆；8—地锚缆绳；
9—万能杆件；10—工具零件库；11—内外导环

应比设计标定管柱底标高稍高，用振动下沉达到设计标高。

5）管内除土应根据管柱直径、土层种类及深度，选用适宜的挖土机械和吸泥设备；在砂土层中采取吸泥机除土时，应尽量保持管柱内水位高于管柱外水位，防止管柱内发生大量翻砂，从而引起管壁受张力破裂或产生较大倾斜和位移；除土时应均匀，以防管柱倾斜和位移；当采用抓斗除泥时，应防止抓斗碰损管壁。

2. 管柱钻岩和清孔

当管柱全部下沉完毕后，如设计要求需要管柱嵌固于岩石上时，必须在管柱基岩上钻孔，其钻孔深度应根据承台受力情况、基岩强度等由设计确定，如设计无要求时，道路桥涵管柱其嵌岩深度为 1.5m 以上；如管柱底部按铰接计算时，其嵌岩深度为 0.3～0.5m，且钻孔直径约小于管柱内径。在钻孔前，应掌握基础范围内的岩石性质、岩面标高及其倾斜度，风化层厚度等有关地质资料，从而便于选择合理的钻岩设备和相应的技术措施。

（1）钻孔程序。

1）清除管柱内泥砂。为了使钻锥能直接冲击岩层，应将管柱内泥砂用空气吸泥机吸出，剩余泥砂厚度不应超过 0.5m，并应掌握吸泥机升降速度，以免堵塞。

2）钻孔前的准备工作。为了探测钻孔前钻孔深度和岩面平整，并确定管柱是否沉至岩体，须用高压射水（开始时为 150N/cm²，射达岩面时水压减去 50N/cm²，并冲射 5min）多点探测岩面标高，并记录各点位置及岩面标高。

当管柱刃脚接近岩层时，应查明刃脚周围与岩面的接触情况，并采取必要的措施。如基岩为风化岩层，应尽量将管柱沉入风化岩层中；如岩面不平，对岩面与刃脚间可能引起翻砂的缝隙、空洞，应采取封堵措施，并适当加高管柱内水头；如岩面局部高差或倾斜度较大时，应用水下混凝土或黏土片石填平后再进行钻孔。

3）钻孔。钻孔时，首先在围笼或管柱顶安设钻孔工作平台，安放钻机，并注意钻锥中心应对准管柱底部中心，用泥浆护壁进行钻进，当管内钻岩成孔的孔径和有效深度符合设计要求后，立即清孔，并浇灌管柱的水下混凝土。

（2）清孔。当钻孔完毕后，应将附着于管柱孔壁的泥浆清洗干净，并将孔底钻渣及泥砂等沉淀物清理。清孔时应注意：

1）管柱下沉至岩面（不需钻岩）时，应清除岩面风化层。

2）清孔时，可采用空气吸泥机、水力吸泥机，必要时辅以高压射水、射风。为防止翻砂，管柱刃脚底上下各 50cm 范围内不得吸泥、射水、射风，且管柱内水位必须保持高出水面 1.5～2.0m。在有潮汐处施工时，必须采取稳定管柱内水头的措施。

3）如岩面局部高差或倾斜度较大时，必须采取其他适当措施，防止流砂涌入管内。

4）清孔结束后应仔细检查，在不具备潜水直接检查的条件下，可用射水、射风冲起孔底残留物，使之沉淀在吊入孔底的圆盘内，依取出沉淀物的数量进行鉴定，孔底平面上沉淀物平均厚度不应大于设计要求。

第三节 桥梁墩台施工

墩台是桥梁的重要结构，其作用是承受桥梁上部结构的荷载，并通过基础传递给地基。桥墩除承受上部结构的竖向压力和水平力外，墩身还要受到风力、流水压力以及可能发生的冰压力、船只和漂流物的撞击力。桥台设置在桥梁两端，作用是支撑上部结构传递的荷载和连接两岸道路，并在桥台后填土。因此，在墩台施工时应保证墩台位置正确，并符合设计要求的强度和耐久性。

一、围堰施工

围堰属于临时性结构，其主要作用是确保主体结构工程及附属设施在施工过程中不受水流的侵袭，以创造正常的施工条件。围堰应根据主体工程所在的位置、现场具体情况和实际的需要进行布置，还应考虑各种因素（如雨水、潮汐、风浪、季节等）以及通航、灌溉等的影响。围堰按用途可分为以下三种：

1. 墩台施工围堰

河流中修筑墩台或其他构筑物时，为了保证主航道的顺利通航，一般采用墩台基础在围堰内施工，如图 11-17 所示。

2. 河宽限制上下游围堰

在河流宽度不大的河流上修筑中、小桥梁时，由于地形受到限制，又要维持水流与正常通航，往往采用设置临时引渠的办法，将水流引开，以便于主要结构物的施工。

3. 驳岸挡土墙施工围堰

在河流修筑挡土墙、驳岸时，应防止水流侵袭，以保证施工的顺利进行，如图 11-18 所示。围堰按构造和材料分为：土围堰、土袋围堰、单行板桩围堰、双行板桩围堰、木桩土围堰、竹笼围堰和钢板桩围堰等几种，如图 11-19 所示。

二、墩（台）身施工

墩（台）身的施工方法根据其结构形式的不同各异。对结构形式较简单、高度不大的中小桥墩（台）身，通常采取传统的方法，立模（一次或几次）现浇施工。但对高墩及斜拉桥、悬索桥的索塔，则有较多的可供选择的方法，而施工方法的多样化主要反映楼板结构形成的不同。近年来，滑升模板、爬升模板和翻升模板等在高墩及索塔上应用较多，其共同的特点是：将墩身分成若干节段，从下至上逐段进行施工。

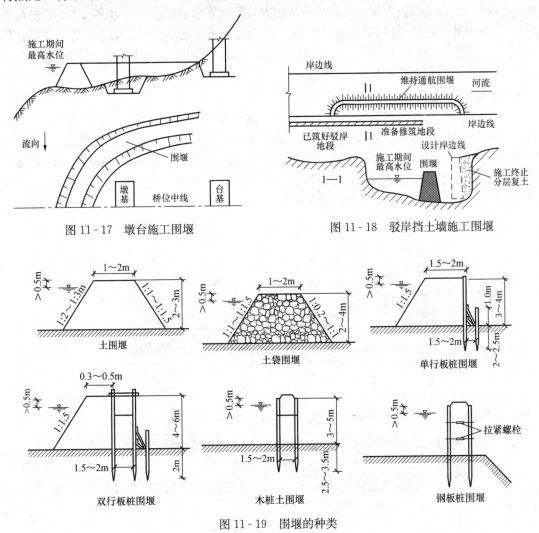

图 11-17　墩台施工围堰

图 11-18　驳岸挡土墙施工围堰

图 11-19　围堰的种类

采用滑升模板（简称滑模）施工，对结构物外形尺寸的控制较准确，施工进度平衡、安全，机械化程度较高，但因多采用液压装置实现滑升，故成本较高，所需的机具设备亦较多。爬升模板（简称爬模）一般要在模板外侧设置爬架，因此这种模板相对而言需耗用较多的材料，且需设专门用于提升模板的起吊设备。

高墩的施工应根据现场的实际情况，进行综合比较后来选择适宜的施工方案。中、小桥中，有的设计为石砌礅（台）身，其施工工艺虽较简单，但必须严格控制砌石工程的质量。

（一）石砌墩台施工

石砌墩台具有就地取材、经久耐用等优点，在石料丰富地区建造墩台时，在施工期限许可的条件下，为节约水泥应优先考虑石砌墩台方案。

1. 石料、砂浆与脚手架

石砌墩台系用片石、块石及粗料石以水泥砂浆砌筑的，石料与砂浆的规格要符合有关规定。将石料吊运并安砌到正确位置是砌石工程中比较困难的工序。当重量小或距地面不高时，可用简单的马凳跳板直接运送；当重量较大或距地面较高时，可采用固定式动臂吊机或桅杆式吊机或井式吊机，将材料运到墩台上，再分运到安砌地点。脚手架一般常用固定式轻型脚手架（适用于 6m 以上的墩台）、简易活动脚手架（能用在 25m 以下的墩台）以及悬吊式脚手架（用于较高的墩台）。

2. 墩台砌筑施工要点

在砌筑前应按设计图放出实样，挂线砌筑。砌筑基础的第一层砌块时，如基底为土质，只在已砌石块的侧面铺上砂浆即可，不需坐浆；如基底为石质，应将其表面清洗、润湿后，先坐浆再砌筑。砌筑斜面墩台时，斜面应逐层放坡，以保证规定的坡度。砌块间用砂浆黏结并保持一定的缝厚，所有砌缝要求砂浆饱满。形状比较复杂的工程，应先作出配料设计图，如图 11-20 所示，注明块石尺寸。形状比较简单的，也要根据砌体高度、尺寸、错缝等，先行放样配好石料再砌。

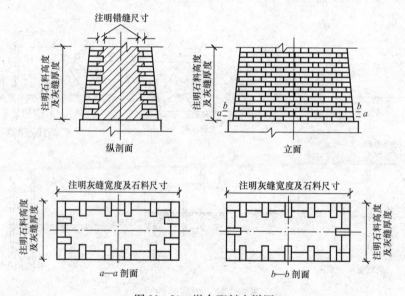

图 11-20　墩台配料大样图

砌筑方法为：同一层石料及水平缝的厚度要均匀一致，每层按水平砌筑，丁顺相间，砌石灰缝互相垂直。砌石顺序为先角石、再镶面、后填腹。填腹石的分层厚度应与镶面相同；圆端、尖端及转角形砌体的砌石顺序，应自顶点开始，按丁顺排列接砌镶面石。

3. 墩台顶帽施工

墩台顶帽是用以支撑桥跨结构的，其位置、高程及垫石表面平整度等，均应符合设计要求，以避免桥跨结构安装困难，或使顶帽、垫石等出现碎裂或裂缝，影响墩台的正常使用功能与耐久性。墩台顶帽施工的主要工序为：

（1）墩台帽放样。

（2）墩台帽模板和墩台帽系支撑上部结构的重要部分，其尺寸位置和标高的准确度要求较严，浇筑混凝土应从墩台帽下 300～500mm 处至墩台帽顶面一次浇筑，以保证墩台帽底有足够厚度的紧密混凝土。墩帽模板下面的一根拉杆可利用墩帽下层的分布钢筋，以节省铁件。台帽背墙模板应特别注意纵向支撑或拉条的刚度，防止灌注混凝土时发生鼓肚，侵占梁端空隙。

（3）钢筋和支座垫板的安设。墩台帽钢筋绑扎应按照《公路桥涵施工技术规范》（JTJ 041—2000）有关钢筋工程的规定。墩台帽上支座垫板的安设一般采用预埋支座垫板和预留锚栓孔的方法。

（二）钢筋混凝土墩台施工

1. 模板

模板是使钢筋混凝土墩台按设计所要求的尺寸成型的模型板。模板的种类较多，用途不一，模型一般用木材或钢材制成。木模板质量轻，便于加工成墩台所需的尺寸和形状，但较易损坏，使用数少；钢模板造价较高，装拆方便且重复使用次数多。常用模板的类型有：

（1）拼装式模板。拼装式模板是由各种尺寸的标准模板并利用销钉连接，与拉杆和加劲构件等组成墩台所需形状的模板，可适应于各种形式墩台需要。拼装式模板由于是在工厂内加工制造，因此具有模板板面平整、尺寸准确、体积小、质量较轻、拆装容易、运输方便等优点。

为了加快模板的装拆速度，在立模前宜将小块标准模板组装成若干大小相同的板扇，板扇大小应按墩台表面形状和吊装能力而定。墩台板扇分块示意如图 11-21 所示。接长和加高可在立柱和横肋的接头处用接头板固定，并用销钉锁紧，如图 11-22 所示。

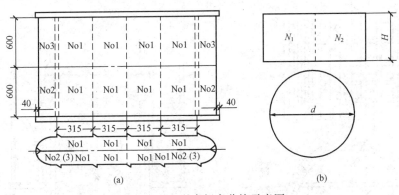

图 11-21　墩台板扇分块示意图
(a) 圆端形桥墩；(b) 圆柱形桥墩

（2）整体吊装模板。整体吊装模板是将墩台模板水平分成若干段，每段模板组成一个整体，在地面拼装后吊装就位，如图 11-23 所示。其分段高度应视墩台尺寸、模板数量、浇筑混凝土的能力而定，一般宜为 2~4m。这种模板可将高空作业改为平地操作，施工安全且模板刚性较强，可少设或不设拉筋，利用外框架可作简易脚手，从而不需设置施工脚手，具有结构简单、装拆方便等特点。

（3）滑升模板。滑升模板常用的有液压滑升模板和人工提升抽动模板。根据所使用的材料，可分为钢模板、木模板和钢木混合模板三种。滑升模板适用于较高的墩台和吊桥、斜拉桥的索塔施工，其构造如图 11-24 所示，有模板、围圈、支撑杆、千斤顶、顶架、操作平台和吊架等。模板高宜采用 100~120cm，宽应根据墩台形状和安装能力而定，一般宜采用 15~60cm。

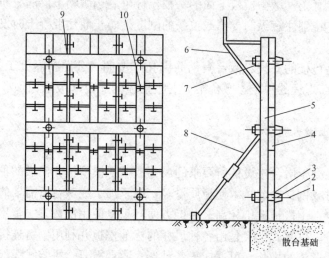

图 11-22 用标准模板组装大板扇示意

1—拉杆；2—锥形螺母；3—木枋；4—模板；5—立柱；6—脚手架；

7—横肋；8—可调斜撑；9—销钉；10—立柱夹具

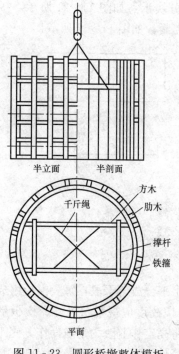

图 11-23 圆形桥墩整体模板

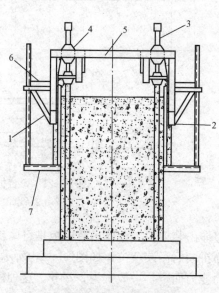

图 11-24 滑模构造示意

1—模板；2—围圈；3—支撑杆；4—千斤顶；

5—顶架；6—操作平台；7—吊架

2. 墩台混凝土施工

（1）混凝土的运输。混凝土的运输包括水平运输和垂直运输。

（2）混凝土的浇筑。在混凝土浇筑时，为了防止墩台基础层混凝土的水分被基底吸干或基底水分掺入混凝土中，从而影响墩台混凝土质量，在施工中应注意：基底为非黏性土或干土时，应将其润湿；基底为过湿土时，应在基底设计标高下夯填 10～15cm 片石或碎石层；基底面为岩石时，先润湿，再铺 2～3cm 水泥砂浆，最后浇筑墩台混凝土。

在浇筑实体墩台和厚大无筋或稀疏配筋的墩台混凝土时，为节约材料及施工的方便，可采用片石混凝土，即在混凝土中填充粒径大于 15cm 的石块（片石或大卵石）。选用的石块应无裂纹、夹层并具有抗冻性，其抗压强度必须符合设计要求和施工规范；石块在使用前应用水冲洗干净，用量应为混凝土用量的一半，且受拉区不宜埋置石块；石块在混凝土中应分布均匀，两石块间的净距不应小于 10cm，以便捣实其间的混凝土。

（三）预应力混凝土装配墩施工

装配式预应力混凝土墩分为基础、实体墩身和装配墩身三大部分。实体墩身是装配墩身和基础的连接段，其作用是锚固预应力筋，调节装配墩身的高度和抵御洪水时漂流物的冲击等。装配墩身由基本构件、隔板、顶板和顶帽等组成，并用高强钢丝穿入预留的上下贯通的孔道内，张拉锚固如图 11 - 25 所示。

施工工艺为施工准备、构件预制和墩身装配，如图 11 - 26 所示。实体墩身在浇筑时，应按装配墩身预应力孔道的相对位置，预留张拉孔和工作孔，如图 11 - 27 所示。其预应力筋可采用 18ϕ5mm 的高强钢丝束或 7ϕ4mm 钢绞线束，并采用一次张拉。张拉时可在顶帽上，也可在实体墩下进行（两者比较见表 11 - 1），其张拉顺序如图 11 - 28 所示。

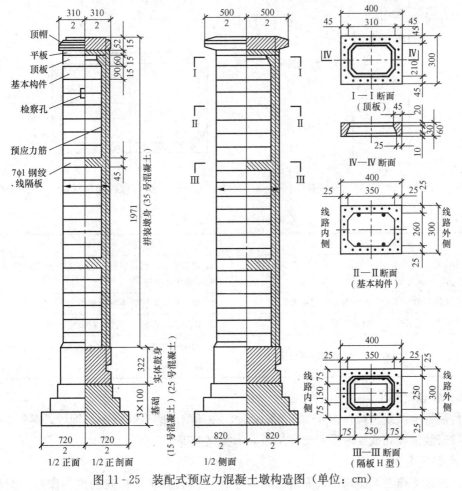

图 11 - 25 装配式预应力混凝土墩构造图（单位：cm）

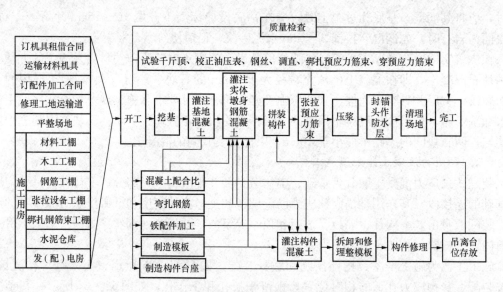

图 11-26　装配式预应力混凝土墩工艺流程

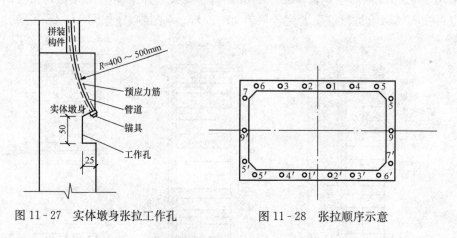

图 11-27　实体墩身张拉工作孔　　　　　图 11-28　张拉顺序示意

表 11-1　　　　　　　　　　　　**顶帽和实体墩下张拉特点**

顶　帽　上　张　拉	实　体　墩　下　张　拉
1. 高空作业，张拉设备需起吊，人员需在顶帽操作，张拉便于指挥与操作	1. 地面作业，机具设备搬运方便，但彼此看不见指挥，不如顶帽操作方便
2. 在直线段张拉，不计算曲线管道摩阻损失	2. 必须计算曲线管道摩阻损失
3. 向下垂直安放千斤顶，对中容易	3. 向上斜向安装千斤顶、对中较困难
4. 实体墩开孔小，削弱面积小，无需割断钢筋	4. 实体墩开孔大，增大削弱面积，必须割断钢筋、增加封锚工作量

（四）墩台帽施工

墩台混凝土浇筑至墩台帽底 30～50cm 时，即须测出墩台纵横中心轴线，并开始立墩台帽模板，安装锚栓孔或安装预埋支座垫板、绑扎钢筋等。

1. **墩台帽模板**

墩台帽是支撑上部结构的重要部分，要求尺寸位置和水平标高的准确度高。留出 30～

50cm 为安装模板、安装墩台帽钢筋的空隙，待浇筑墩台帽混凝土时一次浇筑完毕，如图 11 - 29 所示。

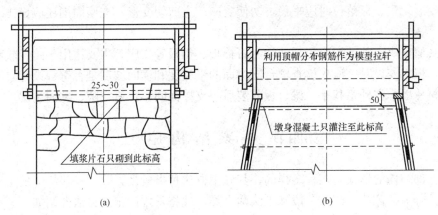

图 11 - 29 墩台帽模板（单位：cm）

(a) 混凝土桥墩顶帽；(b) 石砌桥墩顶帽

2. 支座垫板安设

墩台帽上支座垫板的安设一般采用预埋支座垫板和预留锚栓孔两种方法。预埋支座垫板方法时，须在绑扎墩台帽和支座垫石的钢筋时，将焊有锚固钢筋的钢垫板安设在支座的准确位置上，并将锚固钢筋与墩台骨架钢筋焊接牢固。预留锚栓孔方法，应在安装墩台帽模板时，安装好预留孔模板，在绑扎钢筋时应将锚栓孔位置留出。

3. 支座安设

(1) 钢支座。钢支座首先在制造时对材料和加工公差要求应符合《公路桥涵施工技术规范》有关规定。钢支座在安装时，首先在安放钢支座之前，应作好放样工作，并对切线式支座和摆柱式支座的各部分进行检查，支座钢板与支撑面间应接触严密，还应作初步的防锈处理，防止短期内锈蚀；支座座板、垫板的轴线、位置、标高应符合设计要求，不可偏扭歪斜；固定支座和活动支座均应按设计图纸安设，一般先安设固定支座，后安设活动支座，每片梁的支座位置均以固定端为准，活动支座应在施工温度下相应的计算位置后安设；摆动活动支座在安设时，应根据安装时的温度来调整摆轴顺桥面的倾斜度，以免在使用过程中出现最大温差时，摆轴倾斜过大而影响安全；最后当每孔梁架设安装完毕，经检验符合质量要求后，将支座的下座板与墩台上的预埋垫板焊牢，使之成为符合设计要求的传力系统。

(2) 橡胶支座。橡胶支座一般采用氯丁橡胶与钢板交替叠置而成，在安设前应进行力学性能检验，首先应符合设计要求。如设计未作规定，其力学性能应符合下列参考数值：

硬度（洛氏硬度）：$HRC = 55° \sim 60°$

压缩弹性模量：$E = 6 \times 10^4 N/cm^2$

允许压应力：$[\sigma] = 1000 N/cm^2$

剪切弹性模量：$G = 150 N/cm^2$

容许剪切角：$\tan \nu = 0.2 \sim 0.3$

安设橡胶支座时，支座中心尽可能对准梁的计算支点，使整个橡胶支座的承压面上受力均匀，在安设支座前，应将墩面支座支垫处除去油垢，用水灰比小于 0.5，1：3 的水泥砂浆找平，以保证接触于橡胶支座板上、下的梁底面和墩台顶面的混凝土平顺、清洁、粗糙，且相互平行。支座安设时，应尽可能安排在接近年平均气温的季节，以减少由于温差过大而引起的剪切变形。梁、板落位时应平稳，勿使支座产生剪切变形，支座周围还应设排水坡，防止积水。

（3）其他支座。其他支座包括油毡、石棉板、铅板等支座，主要适用于跨径较小的钢筋混凝土梁、板。安设时，应先检查墩台支撑面的平整度和横向坡度是否符合设计要求，否则应修凿平整并以水泥砂浆找平。梁、板安装后与支撑面间不得有空隙、翘曲情况。

第四节　桥梁结构施工

桥梁上部结构的形式是多种多样的，其施工方法种类较多，除了一些特殊的施工方法之外，一般可分为整体施工法和节段施工法两大类。现将常用的施工方法介绍如下。

一、装配式桥梁施工

（一）支架便桥架设法

支架便桥架设法是在桥孔内或靠墩台旁顺桥向用钢梁或木料搭设便桥作为运送梁、板构件的通道。在通道上面设置走板、滚筒或轧道平车，从对岸用绞车将梁、板牵引至桥孔后，再横移至设计位置定位安装，如图 11-30 所示。

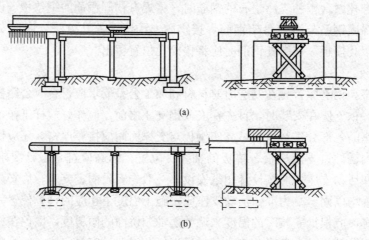

(a)

(b)

图 11-30　支架便桥架设法
(a) 设在桥孔内的支架便桥；(b) 设在墩台旁的支架便桥

（二）人字扒杆悬吊架设法

人字扒杆悬吊架设法又称吊鱼架设法，是利用人字扒杆来架设梁桥上部结构构件，而不需要特殊的脚手架或木排架。

架设方法有人字扒杆架设法、人字扒杆两梁连接悬吊架设法、人字扒杆托架架设法三种。人字扒杆又有一副扒杆和两副扒杆架设两种。两副扒杆架设中，一副是吊鱼滑车组，用以牵引预制梁悬空拖曳，另一绞车是牵引前进，梁的尾端设有制动绞车，起溜绳配合作用，后扒杆的主要作用是预制梁吊装就位时，配合前扒杆吊起梁端，抽出木垛又便于落梁就位，如图 11-31（a）所示。一副扒杆架设中，其基本方法同两副扒杆架设，是利用千斤顶顶起预制梁，抽出木垛落梁就位，如图 11-31（b）所示。

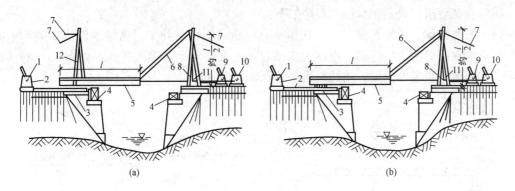

图 11-31　人字扒杆悬吊架设示意图

(a) 两副扒杆；(b) 一副扒杆

1—自动绞车；2—滑道木；3—滚轴；4—临时木垛；5—预制梁；6—吊鱼滑车组；7—缆风索；
8—前扒杆；9—牵引绞车；10—吊鱼用绞车；11—转向滑车；12—后扒杆

　　人字扒杆两梁连接悬吊架设法是用两根梁拼连吊装，前梁为架设梁，后梁作平衡重。悬吊时，梁的平衡主要靠后梁及其尾部的压重，并通过后扒杆及其拉索构成的三角横架来控制，可吊装跨径为 16m 的装配式混凝土 T 形梁如图 11-32 所示。人字扒杆托架架设法是在桥墩之间，先用钓鱼法悬吊托架，利用托板滚筒拖拉移运至桥孔位置，再以两副人字扒杆吊升降落就位。在吊升过程中，移开托架以便落梁如图 11-33 所示。千斤顶顶起预制梁，抽出木垛，落梁就位如图 11-31 (b) 所示。

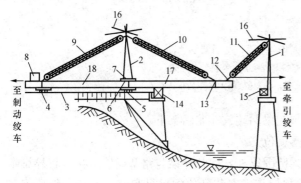

图 11-32　两梁连接悬吊架设法示意图

1—前扒杆；2—后扒杆；3—临时轨道；4、5—三号、二号平车；
6—夹板；7—钢丝绳绑扎点；8—压重；9~11—滑车组；
12—吊环；13—穿绳孔；14、15—临时木垛；16—缆风索；
17—前梁；18—后梁

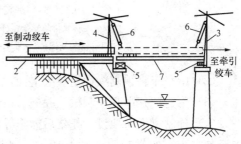

图 11-33　扒杆、托架架设法示意图

1—托板滚筒；2—道木；3—前扒杆；
4—后扒杆；5—临时木垛；
6—滑车组；7—托架

　　（三）联合架桥机架设法

　　联合架桥机系由龙门架、托架和导梁为主体而组成的成套架设预制构件设备。托架又称蝴蝶架，用木料或型钢组成，用以托运龙门架转移位置的专用工具，托架是在桥头地面上拼装、竖直，用千斤顶顶起放在托架平车上，移至导梁上放置。龙门架是用型钢、万能杆件或公路装配式钢桥桁节拼装而成，用来起落预制件和导梁，并对预制构件进行墩上横移和就位。导梁可用工字钢或公路装配式钢桥桁节组成，导梁总长比桥跨跨径长两倍多，施工中导梁后第一孔承受预制件的重量，中孔供托架、龙门架通过用，前段为导梁。

用联合架桥机架设预制构件的程序如下：

（1）安装导梁、托架、龙门架。在桥头路堤轨道上排装导梁，纵移就位，如图 11-34（a）所示。在路堤上拼装托架，并将托架吊起固定在平车上，推入桥孔，如图 11-34（b）所示。在路堤上拼装龙门架，用托架运至墩台就位，如图 11-34（c）所示。

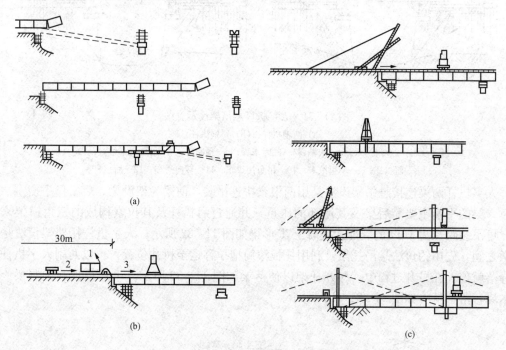

图 11-34 拼装导梁、托架、龙门架示意图
（a）拼装导梁；（b）拼装托架；（c）拼装龙门架
1—拼装托架；2—平车前移；3—托架吊上平车后推入桥孔

（2）用平车将预制梁运至导梁上面，预制梁两端放在龙门架下。

（3）用龙门架吊起预制梁，并横移下落就位。

（4）预制梁纵向架设。托架后撤至导梁范围以外，撤开导梁与路基钢轨连接，将导梁牵引至前方跨，如图 11-35（a）所示。用龙门架将未安装到位的梁吊起安装就位，然后把各梁电焊连接起来，如图 11-35（b）所示。用托架托运龙门架至前方跨，如图 11-35（c）所示。用同样的程序吊装前方跨，如图 11-35（d）所示。

（四）双导梁穿行式架设法

双导梁穿行式架设法是在架设跨间设置两组导梁，导梁上配置有悬吊预制梁的轨道平车和起重行车或移动式龙门架，将预制梁在双导梁内吊运到指定位置上，再落梁、横移就位。双导梁穿行式架设法，如图 11-36 所示，其设备横断面如图 11-37 所示。

双导梁穿行式架设法的安装程序为：在桥头路堤上拼装导梁和行车→吊运预制梁→预制梁和导梁横移→先安装两个边梁，再安装中间各梁。全跨安装完毕横向焊接后，将导梁推向前进，安装下一跨。

二、预应力混凝土梁桥悬臂法施工

预应力混凝土梁桥悬臂法施工分为悬臂浇筑（简称悬浇）法和悬臂拼装（简称悬拼）法

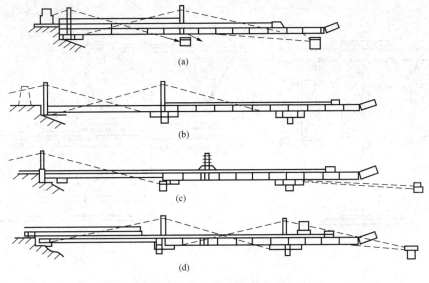

(a)

(b)

(c)

(d)

图 11-35 联合架桥机架设程序

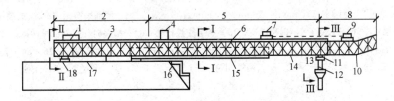

图 11-36 双导梁穿行式架设法

1—平衡压重；2—平衡部分；3—人行便桥；4—后行车；5—承重部分；6—行车轨道；7—前行车；
8—引导部分；9—绞车；10—装置特殊接头；11—横移设备；12—墩上排架；13—花篮螺丝；
14—钢桁架导梁；15—预制梁；16—预制梁纵向滚移设备；
17—纵向滚道；18—支点横移设备

两种。悬浇法是当桥墩浇筑到顶以后，在墩上安装脚手钢桁架并向两侧伸出悬臂以供垂吊挂篮，对称浇筑混凝土，最后合龙；悬拼法是将逐段分成的预制块件进行拼装，穿束张拉，自成悬臂，最后合龙。悬臂施工适用于梁的上翼缘承受拉应力的桥梁形式，如连续梁、悬臂梁、T形钢构、连续钢构等桥型。采用悬臂施工法不仅在施工期间对桥下通航、通行干扰小，而且充分利用了预应力混凝土抗拉和承受负弯矩的特性。

（一）悬臂浇筑法

预应力混凝土梁式结构悬臂浇筑施工法，包括移动挂篮悬臂施工法、移动悬吊模架悬臂施工法和滑移支架悬臂施工法。这里只介绍移动挂篮悬臂施工法。移动挂篮悬臂施工法的主要工作内容包括，在墩顶浇筑起步梁段（0号块），在起步梁段上拼装悬浇挂篮并依次分段悬浇梁段，最后分段及总体合龙，如图 11-38 所示。

1. 施工挂篮

挂篮是一个能沿梁顶滑动或滚动的承重构架，锚固悬挂在施工的前端梁段上，在挂篮上可进行下一梁段的模板、钢筋、预应力管道的安设，混凝土浇筑，预应力筋张拉，孔道灌浆等项工作。完成一个节段的循环后，挂篮即可前移并固定，进行下一节段的施工，如此循环直至悬浇完成。

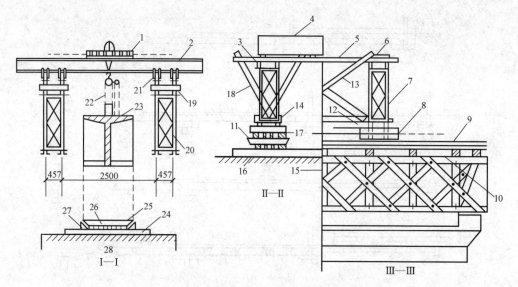

图 11-37 双导梁穿行式架设设备横断面图

Ⅰ—Ⅰ—承重部分导梁断面；Ⅱ—Ⅱ—平衡部分导梁断面及支点横移设备；Ⅲ—Ⅲ—引导部分梁断面及墩上支撑架
1—起重跑车；2—工字钢2Ⅰ（300mm×126mm×500mm）；3—横撑；4—尾部平衡压重；5—上横撑；6—人行
便道；7—导梁；8—横移设备；9—横移滚道；10—墩上支点排架；11—横移时支点处临时横撑；12—下横撑；
13—剪刀撑；14—连接横木；15—纵向滚道；16—横向滚道；17—支点横移设备；18—倒入字斜撑；
19—短枕木；20—导梁；21—两轴四轮小车；22—链滑车；23—预制梁；24—滚道；
25—滚筒；26—走板；27—保险木；28—墩台帽

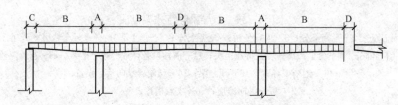

图 11-38 悬臂浇筑分段示意图
A—墩顶梁段；B—对称悬浇梁段；C—支架现浇梁段；D—合龙梁段

2. 分段悬浇施工

用挂篮逐段悬浇施工的主要工序为：浇筑0号段→拼装挂篮→浇筑1号（或2号）段→挂篮前移、调整、锚固→浇筑下一梁段→依此类推完成悬臂浇筑→挂篮拆除→合龙。

（1）0号段浇筑。0号段位于桥墩上方，给挂篮提供一个安装场地。0号段的长度依两个挂篮的纵向安装长度而定，当0号段设计较短时，常将对称的1号段浇筑后再安装挂篮。0号（1号）段均在墩顶托架上现浇。

施工用托架有扇形和门式等形式。托架可用万能杆件、装配式公路钢桥桁节或其他装配式杆件组成，支撑在墩身、承台或经过加固的地基上，其长度视拼装挂篮的需要和拟现浇梁节段的长度而定，横向宽度一般比箱梁翼板宽1.0~1.5m，顶面应与箱梁底面纵向线形变化一致。

（2）拼装挂篮。挂篮运至工地时，应在试拼台上试拼，以便发现由于制作不精确及运输中变形造成的问题。保证在正式安装时的顺利及工程进度。

（3）梁段混凝土浇筑施工。当挂篮安装就位后，即可进行梁段混凝土浇筑施工。其工艺流程，如图 11-39 所示。

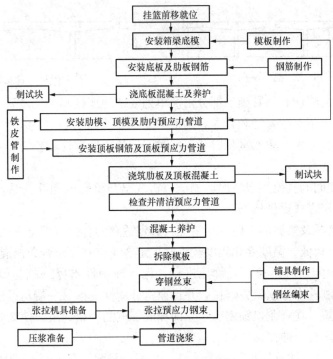

图 11-39　悬浇施工流程图

混凝土浇筑时，应从悬臂端开始，两个悬臂端同时对称均衡地浇筑，并在浇筑混凝土的同时，注意保护好预应力孔道，以利于穿束。箱梁混凝土的浇筑可分 1 次或 2 次浇筑法。采用 1 次浇筑法时，可在顶板中部留洞口，以供浇筑底板混凝土，待底板混凝土浇筑好后，应立即封洞补焊钢筋，并同时浇筑肋板混凝土，最后浇筑顶板混凝土。

当箱梁截面较大，节段混凝土浇筑量较大时，每个节段可分 2 次浇筑，即先浇筑底板到肋板倒角以上的混凝土，再浇筑肋板上段和顶板混凝土，其接缝按施工缝处理。由于第二次浇筑混凝土时，第一次浇筑的混凝土已经凝结，为了使后浇混凝土质量不致引起挂篮变形，从而避免混凝土开裂，可将底模支承在千斤顶上，根据浇筑混凝土质量变化，随时调整底模下的千斤顶，抵消挠度变形。混凝土浇筑完毕，经养护达到设计强度的 75% 以后，经孔道检查和修理管口弧度等工作，即可进行穿筋束、张拉、压浆和封锚。

（4）梁段合龙。由于不同的悬浇和合龙程序，引起的结构恒载内力不同，体系转换时徐变引起的内力重分布也不相同，因而采取不同的悬浇和合龙程序将在结构中产生不同的最终恒载内力，对此应在设计和施工中充分考虑。

合龙程序为：

程序一：从一岸顺序悬浇、合龙，如图 11-40 所示。采用这种方法，施工机具、设备、材料可从一岸通过已成结构直接运输到作业面或其附近，由于在施工期间，单 T 构悬浇完后很快合龙，形成整体，因而在未成桥前结构的稳定性和刚度强，但作业面较少。

程序二：从两岸向中间悬浇、合龙。采用这种方法较程序一可增加一个作业面，其施工进度可加快。

程序三：按 T 构一连续梁顺序合龙，如图 11-41 所示。

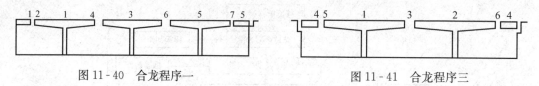

图 11-40　合龙程序一　　　　　　　　　　图 11-41　合龙程序三

采用这种方法是将所有悬臂施工部分由简单到复杂地连接起来，最后在边跨或次边跨合龙。其最大特点是由于对称悬浇和合龙，因而对结构受力及分析较为有利，特别是对收缩、徐变，但在结构总合龙前，单元呈悬臂状态的时间较长，稳定性较差。

合龙时的施工要点：

1) 掌握合龙期间的气温预报情况，测试分析气温与梁温的相互关系，以确定合龙时间并为选择合龙口锁定方式提供依据。

2) 根据结构情况及梁温的可能变化情况，选定适宜的合龙口锁定方式并进行力学验算。

3) 选择日气温较低、温度变化幅度较小时锁定合龙口并浇筑合龙段混凝土。

4) 合龙口的锁定，应迅速、对称地进行，先将外刚性支撑一端与梁端部预埋件焊接（或拴接），再将内刚性支撑顶紧并焊接，并迅速将外刚性支撑另一端与梁连接，临时预应力束也应随之快速张拉。在合龙口锁定后，立即释放一侧的固结约束，使梁的一端在合龙口锁定的连接下能沿支座自由伸缩。

5) 合龙口混凝土宜比梁体提高一个等级，并要求早强，最好采用微膨胀混凝土，应进行特殊配合比设计，浇筑时，应注意振捣和养护。

6) 为保证浇筑混凝土过程中，合龙口始终处于稳定状态，必要时浇筑之前可在各悬臂端加与混凝土质量相等的配重，加、卸载均应对称梁轴线进行。

7) 混凝土达到设计要求的强度后，解除另一端的支座临时固结约束，完成体系转换，然后按设计要求张拉全桥剩余预应力束。当利用永久约束时，只需按设计顺序将其补拉至设计张拉力即可。

8) 若考虑梁在合龙后的收缩、徐变的影响，可采用两种方法来处理：其一，将梁收缩、徐变值的影响视为梁降温来等效处理，即选择合龙温度时在原设计的基础上再降低一个 $\Delta t'$ 值，此 $\Delta t'$ 值即为梁收缩、徐变引起的缩短与梁降温产生的缩短的等效值；其二，在合龙锁定前将梁预加一个 ΔL 值，即可抵消梁体后期收缩、徐变产生的影响。

（二）悬臂拼装法

预应力混凝土梁式结构悬臂拼装（简称悬拼）施工法，是将主梁沿顺桥向划分成适当长度并预制成块件，将其运至施工地点进行安装，经施加预应力后使块件成为整体的梁桥施工方法。而预制块件的预制长度，主要取决于悬拼吊机的起重能力，一般为 2～5m。因而悬拼吊机的起重能力是决定悬拼施工法的前提条件。

1. 混凝土块件的预制

混凝土块件在预制前应对其分段预制长度进行控制，以便于预制和安装。分段预制长度应考虑预制拼装的超重能力；满足预应力管道弯曲半径及最小直线长度的要求；梁驳规格应尽量少，以利于预制和模板重复使用；在条件允许的前提下，尽量减少梁段数；符合梁体配束要求，在拼台面上保证锚固钢束的对称性。

混凝土块件的预制方法有长线预制法、短线预制法和卧式预制法三种。而箱梁块件通常采用长线预制法或短线预制法，桁架梁段可采用卧式预制法。

（1）长线预制法。长线预制法是在工厂或施工现场按桥梁底缘曲线制作固定式底座，在底座上安装模板进行块件混凝土浇筑工作。长线预制需要较大的场地，其底座的最小长度应为桥孔跨径的一半，并要求施工设备能在预制场内移动。固定式底座的形成可利用预制场的地形堆筑土胎，上铺砂石并浇筑混凝土而成；也可在盛产石料的地区，用石料砌成所需的梁底缘形状；在地质情况较差的预制场地，还可采用桩基础，在基础上搭投排架而形成梁底缘曲线，如图 11-42 所示。

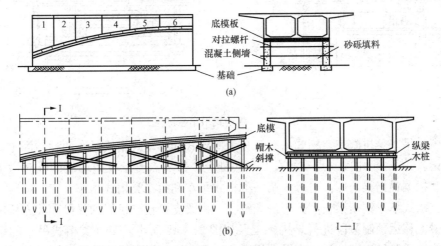

图 11-42　长线预制箱梁块件台座
（a）土石胎台座；（b）桩基础台座

（2）短线预制法。短线预制法是由可调整内、外模板的台车与端梁来进行的。当第一节段块件混凝土浇筑完毕，在其相对位置上安装下一节段块件的模板，并利用第一节段块件混凝土的端面作为第二节段的端模来完成第二节段块件混凝土的浇筑工作，如图 11-43 所示。这种预制方法适用于箱梁块件的工厂化生产，每条生产线平均五天生产四个节段。

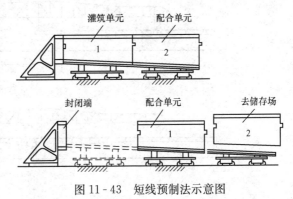

图 11-43　短线预制法示意图

（3）卧式预制法。当主梁为桁架梁，具有较大的桁高和节段长度，且桁架的桁杆截面尺寸不大时，可采用卧式预制法。块件的预制可直接在场地上进行，相同尺寸的节段可采用平卧叠层预制。

2．分段吊装系统设计与施工

当桥墩施工完成后，先施工 0 号块件，0 号块件为预制块件的安装提供必要的施工作业面，可以根据预制块件的安装设备，决定 0 号块件的尺寸；安装挂篮式吊机；从桥墩两侧同时、对称地安装预制块件，以保证桥墩平衡受力，减少弯曲力矩。

0 号块件常采用在托架上现浇混凝土，待 0 号块件混凝土达到设计强度等级后，才开始悬拼 1 号块件。因而分段吊装系统是桥梁悬拼施工的重要机具设备，其性能直接影响着施工进度和施工质量，也直接影响着桥梁的设计和分析计算工作。常用的吊装系统有移动式吊车吊装、桁式吊车吊装、悬臂式吊车吊装、缆索吊车吊装、浮式吊车吊装等类型。

（1）移动式吊车悬拼施工。移动式吊车外形相似于悬浇施工的挂篮，是由承重梁、横梁、锚固装置、起吊装置、行走系统和张拉平台等几部分组成，如图 11 - 44 所示。施工时，先将预制节段从桥下或水上运至桥位处，然后用吊车吊装就位。

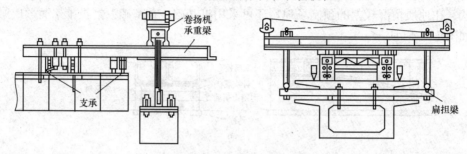

图 11 - 44　移动式吊车悬拼施工

（2）桁式吊车悬拼施工。桁式吊车又分为固定式和移动式桁式吊车两种。固定式桁式吊车的钢桁梁长 108m。中间支点支撑在 0 号块件上，边支点支承在边墩后的临时墩上。移动式桁式吊车根据钢桁梁长度，可分为第一类桁式吊车和第二类桁式吊车。

第一类桁式吊车钢桁梁长度大于最大跨径，桁梁支撑在已拼好的梁段和前方桥墩上，吊车在钢桁梁上移运预制节段进行悬拼施工，如图 11 - 45 所示。第二类桁式吊车的钢桁梁长度大于两倍桥梁跨径，钢桁梁均支承在桥墩上。在不增加梁段施工荷载的同时前方墩的 0 号块件可同时施工，如图 11 - 46 所示。

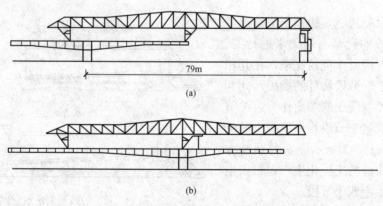

图 11 - 45　第一类桁式吊车悬拼施工
（a）拼装墩顶；（b）悬臂拼装

（3）悬臂吊车悬拼施工。悬臂吊车由纵向主桁梁、横向起重桁架、锚固装置、平衡重、起重索、行走系统和工作吊篮等部分组成。适用于桥下通航，预制节段可浮运至桥跨下的情况。

纵向主桁架是悬臂吊机的主要承重结构，根据预制节段的质量和悬拼长度，采用贝雷桁节、万能杆件、大型型钢等拼装，如图 11 - 47 所示。为贝雷桁节拼成的吊重为 400kN 的悬臂吊车。当吊装墩柱两侧的预制节段时，常采用双悬臂吊车。当节段拼装到一定长度后，可

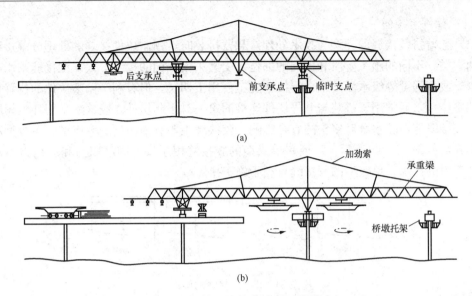

图 11-46 第二类桁式吊车悬拼施工

(a) 桁式吊前移；(b) 对称悬臂拼装

将双悬臂吊车改装成两个独立的单悬臂吊车；当桥跨不大，且孔数不多的情况下，采用不拆开墩顶桁架而在吊车两端不断接长的方法进行悬拼，以避免每悬拼一对梁段而将对称的两个悬臂吊车移动和锚固一次。

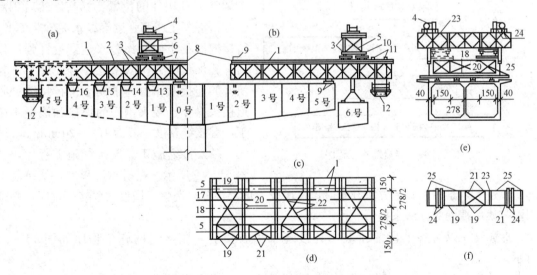

图 11-47 用贝雷桁节拼制的悬臂吊机

(a) 吊装 1～5 号块立面；(b) 吊装 1～6 号块立面；(c) 1/2 上弦平面；(d) 1/2 下弦平面；(e) 侧面；(f) 横担桁架平面

1—吊机主桁架单层双排共计贝雷 44 片；2—钢轨；3—枕木；4—卷扬机；5—撑架用角钢（50×50×5）；

6—横担桁架；7—平车共 8 台；8—锚固吊环；9—工字钢 240；10—平车之间用角钢连接成一整体；

11—工字钢 120 共 4 根；12—吊篮；13—吊装 1 号块支承；14—吊装 3 号块支承；15—吊装 4 号

块支承；16—吊装 5 号块支承；17—水平撑用 φ15 圆木；18—水平撑用角钢（120×1200×10）；

19—水平撑 8×10 圆木；20—十字撑 φ10 圆木；21—十字撑 8×10 方木；22—十字撑

φ15 圆木；23—横担桁架单层单排贝雷共 6 片；24—滑车横担梁；25—角钢撑架

3. 悬臂拼装接缝

（1）悬臂拼装接缝的类型与技术处理。悬臂拼装时，预制块件接缝的处理分湿接缝和胶接缝两大类。不同的施工阶段和不同的部位，交叉采用不同的接缝形式。湿接缝系用高强细石混凝土或高强度等级水泥砂浆，湿接缝施工占用工期长，但有利于调整块件的位置和增强接头的整体性，通常用于拼装与 0 号块件连接的第一对预制块件。胶接缝采用环氧树脂为接缝料，胶接缝能消除水分对接头的有害影响。胶接缝主要有平面型、多齿型、单级型和单齿型等形式，如图 11-48 所示。齿型和单级型的胶接缝用于块件间摩阻力和黏结力不足以抵抗梁体剪力的情况，单级型的胶接缝有利于施工拼装。

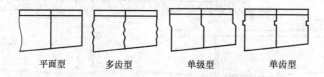

平面型　　　　多齿型　　　　单级型　　　　单齿型

图 11-48　胶接缝的形式

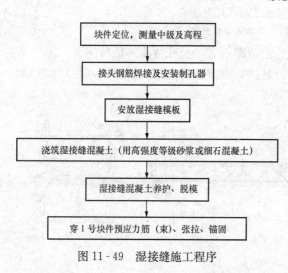

图 11-49　湿接缝施工程序

由于 1 号块件的施工精度直接影响到以后各节段的相对位置，以及悬拼过程中的标高控制，所以 1 号块件与 0 号块件之间采用湿接缝处理，即在悬拼 1 号块件时，先调整 1 号块件的位置、标高，然后用高强细石混凝土或高强度等级水泥砂浆填实，待接缝混凝土或水泥砂浆达到设计强度以后，施加预应力，以保证 0 号块件与 1 号块件的连接紧密。为了便于进行接缝处管道接头操作、接头钢筋的焊接和混凝土施工，湿接缝宽度一般为 100～200mm。

（2）接缝施工。湿接缝施工程序，如图 11-49 所示。在拼装过程中，如拼装上翘误差过大，难以用其他方法补救时，可增设一道湿接缝来调整。增设的湿接缝宽度，必须用凿打块件端面的办法来提供。

2 号块件以后各节段的拼装，其接缝采用胶接缝，胶接缝的施工程序如图 11-50 所示。

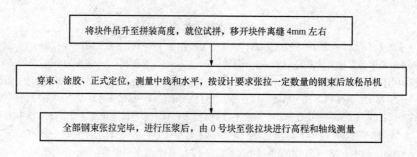

图 11-50　胶接缝施工程序

三、预应力混凝土连续梁桥顶推法施工

预应力混凝土连续梁桥顶推法施工是沿梁桥纵轴方向,在桥台后(或引桥上)设置预制场,浇筑梁段混凝土,待混凝土达到设计强度等级后,施加预应力,向前顶推,空出底座继续浇筑梁段,随后施加预应力与前一段梁连接,直至将整个梁桥梁段浇筑并顶推完毕,最后进行体系转换而形成连续梁桥。顶推法施工的实质是源于钢桥拖拉架设法在预应力混凝土梁桥的具体运用和发展,顶推法用千斤顶代替绞车和滑轮组,从而改善了绞车在启动时的冲力;用滑板、滑道代替滚筒,避免了滚筒的线支撑作用而引起的应力集中,为预应力箱形截面连续梁桥的安装提供了有利条件,如图 11-51 所示。顶推法施工的工艺流程,如图11-52所示。

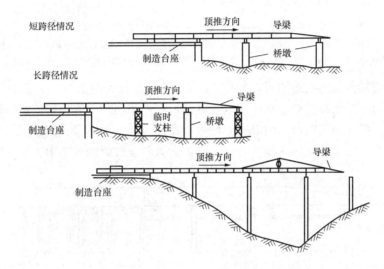

图 11-51 顶推法施工概貌及辅助设施

(一)预制场地

预制场地包括预制台座和从预制台座到标准顶推跨之间的过渡孔。预制场地一般设置在桥台后面桥轴线的引道或引桥上。桥跨为 50m 时,通常只在一端设置预制场地,从一端顶推,也可在各墩上设置顶推装置,以减小顶推装置设在一端的顶推功率;当梁桥为多联顶推施工时,可在两端均设置预制场地,从两端相对顶推。为了避免天气影响,增加全年施工天数,便于混凝土的浇筑和养护,可在预制场搭设固定式或活动式有盖作业棚,其长度应为 2 倍预制梁段长度,如图 11-53 所示。当桥头直线引道长度受到限制时,

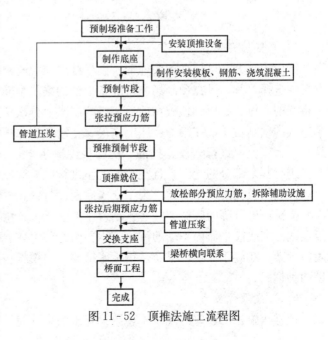

图 11-52 顶推法施工流程图

可在引桥、路基或正桥靠岸一孔设置预制台座，如图 11 - 54 所示。

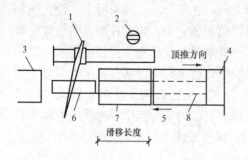 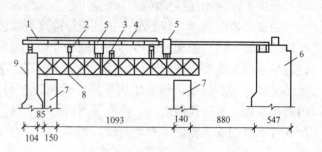

图 11 - 53　预制场地布置示意

1—塔吊；2—混凝土搅拌机；3—钢筋加工场；

4—桥台；5—移回内模车；6—底座；

7—固定外模；8—完成块件

图 11 - 54　预制台座（单位：cm）

1—预制钢架底模板；2—钢模梁；3—木楔；

4—工字钢纵梁；5—滑块支底；6—桥墩；

7—预制台座的临时墩；8—贝雷大梁；9—桥台

对于刚性预制台座的构造布置，如图 11 - 55 所示。分为两部分：一部分为箱梁预制台座，即在基础上设置钢筋混凝土立柱或钢管立柱，立柱顶面用工字钢梁连成整体，直接承受垂直压力；另一部分为预制台座内滑道立承墩，即在基础上立钢管或钢筋混凝土墩身，纵向连成整体，顶上设滑道，梁体脱模后，承受梁体重力和顶推时的水平力。

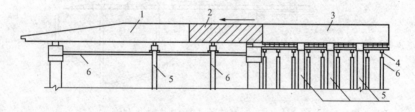

图 11 - 55　预制台座纵向布置图

1—钢导梁；2—顶推箱梁；3—顶推箱梁预制台座；4—千斤顶；

5—ϕ120cm 钢管临时滑道支承墩；6—ϕ60cm 钢管

（二）梁段预制

梁段预制方案可根据桥头地形、模板结构和混凝土浇筑、养护的机械化程度等，有两种方案供选择，其一是在预制场内将准备顶推的梁段全断面整段浇筑完毕，再进行顶推；其二是将梁的底板、腹板、顶板在前后邻接的底座上分次浇筑混凝土并分次顶推，也就是分为几个连续的预制台座，在第一台座上立模、扎筋、浇底板混凝土，达到设计强度等级后，顶推到第二台座上，进行立模、扎筋、浇腹板混凝土，达到设计强度等级后，顶推到第三台座上，进行其余部分的施工，且空余的台座进行第二梁段的施工。

预制用模板宜采用钢模，为了便于底模面标高的严格控制，底模不与外侧模连在一起，而底模是由可升降的底模架（在预制台座的横梁上，由升降螺旋千斤顶、纵梁、横梁、底钢板组成）和底模平面内不动的滑道支承孔两部分组成。外侧模宜采用旋转式，主要由带铰的旋转骨架、螺旋千斤顶、纵肋、钢板等组成。内模板包括折叠、移动式内模和支架升降式内模两种形式。

（三）梁段预应力

顶推法施工的预应力混凝土连续梁有永久束（完工后不拆除）、临时束（完工后便拆除）

和后期束（全梁就位后的补充束）三类预应力束。预应力筋可采用高强钢丝、钢绞线或精轧螺纹钢筋等，锚具宜采用 $\phi 7$ 平行钢丝群锚体系。

施工中应注意：

（1）临时预应力束应在顶推就位后拆除，不应压浆。

（2）特别注意体外束的防腐与保护。

（3）纵向应设置备用孔道，以防施工中的不测。

（4）预应力束的张拉方法与一般预应力混凝土后张法相同，张拉的技术要求、质量控制标准等应严格按照现行施工技术规范和设计规定执行。

（四）顶推施工中的临时设施

由于施工过程中的弯矩包络图与成桥后运营状态的弯矩包络图相差较大，为了减小施工过程中的施工内力，扩大顶推施工的使用范围，保证安全施工和方便施工，在施工过程中必须采用临时设施，如图 11-56 所示。其临时设施有在主梁前设置导梁，在桥跨中间设置临时墩，在主梁前端设置临时塔架，并用斜缆系于梁上等。

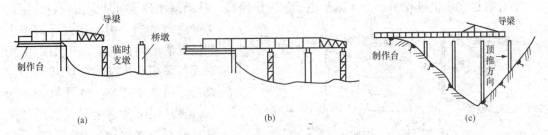

图 11-56 顶推施工的临时设施

(a) 跨中设置临时支墩法；(b) 梁前安装导梁法；(c) 梁上设置吊索架法

1. 导梁

导梁又称鼻梁，设置在主梁的前端，长度为顶推跨径的 $0.6\sim0.8$ 倍，刚度为主梁的 $1/9\sim1/15$，若刚度过小，主梁会引起多余的内力，若刚度过大，则在支点处主梁的负弯矩会急剧增加。为了减轻自重，最好采用从根部到前端为变刚度的或分段变刚度的导梁。导梁底缘与箱梁底应在同一平面上，导梁前端底缘应呈向上圆弧形，以便于顶推时顺利通过桥墩。

导梁可采用等截面或变截面的钢板梁和钢桁架梁。钢板梁式钢导梁适用于顶推跨径较大的情况，这样可以减小导梁本身的挠度变形。变截面工字形实腹钢板梁或钢导梁，如图 11-57 所示。由主梁和联系杆件组成，主梁的片数与箱梁腹板相对应，为了便于运输，钢导梁纵向分成许多块，用拼接板和精轧螺栓拼成整体，主梁之间用节点钢板、角钢组成 T 字形联系杆件连成整体。钢桁架梁式钢导梁一般采用贝雷桁架、万能杆件桁架组拼成桁架梁，以减小其本身的挠曲变形，且便于周转，为了满足使用上的要求，可在导梁底部采用加劲旋杆或型钢分段加劲。由于桁架结构均由销栓或螺栓连接，当采用贝雷桁片时，节点多为销栓结合，其挠度较大，导梁通过桥墩时应需提梁；当采用万能杆件时，其节点多为普通螺栓连接，由于具有一定公差且导梁较长，会积累成非弹性挠曲，在桁架拼装成型后，可在导梁端部设置横梁用中心预应力束进行张拉，以消除非弹性变形，满足使用要求。由于导梁在施工过程中，正、负弯矩反复出现，连接螺栓容易松动，因此在顶推过程中每经历一次反复，均需要检查和拧紧螺栓。

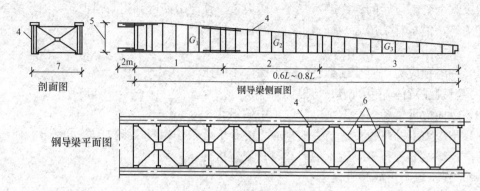

图 11-57　钢导梁示意图

L—跨径；G_1、G_2、G_3—相应各节重力

1—第一节；2—第二节；3—第三节；4—导梁主桁；5—箱梁高；6—钢管（型钢）横撑杆；7—主桁宽

2. 临时墩

临时墩是在施工过程中，为了减小主梁的顶推跨径，从而减小顶推时最大正、负弯矩在主梁内产生的内力，在设计跨径中间设置的临时结构。临时墩的结构形式可采用钢桁架或装配式钢筋混凝土薄箱、井筒等，如图 11-58 所示。通常在临时墩上只设置滑移装置，而不设置顶推装置，但若必须加设顶推装置时，必须通过计算确

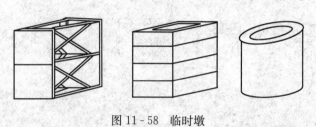

图 11-58　临时墩

定。主梁顶推完成后落梁前，应立即取消临时支座，并拆除临时墩。

（五）顶推施工

顶推施工的关键工作是如何顶推，核心问题是如何利用有限的推力将梁顶推就位。

1. 水平—竖向千斤顶顶推法

水平竖向千斤顶顶推法的顶推力是由水平千斤顶和竖向千斤顶交替使用而产生的，是将顶推装置集中安置在梁段预制场附近的桥台或桥墩上，前方各墩顶只设置滑移装置。水平—竖向千斤顶顶推又分为单点顶推和多点顶推两种。其顶推施工程序，如图 11-59 所示。

（1）落梁。落梁是全部梁顶推到位后，安置在设计支座上的工作。施工时应按营运阶段内力将全部未张拉预应力束穿入孔道进行张拉和压浆，拆除部分临时预应力束，并进行压浆填孔。落梁由竖向千斤顶卸落，将主梁落在滑块上，滑块顶面安置有橡胶摩擦垫，下面垫有聚四氟乙烯滑板，滑板下有光滑的不锈钢板制成的滑道，滑道临时固定在墩台座台上。

（2）梁前进。主梁底与滑块橡胶的摩擦系数为 $\mu_1=0.3\sim0.65$，滑块与滑道间的摩擦系数 $\mu_2=0.05\sim0.07$，因此，启动水平千斤顶，推动滑块前进，从而梁段也随之前进。

（3）升梁。当水平千斤顶到达最大行程时，关闭水平千斤顶，启动竖向千斤顶将主梁提升 $1\sim2\mathrm{cm}$。

（4）退回滑块。启动水平千斤顶，将滑块退回原处，从而完成一个循环。如此循环往复，完成整个顶推工作。

为了防止梁段在顶推时的偏移，通常在梁段两旁隔一定距离设置导向装置，在导向装置

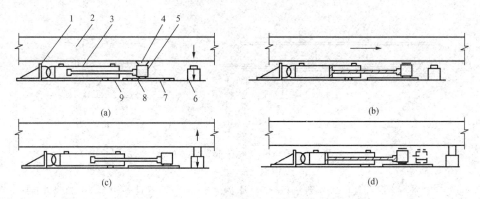

图 11-59　水平—竖向千斤顶顶推

（a）落梁；（b）梁前进；（c）升梁；（d）退回滑块

1—顶推后背；2—主梁；3—水平千斤顶；4—摩擦块；5—滑块；6—竖向千斤顶；

7—滑道；8—滑板；9—墩台座石

上设置千斤顶，用千斤顶纠正顶推过程中的偏移。

　　单点水平竖向千斤顶顶推需要两套顶推设备，全桥的顶推水平力由墩台的顶推设备承担，而各墩顶只设置滑移装置，这样，所需顶推设备能力较大不需要解决各墩的顶推设备同步进行，且墩顶将承受较大的水平摩擦力。

　　多点水平—竖向千斤顶顶推是在每个墩台上均设置千斤顶，将单点顶推的顶推力分散到每个桥墩上，且在各墩上及临时墩上设置滑动支承。顶推时，应做到同时启动，同步前进。由于利用了千斤顶传递给墩顶的反力来平衡梁段在滑移时在墩上产生的摩擦力，从而使桥墩在顶推过程中承受很小的水平力，这样，可以在柔性墩上进行多点顶推。多点顶推同步既包括同一墩上顶推设备同步运行，也包括各个墩顶推设备纵向同步运行。同一桥墩两侧的两台水平千斤顶不同步将使盖梁受扭。任一墩上的水平千斤顶发生故障或推力减小，该桥墩将受到梁运行时的水平推力，水平推力值可正可负，当水平推力值比该墩能够承受的水平推力小，则该墩是安全的；否则，该墩可能发生过大变形而开裂。

　　2. 拉杆千斤顶顶推法

　　拉杆千斤顶顶推的水平力是由固定在墩台的水平千斤顶通过锚固于主梁上的拉杆使主梁前进，也可分为单点和多点拉杆千斤顶顶推。单点拉杆千斤顶顶推是将顶推装置集中设置在梁段预制场附近的桥墩台上，其余墩只设置滑移装置，如图 11-60 所示。其顶推程序与单点水平—竖向千斤顶顶推法基本相似。所不同的是不需将梁段顶升一定高度。

　　多点拉杆千斤顶顶推是将水平拉杆千斤顶分散到各个桥墩上，免去了在每一循环顶推中，用竖向千斤顶顶升梁段，使水平千斤顶回位，简化了工艺流程，加快了顶推施工进度。

　　3. 设置滑动支座顶推法

　　设置滑动支座顶推法有设置临时滑动支承和与永久性支座合一的滑动支承顶推两种。设置临时滑动支承顶推是在施工过程中所用的滑道是临时设置的，用于滑移梁段和支承梁段，在主梁就位后，拆除墩上顶推设备，同时张拉后期力筋和孔道灌浆，然后用数只大吨位千斤顶同步将一联主梁顶升，拆除滑道和滑道底座混凝土垫块，安放正式支座而成。

　　使用与永久性支座合一的滑动支承顶推是一种将施工时的临时滑动支承与竣工后的永久支座兼用的支承进行顶推的方法，又称 RS 施工法。RS 施工法是将竣工后的永久支座

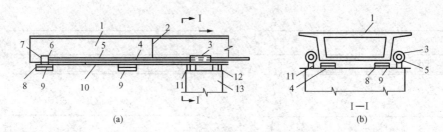

图 11-60　单点拉杆千斤顶顶推法

(a) 正面；(b) Ⅰ—Ⅰ剖面

1—主梁；2—主梁工作缝；3—水平千斤顶；4—滑板；5—拉杆；6—拉杆锚固梁；7—拉杆锚固器；
8—滑道；9—滑道底座；10—预制台座；11—水平千斤顶支架；12—竖向千斤顶；13—桥台

安置在墩顶设计位置上，通过改造，可作为施工时的顶推滑道，主梁就位后，稍加改造即可恢复原支座状态。这种方法不需要拆除临时滑动支承，也不需要大吨位竖向千斤顶顶升梁段。

四、拱桥施工

拱桥的施工从方法上大体可以分为有支架施工、少支架施工、无支架缆索吊装施工、转体施工和其他施工方法。

（一）有支架施工

石拱桥和钢筋混凝土拱桥（现浇混凝土拱桥和混凝土预制块砌筑的拱桥）都采用有支架的施工方法修建，也有用于大跨度钢筋混凝土拱桥的施工中。其主要施工工序有材料的准备、拱圈放样（包括石拱桥拱石的放样）、拱架制作与安装、拱圈及拱上建筑的砌筑等。

1. 备料

拱桥材料的选择应该满足设计和施工的有关规范要求。对于石拱桥，石料的准备是决定石拱桥施工进度的一个重要环节，特别是料石拱圈，拱石规格繁多，耗费劳动力很多。为了加快桥梁建设进度，降低桥梁造价，减少劳动力消耗，可以采用小石子混凝土砌筑片石拱，也可以用大河卵石砌筑拱圈等多种方法来修建拱桥。

2. 拱圈及拱架放样

石拱桥的拱石要按照拱圈的设计尺寸进行加工，为了保证尺寸准确，就要制作拱石样板。小跨径圆弧等截面拱圈，可以按计算确定拱石尺寸后，用木板制作样板，一般不需要实地放出主拱大样。大中跨径悬链线拱圈则要在样台上将拱圈按 1∶1 的比例放出大样，然后用木板或锌铁皮在样台上按分块大小制作样板，并注明拱石编号，以便加工。主拱圈放样完毕后，有时还需要在样台上放出拱架主要构件的大样。

样台必须保证施工期间不发生大的变形，以便在施工过程中对样板进行复查。一般可以用现成的球场或晒场作样台。对于对称的拱圈，可以取一半放出大样。常用的放样方法是直角坐标法。

3. 拱架

砌筑石拱桥（或预制混凝土块拱桥）及就地浇筑混凝土拱圈等时，需要搭设拱架，以支撑全部或部分拱圈和拱上建筑的重量，并保证拱圈的形状符合设计要求。拱架要有足够的强度、刚度和稳定性。

拱架的种类很多，按使用材料的不同可以分为木拱架、钢拱架、竹拱架、竹木拱架及"土牛拱胎"（即先在桥下用土或砂、卵石填筑一个"土胎"，然后在上面砌筑拱圈，砌成之后再将填土清除即可）等形式。目前常采用的拱架形式是木拱架和钢拱架。

在选择拱架形式后，要对拱架构件的强度进行验算，对拱架的受弯构件进行挠度验算。拱架在承受荷载后，将产生弹性变形和非弹性变形；另外，当拱圈砌筑完毕，强度达到要求而卸落拱架后，拱圈由于承受自重、温度变化及墩台位移等因素影响，要产生弹性下沉。为了使拱轴线符合设计要求，必须在拱架上预留施工拱度，以便能抵消这些可能发生的垂直变形。

4. 拱圈及拱上建筑的施工

（1）施工顺序。在支架上现浇的上承式混凝土拱桥，通常按浇筑拱圈或拱肋混凝土→浇筑立柱、横梁及横系梁等→浇筑桥面系三个阶段进行。现浇拱桥的立柱的基座，通常和拱圈或拱肋同时浇筑，并由预埋钢筋与拱圈或拱肋中的钢筋连接。

中、下承式的混凝土拱桥通常按拱肋→桥面系→吊杆三个阶段浇筑混凝土。安装吊杆钢筋或钢束，并与拱肋中的钢筋骨架连成整体后，浇筑拱肋混凝土，拱肋浇完后拆除拱架，安装桥面支架，浇筑桥面系混凝土。当桥面系混凝土达到承载要求后，拆除桥面系支架，利用吊杆、钢筋或钢束对称浇筑吊杆混凝土。

（2）拱圈施工。钢筋混凝土拱圈修建时，要保证在施工过程中整个拱架受力均匀、变形最小，使拱圈的质量符合设计要求，必须选择适当的施工方法和顺序。

通常跨径小于16m的拱圈（肋）混凝土，可以按拱圈全宽度从两侧拱脚对称地向拱顶连续浇筑，并在拱脚处的混凝土初凝前或石拱桥拱石砌缝中的砂浆尚未凝结前在拱顶合龙。如果预计不能在限定时间内完成，则应在拱脚顶留一个隔缝，并最后浇筑隔缝混凝土。

跨径大于等于16m的拱桥，一般采用拱跨方向分段施工的方法。分段的位置应该以能使拱架受力对称、均匀、变形小为原则，拱式拱架宜设在拱架受力反弯点、拱架节点、拱顶及拱脚处；满布式拱架宜设在拱顶、$L/4$部位、拱脚及拱架节点处等。各段的接缝面应与拱轴线垂直，各分段点应预留间隔槽，其宽度一般为0.5~1.0m，但安排有钢筋接头时，其宽度还应满足钢筋接头的需要。如果预计拱架变形较小，可减少或不设间隔槽，而采取分段间隔浇筑。

箱型拱圈（或拱肋）的浇筑多采用分环分段的浇筑方法。钢管混凝土的浇筑多采用在两岸拱脚处设置输送泵，对称泵送混凝土的方法。当跨径大、拱圈厚度大、由多层拱石或预制混凝土块等组成时，可将拱圈全厚分层（分环）施工，按分段施工法修建好一环合龙成拱，待砂浆或混凝土强度达到设计要求后，再浇筑（或砌筑）上面的一环。

（3）拱上建筑施工。拱上建筑的施工，应在拱圈合龙，混凝土或砂浆达到设计强度的30%后进行。对于石拱桥，一般不少于合龙后的三个昼夜。

拱上建筑的施工，应避免使主拱圈产生过大的不均匀变形。实腹式拱上建筑，应由拱脚向拱顶对称地砌筑。当侧墙砌好后，再填筑拱腹填料及修建桥面结构等。

空腹式拱桥一般是在腹孔墩砌完后就卸落拱架，然后再对称均衡地砌筑腹拱圈，以免由于主拱圈的不均匀下沉而使腹拱圈开裂。

在多孔连续拱桥中，当桥墩不是按施工单向受力墩设计时，仍然应该注意相邻孔间的对称均衡施工，避免桥墩承受过大的单向推力。尤其是在裸拱圈上修建拱上结构的多孔连拱时更应注意，以免影响拱圈的质量和安全。

（二）少支架施工

少支架施工多采用由立柱式排架组成的简易支架，支架根据拱肋的重力及地基的承载力，设置单排架式或双排架式。支架必须满足结构牢固、纵横向稳定、位置准确，同时对漂浮物有可靠的防护措施。

支架架设、拆卸时应满足以下要求：

（1）当拱肋接头混凝土和拱肋横向连接构件混凝土的强度达到设计强度的75％或满足设计规定后，方可开始卸架。为了避免一次卸架发生突然较大变形，可以在主拱安装完成时，分两次或多次卸架，使拱圈及墩、台逐渐成拱受力。

（2）卸架前应对主拱圈的混凝土质量、拱轴线的坐标尺寸、卸架设备情况、气温引起拱圈变化情况、台后填土情况进行全面的检查，符合设计要求后方可卸架。卸架时应观测拱圈挠度和墩、台变位的情况。

（3）支架基础不得设置在有冻胀现象的土上。拱肋分段吊装在支架上时，可以结合实际情况和设备条件选用独脚扒杆、人字扒杆、自行式吊机或缆索吊机进行安装。

钢管混凝土拱拱肋（桁架）、装配式桁架拱、钢构拱和装配式混凝土、钢筋混凝土拱圈的安装均可以采用少支架施工。

（三）无支架缆索吊装施工

在水深流急的河段上，或在通航河道上，不能断航施工时，或在洪水季节施工受漂流物影响等条件下修建拱桥时，宜采用无支架施工。可以根据桥梁规模、河流、地形及设备等条件，选用扒杆、龙门架、塔式吊机、浮吊、缆索吊装等方式吊装。缆索吊装是目前应用最广泛的方法。

缆索吊装施工大致包括：拱箱或拱肋的预制、拱箱或拱肋的移运吊装、主拱圈的安砌、拱上建筑的灌砌、桥面结构的施工等。这里着重介绍有代表性的缆索吊装设备及吊装方法和加载程序。

1. 缆索吊装设备和吊装方法

缆索吊装设备的布置，如图11-61所示。拱桥的构件在河滩上或桥头岸边预制和预拼后，送到缆索下面，由起重行车起吊牵引至指定位置安装。为了使端段基肋在合龙前保持在一定的位置，在其上用扣索临时系住，然后才能松开吊索。吊装应自一孔桥的两端向中间对称进行。在最后一节段吊装就位，并将各接头位置调整到规定标高以后，才能放松吊索并将各接头接整合龙。最后才将所有扣索撤去。

基肋（指拱箱、拱肋或桁架拱片）吊装合龙要制订正确的施工程序和施工细则并坚决按照执行。

拱桥跨径较大时，最好做成双基肋或多基肋合龙。基肋和基肋之间必须紧随拱段的拼装及时焊接（或临时连接）。端段拱箱（肋）就位后，除上端用扣索拉住外，左右两侧还需要用一对称风缆索牵住，以免左右摇摆。中段拱箱（肋）就位时，宜缓慢地松开吊索，并使各接头顶紧，尽量避免简支搁置和冲击作用。

2. 加载程序

拱箱（肋）吊装合龙成拱后，在裸拱上加载时，应该保证拱肋各个截面在整个施工过程

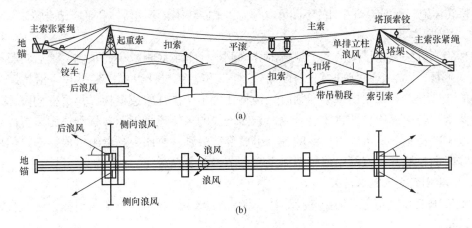

图 11-61 缆索吊装布置示意图

(a) 立面；(b) 平面

中都能满足强度和稳定性的要求。并在保证施工安全和成拱质量的前提下，尽量减少施工工序，便于操作，加快施工进度。

加载程序一般应遵守下面的原则：

（1）中、小跨径拱桥。当拱肋的截面尺寸满足一定的要求时，可不做施工加载程序设计，按有支架施工方法对拱上结构做对称、均衡的施工。

（2）大、中跨径的箱形拱桥或双曲拱桥，一般多按分环、分段、均衡对称加载的总原则进行设计。在拱的两个半跨上，按需要将其分成若干段，并在相应部位同时进行相等数量的施工加载。但对于坡拱桥，需注意其特点，一般应该使低拱脚半跨的加载量稍大于高拱脚半跨的加载量。

（3）在多孔拱桥的两个相邻孔之间，必须均衡加载。两孔的施工进度不能相差太大，以免使桥墩承受过大的单向推力从而产生过大的位移，造成施工进度快的一孔的拱顶下沉，相邻孔的拱顶上冒，而导致拱圈开裂。

装配式的混凝土、钢筋混凝土拱圈、钢管混凝土拱肋（桁架）以及装配式的桁架拱和刚构拱都可以采用无支架缆索吊装施工法进行架设安装。

（四）转体施工法

钢构梁式桥、斜拉桥、钢筋混凝土拱桥、钢管混凝土拱肋（桁架）均可以采用转体施工。

拱桥转体施工的方法是将拱圈或整个上部结构分为两个半跨，分别在两岸利用地形，简单支架（或土牛拱胎），现浇或预制装配半拱，现浇或预制钢筋混凝土薄壁拱肋、板块件组成拱箱（或桁拱，包括安装拱肋间横向联系），用扣索（钢丝绳或高强钢丝束）的一端锚固在拱箱（肋）的端部（靠近拱顶附近），经过拱上临时支架至桥台尾部锚固，然后用液压千斤顶（或手摇卷扬机和链条滑车）收紧扣索，使拱箱（肋）脱模（或脱架）；随后借助台身间预设的铺有聚四氯乙烯板或其他润滑材料和钢板的环形滑道（即转盘装置），用手摇卷扬机牵引，慢速地将拱箱（肋）转体 180°（或少于 180°）合龙，并浇筑拱顶端（约 0.3m 长）接头混凝土，即完成拱箱（肋）的全部合龙工作。最后再进行拱圈的其他部分（顶板，双曲拱的拱坡等）的安装和拱上建筑的施工。

拱桥转体施工根据转动方向的不同可以分为：平面转体、竖向转体和平竖结合转体三种。

（五）悬臂拼装法

这种施工方法是将拱圈的各个组成部分（侧板、上下底板）事先预制，然后将整孔桥跨的拱肋（侧板）、立柱通过临时斜压杆（斜拉杆）和上弦拉杆组成桁架拱片。沿桥跨分成几段（一般3～7段），再用横系梁和临时风钩将几个桁架拱片组成框构。每个框构整体运至桥孔，由两端向跨中逐段悬臂拼装至合龙。悬伸出去的拱体通过上弦拉杆和锚固装置固定在墩台上，以维持稳定。也可以将拱圈的各个组成部分分别在拱圈上悬臂组拼成拱圈，然后利用立柱与临时斜拉杆和上拉杆组成桁架体系，逐节段拼装至合龙。

（六）其他无支架施工方法

无支架施工方法还有：塔架斜拉索法、刚性骨架法以及刚性骨架与斜拉索法组合起来的施工方法等。

五、钢桥的施工

钢桥是指上部主要结构是由钢材组成的桥梁。有板梁桥、桁梁桥、桁拱桥、箱拱桥、悬索桥、斜拉桥等。钢材与混凝土组合构成的桥称为组合式桥，包括钢与混凝土组合梁桥、钢筋混凝土结构桥和钢管混凝土桥等。钢桥施工是指通过铆接、焊接或高强度螺栓连接，把工厂生产的钢桥构件或杆件组装成钢桥，并架设安装到桥位上。

钢桥所用材料的性能及各部件的制作组装均应该满足《公路桥涵设计规范》（JTJ 041—2000）的要求。

钢桥的施工方法有很多，前面介绍的浮运架设法、顶推架设法、支架架设法、缆索吊机拼装法和转体施工法、自行式吊机或门式吊机整孔架设法都适合于钢桥的架设。下面着重介绍适合于钢桥架设的另外两种方法：拖拉架设法和悬臂拼装架设法。

1. 拖拉架设法

拖拉架设法与顶推滑移法相似，只是顶推滑移法采用聚四氟乙烯板减少摩擦系数，用千斤顶顶推或拽拉；拖拉架设法是用辊轴或滑箱减少摩擦系数，用卷扬机拖拉。

拖拉架设法是在路堤上、支架上或已经拼好的钢梁上进行拼装，并在钢梁下设置上滑道，在路堤、支架和墩台顶面设置下滑道。上、下滑道之间根据施工设计的需要，放置一定数量的滚轴、滚筒箱或四氟滑块，通过滑车组、绞车等牵引设备，沿桥轴纵向拖拉钢梁至预定的桥跨，最后拆除附属设备，落梁就位。

拖拉架设法的优点是钢梁的拼装工作多在路堤上或支架上进行，工作条件好，容易保证质量；高空作业少，比较安全；拼装工作可以与墩台、基础施工同时进行，可合理安排劳力，缩短工期；用于多跨架梁时，较快速、经济；用于跨线桥或临时抢修桥梁时，可以不中断桥下交通。

但是桥头需要预拼场地、备用拖拉设备、滑槽等；拖拉时梁体应力大，且与运行时应力相反，故对杆件的应力应该详细验算，并进行必要的加固。桥墩所受水平荷载的应力及变形也需要加以核算，采取适当的措施。

2. 悬臂拼装架设法

悬臂拼装架设法具有完全不影响桥下通航、通车，辅助工程量少，钢梁组拼后不需要做大幅度的升降或纵、横位移的优点。同时也有悬臂拼装时，杆件所受应力较大，需要加固的杆件较多，约需多用钢梁总量的7%的钢料，且不能回收利用，其组拼及装卸工作量也较繁重的缺点。悬臂拼装法有以下几种形式。

（1）全悬臂拼装。跨中不设置临时支墩，为了减少悬臂拼装的长度，常在前方桥墩一侧设立墩旁托架，或者在墩顶钢梁上设立塔架和斜拉吊索。

（2）半悬臂拼装。在桥孔内设立一个或几个临时支墩，以减小悬臂长度，使悬臂弯矩大为减少。凡河中能设立临时支墩的均宜采用半悬臂拼装。如果靠近桥台的河滩多属浅滩，建临时支墩或支架较省工省料，可以先用支架法组拼一段钢梁作为平衡重，用半悬臂方式悬拼其余节段，待拼装成一跨钢梁后，再利用此跨钢梁作为平衡梁，改用全悬臂方式组拼下跨的钢梁。

（3）中间合龙悬臂拼装。从桥跨两端相向悬臂拼装，在跨间适当位置合龙的方式。这种方法的特点是悬臂较短，拼装应力、下挠度、平衡重和振动等均较小。但是要求提高施工精确度，且合龙计算复杂，调整工作量大，并需要较多的墩顶调节设施。

（4）平衡式悬臂拼装。从桥孔中的某个桥墩开始，按左右两侧大体平衡的原则，同时向左右两侧对称悬臂拼装。桥墩顶面的钢梁节段应该具有可靠的稳定性，使其能承担悬拼期内可能产生的不平衡弯矩。通常在墩顶埋设锚杆承受拉力，或在桥墩两侧建立牛腿式墩旁托架，或加长墩顶钢梁节段支托距离。

六、斜拉桥施工

斜拉桥是由承压的塔、受拉的索和承弯的梁组合起来的一种结构体系。如图 11 - 62 所示，由于斜拉索将主梁吊住，使主要承重的主梁变成多点弹性支撑连续梁工作，由此可以减小主梁截面，增加桥梁跨径。通过固定在索塔（桥塔）并锚固在桥面系的斜向拉索作为上部结构的主要承重构件的一种新结构。

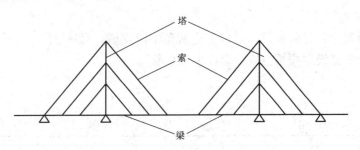

图 11 - 62　斜拉桥概况

斜拉桥的施工方法很多，下面给出在临时支架上架设斜拉桥和从索塔开始用双侧自由悬臂法架设斜拉桥的方法。

1. 临时支架上架设

在临时支架上架设斜拉桥的步骤主要有以下 4 个阶段：

（1）阶段 1。在永久性的桥墩上和临时支座上架设加劲梁。实际上这一阶段是普通梁的架设，因而可以用梁桥施工中的任何一种方法架设。

（2）阶段 2。从已经完成的加劲梁的桥面上架设索塔。

（3）阶段 3。安装斜拉索。在这个阶段只需中度张拉斜拉索，因为最终张拉将在下一阶段进行。

（4）阶段 4。全部斜拉索安装后，撤去临时支座，使荷载传递给缆索体系。在这一过程中，梁将向下挠曲，因而从架设开始就有必要抬高梁的位置，当所有恒载已经传到斜拉索上后，梁达到最终要求的几何形状。

如图 11-63 所示的架设步骤的优点在于梁能从一端连续地架设到另一端，容许人员、设备和材料在已经完成部分的桥面上运输。而且使几何形状和索的张力能有效控制。

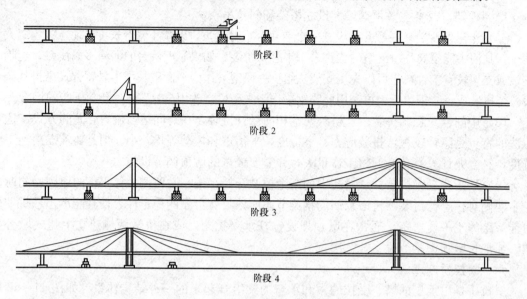

图 11-63　在临时支架上架设斜拉桥

缺点在于必须采用临时支座。如果主跨水深，设置临时支座的费用可能相当大，以致这种架设程序不可行。

2. 自由悬臂法架设

采用自由悬臂法架设斜拉桥，可以完全避免临时支墩，如图 11-64 所示。从索塔开始用双侧自由悬臂法架设斜拉桥主要分为以下 4 个阶段。

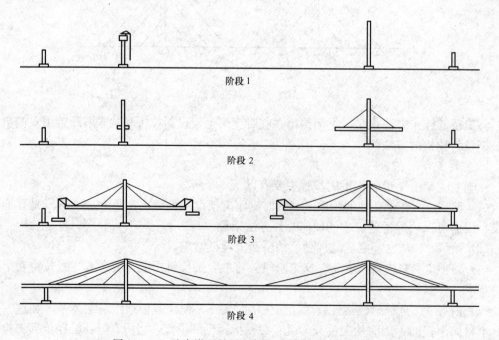

图 11-64　从索塔开始用双侧自由悬臂法架设斜拉桥

（1）阶段 1。在主墩上架设索塔（和主墩上面的梁单元），并固定在主墩上。

（2）阶段 2。先利用在桥面上操纵的转臂起重机提升从驳船运到工地的加劲梁节段，进行平衡的自由悬臂架设。

（3）阶段 3。随着悬臂梁段的伸展，安装斜拉索，并初步张拉以释放悬臂梁内的弯矩。经常在完成半座桥的悬臂安装过程后，再将起重机移至另半座桥上施工。

（4）阶段 4。桥梁在主跨跨中合龙，并加上磨耗层、栏杆等两步恒载。

使用这一方法主要是在整个施工期间，上部结构与塔墩具有十分有效的固结作用，因为安装到边墩之前，整个已安装结构的稳定性依靠这个固结的作用，而且梁的横向弯曲刚度必须得到充分保证，最终达到相当于半个主跨长悬臂的稳定性。

如果这种架设步骤应用有效，选择的索锚点之间容许加劲梁自由悬臂从一个索锚点到下一索锚点无须临时支撑（即通过临时拉索），因此这方面特别适用于密索体系。应当强调，斜拉桥需要所有梁的接缝在梁的节段就位后立刻闭合，以传递随后张拉斜拉索时产生的轴压力。

七、悬索桥施工

如图 11-65 所示，悬索桥是以主缆作为主要的承重结构。在竖向荷载下，通过吊杆（索）使主缆承受很大的拉力。因此，在桥台的后方通常需要修筑很大的锚碇，如图 11-66 所示，来抵抗拉索的拉力。

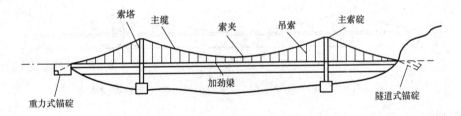

图 11-65 悬索桥主要构造

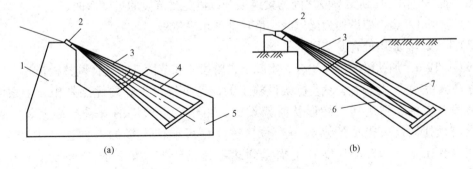

图 11-66 锚碇
（a）重力式；（b）隧道式
1—散索鞍座；2—散索鞍；3—索股；4—锚碇架；5—锚块；6—隧道；7—限杆

1. 从跨中向索塔方向架设

从跨中向索塔方向架设悬索桥一般的架设步骤，如图 11-67 所示。

（1）阶段 1：主墩、索塔和锚碇块施工。

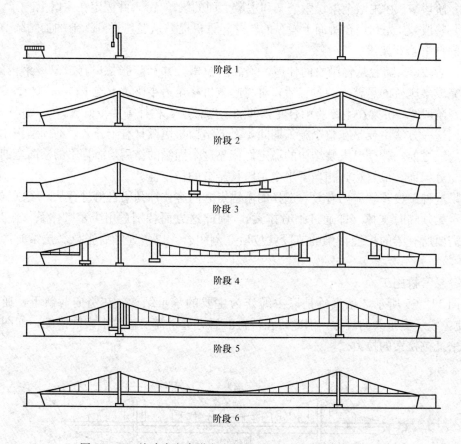

图 11-67　从跨中向索塔方向架设的悬索桥可能的架设步骤

（2）阶段 2：主缆的架设。

（3）阶段 3：从主跨中心开始架设加劲梁。当加劲梁的重量逐步加在主缆上时，发生大的位移和曲率变化，加劲梁节段之间的接缝展开以避免梁节段的过度弯曲。

（4）阶段 4：边跨架设加劲梁以减小塔顶部的水平位移。

（5）阶段 5：索塔处合龙节段的架设。

（6）阶段 6：加劲梁的接缝闭合。实际上在阶段 4 和节段 5 时进行调整校正。

青马大桥就是用这种方法进行架设施工的。这种架设步骤的优点是相邻于索塔的加劲梁节段是在主缆到达其最终形状时架设的。由于靠近索塔的索箍最终上紧，可以使主缆在塔顶处只留下很小的永久角变位，这样尽可能使主缆的弯曲次应力减至最小。这种架设程序，工作人员只能利用猫道到达主跨已经架设好的部分梁段上（在阶段 3 和阶段 4）。

2. 从索塔向跨中方向架设

梁节段的架设也可以从索塔向跨中方向架设，如图 11-68 所示。从索塔向外架设，如果架设从一开始就与索塔建立必要的连接，则加劲梁的扭转刚度从架设开始就会有效，对施工阶段的抗风非常有利。麦金纳克桥架设中就采用了这种程序。从索塔向外进行架设之前，要先在跨中架设少数梁节段使主缆拉紧。

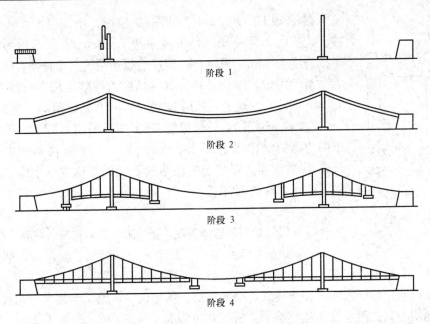

图 11-68 从索塔向跨中方向架设的具有地锚的悬索桥可能的架设步骤

工程应用案例

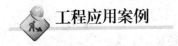

【背景材料】

某大桥工程位于市区两江交汇处，桥梁总长为 687m，桥宽 25.6m，双向四车道设计。主桥设计为 (40+175+40) m 三孔自锚中承式钢管混凝土系杆拱桥。主拱矢高为 43.75m，矢跨比为 1/4，拱轴线型为悬链线。系数为 1.347，主跨钢管拱轴线长 200m，重约 1000t，采用工厂预制 1/2 跨，现场水上竖转合龙施工，是我国首座大跨度、水上作业竖转施工的钢管混凝土系杆拱桥。

一、主桥结构特点

（一）主桥结构

主桥结构如图 11-69 所示，下部为钻孔桩基础，高桩承台，主墩为空心墩；上部结构如下：主跨为双拱肋，中距为 17.8m，每侧拱肋主要由 4 根 $\phi750mm\times14mm$ （拱脚部为 $\phi760mm\times20mm$）的钢管及横向平联板和竖向腹杆组成双哑铃结构，管内填充 C50 微膨胀混凝土，如图 11-70 所示。

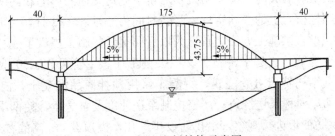

图 11-69 主桥结构示意图

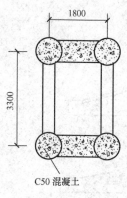

图 11-70 主拱肋结
构示意

在桥面以下设 2 个 K 字形桁架横撑，桥面以上设 4 条单管 K 撑。边拱肋为两片半拱，矢高东边为 11.016m，西边为 12.40m，半拱跨度为 40m，采用 C40 钢筋混凝土结构。系杆是自锚式拱桥推力平衡的关键，本桥系杆依据《预应力混凝土用钢绞线》（GB/T 5224—1995）的规定，采用 20 根 19 束无黏结预应力钢绞线（$1 \times 7-15.24-1860-\text{Ⅱ}$），外包黑色 PE，锚具采用 OVM05-19 型。锚固于两边跨的端横梁上。吊杆采用 $135-\phi^s5\text{mm}$ 高强钢丝束，间距 5m，用镦头锚分别锚于主拱肋的上辍板及横梁的下缘，并以横梁的下端作为标高调整端。

（二）主要特点

（1）设计新颖，造型美观，竖转施工方案科技含量高，难度大。

（2）该桥施工中采用了新工艺、新材料、新设备，如钢管拱的预制、竖转、泵送钢管混凝土、横梁的提升、桥面铝纤维混凝土等。

（3）该桥两岸位于市区。楼房林立，交通拥挤，场地狭窄，施工干扰大。尤其是主桥跨两江口，地质差，受洪水及航运影响大，桥下水位为 3.0～26.5m，落差达 23m。施工季节性强，施工期间遭受两次百年不遇的洪水影响，造成计划工期延长。

二、主要施工方法

本桥划分 4 个工区：①桩基及下构工区；②钢管拱预制工区；③系杆、吊杆（采购）预制、安装及张拉工区；④桥面梁板预制工区。

（1）下部施工。施工采用钢桩围堰筑平台，冲击钻钻孔，导管法浇注水下混凝土。主墩承台为大体积混凝土，施工中采取埋管散热等措施，有效避免了混凝土开裂；主墩墩身为空心墩，分次施工封顶；边拱采用满堂红支架施工，并采取基础加固等重预压措施以减少沉降，消除非弹性变化。

（2）钢管拱的竖转。这是本桥最关键、最主要的工序，工艺新、难度大、风险大、涉及准备工作多、系统复杂。其基本原理是：工厂预制 2 个半拱，各重 500t，沿江浮运到桥位，先将近端临时转铰对位，再利用边拱混凝土肋作平衡，以军用墩拼组 54m 高临时塔架，用 12 台 200t 液压连续千斤顶作动力提升到位，空中对接合龙，如图 11-71 所示。首次将液压起重装置应用于钢管拱竖转施工中，用大吨位集群千斤顶作牵引动力，高强度钢绞线作柔性起重索，突破了卷扬机钢丝绳滑车组的模式限制，大大提高了转体重量和提升高度。竖转角度达 34.4°，远端提升高度达 56m，合龙误差小于 5mm。

实践证明，该方法具有受力合理明确、提升吨位大、起升高度大、控制准确、节约等优点，避免了分段吊装所需的大吨位缆索吊机及对桥下航运交通的影响和两岸的拆迁费用，其成功实施填补了我国建桥史上的一项空白。竖转时间为 6 月 8～23 日，历时 15d，其竖转吨位、跨度居全国同类型桥梁施工方法之首。为以后同类桥梁施工提供了成功经验。

（3）钢管混凝土浇筑。这是本桥施工又一关键工序。主管采用 C50 微膨胀混凝土一次泵送至顶，缀板根据结构特点分仓浇筑，混凝土采用预拌商品混凝土，浇筑顺序按设计编号，从拱脚向拱顶两岸对称泵送浇筑；严格控制泵送速度及泵送量，使两端混凝土进度差不大于 1.5m，并对拱肋变形进行观察，沿拱肋设排气孔，拱顶设 2m 高的冒浆孔以排除浮浆，为确保万无一失，两岸各备 1 台输送泵，浇注时间选在温度低、车辆少的晚间进行。因准备

图中标注：1800　3300　C50 混凝土

充分，此项工作进展顺利，自10月11日～11月10日，历时1个月。

（4）横梁安装。采用驳船自船厂运至桥下，千斤顶提升法施工，此项作业专业性强，高空作业多，横梁自水面向上提升22m，28片50t横梁的提升共用20d完成。自11月11日～12月30日全桥横梁与车行道板铺通。

三、主要技术质量措施

（1）主拱肋由缆索吊装改为竖转后，经设计院同意对原拱肋进行了一些技术处理，增设或加强了4个受力点：临时转铰、临时吊点加固、合龙接头处理，后锚点预压加强；并对临时转铰和动力系统进行检测加固，针对江水标高不稳定。水位变化太大的情况，增设了临时对位副塔；为实现6台千斤顶同步通过主控台控制液压均衡分配，并改进了夹持器，使之能自动跟进；竖转过程中，采用多种方法进行观测和控制，实践证明这些措施是正确和必要的。

（2）为确保钢管混凝土的浇筑，严格控制原材料质量，配合比等环节。掌握好坍落度、施工时间、温度、配套机械设备，控制混凝土泵送量，确保对称均衡加载。从而使这一关键工序进行得非常顺利。

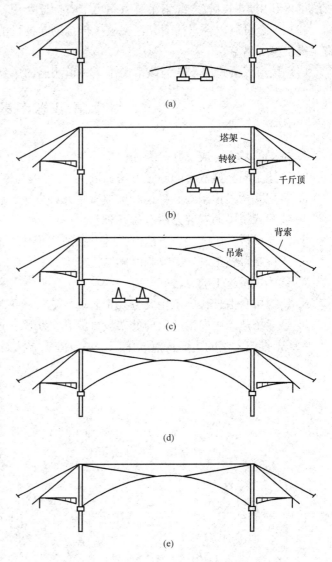

图 11-71 钢管拱竖施工工艺示意

（a）运输东半拱；（b）东段1/2对铰；（c）东段提升竖较西段对铰；（d）提升过顶；（e）合龙

（3）在全桥加载过程中，严格按设计要求，选择有相当经验资质的监测部门对拱顶、拱脚和1/4处及时进行应力观测，从而为系杆张拉和安全施工提供了可靠依据。

四、质量检测及评定结果

主桥共做混凝土试件739组，合格率100%；分项工程54项，合格率100%，优良率90%，并被评为优质工程。

五、技术经济效益

（1）工期快。因半拱提前于工厂预制，这就大大缩短了现场吊装焊接的作业时间。

（2）成本低。机械利用率高，连续千斤顶液压装置可多次使用，军用墩为周转器材，钢绞线可再利用，同时较之缆索吊装方案可节省拆迁费用，减少封航损失。

（3）安全可靠。合龙精度高，突破了传统的卷扬机滑车组模式，可为此后同类型桥梁的施工提供参考借鉴。

（4）该市三桥建成，既为该市增添了一道靓丽的风景，又促进了经济飞速发展。

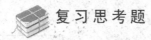 复习思考题

1. 桥梁的基本组成及其分类如何？

2. 简述不同类型墩台的施工方法。

3. 装配式桥梁预制构件移运和堆放有哪几种方法？各有何要求？

4. 装配式桥梁的安装方法有哪几种？

5. 简支梁桥常用的架设方法有哪些？各适用于什么情况？

6. 梁桥悬臂施工时，墩梁临时固结措施有哪些？

7. 试述拱桥施工的方法。

8. 斜拉桥自由悬臂施工主要分几个阶段？这种施工方法有什么特点？

9. 悬索桥从跨中向索塔方向的架设分哪几个步骤？这种架设方法有什么特点？

10. 顶推施工法的主要特点、施工程序及施工方法是什么？

第十二章 隧 道 工 程

·内 容 提 要·

本章内容包括矿山法隧道设计与施工的基本原理及施工方法；盾构法隧道的构造与分类，以及施工程序；顶管法施工技术、工艺原理及施工工艺流程。沉管法隧道施工程序及要求。

学习要求

(1) 了解矿山法隧道工程设计与施工的基本理论，掌握矿山法施工工序及施工。

(2) 熟悉盾构法隧道施工的特点及构造与分类，掌握质构法隧道施工中的关键技术问题。

(3) 了解顶管工程的组成，掌握顶管施工方法施工工艺流程。

(4) 了解沉管法隧道施工的特点，熟悉沉管法隧道施工的施工工序。

隧道工程一般由开挖工程、支护工程、建筑及防排水工程、专业设备安装工程、洞口设施及配套工程等组成。隧道工程的施工不同于地面工程，有着自己的特性，其主要表现在：隐蔽性大；作业多，作业的综合性强；作业的循环性强；施工过程是动态的；作业空间有限；作业环境恶劣；作业的风险性大。因为隧道工程的施工具有以上一些特性，便形成了与隧道工程相适应的一些施工方法。这些方法很多，本章主要介绍隧道工程的几种常用施工方法。

第一节 矿山法隧道施工

一、隧道工程设计与施工的基本原理

在实践中认识到隧道工程的核心问题，在于开挖和支护两个关键工序。即应该如何开挖，才能更有利于围岩的稳定和便于支护，若需要支护时，如何支护才能更有效地保证坑道的稳定和便于开挖。

针对上述核心问题，经过国内外对公路（铁路）隧道的设计施工的实践和研究，提出了两大基本理论体系："松弛荷载理论"与"岩承理论"。每一个理论体系都包含和解决（或正在研究解决）了从工程认识（概念认识）、力学原理、工程措施到施工方法（工艺流程）等一系列地下工程建筑问题。

"松弛荷载理论"于20世纪20年代提出，该理论的核心内容为：稳定的岩体有自稳能力，对隧道不产生荷载；不稳定的岩体则可能产生坍塌，需要用支护结构"支撑岩体的荷载"。这样，作用在支护结构上的荷载就是围岩在一定范围内由于松弛并可能塌落的岩（土）体的重力。

"岩承理论"于 20 世纪 50 年代提出，该理论的核心内容是：隧道围岩稳定显然是岩体自身有承载能力；不稳定围岩丧失稳定是具有一个过程的，如果在这个过程中提供必要的支护或限制，则围岩仍然能够保持稳定状态。

上述两种理论体系在原理和方法上各自有其不同的特点，它们的详细内容可以参阅有关文献。

二、隧道工程施工的矿山法和新奥法

矿山法是岩体隧道的常规施工方法，是暗挖法的一种，其最早应用于矿山巷道而得名。由于在矿山法施工中，多数要采用钻眼爆破进行开挖，故又将矿山法称为钻爆法。与前述隧道施工与设计的两大理论体系相应，矿山法有传统的矿山法和新奥法之分，所谓传统的矿山法，是以木和钢构件作为临时支撑，待隧道开挖成型后，逐步将临时支撑撤换下来，而代之整体式厚衬砌作为永久支护的施工方法。新奥法（NATM）是新奥地利隧道施工方法，它是以既有的隧道工程经验和岩体力学的理论为基础，将锚杆和喷射混凝土组合在一起作为主要支护手段，通过监测控制围岩的变形，便于充分发挥围岩的自承能力的施工方法。需要注意的是：不能单纯地将新奥法仅仅看成是一种施工方法或一种支护方法，也不应该片面地认为仅用锚喷支护就是采用新奥法了。事实上锚喷支护并不能完全表达新奥法的含义，新奥法的内容及范畴相当广泛、深入，它既包括隧道工程设计，又包括隧道工程施工，还包括隧道和地下工程的科学研究范畴的大系统工程。

通常所说的矿山法是指传统的矿山法（本章下文中如果没有特殊说明，则矿山法均指传统矿山法），本书重点介绍隧道工程采用这种方法的基本施工方法和施工基本作业等内容。

三、矿山法施工

（一）矿山法隧道的施工工序及基本施工方法

1. 矿山法隧道施工程序（如图 12-1 所示）

在执行矿山法施工程序时，应遵循"少扰动、早支撑、慎撤换、快衬砌"等基本原则，这些原则是通过大量的实践所获得的。少扰动，是指在进行隧道开挖时，要尽量减少对围岩的扰动；早支撑，是指开挖坑道后，及时做临时构件对坑壁予以支护；慎撤换，是指拆除临时支撑而代以永久性模筑混凝土衬砌时应该慎重，要防止在撤换过程中围岩坍塌失稳。

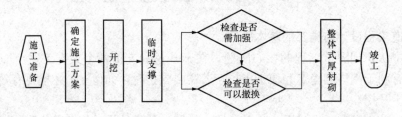

图 12-1　矿山法隧道的施工程序

2. 矿山法的施工工序

矿山法施工包含凿岩掘进、出渣与运输、支撑架设、支撑撤换、混凝土衬砌施作、混凝土养护等诸多工序，总体上讲主要包括开挖、支撑、衬砌施工操作三个环节，主要靠这三个环节不断地循环来完成一条隧道的修建。

矿山法的施工顺序有很多种，常用的几种开挖、支撑、衬砌的施工顺序，如图 12-2 所示。

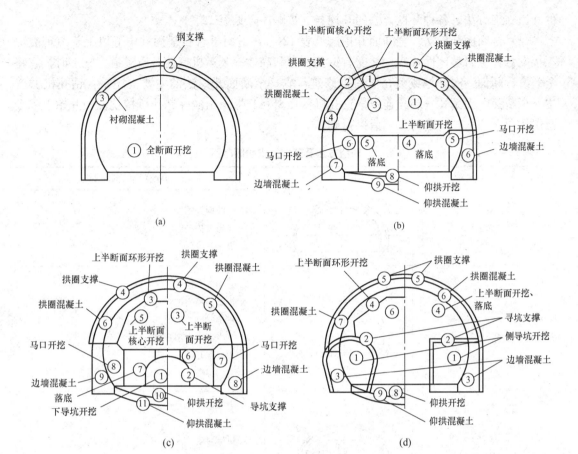

图 12-2　矿山法施工

(a) 全断面法；(b) 上半断面超前法；(c) 下导坑超前上半断面施工法；(d) 侧导坑超前上半断面施工法

如图 12-2 所示中可见，拱部衬砌与边墙混凝土衬砌有时不同时施工，根据两者的先后顺序不同，可将矿山法的施工顺序分为先拱后墙法与先墙后拱法。先拱后墙法是先将隧道上部开挖成形并施工拱部衬砌后，在拱圈的掩护下再开挖下部，并施工边墙衬砌；先墙后拱法是在隧道开挖成型后，再由下至上施工模筑混凝土衬砌。先拱后墙法施工衬砌结构的整体性较差，受力状态不好，拱部衬砌结构的沉降量较大，要求的预拱度较大，增加了开挖的工作量，该法施工速度较慢，上部施工较困难，但当上部拱圈完成之后，下部施工就较安全和快速；先墙后拱法施工各工序及各工作面之间相互干扰小，施工速度较快，衬砌结构整体性较好，受力状态也比较好。

以上两种施工顺序的选择，主要由隧道围岩条件、施工进度、施工安全、经济条件等因素综合决定。

（二）隧道的开挖

隧道开挖按照破岩的方法来分，主要采用两种施工方式：一种是钻爆法，它适用于各类岩石地层；另一种是掘进机法（又称 TBM 法），其主要适用于中硬以下岩石地层。本节主要介绍钻爆法施工。

1. 隧道常用开挖方法

隧道开挖按照隧道断面不同部位的开挖顺序，主要包括全断面法、台阶法、分部法等几种开挖施工方法。各种开挖方法的开挖与支护顺序，见表12-1。

（1）全断面开挖法。全断面开挖法见表12-1，适用于岩石坚固性中等以上、节理裂隙不很发育、围岩整体性较好，并配有钻孔台车和高效率装运机械的石质隧道。施工时，它将全部设计断面一次开挖成型，然后再修筑衬砌。全断面开挖法的主要工序是：钻孔机械就位→全断面一次钻孔→装药连线→钻孔机械撤离→起爆→出渣→钻孔机械就位→开始下一个钻爆作业循环→同时进行先墙后拱衬砌。

表 12-1　　　　　　　　　　　开挖方法及开挖、支护顺序图

开挖方法名称	图　例	开挖顺序说明
全断面法		1. 全断面开挖 2. 锚喷支护 3. 灌注衬砌
台阶法		1. 上半部开挖 2. 拱部锚喷支护 3. 拱部衬砌 4. 下半部中央部开挖 5. 边墙部开挖 6. 边墙锚喷支护及衬砌
台阶分部法		1. 上弧形导坑开挖 2. 拱部锚喷支护 3. 拱部衬砌 4. 中核开挖 5. 下部开挖 6. 边墙锚喷支护及衬砌 7. 灌注仰拱
上下导坑法		1. 下导坑开挖 2. 上弧形导坑开挖 3. 拱部锚喷支护 4. 拱部衬砌 5. 设漏斗，随着推进开挖中核 6. 下半部中部开挖 7. 边墙部开挖 8. 边墙锚喷支护衬砌
上导坑法		1. 上导坑开挖 2. 上半部其他部位开挖 3. 拱部锚喷支护 4. 拱部衬砌 5. 下半部中部开挖 6. 边墙开挖 7. 边墙锚喷支护及衬砌

开挖方法名称	图　　例	开挖顺序说明
单侧壁导坑法 （中壁墙法）		1. 先行导坑上部开挖 2. 先行导坑下部开挖 3. 先行导坑锚喷支护钢架支撑等，设置中壁墙临时支撑（含锚喷钢架） 4. 后行洞上部开挖 5. 后行洞下部开挖 6. 后行洞锚喷支护、钢架支撑 7. 灌注仰拱混凝土 8. 拆除中壁墙 9. 灌注全周衬砌
双侧壁导坑法		1. 先行导坑上部开挖 2. 先行导坑下部开挖 3. 先行导坑锚喷支护、钢架支撑等，设置临时壁墙支撑 4. 后行导坑上部开挖 5. 后行导坑下部开挖 6. 后行导坑锚喷支护、钢架支撑等，设置临时壁墙支撑 7. 中央部拱顶开挖 8. 中央部拱顶锚喷支护、钢架支撑等 9、10. 中央部其余部开挖 11. 灌注仰拱混凝土 12. 拆除临时壁墙 13. 灌注全周衬砌

注　1. 图例中省略了锚杆。
　　2. 图中所列方法为基本开挖方法，根据具体情况可做适当变换。

全断面开挖法具有如下优点：作业集中，施工工序少，互相干扰少，便于施工管理；开挖面较大，钻爆施工效率较高，能发挥深孔爆破的优点，加快掘进速度；工作空间较大，易于通风，便于实现综合机械化施工，作业条件好，施工速度快。该法也有缺点，在设备落后，使用小型机械时，凿岩、装药、装岩等比较麻烦，难以提高生产效率。

（2）台阶开挖法。采用该法时，将设计断面分为上半部断面与下半部断面，分两次先后开挖成型，若上半部断面开挖超前，则称正台阶开挖法，见表 12 - 1 与图 12 - 3；若下半部断面开挖超前，则称反台阶开挖法见表 12 - 1 与图 12 - 4。台阶法开挖便于使用轻型凿岩机打眼，而不必使用大型凿岩台车。在装渣运输、衬砌修筑方面，则与全断面法基本相同。

台阶开挖法具有如下优点：有利于开挖面的稳定，尤其是上部开挖支护后，下部断面作业就较为安全；工作空间较大，施工速度较快；作业地点集中，施工管理方便；通风条件好，有利于改善劳动条件等。台阶开挖法也存在一些缺点，如上下部作业有相互干扰影响，台阶开挖增加了围岩的扰动次数，下部作业可能对上部稳定性产生不良影响等。

（3）分部开挖法。对于软弱破碎围岩或设计断面较大的隧道施工，一次开挖的范围要小，而且要及时支撑与衬砌，以保持围岩的稳定，在这种情况下，可以采用分部开挖法。分部开挖法是将隧道断面分部开挖逐步成型，且一般将某一部分超前开挖，故又称为导坑超前开挖法。常用的有上导坑法、上下导坑法、单侧壁导坑法、双侧壁导坑法，见表 12-1。

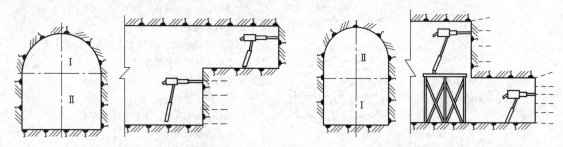

图 12-3　正台阶工作面开挖示意图　　　　图 12-4　反台阶工作面开挖示意图

分布开挖法具有如下优点：分布开挖跨度小，可以显著增加坑道围岩的稳定性，且易于进行局部支护；导坑超前开挖，利于探明地质情况。为顺利施工提供信息等。分布开挖法的缺点是：分部开挖增加了对围岩的扰动次数，不利于围岩稳定；作业面多，工序间干扰大，既减缓了开挖速度，也增大了施工组织和管理难度。

在当前的施工实践中，采用最多的方法是台阶法，其次是全断面法。在大断面隧道中，单侧壁导坑法和双侧壁导坑法采用较多。由于施工机械的开发和辅助方法的采用，施工方法更多地采用全断面法，特别是全断面法与超短台阶法结合的发展趋势。

2. 开挖作业

隧道开挖作业（指钻爆开挖）包括钻眼、装药、爆破等几项工作内容。

钻爆作业必须按照钻爆设计进行。钻爆设计应根据隧道工程地质条件、开挖断面、开挖方法、掘进循环尺寸、钻眼机具、爆破材料和出渣能力等因素综合考虑。钻爆设计内容包括：炮眼（掏槽眼、辅助眼、周边眼）的布置、数目、深度和角度、装药量和装药结构、起爆方法和爆破顺序等。钻爆设计工作应该由专门技术人员来完成。

隧道爆破常采用光面爆破与预裂爆破等爆破方法。光面爆破又称缓冲爆破法，它是通过调整周边眼的各爆破参数，使爆炸先沿各孔的中心连线形成贯通的破裂缝，然后内围岩体裂解并向临空面方向抛掷。光面爆破的分区起爆顺序是：掏槽眼→辅助眼（由里向外）→周边眼→底板眼。在完整的硬岩岩层中，宜采用光面爆破法。预裂爆破法是以预先爆破周边炮的办法，沿设计轮廓线炸出一个贯通缝，从而把开挖部分的主体岩石与其外部围岩分割开，紧随其后爆破掏槽炮和辅助炮；由于预裂面的存在，可以更有效地减少后续爆破冲击波对围岩的扰动。预裂爆破法的分区起爆顺序为：周边眼→掏槽眼→辅助眼→底板眼。对于软岩或破碎岩层，宜采用预裂爆破法。

3. 出渣与运输

除了导坑开挖作业外，出渣与运输是影响隧道掘进速度的另一项重要作业。出渣作业包括装渣、运渣与卸渣三个环节；运输（洞内运输）工作除了包含从洞外运进混凝土拌和料、支撑、拱架、模板和轨道材料等工作外，还包括出渣任务，即在开挖面上装渣，并运出洞外到弃土场卸掉。出渣作业在整个隧道施工作业的循环中所占的时间为 40%～60%，因此出渣作业能力的强弱在很大程度上影响着隧道的施工速度。

（1）装渣。装渣工作由装渣机械来完成，装渣能力应该与每次开挖的土石方量（开挖后的松散渣体积）及运输的容量相适应。装渣机械类型，按其扒渣机构形式可以分为：铲斗式、蟹爪式、立爪式、耙斗式、挖斗式等几种。按走行方式分为：轨道式、轮胎式和履带式等几种方式。隧道施工中常用的装渣机，见表 12-2。

表 12-2　　　　　　　　　　　　　隧道施工装渣机

装渣机类型	驱动与控制	走行方式	装渣能力/（m³/h）	特　　点	适用范围
铲斗式装渣机	电动或风动	轨道式	30～120	构造简单、操作方便、无废气污染；工作效率和装渣能力较低	小断面开挖或规模较小的隧道施工
蟹爪式装渣机	电力驱动	履带式	60～80	连续装渣	块度细小的石渣或土渣的装渣作业
立爪式装渣机	电力驱动、液压控制	多轨道式	120～180	工作适应性能强、装渣能力较蟹爪式好	岩渣块度较大的装渣作业
挖斗式装渣机	电力驱动、全液压控制	轨道和履带式两套走行机构	可达 250	扒渣机构为自由臂式挖掘反铲；工作宽度、长度、高度大，且可以下挖	大断面开挖
铲斗后卸式装渣机	燃油发动机驱动	轮胎式	铲斗容量 0.76～3.8m³	结构紧凑、轮胎走行转弯半径小、移动灵活、操作简便、铲取力强，可以前卸也可以侧卸、卸渣准确；有废气排出会污染洞内空气	较大断面的长大隧道施工装渣作业
铰接式轮胎装渣机				行走快、机动灵活、具有自行铲、装、卸及推土等多种作业能力	广泛

（2）运输。隧道施工的洞内运输主要包括出渣和进料两项工作。运输方式分为有轨和无轨两种，具体选用何种方式应该依据隧道长度、开挖方法、机具设备、运量大小等确定。

无轨式运输是采用无轨运输车出渣和进料。其特点是机动灵活，不需要铺设轨道，适用于弃渣离洞口较远和道路纵坡度较大的场合。缺点是由于大多采用内燃驱动车辆，作业时在整个洞中排出废气会污染洞内空气，故适用于大断面开挖和中等长度的隧道施工中。

有轨式运输是铺设小型钢轨轨道，用轨道式运输车辆出渣和进料。有轨运输大多采用电瓶车或内燃机车牵引，有少量为人力推运，采用斗车或梭式矿车运石渣，是一种适应性较强、较为经济的运输方式。

（3）卸渣。应该事先安排好卸渣场地、卸渣线路和卸渣机具等，以便洞内渣石（土）出洞后安全、有效、快速地被卸掉。

（三）支撑

所谓支撑，是指为了防止坑道开挖后因围岩松动引起坑臂坍塌而及时架设的临时支护，隧道支撑也称为临时支撑。支撑架设应严格按照临时支撑的设计进行。按照规定，临时支撑的设计工作由施工方负责完成。支撑应满足如下基本要求、能及时架设、适用可靠、构造简单、便于拆装、送输方便，能防止突然失效，便于修筑永久支护，经济安全，能多次周转使用等。木支撑、钢支撑、锚杆支撑、喷射混凝土支撑是几种主要的支撑类型。根据开挖与支撑之间的顺序关系，支撑包括了先支后挖（适用于Ⅰ、Ⅱ类围岩）、随挖随支（适用于Ⅱ、

Ⅲ类围岩）及先挖后支（适用于Ⅳ类以上围岩）等几种方式。

（四）衬砌

在开挖坑道进行临时支撑后，为了防止围岩不致因暴露时间过长而引起风化、松动和塌落的情况，而降低转岩的稳定性，需要尽快修筑衬砌。衬砌兼起长期防护和支撑作用，故其又称为永久支撑。

衬砌按衬砌材料分类有石砌衬砌、模筑混凝土衬砌、喷射混凝土衬砌和锚喷衬砌等；按隧道断面形状分类有直墙式衬砌、曲墙式衬砌和带仰拱封闭的曲墙衬砌。

隧道工程及地下工程中常用的支护衬砌形式主要有：整体式衬砌、复合式衬砌及锚喷衬砌。复合式衬砌是由初期支护和二期支护所组成，初期支护的作用是帮助围岩达到施工期间的初步稳定，二期支护的作用则是提供安全储备或承受后期围岩压力，复合衬砌常用于新奥法施工。整体式衬砌也就是永久性的隧道模筑混凝土衬砌，其常用于传统的矿山法施工中。本文主要介绍整体式衬砌施工。

1. 隧道衬砌施工的一般规定

（1）隧道衬砌施工时，其中线、标高、断面尺寸和净空大小均应该符合隧道设计的要求。

（2）模筑衬砌的模板放样时，允许将设计的衬砌轮廓线按允许值扩大，确保衬砌不侵入隧道建筑界限。

（3）在整体式衬砌施工中，发现围岩对衬砌有不良影响的硬软岩分界处时，应该设置沉降缝；在严寒地区，整体式衬砌、复合衬砌或锚喷衬砌，均应在易受冻害地段设置伸缩缝。衬砌的施工缝应与设计的沉降缝、伸缩缝结合布置，在有地下水的隧道中，所有施工缝、沉降缝和伸缩缝均应进行防水处理。

（4）施工中发现工程地质及水文地质情况与设计文件不符。需要进行变更设计时，应履行正式变更设计手续。

（5）凡属隐蔽工程，经质量检查验收合格后，方可进行隐蔽工程作业。

2. 模筑混凝土衬砌施工

隧道模筑混凝土衬砌施工主要的工序有：模筑前的准备工作、拱（墙）架与模板架设、混凝土制备与运输、混凝土灌注、混凝土养护与拆模等。

（1）模筑衬砌施工前的准备工作。包括场地清理、中线和水平施工测量、开挖断面检查、欠挖部位修凿工作以及衬砌材料、机具准备、劳动力组织安排等工作。

（2）拱（墙）架与模板施工。模筑衬砌所用的拱架、墙架和模板，应该形式简单、装拆方便、表面光滑、接缝严密、有足够的刚度和稳定性。拱架一般多采用钢拱架，用废旧钢轨加工制成，模板也逐渐用钢模代替木模。

拱（墙）架的间距，应根据衬砌地段的围岩情况、隧道宽度、衬砌厚度及模板长度确定，一般可取 1m。当围岩压力较大时，拱（墙）架应增设支撑或缩小间距，拱架脚应铺木板或方木块。架设拱架、墙架和模板，应该位置准确、连接牢固、严防走动。

（3）混凝土制备与运送。隧道模筑衬砌混凝土的配合比应满足设计要求。混凝土拌和后，应尽快浇筑。混凝土的运送时间不能超过规定的时间限制。

（4）模筑衬砌混凝土的浇筑工艺要求。隧道模筑衬砌混凝土的浇筑应分节段进行，为保证拱圈和边墙的整体性，避免产生施工的工作缝，每节段拱圈或边墙应连续进行混凝土衬砌。隧道各部位模筑衬砌混凝土施工工艺要求如下：

1) 拱圈混凝土衬砌。混凝土衬砌施工应符合下列要求：拱圈浇筑顺序应从两侧拱脚向拱顶对称进行，间歇及封顶的层面应呈辐射状；分段施工的拱圈合龙宜选在围岩较好处；先拱后墙法施工的拱圈，混凝土浇筑前应该将拱脚支撑面找平；与辅助坑道交汇处的拱圈应置于坑道两侧基岩上；钢筋混凝土衬砌先做拱圈时，应在拱脚下预留钢筋接头，使拱墙连成整体；拱圈浇筑时，应使混凝土充满所有角落，并应充分进行捣固密实。

2) 边墙衬砌混凝土。边墙衬砌混凝土施工应符合下列主要要求：浇筑混凝土前，必须将基底石渣、污物和基坑内的积水排除干净，严禁向有积水的基坑内倾倒混凝土干拌和物，墙基松软时，应做加固处理；边墙扩大基础的扩大部分及仰拱的拱座，应结合边墙施工一次完成；采用先拱后墙法施工时，边墙混凝土应尽快浇筑，以避免对拱圈产生不良影响，墙顶混凝土也应捣固密实。

3) 拱圈封顶。拱圈封顶应随拱圈的浇筑及时进行。墙顶封口应该留适当缝隙，在完成边墙灌注一定时间后进行封口，封口前必须将拱脚的浮渣清除干净，用于拱圈封顶的混凝土应适当降低水灰比，并捣固密实，不得漏水。

4) 仰拱施工。仰拱施工应符合下列要求：应结合拱圈和边墙施工抓紧进行，使结构尽快封闭；仰拱浇筑前应清除积水、杂物、虚渣；应使用拱架模板浇筑仰拱混凝土。

5) 拱墙背后回填。拱墙背后的空隙必须按要求回填密实。

6) 对有侵蚀性地下水要采取的措施。隧道通过含有侵蚀性地下水时，应该对地下水做水质分析，衬砌应采用抗侵蚀性混凝土。

(5) 衬砌混凝土养护与拆模。衬砌混凝土灌注后应该进行养护，养护时间应根据衬砌施工地段的气温、空气相对湿度和使用水泥品种确定。当衬砌混凝土硬化后的强度达到施工技术规范规定的强度值时，可以对拱架、边墙支架和模板予以拆除。

四、新奥法的基本原理

新奥法是矿山法（指广义矿山法）中的一种，它既不是独立的设计方法，也不是独立的施工方法，而是以新发展的施工技术（喷射混凝土、锚杆等）为依托的，将设计、施工和量测融为一体的技术方法。新奥法的基本原理可以归纳为以下几点：

(1) 充分利用围岩自身的承载能力，把围岩当作支护结构的基本组成部分，施作的支护将同围岩共同工作，形成承载环或承载拱，为此，在洞室开挖、爆破和施作支护时，均应采取措施尽量减少施工对围岩的破坏程度，保持围岩的强度。

(2) 根据岩体具有的弹塑性物理性质，研究洞室围岩的应力应变状态，并将其变形发展控制在允许的变形压力范围内，及时施作支护，以保证围岩的稳定。

(3) 施作的支护结构应与围岩紧密结合，既要具有一定的刚度，以限制围岩变形的自由发展，防止围岩松散破坏；又要具有一定的柔性，以适应围岩适当的变形，让围岩自身承担一部分变形压力，以使作用在支护结构上的变形压力不致过大。当需要补强支护时，宜采用锚杆、钢筋网以致钢拱架等加固，而不宜大幅度加厚喷层。当围岩变形趋于稳定后，必要时可以施作二次衬砌，以满足洞室工作要求和增加总的安全度。

(4) 施工时设置固定的观测系统，监测围岩的位移及其变形速率，并进行必要的反馈分析，正确估计围岩特性及随时间发生的变化，以确定施作初期支护的有利时机和是否需要加强支护等，进行动态设计与动态施工。

在修筑隧道时，对钻爆法而言，新奥法要求采用光面爆破的开挖方法，支护手段主要是锚杆加喷射混凝土，支护时机则根据现存量测的围岩变形结果来确定。光面爆破、锚喷支护和现场量测被称为新奥法的"三大支柱"。

第二节 盾构法隧道施工

一、概述

盾构又称潜盾，它是一种集施工开挖、支护、推进、衬砌、出土等多种作业于一体的大型暗挖隧道施工机械。利用盾构机在地面下暗挖隧道的施工方法，称为盾构法，又称掩护筒法。盾构法施工的概貌如图12-5所示。盾构法在施工时，先在隧道某段的一端建造竖井或基坑（工作井），以供盾构安装就位；盾构从工作井的壁墙开孔（出洞口）处出发，在地层中沿着设计轴线，向另一竖井或基坑（接收井）的设计孔洞（进洞口）推进，隧道衬砌也随着盾构推进在盾尾随之形成。当盾构进洞后，此段隧道也随之形成。

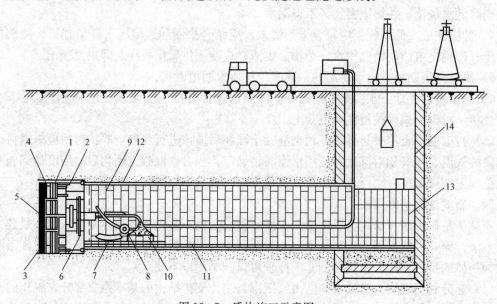

图 12-5 盾构施工示意图

1—盾构；2—千斤顶；3—盾构头部；4—出土转盘；5—出土皮带运输机；6—管片拼装器；7—管片；
8—压浆泵；9—压浆孔；10—出土机；11—管片衬物；12—盾尾空隙中的压浆；13—后盾管片；14—竖井

盾构法施工有如下优点：

（1）隧道施工作业在地下进行，具有良好的隐蔽性，既不影响人们的正常生活生产秩序，又可减少噪声、振动引起的公害。

（2）机械化和自动化程度高，劳动强度低，施工人员少，施工易于管理。

（3）施工人员的作业尽量在盾构设备的掩护下进行，施工安全。

（4）采用暗挖方式，土方量少，不影响地面的交通或行道通行及地面建筑的正常使用。

（5）施工不受气候条件的影响。

（6）隧道埋深对施工费用的影响小。

（7）适宜在不同颗粒土层中施工等。

由如上一些优点可见，在城市中，利用盾构法施工可以解决许多其他方法无法解决的工程问题，例如：在城市中心修建地铁时，可以免拆大量的地面建筑而且不影响地面交通；在修建江底隧道时，可以不受水文、气候、航运等条件的限制等。目前，盾构法施工已经在世界范围内得到广泛应用。

二、盾构的构造与分类

（一）盾构的基本构造

盾构圆筒形居多，也有矩形、马蹄形或半圆形等特殊形状外形的。盾构机械的基本构造，如图 12-6 所示，主要由盾壳、推进系统、拼装机构等部分组成，另外还有支护结构、出土系统及附属设备等，对于机械挖掘式盾构还有挖掘机构。盾构的各种系统与机构均置身于盾壳之内。盾壳一般为钢制圆筒体，从前到后分为切口环、支撑环和盾尾等三个部分，如图 12-6 和图 12-7 所示。

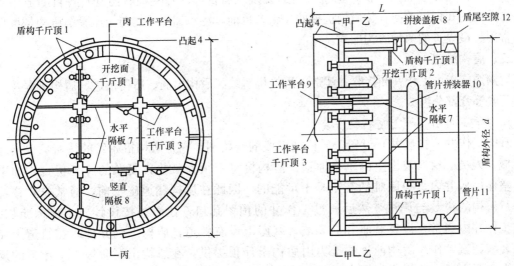

图 12-6　盾构构造
甲—甲—切口环；乙—乙—支撑环；丙—丙—纵剖面

1. 切口环部分

切口环部分位于盾构的最前端，施工时切入地层并掩护开挖作业环前端制成刃口，以减少切土阻力和对地层的扰动。切口环的长度决定于工作面的支撑、开挖方法以及挖土机具和操作人员的工作空间等。大部分手掘式盾构切口环的顶部较下部长，以增加掩护长度。机械式盾构的切口环中设置有各种挖土机构。在泥水加压式和土压平衡式盾构中，由于切口环部分的压力高于常压，故切口环与支撑环之间需要用密闭隔板分开，成为闭胸式盾构。

2. 支撑环部分

支撑环紧接在切口环后，位于盾构中部。支撑环为一具有较强刚性的圆环结构。作用在盾构上的各种主要力包括地层土压力、千斤顶的顶力以及切口、盾尾衬砌拼装时传来的施工荷

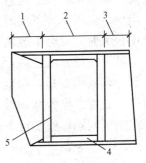

图 12-7　盾壳
1—切口环；2—支撑环；
3—盾尾；4—纵向加强肋；
5—环状加强肋

载均由支撑环承担。支撑环的外沿布置盾构推进千斤顶。大型盾构的所有液压、动力设备、操纵控制系统、衬砌拼装机等均集中布置在支撑环位置。中、小盾构则可以把部分设备移到盾构后部的车架上。盾构的推进是由千斤顶来完成的。

3. 盾尾部分

盾尾由盾构外壳钢板延长构成，主要用于掩护隧道衬砌的安装操作。衬砌的拼装操作由衬砌拼装系统来完成，衬砌拼装器的举重臂位于盾尾。为了防止水土及压浆材料从盾尾与衬砌之间进入盾构内，盾尾末端设有密封装置。

（二）盾构分类

盾构的类型很多，按盾构开挖形式不同可以分为手掘式、半机械挖掘式和全机械挖掘式三种；按盾构前部构造的不同可以分为：闭胸式和敞胸式两种；按盾构断面形状的不同可以分为：圆形、拱形、矩形和马蹄形四种；按稳定开挖面的方式不同可以分为：局部气压盾构或全气压盾构及泥水加压平衡、土压平衡的无气压盾构等。各类型盾构有其各自的适用条件，这方面的知识可参阅有关盾构机械的文献。目前，泥水加压盾构与土压平衡盾构是世界上最常用、最先进的两种盾构形式。

三、盾构施工

盾构法施工由工作井和接收井建造、盾构机拼装、盾构出洞、盾构推进、盾构进洞及盾构机回收等几部分组成。

1. 盾构工作井建造与盾构机拼装

盾构工作井（拼装井）设置于盾构施工段的起始端，它是盾构机始发的场所，也是施工机械、人员、材料及出土的垂直通道。盾构机是个很大又非常复杂的施工机械，如果将其整体吊入井内是很困难的甚至是不可能的，因此在盾构隧道施工前，通常先要在井内进行盾构的拼装与调试，然后通过工作井的预留孔口，让盾构按设计要求进入土层。盾构工作井内通常要设置基座和后靠墙，基座上设有轨道，盾构下到井内时在轨道上完成拼装和调试工作。盾构前进的推力由盾构千斤顶提供，在盾构出洞阶段，千斤顶的反作用力主要由后靠墙提供，并由后靠墙将力传至井壁后的土体。盾构工作井的结构形式较多地采用沉井和地下连续墙。在井深较浅、远离建筑物的情况下，应该尽量采用沉井结构工作井。沉井结构工作井的特点是：单体工程较为经济、施工设备简易与施工周期较短。缺点是：在下沉过程中对外侧土体的扰动较大，相邻范围的地表沉降量大，盾构进出洞常会因沉井下沉时土体中夹带的石块的存在而导致盾构进出洞困难，当沉井下沉深度很大时，就会下沉困难等。采用地下连续墙结构是解决大型隧道工作井和地铁车站深基坑常用的方法之一，它可以作为工作井的挡土结构，又可以作为工作井永久结构的一部分，其优点是：深度大、地表沉降小、适应性强、便于逆作做法施工、适于地铁车站施工、能兼作深基础等。地下连续墙的缺点是：工程造价较高，在施工时存在处理废弃泥浆的问题，施工设备较昂贵、技术要求高等。

2. 盾构出洞

在始发井（工作井）内，盾构按设计高程、坡度及方位推出预留孔口，进入正常土层的过程，即为盾构出洞。盾构出洞是盾构施工的重要环节之一。

盾构出洞主要需解决两个问题；一是洞口的密封，不能让水土涌入工作井内；二是保持洞口附近土体的稳定性。为此，需要在洞口设置密封胀圈，并对预留孔洞外侧一定范围内的土体进行改良。改良土体的方法有冻结法、深层搅拌法、高压喷射注浆法、注浆法等。不同的盾构出洞形式，如图 12-8 所示。

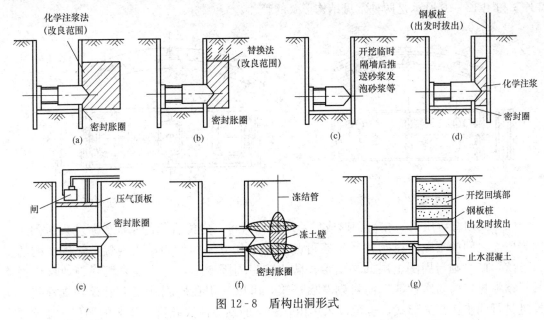

图 12-8 盾构出洞形式

3. 盾构推进

盾构推进主要包括切入土层、土体开挖、衬砌拼装和衬砌背后压浆四个工序。这四个工序的循环过程也就是盾构推进的过程，随之隧道逐渐形成。

（1）切入土层。盾构向前推进的动力是由千斤顶提供的。开启千斤顶，将切口环或切削刀盘向前推进，此时切口环或切削刀盘上的切削刀便切入土层。在盾构施工中，盾构的方向、位置及盾构的纵坡，均根据盾构测量系统对盾构现状的量测结果，依靠调整千斤顶的编组及辅助措施加以控制。

（2）土体开挖。土体开挖方式主要有敞开式开挖、挤压式开挖、网格式开挖和机械切削式开挖等几种，具体开挖形式由土层条件和据此选用的盾构类型确定。使用手掘式及半机械式盾构时，均为敞开式开挖，这类形式的开挖要求土层地质条件好、开挖面在掘进中能维持稳定或采取措施后能维持稳定，开挖程序一般是从顶部开始逐层向下挖掘。挤压式开挖，一般不出土或只部分出土，对地层有较大的扰动，施工中应精心控制出土量，以减小地表变形。

对于网格式开挖盾构，开挖面被盾构的网格梁与隔板分成许多格子，盾构推进时，土体从格子里呈条状挤出，应根据土质条件调节网格开孔的面积。这种网格对工作面还起到支撑作用，这种出土方式效率高，是我国大、中型盾构常用的方式。机械切削开挖，主要是指与盾构直径相当的全断面旋转切削刀盘开挖方式。大刀盘切削开挖配合运土机械，可以使土方从开挖到装车运输均实现机械化。

（3）衬砌拼装。盾构法修建隧道常用的衬砌施工方法有：预制管片衬砌拼装、挤压混凝土衬砌、现浇混凝土衬砌和先安装预制管片外衬后，再现浇混凝土内衬的复合式衬砌，其中以管片衬砌采用的最多。隧道管片衬砌是采用预制管片，随着盾构推进，在盾构尾部盾壳保护下的空间内进行管片衬砌拼装，即在盾尾依次拼装衬砌环，由衬砌环纵向依次连接而成隧道的衬砌结构。管片在预制时，管片上预留能够插入螺栓的孔洞，相邻管片的这种孔洞是配对相应的，管片间的连接就是利用螺栓完成的。预制管片或砌块的种类和形式很多，如图12-9 和图 12-10 所示是两种常见结构形式的管片。

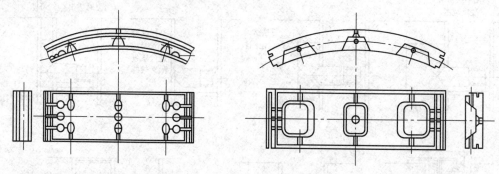

图 12-9　平板管片（钢筋混凝土）　　　　　图 12-10　箱形管片（钢筋混凝土）

（4）衬砌背后压浆。在衬砌形成后，应该及时将一定配合比的水泥砂浆注入衬砌层与固岩壁面之间的空隙。衬砌背后压浆可起到如下几方面的作用：改善隧道衬砌结构的受力形状，使衬砌与周围土层共同变形；防止隧道周围变形，防止地表沉降与地层压力增长；增强衬砌的防水性能。向衬砌背后压浆，可以采用在盾壳外表上设置注浆管随盾构推进进行同步压浆的形式，也可以采用由管片上的预留注浆孔进行压浆的形式。压浆要左右对称、从下向上逐步进行，并尽量避免单点超压注浆，而且在衬砌背后空隙未被完全充填饱满之前，不允许中途停止压浆工作。压浆设备由注浆泵、软管、连管片压浆孔的旋塞注浆嘴等几部分组成。

4. 盾构进洞及盾构机回收

盾构推进至现行隧道段的末端时，将由土层进入到盾构接收井中，这个过程称为盾构进洞。盾构接收井的建造与工作井相似，但不必设后靠墙。为了保证盾构能安全进洞的目的，通常需要对进洞区附近的土层进行改良。待盾构进洞后，将盾构解体，并从接收井吊出至地面，至此完成本隧道段的施工。

第三节　顶管法施工

一、概述

按以往常规方法，敷设地下管道，多采用开槽（明挖）技术，施工时要挖大量的土方，并要有临时存放土方的场地，以便安好管道后进行回填。这种施工方法污染环境、阻断交通，给人们生产和日常生活带来极大的不便。顶管施工技术可以避免以上问题。

顶管施工技术是继盾构施工技术之后而发展起来的一种敷设地下管道的施工技术，它不需要开挖面层，并且能够穿越公路、铁路、河川、地面建筑物以及地下管线等。

顶管施工操作程序是：先在准备敷设管道的一端挖工作坑（或称顶压坑、工作井等），在另一端挖接收坑（或称接受坑、接收井等）；在工作坑内，按管道设计位置，根据管道外径尺寸，利用掘进机或人工向土层内挖土，边挖土、便用千斤顶将掘进机或工具管及其随后的一节节管节逐节顶入土层，直到顶至位于设计长度的另一端的接收坑为止，将工具管或掘进机从工作坑吊起，这样就将管道埋设在工作坑与接收坑之间的土层中了，如图 12-11

所示。

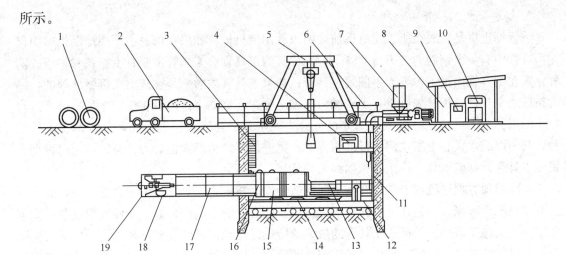

图 12-11 顶管施工

1—混凝土管；2—运输车；3—扶梯；4—主顶油泵；5—行车；6—安全扶栏；7—润滑注浆系统；
8—操纵房；9—配电系统；10—操纵系统；11—后座；12—测量系统；13—主顶油缸；
14—导轨；15—弧形顶铁；16—环形顶铁；17—混凝土管；18—运土车；19—机头

顶管工程与盾构工程既有相似的地方，也有不同的地方，其区别主要表现在两个方面：首先，机械的推进反力的提供载体不同。盾构机除了在推进的初始阶段（进洞阶段）推进反力主要由工作井背后土层提供外，在隧道的掘进中，盾构推进反力由盾尾后一定范围内的衬砌管片与土层间的摩擦力提供，盾构的推进装置是随盾构的推进而前行的；顶管工程的顶进反力是由工作井壁后土层提供或由中继间后的管道与土层所提供，在顶进过程中顶进装置并不随管道的前进而前行。其次，盾构隧道衬砌随开挖随形成，而顶管管道的管节是一节接一节地被顶入土层中的。可见，顶管技术是有别于盾构技术的另外一种非开挖的敷设地下管道的施工方法。由于在管道顶进时需要克服管道周围的土层阻力，因此管径越大顶进就越困难，通常隧道内径大于 4m，使用顶管法施工没有用盾构法施工经济合理，但对内径小于4m 或更小的管道，特别是用于城市市政工程的管道，使用顶管法有其独特的优越性。

二、顶管工程的组成

顶管工程主要由工作井与接收井、掘进机或工具管、主顶装置及中继间、管节、输土系统、测量系统、注浆系统、供电及照明系统、通风与换气系统等设备与设施组成。

1. 工作井与接收井

工作井是顶管掘进机的始发场所，也是安放所有顶进设备、垂直运输材料、设备、人员及运土的场所，还是承受主顶油缸推力的反作用力的构筑物。工作井内设置进洞洞口、后座墙与基座导轨等设施，井上设提升系统。在一开始顶进时，顶管掘进机或工具管由进洞洞口进入土层，为了避免地下水和泥沙流入工作井，需要在洞口安设止水圈。基座导轨起管道推进入洞的导向作用与顶铁工作时的托架作用。后座墙是把主顶油缸推力的反力传递到工作井后部土体中去的墙体。

接收井是接收掘进机的场所。通常管子从工作井中一节节推进，到接收井中把掘进机吊起，再把第一节管子推入接收井一定长度后，整个顶管工程基本结束。接收井内设置出洞洞口，洞口上安设止水圈。

2. 掘进机或工具管

顶管掘进机是安放在所顶管道最前端的顶管用的机械。如果在顶进中不用挖掘机，而仅在推进管前有一个钢制的带刃口的管子，则称其为工具管。工具管主要有手掘式和挤压式两种：人在工具管内挖土，则为手掘式工具管；如果工具管内的土是被挤出来再做处理的，则为挤压式工具管。顶管掘进机有半机械与机械之分，在钢制壳体内设有反铲之类机械手进行挖土的则称为半机械式。机械式掘进机可分为泥水式、泥浆式、土压式和岩石掘进机等几种，其中以泥水式和土压式使用得最为普遍，掘进机的结构形式也最为普遍。不论何种掘进机或工具管，都应该具有挖土保护和纠偏功能。

不同的顶管掘进机或工具管有着不同的适用性。挤压式工具管适用于软黏土中，而且覆土深度要求比较深。手掘式工具管一般只适用于能自立的土层中，如果条件变得复杂，则需要采用辅助施工措施。手掘式工具管的最大的特点是在地下障碍较多且较大的条件下，排除障碍的可能性最大、最好。半机械式挖掘机的适用范围与手掘式工具管差不多。泥水式掘进机的适用范围更广一些，而且在许多条件下不需要采用辅助施工措施。土压式掘进机的适用范围最广，尤其是加泥式土压平衡掘进机的适用范围最为广泛，从淤泥质土到砂砾层它都能适应，而且通常也不用辅助施工措施。

3. 主顶装置与中继间

管道的顶进力通常由主顶装置提供。主顶装置由主顶油缸、主顶油泵和操纵台及油管等四部分组成。主顶油缸的压力由主顶油泵通过高压油管供给，油缸的推进与回缩通过操纵台控制。为了将主顶油缸的推力较均匀地分布在所顶管子的端面上以及弥补主顶油缸行程与管节程度之间的不足，一般需要在主顶油缸与管节间架设环形和弧形或马蹄形顶铁。

在长距离顶管施工中，主顶装置可能无法提供所需的强大的推力，此时可以在管道中途设置中继站（即中继间），其内均匀地安装许多台油缸，采用中继向接力的形式完成长距离顶管工程。

4. 管节

顶进用管分为多管节和单一管节两大类。多管节管子多由钢筋混凝土材料制成，管节长度 2~3m 不等，为保证顶进施工中及以后使用中不渗漏，各管节两端都必须设赶可靠的管接口。单一管节基本上都是用钢材制成的，其接口都是焊接的。

5. 输土系统

输土系统会因不同的推进方式而不同。在手掘式顶管中，大多采用人力劳动车出土；在土压平衡式顶管中，常采用螺旋推进器将工作面挖掘下来的土排出，用蓄电池拖车在管道中运输，也有采用土砂泵方式出土的；在泥水平衡式顶管中，都采用泥浆泵和管道输送泥水。

6. 测量系统

为了保证顶管按设计的高程和方位顶进，必须时时对顶进方向的偏差情况进行测量。测量装置有经纬仪、水准仪或激光经纬仪等。

7. 注浆系统

为了减少顶进过程中管壁与土体间的摩阻力，应在顶进时利用注浆系统不断地向管壁外周压注触变泥浆。注浆系统由拌浆机、注浆泵、输浆管道和注浆孔等组成。输浆管道分为总管和支管，总管安装在顶进管道内侧，支管则把总管输送过来的浆液输送到每个注浆孔中。

8. 供电及照明系统

顶管施工中常采用的供电方式有两种：①先将高压电（如 1000V）输送至掘进机后的管子中，然后由管子中的变压器进行降压，最后将降压后的电输送至掘进机的电源箱中去。这种供电方式，一般用于口径比较大而且顶进距离又比较长的情况下。②直接供电，如果动力电用 380V，则由电缆直接把 380V 电输送到掘进机的电源箱中，这种供电方式一般用于顶进距离较短和口径较小的顶管中以及用电量不大的手掘式顶管中。

照明通常也有低压和高压两种：手掘式顶管施工中的行灯应该选用 12～24V 低压电源；若管径大的，照明灯固定的，则可以采用 220V 电源。

9. 通风与换气系统

在顶管特别是长距离顶管中，可能发生气体中毒或缺氧现象，因此通风与换气是顶管中不可缺少的一环。顶管中的换气应采用专用的抽风机或者采用鼓风机。通风管道一直通到掘进机内，把浑浊的空气抽离工作井。然后让新鲜空气自然地补充，或者使用鼓风机，使工作井空间的空气强制流通。

三、顶管施工方法

不同的顶管机械施工的工艺原理及工艺与流程有所差异。下面仅对最常甩的土压平衡顶管施工及泥水加压平衡顶管施工加以介绍。

（一）土压平衡顶管施工

1. 主要施工机械

土压平衡顶管施工其主要使用机械为土压平衡式顶管掘进机。该类掘进机的形式很多，中心螺旋式顶管掘进机为其中的一种，其结构与构造，如图 12 - 12 所示。

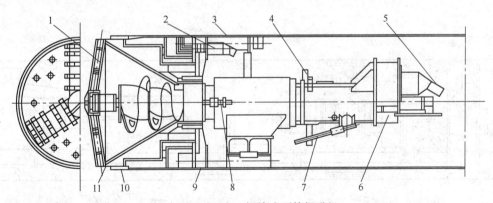

图 12 - 12　中心螺旋式顶管掘进机

1—刀盘；2—液压马达；3—油缸；4—螺旋输送机；5—排土斗；6—排土门；
7—排土油缸；8—伸缩油缸；9—壳体；10—刃口；11—锥体

2. 工艺原理

土压平衡顶管是根据土压平衡的基本原理，利用顶管机的刀盘切削和支撑机内土压舱的正面土体，抵抗开挖面的水土压力以达到土体稳定的目的。以顶管机的顶速即切削量为常量，螺旋输送机转速即排土量为变量进行控制，等到土压舱内的水土压力与切削面的水土压力保持平衡时，由此减少对正面土体的扰动，减小地表的沉降与隆起。

3. 施工工艺与流程

（1）施工准备工作流程：工作井的清理、测量及轴线放样→安装和布置地面顶进辅助设施→设置与安装井口龙门吊车→安装主顶设备后靠背→安装与调整主顶设备导向机架、主顶千斤顶→安装与布置工作井内的工作平台、辅助设备、控制操作台→实施出洞辅助技术措施，如井点降水、地基加固等→安装调试顶管机准备出洞。

（2）顶管顶进施工工艺流程：安放管接口扣密封环、传力衬垫→下吊管节，调整管口中心，连接就位→电缆穿管道，接通总电源、轨道、注浆管及其他管线→启动顶管机主机土压平衡控制器，地面注浆机头顶进注水系统等→启动螺旋输送机排土→随着管节的推进，测量轴线偏差，调整顶进速度，直至一节管节推进结束→主顶千斤顶回缩后位后，主顶进装置停机，关闭所有顶进设备，拆除各种电缆与管线，清理现场。重复以上步骤继续顶进。

（3）顶进到位施工工艺流程：顶进即将到位时，放慢顶进速度，准确测量出机头位置，当机头到达接收井洞口封门时停止顶进→在接收井内安放好引导轨→拆除接收井洞口封门→将机头送入接收井，此时刀盘的进排泥泵均不运转→拆除动力电缆、摄像仪及连线、进排泥管和压浆管路等。分离机头与管节，吊出机头→将管节顶到预定位置→按顺序拆除中继环并将管节靠拢→拆除主顶油缸、油泵、后座及导轨→清场。

（二）泥水加压平衡顶管施工

1. 主要施工机械

在顶管施工的分类中，把用水力切削泥土以及虽然采用机械切削泥土而采用水力输送弃土，同时利用泥水压力来平衡地下水压力和土压力的这一类顶管形式，都称为泥水式顶管施工。这样从有无平衡的角度出发，又可以把它们细分为具有泥水平衡功能的和不具有泥水平衡功能的两大类。现今生产的比较先进的泥水式顶管掘进机大多具备泥水平衡功能。泥水加压平衡顶管施工其主要使用机械为泥水加压平衡式顶管掘进机，其结构与构造，如图 12-13 所示。

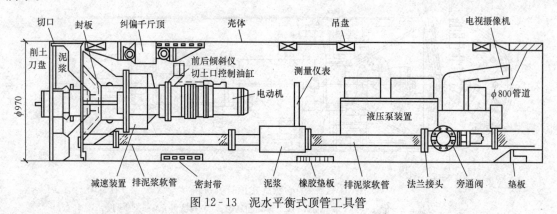

图 12-13　泥水平衡式顶管工具管

2. 工艺原理

泥水加压平衡顶管机机头设有可调整推力的浮动大刀盘进行切削和支撑土体。推力设定后，刀盘随着土压力的大小变化前后浮动，始终保持对主体的稳定支撑力使土体保持稳定。刀盘的顶推力与正面土压力保持平衡。机头密封舱中接入有一定含泥量的泥水，泥水也保持一定的压力，一方面对切削面的地下水起平衡作用，一方面又起运走刀盘切削下来的泥土的作用。进泥泵将泥水通过旁通阀送入密封舱内，排泥泵将密封舱内的泥浆抽排至地面的泥浆池或泥水分离装置内，通过调整进泥泵和排泥泵的流量来调整密封舱的泥水压力。

3. 施工工艺与流程

（1）准备工作。准备工作与泥水加压平衡顶管相似。

（2）顶进施工工艺流程。拆除洞口封门→推进机头，机头进入土体时开动大刀盘和进排泥泵→推进至能卸管节时停止推进，拆开动力电缆、进排泥管、控制电缆线和摄像仪连线，缩回推进油缸→将事先安放好密封环的管节吊下，对准插入就位→接上动力电缆、控制电缆、摄像仪连线、进排泥管，接通压浆管路→启动顶管机、进排泥泵、压浆泵、主顶油缸，推进管节→随着管节的推进，不断观察轴线位置和各种指示仪表，纠正管道轴线方位，并根据土压力的大小调整顶进速度→当一节管节推进结束后，重复上述步骤，继续推进→长距离顶管时，在规定位置设置中继环→顶进到位。顶进到位后的施工流程与泥水加压平衡顶管相似。

第四节 沉管法隧道施工

一、概述

当道路穿越水路时，通常有渡轮、桥梁与水下隧道三种方法，由于渡轮受其自身交通运输量小的限制，故对于现代化交通而言，一般选用桥梁或水下隧道的方法。在通常情况下，桥梁方案可能会更经济并更容易实现，但当航运繁忙，并需要通过大型船只时。桥梁需要架得很高才行，此时水底隧道则可能成为较为经济、合理、可行的渡越水路的方式。水底隧道有五种主要施工方法：矿山法、盾构法、围堤明挖法、气压沉箱法和沉管法。

矿山法适用于岩石地层；盾构法一般适用于软土地层；气压沉箱法仅适用于水面较窄、深度较小的河道水底隧道；围堤明挖法是一种较经济的施工方法，但其施工对水路交通干扰很大，常常难以实施；沉管法施工是修建水底隧道的最主要的施工方法。

沉管法也称沉埋法或沉放法，该法施工时，先在隧址以外的预制场（船厂与干坞）制作沉放管段，管段两端用临时封墙密封，待混凝土达到设计强度后托运到隧址位置（此时设计位置上已经预先进行了基槽开挖，设置了临时支座），然后沉放管段。待沉放完毕后，进行管段的水下连接，处理管段接头及基础，然后覆土回填，再进行内部装修及设备安装，以完成隧道。

利用沉管法修建隧道始于 1910 年美国的底特律河隧道。迄今为止，世界上已经修建了100 多条沉管隧道。我国修建沉管隧道的起步相对较晚，现已建成的有：上海金山供水隧道、宁波涌江隧道、香港地铁隧道、香港东港跨港隧道以及中国台湾的高雄港隧道等。其中，广州珠江隧道是中国内地的第一条沉管隧道，并于 1993 年建成通车。

沉管法隧道施工具有如下优点：

（1）施工质量有保证。隧道结构的主要部分是在船台或干坞中浇筑，因此就没有必要像普通隧道工程那样在遭受到土压力或水压力荷载作用下的有限空间内进行衬砌作业，从而可制作出质量较好的隧道结构。由于需要在现场施工的隧道管段接缝非常少，并且由于在管段连接时采用了水力压接法，隧道漏水的可能性大大地减少，几乎到了滴水不漏的程度。

（2）对地质水文条件适应性强。因为沉管法在隧址的基槽开挖较浅。基槽开挖与基础处理的施工技术较简单，又因沉管受到水的浮力，作用于地基的恒载较小，因而对各种地质条件的适应性较强。

（3）工程造价低。沉管隧道挖水底基槽比地下挖土单价低，且土方量较少，每管段长100m左右，整体制作、浇筑、养护后从水面上整体托运，所需的制作和运输费用，比盾构隧道管片分块制作及用汽车运输所需的费用要低得多；管段接缝数量少，费用相应减少，沉管隧道可浅埋，比相对深埋的盾构隧道要短很多，所以工程造价可以大幅度降低。

（4）施工工期短。因为管段制作采用的是预制方式，且浮运与沉放的机械装置大型化了，这样对施工安全与大断面施工都较为有利，管段浮运沉放速度很快，且管道预制和水底基槽开挖可以同时进行，这就使得沉管隧道施工的工期比其他施工方法的工期要短得多。

（5）施工作业条件比较好。基本没有地下作业，完全不用气压作业，水下作业也极少（除少数潜水员在水下作业外，工人们都在水上作业），施工较安全。

（6）可建成大断面多车道隧道。因为采用先预制后浮运沉放就位连接的施工程序。可以将隧道横向尺寸做得很大。

沉管隧道的缺点如下：

1）当隧道截面较大时，在波浪较大或水的流速较快的情况下，可能会对沉管法施工带来一系列的问题，如管段的稳定、航道的影响等。

2）如果沉放管段底面与基础密贴的施工方法存在欠缺，则可能产生隧道沉陷与不均匀沉降。

3）对于有些地质条件所带来的不均匀沉降和防水问题需要进一步研究。

二、沉管法隧道施工

用沉管法修建隧道主要包括：基槽开挖与航道疏浚、管段制作、管段防水、管段的浮运沉放、管段水下连接、地基处理等施工工序。

（一）沉管基槽开挖与航道疏浚

在沉管隧道施工中，在隧址处的水底沉埋管段范围内，需要在水底开挖沉管基槽，沉管基槽开挖的基本要求如下：

（1）槽底纵坡应与管段设计纵坡相同。

（2）沉管基槽的断面尺寸，根据管段断面尺寸和地质条件确定，如图12-14所示。

挖掘基槽最常用的挖泥船有：吸扬式挖泥船、抓扬式挖泥船、链斗式挖泥船、铲扬式

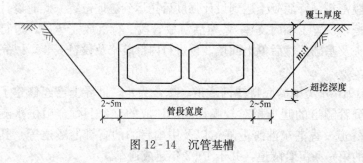

图12-14　沉管基槽

挖混船。吸扬式挖泥船靠铰刀和泥耙把基槽的土体搅拌成泥浆，然后再由泥浆泵排泥管卸泥于水下或输送到陆地上。另外三种方法则靠铲斗、抓斗、链头把泥块挖起，装入驳船运走。

对于泥质基槽，一般分粗挖和精挖两个阶段用挖泥船进行挖泥；对于岩石基槽可以采用水下爆破法挖槽。

（二）管段的制作

混凝土管段一般是在干船坞内或专门建造的内水湾中预先制作，钢筋混凝土管段通常为矩形，每节长60～140m，多数为100m左右。箱型管节宽应能保证通行车辆的净空，还必须能容纳通风和水电等服务性空间。目前，管段最宽的隧道是比利时的亚玻尔隧道，宽达

53.1m。预制大体积的混凝土箱涵，必须合理地组织施工，特别注意纵横向施工缝的处理、混凝土的养护，防止因为混凝土的质量引起渗漏。此外，箱涵的模板尺寸要准确，混凝土砂石骨料要均匀，以保证沉管管节各部分重力协调平衡。混凝土箱涵的底模通常为钢板，在侧墙和顶板外侧，视工程质量状况，可增加外贴的刚性或柔性防水层。

美国和日本大多数采用钢壳管段修建海湾隧道，海湾水深于内河，用圆形钢壳从受力角度考虑比矩形有利，故钢壳管段多为圆形，钢壳管段由结构钢壳和混凝土环组成的薄壁复合结构，钢壳提供防水屏障，混凝土起到镇载作用，镇载的混凝土被浇筑在结构隔板之间形成的空间内。先在造船台、干船坞或临时性船坞预制部分钢壳，再在结构内添加浇筑一些龙骨混凝土，以增加其稳定性和刚度，然后可以让这一钢结构下水。钢结构的其余部分便可以浮在水上安装。最后浇筑剩余的混凝土。沉放前安装临时性挡头板，接缝的结构和其他水上作业特殊需要的装置，最后铺设附加镇载压载——混凝土和砾石。

（三）管段的浮运与沉放

在干坞内预制管段完成后，可向干坞内灌水，使预制管道逐渐浮起，并利用绞车将管段牵引出坞。管段出坞后，一般采用拖船或者岸上绞车向隧址托运。当托运距离较长，水面较宽时，一般采用拖轮托运管段。拖轮的大小和数量可以根据管段的尺寸、拖拉航速及托运条件（航道形状、水深、流速等），通过力学计算分析选定。当水面较窄时，可采用岸上设置绞车托运或者拖轮顶推浮运管段。对于海上及某些近海的江上，管段的整个托运过程可能都与潮汐有关，通常根据潮汐的周期性变化确定最佳托运时间，特别是托运的困难阶段，保证在潮汐上有利时刻通过。

（四）管段沉放

管段的沉放在整个沉管隧道施工过程中是比较重要的一个工序，也是最危险最困难的工序，沉放过程的成功与否直接影响到整个沉管隧道的质量。成功的沉放作业需要有各种环境条件的信息，还需要作业的技能和经验，为设备准备足够的后援设施。

1. 沉放作业

沉放作业全过程可以按三个阶段进行。

（1）做好沉放前的各种准备工作，如管段基槽的清理、沉放现场封锁区的布置、管段定位设施的设置等；托运管段至沉放现场。

（2）用缆绳定位管段，使管段的中心线与隧道轴线基本重合。

（3）施加镇重物（如灌注压载水），使管段下沉。

管段下沉作业，一般按初步下沉、靠拢下沉和着地下沉三个步骤进行，如图 12-15 所示。

2. 管段沉放作业的主要设备

管段沉放作业（以浮箱法与杠沉法为例）的主要机具设备有：起重船、水上作业平台、浮箱、铁驳等大型吊沉机具设备及其配套机具与构件，如索具、钢桁架及钢梁等，拉合千斤顶、定位塔、地锚、超声波测距仪、倾斜仪、缆索测力计、压载水容量指示器、指挥通信器材等。

3. 管段沉放方法

到目前为止，常用的管段沉放方法有两类：一类为吊沉法，另一类为拉沉法。吊沉法又分为：以起重船或浮箱为主要机具的分吊法，如图 12-16 和图 12-18 所示；以利用方驳船及架设其上的"杠棒"（所谓"杠棒"，一般是型钢梁或钢梁板）为主的杠吊法，如图 12-19 和图 12-17 所示是以水上作业平台为主的骑吊法。拉沉法利用预先设置在沟槽中的地垄，

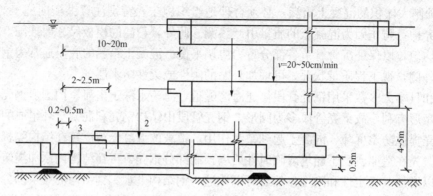

图 12-15　管段下沉作业步骤
1—初步下沉；2—靠拢下沉；3—着地下沉

通过架设在管段上面的钢桁架顶上的卷扬机牵拉扣在地垄上的钢索，将具有一定浮力的管段缓缓地拉下水，如图 12-20 所示。

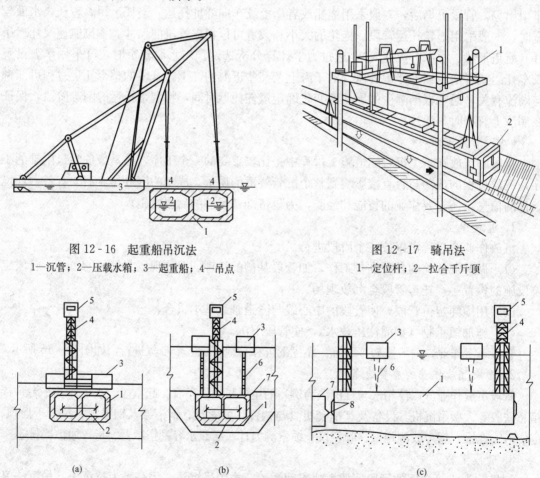

图 12-16　起重船吊沉法
1—沉管；2—压载水箱；3—起重船；4—吊点

图 12-17　骑吊法
1—定位杆；2—拉合千斤顶

(a)　　　　　　　　(b)　　　　　　　　(c)

图 12-18　浮箱吊沉法
（a）就位前；（b）加载下沉；（c）沉放定位
1—就位前；2—加载下沉；3—沉放定位；4—定位塔；5—指挥塔；6—定位索；7—现设管段；8—鼻式托座

（五）管段的水下连接

管段水下的连接方法有水下混凝土法与水力压接法两种。水下混凝土法是在管段接头处，用水下混凝土加以固结，使接头与外部水隔绝，早期船台型圆形工作井沉管隧道管段间的接头，都采用这种方法进行连接，现在已经极少采用。水力压接法是利用作用在管段上的巨大水压力，使安装在管段端部周边上的橡胶垫圈发生压缩变形，而形成一个水密性良好而又可靠的管段接头。水力压接法产生于20世纪50年代末，60年代得到完善，自此以后，几乎所有的沉管隧道都采用这种简单而又可靠的管段连接方法。水力压接法的主要工序为对位、拉合、压接、拆除隔墙。当管段沉放到临时支撑上后，首先进行初步定位，而后用临时支撑上的垂直和水平千斤顶进行精确定位。对位之后，在已设管段和新铺设管段之间还留有间隙。拉合工序就是用

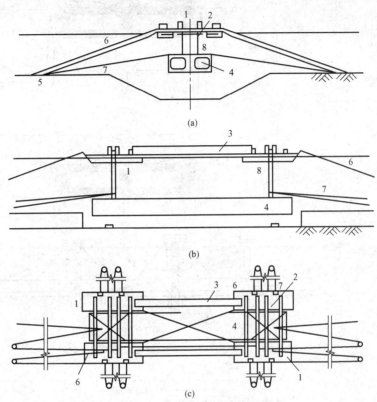

图 12-19 方驳杠吊法

(a) 方驳与管段定位；(b) 管段沉放（立面图）；(c) 管段沉放（平面图）

1—方驳；2—杠棒；3—纵向连系桁架；4—管段；5—地锚；

6—方驳定位索；7—管段定位索；8—吊索

一个较小的机械力量，将刚沉放的管段拉向前节已设的管段，使橡胶垫圈的尖肋部被挤压而产生初步变形，使两节管段初步密贴，如图 12-21 所示。拉合作业除了可以采用拉合千斤顶以外，也可以采用定位卷扬机进行。拉合作业完成之后，抽掉在管段临时隔墙内的水，在排完水之后，作用在新设管段自由端的巨大静水压力就将管段压向已设管段，橡胶垫圈再一次被压缩，接头完全封住。压接完毕后即可拆除隔墙，这样新设管段即可与各已设管段相通，并与岸上相连，辅助工程与内部装饰工程即可开始。

（六）地基处理

沉管隧道的地基所承受的荷载通常较低，一般情况下地基承载力都能满足。但为了避免有害的沉降产生，保证隧道的安全正常使用，需要对地基进行处理。沉管隧道的地基处理，早期多采用先铺法（又称刮铺法），即在管段沉放之前用刮砂法或刮石法将基槽整平，将来管段直接沉于其上。这种方法比较费时，而且整平密实度也不高，难以适应隧道宽度的不断增加。后来出现了后填法，即在管段沉放后，再将管段与基槽之间的空隙灌砂、喷砂或者压砂和压浆。

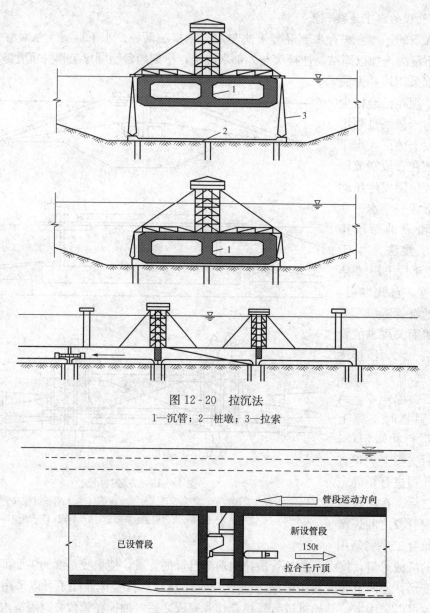

图 12-20　拉沉法
1—沉管；2—桩墩；3—拉索

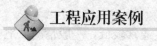

图 12-21　管段的拉合

（七）基槽回填

当管段沉放和连接作业完毕，需要在沉放管段的外围进行砂土回填。

工程应用案例

【背景材料】

某水利工程是国家重点工程投资项目。水库有 2 个并排平行排水箱涵，全长 250m，为矩形截面全现浇钢筋混凝土结构。其截面尺寸为 6.0m×2.5m，四角处有 300mm×300mm的八字腋角。沿隧道纵向每间隔 9m 为一道施工缝，以施工缝形成的标准节自然分段。每次浇筑完一个标准节后，模车移动，进行下一个标准节的施工。本工程配置两套箱涵模并排施工，若干次移动后，完成全部箱涵混凝土的施工。

1. 隧道模的设计

考虑到箱涵混凝土的施工顺序为：先浇筑底板并带出下部腋角后墙、顶板混凝土一次成型，混凝土强度达到拆模要求时，模车整体移动，顶板补充二次支撑。本工程隧道模板按全隧道模设计，为了方便模板支拆，隧道模按组拼式结构形式设计，同时考虑每个施工段接缝平整过渡，标准节设计长度为 9.6m（搭接尺寸 0.6m）。为避免隧道模板拆除后，因箱涵跨度过大，顶板产生过大挠度或开裂，箱涵移动后，应设置二次支撑，使板的净跨≤2.0m。

2. 隧道模的构造

隧道模由模车、门式钢架、塔架、顶板大模板、墙体侧模板及角模、水平顶丝、底脚调平顶丝、模板支撑、支拆滑道机构及各种调节机构组合而成，如图 12-22 所示。模板使用前，需进行整体组拼。模板使用时，不设置对拉螺栓，墙体模板的侧压力由水平顶丝承受；模板的支拆完全由定位销和支拆机构完成。

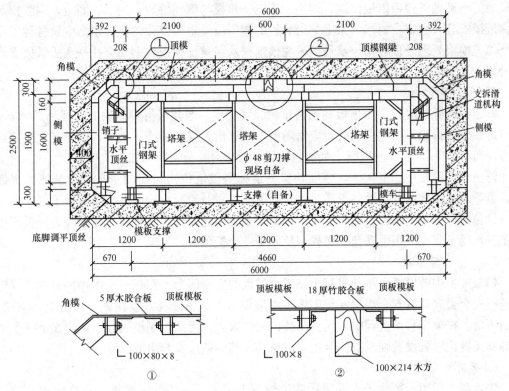

图 12-22　隧道模

顶板大模板选用工地现场的定型钢模板 2100mm×3000mm，为使模板尺寸具有一定的适应性，顶板模板在 3 处预留了填充模板。填充模板的尺寸，由现场实际尺寸决定，在角模与顶板模板拼接处用 5mm 厚木胶合板，如图 12-22 中①所示；在顶板中部用 18mm 厚竹胶合板，如图 12-22 中②所示。在墙和顶板支模完毕后，在顶板模板上进行操作，安装填充模板。填充板的留置大大方便了模板的拆除。

门式钢架固定在模车上，由于隧道模整体较长，在施工中为防止整个隧道模发生扭曲，各门架间用剪刀撑连接以及现场用钢管交叉拉接。塔架与门式钢架之间，顶板模板、顶板钢梁与门式钢架之间均采用螺栓固定。支模时，用螺旋千斤顶将模车顶起，并调整好标高，将模车上的 6 个顶丝调整后，支承在底板上。同时在模车底部垫好对拔木楔，以减轻施工中顶丝局部受力。支模时应注意，整个隧道模的支模高度要比实际支模高度高出 10mm，以防浇筑时由于顶板混凝土的自重而导致整个模车系统下降。调节塔架调节丝杆，使塔架处于完全承重状态，即完成顶板支模。侧面墙模在垂直和水平方向设计有若干个顶丝，支模时，顶紧水平顶丝，使墙体侧模板到位，并承受模板侧压力；墙模底部的顶丝，在支模时可调整侧模板的标高，达到支模标高时，用定位销把侧模固定在模车上，并用对拔木楔把侧模垫好，即完成整个箱涵模板支模。

3. 隧道模的组装

箱涵模的组装应在墙壁钢筋绑扎完毕合格后，在第 1 次支模的模位上进行。由于箱涵底板有坡度，则第 1 个组装模位应位于上坡处，模车行走方向应从上坡到下坡。

隧道模的组装顺序如下：模车组装→门式钢架和塔架组装在模车上→校核若干榀门式钢架尺寸的准确性→顶板模板拼装、调平、固定→角模与侧模拼装、调平、固定，刷脱模剂→两侧墙模安装，固定在模车门架上→组装后的隧道模质量检查并调整支模高度及各种支撑固接→填充模板处理→顶板模板及角模刷脱模剂→八字角址和顶板钢筋绑扎→端头模板支模→墙外模板支模。

4. 隧道模的拆除

隧道模拆除的时间，由顶板的预留试块强度决定。当顶板拆模试块的强度≥15MPa 时，方可进行模板拆除。模车移动时，应紧随模车的移出，视顶板跨度大小，设置二次支撑，使顶板净跨≤2.0m，当顶板混凝土强度达到设计要求时，方可拆除二次支撑。

隧道模拆除顺序如下：试块强度检验→退掉侧模定位销与松动水平顶丝及侧模底部顶丝，剔除对拔木楔→侧模沿着滑道机构轨道下滑，脱开混凝土表面斗拆除侧模下部的补高角钢→剔掉模车下部的木楔及临时支撑，调节模车上顶丝，使模车整体平缓下降，顶板模板完全脱开混凝土表面→用手动葫芦将模车拉到下一个模位。

5. 安全注意事项

模板施工中的模板倾覆是贯穿于施工全过程的安全问题，在每一个操作环节中，都应认真进行安全交底，按安全规程操作。施工中应设置上、下爬梯，以便施工人员上、下模车，以防下滑。在模车移动过程中，因模车整体惯性太大，无法控制模车移动，应在下一个施工段的施工缝位置处设置临时限位装置，以免模车移动造成安全事故。

6. 隧道模应用效果

该水利工程矩形箱涵排水孔采用隧道模施工工艺，加快施工速度，提高效率，缩短工期，减轻劳动强度，取得较好经济效益。箱涵内壁混凝土表面平整光洁，施工段过渡自然平整，表面颜色均匀，外观效果良好，达到清水混凝土质量要求。

复习思考题

1. 什么是地下工程？与地面工程相比，地下工程有哪些特性？

2. 什么是矿山法？传统矿山法的施工主要有哪些工序？

3. 按照隧道折面不同部位的开挖顺序，隧道的开挖方法主要分为几类？

4. 钻爆法的隧道开挖作业包括哪几方面的工作内容？

5. 根据炮眼所起的作用不同，可将炮眼分为哪几种炮眼？它们各自的作用是什么？

6. 隧道施工中为什么要架设支撑？支撑应满足的基本要求有哪些？

7. 隧道衬砌按照衬砌材料和隧道断面形状分为几类？隧道支护衬砌形式有哪些？

8. 隧道模筑混凝土衬砌施工主要工序有哪些？

9. 什么是新奥法？其基本原理是什么？

10. 什么是盾构法？盾构法施工的优点是什么？

11. 盾构的基本构造有哪些？盾构分为几类？

12. 盾构法施工由哪几部分组成？

13. 顶管法与盾构法有哪些不同？

14. 顶管工程的主要设备与主要设施有哪些？

15. 土压平衡顶管施工与泥水加压顶管施工的工艺原理和工艺流程是什么？

16. 水底隧道主要有哪几种施工方法？各自适用条件如何？

17. 什么是沉管法？沉管法隧道施工的优缺点有哪些？

18. 用沉管法修筑隧道主要包括哪些施工工序？

19. 在沉管隧道施工时，应如何进行管段沉放作业？管段沉放的方法有哪几种？

第十三章　冬雨期施工

┌─·内容提要·─┐

　　本章包括冬期施工、雨季施工等内容。冬期和雨季施工的特点，遵守的原则，施工时注意事项。在冬期施工部分，阐明了混凝土和砖石砌体等不同分部工程在冬期施工时的特点，以及所需采取的措施。在雨季施工部分，介绍了雨季施工的注意事项。

学习要求

　　(1) 了解冬期和雨季施工的特点。
　　(2) 熟悉冬期和雨季施工必须遵守的原则和施工时的注意事项。
　　(3) 掌握冬期和雨季施工所采取的措施。
　　(4) 掌握不同分部工程冬期和雨季施工的一些常用方法，选择合理的施工方案。

　　我国地域辽阔，气候复杂，很多地区受内陆和海上高低压及季风的交替影响，气候变化较大。在华北、东北、西北、青藏高原，每年都有较长时间的低温季节。沿海一带城市，受海洋暖湿气流影响，春夏之交雨水频繁，并伴有台风、暴雨和潮汛。气候的无常变化（主要是冬期和雨期）给施工带来很大的困难，为了保证建设工程在全年不间断地施工，在冬季和雨季应从具体条件出发，选择合理的施工方案，采取具体的措施，提高工程质量，降低工程的费用。

第一节　冬期施工方法

一、冬期施工概述

（一）冬期施工的概念

　　冬期施工是指室外日平均气温降低到5℃或5℃以下，或者最低气温降低到0℃或0℃以下时，用一般的施工方法难以达到预期的目的，必须采取特殊的措施进行施工的方法。我国的冬期施工地区主要在东北、华北和西北，每年有3～6个月的时间处于冬期施工期间。我国部分城市冬期施工的起止日期见表13-1。

（二）冬期施工的特点

　　冬期施工是在施工条件和环境条件不利的情况下进行的施工，是工程事故的多发期，并具有隐蔽性和滞后性。一些工程质量问题当时不易觉察，要到春天解冻后才开始暴露。这给质量问题处理带来极大的难度。据有关资料分析，有三分之二的工程质量事故发生在冬期施工过程中，尤其是混凝土工程。它不仅给工程带来损失，而且影响工程的使用寿命，因此必须及早做好准备。冬期施工的计划性和准备工作的时间性较强，常常由于仓促施工而出现一些质量问题。

（三）冬期施工应遵守的原则

为了保证冬期施工的质量，冬期施工必须遵守以下原则：

（1）保证工程质量，严格按技术规范、操作规程精心组织施工；

（2）经济合理，减少因为采取技术措施而增加的费用；

（3）所需的热源及技术措施和材料需有可靠的保证，尽量使消耗的能源最少；

（4）工期能满足合同要求；做到安全生产。

（四）冬期施工的准备工作

为了保证冬期施工的顺利进行，必须做好冬期施工的准备。

（1）认真组织编制施工组织设计，合理选择冬期施工方案，将不适合冬期施工的分项工程安排在冬期前后完成。

（2）掌握分析当地的气温情况，安排好冬期施工的项目，采取冬期施工技术措施。

（3）冬期施工所用原材料、专用设备、能源、暂设工程和保温材料等应提前准备。

（4）组织冬期施工培训，学习冬期施工有关的规范、规定和冬期施工的理论、操作技术，进行安全教育，确定合理的冬期施工管理体系。

表 13-1　　　　　　　　　　我国部分城市冬期施工的起止日期　　　　　　　　　　日/月

城市名称	日最低气温≤0℃	日最低气温稳定≤5℃	城市名称	日最低气温≤0℃	日最低气温稳定≤5℃
	起止日期	起止日期		起止日期	起止日期
哈尔滨	5/10～2/5	13/10～23/4	牡丹江	1/10～5/5	14/10～19/4
长春	6/10～29/4	14/9～28/5	吉林	30/9～4/5	11/9～28/5
沈阳	13/10～19/4	26/10～6/4	丹东	24/10～11/4	5/11～6/4
呼和浩特	30/9～5/5	17/10～13/4	海拉尔	15/9～25/5	25/9～5/5
兰州	25/10～9/4	29/10～26/3	酒泉	9/10～24/4	21/10～8/4
乌鲁木齐	10/10～25/4	14/10～11/4	哈密	15/10～15/4	28/10～26/3
北京	28/10～3/4	12/11～22/3	克拉玛依	19/10～6/4	26/10～31/3
银川	16/10～23/4	27/10～1/4	石嘴山	10/10～26/4	26/10～3/4
西安	12/11～21/3	16/10～16/4	延安	16/10～16/4	31/10～26/3
太原	12/10～17/4	2/11～27/3	大同	5/10～5/5	20/10～9/4
西宁	13/10～29/4	20/10～10/4	天津	11/11～27/3	15/11～21/3

二、土方工程的冬期施工

（一）土的冻结及防冻

土方工程在冬期由于受冻而变得坚硬，挖掘困难。土的冻结有其自然规律，在整个冬期期间的冻结深度可参见《建筑施工手册》，其中未列出的地区，在地表面无雪和草皮覆盖条件下的全年标准冻结深度 Z_0，可按式（13-1）估算

$$Z_0 = 0.28\sqrt{\sum T_m + 7} - 0.5 \qquad (13-1)$$

式中　$\sum T_m$——低于 0℃ 的月平均气温的累计值（取连续十年以上的年平均值），以正号代入。

对于土方工程应尽量安排在入冬之前施工较为合理；必须在冬期施工时，应采取防冻措施，以利土方工程的顺利施工。土防冻的常用方法用：地面耕耘耙平防冻法、覆雪防冻法、

隔热材料防冻法等。

1. 地面耕耘耙平防冻法

入冬前，将指定施工地段的地面耕起 25～30cm 并耙平。耕松的土中，存在许多充满空气的孔隙，可以降低土层的导热性。经耕松耙平的土壤，经 z 昼夜冻结后，其冻结深度 H 为

$$H = A(4P - P^2) \qquad\qquad (13 - 2)$$

式中　A——土的防冻计算系数，见表 13 - 2；

　　　P——由公式 $P = \dfrac{\sum zt}{1000}$ 求得；

　　　z——土冻结的时间，d；

　　　t——土冻结时外部空气温度（负温度）。

表 13 - 2　　　　　　　地面耕耘并耙平或由他处取来松土覆盖土的防冻计算系数

地面保温的方法	P											
	0.1	0.2	0.3	0.4	0.5	0.6	0.7	0.8	0.9	1.0	1.5	2.0
耕松 25cm 并耙平覆盖松土	15	16	17	18	20	22	24	25	28	30	30	30
不少于 50cm	35	36	37	39	41	44	47	51	55	59	60	60

注　本表取自《建筑施工手册》。

2. 覆雪防冻法

在积雪量大的地方，可以利用自然条件，覆雪防冻，效果很好。覆雪防冻的方法通常分为三种类型：

（1）利用灌木和小树林等植物挡风存雪，待挖土之前再铲除这些植物。

（2）设篱笆或造雪堤为积雪提供条件。

（3）挖沟填雪防冻。

覆雪层对冻结深度 H 的影响，可以用式（13-3）估算，即

$$H = 60(4P - P^2)/K_1 - \lambda h_{SH} \qquad\qquad (13 - 3)$$

式中　λ——雪的影响系数，对松雪取 3，堆雪和撒雪取 2，初融雪取 1.5；

　　　K_1——冻结速度系数，见表 13 - 3；

　　　h_{SH}——雪覆盖平均厚度，cm；

　　　P——与式（13-2）同。

表 13 - 3　　　　　　　　　　冻结速度系数 K_1 的概值

土的性质	木质保温材料			炉渣		泥炭末	松散土	密实土
	树叶	刨花	锯末	干燥	潮湿			
尘砂土	3.3	3.2	2.8	2.0	1.6	2.8	1.4	1.12
细砂土	3.1	3.1	2.7	1.9	1.6	2.7	1.3	1.08
砂质黏土	2.7	2.6	2.3	1.6	1.3	2.3	1.2	1.06
黏土	2.2	2.1	1.9	1.3	1.1	1.9	1.2	1.00

注　表中 K_1 值，对地下水位低的（比冻结线低 1m）土有效，对地下水位高的土（饱和水的），其值接近于 1；本表摘自《建筑施工手册》。

3. 隔热材料防冻法

面积较小的地面防冻，可以直接用隔热材料覆盖。覆盖层厚度 h_{FG} 可按式（13-4）计算，即

$$h_{FG} = \frac{H}{K_1} \qquad\qquad (13-4)$$

式中　H——无保温层的土冻结深度，cm，按式（13-2）计算；

　　　K_1——冻结速度系数，见表13-3。

（二）冻土的破碎与挖掘

在没有保温防冻条件，或土已冻结时，可以采用冻土破碎法首先将冻土破碎，然后再进行挖掘。

1. 冻土破碎法

冻土破碎方法主要有爆破法、机械法和人工法。

爆破法是以炸药放入直立爆破孔或水平爆破孔中进行爆破，冻土破碎后再用挖土机械挖掘。

机械法，当冻土厚度为0.25m以内时，可用中等动力的普通挖掘机挖掘；当冻土厚度不超过0.4m时，可用大马力的挖掘机挖掘；当冻土厚度在0.6～1m时，常用吊锤打桩机往地面打楔或用楔形锤打桩机进行机械松碎，再进行挖掘。

人工法，常用镐、铁楔子等工具挖掘冻土。冻土挖掘时，应注意下述几方面：

（1）各种管道、设备、油料和炸药必须采取保温措施，防止因冻结产生破坏和变质。

（2）运输道路和操作的作业面应采取必要的防滑措施。

（3）冻土挖掘施工应精心组织，密切配合，留有预备力量，应组织连续施工；若需分段连续施工，在分段处应采取防冻措施。

2. 冻土的钻孔

冻土的钻孔可用机械或手工方法进行。机械法钻孔常用电钻或气动钻，钻头用弹簧钢条煅成，厚度为6～8mm，宽度50～60m。手工法钻孔采用烧热的钎子进行。钎子用直径50～75mm，长1.0～1.5m的钢管制成，在管的下端焊上硬合金小齿。钻孔时，应将钎子在烘炉中烤至赤热程度。

（三）冻土的回填

由于土冻结后即成为坚硬的土块，在回填过程中不能夯实或压实，土解冻后就会造成大量沉降，所以施工及验收规范中对用冻土作回填土有一定规定。室内的基坑（槽）或管沟不得用含有冻土块的土回填；室外的基坑（槽）或管沟可用含有冻土块的土回填，但冻土块体积不得超过填土体积的15%，管沟至管顶0.5m范围内不得用含有冻土块的土回填等。为此，冬期施工的回填土工程可以采取下列措施：

（1）回填用土预先保温。

（2）将挖出的不冻土采取防冻措施，留作回填用土。

（3）土方调配应保持挖方和填方的平衡，使挖出的土立即回填并夯实。

（4）适当减少冬期回填土量，在保证基底土不遭受冻结的条件下，尽量少填土。

（5）要确保冬期施工回填土的质量等，如清除回填处的冻雪；对重大项目可用砂土回填或利用工业废料回填等。

三、砌体工程的冬期施工

当预计连续 10d 内的平均气温低于 5℃时，砌体工程的施工，应按照冬期施工技术规定进行。冬期施工期限以外，当日最低气温低于 −3℃时，也应按冬期施工有关规定进行。气温可根据当地气象预报或历年气象资料估计。

砌体工程的冬期施工方法有：掺盐砂浆法、冻结法和外加剂法。

（一）掺盐砂浆法

掺入盐类的水泥砂浆、水泥混合砂浆或微沫砂浆称为掺盐砂浆。采用这种砂浆砌筑的方法称为掺盐砂浆法。

1. 掺盐砂浆法的原理和适用范围

掺盐砂浆法就是在砌筑砂浆内掺入一定数量的抗冻化学剂，来降低水溶液的冰点，以保证砂浆中有液态水存在，使水化反应在一定负温下不间断进行，使砂浆在负温下强度能够继续缓慢增长。同时，由于降低了砂浆中水的冰点，砌体的表面不会立即结冰而形成冰膜，故砂浆和砌体能较好的黏结。

掺盐砂浆中的抗冻化学剂，目前主要是氯化钠和氯化钙。其他还有亚硝酸钠、碳酸钾和硝酸钙等。

采用掺盐砂浆法具有施工简便，施工费用低，货源易于解决等优点，所以在我国砌体工程冬期施工中普遍采用掺盐砂浆法。

2. 掺盐砂浆法的施工工艺

（1）对材料的要求。砌体工程冬期施工所用材料、应符合下列规定：砌体在砌筑前，应清除冰霜；拌制砂浆所用的砂中，不得含有冰块和直径大于 10mm 的冻结块；石灰膏等应防止受冻，如遭冻结，应经融化后，方可使用；水泥应选用普通硅酸盐水泥；拌制砂浆时，水的温度不得超过 80℃；砂的温度不得超过 40℃。

（2）对砂浆的要求。采用掺盐法进行施工，应按不同负温界限控制掺盐量；当砂浆中氯盐掺量过少，砂浆内会出现大量冰结晶体，水化反应极其缓慢，会降低早期强度。如果氯盐掺量大于 10%，砂浆的后期强度会显著降低，同时导致砌体析盐量过大，增大吸湿性，降低保温性能。

盐溶液应设专人配制。先配制成标准浓度，即氯化钠标准溶液为每公斤含纯氯化钠 20%，比重为 1.15；氯化钙标准溶液比重为 1.18；均以波美比重测定，置于专用容器内，然后再以一定的比例掺入温水，配制成所需的施工溶液。

掺盐砂浆法的砂浆使用温度不应低于 5℃，当日最低气温等于或低于 −15℃时，对砌筑承重砌体的砂浆强度等级应比常温施工时提高一级。拌和砂浆前要对原材料进行加热，应优先加热水；当满足不了温度时，再进行砂的加热。当拌和水的温度超过 60℃时，拌制时投料顺序是：水和砂先拌和，然后再投放水泥。掺盐砂浆中掺入微沫剂时，盐溶液和微沫剂在砂浆拌和过程中先后加入。砂浆应采用机械进行拌和，搅拌的时间应比常温季节增加一倍。拌和后的砂浆应注意保温。

（3）施工准备工作。由于氯盐对钢筋有腐蚀作用，掺盐法用于设有构造配筋的砌体时，钢筋除锈后涂沥青 1～2 道，以防钢筋锈蚀。

普通砖和空心砖在正温度条件下砌筑时，应采用随浇水随砌筑的办法；负温度条件下，如有可能应尽量浇热盐水。当气温过低，浇水确有困难时，则必须适当增大砂浆的稠度。抗震设计裂度为 9 度的建筑物，普通砖和空心砖无法浇水湿润时，无特殊措施，不得砌筑。

（4）砌筑施工工艺。掺盐砂浆法砌筑砖砌体，应采用"三一"砌砖法进行操作。即一铲灰、一块砖、一揉压，使砂浆与砖的接触面能充分结合，提高砌体的抗压及抗剪强度。不得大面积铺灰，减少砂浆温度的失散。砌筑时要求灰浆饱满；灰缝厚薄均匀，水平缝和垂直缝的厚度和宽度，应控制在 8～10mm。采用掺盐砂浆法砌筑砌体，砌体转角处和交接处应同时砌筑，对不能同时砌筑而又必须留置的临时间断处，应砌成斜槎。砌体表面不应铺设砂浆层，宜采用保温材料加以覆盖。继续施工前，应先用扫帚扫净砌体表面，然后再施工。

（二）冻结法

冻结法是指采用不掺化学外加剂的普通水泥砂浆或水泥混合砂浆进行砌筑的一种冬期施工方法。

1. 冻结法的原理和适用范围

冻结法的砂浆内不掺任何抗冻化学剂，允许砂浆在铺砌完毕后受冻。受冻的砂浆可获得较大的冻结强度，而且冻结的强度随气温的降低而增高。但当气温升高而砌体解冻时，砂浆强度仍然等于冻结前的强度。当气温转入正温后，水泥水化作用又重新进行，砂浆强度可继续增长。

冻结法允许砂浆砌筑后受冻结，且在解冻后其强度仍可继续增长。所以对有保温、绝缘、装饰等特殊要求的工程和受力配筋砌体以及不受地震区条件限制的其他工程，均可采用冻结法施工。

冻结法施工的砂浆，经冻结、融化和硬化三个阶段后，使砂浆强度，砂浆与砖石砌体间的黏结力都有不同程度的降低。砌体在融化阶段，由于砂浆强度接近于零，将会增加砌体的变形和沉降。所以对下列结构不宜选用：空斗墙，毛石墙，承受侧压力的砌体，在解冻期间可能受到振动或动力荷载的砌体，在解冻期间不允许发生沉降的砌体（如筒拱支座）。

2. 冻结法的施工工艺

（1）对材料的要求。冻结法的砂浆使用时的温度不应低于 10℃；当日最低气温高于或者等于－25℃时，对砌筑承重砌体的砂浆强度等级应按常温施工时提高一级；当日最低气温低于－25℃时，则应提高二级。

（2）砌筑施工工艺。采用冻结法施工时，应按照"三一"砌筑方法，对于房屋转角处和内外墙交接处的灰缝应特别仔细砌筑。采用一顺一丁的组砌方法。冻结法施工中宜采用水平分段施工，墙体一般应在一个施工段的范围内，砌筑至一个施工层的高度，不得间断。每天砌筑高度和临时间断处均不宜大于 1.2m。不设沉降缝的砌体，其分段处的高差不得大于 4m。砌体水平灰缝应控制在 10mm 以内。为了达到灰缝平直砂浆饱满和墙面垂直及平整的要求，砌筑时要随时检查，发现偏差及时纠正，保证墙体砌筑质量。对超过五皮砖的砌体，如发现歪斜，不准敲墙砸墙，必须拆除重砌。

（3）砌体的解冻。砌体解冻时，由于砂浆的强度接近于零，会增加砌体解冻期间的变形和沉降，其下沉量比常温施工增大 10％～20％。解冻期间，由于砂浆遭冻后强度降低，砂浆与砌体之间的黏结力减弱，致使砌体在解冻期间的稳定性较差。用冻结法砌筑的砌体，在开冻前需进行检查，开冻过程中应组织观测。如发现裂缝、不均匀下沉等情况，应分析原因并立即采取加固措施。在楼板水平面上，墙的拐角处，交接处和交叉处每半砖设置一根 $\phi6$ 钢筋拉结。具体做法如图 13-1 所示。

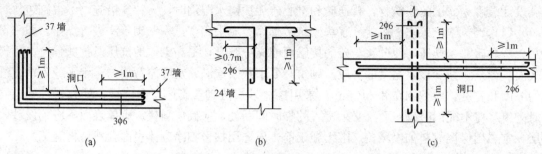

图 13-1　冻结法砌筑拉结平面布置图

(a) 墙拐角处；(b) 内外墙交接处；(c) 墙交接处

在解冻期进行观测时，应特别注意多层房屋下层的柱和窗间墙，梁端支承处、墙交接处和过梁模板支承处等地方。此外，还必须观测砌体沉降的大小、方向和均匀性，砌体灰缝内砂浆的硬化情况。观测一般需 15d 左右。

（三）外加剂法

外加剂法是指掺入一定量外加剂的砌筑砂浆进行砌筑的施工方法。当在砂浆中掺入一定量的盐类外加剂时，盐能使砂浆中的液态水冰点降低，缓遭冻结，负温下的砂浆仍含有液态水，从而使水泥可以充分水化。有些外加剂还可以加速水泥的水化以及在负温下凝结和硬化，既有防冻剂又有早强剂的作用。此法施工简便、造价低、货源易于解决，有抗冻、早强的作用，在我国被广泛采用。

1. 外加剂法的适用范围

我国外加剂品种较多，一般多使用单盐氯化钠或复盐氯化钠、氯化钙，有时也使用亚硝酸钠和碳酸钾，再掺入微沫剂来改善砂浆的和易性、抗冻性。氯盐有锈蚀金属和易受潮等缺点，同时还参与水泥的水化。砂浆中氯盐掺量过少，砂浆的溶液将出现大量的冰结晶体，水泥的水化反应缓慢，甚至停止，早期强度很低。砂浆中氯盐掺量大于 10%，会产生严重的析盐现象；大于 20%砂浆强度显著下降。大量的氯盐参加水泥水化，在负温下易生成高氯铝酸盐，气温回升时又转化为低氯形式的氯铝酸盐而分离出含水氯化钙，使砂浆体积膨胀，沿灰缝呈现 1~2mm 厚的松散腐蚀层，与空气接触部分有 1~2mm 的粉尘，砂浆后期强度下降，影响墙面装饰质量和效果。故对装饰有特殊要求的工程不应采用此法；使用湿度大于80%的建筑物也不得使用。此外，经常受 40℃以上高温影响的建筑物，接近高压电线的建筑物，配筋、钢埋件无可靠的防腐处理措施的砌体，经常处于地下水位范围内以及在地下未设防水层的结构等均不得使用。其他一般工程均可采用外加剂法施工。

2. 外加剂的配制方法

外加剂溶液配制有两种方法：一是定量浓度的溶液在砂浆搅拌时掺进去，二是先配制高浓度的溶液，使用时稀释到要求的浓度，作为拌和水使用。固体氯化钠加水溶解后，标准溶液的比重以 1.15 为宜，氯化钙的标准溶液比重以 1.18 为宜。最后掺入量应在标准溶液基础上再进行换算。不得随意加水加盐，以防止盐浓度改变。

3. 外加剂法施工要点

（1）拌制砂浆。应采用机械拌制，拌和时间比常温增加 0.5~1 倍。如在砂浆中掺入微末剂时，在拌和砂浆过程中应先加盐溶液拌和，后加入微末剂拌和，防止砂浆塑性损失。

当室外气温低于－10℃时应对原材料进行加热。先将蒸汽直接通入水箱或用铁桶烧水把水加热，当不能满足要求时可用排管、火炕、蒸汽铁板等方法将砂子加热。水泥不能加热，但要保证水泥的温度不低于 0℃。拌制砂浆时，将水和砂子先拌和，然后加入水泥再拌和，砂浆出机温度不宜超过 35℃。当日气温等于或低于−15℃时，砌筑承重砌体的砂浆强度等级比常温施工的规定提高一级。

（2）砌筑施工。冬季白天处于正温度条件下的黏土砖工程施工，应适当浇水湿润，其含水率不低于 5％；也可以采用随浇随砌的方法，但湿润程度应均匀。昼夜气温处于负温度的严寒地区，当砌砖时确实无法浇水湿润，则应适当增加砂浆的含水量，其稠度为 70～120mm 为宜。应采用"三一"砌筑法，每皮砖都采用刮浆的操作方法，确保灰缝的饱满程度，以弥补由于干砖吸水而引起砌体强度的降低。

每日砌筑墙体高度不宜超过 1.8m，墙体转角及纵横交接处最好同时砌筑，若要留槎，最好留成长度不小于高度 2/3 的斜槎；转角处除外，若留直槎，必须做成阳槎，每层设 $\phi 6$ 拉结钢筋。砌筑时的砂浆温度不得低于 5℃，砖表面与砂浆的温差不宜超过 30℃。

四、混凝土工程冬期施工

根据当地多年气温资料，室外日平均气温连续 5d 稳定低于 5℃时，混凝土工程的施工即进入冬期施工的要求，称为混凝土的冬期施工。

（一）混凝土冬期施工的起止日期

按冬期施工的定义，混凝土冬期施工期限是根据自然气温的变化来确定。当自然平均气温连续 5d 稳定低于 5℃，并连续 5d 尚未高出 5℃的第一天为冬期施工的初始日。同样，当气温回升时可取连续 5d 稳定高于 5℃的末日作为冬期施工的终止日。初日和末日之间的日期即为冬期施工期。

确定混凝土工程冬期施工的起止日期，可根据当地多年资料定出。我国部分地区混凝土工程冬期施工的起止日期可见表 13-1。

（二）混凝土冬期施工原理

1. 混凝土的早期冻害机理

混凝土的早期冻害是指新浇筑和在硬化过程中的初龄期混凝土，受寒冷气温的影响，使混凝土遭到冻结，给混凝土的各项指标造成不同程度的影响和损害。温度、水和混凝土内部结构的孔隙是混凝土受冻害的重要条件。

新浇筑的混凝土受冻害，主要是由低温造成的。当温度降至 5℃时，混凝土的初凝时间会大大地推迟；降至 0℃时混凝土的硬化速度变得非常缓慢；降至 0℃以下时，水开始结冰，水化作用停止，使混凝土的体积膨胀，内部产生一系列的微裂纹。

硬化过程中的初龄期混凝土，内部结构基本形成，但并不十分牢固，受到不利的影响，很容易破坏。当温度降到 0℃时，混凝土内部毛细孔中的自由水表面开始结冰，体积膨胀，将内部未冻结的部分水封闭并沿毛细孔道压向内部。随着冻结的发展，结冰体积越来越大，内部未冻结的水压力越来越高，水压力增高超过混凝土的抗拉强度时，毛细孔胀破，混凝土产生微裂纹。随着冻结向混凝土的深层发展，又产生新的微裂纹，微裂纹相互连接出现贯通微裂缝。

2. 混凝土早期冻害对其性能的影响

在混凝土冬期施工中，早期受冻后其结构及物理力学性能将受到严重的损害。

（1）混凝土内部的结构破坏。硬化过程中的初龄期混凝土遭冻及新浇筑混凝土遭冻后，内部产生一系列的微裂纹甚至微裂缝，这些微裂纹、裂缝破坏了混凝土的内部自身的整体性。试验和工程实践证明混凝土解冻以后，即使再养护 28d，这些微裂纹也不能得到全部修补。

（2）混凝土的抗压、抗拉强度的降低。混凝土在负温下遭到冻结，当温度回升到正温时，水泥的水化作用可继续进行，但冻结对混凝土的坑压、抗拉强度影响较大。冻结时温度越低，强度损失越大；水灰比越大，强度损失越大；受冻时强度越低，强度损失越大。特别是浇筑后立即受冻，抗压强度损失可达 50％以上，即使后期正温养护三个月，也恢复不到原设计的强度水平，抗拉强度损失可达 40％。

（3）钢筋混凝土的黏结强度降低。试验结果证明，混凝土早期受冻对混凝土与钢筋的黏结强度影响较大。对强度低的混凝土影响更严重。

3. 温度对混凝土强度增长的影响

混凝土的强度只有在正温养护条件下，才能持续不断地增长，并且随着温度的增高，混凝土强度的增长速度加快。

4. 混凝土允许受冻的临界强度

混凝土允许受冻的临界强度是指新浇筑的混凝土，在受冻前达到某一强度值，然后遭到冻结，当恢复正温养护后，混凝土后期的强度可以继续增长，经 28d 标准养护可达到设计强度的 95％以上，这一受冻前的强度称为混凝土允许受冻的临界强度。临界强度与水泥品种、混凝土的强度、水灰比等因素有关。

规范规定的临界强度值是在混凝土的水灰比不大于 0.6 的前提下试验后制定，如施工时水灰比必须大于 0.6 时，需重新试验，确定临界强度值。采用硅酸盐水泥或普通硅酸盐水泥配制的普通混凝土，允许受冻临界强度为设计混凝土强度标准值的 30％。采用矿渣水泥的混凝土允许受冻临界强度不得小于 $5N/mm^2$。

（三）冬期施工对混凝土材料的要求

1. 水泥

冬期施工时，根据工程特点、混凝土工作环境及养护条件，尽量使用快硬、早期强度增长快、早期水化热较高的高标号水泥，使之较快地达到临界强度。应优先选用硅酸盐水泥或普通硅酸盐水泥。水泥的标号不应低于 32.5 号，最少水泥用量不宜少于 $300kg/m^3$。在使用其他品种的水泥时，应注意其中的掺和材料对混凝土的抗冻、抗渗的性能等影响。冬期施工的混凝土严禁使用高铝水泥，高铝水泥的重结晶将导致强度下降，对钢筋的保护作用比硅酸盐水泥差。

2. 骨料

冬期施工时，所用的骨料必须清洁，不得含有冰、雪等冻结物以及易冻裂的矿物质。掺有钾、钠离子防冻剂的混凝土，不应混有活性二氧化硅成分的骨料，以免发生碱骨料反应，导致混凝土的体积膨胀，破坏混凝土结构。

3. 水

拌和水中不得含有导致延缓水泥正常凝结硬化的杂质，以及能引起钢筋锈蚀和混凝土腐蚀的离子。凡一般饮用的自来水和天然的洁净水，都可以用来拌制混凝土。

4. 外加剂

混凝土中掺入适量的外加剂，可以保证混凝土在低温条件下早强和负温下的硬化，防止早期受冻，提高混凝土的耐久性。多使用无氯盐的防冻剂、引气剂或引气减水剂，但不应对钢筋有腐蚀和降低混凝土的抗渗性。

5. 掺和料

混凝土中掺入一定量的粉煤灰，能达到改善混凝土性能、提高工程质量、节约水泥、降低成本等优点。掺入一定量的氟石粉能有效地改善混凝土的和易性，提高混凝土的抗渗性，调解水泥水化和提高混凝土初始温度的作用。氟石粉的适宜掺量一般为水泥用量的 10％～15％，最好通过试验确定。

6. 保温材料

混凝土工程冬期施工使用的保温材料，应根据工程类型、结构特点、施工条件、气温情况进行选用。优先选用导热系数小、密闭性好、坚固耐用、防风防潮、价格低廉、重量轻、能多次使用的地方性材料，如草帘、草袋、炉渣、锯末等。保温材料必须保持干燥，受潮后保温性能会成倍降低。随着工业新技术的发展，冬期施工中也越来越广泛地使用轻质高效能的保温材料，如珍珠岩、石棉以及聚氨酯泡沫塑料等。

（四）混凝土冬期施工工艺要求

冬期混凝土施工的特点在于需采取必要的措施，以消除低温对混凝土硬化所产生的不利影响，保护混凝土在达到规定强度以前不受冻害。冬期施工工艺，应根据工程情况、施工要求以及外界气温条件，经过热工计算及经济比较确定。

1. 混凝土的拌制

（1）材料加热。要使新浇筑的混凝土在一定的时间内达到所要求的强度，必须具备温度条件，而混凝土获得的热量，除了水泥的水化热以外，只能靠加热的办法取得。国内外一致的作法是，在混凝土搅拌的过程中加热组成材料。

组成材料加热的原则是：根据材料比热大小和加热方法的难易程度，应优先加热水，其次是砂石，水的热容量约为骨料的五倍；水泥不得加热但要保持正温，水泥加热不易均匀，过热的水泥遇水会导致水泥假凝。骨料中不得夹杂冰块以及其他杂质。水、骨料加热的温度不应过高，以免导致水泥出现假凝现象，所以对材料加热的温度必须进行热工计算并加以限制。材料加热的最高允许温度见表 13-4。

表 13-4　　　　　　　　拌和水及骨料最高加热温度　　　　　　　　　　　　℃

项　次	项　目	拌和水	骨　料
1	标号小于 42.5 号的普通硅酸水泥、矿渣硅酸盐水泥	80	60
2	标号等于及大于 42.5 号的普通硅酸盐水泥、硅酸盐水泥	60	40

水的加热有直接加热和间接加热两种方法。直接加热法是用铁桶、大锅或热水炉用燃料提高水的温度。此方法适用于施工场地狭窄、零星分散或没有蒸汽源的工程。间接加热是直接向贮水箱内通入蒸汽，提高水的温度；或在贮水箱内设置蒸汽加热器、电加热器、汽水热交换罐以提高水的温度。间接加热法安全、节省人力，但需要设备较多。

砂加热有烘烤加热、直接加热和间接加热三种方法。烘烤法是用砖砌成火道，顶面覆盖钢板，在钢板上面烘炒砂子。此法设备简单、投资少，但加热不均匀、耗能量大、污染环境，对除去砂堆表面上的冻结层最有效。直接加热法又称湿热法，是在砂堆内插入蒸汽花管，直接向砂堆排放蒸汽，提高砂的温度。这种方法设备简单，加热迅速；但蒸汽会使砂的含水率有较大变化，必须及时注意调整混凝土的用水量。间接加热法又称干热法，是在砂堆中安放蒸汽排管，管内蒸汽间接加热砂子，提高砂的温度。间接加热法砂子的含水率变化小；但加热时间长，投资大、费用高。

石子在通常情况下尽量不加热，当气温较低时，为提高拌和物的温度，可根据情况，按砂的加热的方法加热。

（2）投料顺序、搅拌时间。冬期施工为了加强混凝土的搅拌效果，应选择强制式搅拌机。合理的投料顺序，可以使混凝土获得良好的和易性，拌和物的温度均匀，有利于混凝土强度的发展，又可以提高搅拌机的效率。一般是先投入骨料和加热的水，搅拌一定时间后，水温降低到 40℃ 左右时，再投入水泥继续搅拌到规定的时间，要绝对防止水泥假凝。投料量在任何情况下不得超载，一定要与搅拌机的规格、容量相匹配，否则会影响拌和物的均匀性。

搅拌时间是影响混凝土质量的重要因素之一。搅拌时间必须满足表 13-5 规定的最短时间。为满足各组成材料间的热平衡，可以适当延长搅拌时间。搅拌时间短，拌和不均匀，混凝土的和易性和施工性能差，强度降低；搅拌时间长，和易性也会降低，有时还会产生分层离析现象。

表 13-5　　　　　　　　　冬期施工混凝土搅拌的最短时间　　　　　　　　　　　s

混凝土坍落度（cm）	搅拌机类型	搅拌机容量（L）		
		小于 250	250～650	大于 650
≤3	自落式	135	180	225
	强制式	90	135	180
>3	自落式	135	135	180
	强制式	90	90	135

（3）混凝土拌和物的热工计算。混凝土拌和物的热工计算，可按式（13-5）进行

$$T_0 = [0.92(m_{ce}T_{ce} + m_{sa}T_{sa} + m_gT_g) + 4.2T_w(m_w - W_{sa}m_{sa} - W_gm_g)$$
$$+ C_1(W_{sa}m_{sa}T_{sa} + W_gm_gT_g) - C_2(W_{sa}m_{sa} + W_gm_g)]/[4.2m_w$$
$$+ 0.9(m_{ce} + m_{sa} + m_g)] \tag{13-5}$$

式中　　　　　　T_0——混凝土拌和物的理论温度，℃；

m_w，m_{ce}，m_{sa}，m_g——水、水泥、砂、石的用量，kg；

T_w，T_{ce}，T_{sa}，T_g——水、水泥、砂和石的温度，℃；

W_{sa}，W_g——砂、石的含水率，%；

C_1——水的比热容，kJ/(kg·K)；

C_2——冰的溶解热，kJ/kg。

当骨料的温度>0℃时，$C_1 = 4.2$，$C_2 = 0$；

<0℃时，$C_1 = 2.1$，$C_2 = 335$。

【例 13-1】　已知混凝土每立方米的材料用量为水 175kg，32.5 号普通硅酸盐水泥 300kg，砂子 650kg，石子 1250kg。材料的温度分别为水 70℃，砂子 42℃，石子 34℃，水泥 6℃。实测骨料的含水率砂子 3%，石子 2%。试计算混凝土拌和物的温度。

解

$$T_0 = \frac{0.92(300 \times 6 + 650 \times 42 + 1250 \times 34) + 4.2 \times 70(175 - 0.03 \times 650 - 0.02 \times 1250)}{4.2 \times 175 + 0.9(300 + 650 + 1250)}$$

$$+ \frac{4.2(0.03 \times 650 \times 42 + 0.02 \times 1250 \times 34)}{4.2 \times 175 + 0.9(300 + 650 + 1250)}$$

$$= \frac{111\,248.8}{2715} = 41(℃)$$

即混凝土拌和物的温度为 41℃。

2. 混凝土的运输

混凝土拌和物经搅拌倾出后，应及时运到浇筑地点，入模成型。在运输的过程中，仍然会有热损失。运输过程中是热损失的关键，混凝土的入模温度主要取决于运输过程中的蓄热程度。因此，运输速度要快，运输距离要短，装卸和转运次数要少，保温要好。

混凝土运输过程中的温度降低，受运输工具、装卸次数、运输时间、出机温度和环境变化等因素的影响。其温度的降低值可通过热工计算求出。

混凝土拌和物的出机温度可按式（13-6）进行计算

$$T_1 = T_0 - 0.16(T_0 - T_i) \qquad (13-6)$$

式中　T_1——混凝土拌和物出机温度，℃；

　　　T_0——混凝土拌和物的理论温度，℃；

　　　T_i——搅拌机棚内温度，℃。

混凝土运输过程中温度降低值由式（13-7）确定。

$$T_a = (\alpha t_1 + 0.032n)(T_1 - T_b) \qquad (13-7)$$

式中　T_a——混凝土运输过程中温度降低值，℃；

　　　t_1——混凝土自运输至浇筑时的时间，h；

　　　n——混凝土转运次数；

　　　T_b——混凝土运输时的环境大气温度，℃；

　　　α——温度损失系数。

温度损失系数与运输工具和保温状况有关，一般可用式（13-8）计算

$$\alpha = \frac{\lambda\varphi}{K} \qquad (13-8)$$

式中　λ——混凝土导热系数，W/（m·K）；

　　　φ——冷却表面系数；

　　　K——冷却传递系数，K/（m²·K）。

当用混凝土搅拌运输车时 $\alpha = 0.25$；采用开敞式大型自卸汽车时 $\alpha = 0.20$；采用开敞式小型自卸汽车时 $\alpha = 0.30$；采用封闭式自卸汽车时 $\alpha = 0.10$；当用手推车时 $\alpha = 0.50$；混凝土出机运输至浇筑时的温度可按式（13-9）计算。

$$T_2 = T_1 - T_a \qquad (13-9)$$

式中　T_2——混凝土拌和物出机运输至浇筑时的温度（混凝土的入模温度），℃；

　　　T_a——混凝土运输过程中温度降低值，℃。

【**例 13-2**】　混凝土拌和物的理论温度为 25℃，选用 J1—400 搅拌机拌制混凝土。搅拌

棚内温度为+5℃。出机的混凝土用手推车运送到浇筑地点，运输到浇筑时间为15min，倒运2次，室外平均气温−5℃。计算混凝土浇筑时的温度。

解 (1) 混凝土出机温度

$$T_1 = T_0 - 0.16(T_0 - T_i)$$
$$= 25 - 0.16 \times (25 - 5)$$
$$= 21.8(℃)$$

(2) 混凝土运输过程中的温度降低值

$$T_a = (\alpha t_1 + 0.032n)(T_1 - T_b)$$
$$= (0.5 \times 0.25 + 0.032 \times 2) \times (21.8 + 5)$$
$$= 5.06(℃)$$

(3) 混凝土浇筑时的温度

$$T_2 = T_1 - T_a$$
$$= 21.8 - 5.06$$
$$\approx 16.7(℃)$$

3. 混凝土的浇筑

在混凝土浇筑前，应清除模板和钢筋上的冰雪和杂物。冬期施工混凝土的浇筑时间不应超过30min，金属预埋件和直径大于25mm的钢筋应进行预热，混凝土浇筑后开始养护的温度不得低于2℃。大体积混凝土应分层浇筑，每层厚度不得超过表13-6的规定。

表 13 - 6　　　　　　　　冬期施工混凝土浇筑层的厚度

项　　次	捣实混凝土的方法	浇筑层厚度（cm）
1	插入式振捣	振捣棒长度的1.25倍
2	表面振捣	200
3	人工振捣 (1) 混凝土基础、无筋或少筋结构 (2) 梁、板、柱结构 (3) 配筋密列结构	250 200 150
4	轻骨料　插入式振捣 混凝土　表面振捣（振动时加荷）	300 200

整体式结构混凝土浇筑，并采用加热养护时，浇筑的程序和施工缝位置的留设，应防止较大的温度应力产生。装配式结构受力接头混凝土的施工，浇筑前应将结合部位的表面加热至正温，浇筑后在温度不超过45℃的条件下，养护到设计要求的强度；构造要求接头混凝土，可浇筑掺有不使钢筋锈蚀的外加剂混凝土。

冬期不得在强冻胀性地基上浇筑混凝土；在弱冻胀性地基上浇筑混凝土，地基土应进行保温；在非冻胀性地基上浇筑混凝土，可以不考虑地基土对混凝土的冻胀的影响，但在地基受冻前，混凝土的抗压强度不得低于受冻临界强度。在浇筑混凝土时，考虑模板和钢筋的吸热影响，混凝土浇筑成形完成时的温度可按式（13-10）计算

$$T_3 = \frac{c_c T_2 + c_f m_f T_f + c_s m_s T_s}{c_c m_c + c_f m_f + c_s m_s} \qquad (13 - 10)$$

式中　T_3——考虑模板和钢筋的吸热影响，混凝土浇筑成形完成时的温度，℃；

T_2——混凝土拌和物运输到浇筑时的温度,℃;

c_c,c_f,c_s——混凝土、模板、钢筋的比热容〔kJ/(kg·K)〕,混凝土取 1kJ/(kg·K),钢材取 0.48kJ/(kg·K);

m_c——每立方米混凝土重量,kg;

m_f,m_s——与每立方米混凝土相接触的模板、钢筋的重量,kg;

T_f,T_s——模板、钢筋的温度,未预热者可采用当时的环境气温,℃。

（五）混凝土冬期施工方法的选择

混凝土冬期施工方法是保证混凝土在硬化过程中防止早期受冻所采取的各种措施。

1. 施工方法的分类与选择

（1）施工方法的分类。根据热源条件和使用的材料,混凝土冬期施工的养护方法有两类,见表 13-7。

1）混凝土养护期间不加热方法。外界环境气温不很低,体型厚大的结构工程施工时,可提高混凝土的初始浇筑温度,同时在模板的外面用保温材料加强对混凝土的保温,不需要在养护期间对混凝土额外加热,使水泥的水化热较早较快地释放。在短时间内,或混凝土内温度降低到 0℃以前,混凝土可达到临界强度,如蓄热法、综合蓄热法、掺化学外加剂法等。

2）混凝土养护期加热方法。天气严寒、气温较低,对于不太厚大的结构构件,需要利用外部热源对新浇筑的混凝土进行加热养护。加热的方式可直接对混凝土加热,也可加热混凝土周围的空气,使混凝土处于正温养护条件,如蒸汽加热法、电热法、暖棚法等。

表 13-7　　　　　　　　　　冬期施工方法的特点和适用条件

	施工方法	施工方法的特点	适宜条件
不加热养护法	蓄热法	1. 原材料加热视气温条件 2. 用一般或高效保温材料覆盖于塑料薄膜上,防止水分和热量散失 3. 混凝土温度降至 0℃时,要达到受冻临界强度 4. 混凝土硬化慢,但费用低,施工方便	1. 自然气温不低于−15℃ 2. 地面以上的工程 3. 混凝土结构表面系数不大于 5 的结构
	综合蓄热法	1. 原材料加热 2. 混凝土中掺早强剂或防冻剂 3. 用一般或高效保温材料覆盖于塑料薄膜上,防止水分和热量散失 4. 混凝土温度降至外加剂设计温度前,要达到受冻临界强度 5. 混凝土早期强度增长较好,费用较低	1. 混凝土结构表面系数 $5{\leqslant}M{\leqslant}15$ 2. 混凝土养护期间平均气温不低于−12℃ 3. 适用于梁、板、柱及框架结构和大模板墙体结构
	掺化学外加剂法	1. 原材料加热视气温条件 2. 掺早强剂或防冻剂,适当覆盖保温 3. 混凝土温度降至冰点前应达到受冻临界强度 4. 混凝土硬化慢,但费用低,施工方便	1. 自然气温不低于 20℃,在混凝土冰点以内 2. 外加剂品种、性能应与结构特点和施工条件相适应 3. 混凝土结构表面系数大于 $5{\leqslant}M{\leqslant}15$

续表

施工方法		施工方法的特点	适宜条件
加热养护法	蒸汽加热法	1. 原材料加热视气温条件 2. 利用结构条件或将混凝土罩以外套，形成蒸汽室 3. 在混凝土内部预留孔道通汽 4. 利用模板通汽形成热膜 5. 耗能大，费用高	1. 现场预制构件、地下结构、现浇梁、板、柱等 2. 较厚的构件、梁、柱和框架 3. 竖向结构 4. 表面系数为 6～8
	电热法	1. 利用电能转换为热能加热混凝土 2. 利用磁感应加热混凝土 3. 利用红外辐射加热混凝土 4. 耗能大，费用高 5. 混凝土硬化快	1. 墙、梁和基础 2. 不多的梁、柱及厚度不大于 20cm 的板及基础 3. 框架、梁、柱接头 4. 表面系数 8 以上
	暖棚法	1. 在结构周围增设暖棚，设热源使棚内保持正温 2. 封闭工程的外围结构设热源使室内保持正温 3. 原材料是否加热视气温条件 4. 施工费用高	1. 工程量集中的结构 2. 有外围护的结构 3. 表面系数 6～10 的结构

（2）冬期施工方法的选择。选择混凝土施工方法时，应考虑的主要因素是自然气温条件、结构类型、水泥品种、施工工期、能源状况以及经济条件。对于工期不紧和无特殊限制的工程，应本着节约能源和降低冬期施工费用的原则，优先选用养护不需加热的施工方法或综合养护法。一个好的施工方案，首先应在能避免混凝土早期受冻前提下，用最低的施工费用在最短的施工期内，获得优良的施工质量，也就是在施工质量、施工期限和施工费用三个方面综合考虑选择最佳方案。

2. 混凝土工程冬期施工的养护

冬期施工时，混凝土养护工艺有暖棚法、蓄热法、电热法等。

（1）暖棚法养护。暖棚法是浇筑和养护混凝土时，在建筑物或构件周围搭起暖棚，棚内设置热源，以维持棚内的正温环境，使混凝土在正温下硬化。

本法适用于建筑物面积不大而混凝土工程又很集中的工程。其优点是施工操作与常温无异，方便可靠；缺点是暖棚搭设需消耗较多材料和劳动力，需要大量热源，费用较高。

（2）蓄热法养护。蓄热法是利用混凝土组成材料的预加热量和水泥的水化热量，并增设保温材料将浇筑后的混凝土严密覆盖，使混凝土缓慢冷却，并在冷却过程中逐渐硬化，当混凝土温度降至 0℃ 时，可达到抗冻临界强度或预期强度要求。

当结构面积系数较小或气温不太低时，宜优先选用蓄热法养护工艺。本法具有经济、简便、节能等优点；但蓄热法施工，有强度增长缓慢等缺点。

（3）电热法养护。电热法分为电热毯加热法、工频涡流加热法和电极法。

电热毯加热法是以电热毯为加热元件，适用于以钢模板浇筑的构件。电热毯由四层玻璃纤维布中间夹以电阻丝制成。电热毯的尺寸应根据钢模板背后的区格大小而定，约为 300mm×400mm，电压 60V，每块功率 75W，通电后表面温度可达 110℃，但应按规范规定控制。

在钢模板的区格内卡入电热毯后，再覆盖石棉板和其他保温材料，外侧用环保胶粘贴水泥纸袋两层挡风。对大模板现浇墙体加热时，对易于散热较多的部位，即墙体顶部，底部和墙体连接部位，应双面密布电热毯，中间部位可以较疏或两面交错铺设。

在混凝土浇筑前应先通电将模板预热，浇筑过程中应留温孔，浇筑后应定期测定温度并作好记录，养护过程中应根据混凝土温度变化断续送电加热。

工频涡流加热法是在钢模板的外侧布设钢管，钢管与板面贴紧并焊牢，管内穿以导线。当导线中有电流通过时，在管壁上产生热效应，通过钢模板将热量传导给混凝土，使混凝土升温。在通常情况下，每平方米模板约需布设 $\phi50$ 钢管 5m，用截面积为 $25\sim35mm^2$ 的铝芯线作导线，通以电压为 $100\sim140V$ 的电流，为了减少热能损失，降低能耗，在模板外面应用毛毯、矿棉板或聚氨酯泡沫等材料保温。

工频涡流加热法适用于钢模板浇筑的混凝土墙体、梁、柱和接头。其优点是温度比较均匀，控制方便；缺点是需制作专用模板，增加了模板费用。

电极法是在混凝土结构的内部或表面设置电极，通以低压电流。由于混凝土的电阻作用，使电能变为热能，所产生的热量对混凝土加热。电极法采用交流电（直流电会使混凝土内水分分解），工作电压宜为 $50\sim110V$，在无筋混凝土和每立方米混凝土中含钢量不大于 50kg 的结构中，电压可采用 $120\sim220V$。

电极种类及适用范围见表 13-8。电极法养护工艺耗钢量和耗电量较大，但养护效果好，易于控制。

采用电极法养护工艺，当混凝土浇筑完毕，电极布置妥当后，首先将混凝土的外露表面覆盖，通电后要随时注意观察混凝土表面温度和湿度，如出现干燥现象，应切断电源用温水润湿混凝土表面，再继续通电养护。施工时，混凝土的升温速度和降温速度均应符合规范规定。对薄壁结构或易于散热冷却部位，应加强保温措施。

表 13-8   电极种类及适用特点

分　类	特　点	应 用 范 围
表面电极法	将电极固定在木模板内侧，电极可用 $\phi6$ 钢筋或宽 $40\sim60mm$ 的白铁皮做成。电极间距：钢筋为 $200\sim300mm$，白铁皮为 $100\sim150mm$	常用于墙、梁、基础等结构
棒形电极法	电极用 $\phi6\sim\phi12$ 的钢筋断料制成，直接由结构物表面插入或通过木模板插入混凝土内，其长度由结构断面而定	常用于柱、梁、基础等结构
弦形电极法	电极用 $\phi8\sim\phi10$ 的钢筋制成，每段长 $2.5\sim3.0m$，混凝土浇筑前用绝缘垫将电极固定在箍筋上，电极端部弯成直角露出木模板	常用于钢筋不多的柱、梁及厚度大于 20cm 板和基础等结构

（六）混凝土冬期施工的质量保证

冬期施工混凝土的质量保证除满足常温下施工的质量要求外，还应注意下述几方面问题：

（1）混凝土冬期施工，应保证化学附加剂的质量和掺量；应检查水和骨料的加热温度，混凝土出机、浇筑、硬化过程的温度，每工作班至少应测量四次；测定混凝土温度降至 0℃ 的强度，并作好检查测试记录。

（2）混凝土在养护过程中应随时检查保温情况，并应了解结构物浇筑日期、要求温度、养护期限等，一旦发现混凝土温度过高或过低，都应及时采取必要措施。

（3）混凝土浇筑过程中的试块留置除与常温下施工相同外，还应增加两组补充试块与构件同条件养护，用于测定混凝土受冻前的强度和与构件同条件养护 28d 后转入标准养护 28d 再测其强度。

五、装饰工程冬期施工

（一）装饰工程施工的环境温度要求

室内外装饰工程的环境温度，应符合下列规定：

（1）刷浆、饰面和花饰工程以及高级的抹灰不应低于 5℃；

（2）中级和普通抹灰以及玻璃工程应在 0℃ 以上；

（3）裱糊工程不应低于 10℃；

（4）用胶粘剂粘贴的罩面板工程，应按产品说明要求的温度施工；

（5）涂刷清漆不应低于 8℃，乳胶漆应按产品说明要求的温度施工；

（6）室外涂刷石灰浆不应低于 3℃。

环境温度是指施工现场的最低温度；室内温度应在靠近外墙离地面高 500mm 处测得。

（二）一般抹灰冬期施工

1. 热作法施工

热作法施工是利用房屋的永久热源或临时热源来提高和保持操作环境的温度，人为创造一个正温环境，使抹灰砂浆硬化和固结。热作法一般用于室内抹灰。常用的热源有：火炉、蒸汽、远红外加热器等。

室内抹灰应在屋面已做好的情况下进行。在进行室内抹灰之前，应将门、窗封闭、脚手架眼堵好，并且室内温度不应低于 5℃。抹灰前应设法使墙体融化，墙体的融化深度应大于 1/2 墙厚，且不小于 120mm，地面基层为正温，方能进行施工。抹灰时砂浆的温度不低于 10℃。抹灰工程结束后，至少 15d 内应保持不低于 10℃ 的室温，或在墙面抹灰层湿度不大于 8％ 之后，方可停止供热。地面工程以表面温度为准，须养护 36h 后开始洒水养护，且至少 7d 内保持不低于 10℃ 的表面温度。

2. 冷作法

冷作法施工是在负温下不施加任何采暖措施而进行抹灰作业，称为冷作抹灰。在使用的砂浆中掺入氯化钠等抗冻剂，以降低抹灰砂浆的冰点。掺氯盐的冷作法抹灰，严禁用于高压电源部位。砂浆中的黄砂宜用中粗砂，石膏熟化时间常温下一般不少于 15d。用冻结法砌筑的墙，室外抹灰应待其完全解冻后施工，不得用热水冲刷冻结的墙面或用火消除墙面的冰霜。

抹灰的环境温度不得低于 −5℃，若低于 −5℃，可选择适当的方法使环境温度上升至 −5℃ 以上，待抹灰完工后，即可撤除热源。

（三）装饰抹灰冬期施工

装饰抹灰冬期施工除按一般抹灰施工要求掺盐外，可另加水泥重量 20％ 的环保胶水，要注意搅拌砂浆时应先加一种材料搅拌均匀后再加另一种材料，避免直接混合搅拌。

（四）其他装饰工程的冬其施工

冬期进行油漆、刷浆、裱糊、饰面工程，应采用热作法施工。应尽量利用永久性的采暖设施。室内温度应保持均衡，不得突然变化或低于规定室内温度，否则不能保证工程质量。

冬期气温低，油漆会发粘不易涂刷，涂刷后漆膜不易干燥。为了便于施工，可在油漆中加一定量的催干剂，保证在 24h 内干燥。

六、屋面工程冬期施工

卷材屋面冬期施工宜选择气温不低于 −5℃ 的风和日暖的天气，利用日照使基层达到正温条件，方可铺设卷材。当气温低于 −5℃ 时，不宜进行找平层施工。

油毡使用前应放在 15℃ 的室内预热 8h，并在铺贴前一日，清扫油毡表面的滑石粉。使用时，根据施工进度的要求，分批送至屋面。

冬期施工不宜采用焦油系列产品，应采用石油系列产品。沥青胶配合比应准确。沥青的熬制及使用温度应比常温季节高 10℃，且不低于 200℃。

铺设前，应检查基层的强度、含水率及平整度。基层含水率不超过 15％，防止基层含水率过大，转入常温后水分蒸发引起油毡鼓泡。

扫清基层上的霜雪，冰层、垃圾，然后涂刷冷底子油一度。铺贴卷材时，应做到随涂沥青胶随铺贴和压实油毡，以免沥青胶冷却黏结不好，产生孔隙气等。沥青胶厚度宜控制在 1～2mm，最大不应超过 2mm。

第二节 雨期施工方法

一、雨期施工的概述

(一) 雨季的气象特点

我国地域辽阔，各地降水量及其时间分布极不均衡。华南地区降水量较高，全年降水量可达到 1700mm；其次为华中、华东和西南地区，全年降水量达 1000～1300mm 左右；华北、西北地区降水量较少，全年降水量只有 300～600mm。北方地区雨季集中在 6～8 月，雨量大且比较集中；南方地区雨季时间较长，全年为 70％～80％ 时间为雨季，并较北方提前。因此，在建筑工程施工中，应根据各地区气象特点，合理安排雨期施工，是确保工程质量和生产安全、提高施工经济效益的重要保证。

(二) 雨期施工特点

(1) 雨期施工的开始具有突然性。由于暴雨山洪等恶劣气象往往不期而至，这就需要雨期施工的准备和防范措施及早进行。

(2) 雨期施工带有突击性。因为雨水对建筑结构和地基基础的冲刷或浸泡具有严重的破坏性，必须迅速及时地防护，才能避免给工程造成损失。

(3) 雨期往往持续时间很长，阻碍工程（主要包括土方工程、屋面工程等）顺利进行，拖延工期。应事先充分估计并作好合理安排。

(三) 雨期施工的原则

雨期施工带有不确定性，组织施工应避免突发性气候变化（如暴雨、山洪、台风、雷电等）带来的灾害性损失，并及时迅速地制定应急性保护措施，以减轻对工程施工造成的损失。因此，雨期施工的原则主要有下述几点：

1. 坚持"预防为主"原则

组织雨期施工，应坚持以预防为主的原则。施工前，应根据分项工程的施工特点，事前采取必要的防雨措施，加强施工现场和作业面的防洪排水工作，以确保雨期施工正常进行，不受季节性气候的影响。

2. 合理组织，统筹规划的原则

应坚持科学而合理的组织施工，统筹规划的原则。对那些易受雨期影响造成质量与安全事故的分项工程，如深基础开挖、屋面防水等工程，宜避开雨期组织施工。因工期要求而无法避开雨期组织施工的项目，一般应组织人力、材料、设备的集中供应，并制定相应的质量与安全保证措施，采取短期突击性施工的方式。

3. 对突发事件的应急原则

对于一些地区雨期降水量比较集中，易于遭到暴雨、狂风、雷电等的突然袭击。如果出现这种恶劣气候，一般宜采取停工等待。因工艺技术原因而不能停工等待的项目，如现浇钢筋混凝土结构的重要部位，需要组织连续施工，应采取必要的应急措施，如加强现场排洪、作业面防雨，高耸设备加固及防雷等措施，以确保施工质量及生产安全。

4. 信息反馈原则

雨期施工应加强信息反馈，如施工前，应与气象部门联系，了解施工期间的气象变化规律；加强施工现场管理，收集工程进度、人员流动及材料、机械设备的储备等信息资料，为雨期施工制定合理的施工组织措施、统筹规划施工项目进度、防止突发性事件的防灾措施等提供可靠依据。

二、雨期施工的技术准备

（一）施工现场的技术准备

1. 施工现场总平面图设计

在施工现场总平面图的设计中，应反映出雨期施工特点和要求，如现场防洪水排水渠道的布置、材料堆放场地积水排除措施、道路排水及防滑措施等，都应在施工总平面布置图中有所显示。施工现场的道路、设施必须做到排水畅通，尽量做到雨停水干。要防止地面水渗入地下室，基础、地沟内；要做好对危石的处理，防止滑坡和塌方。

2. 工艺技术准备

对雨期组织施工的项目，事前应对设计图纸的技术要求组织精心的研究，制订合理的工艺方案及相应措施，施工操作要求，立体交叉作业的安全措施，质量保证措施，高耸设备安装的加固措施，运输方案，防洪排水方案等技术准备工作。

（二）机电设备及材料的防护

雨期施工，对机电设备及材料防护的要点是：

（1）机电设备的电闸箱、动力装置、控制装置等部位，应采取防潮，防湿措施，并应安装接地保护装置。

（2）对塔式起重机的接地装置应进行全面检查，包括接地装置，接地体的深度、距离、棒径、地线截面应符合规定要求。

（3）对原材料及半成品的保护，包括木制构件、石膏板、轻钢龙骨及容易受潮的原材料等，应采取防雨防潮措施，在室内堆放应保持通风良好，垫高堆码，注意防雨及材料四周排水。水泥应按"先收先发、后收后发"的原则，避免久存受潮而影响水泥的活性。

（三）施工设施的检修及停工维护

（1）以施工现场的各类临时设施，如宿舍、办公室、食堂、仓库、加工车间等应定期全面检修，特别是在暴雨、狂风来临前应作必要的加固处理。对危险建筑物应进行全面翻修、加固或拆除。

（2）对停工的工程应作好维护，如对地下室窗井，人防通道、洞口等应加以遮盖或封闭、防止雨水灌入。

三、雨期施工的主要技术措施

雨期施工主要解决雨水的排除问题，对于大中型工程的施工现场，必须作好临时排水系统的总体规划，其中包括阻止场外水流入现场和使现场内积水排出场外两部分。其原则是上游截水，下游散水；坑底抽水，地面排水。做总体规划设计时，应根据当地历年最大降雨量和降雨时期，结合地形和施工要求全盘考虑。

（一）现场临时排（截）水沟的设计

临时排水沟和截水沟的设计一般应符合下列规定：

（1）纵向边坡坡度应根据地形确定，一般应小于 3‰，平坦地区不应小于 2‰，沼泽地区可减至 1‰；

（2）沟的边坡坡度应根据土质和沟的深度确定，黏性土边坡一般为 $1:0.7\sim1:1.5$；

（3）横断面的尺寸应根据施工期内可能遇到的最大流量确定，最大流量则应根据当地气象资料，查出历年在这段期间的最大降雨量，再按其汇水面积计算，如图 13-2 所示。

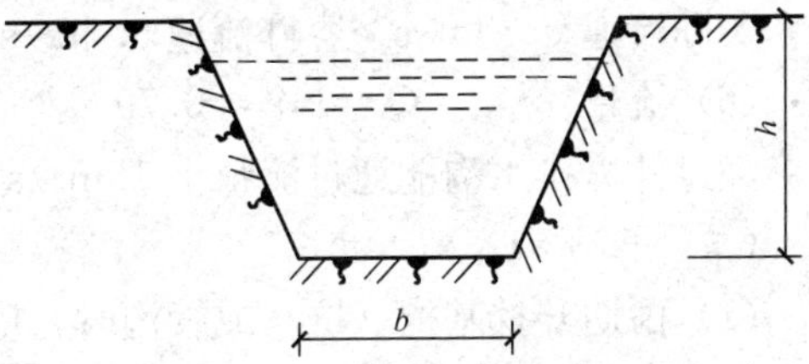

计算公式如下：

1）流速

$$v = C\sqrt{Ri} \qquad (13-11)$$

式中　v——流速，m/s；

　　　C——流速系数，1/s；

　　　R——水力半径，m；

　　　i——沟底纵向坡度，%。

图 13-2　排水沟剖面图

流速系数 C 按式（13-12）计算

$$C = \frac{1}{n}R^y \qquad (13-12)$$

式中　n——粗糙系数，土质水沟 $n=0.025\sim0.035$，石质水沟 $n=0.040\sim0.055$；

　　　y——当 $0.1<R<1$m 时，$y=1.5\sqrt{n}$；当 $1<R<3$m 时，$y=1.3\sqrt{n}$。

水力半径按式（13-13）计算

$$R = \frac{W}{x} \qquad (13-13)$$

式中　W——水流断面面积，m^2；

　　　x——湿周，即水浸湿的周长，m。

水流断面面积按式（13-14）计算

$$W = bh + mh^2 \qquad (13-14)$$

湿周按式（13-15）计算

$$x = b + 2\sqrt{1+m^2}\,h \qquad (13-15)$$

式中　b——排水沟底宽，m；

　　　h——水流高度，m；

　　m——坡度系数。

2）流量

$$Q = vW \qquad (13\text{-}16)$$

式中　Q——流量，$\mathrm{m^3/s}$。

【例 13-3】　有一土质排水沟，底宽 $b=0.4\mathrm{m}$，边坡系数 $m=1$，底面坡度 $i=4‰$，粗糙系数 $n=0.025$，当正常水深 $h=0.4\mathrm{m}$ 时，求能否通过流量 $Q=0.15\mathrm{m^3/s}$（允许流速 $0.7\mathrm{m/s}$）的水流？

　　解　（1）水流断面面积　　$W=bh+mh^2=0.4\times0.4+1\times0.4^2=0.32\mathrm{m^2}$

（2）湿周（水浸湿的周长）

$$x = b + 2\sqrt{1+m^2}\cdot h = 0.4 + 2\sqrt{1+1^2}\times0.4 = 1.532\mathrm{m}$$

（3）水力半径　　　　$R=\dfrac{W}{x}=\dfrac{0.32}{1.532}=0.209\mathrm{m}$

（4）流速系数　$y=1.5\sqrt{n}=1.5\sqrt{0.025}=1.5\times0.158=0.24$

$$C = \frac{1}{n}R^y = \frac{1}{0.025}\times0.209^{0.24} = 27.47$$

（5）流速　　$v=C\sqrt{Ri}=27.47\times\sqrt{0.209\times0.004}=0.79\mathrm{m/s}$

实际流速 $0.79\mathrm{m/s}>$ 容许流速 $0.7\mathrm{m/s}$，须适当加固，夯拍表层。

（6）流量　　$Q=vW=0.79\times0.32=0.25\mathrm{m^3/s}>0.15\mathrm{m^3/s}$

经过计算排水沟能通过流量 $0.15\mathrm{m^3/s}$ 的水流。

（二）土方和基础工程

（1）雨期开挖基槽（坑）或管沟时，应注意边坡稳定。必要时可适当放缓边坡坡度或设置支撑。施工时应加强对边坡和支撑的检查。

（2）为防止边坡被雨水冲塌，可在边坡上加钉钢丝网片，再浇筑 50mm 厚细石混凝土。

（3）雨期施工的工作面不宜过大，应逐段、逐片的分期完成。基础挖到标高后，及时验收并浇筑混凝土垫层。

（4）为防止基坑浸泡，开挖时要在坑内做好排水沟、集水井。

（5）位于地下的水池和地下室，施工时应考虑周到。如预先考虑不周，浇筑后，遇有大雨时，往往会造成地下室和水池上浮的事故。

【例 13-4】　有一水池外径为 18m，壁厚 400mm，池高 5.6m，底板外径 19m，底板厚 400mm，垫层 100mm，试计算水池的上浮的积水临界高度。

　　解　池底板重力　　　$Q_1=9.5\times9.5\times\pi\times(0.4+0.1)\times25=3544(\mathrm{kN})$

池壁重力　　$Q_2=(18-0.4)\times\pi\times5.6\times0.4\times25=3096\mathrm{kN}$

池总重力　　　$Q_3=Q_1+Q_2=3544+3096=6640\mathrm{kN}$

水池周围每米积水对池子的浮力（水的浮力取 $10\mathrm{kN/m^2}$）为 $9\times9\times\pi\times1\times10=2544\mathrm{kN/m}$，则水池上浮的积水临界高度为

$$h = \frac{6640}{2544} = 2.61\mathrm{m}$$

故，当池外积水超过 2.61m 时，水池可能上浮。

基础施工完毕，应抓紧完成基坑四周的回填工作。停止人工降水时，应验算箱形基础抗

浮稳定性、地下水对基础的浮力。抗浮稳定系数不宜小于1.2，以防出现基础上浮或者倾斜的重大质量事故。如抗浮稳定系数不能满足要求时，应继续抽水，直到施工上部结构荷载增加至能满足抗浮稳定系数要求时为止。当遇大雨，水泵不能及时有效的降低积水高度时，应迅速将积水灌回箱形基础之内，以此来增加基础的抗浮能力。

（三）砌体工程

（1）砖在雨期必须集中堆放，不宜浇水。砌墙时要求干湿砖块合理搭配。砖湿度较大时不可上墙。砌筑高度不宜超过1m。

（2）雨期遇大雨必须停工。砌砖收工时应在砖墙顶盖一层干砖，避免大雨冲刷灰浆。大雨过后受雨冲刷过的新砌墙体应翻砌最上面两皮砖。

（3）稳定性较差的窗间墙、独立砖柱，应加设临时支撑或及时浇筑圈梁，以增加墙体稳定性。

（4）砌体施工时，内外墙要尽量同时砌筑，并注意转角及丁字墙间的搭接要同时跟上。遇台风时，应在与风向相反的方向加临时支撑，以保护墙体的稳定。

（5）雨后继续施工，须复核已完工砌体的垂直度和标高。

（四）混凝土工程

（1）模板隔离层在涂刷前要及时掌握天气预报，以防隔离层被雨水冲掉。

（2）遇到大雨应停止浇筑混凝土，已浇部分应加以覆盖。现浇混凝土应根据结构情况和可能，多考虑几道施工缝的留设位置。

（3）雨期施工时，应加强对混凝土粗细骨料含水率的测定，及时调整用水量。

（4）大面积浇筑混凝土前，要了解2～3d的天气预报，尽量避开大雨。混凝土浇筑现场要预备大量防雨材料，以备浇筑时突然遇雨进行覆盖。

（5）模板支撑下回填土要夯实，并支好垫板，雨后及时检查有无下沉。

（五）吊装工程

（1）构件堆放地面要平整坚实，周围要做好排水工作，严禁构件堆放区积水、浸泡，防止泥土粘到预埋件上。

（2）塔式起重机路基，必须高出自然地面15cm，严禁雨水浸泡路基。

（3）雨后吊装时，要先做试吊，将构件吊至1m左右，往返上下数次稳定后再进行吊装工作。

（六）屋面工程

（1）卷材屋面应尽量在雨季前施工，并同时安装屋面的落水管。

（2）雨天严禁油卷材面施工，卷材、保温材料不准淋雨。

（3）雨季屋面工程宜采用"湿铺法"施工工艺，"湿铺法"就是在"潮湿"基层上铺贴卷材，先喷刷1～2道冷底子油，喷刷工作宜在水泥砂浆凝结初期进行操作，以防基层浸水。如基层浸水，应在基层表面干燥后方可铺贴卷材。如基层潮湿且干燥有困难时，可采用排汽屋面。

（七）抹灰工程

（1）雨天不准进行室外抹灰，故抹灰前至少应预计1～2d的气候变化情况。对已经施工的墙面，应注意防止雨水污染。

（2）室内抹灰尽量在做完屋面后进行，至少做完屋面找平层。

（3）雨天不宜作罩面油漆。

（八）雨期施工的机械设备防雨和防雷设施

（1）所有机械棚要搭设牢固，防止倒塌漏雨。机电设备采取防雨、防淹措施，安装接地安全装置。机动电闸的漏电保护装置要可靠。

（2）雨期为防止雷电袭击造成事故，在施工现场高出建筑物的塔吊、人货电梯、钢脚手架等必须装设防雷装置。

施工现场的防雷装置一般是由避雷针、接地线和接地体三个部分组成。

1）避雷针装在高出建筑物的塔吊、人货电梯、钢脚手架的最顶端上。

2）接地线可用截面积不小于 $16mm^2$ 的铝导线，或用截面积不小于 $12mm^2$ 的铜导线，也可用直径不小于 8mm 的圆钢。

3）接地体有棒形和带形两种。棒形接地体一般采用长度 1.5m、壁厚不小于 2.5mm 的钢管或∟5mm×50mm 的角钢。将其一端打光并垂直打入地下，其顶端离地平面不小于 50cm。带形接地体可采用截面积不小于 $50mm^2$，长度不小于 3m 的扁钢，平卧于地下 500mm 处。

4）防雷装置的避雷针、接地线和接地体必须焊接（双面焊），焊缝长度应为圆钢直径的6 倍或扁钢宽度的 2 倍以上，电阻不宜超过 10Ω。

第三节　冬期与雨期施工的安全技术

冬期的风雪冰冻，雨期的风雨潮汛，给建筑施工带来了困难，影响和阻碍了正常的施工活动。为此必须采取切实的防范措施，以确保施工安全。

一、冬期施工的安全技术

冬期施工主要应做好防水、防寒、防毒、防滑、防爆等工作。

（1）冬期施工前各类脚手架要加固，要加设防滑设施，及时清除积雪。

（2）易燃材料必须经常注意清理，必须保证消防水源的供应，保证消防道路的畅通。

（3）严寒时节，施工现场应根据实际需要和规定配设挡风设备。

（4）注意预防一氧化碳中毒，防止锅炉爆炸。

二、雨期施工的安全技术

雨期施工主要应做好防雨、防风、防雷、防电、防汛等工作。

（1）基础工程应开设排水沟、基槽、坑沟等，雨后积水应设置防护栏或警示标志，深度超过 1m 的基槽、井坑应设支撑。

（2）一切机械设备应设置在地势较高、防潮避雨的地方，要搭设防雨棚。机械设备的电源线路要绝缘良好，要有完善的保护接零。

（3）脚手架要经常检查，发现问题要及时处理或更换加固。

（4）高层建筑、脚手架和构筑物要按电气专业规定设临时避雷装置。

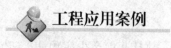 **工程应用案例**

【背景材料】

某广场工程单体建筑面积215 835 m^2，平面呈 L 形，南北长 272m，东西宽 107m 和

55m，地下 3 层，埋深 17.3m，地上为钢筋混凝土框架结构 11 层，局部 13 层，楼顶四方亭宝鼎高度 64.3m，集商业、购物、休闲、娱乐、高尚居住环境于一体。建筑设计既有现代化大型商业中心的风格和氛围，体现了民族传统和古都风貌。

该广场工程基础底板为大体积混凝土，施工时正值冬季。混凝土底板轴线尺寸 479.53m×153.54m，基坑面积超过 7.5 万 m²。基础类型为筏基与独立柱基和抗水板（裙房部分）组合而成，筏基底板有 50 余个不同标高及 215 个深度和形状不同的独立基坑。筏基厚度 1.8～2.2m，最厚处 5.1m。在筏基底板上支撑起 11 幢塔（板）楼，分别为东区 3 幢办公楼，1 幢公寓楼；中区 1 幢酒店及 2 幢办公楼；西区 3 幢办公楼，1 幢公寓楼；地下结构全部相通。底板混凝土为 C35、P12 抗渗混凝土。底板及外墙采用 UEA 补偿收缩混凝土，掺 UEA 膨胀剂及麦斯特高效减水剂。底板混凝土总量约 14 万 m³，钢筋总量 3.4 万 t。基础中的裙房部位为 0.65m 厚抗水板，并有 1 层 7.5cm 厚聚苯板＋5cm 厚焦渣的压缩变形层。抗水板上有 250mm 厚卵石滤水层。

筏基大底板上贯穿东南西北方向预留沉降后浇带和一条后浇带（施工缝），将整个底板分为 15 块，如图 13-3 所示。每块混凝土量约 6000～11 000m³，后浇带宽 1.5m；下口设聚氯乙烯平蹼止水带，中间设 BW－Ⅱ型止水条。

防水工程共设 3 道防线：①材料防水，氯化聚乙烯－橡胶防水卷材或聚氨酯涂膜；②P12 刚性自防水混凝土；③卵石滤水层加集水井。

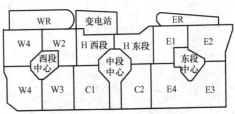

图 13-3 某广场工程沉降后浇带划分图

一、底板混凝土工程施工特点

（1）本工程混凝土量大，总量约 14 万 m³，且标高尺寸变化多，独立基坑类型多而复杂，配筋多且间距密，最多达 18 层。

（2）沉降后浇带及施工缝将整个底板分为 15 块，每块混凝土必须一次浇筑完成，不允许留垂直施工缝，每块混凝土量约 1 万 m³。浇筑混凝土强度大，质量要求高。

（3）工期紧，底板工程要求两个半月内完成，正值冬期施工。

（4）本工程处于城市最繁华的闹市区，交通组织困难极大。基坑总面积达 10 万 m²，而周围道路及施工用地十分紧张，面对多家施工单位，泵送管线长，施工区域交叉干扰多，现场的组织协调工作十分艰巨。

（5）多个搅拌站同时供应同强度等级混凝土，对原材料的选择严格并要求统一，既要满足各项技术要求，还须将含碱量控制在 3kg/m³ 以下。

（6）设计及功能上的要求给施工带来不少难度，如裙房底板下有压缩层，压缩量需经试验确定，部分基坑深、坡度陡，垫层需在钢丝网上抹细石混凝土，支模需吊帮，外墙需设置两种止水带等。

二、主要施工技术及管理措施

1. 统一配合比

设计要求底板及外墙混凝土为 C35、P12 抗渗混凝土。由于底板施工阶段正值冬季（1997 年 12 月～1998 年 2 月）。考虑底板大体积混凝土水化热高不会受冻，决定厚度大于等于 1m 的底板及墙体掺 JD－10 防冻剂。混凝土配合比统一制订。为减少碱集料反应，对水泥、砂、石、UEA、粉煤灰及外加剂等均在试验基础上进行选择，配合比见表 13 - 9。

表 13 - 9   底板大体积混凝土配合比

序号	混凝土设计要求		水泥品种产地标号	粗集料		细集料品种产地	混凝土配合比(kg/m³)								砂率(%)	水胶比	抗压强度(MPa)	
	强度等级	坍落度(mm)		品种产地	料径范围(mm)		水泥C	膨胀剂USA	粉煤灰FA	砂S	石G	水W	Pozz1050	Rh1100			7d	28d
1	C40 P12			西郊碎卵石	5～31.5		350	48	65	720	1037	180	3.24L (0.7%)	6.0L (1.3%)	41	0.39	35.6	55.6
2	C35 P12			西郊碎卵石	5～31.5		320	44	60	754	1044	180	2.97L (0.7%)	5.51L (1.3%)	42	0.42	24.1	43.3
3	C40 P12	入模 160～180	琉璃河普硅 42.5R	三河碎石	5～31.5	龙凤山中砂	350	48	65	716	1031	190	3.24L (0.7%)	6.0L (1.3%)	41	0.41	37.6	
4	C35 P12			三河碎石	5～31.5		320	44	60	768	1018	190	2.97L (0.7%)	5.51L (1.3%)	43	0.45	22.7	43.9
5	C35 P12			西郊碎卵石	5～31.5		335	45	55	732	1053	180	JD—10 15.22L (3.5%)		41	0.41	24.4	

注   1. 混凝土入模坍落度要求为 160～180mm，出机坍落度可根据实际情况控制在 200～240mm；
      2. 集料为绝干状态，膨胀剂为天津产低碱 UEA，掺量为内掺 12%；
      3. Pozz1050 和 Rh1100 为上海麦斯特建材有限公司生产，掺量为 100kg 胶凝材料体积掺量；
      4. JD—10 防冻剂为北京冶建特种材料公司生产的防冻剂，掺量 3.5%（重量比）；
      5. 本表中 1～4 号配合比仅限于厚度不小于 1m 的大体积混凝土使用，5 号配合比仅限于厚度小于 1m 的抗水板、墙使用。

大体积混凝土应优先选用矿渣水泥，但为控制含碱量，采用高标号低碱琉璃河普硅 42.5R 水泥，其水化热问题通过掺粉煤灰来解决，配合比中，42.5R 普硅水泥：15% 粉煤灰：12% 低碱 UEA，其混合水化热与 32.5 号水泥水化热相当，效果理想。

考虑到本工程地处闹市区，运输车辆易堵塞，为使施工中有充裕的混凝土浇筑接槎时间，将初凝和终凝时间调整到合适时间。混凝土初凝定为（12±2）h，终凝时间为（16±2）h，坍落度定为出机坍落度 200～240mm，入泵坍落度 160～180mm，冬期施工混凝土出机温度控制在 10～20℃，并选用能有效降低或推迟水化热峰值的外加剂。

2. 混凝土施工工艺

大体积混凝土应采取分层浇筑、阶梯式推进。每层混凝土应在初凝前完成上层浇筑，新旧混凝土接槎时间不允许超过 8h。

振捣手须经培训上岗，佩袖标操作，快插慢拔，接槎时应插入下层混凝土 5cm 左右。特殊部位如钢筋较密、插筋根部、斜坡上下口处要重点加强振捣。

底板混凝土表面，要求抹 3 遍（两遍木抹槎平，1 遍铁抹压实），以减少表面收缩裂缝。

3. 养护与测温

混凝土振捣压抹以后及时覆盖塑料薄膜，上部盖两层防火草帘，保温保湿养护。

测温点按 8m×8m 设 1 个，测录混凝土中心温度、表面温度与大气温度。中心温度与表面温度、表面温度与大气温度之差控制在 25℃ 以内。掺防冻剂混凝土强度达到 3.5N/mm² 前每 2h 测一次，之后每 6h 测一次。大体积混凝土升温阶段每 4h 测一次，降温阶段每 6h 测一次。

4. 沉降后浇带处理

沉降后浇带及后浇带（施工缝）将筏基分成 15 块。后浇带宽 1.5m。按业主要求，沉降后浇带混凝土提前浇筑，约在混凝土整体收缩完成 80% 左右进行，其等级提高一级，UEA 掺量由 12% 提高到 13%，使新混凝土在限制下膨胀，提高密实性。

5. 劳动组织

成立混凝土调度中心，负责商品混凝土调度管理，确保底板混凝土施工的连续性。在底板混凝土浇筑期间，配备 200 台以上混凝土罐车，每个建制保证 6 台地泵（或泵车），并有备用泵及泵管。要求混凝土供应量满足 15 000m³/24h 的要求，现场 20 台塔吊配合泵送混凝土施工，一旦泵送受阻立即改用塔吊协助接槎，防止冷缝产生。

6. 交通运输组织及调度

设立交通指挥中心，现场设置标志线，罐车优先，兼顾其他，使大密度、高强度底板混凝土施工顺利进行。

三、结论

该广场工程底板混凝土冬期施工由于施工组织得当，技术措施有力，进展十分顺利，从 1997 年 12 月 16 日开始施工到 1998 年 2 月 28 日全部完成约 14 万 m³ 混凝土，尤其是 1998 年 2 月 21～28 日 8d 中连续浇筑混凝土达 62 801m³，平均日浇筑混凝土 7850m³，其中 2 月 21 日、2 月 27 日先后创出日浇筑混凝土 10 451m³ 和 12 839m³ 的全国民用建筑日浇筑混凝土新纪录，且底板大体积补偿收缩混凝土、补偿收缩抗冻混凝土强度及抗渗等级均满足设计要求。

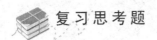 复习思考题

1. 何谓冬期施工？
2. 冬期施工具有哪些特点？
3. 冬期施工应遵循哪些原则？
4. 地基土的保温防冻有哪几种方法？每种方法的特点是什么？
5. 为什么要对越冬的基础进行维护？
6. 砌筑工程冬期施工对砌筑材料有哪些要求？
7. 冬期砌筑工程施工方法分哪几类？
8. 简述外加剂法砌筑工程冬期施工的适用范围及施工特点。
9. 简述冻结法砌筑工程冬期施工的适用范围及施工要点。
10. 何谓混凝土冬期施工？
11. 简述混凝土的早期冻害对混凝土的性能的影响。
12. 何谓混凝土允许受冻的临界强度？它与哪些因素有关？
13. 冬期混凝土工程施工对水泥、骨料有何要求？
14. 简述冬期混凝土工程施工时对原材料加热的原则及方法。

15. 冬期混凝土工程施工，混凝土浇筑时应注意哪些问题？

16. 冬期混凝土工程施工方法分哪几类？常用的有哪几种方法？

17. 混凝土工程冬期施工中蓄热法施工的适用条件有哪些？

18. 冬期施工中如何对混凝土进行测温？

19. 何谓混凝土的成熟度？

20. 抹灰工程冬期施工有哪些方法？

21. 简述雨期施工的基本原则。

22. 简述雨期施工的技术准备工作内容。

23. 基础工程雨期施工应采取哪些技术措施？

24. 如何保证雨期施工的砌筑工程质量？

25. 钢筋混凝土工程雨期施工应该注意哪些问题。

26. 各分项工程雨期施工有什么要求？

27. 冬雨期施工安全技术应主要注意哪几个方面？

参 考 文 献

[1] 刘宗仁. 土木工程施工. 北京：高等教育出版社，2003.

[2] 赵志缙，应惠清. 建筑施工. 上海：同济大学出版社，1998.

[3] 刘津明，韩明. 土木工程施工. 天津：天津大学出版社，2001.

[4] 重庆大学，同济大学，哈尔滨工业大学合编. 土木工程施工. 北京：中国建筑工业出版社，2003.

[5] 毛鹤琴. 土木工程施工. 第2版. 武汉：武汉工业大学出版社，2004.

[6] 童华炜. 土木工程施工. 北京：科学出版社，2006.

[7] 廖代广. 土木工程施工技术. 武汉：武汉工业大学出版社，2002.

[8] 张国联，王凤池. 土木工程施工. 北京：中国建筑工业出版社，2004.

[9] 郑天旺，李建峰. 土木工程施工. 北京：中国电力出版社，2005.

[10] 郭正兴. 土木工程施工. 南京：东南大学出版社，2007.

[11] 中国建筑工业出版社编新版. 建筑工程施工质量验收规范汇编. 北京：中国建筑工业出版社，2002.

[12] 徐伟，苏宏阳，金福安. 土木工程施工手册. 北京：中国计划出版社，2003.

[13] 建筑施工手册（第四版）编写组. 建筑施工手册. 4版. 北京：中国建筑工业出版社，2003.

[14] 范立础. 桥梁工程. 北京：人民交通出版社，2003.

[15] 邵旭东. 桥梁工程. 北京：人民交通出版社，2004.

[16] 张登良. 沥青路面工程手册. 北京：人民交通出版社，2003.

[17] 刘吉士，阎洪河，李文琪. 公路桥涵施工技术规范实施手册. 北京：人民交通出版社，2003.

[18] 俞高明. 公路工程. 北京：人民交通出版社，2005.

[19] 郭发忠. 桥涵工程. 北京：人民交通出版社，2005.